21世纪全国高职高专土建系列技能型规划教材

建筑施工技术

主　编　叶　雯　周晓龙
副主编　叶海青　张　强　梁圣彬
　　　　吕秀娟
参　编　杨永民　向亚卿　常　莉

北京大学出版社
PEKING UNIVERSITY PRESS

内容简介

本书以房屋建筑工程的施工工艺流程为主线，介绍了土方工程、基础工程、钢筋混凝土工程、砌筑工程、预应力混凝土工程、结构安装工程、防水工程和装饰工程等建筑施工主要分项工程的施工方法和施工技术，并增加了工程实际应用的新技术、新工艺和新方法等方面的内容介绍，较为全面地反映了现行的施工质量验收规范的要求，在编写上突出实用性和职业能力的培养。

本书可作为高职高专院校土建类各专业的教学用书，又可作为相关的培训教材，也可供建筑施工专业技术人员参考。

图书在版编目(CIP)数据

建筑施工技术/叶雯，周晓龙主编. —北京：北京大学出版社，2010.8
(21 世纪全国高职高专土建系列技能型规划教材)
ISBN 978-7-301-16726-7

Ⅰ.①建… Ⅱ.①叶…②周… Ⅲ.①建筑工程—工程施工—施工技术—高等学校：技术学校—教材 Ⅳ.①TU74

中国版本图书馆 CIP 数据核字(2010)第 105667 号

书　　　　名：	建筑施工技术
著作责任者：	叶　雯　周晓龙　主编
策 划 编 辑：	赖　青　杨星璐
责 任 编 辑：	杨星璐
标 准 书 号：	ISBN 978-7-301-16726-7/TU·0124
出　版　者：	北京大学出版社
地　　　址：	北京市海淀区成府路 205 号　100871
网　　　址：	http://www.pup.cn　http://www.pup6.com
电　　　话：	邮购部 62752015　发行部 62750672　编辑部 62750667　出版部 62754962
电子邮箱：	pup_6@163.com
印　刷　者：	三河市北燕印装有限公司
发　行　者：	北京大学出版社
经　销　者：	新华书店
	787 毫米×1092 毫米　16 开本　24.75 印张　573 千字
	2010 年 8 月第 1 版　2014 年 1 月第 6 次印刷
定　　　价：	44.00 元

未经许可，不得以任何方式复制或抄袭本书之部分或全部内容。
版权所有，侵权必究　　举报电话：010-62752024
　　　　　　　　　　　电子邮箱：fd@pup.pku.edu.cn

北大版·高职高专土建系列规划教材
专家编审指导委员会专业分委会

主　　　任：　于世玮（山西建筑职业技术学院）
副　主　任：　范文昭（山西建筑职业技术学院）
委　　　员：　（按姓名拼音排序）
　　　　　　　丁　胜（湖南城建职业技术学院）
　　　　　　　郝　俊（内蒙古建筑职业技术学院）
　　　　　　　胡六星（湖南城建职业技术学院）
　　　　　　　李永光（内蒙古建筑职业技术学院）
　　　　　　　马景善（浙江同济科技职业学院）
　　　　　　　王秀花（内蒙古建筑职业技术学院）
　　　　　　　王云江（浙江建设职业技术学院）
　　　　　　　危道军（湖北城建职业技术学院）
　　　　　　　吴承霞（河南建筑职业技术学院）
　　　　　　　吴明军（四川建筑职业技术学院）
　　　　　　　夏万爽（邢台职业技术学院）
　　　　　　　徐锡权（日照职业技术学院）
　　　　　　　战启芳（石家庄铁路职业技术学院）
　　　　　　　杨甲奇（四川交通职业技术学院）
　　　　　　　朱吉顶（河南工业职业技术学院）
特邀顾问：　　何　辉（浙江建设职业技术学院）
　　　　　　　姚谨英（四川绵阳水电学校）

北大版·高职高专土建系列规划教材
专家编审指导委员会

建筑工程技术专业分委会

主　任：吴承霞　　　吴明军
副主任：郝　俊　　　徐锡权　　　马景善　　　战启芳
委　员：（按姓名拼音排序）
　　　　白丽红　　　陈东佐　　　邓庆阳　　　范优铭　　　李　伟
　　　　刘晓平　　　鲁有柱　　　马景善　　　孟胜国　　　石立安
　　　　王美芬　　　王渊辉　　　肖明和　　　叶海青　　　叶　腾
　　　　叶　雯　　　于全发　　　曾庆军　　　张　敏　　　张　勇
　　　　赵华玮　　　郑仁贵　　　钟汉华　　　朱永祥

工程管理专业分委会

主　任：危道军
副主任：胡六星　　　李永光　　　杨甲奇
委　员：（按姓名拼音排序）
　　　　冯　钢　　　冯松山　　　姜新春　　　赖先志　　　李柏林
　　　　李洪军　　　刘志麟　　　林滨滨　　　时　思　　　斯　庆
　　　　宋　健　　　孙　刚　　　唐茂华　　　韦盛泉　　　吴孟红
　　　　辛艳红　　　鄢维峰　　　杨庆丰　　　余景良　　　赵建军
　　　　钟振宇　　　周业梅

建筑设计专业分委会

主　任：丁　胜
副主任：夏万爽　　　朱吉顶
委　员：（按姓名拼音排序）
　　　　戴碧锋　　　宋劲军　　　脱忠伟　　　王　蕾
　　　　肖伦斌　　　余　辉　　　张　峰　　　赵志文

市政工程专业分委会

主　任：王秀花
副主任：王云江
委　员：（按姓名拼音排序）
　　　　俞金贵　　　胡红英　　　来丽芳　　　刘　江　　　刘水林
　　　　刘　雨　　　张晓战　　　刘宗波　　　杨仲元

前　　言

本书根据建筑工程技术专业人才培养目标，以施工员、监理员等职业岗位能力的培养为导向，同时遵循高等职业院校学生的认知规律，以专业知识和职业技能、自主学习能力及综合素质培养为课程目标，紧密结合职业资格证书中相关考核要求，确定本书的内容。本书按照访问建筑工程的基本顺序，即按土方工程、基础工程、钢筋混凝土工程、砌筑工程、预应力混凝土工程、结构安装工程、防水工程和装饰工程进行内容安排。围绕施工过程质量和安全控制、施工质量检验与评定、施工方案的制订等专业核心知识设置本书内容。在每章都有实际工程作为引例，以引导学生对各个知识点的理解和学习，侧重培养学生怎样制订施工方案，怎样在施工过程中进行质量控制和质量检验。每章结尾都有综合应用案例，培养学生综合运用所学知识解决建筑工程施工技术问题的能力，以及应用国家现行施工规范、规程和标准的能力，促进学生处理实际工程问题能力的提高。

本书由叶雯、周晓龙任主编，张强、梁圣彬、吕秀娟任副主编。具体写作分工如下：

叶雯（广州番禺职业技术学院）：模块 1(1.3、1.4)

向亚卿（湖北水利水电职业技术学院）：模块 2

张强（广州番禺职业技术学院）：模块 3

梁圣彬（绵阳职业技术学院）：模块 4(4.3～4.6)

常莉（开封大学）：模块 5

周晓龙（杭州科技职业技术学院）：模块 6

杨永民（广州番禺职业技术学院）：模块 7

吕秀娟（河南建筑职业技术学院）：模块 8

叶海青（广东科学技术职业学院）：模块 1(1.1、1.2)，模块 4(4.1、4.2)

广东科学技术职业学院方筱松老师对本书提出了许多宝贵意见，为本书的修订提供了许多帮助，在此表示感谢。

本书在编写过程中参考了诸多的相关教材与著作，在此向作者表示衷心的感谢。书中不足之处，敬请读者与同行批评指正。

编　者
2010 年 3 月

目 录

模块 1　土方工程 ·················· 1

1.1　土方施工基础知识 ················ 2
　　1.1.1　土方工程主要施工内容 ······ 2
　　1.1.2　土的分类与鉴别 ············ 2
　　1.1.3　土的工程性质 ·············· 3
　　1.1.4　土方施工常用施工机械 ······ 5
1.2　场地平整土方施工 ················ 8
　　1.2.1　场地平整的施工工艺流程 ···· 8
　　1.2.2　计算场地平整土方量 ········ 9
　　1.2.3　编制土方调配方案 ·········· 12
　　1.2.4　场地平整的施工机械和施工方法 ···· 16
1.3　基坑(槽)开挖 ····················· 16
　　1.3.1　施工准备 ·················· 17
　　1.3.2　基坑降水方法 ·············· 18
　　1.3.3　基坑边坡及基坑支护 ········ 25
　　1.3.4　基坑(槽)开挖机械的选择及开挖顺序 ···· 29
　　1.3.5　基坑开挖工艺流程和施工要点 ···· 31
　　1.3.6　土方开挖质量检验与安全技术要求 ···· 33
1.4　土方回填压实 ···················· 33
　　1.4.1　填土压实的方法 ············ 34
　　1.4.2　填土施工准备 ·············· 35
　　1.4.3　土方回填的施工工艺 ········ 36
　　1.4.4　施工要点 ·················· 36
　　1.4.5　土方回填质量检验与安全技术要求 ···· 37
本章小结 ····························· 41
习题 ································· 42

模块 2　基础工程 ·················· 43

2.1　基础工程的基础知识 ·············· 44
2.2　浅基础施工 ······················ 44
　　2.2.1　浅基础的类型 ·············· 44
　　2.2.2　浅基础施工 ················ 45
2.3　桩基础施工 ······················ 53
　　2.3.1　桩基础类型 ················ 53
　　2.3.2　钢筋混凝土预制桩施工 ······ 55
　　2.3.3　泥浆护壁钻孔灌注桩的施工 ··· 63
　　2.3.4　沉管灌注桩的施工 ·········· 68
2.4　深基础施工 ······················ 72
　　2.4.1　地下连续墙施工 ············ 72
　　2.4.2　沉井施工 ·················· 75
本章小结 ····························· 82
习题 ································· 82

模块 3　钢筋混凝土工程 ············ 83

3.1　模板工程 ························ 84
　　3.1.1　模板的分类和构造 ·········· 85
　　3.1.2　模板设计 ·················· 92
　　3.1.3　模板安装与拆除 ············ 94
　　3.1.4　模板工程质量控制 ·········· 96
3.2　钢筋工程 ························ 96
　　3.2.1　钢筋的种类和性能 ·········· 97
　　3.2.2　钢筋的检验和存放 ·········· 99
　　3.2.3　钢筋的配料和代换 ·········· 99
　　3.2.4　钢筋加工 ·················· 104
　　3.2.5　钢筋连接 ·················· 105
　　3.2.6　钢筋绑扎与安装 ············ 113
3.3　混凝土工程施工 ·················· 117
　　3.3.1　混凝土的制备 ·············· 117
　　3.3.2　混凝土的运输 ·············· 123
　　3.3.3　混凝土的浇筑 ·············· 126
　　3.3.4　混凝土的养护 ·············· 133
　　3.3.5　混凝土冬期施工 ············ 135
　　3.3.6　混凝土质量检验 ············ 138
本章小结 ····························· 145
习题 ································· 145

模块4 砌筑工程 ················ 147

4.1 砌筑工程的基础知识 ········ 148
4.1.1 砌筑材料 ············ 148
4.1.2 砌筑工程工作流程 ······ 151
4.1.3 砌筑工程施工相关标准 ················ 152
4.2 砖砌体施工 ················ 153
4.2.1 砌筑的基础知识 ······ 153
4.2.2 砌体的组砌形式 ······ 155
4.2.3 砌体的砌筑方法 ······ 157
4.2.4 砌体的一般砌筑工艺 ··· 158
4.2.5 砌体的一般要求 ······ 161
4.2.6 基础实心砖砌体的施工 ················ 161
4.2.7 主体实心砖砌体的施工 ················ 162
4.2.8 砖砌体工程质量与安全要求 ················ 167
4.2.9 砌体工程冬季施工 ····· 169
4.3 混凝土空心砖砌块施工 ········ 172
4.3.1 材料准备 ············ 172
4.3.2 一般构造要求 ········ 172
4.3.3 施工工艺和施工要点 ··· 173
4.4 框架填充墙施工 ············ 175
4.4.1 框架填充墙材料 ······ 175
4.4.2 框架填充墙施工顺序和施工工艺 ············ 175
4.4.3 加气混凝土小型砌块填充墙施工 ············ 177
4.4.4 烧结多孔砖、空心砖砌体施工 ················ 178
4.4.5 材料准备 ············ 178
4.4.6 施工要点 ············ 178
4.5 脚手架工程 ················ 179
4.5.1 脚手架工程基础知识 ··· 179
4.5.2 外脚手架 ············ 180
4.5.3 里脚手架 ············ 189
4.6 砌筑工程垂直运输 ·········· 191
4.6.1 塔式起重机 ·········· 191
4.6.2 井架 ················ 191
4.6.3 龙门架 ·············· 192
4.6.4 施工电梯 ············ 192
本章小结 ······················ 199
习题 ·························· 199

模块5 预应力混凝土工程 ········ 201

5.1 预应力混凝土基础知识 ········ 202
5.1.1 预应力混凝土的概念 ··· 202
5.1.2 预应力钢筋 ·········· 203
5.2 先张法 ···················· 205
5.2.1 先张法施工基础知识 ··· 205
5.2.2 先张法施工的工艺流程 ················ 209
5.2.3 先张法施工的施工要点 ················ 210
5.3 后张法 ···················· 213
5.3.1 后张法施工基础知识 ··· 213
5.3.2 后张法施工的工艺流程 ················ 222
5.3.3 后张法施工的施工要点 ················ 222
本章小结 ······················ 229
习题 ·························· 229

模块6 结构安装工程 ············ 230

6.1 起重机械与索具 ············ 231
6.1.1 桅杆式起重机 ········ 231
6.1.2 自行式起重机 ········ 232
6.1.3 塔式起重机 ·········· 234
6.1.4 索具设备及锚碇 ······ 237
6.2 单层工业厂房结构安装 ········ 238
6.2.1 结构安装前的准备工作 ················ 238
6.2.2 构件的吊装工艺 ······ 240
6.2.3 结构安装方案 ········ 247
6.2.4 结构安装工程的质量要求及安全措施 ············ 255
6.3 钢结构安装 ················ 257
6.3.1 轻钢结构安装 ········ 257
6.3.2 网架结构安装 ········ 261
6.4 钢与混凝土组合结构施工 ······ 266

		6.4.1 钢管混凝土结构施工 …… 266
		6.4.2 劲性混凝土结构(SRC结构)施工 …… 269

本章小结 …… 277

习题 …… 277

模块 7 防水工程 …… 278

7.1 防水工程概论 …… 279

7.2 屋面防水工程施工 …… 280
  7.2.1 细石混凝土刚性防水屋面施工 …… 281
  7.2.2 卷材防水屋面施工 …… 282
  7.2.3 涂膜防水屋面施工 …… 285

7.3 地下防水工程施工 …… 286
  7.3.1 结构自防水施工 …… 287
  7.3.2 外防水层防水施工 …… 291

7.4 厕浴间防水 …… 293
  7.4.1 厕浴间防水施工部位的构造和施工要求 …… 293
  7.4.2 厕浴间的防水施工过程 …… 294

本章小结 …… 297

习题 …… 297

模块 8 装饰工程 …… 298

8.1 抹灰工程施工 …… 301
  8.1.1 一般抹灰工程施工 …… 301
  8.1.2 装饰抹灰工程施工 …… 308
  8.1.3 一般抹灰、装饰抹灰质量的允许偏差 …… 314

8.2 楼地面工程施工 …… 315
  8.2.1 整体地面施工 …… 315
  8.2.2 块材地面施工 …… 318
  8.2.3 卷材地面施工 …… 321
  8.2.4 木地面施工 …… 323

8.3 吊顶工程施工 …… 326
  8.3.1 木龙骨吊顶施工 …… 326
  8.3.2 轻金属龙骨吊顶施工 …… 328
  8.3.3 金属装饰板吊顶施工 …… 330
  8.3.4 开敞式吊顶施工 …… 333
  8.3.5 吊顶施工质量要求及验收标准 …… 335

8.4 隔墙施工 …… 335
  8.4.1 轻钢龙骨纸面石膏板隔墙施工 …… 336
  8.4.2 木龙骨轻质罩面板隔墙施工 …… 337
  8.4.3 钢网泡沫塑料夹心板墙隔墙施工 …… 338
  8.4.4 玻璃隔墙施工 …… 338
  8.4.5 隔墙施工的质量要求及验收标准 …… 339

8.5 饰面工程 …… 339
  8.5.1 饰面砖施工 …… 340
  8.5.2 饰面板施工 …… 342

8.6 门窗工程 …… 350
  8.6.1 木门窗施工 …… 350
  8.6.2 铝合金门窗施工 …… 351
  8.6.3 钢门窗施工 …… 353
  8.6.4 塑料门窗施工 …… 355
  8.6.5 特种门窗施工 …… 356
  8.6.6 自动闭门器安装 …… 357

8.7 幕墙工程 …… 359
  8.7.1 玻璃幕墙施工 …… 360
  8.7.2 金属幕墙施工 …… 362
  8.7.3 石材幕墙施工 …… 363

8.8 涂饰工程 …… 365
  8.8.1 乳胶漆涂料施工 …… 367
  8.8.2 多彩喷涂施工 …… 369
  8.8.3 浮雕喷涂与真石漆涂饰施工 …… 369
  8.8.4 涂饰工程质量要求、检验方法及安全技术 …… 371

8.9 裱糊与软包工程 …… 372
  8.9.1 裱糊工程施工 …… 372
  8.9.2 软包工程 …… 376
  8.9.3 质量标准及检验方法 …… 380

本章小结 …… 381

习题 …… 382

参考文献 …… 383

模块 1

土方工程

教学目标

通过学习土方工程施工，了解土方工程施工的主要内容；熟悉土的基本性质、土方工程施工准备与辅助工作内容；掌握土方量计算方法，降水和土壁支撑的方法；基坑、基槽开挖工艺流程和施工要点，掌握土方工程的质量要求、检查及评定方法。

教学要求

知识要点	能力要求	相关知识	权重
土方施工基础知识	1. 能判别土的类别 2. 能合理选择土方施工机械	土方工程施工的主要内容、土的分类与判别、土的工程性质、土方施工常用施工机械	40%
基坑（槽）土方开挖	1. 能做好土方开挖的准备工作 2. 会编制土方开挖施工方案 3. 能控制基坑（槽）土方开挖施工质量 4. 会土方开挖质量验收	基坑（槽）土方开挖方式、土方开挖施工机械、土方边坡和基坑支护方式、排水与降低地下水位、平整场地的工艺流程及土方量计算、定位放线、基坑（槽）开挖工艺流程、基坑（槽）开挖施工要点、土方开挖质量检验与安全技术要求	50%
土方回填压实	1. 能做好土方回填准备工作 2. 会编制土方回填施工方案 3. 能控制土方回填施工质量 4. 会土方回填质量验收	填土压实的方法、填土施工准备、土方回填的工艺流程、施工要点、土方回填质量检验与安全技术要求	10%

 **引例**

某建筑为科研所内部办公用房,地上14层,地下2层,总建筑面积29995.66m²,东临南三街,北部为正在施工的某大厦C座,南面紧邻居民小区,西面为废弃厂房和居民区。建筑平面呈长方形,地下室外墙基本紧贴距地块四周红线,地下室埋深约为−10.8m(设备、电梯井埋深约为−11.8m)。根据岩土工程勘察报告,土层可分为两层:人工堆积层和第四季沉积层。工程在基坑开挖范围内,局部区域存在上层滞水、层间潜水及潜水在基础埋深以下。

思考:1. 该工程如何进行开挖?
　　　2. 开挖机械如何选择?
　　　3. 基坑土方量如何计算?

1.1 土方施工基础知识

1.1.1 土方工程主要施工内容

土方工程是建筑施工的一个主要分部工程,也是建筑工程施工的第一道工序。它包括土的开挖、运输和回填压实等主要施工过程,以及排水、降水和土壁支护等准备和辅助过程。

常见的土方工程有平整场地、挖基坑、挖基槽、挖土方和土方回填。

 **知识链接**

1. 平整场地
平整场地是指厚度在300mm以内的挖填、找平工作。
2. 挖基坑
挖基坑指挖土底面积在20m²以内,且底长为底宽3倍者。
3. 挖基槽
挖基槽指挖土宽度在3m以内,挖土长度等于或大于宽度3倍以上者。
4. 挖土方
挖土方指挖土宽度在3m以上,挖土底面积在20m²以外,平整场地厚度在300mm以外者。
5. 土方回填
常见的有基础回填、室内回填和管道沟槽回填。

1.1.2 土的分类与鉴别

在土方工程施工中,按土的开挖难易程度分为八类,一至四类为土,五至八类为岩石。土的分类与现场鉴别方法见表1-1。

表1-1 土的工程分类与现场鉴别方法

土的分类	土的名称	可松性系数		现场鉴别方法
		K_s	K_s'	
一类土 (松软土)	砂、亚砂土、冲积砂土层、种植土、泥炭(淤泥)	1.08~1.17	1.01~1.03	能用锹、锄头挖掘

(续)

土的分类	土的名称	可松性系数 K_s	可松性系数 K'_s	现场鉴别方法
二类土（普通土）	亚黏土，潮湿的黄土，夹有碎石、卵石的砂，种植土，填筑土及亚砂土	1.14～1.28	1.02～1.05	用锹、锄头挖掘，少许用镐翻松
三类土（坚土）	软及中等密实黏土，重亚黏土，粗砾石，干黄土及含碎石、卵石的黄土、亚黏土，压实的填筑土	1.24～1.30	1.04～1.07	要用镐，少许用锹、锄头挖掘，部分用撬棍
四类土（沙砾坚土）	重黏土及含碎石、卵石的黏土，粗卵石，密实的黄土，天然级配砂石，软泥灰岩及蛋白石	1.26～1.32	1.06～1.09	整个用镐、撬棍，然后用锹挖掘，部分用楔子及大锤
五类土（软石）	硬石炭纪黏土，中等密实的页岩、泥灰岩、白垩土，胶结不紧的砾岩，软的石灰岩	1.30～1.45	1.10～1.20	用镐或撬棍、大锤挖掘，部分使用爆破方法
六类土（次坚石）	泥岩，砂岩，砾岩，坚实的页岩、泥灰岩，密实的石灰岩，风化花岗岩，片麻岩	1.30～1.45	1.10～1.20	用爆破方法开挖，部分用风镐
七类土（坚石）	大理岩，辉绿岩，玢岩，粗、中粒花岗岩，坚实的白云岩、砂岩、砾岩、片麻岩、石灰岩，风化痕迹的安山岩、玄武岩	1.30～1.45	1.10～1.20	用爆破方法开挖
八类土（特坚硬石）	安山岩，玄武岩，花岗片麻岩，坚实的细粒花岗岩、闪长岩、石英岩、辉长岩、辉绿岩、玢岩	1.45～1.50	1.20～1.30	用爆破方法开挖

特别提示

在选择施工挖土机械和套建筑安装工程劳动定额时要依据土的工程类别。

1.1.3 土的工程性质

1. 土的含水量

土的含水量：土中水的质量与固体颗粒质量之比的百分率，即

$$W = \frac{m_{湿} - m_{干}}{m_{干}} \times 100\% = \frac{m_w}{m_s} \times 100\% \qquad (1-1)$$

式中　$m_{湿}$——含水状态土的质量，kg；
　　　$m_{干}$——烘干后土的质量，kg；
　　　m_w——土中水的质量，kg；
　　　m_s——固体颗粒的质量，kg。

土的含水量随气候条件、雨雪和地下水的影响而变化。

特别提示

土的含水量对土方边坡的稳定性及填方密实程度有直接的影响。

2. 土的天然密度和干密度

土的天然密度：在天然状态下，单位体积土的质量。它与土的密实程度和含水量有关。土的天然密度按下式计算：土的天然密度用 ρ 来表示。

$$\rho = \frac{m}{V} \quad (1-2)$$

式中　ρ——土的天然密度，kg/m³；
　　　m——土的总质量，kg；
　　　V——土的体积，m³。

干密度：土的固体颗粒质量与总体积的比值。用公式表示为

$$\rho_d = \frac{m_s}{V} \quad (1-3)$$

式中　ρ_d——土的干密度，kg/m³；
　　　m_s——固体颗粒质量，kg；
　　　V——土的体积，m³。

在一定程度上，土的干密度反应了土的颗粒排列紧密程度。土的干密度越大，表示土越密实。

 特别提示

土的密实程度主要通过检验填方土的干密度和含水量来控制。

3. 土的可松性

土具有可松性，即自然状态下的土经开挖后，其体积因松散而增大，以后虽经回填压实，仍不能恢复其原来的体积。土的可松性程度用可松性系数表示，即

$$K_s = \frac{V_{松散}}{V_{原状}} \quad (1-4)$$

$$K_s' = \frac{V_{压实}}{V_{原状}} \quad (1-5)$$

式中　K_s——土的最初可松性系数；
　　　K_s'——土的最后可松性系数；
　　　$V_{原状}$——土在天然状态下的体积，m³；
　　　$V_{松散}$——土挖出后在松散状态下的体积，m³；
　　　$V_{压实}$——土经回填压（夯）实后的体积，m³。

各类土的可松性系数见表 1-1。

 **特别提示**

土的可松性对确定场地设计标高、土方量的平衡调配、计算运土机具的数量和弃土坑的容积，以及计算填方所需的挖方体积等均有很大影响。土的最初可松性系数 K_s 是计算车辆装运土方体积及挖土机械的主要参数；土的最终可松性系数是计算填方所需挖土工程量的主要参数。

 应用案例 1-1

某建筑物外墙为条形毛石基础，基础平均截面面积为 3.0m²，基坑深 2m，底宽 2.5m。地基为亚黏

土，计算100m长的基槽土方挖土方量、填土量和弃土量(不考虑放坡和支撑，$K_s=1.3$，$K_s'=1.05$)。

挖土量 = 2m × 2.5m × 100m = 500m³

基础体积 = 3.0m × 100m = 300m³

填方量 = $\dfrac{(500m^3 - 300m^3)}{1.05}$ = 190m³

弃土量 = (500m³ - 190m³) × 1.3 = 4.03m³

4. 土的渗透性

土的渗透性指水在土体中渗流的性能。渗透性的大小用渗透系数 K 表示，即

$$V = Ki \qquad (1-6)$$

式中　V——水在土中渗流速度，m/d；

　　　K——土的渗透系数，m/d；

　　　i——水力坡度。

渗透系数：表示单位时间内水穿透土层的能力。可通过室内渗透试验或现场抽水试验确定。土的渗透系数见表1-2。

表 1-2　土的渗透系数　　　　　　　　　　　　　　　单位：m/d

土的名称	渗透系数	土的名称	渗透系数
黏土	<0.005	中砂	5.00~20.00
亚黏土	0.005~0.10	均质中砂	35~50
轻亚黏土	0.10~0.50	粗砂	20~50
黄土	0.25~0.50	圆砾石	50~100
粉砂	0.50~1.00	卵石	100~500
细砂	1.00~5.00		

特别提示

土的渗透系数与土的颗粒级配、密实程度等有关，直接影响降水方案的选择和涌水量的计算。

1.1.4　土方施工常用施工机械

由于土方工程量大、劳动繁重，应尽可能采用机械化、半机械化施工，以减轻繁重的体力劳动，加快施工进度，降低工程造价。

1. 推土机

推土机是土方工程施工的主要机械之一，按行走的方式，可分为履带式推土机和轮胎式推土机。履带式推土机附着力强，爬坡性能好，适应性强。轮胎式推土机行驶速度快，灵活性好。

推土机适应于场地清理和平整，开挖深度1.5m以内的基坑、填平沟坑，也可配合铲运机和挖土机工作。推土机可推挖一至三类土，经济运距100m以内，效率最高为40~60m。

为提高生产率，常采用下坡推土、槽形推土和并列推土等施工方法，在运距较远而土质又比较坚硬时，对于切土深度不大的，可采用多次铲土、分批集中、再一次推送的施工方法。

2. 铲运机

铲运机是一种能够独立完成铲土、运土、卸土、填筑、整平的土方机械。可在一至三类土中直接挖、运土，常用于坡度在20°以内的大面积土方挖、填、平整和压实，大型基坑、沟槽的开挖，路基和堤坝的填筑，不适于砾石层、冻土地带及沼泽地区使用。坚硬土开挖时要用推土机助铲或用松土机配合。

铲运机按行走机构可分为拖式铲运机（如图1.1所示）和自行式铲运机（如图1.2所示）两种。自行式铲运机适用于运距800～3500m的大型土方工程施工，以运距在800～1500m的范围内的生产效率最高；拖式铲运机适用于运距为80～800m的土方工程施工，而运距在200～350m时，效率最高。

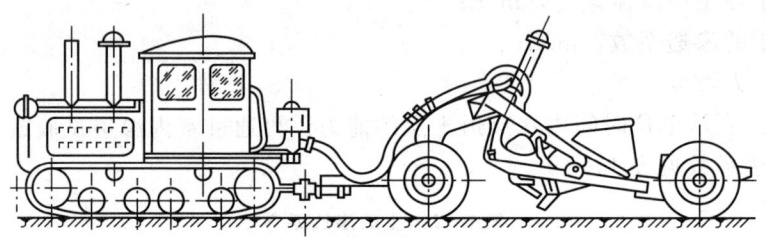

图1.1 拖式铲运机外形示意图

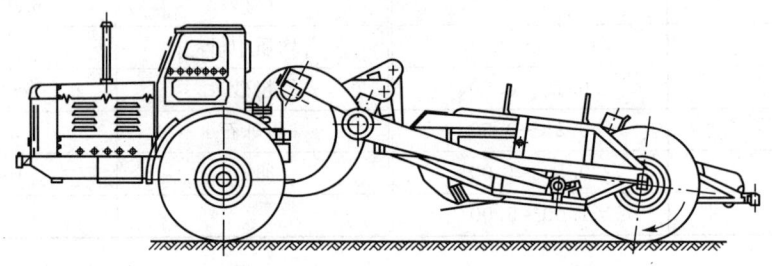

图1.2 自行式铲运机外形示意图

铲运机的开行路线可采用环形路线和"8"字形路线，对于地形起伏不大，施工地段较短和填方不高的场地平整工程，宜采用环形路线；对于施工地段较长或地形起伏较大的场地平整工程，多采用"8"字形开行路线，如图1.3所示。

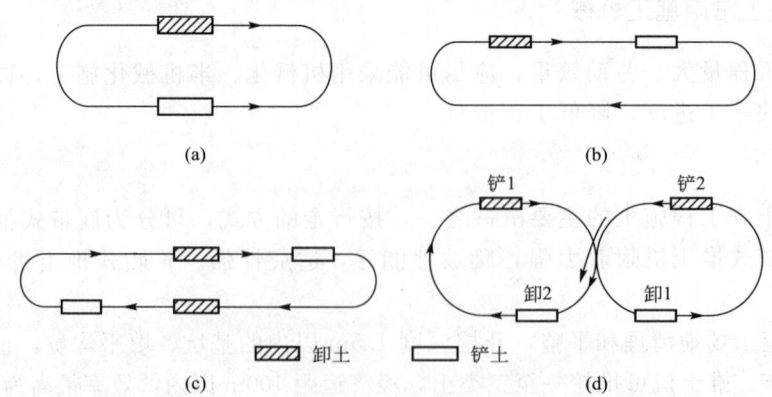

图1.3 铲运机开行路线

(a)环形路线；(b)环形路线；(c)大环形路线；(d)8字形路线

3. 单斗挖土机

单斗挖土机是基坑(槽)土方开挖常用的一种机械。依其工作装置的不同可分为：正铲、反铲、拉铲和抓铲4种，如图1.4所示。

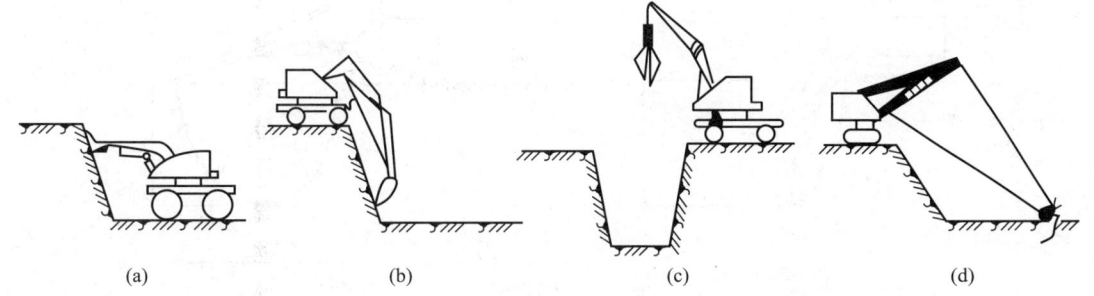

图1.4 单斗挖土机

(a)正铲；(b)反铲；(c)抓铲；(d)拉铲

1) 正铲挖土机

正铲挖土机的挖土特点是：前进向上，强制切土。它适用于开挖停机面以上的一至三类土，且需与运土汽车配合完成整个挖运任务。开挖大型基坑时需设坡道，挖土机在坑内作业，适宜在土质较好、无地下水的地区工作；当地下水位较高时，应采取降低地下水位的措施，把基坑水疏干。

正铲挖土机挖土方式有两种：一种是正向挖土，侧向卸土如图1.5(b)所示。即挖土机沿前进方向挖土，运输车辆停在侧面卸土。另一种是正向挖土，后方卸土如图1.5(a)所示，即挖土机沿前进方向挖土，运输车辆停在挖土机后方装土。此法挖土机卸土时动臂转角大、生产率低，运输车辆要倒车进入。一般在基坑窄而深的情况下采用。

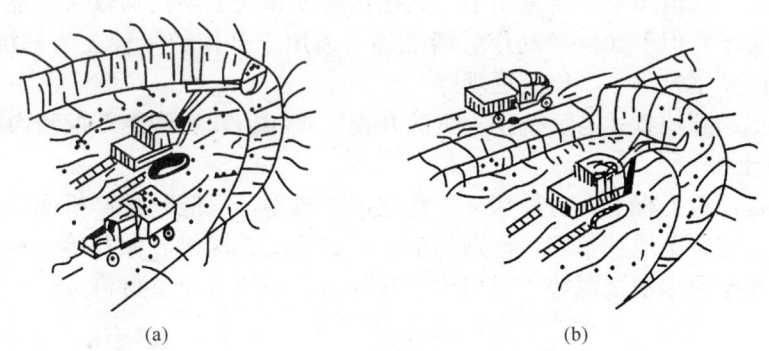

图1.5 正铲挖土机卸土方式

(a)正向挖土，后方卸土；(b)正向挖土，侧向卸土

2) 反铲挖土机

反铲挖土机的挖土特点是：后退向下，强制切土。其挖掘力比正铲小，能开挖停机面以下的一至三类土(机械传动反铲只宜挖一至二类土)。适用于一次开挖深度在4m左右的基坑、基槽和管沟，也可用于地下水位较高的土方开挖；在深基坑开挖中，依靠止水挡土结构或井点降水，反铲挖土机通过下坡道，采用台阶式接力方式挖土也是常用方法。

反铲挖土机的开挖方式有沟端开挖和沟侧开挖两种如图1.6所示。沟端开挖，就是挖土机停在基坑（槽）的端部，向后倒退挖土，汽车停在基槽两侧装土。沟侧开挖，就是挖土机沿基槽的一侧直线移动，边走边挖土。

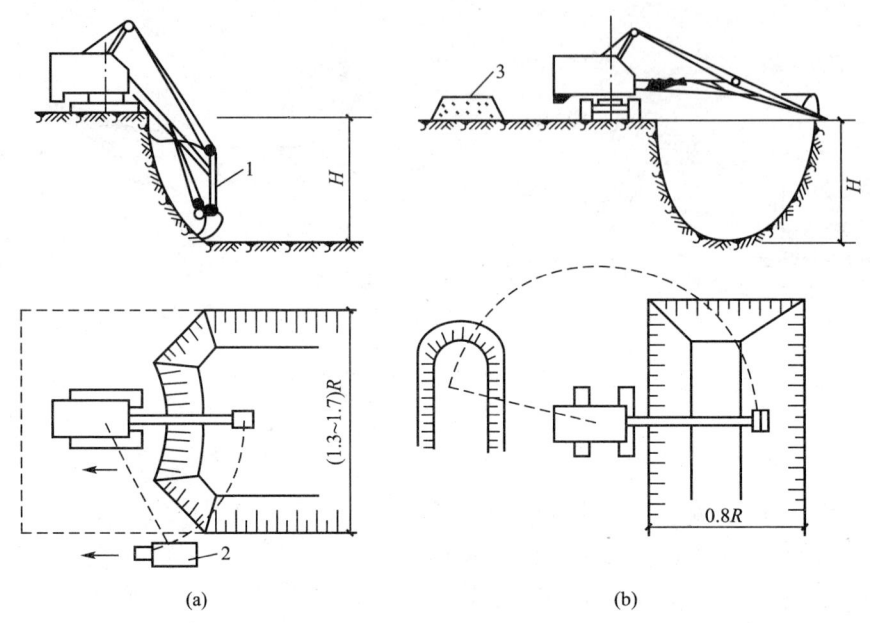

图1.6　反铲挖土机的开挖方式
（a）沟端开挖；（b）沟侧开挖
1—反铲挖土；2—自卸汽车；3—弃土堆

3）拉铲挖土机

挖土特点是：后退向下，自重切土；其挖土深度和挖土半径均较大，能开挖停机面以下的一类和二类土，但不如反铲动作灵活准确。适用于开挖较深较大的基坑（槽）、沟渠，挖取水中泥土以及填筑路基，修筑堤坝等。

拉铲挖土机的开挖方式与反铲挖土机的开挖方式相似，有沟侧开挖和沟端开挖两种。

4）抓铲挖土机

挖土特点是：直上直下，自重切土。其挖掘力较小，只能开挖停机面以下的一类和二类土。适用于开挖软土地基基坑，特别是窄而深的基坑、深槽、深井等；抓铲还可用于疏通旧有渠道以及挖取水中淤泥等，或用于装卸碎石、矿渣等松散材料。

1.2　场地平整土方施工

场地平整就是将自然地面改造成为设计所要求的平面的过程，是根据建筑施工总平面图规定的标高，通过测量，计算出挖填土方工程量，设计土方调配方案，组织人力或机械进行平整工作。

1.2.1　场地平整的施工工艺流程

场地平整一般施工工艺流程为：现场勘察→清除地面障碍物→标定整平范围→设置水

准基点→设置方格网、测量标高→计算土方挖填工程量→编制土方调配方案→挖、填土方→场地碾压→验收。

场地平整前,施工人员应到工程施工现场进行勘察,了解地形、地貌和周围环境,根据建筑总平面图了解、确定场地平整的大致范围;拆除施工场地上的旧有房屋和坟墓,拆迁或改建通信、电力设备、上下水道以及地下建筑物,迁移树木,去除耕植土及河塘淤泥等。然后根据建筑总平面图要求的标高,从基准水准点引进基准标高作为场地平整的基点。

特别提示

此项工作由由业主委托有资质的拆卸拆除公司或建筑施工公司完成,发生费用由业主承担。

1.2.2 计算场地平整土方量

建筑场地挖、填方厚度在 30mm 以内的人工平整不涉及土方量的计算问题。这里计算的是挖、填厚度超过 30mm 时的场地挖、填土方量。应按建筑总平面图中的设计标高进行计算。

场地土方量的计算方法,通常有方格网法和断面法两种。方格网法适用于地形较为平坦、面积较大的场地,断面法计算精度较低,多用于地形起伏变化较大或地形狭长的地带。

1. 方格网法

1)划分方格网并计算场地各方格角点的施工高度

在地形图(一般用 1/500 的地形图)上将场地划分为边长 $a=10\sim40\mathrm{m}$ 的若干方格,尽量与测量的纵横坐标网对应,如图 1.7 所示。在各方格角点规定的位置上标注角点的自然地面标高(H)和设计标高(H_n),角点设计标高与自然地面标高的差值即各角点的施工高度,可表示为

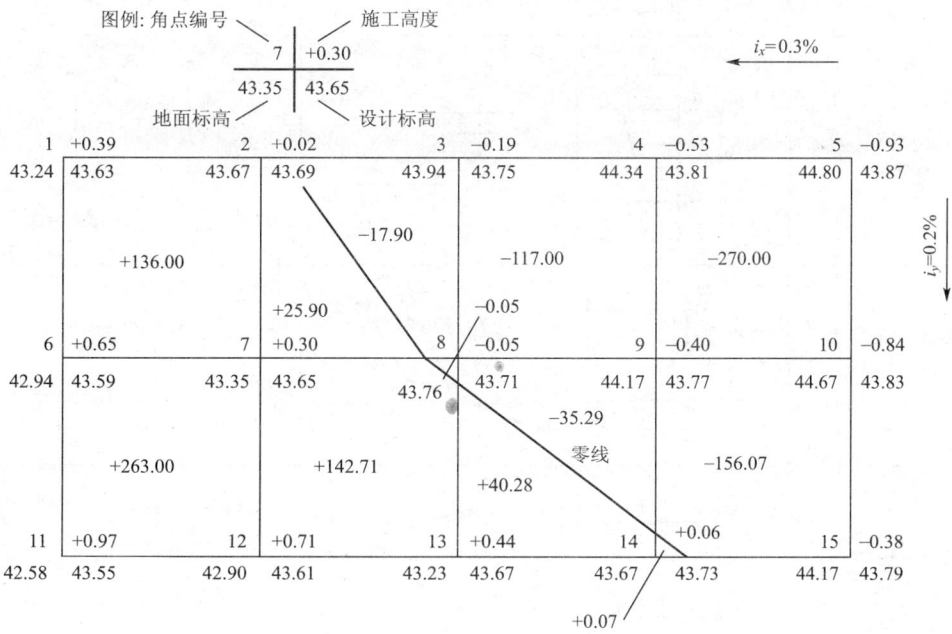

图 1.7 方格网法计算土方工程量图

$$h_n = H_n - H \tag{1-7}$$

式中 h_n——角点施工高度即填挖高度(以"+"为填,"-"为挖);

n——方格的角点编号(自然数列 1, 2, 3, …, n);

H_n——角点的设计标高;

H——角点的自然地面标高。

2) 计算"零点"位置,确定零线

找到一端施工高程为"+",若另一端为"-"的方格网边线,沿其边线必然有一不挖不填的点,即为"零点",如图 1.8 所示。将方格网中各相邻的零点连接起来,即为不开挖的零线。零线将场地划分为挖方和填方两个部分。

零点的位置按式(1-8)计算:

$$x = \frac{ah_1}{h_1 + h_2} \tag{1-8}$$

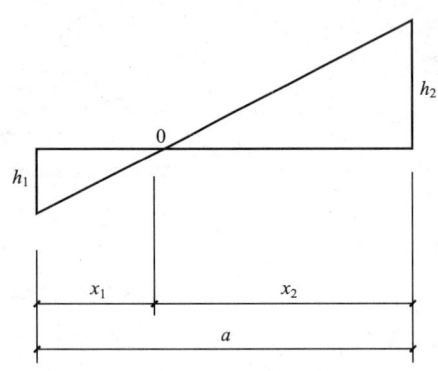

图 1.8 零点位置计算示意图

3) 计算方格土方工程量

常用方格网点计算公式见表 1-3,逐格计算每个方格内的挖方量或填方量。

表 1-3 常用方格网点计算公式

项 目	图 示	计算公式
一点填方或挖方(三角形)		$V = \frac{1}{2}bc\frac{\sum h}{3} = \frac{bch_3}{6}$ 当 $b = c = a$ 时,$V = \frac{a^2 h_3}{6}$
两点填方或挖方(梯形)		$V_+ = \frac{b+c}{2}a\frac{\sum h}{4}$ $= \frac{a}{8}(b+c)(h_1+h_3)$ $V_+ = \frac{d+e}{2}a\frac{\sum h}{4}$ $= \frac{a}{8}(d+e)(h_2+h_4)$
三点填方或挖方(五角形)		$V = \left(a^2 - \frac{bc}{2}\right)\frac{\sum h}{5}$ $= \left(a^2 - \frac{bc}{2}\right)\frac{h_1+h_2+h_4}{5}$
四点填方或挖方(正方形)		$V = \frac{a^2}{4}\sum h$ $= \frac{a^2}{4}(h_1+h_2+h_3+h_4)$

4)边坡土方量计算

场地的挖方区和填方区的边沿都需要做成边坡,以保证挖方土壁和填方区的稳定。边坡的土方量可以划分成两种近似的几何形体进行计算,一种为三角棱锥体如图1.9所示中①~③、⑤~⑪;另一种为三角棱柱体如图1.9所示中④。

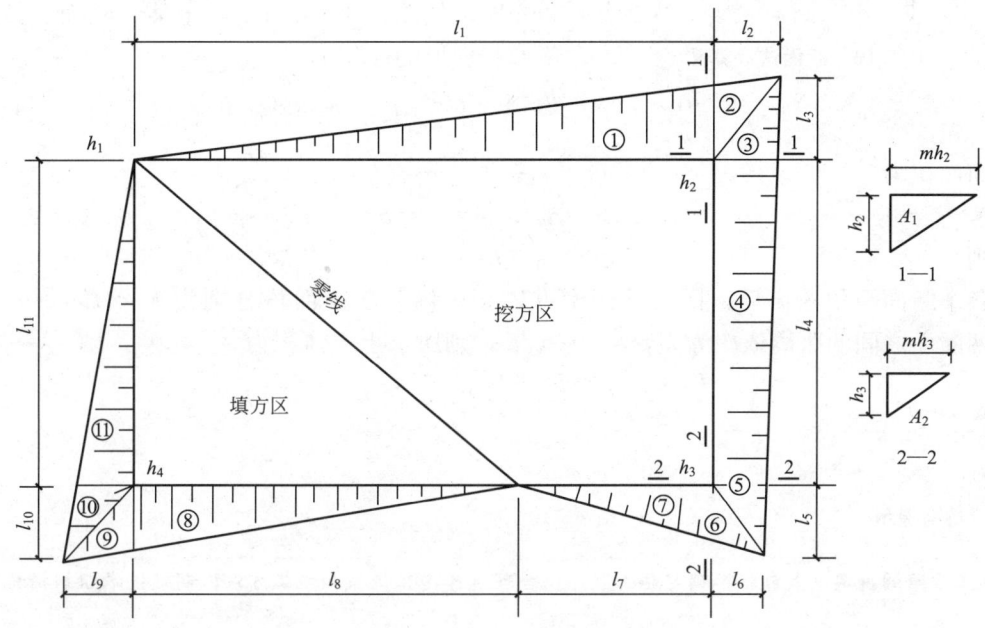

图1.9 场地边坡平面示意图

三角棱锥体边坡体积为

$$V_1 = \frac{1}{3} A_1 l_1 \tag{1-9}$$

式中 l_1——边坡①的长度;
A_1——边坡①的端面积;
h_2——角点的挖土高度;
m——边坡的坡度系数,m=宽/高。

三角棱柱体边坡体积为

$$V_4 = \frac{A_1 + A_2}{2} l_1 \tag{1-10}$$

两端横断面面积相差很大的情况下,边坡体积为

$$V_4 = \frac{l_4}{6}(A_1 + 4A_0 + A_2) \tag{1-11}$$

式中 l_4——边坡④的长度;
A_0、A_1、A_2——边坡④两端及中部横断面面积。

5)计算土方总量

将挖方区(或填方区)所有方格计算的土方量和边坡土方量汇总,即得该场地挖方和填方的总土方量。

2. 断面法计算土方量

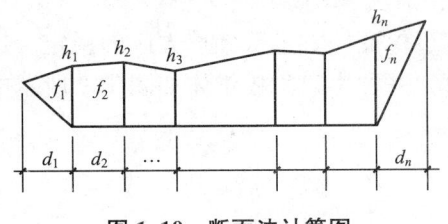

图 1.10 断面法计算图

沿场地的纵向或相应方向取若干个相互平行的断面(可利用地形图定出或实地测量定出),将所取的每个断面(包括边坡)划分成若干个三角形和梯形,如图 1.10 所示,对于某一断面,其中三角形和梯形的面积为

$$f_1 = \frac{h_1}{2}d_1 \quad f_2 = \frac{h_1+h_2}{2}d_2 \quad \cdots; \quad f_n = \frac{h_n}{2}d_n \tag{1-12}$$

该断面面积为
$$F_i = f_1 + f_2 + \cdots f_n$$

若
$$d_1 = d_2 = \cdots = d_n = d$$

则
$$F_i = d(h_1 + h_2 + \cdots + h_n) \tag{1-13}$$

各个断面面积求出后,即可计算土方体积。设各断面面积分别为 F_1,F_2,$\cdots$,F_n,相邻两断面之间的距离依次为 l_1,l_2,$\cdots$,l_n,则所求土方体积为

$$V = \frac{F_1+F_2}{2}l_1 + \frac{F_2+F_3}{3}l_2 + \cdots + \frac{F_{n-1}+F_n}{2}l_n \tag{1-14}$$

**特别提示**

施工方案的确定一般包括:确定施工顺序,合理选择施工机械和施工方法,制定技术组织措施等。

1.2.3 编制土方调配方案

土方调配就是对挖出来的土需运到何处,填方的土应取自何方,进行统筹安排。在土方工程量计算完成后,即可着手对土方进行平衡与调配。

编制土方调配方案应根据地形及地理条件,把挖方区和填方区划分成若干个调配区,计算各调配区的土方量,并计算每对挖、填方区之间的平均运距(即挖方区重心至填方区重心的距离),确定挖方各调配区的土方调配方案,应使土方总运输量最小或土方运输费用最少,而且便于施工,从而可以缩短工期、降低成本。

1. 土方调配的原则

(1) 应力求达到挖、填平衡和运输量最小的原则。应根据场地和其周围地形条件综合考虑,必要时可在填方区周围就近借土,或在挖方区周围就近弃土,而不是只局限于场地以内的挖、填平衡,这样才能做到经济合理。

(2) 应考虑近期施工与后期利用相结合的原则。当工程分期分批施工时,先期工程的土方余额应结合后期工程的需要而考虑其利用数量与堆放位置,以便就近调配。堆放位置的选择应为后期工程创造良好的工作面和施工条件,力求避免重复挖运。如先期工程有土方欠额时,可由后期工程地点挖取。

(3) 尽可能与大型地下建筑物的施工相结合。当大型建筑物位于填土区而其基坑开挖的土方量又较大时,为了避免土方的重复挖、填和运输,该填土区暂时不予填土,待地下建筑物施工之后再行填土。为此,在填方保留区附近应有相应的挖方保留区,或将附近挖方工程的余土按需要合理堆放,以便就近调配。

(4) 调配区大小的划分应满足主要土方施工机械工作面大小（如铲运机铲土长度）的要求，使土方机械和运输车辆的效率能得到充分发挥。

总之，进行土方调配，必须根据现场的具体情况、有关技术资料、工期要求、土方机械与施工方法，结合上述原则，予以综合考虑，从而做出经济合理的调配方案。

2. 土方调配的步骤与方法

步骤一：划分调配区。

在场地平面图上先划出挖、填区的分界线（零线），然后在挖方区和填方区适当地分别划出若干个调配区，如图1.11所示。

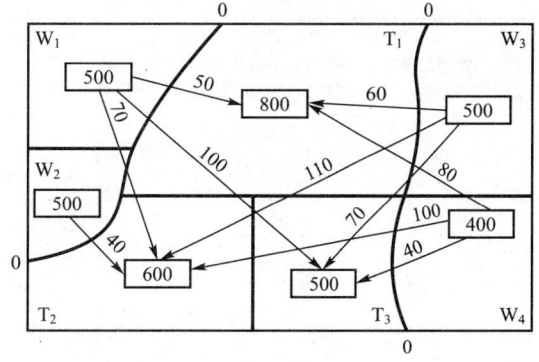

图1.11 各调配区的土方量和平均运距

 **特别提示**

划分调配区应注意以下几点。
(1) 划分应与建筑物的平面位置相协调，并考虑开工顺序、分期开工顺序。
(2) 调配区的大小应满足土方机械的施工要求。
(3) 调配区范围应与场地土方量计算的方格网相协调，一般可由若干个方格组成一个调配区。
(4) 当土方运距较大或场地范围内土方调配不能达到平衡时，可考虑就近借土或弃土，一个借土区或一个弃土区可作为一个独立的调配区。

步骤二：计算各调配区的土方量，并将它标注于图上。

步骤三：求出每对调配区之间的平均运距。

平均运距即挖方区土方重心至填方区土方重心的距离。取场地或方格网中的纵横两边为坐标轴，以一个角作为坐标原点，分别求出各区土方的重心坐标 X_0、Y_0，即

$$X_0 = \frac{\sum V_i x_i}{\sum V_i} \quad Y_0 = \frac{\sum V_i y_i}{\sum V_i} \tag{1-15}$$

式中　x_i、y_i——i 块方格的重心坐标；
　　　V_i——i 块方格的土方量。

填、挖方区之间的平均运距 L 为

$$L = \sqrt{(X_{0W} - X_{0T})^2 + (Y_{0W} - Y_{0T})^2} \tag{1-16}$$

式中　X_{0W}、Y_{0W}——挖方区的重心坐标；
　　　X_{0T}、Y_{0T}——填方区的重心坐标。

当填、挖方调配区之间的距离较远，采用自行式铲运机或其他运土工具沿现场道路或规定路线运土时，其运距应按实际情况进行计算。

步骤四：用"最小元素法"编制初始调配方案。

 应用案例1-2

已知某场地的挖方区为 W_1、W_2、W_3，填方区为 T_1、T_2、T_3，其挖填方量如图1.11所示，其每一

调配区的平均运距如图 1.11 和见表 1-4。试用"最小元素法"编制初始调配方案。

表 1-4 土方平衡运距离表

挖方区	填方区			挖方量 /m³
	T_1	T_2	T_3	
W_1	50 X_{11}	70 X_{12}	100 X_{13}	500
W_2	70 X_{21}	40 X_{22}	90 X_{23}	500
W_3	60 X_{31}	110 X_{32}	70 X_{33}	500
W_4	80 X_{41}	100 X_{42}	40 X_{43}	400
填方量/m³	800	600	500	∑=1900

注：表中小方格内的数字为平均运距，单位为 m；X_{ij} 表示 i 挖方区调入 j 填方区的土方量，单位为 m³。

先在运距表小方格中找一个最小数值。找出来后确定此最小运距离所对于的土方力量，使其尽可能的大。运距可用 C_{ij} 表示。由表中可知 $C_{22}=C_{43}=40$ 最小，在这两个最小运距中任取一个，现取 $C_{43}=40$，所对应的需调配的土方量 X_{43}，从表中表明对应 X_{43} 最大的挖方量是 400，即把 W_4 挖方区的土方全部调到 T_3 填方区，而 W_4 的土方全部运往 T_3，就不能满足 X_{41}、X_{42} 的需要了，所以 $X_{41}=X_{42}=0$。将 400 填入 X_{43} 格内，同时将 X_{41}、X_{42} 格内画上一个"×"号，然后在没有填上数字和"×"号的方格内再选一个运距最小的方格，即 $C_{22}=40$，便可确定 $X_{22}=500$，同时使 $X_{21}=X_{23}=0$。此时，又将 500 填入 X_{22} 格内，并在 X_{21}、X_{23} 格内画上"×"号。重复上述步骤，依次确定 X_{ij} 其余的数值，最后得出见表 1-5 的初始调配方案。

表 1-5 初始调配方案

挖方区、填方区	T_1	T_2	T_3	挖方量 (100 m³)
W_1	500 50 50	×⁻ 70 **100**	×⁺ 100 **60**	500
W_2	×⁺ 70 **−10**	500 40 40	×⁺ 90 **0**	500
W_3	300 60 60	100 110 110	70 70	500
W_4	×⁺ 80 **30**	×⁺ 100 **80**	40 40	400
填方量(100 m³)	800	600	500	1900

步骤五：用"表上作业法"确定最优调配方案。

表上作业法是设法求得无调配土方方格的检验数 λ_{ij}，判别 λ_{ij} 是否非负，如所有 $\lambda_{ij} \geqslant 0$，则方案为最优方案，否则该方案不是最优方案，需要进行调整。即

$$\lambda_{ij} = C_{ij} - C'_{ij} \tag{1-17}$$

式中　λ_{ij}——检验数；
　　　C_{ij}——实际运距；
　　　C'_{ij}——假想运距。

知识链接

有调配土方方格的假想运距为

$$C'_{ij} = C_{ij} \tag{1-18}$$

无调配土方方格的假想运距可利用已知的假想运距 C_{ij}，寻找表 1-5 中适当的方格构成一个矩形，利用对角线上的假想运距之和相等逐个求解未知的，最终得到所有的 C'_{ij}，见表 1-5。其中未知的 C'_{ij}（加粗斜体字）为通过如图的对角线和相等得到。

表中只要将无调配土方的方格右边两小格的数字上下相减即可得到 λ_{ij}。如：$\lambda_{21} = 70 - (-10) = +80$，$\lambda_{12} = 70 - 100 = -30$。将计算结果填入表 1-6 中无调配土方"×"的右上角，但只写出各检验数的正负号，因为根据前述判别法则，只有检验数的正负号才能判别是否是最优方案。表中出现了负检验数，说明初始方案不是最优方案，需要进一步调整。

步骤六：方案的调整。

（1）在所有负检验数中选一个（一般可选最小的一个），本例中负的是 C_{12}，将它所对应的变量 X_{12} 作为调整对象。

（2）找出 X_{12} 的闭回路。其作法是：从 X_{12} 格出发，沿水平与竖直方向前进，遇到适当有数字的方格作 90°转弯（也可不转弯），然后继续前进，以此类推，有限步后便能回到出发点，形成一条以有数字的方格为转角点的、用水平和竖直线联起来的闭合回路，见表 1-6。

表 1-6　最优调配方案

挖方区、填方区	T_1	T_2	T_3	挖方量 (100m³)
W_1	400	50 / 100 / 70	70 / 70	×⁺ / **60** / 100	500
W_2	×⁺ / **20**	70 / 500 / 40	×⁺ / **30** / 90	500
W_3	400	60 / 60	×⁺ / **80** / 110	100 / 70	500
W_4	×⁺ / **30** / 80	×⁺ / **50** / 100	400 / 40	400
填方量(100m³)	800	600	500	1900

(3) 从空格 X_{12}（其转角次数为零偶数）出发，沿着闭合回路（方向任意转角次数逐次累加）一直前进，在各奇数次转角点的数字中，挑出一个最小的（本表即为 500、100 中选 100），将它由 X_{32} 调到 X_{12} 方格中（即空格中）。

(4) 将 100 填入 X_{12} 方格中，被挑出的 X_{32} 为 0（该格变为空格）；同时将闭合回路上其他奇数次转角上的数字都减去 100，偶数转角上数字都增加 100，使得填挖方区的土方量仍然保持平衡，这样调整后，便可得到表 1-6 的新调配方案。

对新调配方案，再进行检验，看其是否已是最优方案。如果检验数中仍有负数出现，那就按上述步骤继续调整，直到找出最优方案为止。表 1-6 中所有检验数均为正号，故该方案即为最优方案。

将表中的土方调配数值绘成土方调配如图 1.12 所示，图中箭杆上数字为调配区之间的运距，箭杆下数字为最终土方调配量。

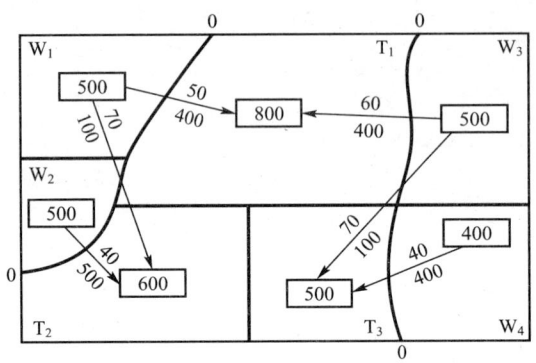

图 1.12 最优方案土方调配图

最佳方案与初始方案的运输量比较如下：

初始调配方案总土方运输量为

$$Z_1 = 500 \times 50 + 500 \times 40 + 300 \times 60 + 100 \times 110 + 100 \times 70 + 400 \times 40 = 97000 (m^3 \cdot m)$$

最优调配方案总土方运输量为

$$Z_2 = 400 \times 50 + 100 \times 70 + 500 \times 40 + 400 \times 60 + 100 \times 70 + 400 \times 40 = 94000 (m^3 \cdot m)$$

$$Z_2 - Z_1 = 94000 - 97000 = -3000 (m^3 \cdot m)$$

即调整后总运输量减少了 $3000(m^3 \cdot m)$。

**特别提示**

土方调配的最优方案不止一个，这些方案调配区或调配土方量可以不同，但它们的总土方运输量都是相同的，有若干最优方案可以提供更多的选择余地。

1.2.4 场地平整的施工机械和施工方法

一般场地平整多采用机械施工辅以部分人工进行。运距在 100～200m 范围内，可采用推土机进行平整。推土机的类型和功率，可根据土方量、工期和机械费用综合考虑确定。对地形起伏不大，土的含水量不大于 27% 的一类至三类土，平均运距在 1000m 以内时，场地平整采用铲运机较适宜。对场地中有小土丘等高出地面较多时，宜采用正铲挖掘机挖土，再配合推土机推平。如遇河沟淤泥则应以反铲挖掘机挖土。机械的型号与功率根据土方量和土的坚实程度确定。

1.3 基坑（槽）开挖

在场地平整工作完成后，就可进行基坑（槽）的开挖。

1.3.1 施工准备

基坑(槽)开挖前通常需要完成以下施工准备工作：熟悉与审查图纸；编制基坑(槽)施工方案；建筑物定位放线；修筑临时设施和道路；排除地面水等。

1. 熟悉与审查图纸

在进行基坑(槽)开挖前，各专业主要人员要对图纸进行熟悉和综合审查。熟悉地质水文勘探资料，了解基础形式、工程规模、结构形式、特点、工程量和质量要求；弄清地下管线、构筑物与地基的关系，进行图纸会审。

 特别提示

图纸会审主要是核对平面尺寸和标高，核对各专业图纸间有无矛盾和差错。

2. 编制施工方案

根据施工组织设计规定和现场实际条件，制定基坑(槽)开挖施工方案。

 **知识链接**

确定施工方案一般包括：确定施工顺序，确定边坡坡度或支护方案，确定施工排水或降水方案，合理选择施工机械和施工方法，制订技术组织措施等。

3. 建筑物定位与放线

1) 定位

将建筑设计总平面图中建筑物外轮廓的轴线交点测定到地面上，用木桩标定出来，木桩顶部钉小钉指示点位，这些桩称为角桩(轴线桩)，然后根据角桩进行细部测定。为进一步控制各轴线位置，应将主要轴线延长引测到安全地点并作出标志，称为控制桩。

为便于开槽后施工各阶段的轴线位置控制，应将轴线引测到龙门板上或引测到混凝土桩墩上，用轴线钉标定。龙门板顶部标高一般为±0.000m，以便控制挖基槽和基础施工时的标高，如图1.13所示。

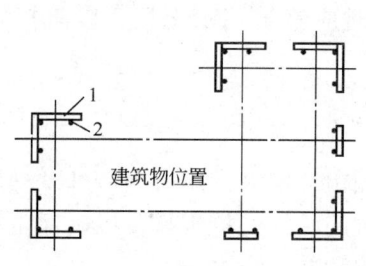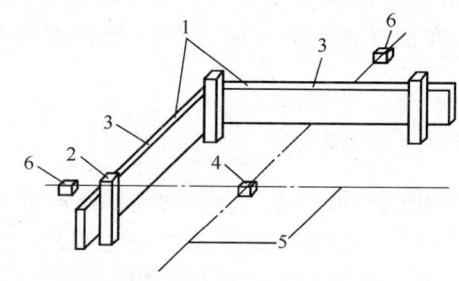

图 1.13 龙门板的设置

1—龙门板(标志板)；2—龙门桩；3—轴线钉；
4—轴线桩(角桩)；5—轴线；6—控制桩(引桩、保险桩)

2) 放线

根据定位确定的轴线位置，用石灰画出基槽(坑)开挖的边线，基槽(坑)上口尺寸应根据基础的设计尺寸和埋置深度、土类别及地下水等情况，并结合留置工作面或放坡条件确定，如图1.14所示。

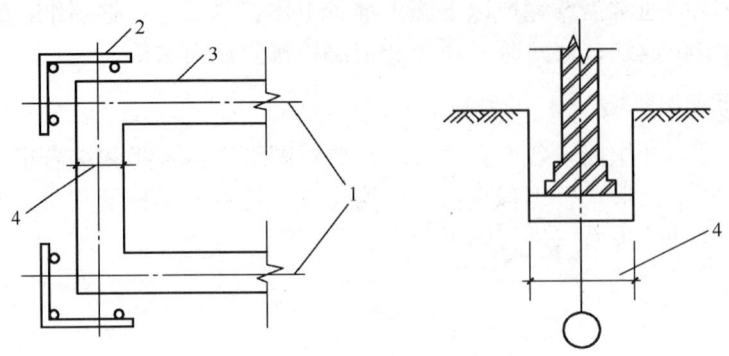

图1.14 放线示意图

1—墙(柱)轴线；2—龙门板；3—白灰线(基础边线)；4—基槽宽度

工作面的留置要求为：砖基础不小于150mm，混凝土及钢筋混凝土基础为300mm。

4. 修筑临时设施和道路

修筑临时道路及供水、供电等临时设施，做好材料、机具及挖土机械的进场工作。

5. 排除地面水

为保证施工场地干燥，以利于定位放线和基坑开挖，应将场地内低洼地区的积水排除，同时应注意雨水的排除。地面水的排除一般采用排水沟、截水沟、挡水土坝等措施。

临时性排水设施应尽量与永久性排水设施结合考虑，利用自然地形设置排水沟。主排水沟最好设置在施工区域的边缘或道路的两旁，其横断面和纵向坡度应根据最大流量确定。一般排水沟的横断面不小于0.5m×0.5m，纵向坡度一般不小于0.2%。

在山区进行基础施工时，应在较高一面的山坡上开挖截水沟，且距边坡边缘不应小于5m。在低洼地区施工时，除开挖排水沟外，必要时应修筑挡水土坝，以阻挡雨水的流入。

1.3.2 基坑降水方法

由于基坑经水浸泡后会导致地基承载能力的下降和边坡塌方，所以当设计基础底面低于地下水位，要提前采取降水措施，使基坑在开挖中坑底始终保持干燥，以确保工程质量和施工安全。降低地下水位的常用方法有集水井明排法和井点降水法。

1. 集水井明排法

当基坑(槽)挖至接近地下水位时，在坑底两侧或四周设置具有一定坡度的排水明沟，在基坑四角或每30～40m设置集水井，使水由排水沟流入集水井内，然后用水泵抽出坑外如图1.15所示。

1)集水井及明沟的设置

四周的排水沟及集水井一般应设置在基础 0.4m 以外,地下水流的上游。沟边缘离开边坡坡脚不应小于 0.3m;明沟排水沟沟底宽不宜小于 0.3m,地面比挖土面低 0.3~0.4m,排水纵坡控制在 0.1%~0.2%以内。集水井的直径或宽度,一般为 0.6~0.8m;其深度随着挖土的加深而加深,要始终低于挖土面 0.7~1.0m,井壁可用竹、木等简易加固。当基坑挖至设计标高后,井底应低于坑底 1~2m,并铺设 0.3m 碎石滤水层,以免在抽水时将泥沙抽出,并防止井底的土被搅动。坑壁必要时可用竹、木等材料加固。

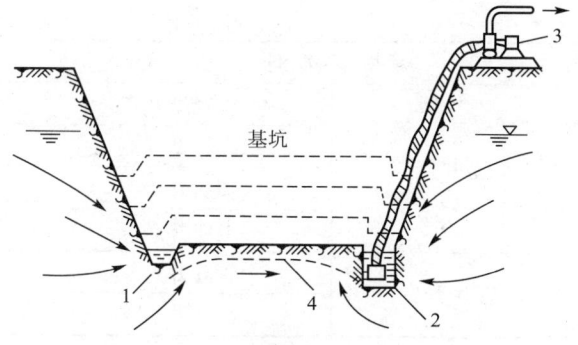

图 1.15 明沟、集水井排水
1—排水明沟;2—集水井;3—水泵;4—降低后的地下水位

特别提示

明沟排水法适用于水流较大的粗粒土层的排水、降水,也可用于渗水量较小的黏性土层降水,但不适宜于细砂土和粉沙土层,因为地下水渗出会带走细粒而发生流沙现象。

2)水泵的选用

集水明沟排水是用水泵从集水井中抽水,常用的水泵有潜水泵、离心泵和泥浆泵。选用水泵的抽水量为基坑涌水量的 1.5~2 倍。

知识链接

流沙现象:当开挖深度大、地下水位较高而土质为细沙或粉沙时,如果采用集水井法降水开挖,当挖至地下水位以下时,坑底下面的土会形成流动状态,随地下水涌入基坑,这种现象称为流沙。

如果土层中产生局部流沙现象,应采取减小动水压力的处理措施,使坑底土颗粒稳定,不受水压干扰。其方法有:

(1)安排枯水期施工,使最高地下水位不高于坑底 0.5m。
(2)水中挖土时,不抽水或减少抽水,保持坑内水压与地下水压基本平衡。
(3)采用井点降水法、打板桩法、地下连续墙法防止流沙产生。

2. 井点降水法

井点降水法就是在基坑开挖前,预先在基坑四周埋设一定数量的滤水管(井),在基坑开挖前和开挖过程中,不断抽出地下水,使地下水位降低到坑底 0.5m 以下如图 1.16 所示,直至基础工程施工结束为止的方法。井点降水法可使基坑始终保持干燥状态,从根本上消除流沙现象;降低地下水位后,由于土体固结,还能使土层密实,增加地基土的承载能力,基坑边坡也可陡些,从而减少土方量。

井点降水有轻型井点和管井井点两类。对不同类型的井点降水可根据土的渗透系数、降水深度、设备条件及经济性选用,可参见表 1-7 选择。其中轻型井点应用最为广泛。

表 1-7　各种井点的适用范围

井点类型		土层渗透系数(m/d)	降低水位深度(m)
轻型井点	一级轻型井点	0.1～50	3～6
	二级轻型井点	0.1～50	6～12
	喷射井点	0.1～5	8～20
	电渗井点	<0.1	根据选用的井点确定
管井类	管井井点	20～200	3～5
	深井井点	10～250	>15

1) 轻型井点设备

轻型井点设备由管路系统和抽水设备组成，如图 1.16 所示。

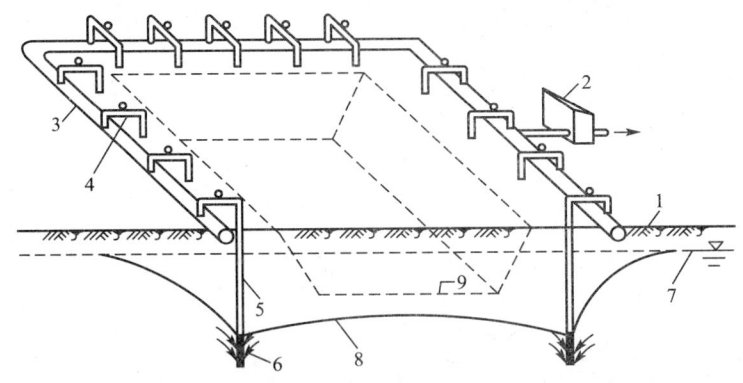

图 1.16　轻型井点法降低地下水位示意图
1—地面；2—水泵房；3—总管；4—弯联管；5—井点管；
6—滤管；7—原地下水位；8—降水后水位；9—基坑底

(1) 管路系统。它包括：滤管、井点管、弯联管及总管等。

① 滤管。滤管为进水设备，通常采用长 1.0～1.5m、直径 38mm 或 51mm 的无缝钢管，管壁钻有直径为 12～18mm 的呈梅花形排列的滤孔，滤孔面积为滤管表面积的 20%～25%。管壁外面包以两层孔径不同的滤网，内层为 30～50 孔/cm^2 的黄铜丝或尼龙丝布的细滤网，外层为 3～10 孔/cm^2 的同样材料粗滤网或棕皮。滤网外面再绕一层粗铁丝保护网，滤管下端为一铸铁塞头如图 1.17 所示。滤管上端与井点管连接。

② 井点管。井点管为直径 38mm 或 51mm、长 5～7m 的钢管，可整根或分节组成。井点管的上端用弯联管与总管相连。

③ 总管。总管为直径 100～127mm 的无缝钢管，每段长 4m，其上装有与井点管连接的短接头，间距为 0.8m～1.6m。

(2) 抽水设备。抽水设备常用的有真空泵、射流泵和隔膜泵井点设备。

2) 轻型井点的布置

井点系统的布置，应根据基坑大小与深度、土质、地下水位高低与流向、降水深度要求等而定。

(1) 平面布置。当基坑或沟槽宽度小于 6m，且降水深度不超过 5m 时，可用单排线状井点，布置在地下水流的上游一侧，两端延伸长度不小于坑槽宽度，如图 1.18 所示。

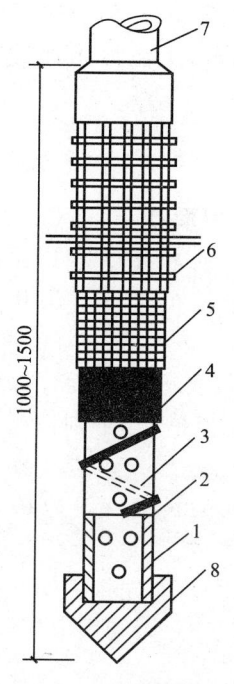
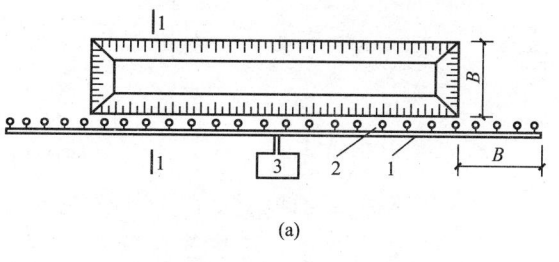
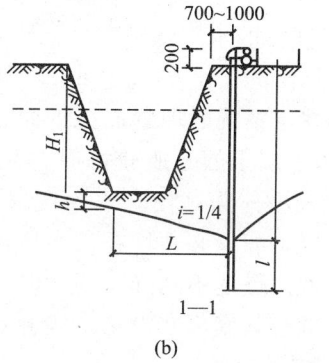

图 1.17 滤管构造

1—钢管；2—管壁上小孔；3—塑料管；
4—细滤网；5—粗滤网；6—粗铁丝
保护网；7—井点管；8—铸铁头

图 1.18 单排线状井点布置图

（a）平面布置图；（b）高程布置图
1—总管；2—井点管；3—抽水设备

当基坑或沟槽宽度大于 6m 或土质不良，则用双排线状井点，位于地下水流上游一排井点管的间距应小些，下游一排井点管的间距可大些。

当基坑面积较大时，基坑宜用环状井点，如图 1.19 所示，有时亦可布置成 U 形，以利于挖土机和运土车辆出入基坑。井点管距离基坑壁一般可取 0.7～1.2m，以防局部发生漏气。井点管间距一般为 0.8m、1.2m、1.6m，由计算或经验确定。井点管在总管四角部位适当加密。

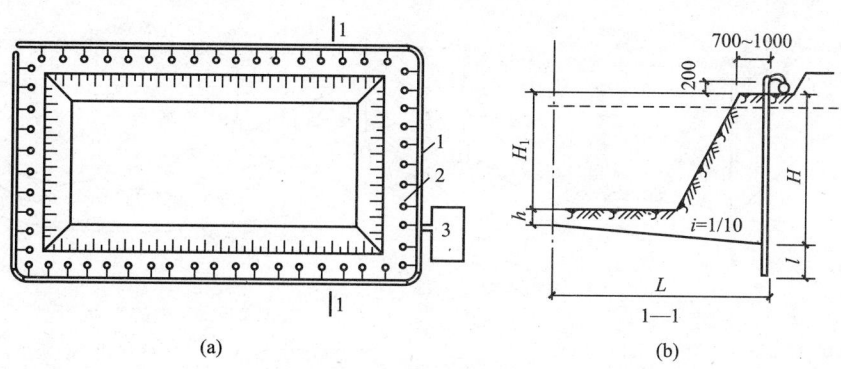

图 1.19 环形井点布置图

（a）平面布置；（b）高程布置
1—总管；2—井点管；3—抽水设备

(2)高程布置。轻型井点的降水深度,从理论上讲可达 10.3m,但由于管路系统的水头损失,其实际降水深度一般不超过 6m。井点管埋设深度 H(不包括滤管)按式(1-19)计算:

$$H = H_1 + h + iL \qquad (1-19)$$

式中 H_1——井点管埋设面至基坑底面的距离(m);

h——降低后的地下水位至基坑中心底面的距离,一般取 0.5~1.0m;

i——水力坡度,单排井点为 1/4,双排井点为 1/7,环状井点为 1/10;

L——井点管至基坑中心的水平距离,当井点管为单排布置时 L 为井点管至对边坡脚的水平距离。

根据上式算出的 H,如大于 6m,则应降低井点管抽水设备的埋置面,以适应降水深度要求。即将井点系统的埋置面接近原有地下水位线(要事先挖槽),个别情况下甚至稍低于地下水位(当上层土的土质较好时,先用集水井排水法挖去一层土,再布置井点系统),就能充分利用抽吸能力,使降水深度增加,井点管露出地面的长度一般为 0.2~0.3m 以便与弯联管连接,滤管必须埋在透水层内。

当一级轻型井点达不到降水要求时,可采用二级井点降水,即先挖去第一级井点所疏干的土,然后再在其底部装设第二级井点如图 1.20 所示。

3)轻型井点的计算

轻型井点的计算包括井点系统涌水量计算、井点管数量的计算、井点管间距的确定及抽水设备的选用。

(1)井点系统的涌水量计算。井点系统的涌水量,则是按水井理论进行计算。根据井底是否达到不透水层,水井可分为完整井与不完整井;凡井底到达含水层下面的不透水层顶面的井称为完整井,否则称为不完整井。根据地下水有无压力,又分为无压井与承压井,如图 1.21 所示。各类井的涌水量计算方法不同,其中以无压完整井的理论较为完善。

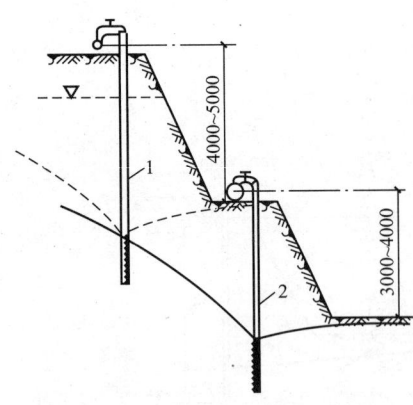

图 1.20 二级井点降水示意图
1——级井点降水;2—二级井点降水

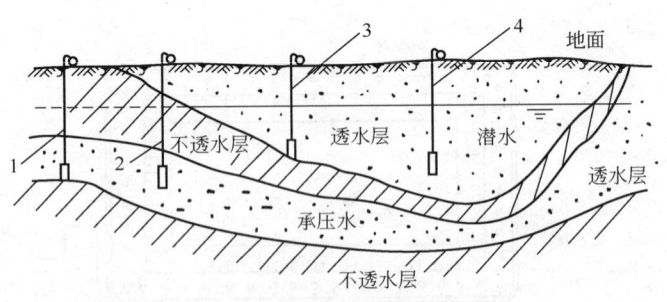

图 1.21 水井的分类
1—承压完整井;2—承压非完整井;
3—无压完整井;4—无压非完整井

① 无压完整井的环状井点系统涌水量。对于无压完整井[图 1.22(a)]的环状井点系统,涌水量计算公式为

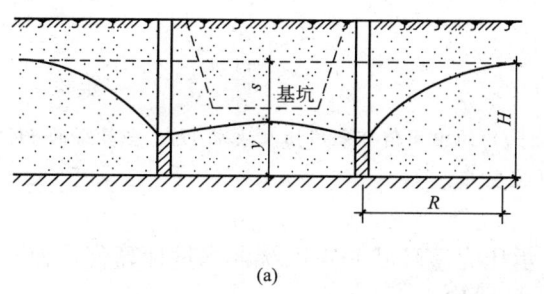
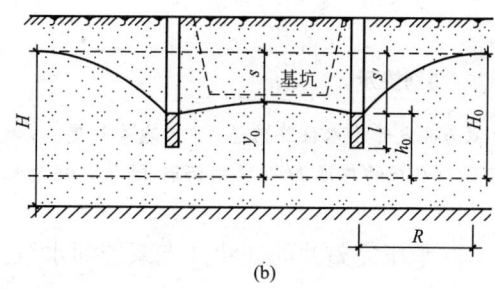

图 1.22 环状井点系统涌水量计算简图
(a) 无压完整井；(b) 无压非完整井

$$Q = 1.366K \frac{(2H-S)S}{\lg R - \lg x_0} \tag{1-20}$$

式中　Q——井点系统的涌水量，m^3/d；
　　　K——土的渗透系数，m/d，可以由实验室或现场抽水试验确定；
　　　H——含水层厚度，m；
　　　S——基坑中心降水深度，m；
　　　R——抽水影响半径，m；
　　　x_0——井点管围成的大圆井半径或矩形基坑环状井点系统的假想圆半径，m。

对于矩形基坑，当其长宽比不大于 5 时，可以将环状井点系统围成的不规则平面形状化成一个假想半径为 x_0 的圆井进行计算，计算结果符合工程要求。即

$$\pi x_0 = F \quad x_0 = \sqrt{\frac{F}{\pi}} \tag{1-21}$$

式中　F——环状井点系统包围的面积，m^2。

当矩形基坑的长宽比大于 5，或基坑宽度大于 2 倍的抽水影响半径 R 时就不能直接利用现有的公式进行计算，此时需将基坑分成几小块使其符合公式的计算条件，然后分别计算每小块的涌水量，再相加即得总涌水量。

抽水影响半径 R 系指井点系统抽水后地下水位降落曲线稳定时的影响半径，与土的渗透系数、含水层厚度、水位降低值及抽水时间等因素有关。在抽水 2~5d 后，水位降落漏斗基本稳定，此时抽水影响半径可近似地按下式计算：

$$R = 1.95S\sqrt{HK} \tag{1-22}$$

② 无压非完整井的环状井点系统涌水量。对于无压非完整井[图 1.22(b)]的环状井点系统，涌水量计算公式为

$$Q = 1.366K \frac{(2H_0-S)S}{\lg R - \lg x_0} \tag{1-23}$$

$$R = 1.95S\sqrt{H_0 K} \tag{1-24}$$

式中　H_0——有效含水深度。

有效深度 H_0 值，见表 1-8。

表 1-8　有效深度 H_0 值

$s'/(s'+l)$	0.2	0.3	0.5	0.8
H_0	$1.3(s'+l)$	$1.5(s'+l)$	$1.7(s'+l)$	$1.85(s'+l)$

特别提示

s' 为井点管中水位降落值；l 为滤管长度。$s'/(s'+l)$ 的中间值可采用插入法求 H_0。当算得的 H_0 大于实际含水层的厚度 H 时，则仍取 H 值，视为无压完整井。

③ 承压完整井的环状井点系统涌水量。承压完整环状井点系统涌水量计算公式为

$$Q=2.73K\frac{MS}{\lg R-\lg x_0} \tag{1-25}$$

式中 m——承压含水层深度，m。

(2) 计算井点管数量。确定井点管数量先要确定单根井管的出水量。单根井点管的最大出水量为

$$q=65\pi dl\sqrt[3]{K} \tag{1-26}$$

式中 d——滤管直径，m；

l——滤管长度，m；

K——渗透系数，m/d。

井点管最少数量由下式确定：

$$n=1.1\times\frac{Q}{q} \tag{1-27}$$

式中 1.1——考虑井点管堵塞等因素的放大备用系数。

(3) 确定井管间距。井点管最大间距为

$$D=\frac{L}{n} \tag{1-28}$$

式中 L——集水总管长度，m。

实际采用的井点管间距 D 应当与总管上接头尺寸相适应。即采用 0.8m、1.2m、1.6m 或 2.0m。

(4) 抽水设备的选用。真空泵按照总管长度选用，水泵按照涌水量大小选用，水泵抽水能力必须大于井点系统涌水量。

4) 轻型井点的施工

轻型井点的施工，大致包括准备工作、井点系统的埋设、使用及拆除几个过程。

(1) 准备工作。包括井点设备、动力、水源及必要材料的准备，排水沟的开挖，附近建筑物的标高观测以及防止附近建筑物沉降措施的实施。

(2) 井点系统的埋设。井点系统的埋设程序为：排放总管→埋设井点管→用弯联管将井点管与总管接通→安装抽水设备。

井点管的埋设一般用水冲法进行，并分为冲孔与埋管两个过程，如图 1.23 所示。冲孔时，先用起重设备将冲管吊起

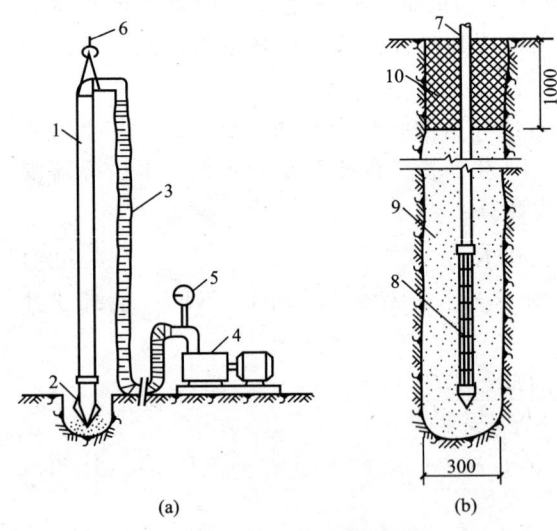

图 1.23 井点管的埋设
(a) 冲孔；(b) 埋管
1—冲管；2—冲嘴；3—胶管；4—高压水泵；
5—压力表；6—起重机吊钩；7—井点管；
8—滤管；9—粗砂；10—黏土封口

并插在井点的位置上，然后开动高压水泵，将土冲松，冲管则边冲边沉。冲孔直径一般为300mm，以保证井管四周有一定厚度的砂滤层，冲孔深度宜比滤管底深0.5m左右，以防冲管拔出时，部分土颗粒沉于底部而触及滤管底部。

井孔冲成后，立即拔出冲管，插入井点管，并在井点管与孔壁之间迅速填灌砂滤层，一般宜选用干净粗砂，填灌均匀，并填至滤管顶上1～1.5m，以保证水流畅通。井点填砂后，在地面以下0.5～1.0m范围内须用黏土封口，以防漏气。

井点管埋设完毕，应接通总管与抽水设备进行试抽水，检查有无漏水、漏气，出水是否正常，有无淤塞等现象，如有异常情况，应检修好后方可使用。

（3）井点管的使用。轻型井点使用时，应保证连续不断抽水，并准备双电源。正常出水规律是"先大后小，先混后清"。抽水时需要经常观测真空度以判断井点系统工作是否正常，若井点管淤塞，可从听管内水流声响；手扶管壁有振动感；夏、冬季手摸管子有夏冷、冬暖感等简便方法检查。如发现淤塞井点管太多，严重影响降水效果时，应逐根用高压水反向冲洗或拔出重埋。

（4）井点管的拆除。地下构筑物竣工并进行回填土后，方可拆除井点系统。拔出井点管多借助于环链葫芦、起重机等，所留孔洞用砂或土填实，对地基有防渗要求时，地面上2m应用黏土填实。

1.3.3 基坑边坡及基坑支护

1. 基坑边坡

在开挖基坑（槽）时，为防止塌方，保证施工安全和边坡稳定，其边沿应考虑放坡，如图1.24所示。

$$土方边坡坡度 = \frac{H}{B} = 1 : \frac{B}{H} = 1 : m$$

式中 m——坡度系数，$m = \frac{B}{H}$。

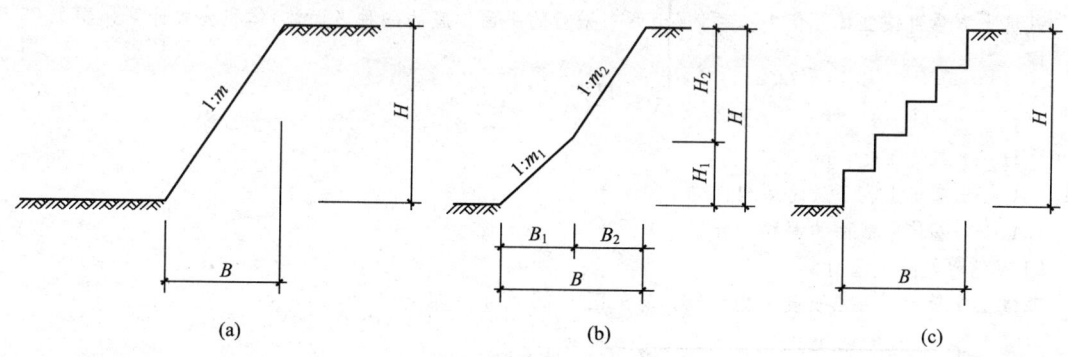

图1.24 基坑边坡

(a) 直线形；(b) 折线形；(c) 阶梯形

边坡坡度应根据土质、开挖深度、开挖方法、施工工期、地下水水位、坡顶荷载及气候条件等因素确定。一般情况下，黏性土的边坡可陡些，砂性土则应平缓些；当基坑附近有主要建筑物时，边坡应取1:1.0～1:1.5。

《土方和爆破工程施工及验收规范》规定，当地下水位低于基坑（槽）底面标高时，在天然湿度的土中开挖,且敞露时间不长,挖土深度不超过下列数值时,可不放坡、不支撑。

密实、中密的砂土和碎石类土,深度不大于1m;
硬塑、可塑的黏质砂土及砂质黏土,深度不大于1.25m;
硬塑、可塑的黏土和碎石类土,深度不大于1.5m;
坚硬的黏土,深度不大于2.0m。
挖方深度超过上述规定时,应考虑放坡或做成直立壁加支撑。

当地质条件良好,土质均匀且地下水位低于基坑(槽)或管沟底面标高时,挖方深度在5m以内且不加支撑的边坡最陡坡度可见表1-9。

表1-9 深度在5m内的基坑(槽)、管沟边坡的最陡坡度(不加支撑)

土的类别	边坡坡度(高:宽)		
	坡顶无荷载	坡顶有静载	坡顶有动载
中密的砂土	1:1.00	1:1.25	1:1.50
中密的碎石类土(充填物为砂土)	1:0.75	1:1.00	1:1.25
硬塑的粉土	1:0.67	1:0.75	1:1.00
中密的碎石类土(充填物为黏性土)	1:0.50	1:0.67	1:0.75
硬塑的粉质黏土、黏土	1:0.33	1:0.50	1:0.67
老黄土	1:0.10	1:0.25	1:0.33
软土(经井点降水后)	1:1.00	—	—

 知识链接

基坑(槽)开挖土方量计算

1)基坑土方量计算

基坑土方量可按立体几何中拟柱体(由两个平行的平面作底的一种多面体)体积公式计算如图1.25所示。即

$$V = \frac{H}{6}(A_1 + 4A_0 + A_2)$$

式中 H——基坑深度,m;
A_1、A_2——基坑上、下底的面积,m^2;
A_0——基坑中截面的面积,m^2。

2)基槽开挖土方量计算

基槽土方量计算可沿长度方向分段计算如图1.26所示。即

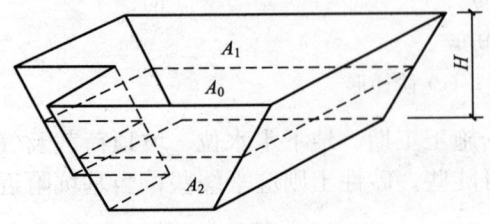

图1.25 基坑土方量计算

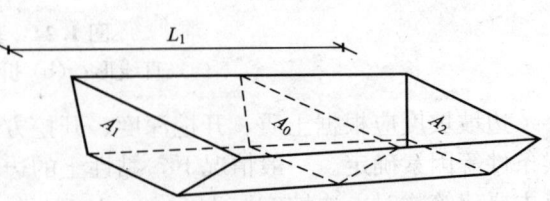

图1.26 基槽土方量计算

$$V_1 = \frac{L_1}{6}(A_1 + 4A_0 + A_2)$$

式中 V_1——第一段的土方量，m³；

L_1——第一段的长度，m。

2. 基坑支护

当基坑开挖采用放坡无法保证施工安全或场地无放坡条件时，一般采用支护结构临时支撑，以保证基坑施工安全。

1) 基槽的支撑方法

开挖较窄的基槽时，常采用横撑式钢木支撑。贴附于土壁上的挡土板，可水平铺设或垂直铺设，可断续铺设或连续铺设，如图1.27所示。

(1) 断续式水平支撑。挡土板水平放置，中间留出间隔，并在两侧同时对称立竖枋木，再用工具式或木横撑上下顶紧。适用于能保持直立壁的干土或天然湿度的黏土类土，地下水很少，深度在3m以内。

(2) 连续式水平支撑。挡土板水平连续放置，不留间隙，然后两侧同时对称立竖枋木，上下各顶一根撑木，端头加木楔顶紧。适用于较松散的干土或天然湿度的黏土类土，地下水很少，深度为3～5m。

(3) 连续或间断式垂直支撑。挡土板垂直放置，连续或留适当间隙，然后每侧上下各水平顶一根枋木，再用横撑顶紧。适用于土质较松散或湿度很高的土，地下水较少，深度不限。

2) 浅基坑的支撑方法

开挖浅基坑时，采用的支撑方法有斜撑支撑和锚拉支撑，如图1.28所示。

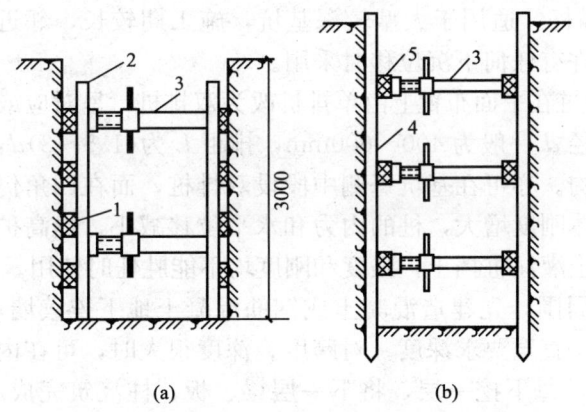

图1.27 横撑式支撑

(a) 断续式水平挡土板支撑；(b) 垂直挡土板支撑

1—水平挡土板；2—竖楞木；3—工具式横撑；4—垂直挡土板；5—横楞木

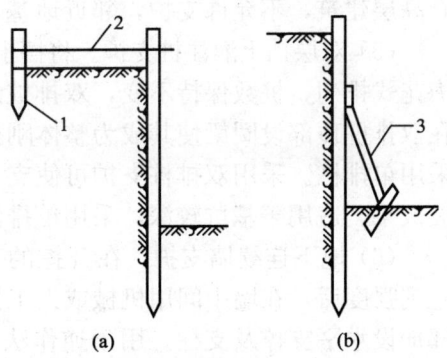

图1.28 浅基坑常用支撑形式

(a) 锚拉支撑；(b) 斜撑支撑

1—锚固桩；2—拉条；3—斜撑

(1) 斜撑支撑。水平挡土板钉在柱桩内侧，柱桩外侧用斜撑支顶，斜撑底端支在木桩上，在挡土板内侧回填土。适用于开挖较大型、深度不大的基坑或使用机械挖土。

(2) 锚拉支撑。水平挡土板支在柱桩的内侧，柱桩一端打入土中，另一端用拉杆与锚桩拉紧，在挡土板内侧回填土。适用于开挖较大型，深度不大的基坑或使用机械挖土，而不能安设横撑时使用。

3) 深基坑的支护方法

深基坑开挖时，采用的支护方法有型钢桩加挡板支护、钢板桩支护、灌注桩排桩支护、挡土灌注桩与土层锚杆结合支护、双层挡土灌注桩支护和地下连续墙支护和护坡桩加锚杆支护等。

(1) 型钢桩横挡板支护。挡土位置预先打入钢轨、工字钢或 H 型钢桩，间距 1～1.5m，然后边挖方，边将 3～6cm 厚的挡土板塞进钢桩之间挡土，并在横向挡板与型钢桩之间打入楔子，使横板与土体紧密接触。适用于地下水位较低，深度不很大的一般黏性或砂土层中应用。

(2) 钢板桩支护。在开挖基坑的周围打钢板桩或钢筋混凝土板桩，板桩入土深度及悬臂长度应经计算确定，如基坑宽度很大，可加水平支撑。适用于一般地下水、深度和宽度不很大的黏性砂土层中应用

(3) 灌注桩排桩支护。在开挖基坑的周围，用钻机钻孔，现场灌注钢筋混凝土桩，达到强度后，在基坑中间用机械或人工挖土，下挖 1m 左右装上横撑，在桩背面装上拉杆与已设锚桩拉紧，然后继续挖土至要求深度。在桩间土方挖成外拱形，使之起土拱作用。如基坑深度小于 6m，或邻近有建筑物，也可不设锚拉杆，采取加密桩距或加大桩径处理。适于开挖较大、较深(>6m)基坑，临近有建筑物，不允许支护，背面地基有下沉、位移时采用。

(4) 挡土灌注桩与土层锚杆结合支护。同挡土灌注桩支撑，但在桩顶不设锚桩锚杆，而是挖至一定深度，每隔一定距离向桩背面斜下方用锚杆钻机打孔，安放钢筋锚杆，用水泥压力灌浆，达到强度后，安上横撑，拉紧固定，在桩中间进行挖土，直至设计深度。如设 2～3 层锚杆，可挖一层土，装设一次锚杆。适用于大型较深基坑，施工期较长，邻近有高层建筑，不允许支护，邻近地基不允许有任何下沉位移时采用。

(5) 双层挡土灌注桩支护。将挡土灌注桩在平面布置上由单排桩改为双排桩，呈对应或梅花式排列，桩数保持不变，双排桩的桩径 d 一般为 400～600mm，排距 L 为 $(1.5～3)d$，在双排桩顶部设圈梁使其成为整体刚架结构。亦可在基坑每侧中段设双排桩，而在四角仍采用单排桩。采用双排桩支护可使支护整体刚度增大，桩的内力和水平位移减小，提高护坡效果。适用于基坑较深，采用单排混凝土灌注桩挡土，强度和刚度均不能胜任时使用。

(6) 地下连续墙支护。在开挖的基坑周围，先建造混凝土或钢筋混凝土地下连续墙，达到强度后，在墙中间用机械或人工挖土，直至要求深度。对跨度、深度很大时，可在内部加设水平支撑及支柱。用于逆作法施工，每下挖一层，将下一层梁、板、柱浇筑完成，以此作为地下连续墙的水平框架支撑，如此循环作业，直到地下室的底层全部挖完土，浇筑完成。适用于开挖较大、较深(>10m)、有地下水、周围有建筑物、公路的基坑，作为地下结构外墙的一部分，或用于高层建筑的逆作法施工，作为地下室结构的部分外墙。

(7) 护坡桩加锚杆支护。同挡土灌注桩支撑，但在桩顶不设锚桩锚杆，而是挖至一定深度，每隔一定距离向桩背面斜下方用锚杆钻机打孔，安放钢筋锚杆，用水泥压力灌浆，达到强度后，安上横撑，拉紧固定，在桩中间进行挖土，直至设计深。如设 2～3 层锚杆，可挖一层土，装设一次锚杆。适用于大型较深基坑，施工期较长，邻近有高层建筑，不允许支护，邻近地基不允许有任何下沉位移时采用。

(8) 土钉墙。土钉墙是一种边坡稳定式的支护，其作用与被动起挡土作用的上述围护墙不同，它是起主动嵌固作用，增加边坡的稳定性，使基坑开挖后坡面保持稳定。施工时，每挖深1.5m左右，挂细钢筋网，喷射细石混凝土面层厚50～100mm，然后钻孔插入钢筋(长10～15m，纵、横间距1.5m×1.5m)，加垫板并灌浆，依次进行直至坑底。基坑坡面有较陡的坡度。土钉墙适用于基坑侧壁安全等级宜为二级、三级的非软土场地；基坑深度不宜大于12m。

特别提示

基坑(槽)壁支护的形式，根据开挖深度、土质条件、地下水位、开挖方法、相邻建筑物或构筑物等情况进行选择设计。

1.3.4 基坑(槽)开挖机械的选择及开挖顺序

机械开挖应根据工程地下水位高低、施工机械条件、进度要求等合理地选用施工机械，以充分发挥机械效率，节省机械费用，加速工程进度。

1. 开挖机械的选择

1) 点式开挖

厂房的柱基及设备基础坑，因平面面积及土方量均不大，基坑坡度小，机械只能在地面上作业，一般选用反铲挖土机。

2) 线式开挖

大型厂房的柱列基槽和管沟，有一定的长度，当槽宽较小、地下水位较高时，可选用反铲挖土机。当槽宽较大且槽底土质干燥时，可选用正铲挖土机或推土机。

3) 面式开挖

高层建筑的深基坑，整片开挖面积大，根据地下水位情况和开挖深度可选用正铲挖土机或反铲挖土机。选用正铲挖土机开挖大面积基坑时，必须对挖土机作业时的开行路线和工作面进行设计，确定出开行次序和次数，称为开行通道。当基坑开挖深度较小时，可布置一层开行通道，基坑开挖时，挖土机开行三次。第一次开行采用正向挖土，后方卸土的作业方式；挖土机进入基坑要挖坡道，坡道的坡度为1∶8左右。第二、第三次开行时采用侧方卸土。

2. 开挖顺序

(1) 采用推土机开挖大型基坑(槽)时，一般应从两端或顶端开始(纵向)推土，把土推向中部或顶端，暂时堆积，然后再横向将土推离基坑(槽)的两侧。

(2) 采用铲运机开挖大型基坑(槽)时，应纵向分行、分层按照坡度线向下铲挖，但每层的中心线地段应比两边稍高一些，以防积水。

(3) 采用反铲、拉铲挖土机开挖基坑(槽)或管沟时，其施工方法有两种：一是挖土机从基坑(槽)或管沟的端头以倒退行驶的方法进行开挖；二是挖土机一面沿着基坑(槽)或管沟的一侧移动。

(4) 挖土机沿挖方边缘移动时，机械距离边坡上缘的宽度不得小于基坑(槽)或管沟深度的1/2。如挖土深度超过5m时，应按专业性施工方案来确定。

特别提示

挖掘机、运土汽车进出基坑的运输道路,应尽量利用基础一侧或两侧相邻的基础(以后需开挖的)部位,使它互相贯通作为车道,或利用提前挖除土方后的地下设施部位作为相邻的几个基坑开挖地下运输通道,以减少挖土量。

3. 挖土机及运土车辆的配套计算

基坑(槽)开挖采用单斗(反铲等)挖土机施工时,需用运土车辆配合,将挖出的土随时运走。因此,挖土机的生产率不仅取决于挖土机本身的技术性能,而且还应与所选运土车辆的运土能力相协调。为使挖土机充分发挥生产能力,应配备足够数量的运土车辆,以保证挖土机连续工作。

1) 挖土机数量的确定

挖土机的数量 N,应根据基坑(槽)土方量大小和工期要求来确定,可按下式计算:

$$N=\frac{Q}{P}\frac{1}{TCK} \tag{1-29}$$

式中 Q——土方量,m^3;
P——挖土机生产率,m^3/台班;
T——工期,工作日;
C——每天工作班数;
K——时间利用系数,0.8~0.9。

单斗挖土机的生产率 P,可查定额手册或按下式计算:

$$P=\frac{8\times 3600}{t}q\frac{K_c}{K_s}K_B \tag{1-30}$$

式中 t——挖土机每斗作业循环延续时间(s),如 W_{100} 正铲挖土机为25~40s;
q——挖土机斗容量,m^3;
K_c——土斗的充盈系数,0.8~1.1;
K_s——土的最初可松性系数,查表1-1;
K_B——工作时间利用系数,0.7~0.9。

在实际施工中,若挖土机的数量已经确定,也可利用公式来计算工期。

2) 运土车辆配套计算

运土车辆的数量 N_1,应保证挖土机连续作业,可按下式计算:

$$N_1=\frac{T_1}{t_1} \tag{1-31}$$

式中 T_1——运土车辆每一运土循环延续时间(min),即

$$T_1=t_1+\frac{2l}{V_c}+t_2+t_3 \tag{1-32}$$

式中 l——运土距离,m;
V_c——重车与空车的平均速度,m/min,一般取20~30km/h;
t_2——卸土时间,一般为1min;
t_3——操纵时间(包括停放待装、等车、让车等),一般取2~3min;

t_1——运土车辆每车装车时间，min，即 $t_1 = nt$，n 为运土车辆每车装土次数，计算公式为

$$n = \frac{Q_1}{q\dfrac{K_c}{K_s}r} \quad (1-33)$$

式中　Q_1——运土车辆的载重量(t)；
　　　r——实土重度，t/m^3，一般取 $1.7t/m^3$。

应用案例 1-3

某工程基坑土方开挖，土方量为 $9640m^3$，现有 WY100 反铲挖土机可租，斗容量为 $1m^3$，为减少基坑暴露时间挖土工期限制在 7 天。挖土采用载重量 8t 的自卸汽车配合运土，要求运土车辆数能保证挖土机连续作业，已知 $K_c=0.9$，$K_s=1.15$，$K=K_B=0.85$，$t=40s$，$l=1.3km$，$V_c=20km/h$。

试求：1. 试选择 WY100 反铲挖土机数量 N。
2. 运土车辆数 N_1。

解：(1) 准备采取两班制作业，则挖土机数 N 按式(1-28)计算：

$$N = \frac{Q}{P} \frac{1}{TCK}$$

式中挖土机生产率 P 按式(1-29)求出：

$$P = \frac{8 \times 3600}{t} q \frac{K_c}{K_s} K_B = \frac{8 \times 3600}{40} \times 1 \times \frac{0.9}{1.15} \times 0.85 m^3/台班 = 479 m^3/台班$$

则挖土机数量：

$$N = \frac{9640}{479 \times 2 \times 0.85 \times 7} 台 = 1.69 台 \quad 取 2 台$$

(2) 每台挖土机运土车辆数 N_1 按式(1-30)求出：

$$N_1 = \frac{T_1}{t_1}$$

每车装土次数：

$$n = \frac{Q_1}{q\dfrac{K_c}{K_s}r} = \frac{8}{1 \times \dfrac{0.9}{1.15} \times 1.7} = 6.0 \quad 取 6 次$$

每次装车时间：

$$t_1 = nt = 6 \times 40s = 240s = 4min$$

运土车辆每一个运土循环延续时间按式(1-31)求出：

$$T_1 = t_1 + \frac{2l}{V_c} + t_2 + t_3 = \left(4 + \frac{2 \times 1.3 \times 60}{20} + 1 + 3\right)min = 15.87min$$

则每台挖土机运土车辆数量 N_1：

$$N_1 = \frac{15.8}{4} 辆 = 3.95 辆 \quad 取 4 辆$$

2 台挖土机所需运土车辆数量 N：$N = 2N_1 = 2 \times 4$ 辆 $= 8$ 辆

1.3.5 基坑开挖工艺流程和施工要点

1. 基坑开挖的工艺流程

测量放线→切线分层开挖→排降水→修边和清底。

2. 施工要点

（1）开挖前，应根据工程结构形式、基坑深度、地质条件、周围环境、施工方法、施工工期和地面荷载等资料，确定基坑开挖方案和地下水控制施工方案。

（2）挖土应遵循"开槽支撑，先撑后挖，分层开挖，严禁超挖"和"分层、分段、对称、限时"的原则，自上而下水平分段分层进行，每层0.3m左右，边挖边检查坑底宽度及坡度，不够时及时修整，每3m左右修一次坡，至设计标高，再统一进行一次修坡清底，检查坑底宽和标高，要求坑底凹凸不超过2.0cm。

（3）基坑开挖应尽量防止对地基土的扰动。当用人工挖土，基坑挖好后不能立即进行下道工序时，应预留15～30cm一层土不挖，待下道工序开始再挖至设计标高。采用机械开挖基坑时，为避免破坏基底土，应在基底标高以上预留一层由人工挖掘修整。使用铲运机、推土机时，保留土层厚度为15～20cm，使用正铲、反铲或拉铲挖土时为20～30cm。

（4）基坑开挖过程中，应对平面控制桩、水准点、基坑平面位置、水平标高、边坡坡度等随时复测检查。

（5）开挖基坑（槽）的土方，在场地有条件堆放时，一定留足回填需用的好土；多余的土方，应一次运走，避免二次搬运。

（6）在地下水位以下挖土，应在基坑（槽）四侧或两侧挖好临时排水沟和集水井，或采用井点降水，将水位降低至坑、槽底以下500mm，以利挖方进行。降水工作应持续到基础（包括地下水位下回填土）施工完成。

（7）雨季施工时，基坑槽应分段开挖，挖好一段浇筑一段垫层，并在基槽两侧围以土堤或挖排水沟，以防地面雨水流入基坑槽，同时应经常检查边坡和支撑情况，以防止坑壁受水浸泡造成塌方。

（8）修帮和清底。在距槽底设计标高50cm槽帮处，抄出水平线，钉上小木橛，然后用人工将保留土层挖走。同时由两端轴线（中心线）引桩拉通线（用小线或铅丝），检查距槽边尺寸，确定槽宽标准，以此修整槽边。最后清除槽底土方。

（9）基坑开挖完成后，应及时清底、验槽，减少暴露时间，防止暴晒和雨水浸刷破坏地基土的原状结构。

特别提示

在基坑边缘堆置土方和建筑材料，或沿挖方边缘移动运输工具和机械，一般应距基坑上部边缘不少于2m，堆置高度不应超过1.5m。在垂直的坑壁边，此安全距离还应适当加大。软土地区不宜在基坑边堆置弃土。

（10）基坑开挖完毕应由施工单位、设计单位、监理单位或建设单位、质量监督部门等有关人员共同到现场进行检查、鉴定验槽。

知识链接

验槽：基槽开挖后，应核对地质资料，检查地基土与工程地质勘察报告、设计图纸要求是否相符合，有无破坏原状土结构或发生较大的扰动现象。一般用表面检查验槽法，必要时采用钎探检查或洛阳铲探检查，经检查合格，填写基坑槽验收、隐蔽工程记录，及时办理交接手续。

1.3.6 土方开挖质量检验与安全技术要求

1. 土方开挖工程的质量检验

土方开挖工程的质量检验标准见表1-10。

表1-10 土方开挖工程的质量检验标准

项目	序号	项 目	允许偏差或允许值(mm)					检查方法
			桩基基坑基槽	挖方场地平整		管沟	地(路)面基层	
				人工	机械			
主控项目	1	标高	-50	30	50	-50	-50	水准仪
主控项目	2	长度、宽度(由设计中心线向两边量)	+200 -50	+300 -100	+500 -150	+100	—	经纬仪,用钢尺量
主控项目	3	边坡	设计要求					观察或用坡度尺检查
一般项目	1	表面平整度	20	20	50	20	20	用2m靠尺和楔形塞尺检查
一般项目	2	基底土性	设计要求					观察或土样分析

2. 安全技术要求

(1)基坑回填土时,下方不得有人,所使用的打夯机等要检查电路线路,防止漏电、触电,停机时要关闭电闸。

(2)拆除护壁支撑时,应按照回填顺序,从下而上逐步拆除;更换支撑时,必须先安装新的,再拆除旧的。

(3)场内道路应及时整修,确保车辆安全畅通,各种车辆应有专人负责指挥引导。

(4)车辆进出门口的人行道下,如有地下管线(道)必须敷设钢板,或浇捣混凝土加固。

(5)卸土回填,不得放手让车自动翻转。用翻斗汽车运土,运输道路的坡度、转弯半径应符合有关安全规定。

1.4 土方回填压实

建筑工程的土方回填,主要有地基的填土,基坑(槽)、管沟和室内地坪的回填土,室外场地的回填压实等。为了保证填土工程的质量,必须正确选择填土压实方法,做好施工准备工作。

1.4.1 填土压实的方法

填土的压实方法一般有：碾压、夯实、振动压实以及利用运土工具压实。

1. 碾压法

碾压法是利用机械滚轮的压力压实土壤，使之达到所需的密实度。碾压机械有平碾、羊足碾和气胎碾如图1.29所示。平碾适用于压实砂类土和黏性土；羊足碾只能用来压实黏性土；气胎碾对土壤碾压较为均匀。

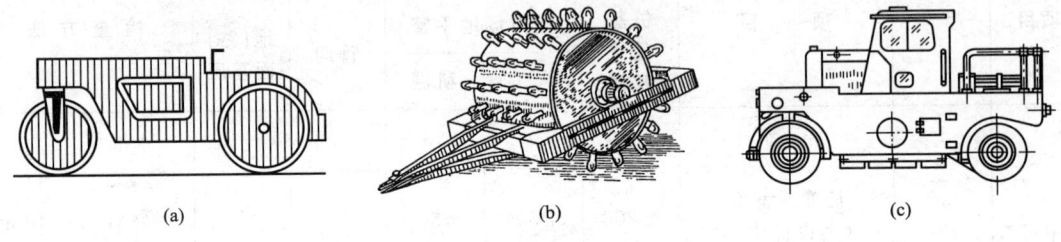

图 1.29 碾压机械
(a) 平碾；(b) 羊足碾；(c) 气胎碾

按碾轮重量，平碾可分为轻型（30～50kN）、中型（60～90kN）和重型（100～140kN）3种。适于压实砂类土和黏性土，适用土类范围较广。轻型平碾压实土层的厚度不大，但土层上部变得较密实，当用轻型平碾初碾后，再用重型平碾碾压松土，就会取得较好的效果。如直接用重型平碾碾压松土，则由于强烈的起伏现象，其碾压效果较差。

用碾压法压实填土时，铺土应均匀一致，碾压遍数要一样，碾压方向应从填土区的两边逐渐压向中心，每次碾压应有15～20cm的重叠；碾压机械开行速度不宜过快，一般平碾不应超过2km/h，羊足碾控制在2km/h之内，否则会影响压实效果。

2. 夯实法

夯实法是利用夯锤自由下落的冲击力来夯实土壤，主要用于小面积的回填土或作业面受到限制的环境下的土壤压实。

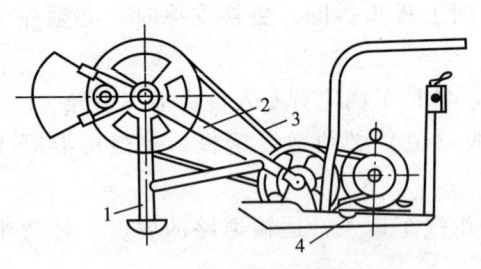

图 1.30 蛙式打夯机
1—夯头；2—夯架；3—三角胶带；4—底盘

夯实法分人工夯实和机械夯实两种。人工夯实所用的工具有木夯、石夯等；常用的夯实机械有夯锤、内燃夯土机、蛙式打夯机和利用挖土机或起重机装上夯板后的夯土机等，其中蛙式打夯机如图1.30所示。它的特点是轻巧灵活，构造简单，在小型土方工程中应用最广。

夯实法可夯实较厚的土层。重型夯土机（1t以上的重锤），其夯实厚度可达1～1.5m，但木夯、石夯、蛙式打夯机等夯实工具，其夯实厚度则较小，一般在200mm以内。

3. 振动压实法

振动压实法是将振动压实机械来压实土壤，用这种方法振实非黏性土效果较好。

振动平碾、振动凸块碾是将碾压和振动法结合起来的新型压实机械。振动平碾适用于填料为爆破碎石碴、碎石类土、杂填土或轻亚黏土的大型填方；振动凸块碾则适用于亚黏土或黏土的大型填方。当压实爆破石碴或碎石类土时，可选用重8～15t的振动平碾，铺土厚度为0.6～1.5m，先静压，后振动碾压，碾压遍数由现场试验确定，一般为6～8遍。

特别提示

对于平整场地、室内填土等大面积填土工程，多采用碾压和利用运土工具压实。对较小面积的填土工程，则宜用夯实机具进行压实。

1.4.2 填土施工准备

（1）填土施工前应根据工程特点、填方土料种类、密实度要求、施工条件等，合理地确定填方土料含水量控制范围、虚铺厚度和压实遍数等参数，重要回填土方工程，其参数应通过压实试验来确定。

① 选择填土料。填方土料应符合设计要求。级配砂石和爆破石碴是良好的填料，但造价高，无特殊要求一般不采用；含水量符合压实要求的黏性土，可用作各层填料；建筑垃圾、碎块草皮和有机质含量大于8%的土，仅用于无压实要求的填方。

特别提示

使用细、粉砂时作填土料时应取得设计单位同意。

② 确定填方土料含水量。填土的含水量对压实质量有直接影响，土在最佳含水量条件下，用同样的夯实极具，可使回填土达到最大的密实度。填土料含水量的控制范围为最优含水量±2%。各种土的最优含水量可参见表1-11。

表1-11 土的最佳含水量和最大干密度参考表

项　次	土的种类	变动范围	
		最佳含水量(%)（质量比）	最大干密度（g/cm³）
1	砂土	8～12	1.80～1.88
2	黏土	19～23	1.58～1.70
3	粉质黏土	12～15	1.85～1.95
4	粉土	16～22	1.61～1.80

③ 确定铺土厚度和压实遍数。铺土厚度和压实遍数可根据所填土料性质，压实的密实度要求和选用的压实机械的性能确定见表1-12。

表1-12 填土施工时的分层厚度及压实遍数

压实机具	分层厚度(mm)	每层压实遍数
平碾	250～300	6～8
振动压实机	250～350	3～4

(续)

压实机具	分层厚度(mm)	每层压实遍数
柴油打夯机	200～250	3～4
人工打夯	<200	3～4

（2）填土前应对填方基底和已完工程进行检查和中间验收，合格后要做好隐蔽检查和验收手续。

（3）施工前，应做好水平高程标志布置。如大型基坑或沟边上每隔1m钉上水平桩橛或在邻近的固定建筑物上抄上标准高程点。大面积场地上或地坪每隔一定距离钉上水平桩。

（4）确定好土方机械、车辆的行走路线，应事先经过检查，必要时要进行加固加宽等准备工作。同时要编好施工方案。

1.4.3 土方回填的施工工艺

土方回填的施工工艺流程为：基坑（槽）底地坪清理→检验土质→分层铺土、耙平→夯打密实→检验密实度→修整找平验收。

（1）填土前，应将基坑（槽）底或地坪上的垃圾等杂物清理干净；基槽回填前，必须清理到基础底面标高，将回落的松散垃圾、砂浆、石子等杂物清除干净。

（2）检验回填土的质量有无杂物，粒径是否符合规定，以及回填土的含水量是否在控制的范围内；如含水量偏高，可采用翻松、晾晒或均匀掺入干土等措施；如遇回填上的含水量偏低，可采用预先洒水润湿等措施。

（3）回填土应分层铺摊。每层铺土厚度应根据土质、密实度要求和机具性能确定。一般蛙式打夯机每层铺土厚度为200～250mm；人工打夯不大于200mm。每层铺摊后，随之耙平。回填上每层至少夯打三遍。打夯应一夯压半夯，穷夯相接，行行相连，纵横交叉，并且严禁采用水浇使土下沉的所谓"水夯"法。

（4）回填土每层填土夯实后，应按规范规定进行环刀取样，测出干土的质量密度；达到要求后，再进行上一层的铺土。

（5）修整找平：填土全部完成后，应进行表面拉线找平，凡超过标准高程的地方，及时依线铲平；凡低于标准高程的地方，应补土夯实。

1.4.4 施工要点

（1）分层填土时，应尽量采用同类土填筑。如采用不同土填筑时，应将透水性较大的土层置于透水性较小的土层之下，不能将各种土混杂在一起使用，以免填方内形成水囊。

碎石类土或爆破石碴作填料时，其最大粒径不得超过每层铺土厚度的2/3，使用振动碾时，不得超过每层铺土厚度的3/4，铺填时，大块料不应集中，且不得填在分段接头或填方与山坡连接处。

当填方位于倾斜的山坡上时，应将斜坡挖成阶梯状，以防填土横向移动。

回填基坑和管沟时，应从四周或两侧均匀地分层进行，以防基础和管道在土压力作用下产生偏移或变形。

回填以前，应清除填方区的积水和杂物，如遇软土、淤泥，必须进行换土回填。在回填时，应防止地面水流入，并预留一定的下沉高度(一般不得超过填方高度的 3%)。

基础(槽)回填时，严禁用水浇使土下沉的"水夯法"。

(2) 基坑(槽)回填应在相对两侧或四周同时进行。基础墙两侧标高不可相差太多，以免把墙挤歪；较长的管沟墙，应采用内部加支撑的措施，然后再在外侧回填土方。

(3) 深浅两基坑(槽)相连时，应先填夯深基础；填至浅基坑相同的标高时，再与浅基础一起填夯。如必须分段填夯时，交接处应填成阶梯形，梯形的高宽比一般为 1:2。上下层错缝距离不小于 1.0m。

(4) 回填房心及管沟时，为防止管道中心线位移或损坏管道，应用人工先在管子两侧填土夯实；并应由管道两侧同时进行，直至管顶 0.5m 以上时，在不损坏管道的情况下，方可采用蛙式打夯机夯实。在管道接口处，防腐绝缘层或电缆周围，应回填细粒料。

(5) 施工时，基础墙体达到一定强度后，才能进行回填土的施工，以免对结构基础造成损坏。

1.4.5 土方回填质量检验与安全技术要求

1. 土方回填质量检验

(1) 填方的基底处理，必须符合设计要求或建筑地基基础工程施工质量验收规范规定。

(2) 填方柱基、坑基、基槽、管沟回填的土料应按设计要求验收后方可填入。

(3) 填方施工结束后，应检查标高、边坡坡度、压实程度等，检验标准应符合表 1-13 的规定。

表 1-13 填土工程质量检验标准　　　　　　　　　　　　　　　单位：mm

项目	序号	检查项目	允许偏差或允许值					检查方法
			柱基基坑基槽	场地平整		管沟	地(路)面基础层	
				人工	机械			
主控项目	1	标高	-50	±30	±50	-50	-50	水准仪
	2	分层压实系数	设计要求					按规定方法
一般项目	1	回填土料	设计要求					取样检查或直观检查
	2	分层厚度及含水量	设计要求					水准仪及抽样检查
	3	表面平整度	20	20	30	20	20	用靠尺或水准仪

(4) 填方压实后，应具有一定的密实度。密实度应按设计规定控制干密度 p_{cd} 作为检查标准。土的控制干密度与最大干密度之比称为压实系数 D_y。对于一般场地平整，其压实系数为 0.9 左右，对于地基填土(在地基主要受力层范围内)为 0.93~0.97。

填方压实后的干密度，应有 90% 以上符合设计要求，其余 10% 的最低值与设计值的差，不得大于 $0.08g/cm^3$，且应分散，不宜集中。

检查土的实际干密度，一般采用环刀取样法，或用小轻便触探仪直接通过锤击数来检验。其取样组

数为：基坑回填每 30~50m³ 取样一组（每个基坑不少于一组）；基槽或管沟回填每层按长度 20~50m 取样一组；室内填土每层按 100~500m² 取样一组；场地平整填方每层按 400~900m² 取样一组。取样部位应在每层压实后的下半部。试样取出后，先称出土的湿密度并测定含水量，然后用下式计算土的实际干密度 p_d。

$$p_d = \frac{\rho}{1+\omega}$$

式中　ρ——土的湿密度，g/cm³；
　　　ω——土的湿含水量。

如用上式算得的土的实际干密度 $p_d \geqslant p_{cd}$，则压实合格；若 $p_d < p_{cd}$，则压实不够，应采取相应措施，提高压实质量。

2. 安全技术

（1）基坑开挖时，两人操作间距大于 2.5m，多台机械开挖，挖土机间距应大于 10m。挖土应由上而下，逐层进行，严禁采用先挖底脚（挖神仙土）的施工方法。

（2）基坑开挖应严格按要求放坡。操作时应随时注意土壁变动情况，如发现有裂纹或部分坍塌现象，应及时进行支撑或放坡，并注意支撑的稳固和土壁的变化。

（3）基坑（槽）挖土深度超过 3m 以上，使用吊装设备吊土时，起吊后，坑内操作人员应立即离开吊点的垂直下方，起吊设备距坑边一般不得少于 1.5m，坑内人员应戴安全帽。

（4）用手推车运土，应先平整好道路。卸土回填，不得放手让车自动翻转。用翻斗汽车运土，运输道路的坡度、转弯半径应符合有关安全规定。

（5）深基坑上下应先挖好阶梯或设置靠梯，或开斜坡道，采取防滑措施，禁止踩踏支撑上下。坑四周应设安全栏杆或悬挂危险标志。

（6）基坑（槽）设置的支撑应经常检查是否有松动变形等不安全迹象，特别是雨后更应加强检查。

（7）回填管沟时，应采用人工先在管子周围填土夯实，并应从管道两边同时对称进行，高差不超过 0.3m。管顶 0.5m 以上，在不损坏管道的情况下，方可采用机械回填和压实。

基坑降水、护坡、土方施工方案

1. 工程概况

拟建工程主体采用框——剪力墙结构体系，地上 26 层，地下 4 层，建筑物檐高 74.70m，槽深 —17.90m。

1）工程地质

场地地形平坦。拟建场地 20m 内，地表为杂填土（杂色，湿，稍密，层厚 0.80~2.80m，层底标高为 39.68~41.79m）、砂质粉土（褐黄~灰黄色，饱和，中密，层厚 1.70~4.90m，层底标高 35.78~40.09m）、粉质黏土（黄灰~褐黄色，饱和，中密，可塑，层厚 3.50~7.80m，层底标高 29.10~33.15m）、粉细砂（灰黄~褐黄色，饱和，中密~密实，层厚 1.20~6.80m，层底标高 25.67~31.39m）、粉质黏土（褐黄~灰黄色，湿~饱和，中密~密实，层厚 2.40~8.30m，层底标高 21.68~25.45m）、粉质黏土(褐黄~灰黄色，湿~饱和，中密~密实，可塑~硬塑，该层厚度2.80~5.80m，层底标高18.13~19.40m)。

2) 水文地质

第一层上层滞水，水位平均埋深于-1.80m。主要含水层为粉土层；第二层潜水，水位平均埋深于-11.95m。含水层为10.00~14.00m深度范围内的粉细砂，水量丰富。第三层微承压水，水位平均埋深于-23.75m。主要含水层为砂层。

2. 降水设计方案

根据勘察报告，第一层上层滞水和第二层潜水对本次施工有直接影响。上层滞水含水层为粉土层，渗透性差，不易降尽。潜水含水层为粉细砂层，渗透均一，较容易抽降。但该层层底即为粉质黏土及黏土隔水层，对降水较为不利。

本工程采用深井井点的方法进行降水，且适当增加降水井的数量，缩小井间距，使其排水量增大，能达到迅速干槽的效果，保证深基础正常施工。

1) 井点布置

按基槽排降水量及现场实际情况，降水管井井设在基坑四周，距基坑壁1.50m，呈帷幕。井点间距6m，井深30m，井径：$\phi800$，共设54个，其中设4个观测井。

地下水不可预见性很强，如果第二层潜水水量很大，影响基础施工，再采取基坑内局部降水，施工方法同坑边大井相同，该降水井在底板浇筑完成后封死。

2) 排水路线选择

在井点外侧环形围放排水主管，水力坡度0.3‰，埋于地下0.50m深处，由井点抽取的水汇集排水主管排入市政污水管道。根据场地污水管口的位置，分别选择1~3个排水口。

该工程中，降水的质量是影响整个工期的关键，因此，在降水施工中不可盲目抢工期，降水井施工及排水干管铺设的工期为11d。尽量与护坡桩、土方施工配合，减少单独占用工期的天数。

3) 监测与控制

正常出水规律为"先大后小，先混后清"。为防范抽水带走土层中的细颗粒。在降水时要随时注意抽出的地下水是否有浑浊现象。抽出的水中泥沙含量过大不但会增加周围的沉降，而且会使井管堵塞，井点失效。

降水必然会形成降水漏斗，从而造成周围地面的沉降，建立地基沉降系统观测网，定期进行水位和沉降观测。以便及时了解沉降对周围环境的影响，如果沉降较大应及时采取补救措施。

做基础护坡桩时，值班人员应随时观测邻近降水井含砂量的变化，防止泥浆水渗入井内。如发现井内出水变浑浊，应及时注水洗井，将泥浆水排除以防淤井。

3. 基坑支护方案

基坑周长约317m。上部3m土方摘帽后以挡土墙进行支护，下部采用$\phi800$灌注桩加两道锚杆进行支护。桩数：211根，桩径：800mm，桩距：1.5m，桩顶标高：-3.5m，桩长：19.5m；第一道锚杆141根，间距：2.259m(三桩两锚)，第二道锚杆211根，间距2.25m(一桩一锚)；混凝土连梁截面尺寸：800mm×500mm，混凝土强度：C25；钢梁：2I36b；挡土墙：墙高3m，墙厚370mm；桩间土用挂网抹灰处理，以防桩间土流失。

4. 基坑开挖方案

1) 施工机械

采用2台三星350反铲挖土机、1台推土机施工。

2) 工艺程序

(1) 一层土方。由地面下挖到-3.5m，平整场地，护坡桩施工。

(2) 二层土方。第一层锚杆张拉后，即进行二层土方开挖至-10.5mm。

(3) 三层土方。第二层锚杆张拉后，即进行三层土方开挖至-17.7m，留30cm土人工清理，以免扰动基底。

3)基坑监测方案

基坑采用信息化施工,确保基坑开挖过程中的安全,必须对基坑进行监测,方案如下。

(1) 观测点的布置。在矩形长边中点处帽梁上每边3个点,南侧中点布1个点,南侧两拐角各1点,共9个点。

(2) 观测精度要求。满足国家三级水准测量精度要求,水平误差控制小于6.00mm,垂直误差控制小于0.5mm。

(3) 观测时间的确定。基坑开挖每一步都应作基坑变形观测,观测时间的每两天一次,必要时连续观测,基坑开挖完7d后,可由每2d一次到4d一次,15d后每周观测一次。

(4) 场地查勘与记录。施工前对原场地进行全面先例面调查,查清有无原始裂缝和异常并作记录,照相存档。每次观测结果详细记入汇总表并绘制沉降与位移曲线。

(5) 注意事项。每次观测应用相同的观测方法和观测线路。观测其间使用一种仪器,一个人操作,不能更换。

5. 质量保证措施

1) 降水施工质量控制措施

(1) 材料控制措施。所需豆石必须是2~3mm的均匀颗粒,泥沙量小,进场前须经验收后方可进入。无砂滤水井管必须保持滤网通畅,避免影响渗水效果。运输过程中,应轻拿轻放,保证无砂管的成品完好率。

(2) 抽水期间质量控制。抽排水管线安装完毕,试抽水时有漏水、气现象要及时检修。如有泵不上水的现象,要及时检修、更换。及时了解抽水情况,以防无水干转烧坏水泵,根据施工要求确定启动和暂不抽水井点数量。

(3) 降水后质量控制。降水完毕后,应根据工程结构特点和土方回填进度,陆续关闭及拔除井点泵组。土中所留的孔洞应立即用砂土填实。如果地基有抗渗等要求时,孔口应按有关要求填塞。拆除井点应自底层开始,在下部井点拆除期间,上部井点应继续抽水。

(4) 质量保证体系。井孔放线定位后,要会同有关质检人员,进行复核。钻机就位后,必须保持钻机机座水平,挺杆垂直,在钻进过程中随时查验,以保证钻孔垂直度。采用适当直径钻头,以保证成孔直径符合设计要求。详细记录钻孔施工过程,精确控制孔深。钻孔过程中,遇易塌孔孔段,要保持水头高度及一定的泥浆比重,并控制钻进速度。现场成立质量保证领导小组,明确责任。设专职质量员,按工序要求逐步检查施工质量。发现不合格的问题及时纠正。

2) 护坡桩质量控制措施

(1) 放桩位线。应有专人验线并作桩位预检记录。

(2) 钢筋笼加工。严格按设计图纸加工,按批进行验收,合格品做标识。钢筋供应的长度不满足设计要求时,主筋采取搭接焊,按规定做抗拉强度试验。为保证主筋间距和钢筋笼的整体刚度,固定架立筋应与主筋焊牢,箍筋与主筋绑牢,成形后的钢筋笼外形尺寸、主筋位置、数量等应与设计相符合。

(3) 钻孔。钻机就位时,经专人检查桩位的偏差及垂直偏差,符合要求后方可开钻,终孔后经专人检查孔深,符合设计要求时经监理签字后退出钻机。

(4) 验笼顶标高。混凝土浇灌前,应有专人检查钢筋笼的笼顶标高,符合要求后方可进行浇灌。

(5) 浇灌混凝土。单桩混凝土的浇灌要连续,以免形成断桩。

3) 锚杆施工质量保证措施

(1) 锚杆机就位前应先检查锚位标高,锚距是否符合设计图纸。就位后必须调正钻杆,用角度尺或罗盘测量钻杆的倾角使之符合设计,并保证钻杆的水平投影垂直于坑壁,经检查无误后方可钻进。

(2) 钻孔时,遇有障碍物或异常情况应及时停钻、待情况清楚后再钻进或采取措施。钻至设计深度后空钻出土以减少拔钻杆的阻力,然后拔出钻杆。

(3) 下锚索前应检查锚索并做隐蔽工程检查记录,下完锚索时应注意锚索的外露部分是否满足张拉要求的长度。

(4) 浆液搅拌必须严格按配比进行，不得随意改变。水泥应不含杂质，不用过期或受潮水泥。

(5) 注浆由孔底开始，边注边外拉浆管，并缓缓拔管，直至浆液溢出孔口后停止注浆。注浆后过 30min 再补浆一次，若渗浆严重，可补浆 2~3 次。

(6) 连梁的承压板及预埋筒的位置要安装准确，浇混凝土前做隐蔽工程检查记录。

(7) 锚杆的张拉要有固定的操作人员和记录人员，严格按操作规程张拉。出现异常情况时，应及时向现场技术负责人报告。

4) 连梁施工质量保证措施

(1) 绑扎钢筋时，主筋接头应放在桩顶处，桩的主筋应伸入梁的主筋内。将挡土墙构造柱的预埋插筋按设计绑扎。

(2) 绑扎钢筋前，应将桩头的浮土清理干净，以防接桩处强度不足。

(3) 支模时，要保证钢筋保护层的厚度达到要求，以防露筋。

(4) 夏季高温应洒水养护。

5) 土方施工质量保证措施

(1) 土方施工设专人指挥，技术员进行书面交底，严格执行施工方案。

(2) 测量员随时测量，保证基底标高，槽底土壤不得扰动。

(3) 夜间施工有足够的照明。

6. 安全文明施工

(1) 现场要设健全的安全领导小组。全体人员应认真执行各工种的安全操作规程及有关规定。施工人员进入现场要服从安全员的指挥和监督。

(2) 施工前，施工负责人要向操作人员作专项技术安全交底，关键部分要下作业指导书。

(3) 施工人员进入现场要进行三级安全教育。每天班前 5min，施工负责人必须作施工安全注意事项专项交底。

(4) 现场电器设备要有漏电保护器，电缆应设可靠绝缘。各种机电设备均应设专人负责管理，电工持证上岗。现场用电设备必须实行三级供电，两级保护。

(5) 成孔后孔口加盖井盖，以免行人、物体坠入。

(6) 夜间施工，工地应有足够照明。

(7) 土方施工机械和运输车辆在进场前进行彻底的检修和保养，确保施工期间机械的正常运转。

(8) 土方开挖后，按现场安全防护要求在基坑的周围搭设安全保护栏杆，避免人员跌落坑中。

(9) 施工时，挖掘机严禁碰撞锚杆。

(10) 所有土方运输车辆进入现场后禁止鸣笛，以减小噪声。

(11) 所有施工人员应保持现场卫生，生产及生活垃圾均装入运土车中带走，不得随处抛撒。

(12) 为保持环境卫生，避免运土车发生遗洒，在现场搭设拍土架，指派专人负责将运土车上的土拍实，并在出口处铺垫湿草袋或钢筋网片。

(13) 项目经理部每天指派专人清扫运土车经过的路段。

本 章 小 结

本章内容包括土方施工基础知识、场地平整施工、基坑（槽）开挖和土方回填压实 4 个部分。比较完整地介绍了土方工程施工工艺、施工方法、基坑支护、施工降水、常用土施工机械及选用方法、质量检验方法和安全技术措施等知识，同时引入了《建筑地基基础工程施工质量验收规范》（GB 50202—2002）及《建筑工程施工质量验收统一标准》（GB 50300—2001）。重点在学会如何编制基坑开挖方案、基坑支护方案和进行施工质量检验与验收。

习 题

一、简答题

1. 土按开挖的难易程度分几类？各类的特征是什么？
2. 简述土的可松性及其对土方施工的影响。
3. 土方调配应遵循哪些原则？调配区如何划分？
4. 简述一般基槽、一般浅基坑和深基坑的支护方法和适用范围。
5. 简述流沙形成的原因以及因地制宜防治流沙的方法。
6. 简述人工降低地下水位的方法及适用范围，轻型井点系统的布置方案和设计步骤。
7. 简述推土机、铲运机的工作特点、适用范围及提高生产率的措施。
8. 单斗挖土机有哪几种类型？各有什么特点？
9. 土方挖运机械如何选择？土方开挖注意事项有哪些？
10. 简述填土压实的方法和适用范围。
11. 影响填土压实的主要因素有哪些？怎样检查填土压实的质量？

二、案例分析

1. 某基坑底长82m，宽64m，深8m，四边放坡，边坡坡度1∶0.5。

（1）画出平、剖面图，试计算土方开挖工程量。

（2）若混凝土基础和地下室占有体积为24600m^3，则应预留多少回填土（以自然状态的土体积计）？

（3）若多余土方外运，问外运土方为多少（以自然状态的土体积计）？

（4）如果用斗容量为3m^3的汽车外运，需运多少车（已知土的最初可松性系数K_s＝1.14，最后可松性系数K_s'＝1.05）？

2. 某基坑底面积为22m×34m，基坑深4.8m，地下水位在地面下1.2m，天然地面以下1.0m为杂填土，不透水层在地面下11m，中间均为细砂土，地下水为无压水，渗透系数k＝15m/d，四边放坡，基坑边坡坡度为1∶0.5。现有井点管长6m，直径38mm，滤管长1.2m，准备采用环形轻型井点降低地下水位，试进行井点系统的布置和设计，要求如下：

（1）轻型井点的高程布置（计算并画出高程布置图）。

（2）轻型井点的平面布置（计算涌水量、井点管数量和间距并画出平面布置图）。

（3）选用离心水泵型号。

模块 2
基础工程

▶ **教学目标**

通过本章的学习,掌握基础工程基本概念;熟悉基础工程常用的材料、主要机具;掌握基础工程中浅基础、桩基础、深基础一般施工工艺、各种类型基础施工技术要求,具备基础工程现场施工的能力。

▶ **教学要求**

知识要点	能力要求	相关知识	权重
基础工程的常用概念	了解基本概念;能识别现场的基础类型	浅基础,桩基础和深基础的基本概念及其分类和特点	5%
基础施工的基本知识	知道施工前各方面的准备工作内容;掌握基础施工的方法与技术要求,能独立开展其施工工作	施工前的材料准备工作、辅助设施准备、施工的工艺及一般要求	15%
浅基础施工	掌握独立基础的施工工艺流程,施工要点及质量保护措施,独立开展施工工作,编写简单的独立柱基础施工方案	混凝土的浇筑养护;砖石基础,混凝土基础构造要求;施工工艺流程;施工安全技术	35%
桩基础施工	掌握桩基础的施工工艺流程,施工要点及质量保护措施,独立开展施工工作,编写简单的桩基础施工方案	沉桩方法;施工准备;桩的起吊、运输和堆放;施工工艺流程;施工要点;质量控制要点;成品保护措施;安全、环保措施;质量标准;施工安全技术	35%
深基础施工	掌握深基础的施工工艺流程,施工要点及质量保护措施,阅读实际工程的施工方案	模板制作与支设;钢筋制作与安装;大体积混凝土施工;裂缝产生的原因和形式;防止大体积混凝土温度裂缝的技术措施	10%

 引例

基础作为建筑物的最下面部分，承受着建筑物的全部荷载，并将这些荷载传递给地基。载荷较小的建筑物，一般采用天然地基。随着我国高层建筑的普及，深基础被广泛用于建筑施工中。

因为基础的原因造成工程事故的情况经常发生，例如在某工程进行上部结构的施工中，发生了施工事故，房子倒塌，造成了人员伤亡。最后调查事故发生的原因，发现基础施工存在以下几条问题：基础类型选择不合理；基础施工中的混凝土与砂浆配合比不合理；基础钢筋绑扎不符合质量要求；混凝土养护不及时；未按设计要求掌握拆模时间工程检验与试验制度不严格；未确保工程结构强度及其安全性能。

思考：1. 建筑基础的施工流程怎样进行？
2. 针对上述分析的原因，施工中的正确的做法是什么？
3. 基础工程常见的质量缺陷有哪些？

2.1 基础工程的基础知识

基础指建筑底部与地基接触的承重构件，它的作用是将建筑上部的荷载传给地基。因此地基必须坚固、稳定而可靠。基础的类型分为浅基础、桩基础和深基础3种。

 知识链接

1. 浅基础
浅基础是指基础埋深小于5m的基础。
2. 桩基础
桩基础是指由桩和连接桩顶的桩承台（简称承台）组成的深基础。
3. 深基础
深基础是指基础埋深大于5m的基础。

2.2 浅基础施工

2.2.1 浅基础的类型

浅基础按受力特点可分为刚性基础和柔性基础。用抗压强度较大，而抗弯、抗拉强度较小的材料建造的基础，如砖、毛石、灰土、混凝土和三合土等基础均属于刚性基础。刚性基础的最大拉应力和剪应力必定在其变截面处，其值受基础台阶的宽高比（挑出部分的宽度与其对应的高度之比）影响很大。因此，刚性基础控制台阶的宽高比（称刚性角）是个关键。混凝土基础宽高比允许值为1∶1；砖基础为1∶1.5；毛石基础为1∶1.5～1∶1.25。用钢筋混凝土建造的基础叫做柔性基础。它的抗弯、抗拉和抗压的能力都很大，适用于地基土比较软弱，上部结构荷载较大的基础。

浅基础按构造型形式分为单独基础、条形基础、交梁基础和筏板基础等。单独基础也称独立基础，多呈柱墩形，截面可做成阶梯形或锥形等。条形基础是指长度远大于其高度和宽度的基础，常见的是墙下条基，材料有砖、毛石、混凝土和钢筋混凝土等。交梁基础

是在柱下带形基础不能满足地基承载力要求时,将纵横带形基础连成整体而成,使基础纵横两向均具有较大的刚度。

浅基础按材料不同可分为:砖基础、毛石基础、灰土基础、混凝土、毛石混凝土基础、碎砖三合土基础和钢筋混凝土基础。

2.2.2 浅基础施工

浅基础施工总体的施工顺序一般为:挖土→铺垫层→做钢筋混凝土基础→做墙基→回填土;或挖土→铺垫层→做基础→砌墙基础→铺防潮层→做地圈梁→回填土。

1. 砖基础施工

砖基础有条形基础和独立基础,基础下部扩大称为大放脚。大放脚有等高式和不等高式两种如图2.1所示。当地基承载力大于等于150kPa时,采用等高式大放脚,即两皮一收,两边各收进1/4砖长;当地基承载力小于150kPa时,采用不等高式大放脚,即两皮一收与一皮一收相间隔,两边各收进1/4砖长。大放脚的底宽应根据计算而定。各层大放脚的宽度应为半砖长的整数倍。

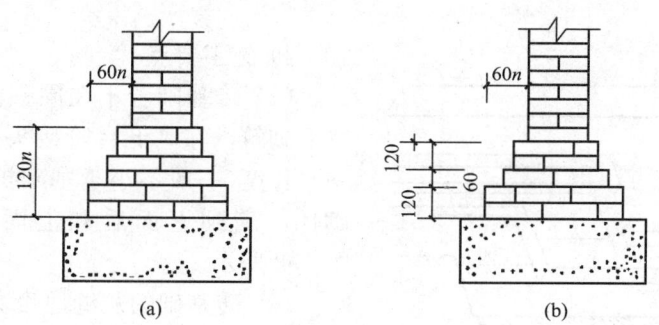

图 2.1 基础大放脚形式
(a) 等高式;(b) 不等高式

1) 应用范围

适用于一般工业与民用建筑砖混结构的基础砌筑工程。

2) 施工准备

材料准备有砖、石材:品种、强度等级必须符合设计要求,并应规格一致,有出厂合格证明;水泥:一般宜采用32.5级普通硅酸盐水泥或矿渣硅酸盐水泥,不同品种的水泥不得混合使用;砂:宜采用中砂,配制强度等级等于或大于M5的水泥砂浆或水泥混合砂浆时,砂的含泥量不应超过5%;拉结钢筋、预埋件、木砖、防水粉剂等均应符合设计要求;砂浆:现场拌制的砌筑砂浆应采用机械搅拌,材料应采用重量计量。

3) 施工工艺

施工工艺为:拌制砂浆→确定组砌方法→排砖撂底→砌筑→抹防潮层→验收→基础回填。

拌制砂浆:砂浆配合比应采用重量比,并由试验室确定,水泥计量精度为±2%,砂,掺合料为±5%。宜用机械搅拌,投料顺序为砂→水泥→掺合料→水,搅拌时间不少于1.5min。

确定组砌方法:组砌方法应正确,一般采用满丁满条。里外咬槎,上下层错缝,采用

"三一"砌砖法,严禁用水冲砂浆灌缝的方法。

排砖摆底:基础大放脚的摆底尺寸及收退方法必须符合设计图纸规定,如一层一退,里外均应砌丁砖;如二层一退,第一层为条砖,第二层砌丁砖。大放脚的转角处,应按规定放七分头,其数量为一砖半厚墙放三块,二砖墙放四块,以此类推。

砌筑:砖基础砌筑前,基础垫层表面应清扫干净,洒水湿润。先盘墙角,每次盘角高度不应超过五层砖,随盘随靠平、吊直。砌基础墙应挂线,24墙反手挂线,37墙以上应双面挂线。基础标高不一致或有局部加深部位,应从最低处往上砌筑,应经常拉线检查,以保持砌体通顺、平直,防止砌成"螺钉"墙。基础大放脚砌至基础上部时,要拉线检查轴线及边线,保证基础墙身位置正确。同时还要对照皮数杆的砖层及标高,如有偏差时,应在水平灰缝中逐渐调整,使墙的层数与皮数杆一致。

特别提示

砂浆应随拌随用,一般水泥砂浆和水泥混合砂浆须在拌成后3h和4h内使用完。不允许使用过夜砂浆。

"三一"砌砖法:砌砖时一铲灰,一块砖,一挤揉。

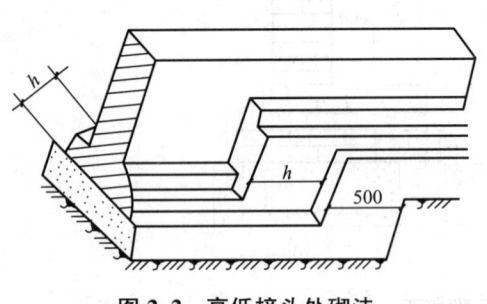

图2.2 高低接头处砌法

4)施工要点

(1)砖基础若不在同一深度,则应先由底往上砌筑。在高低台阶接头处,下面台阶要砌一定长度(一般不小于基础扩大部分的高度)实砌体,砌到上面后和上面的砖一起退台如图2.2所示。

(2)砖基础的灰缝厚度为8~12mm,一般为10mm。砖基础接槎应留成斜槎,如因条件限制留成直槎时,应按规范要求设置拉结筋。

(3)砖基础内宽度超过300mm的预留孔洞,应砌筑平拱或设置过梁。

(4)变形缝两边的墙角应按直角要求砌筑,先砌一边溢出墙面的砂浆要随砌随刮除;后砌的另一边采用铺缩口灰的方法进行操作,掉入缝内的砂浆及杂物,应及时清除干净。

(5)基础施工完毕后,应及时在基础两侧同时进行回填,并分层夯实。单侧填土应在砖基础达到侧向承载能力和满足允许变形要求后才能进行。

5)质量标准

砖基础砌体尺寸、位置的允许偏差和检验方法,见表2-1。

表2-1 砖基础砌体尺寸、位置的允许偏差和检验方法

项次	项 目	允许偏差(mm)	检 验 方 法
1	轴线位置偏移	10	用经纬仪或拉线和尺量检查
2	基础顶面标高	±15	用水准仪和尺量检查
3	表面平整度	8	用长靠尺和楔形塞尺检查
4	水平灰缝平直度	10	拉10m线和尺量检查
5	水平灰缝厚度(10皮砖累计数)	±8	与皮数杆比较尺量检查

> **知识链接**

检查数量：外墙基础每20m抽查1处，每处3延长米，但不小于3处；内墙基础按有代表性的自然间抽查10%，但不小于3间，每间不小于2处。

2. 石基础施工

石基础可用毛石或毛条石，以铺浆法砌筑。石基础的断面形式有阶梯形和梯形如图2.3所示。

1）应用范围

一般工业与民用建筑砖混结构的基础砌筑工程。

2）施工准备

毛石应选用坚实、未风化、无裂缝、洁净的石料，强度等级不低于MU20；毛石尺寸不应大于所浇部位最小宽度的1/3，且不得大于30cm；表面如有污泥、水锈，应用水冲洗干净。

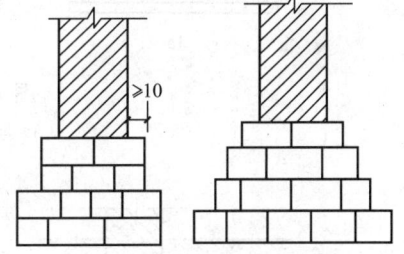

图2.3 石基础的断面形式

3）施工工艺

抄平放线→试摆毛石→立皮数杆→组砌→勾缝→清理。

4）施工要点

（1）毛石混凝土的厚度不宜小于400mm。浇筑时，应先铺一层8～15cm厚混凝土打底，再铺上毛石，毛石插入混凝土约1/2后，再灌混凝土，填满所有空隙，再逐层铺砌毛石和浇筑混凝土，直至基础顶面，保持毛石顶部有不少于10cm厚的混凝土覆盖层。所掺加毛石数量应控制不超过基础体积的25%。

（2）毛石铺放应均匀排列，使大面向下，小面向上，毛石间距一般不小于10cm，离开模板或槽壁距离不小于15cm。

（3）对于阶梯形基础，每一阶高内应整分浇筑层，并有二排毛石，每阶表面要基本抹平；对于锥形基础，应注意保持斜面坡度的正确与平整，毛石不露于混凝土表面。

5）质量标准

石基础尺寸、位置的允许偏差和检验方法，见表2-2。

表2-2 石基础尺寸、位置的允许偏差和检验方法

项次	项目	允许偏差（mm）	检验方法
1	顶面标高	±15	用水平仪或拉线和尺量检查
2	表面平整度	20	用2m靠尺和楔形塞尺量检查

3. 板式基础施工

板式基础包括柱下钢筋混凝土独立基础（如图2.4所示）和墙下钢筋混凝土条形基础（如图2.5所示）。这种基础的抗弯性能和抗剪性能良好，高度不受台阶宽高比的限制。

1）应用范围

可在竖向荷载较大、地基承载力不高以及承受水平力和力矩荷载等情况下使用，适宜于需要"宽基浅埋"的场合。

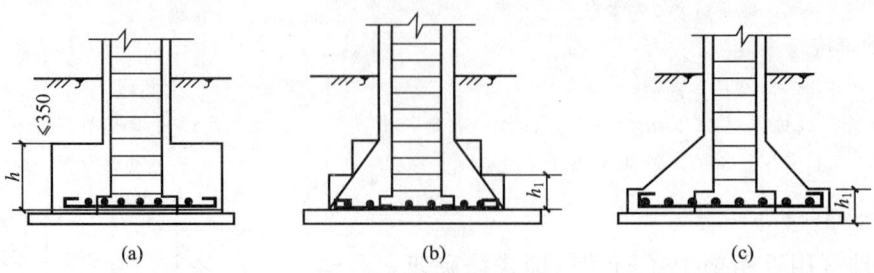

图 2.4 柱下钢筋混凝独立基础
(a) 阶梯形；(b) 阶梯形；(c) 锥形

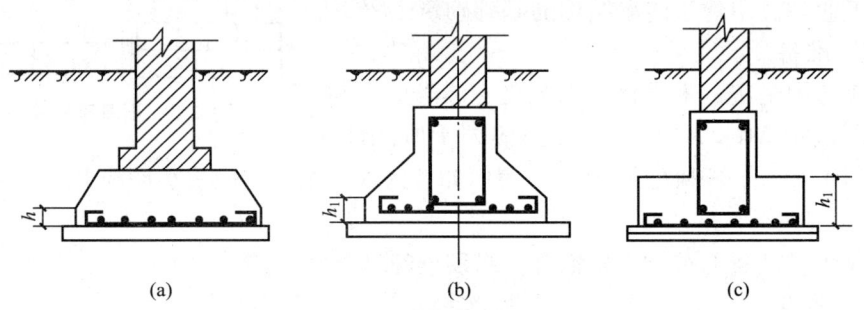

图 2.5 墙下钢筋混凝土条形基础
(a) 板式；(b) 梁板结合式；(c) 梁板结合式

2) 施工准备

(1) 材料的准备。根据设计要求选水泥品种、强度等级；砂、石子：有进场复验报告，质量符合现行标准要求；外加剂、掺合料：根据设计要求通过试验确定；钢筋要有产品合格证、出厂检验报告和进场复验报告。

(2) 施工机具准备。搅拌机、磅秤、手推车或翻斗车、铁锹、振捣棒、刮杆、木抹子、胶皮手套、串桶或溜槽等。

3) 施工工艺

施工工艺为：抄平→垫层施工→钢筋工程→支模→混凝土工程→养护→模板拆除。

(1) 抄平。为了使基础底面标高符合设计要求，施工基础前应在基面上定出基础底面标高。

(2) 垫层施工。为了保护基础的钢筋，施工基础前应在基面上浇筑 C10 的细石混凝土垫层。

(3) 钢筋工程。按钢筋位置线布放基础钢筋。

① 放线。根据施工图纸要求，在垫层表面上弹出钢筋位置线。

② 施工工艺。在基础垫层上弹出底板钢筋位置线→钢筋半成品运输到位→布放钢筋→钢筋绑扎、验收。

(4) 支模。根据基础施工图样的尺寸制作模板，支模顺序由下至上逐层向上安装。

(5) 混凝土工程。

① 浇筑与振捣。不应发生初凝和离析现象，在浇筑应经常观察模板、钢筋、预留孔洞、预埋件和插筋等有无移动、变形或堵塞情况，发现问题应立即处理，并应在已浇筑的

混凝土初凝前修正完好。

② 养护。混凝土浇筑完毕后,根据《混凝土结构工程施工质量验收规范》(GB 50204—2002)的有关规定,应按施工技术方案及时采取有效的养护措施。

(6) 拆模。

① 拆模顺序。一般是先支后拆,后支先拆,先拆除侧模板,后拆除底模板。重大复杂模板的拆除,事前应制定拆模方案。

② 拆模日期。模板的拆除日期取决于混凝土的强度、模板的用途、结构的性质、混凝土硬化时的气温等因素。侧模板应在混凝土强度能保证其表面及棱角不因拆除而受损坏时拆除。

知识链接

模板系统一般由模板、支架和紧固件三部分组成。模板提供了平整的板面,支架是解决好支撑问题,紧固件则是使模板相互之间的连接可靠。模板系统所用材料,主要有钢材、木质类材料(包括木板、胶合板)、竹材、塑料、玻璃钢和铝合金等。

混凝土施工中几种常见的养护方法有:覆盖浇水养护、薄膜布养护、喷涂薄膜养生液和覆盖式养护等。

4) 施工要点

(1) 基坑(槽)应进行验槽,局部软弱土层应挖去,用灰土或沙砾分层回填夯实至基底相平。基坑(槽)内浮土、积水、淤泥、垃圾、杂物应清除干净。验槽后垫层混凝土应立即浇筑,以免地基土被扰动。

(2) 垫层达到一定强度后,在其上弹线、支模,铺放钢筋网片时底部用与混凝土保护层同厚度的水泥砂浆垫块,以保证位置正确。

(3) 在浇筑混凝土前,应清除模板上的垃圾、泥土和钢筋上的油污杂物,模板应浇水加以湿润。

(4) 基础混凝土宜分层连续浇筑完成。阶梯形基础的每一台阶高度内应整分浇捣层,每浇筑完一台阶应稍停 0.5~1.0h,待其初步获得沉实后,再浇筑上层,以防止下台阶混凝土溢出,在上台阶根部出现烂脖子,台阶表面应基本抹平。

(5) 锥形基础的斜面部分模板应随混凝土浇捣分段支设并顶压紧,以防模板上浮变形,边角处的混凝土应注意捣实。严禁斜面部分下支模,用铁锹拍实。

(6) 基础上有插筋时,要加以固定,保证插筋位置的正确,防止浇捣混凝土发生移位。

4. 杯形基础

杯形基础常用作钢筋混凝土预制柱基础,基础中预留凹槽(即杯口)、然后插入预制柱,临时固定后,即在四周空隙中灌细石混凝土。其形式有一般杯口基础、双杯口基础和高杯口基础等如图 2.6 所示。

1) 应用范围

一般用作钢筋混凝土预制柱的基础,常出现在厂房施工中。

2) 施工准备

同板式基础的材料设备的准备,只是要购置或现场制作预制柱。

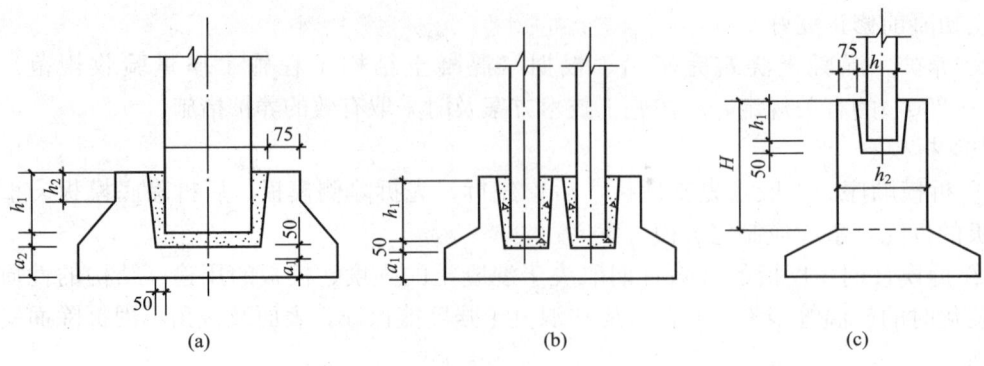

图 2.6 杯形基础形式

(a)一般杯口基础；(b)双杯口基础；(c)高杯口基础

3) 施工工艺

定位放线→浇混凝土垫层→扎承台钢筋→支模→浇筑混凝土→支地梁底模→扎地梁筋→支地梁侧模→混凝土浇筑→人工养护→局部基础砌体→验收→土方分层回填。

4) 注意事项

杯形基础参照板式基础的施工要点外，还应注意以下几个问题：

(1)混凝土应按台阶分层浇筑，对高杯口基础的高台阶部分按整段分层浇筑。

(2)杯口模板可做成二半式的定型模板，中间各加一块楔形板，拆模时，先取出楔形板，然后分别将两半杯口模板取出。为便于周转宜做成工具式的，支模时杯口模板要固定牢固并压浆。

(3)浇筑杯口混凝土时，应注意四侧要对称均匀进行，避免杯口模板挤向一侧。

(4)施工时应先浇注柱底混凝土并振实，注意在杯底一般有50mm厚的细石混凝土找平层，应仔细留出，杯底混凝土宁低勿高。待杯底混凝土沉实后，再浇筑杯口四周混凝土。基础浇捣完毕，在混凝土初凝后终凝前将杯口模板取出，并将杯口内侧表面混凝土凿毛。

(5)施工高杯口基础时，可采用后安装杯口的模板的方法施工，即当混凝土浇捣接近杯口底时，再安装固定杯口模板，继续浇筑杯口四周混凝土。

(6)根据柱的实测标高定出杯底控制标高，再用细石混凝土(或水泥砂浆)粉底至控制标高，并复测一遍；若杯底偏高，则凿除杯底使之低于控制标高，再用水泥砂浆粉底。

特别提示

在杯形基础施工中容易出现杯基中心线不准；杯口模板位移；混凝土浇筑时芯模浮起；拆模时芯模起不出的现象。原因主要有以下几个：

(1)杯基中心线弹线未兜方。

(2)杯基上段模板支撑方法不当，浇筑混凝土时，杯芯木模板由于不透气，产生浮力，向上浮起。

(3)模板四周的混凝土下料不均匀，振捣不均衡，造成模板偏移。

(4)操作脚手板搁置在杯口模板上，造成模板下沉。

(5)杯芯模板拆除过迟，黏结太牢。

防治措施如下：

(1) 杯形基础支模应首先找准中心线位置标高,先在轴线桩上找好中心线,用线坠在垫层上标出两点,弹出中心线,再由中心线按图弹出基础四面边线,要兜方并进行复核,用水平仪测定标高,然后依线支设模板。

(2) 木模板支上段模板时采用抬把木带,可使位置准确,托木的作用是将木带与下段混凝土面隔开少许间距,便于混凝土面拍平。

(3) 杯芯木模板要刨光直拼,芯模外表面涂隔离剂,底部应钻几个小孔,以便排气,减少浮力。

(4) 浇筑混凝土时,在芯模四周要均衡下料并振捣。

(5) 脚手板不得搁置在模板上。

(6) 拆除的杯芯模板,要根据施工时的气温及混凝土凝卧情况来掌握,一般在初凝前后即可锤轻打、撬棍拨动。较大的芯模,可用倒链将杯芯模板稍加松动后,再徐徐拔出。

5. 筏式基础

筏式基础由钢筋混凝土底板、梁等组成,其外形和构造上像倒置的钢筋混凝土楼盖,整体刚度较大,能有效将各柱子的沉降调整得较为均匀。筏式基础一般可分为梁板式和平板式两类如图 2.7 所示。

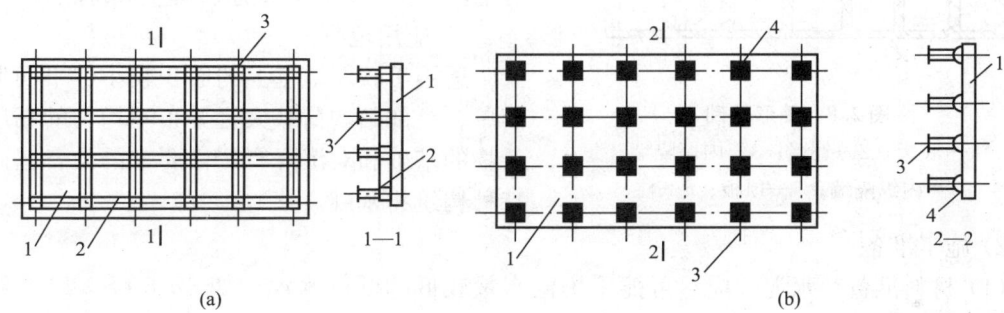

图 2.7 筏式基础

(a)梁板式;(b)平板式

1—底板;2—梁;3—柱;4—支墩

1) 应用范围

地基承载力较低而上部结构荷载很大的场合。

2) 施工准备

材料要求:水泥用强度等级为 32.5 或 42.5 硅酸盐水泥、普通硅酸盐水泥或矿渣硅酸盐水泥,要求新鲜无结块;沙子用中沙或粗沙,混凝土低于 C30 时,含泥量不大于 5%;石子卵石或碎石,粒径 5~40mm;掺和料采用 Ⅱ 级粉煤灰,其掺量应通过试验确定;钢筋品种和规格应符合设计要求,有出厂质量证书及试验报告,并应取样作机械性能试验,合格后方可使用。

3) 施工工艺

定位放线→土方开挖→地基验槽→垫层施工→抄平放线→模板工程施工→钢筋工程施工→混凝土工程施工。

4) 施工要点

(1) 施工前,如地下水位较高,可采用人工降低地下水位至基坑底不少于 500mm,以保证在无水情况下进行基坑开挖和基础施工。

(2) 施工时,可采用先在垫层上绑扎底板、梁的钢筋和柱子锚固插筋,浇筑底板混凝土，待达到25%设计强度后，再在底板上支梁模板，继续浇筑完梁部分混凝土；也可采用底板和梁模板一次同时支好，混凝土一次连续浇筑完成，梁侧模板采用支架支撑并固定牢固。

（3）混凝土浇筑时一般不宜留施工缝，必须留设时，应按施工缝要求处理，并应设置止水带。

（4）基础浇筑完毕，表面应覆盖和洒水养护，并防止地基被水浸泡。

6. 箱形基础

箱形基础是由钢筋混凝土底板、顶板、外墙以及一定数量的内隔墙构成封闭的箱体如图2.8所示，基础中部可在内隔墙开门洞做地下室。该基础具有整体性好，刚度大，调整不均匀沉降能力及抗震能力强，可消除因地基变形使建筑物开裂的可能性，减少基底处原有地基自重应力，降低总沉降量等特点。

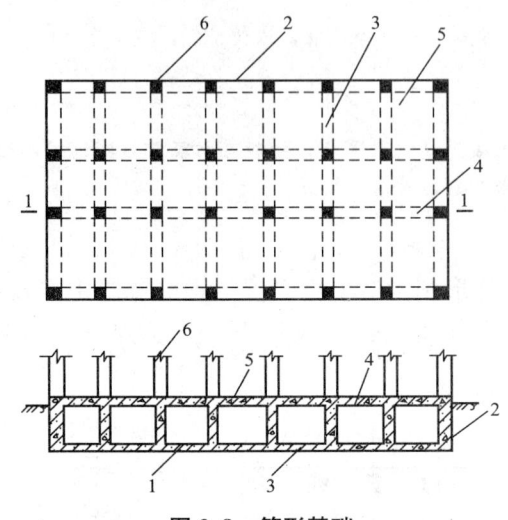

图 2.8 箱形基础
1—底板；2—外墙；3—内墙隔墙；
4—内纵隔墙；5—顶板；6—柱

1) 应用范围

适用于软弱地基上的面积较小、平面形状简单、上部结构荷载大且分布不均匀的高层建筑物的基础和对沉降有严格要求的设备基础或特种构筑物基础。

2) 施工准备

（1）材料准备。水泥：应尽可能采用泌水量较低的低热水泥，如32.5级、42.5级普通硅酸盐水泥或矿渣硅酸盐水泥；黄砂：尽量选择细度模数在2.4～2.8的中粗砂，砂含泥量小于等于2.0%，泥块含量小于等于0.5%。碎石：选用5～25mm或5～31.5mm的石子，在施工条件允许的情况下，尽量选用粒径较大的石子，减少粗骨料的比表面积，降低包裹粗骨料水泥浆体的用量，减少混凝土的体积收缩。要求石子的含泥量小于等于1.0%；针片状含量小于等于15%、泥块含量小于等于0.5%（按重量计），级配符合要求。掺和料：采用符合混凝土用的粉煤灰或磨细矿粉，以减少混凝土单位水泥用量，降低水泥的水化热量。外加剂：冬期选用有缓凝早强作用的泵送剂、夏季选用有缓凝作用的减水剂，以减少用水量和水泥用量，改善混凝土的和易性和可泵性，延长水泥的凝结时间。

（2）机具设备准备。满足施工用的钢筋制作设备，钢筋垂直运输、焊接、绑扎所需的机具设备和支模板所需要的机具；配备足够的混凝土浇灌设备（混凝土输送泵，必要时要留有1～2台备用）和混凝土运输车辆，同时满足混凝土浇灌时的振动器具。

3) 箱形基础施工要点

（1）基坑开挖，如地下水位较高，应采取措施降低地下水位至基坑底以下500mm处，并尽量减少对基坑底土的扰动。当采用机械开挖基坑时，在基坑底面以上200～400mm厚的土层，应用人工挖除并清理，基坑验槽后，应立即进行基础施工。

（2）施工时，基础底板、内外墙和顶板的支模、钢筋绑扎和混凝土浇筑，可采取分块进行，其施工缝的留设位置和处理应符合《混凝土结构工程施工质量验收规范》（GB 50204—2002)有关要求，外墙接缝应设止水带。

(3) 基础的底板、内外墙和顶板宜连续浇筑完毕。为防止出现温度收缩裂缝，一般应设置贯通后浇带，带宽不宜小于800mm，在后浇带处钢筋应贯通，顶板浇筑后，相隔2~4周，用比设计强度提高一级的细石混凝土将后浇带填灌密实，并加强养护。

(4) 基础施工完毕，应立即进行回填土。停止降水时，应验算基础的抗浮稳定性，抗浮稳定系数不宜小于1.2，如不能满足时，应采取有效措施，例如继续抽水直至上部结构荷载加上后能满足抗浮稳定系数要求为止，或在基础内灌水或加重物等，以防止基础上浮或倾斜。

7. 混凝土设备基础的质量检验标准

混凝土设备基础的质量检验标准见表2-3。

表2-3 混凝土设备基础的质量检验标准

序号	检查项目		容许偏差/mm	检验方法
1	坐标位移（纵横轴线）		20	钢尺检查
2	不同平面的标高		0，-20	用水准仪或拉线尺量检查
3	平面外形尺寸		±20	钢尺检查
4	凸台上平面外形尺寸		0，-20	钢尺检查
5	凹穴尺寸		+20 -0	钢尺检查
6	平面水平度	每米	5	用水准仪或水平尺和楔形塞尺检查
		全条	10	
7	垂直度	每米	5	用经纬仪或吊线坠和尺量检查
		全高	10	
8	预埋地脚螺栓	标高（顶部）	+20 -0	在根部或顶端用水准仪或拉线尺量检查
		中心距	±2	
9	预埋地脚螺栓孔	中心线位移	10	尽量纵横两个方向检查
		深度	+20，0	钢尺检查
		孔垂直度	10	吊线、钢尺检查
10	预埋活动地脚螺栓锚板	标高	+20，0	水准仪或拉线、尺量
		中正线位置	5	钢尺检查
		带槽锚板平整度	5	钢尺、塞尺检查
		带螺栓孔锚板平型度	2	钢尺、塞尺检查

2.3 桩基础施工

2.3.1 桩基础类型

桩基础是深基础应用最多的一种基础形式，它由若干个沉入土中的桩和连接桩顶的承台或承台梁组成。其作用是将上部建筑物的荷载传递到深处承载力较强的土层上，或将软弱土层挤密实以提高地基土的承载能力和密实度。桩基础类型见表2-4和表2-5。

表 2-4 按受力情况桩基础分类

	定 义	图 示
端承桩	是穿过软弱土层而达到坚硬土层或岩层上的桩，上部结构荷载主要由岩层阻力承受；施工时以控制贯入度为主，桩尖进入持力层深度或桩尖标高可作参考	端承桩与摩擦桩 （a）端承桩；（b）摩擦桩 1—桩；2—承台；3—上部结构
摩擦桩	完全设置在软弱土层中，将软弱土层挤密实，以提高土的密实度和承载能力，上部结构的荷载由桩尖阻力和桩身侧面与地基土之间的摩擦阻力共同承受，施工时以控制桩尖设计标高为主，贯入度可作参考	

表 2-5 按施工方法桩基础分类

	预 制 桩	灌 注 桩
定义	在预制构件厂或施工现场预制，用沉桩设备在设计位置上将其沉入土中的桩	是在桩位处成孔，然后放入钢筋骨架，再浇筑混凝土而成的桩
分类	可分为混凝土预制桩、钢桩和木桩；沉桩方式为锤击打入、振动打入和静力压入等	种类繁多，大体可归纳为沉管灌注桩和钻（冲、磨、挖）孔灌注桩两类；采用套管或沉管护壁、泥浆护壁和干作业等方法成孔
优点	1. 桩的单位面积承载力较高，由于其属挤土桩，桩打入后其周围的土层被挤密，从而提高地基承载力 2. 桩身质量易于保证和检查；适用于水下施工 3. 桩身混凝土的密度大，抗腐蚀性能强 4. 施工工效高。因其打入桩的施工工序较灌注桩简单，工效也高	1. 适用于不同土层 2. 桩长可因地改变，没有接头 3. 仅承受轴向压力时，只需配置少量构造钢筋。需配制钢筋笼时，按工作荷载要求布置，节约了钢材（相对于预制桩是按吊装、搬运和打桩应力来设计钢筋） 4. 正常情况下，比预制桩经济 5. 单桩承载力大（采用大直径钻孔和挖孔灌注桩时） 6. 振动小，噪声小
缺点	1. 预制桩单价较灌注桩高。预制桩的配筋是根据搬运、吊装和压入桩时的应力设计的，远超过正常工作荷载的要求，用钢量大。接桩时，还需增加相关费用 2. 锤击和振动法下沉的预制桩施工时，振动噪声大，影响周围环境，不宜在城市建筑物密集的地区使用，一般应改为静压桩机进行施工 3. 预制桩是挤土桩，施工时易引起周围地面隆起，有时还会引起已就位邻桩上浮 4. 受起吊设备能力的限制，单节桩的长度不能过长，一般为 10 多米。长桩需接桩时，接头处形成薄弱环节，如不能确保桩长的垂直度，则将降低桩的承载能力，甚至还会在打桩时出现断桩 5. 不易穿透较厚的坚硬地层，当坚硬地层下仍存在需穿过的软弱层时，则需辅以其他施工措施，如采用预钻孔（常用的引孔方法）等	1. 桩身质量不易控制，容易出现断桩、缩颈、露筋和夹泥的现象 2. 桩身直径较大，孔底沉积物不易清除干净（除人工挖孔灌注桩外），因而单桩承载力变化较大 3. 一般不宜用于水下桩基

 知识链接

贯入度：在地基土中用重力击打桩时，桩进入土中的深度。

缩颈：当载荷达到最大值后，桩的某一局部发生显著收缩的现象。

2.3.2 钢筋混凝土预制桩施工

钢筋混凝土预制桩是在预制构件厂或施工现场预制，用沉桩设备在设计位置上将其沉入土中，其特点：坚固耐久，不受地下水或潮湿环境影响；能承受较大荷载，施工机械化程度高，进度快；能适应不同土层施工。目前，最常用的预制桩是预应力混凝土管桩、方桩。它是一种细长的空心或实心预制混凝土构件，是在工厂经先张预应力、离心成型、高压蒸养等工艺生产而成。管桩按桩身混凝土强度等级的不同分为 PC 桩（C60，C70）和 PHC 桩（C80）；按桩身抗裂弯矩的大小分为 A 型、AB 型和 B 型；外径有 300mm、400mm、500mm、550mm 和 600mm，壁厚为 65～125mm，常用节长 7～12m，特殊节长 4～5m。

钢筋混凝土预制桩施工前，应根据施工图设计要求、桩的类型、成孔过程对土的挤压情况、地质探测和试桩等资料，制订施工方案。

施工工艺流程：现场布置→场地地基处理、整平、浇筑混凝土→支模→绑扎钢筋、安设吊环→浇混凝土→养护至30%设计强度拆模→支间隔端头模板、刷隔离剂、绑钢筋→浇筑间隔桩混凝土→同法间隔重叠制作第二层桩→养护至70%强度起吊→养护至100%设计强度运输、打桩。

1. 施工准备

桩基础工程在施工前，应根据工程规模的大小和复杂程度，编制整个分部工程施工组织设计或施工方案。沉桩前，现场准备工作的内容有处理障碍物、平整场地、抄平放线、铺设水电管网、沉桩机械设备的进场和安装以及桩的供应等。

1）处理障碍物

打桩前，宜向城市管理、供水、供电、煤气、电信、房管等有关单位提出要求，认真处理高空、地上和地下的障碍物。然后对现场周围（一般为 10m 以内）的建筑物、驳岸、地下管线等作全面检查，必须予以加固或采取隔振措施或拆除，以免打桩中由于振动的影响，可能引起倒塌。

2）场地平整

打桩场地必须平整、坚实，必要时宜铺设道路，经压路机碾压密实，场地四周应挖排水沟以利排水。

3）抄平放线定桩位

在打桩现场附近设水准点，其位置应不受打桩影响，数量不得少于两个，用以抄平场地和检查桩的入土深度。要根据建筑物的轴线控制桩定出桩基础的每个桩位，可用小木桩标记。正式打桩之前，应对桩基的轴线和桩位复查一次。以免因小木桩挪动、丢失而影响施工。桩位放线允许偏差为 20mm。

4）进行打桩试验

施工前应作数量不少于 2 根桩的打桩工艺试验，用以了解桩的沉入时间、最终沉入

度、持力层的强度、桩的承载力以及施工过程中可能出现的各种问题和反常情况等,以便检验所选的打桩设备和施工工艺,确定是否符合设计要求。

5) 确定打桩顺序

打桩顺序直接影响到桩基础的质量和施工速度,应根据桩的密集程度(桩距大小)、桩的规格、长短、桩的设计标高、工作面布置、工期要求等综合考虑,合理确定打桩顺序。根据桩的密集程度,打桩顺序一般分为逐段打设、自中部向四周打设和由中间向两侧打设三种,如图2.9所示。当桩的中心距不大于4倍桩的直径或边长时,应由中间向两侧对称施打如图2.9(c)所示,或由中间向四周施打如图2.9(b)所示。当桩的中心距大于4倍桩的边长或直径时,可采用上述两种打法,或逐排单向打设如图2.9(a)所示。

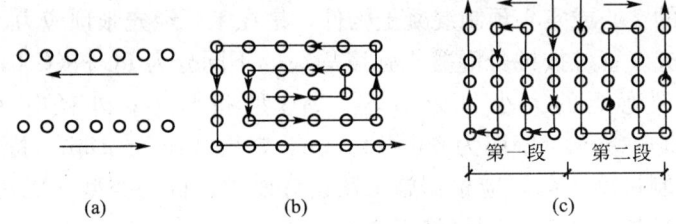

图 2.9 打桩顺序图

(a) 逐排打设;(b) 自中部向四周打设;(c) 由中间向两侧打设

特别提示

打桩要有顺序,沉桩顺序不当,土体被挤密,邻桩受挤偏位或桩体被土抬起,桩位移产生偏移。影响桩沉入质量。

根据基础的设计标高和桩的规格,宜按先深后浅、先大后小、先长后短的顺序进行打桩。

6) 桩帽、垫衬和送桩设备机具准备

2. 桩的制作、运输、堆放

1) 桩的制作

较短的桩多在预制厂生产。较长的桩一般在打桩现场附近或打桩现场就地预制。

桩分节制作时,单节长度确定,应满足桩架的有效高度、制作场地条件、运输与装卸能力的要求,同时应避免桩尖接近硬持力层或桩尖处于硬持力层中接桩,上节桩和下节桩应尽量在同一纵轴线上预制,使上下节钢筋和桩身减少偏差。

制桩时,应做好浇筑日期、混凝土强度、外观检查、质量鉴定等记录,以供验收时查用。每根桩上应标明编号、制作日期,如不预埋吊环,则应标明绑扎位置。

2) 桩的运输

混凝土预制桩达到设计强度70%方可起吊,达到100%后方可进行运输。如提前吊运,必须验算合格。桩在起吊和搬运时,吊点应符合设计规定,如无吊环,设计又未作规定时,绑扎点的数量及位置按桩长而定,应按起吊弯矩最小的原则进行捆绑。如图2.10所示为起吊点的合理位置。钢丝绳与桩之间应加衬垫,以免损坏棱角。起吊时应平稳提升，吊点同时离地，如要长距离运输，可采用平板拖车或轻轨平板车。长桩搬运时，桩下要设置活动支座。经过搬运的桩，还应进行质量复查。

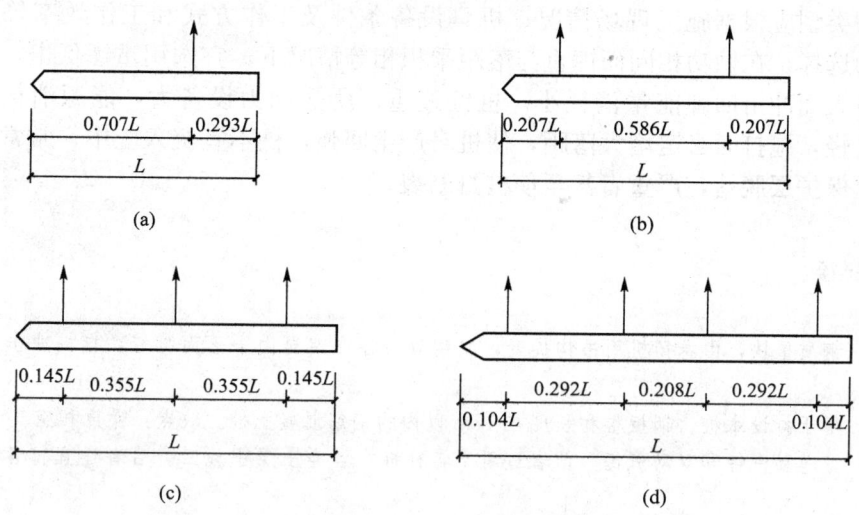

图 2.10　吊点的合理位置

(a) 1 个吊点；(b) 2 个吊点；(c) 3 个吊点；(d) 4 个吊点

3) 桩的堆放

桩堆放应遵守：桩堆放时，地面必须平整、坚实，垫木间距应根据吊点确定，各层垫木应位于同一垂直线上，最下层垫木应适当加宽，堆放层数不宜超过 4 层。不同规格的桩，应分别堆放。

特别提示

垫木与吊点的位置应相同，并应保持在同一平面内。

同桩号的桩应堆放在一起，而桩尖应向一端。

3. 施工方法

混凝土预制桩的沉桩方法有锤击沉桩、静力压桩和振动沉桩等。

1) 锤击沉桩

锤击沉桩也称打入桩如图 2.11 所示，是利用桩锤下落产生的冲击能量将桩沉入土中，锤击沉桩是混凝土预制桩最常用的沉桩方法。该法施工速度快，机械化程度高，适应范围广，现场文明程度高，但施工时有噪声污染和振动，对于城市中心和夜间施工有所限制。

(1) 打桩设备及选择。打桩所用的机具设备，主要包括桩锤（作用是对桩施加冲动击力，将桩打入土中）、桩架（作用是支持桩身和桩锤将桩吊到打桩位置，并在打入过程中引导桩的方向，保证桩锤沿着所要求的方向冲击）及动力装置（包括启动桩锤用的动力设施，如卷扬机、锅炉、空气压缩机等）三部分。

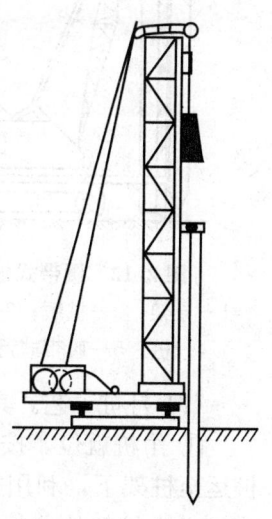

图 2.11　锤击沉桩

桩锤是把桩打入土中的主要机具，有落锤、蒸汽锤(单动汽锤和双动汽锤)、柴油桩锤和夜压锤等。

桩锤的类型应根据施工现场情况、机具设备条件及工作方式和工作效率等条件来选择。锤重的选择，在做功相同而锤重与落距乘积相等情况下，宜选用重锤低击，这样可以使桩锤动量大而冲击回弹能量消耗小。桩锤过重，所需动力设备大，能源消耗大，不经济；桩锤过轻，施打时必定增大落距，使桩身产生回弹，桩不宜沉入土中，常常打坏桩头或使混凝土保护层脱落，严重者甚至使桩身断裂。

知识链接

落锤：一钢质重块，由卷扬机用吊钩提升，脱钩后沿导向架自由下落而打桩，打桩冲击力不强，效率低。

柴油锤：用于打设木桩、钢板桩和长度在 12m 以内的钢筋混凝土桩。缺点：噪声和空气污染。

蒸汽锤：分单动汽锤和双动汽锤，前者适用于各种桩在各类土层中施工。后者适宜打各种桩，并用于拔桩。

液压锤：效率高，无污染。

锤击法沉桩时，选择桩锤是关键。力求"重锤低击"。

当桩锤重大于桩重的 1.5～2 倍时，能取得较好的效果。

桩架是支持桩身和桩锤，在打桩过程中引导桩的方向及维持桩的稳定，并保证桩锤沿着所要求方向冲击的设备。桩架一般由底盘、导向杆、起吊设备和撑杆等组成。根据桩的长度、桩锤的高度及施工条件等选择桩架和确定桩架高度。

桩架的形式多种多样，常用的通用桩架有两种基本形式：一种是沿轨道行驶的多能桩架；另一种是装在履带底盘上的履带式桩架。多能桩架是由定柱、斜撑、回转工作台、底盘及传动机构组成。它的机动性和适应性很大，在水平方向可作 360°回转，导架可以伸缩和前后倾斜，底座下装有铁轮，底盘在轨道上行走。这种桩架可适用于各种预制桩及灌注桩施工。履带式桩架(如图 2.12 所示)以履带式起重机为主机，配备桩架工作装置而组成。操作灵活，移动方便，适用于各种预制桩和灌注桩的施工。目前应用最多。

打桩机械的动力装置是根据所选桩锤而定的。当采用空气锤时，应配备空气压缩机；当选用蒸汽锤时，则要配备蒸汽锅炉和绞盘。

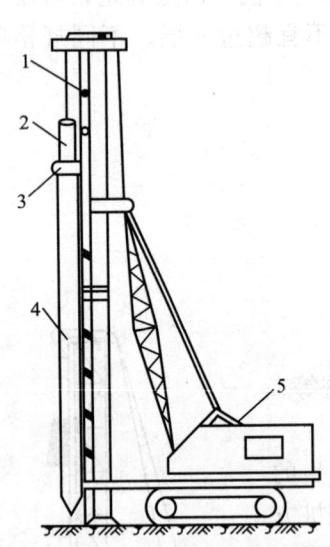

图 2.12 履带式桩机
1—导架；2—桩锤；3—桩帽；
4—桩；5—履带式起重机

(2) 打桩工艺。具体有以下几种。

① 吊桩就位。按既定的打桩顺序，先将桩架移动至桩位处并用缆风绳拉牢，然后将桩运至桩架下，利用桩架上的滑轮组，由卷扬机提升桩。当桩提升至直立状态后，即可将桩送入桩架的龙门导管内，同时把桩尖准确地安放到桩位上，并与桩架导管相连接，

以保证打桩过程中不发生倾斜或移动。桩插入时垂直偏差不得超过0.5%。桩就位后,为了防止击碎桩顶,在桩锤与桩帽、桩帽与桩之间应放上硬木、粗草纸或麻袋等桩垫作为缓冲层,桩帽与桩顶四周应留5~10mm的间隙,如图2.13所示。然后进行检查,使桩身、桩帽和桩锤在同一轴线上即可开始打桩。

② 打桩。打桩时宜用"重锤低击",这是因为这样桩锤对桩头的冲击小,回弹也小,桩头不易损坏,大部分能量都用于克服桩身与土的摩阻力和桩尖阻力上,桩就能较快地沉入土中。

初打时地层软、沉降量较大,宜低锤轻打,随着沉桩加深(1~2m),速度减慢,再酌情增加起锤高度,要控制锤击应力。打桩时应观察桩锤回弹情况,如经常回弹较大时则说明锤太轻,不能使桩下沉,应及时更换。至于桩锤

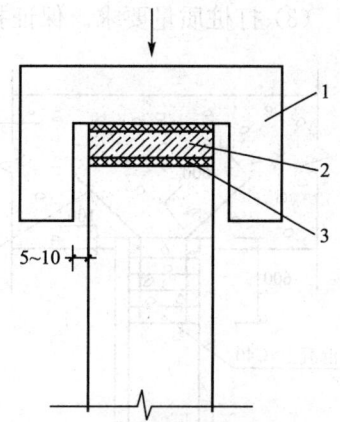

图2.13 自落锤桩帽构造示意图
1—桩帽;2—硬垫木;
3—草纸(弹性衬垫)

的落距以多大为宜,根据实践经验,在一般情况下,单动汽锤以0.6m左右为宜,柴油锤不超过1.5m,落锤不超过1.0m为宜。打桩时要随时注意贯入度变化情况,当贯入度骤减,桩锤有较大回弹时,表示桩尖遇到障碍,此时应桩锤落距减小,加快锤击。如上述情况仍存在,则应停止锤击,查其原因进行处理。

在打桩过程中,如突然出现桩锤回弹、贯入度突增、锤击时桩弯曲、倾斜、颤动、桩顶破坏加剧等情况,则表明桩身可能已破坏。

打桩最后阶段,沉降太小时,要避免硬打,如难沉下,要检查桩垫、桩帽是否适宜,需要时可更换或补充软垫。

特别提示

预制桩必须提前订货加工,打桩时预制桩强度必须达到设计强度的100%,并应增加养护期一个月后方准施打。

③ 接桩。在预制桩施工中,由于受到场地、运输及桩机设备等的限制,而将长桩分为多节进行制作。接桩时要注意新接桩节与原桩节的轴线一致。目前预制桩的接桩工艺主要有硫黄胶泥浆锚法、电焊接桩和法兰螺栓接桩3种。前一种适用于软弱土层,后两种适用于各类土层。

特别提示

在桩长不够的情况下,采用焊接接桩,其预制桩表面上的预埋件应清洁,上下节之间的间隙应用铁片垫实焊牢;焊接时,应采取措施,减少焊缝变形;焊缝应连续焊满。

接桩时,一般在距地面1m左右时进行。上下桩的中心线偏差不得大于10mm,节点折曲矢高不得大于0.1%桩长。

接桩处入土前,应对外露铁件,再次补刷防腐漆。

(3) 打桩质量要求。保证打桩的质量，应遵循以下原则：端承桩即桩端达到坚硬土层或岩层，以控制贯入度为主，桩端标高可作参考；摩擦桩即桩端位于一般土层，以控制桩端设计标高为主，贯入度可作参考。打(压)入桩(预制混凝土方桩、先张法预应力管桩、钢桩)的桩位偏差，必须符合规范的规定。打斜桩时，斜桩的倾斜度的允许偏差，不得大于倾斜角正切值的15%。

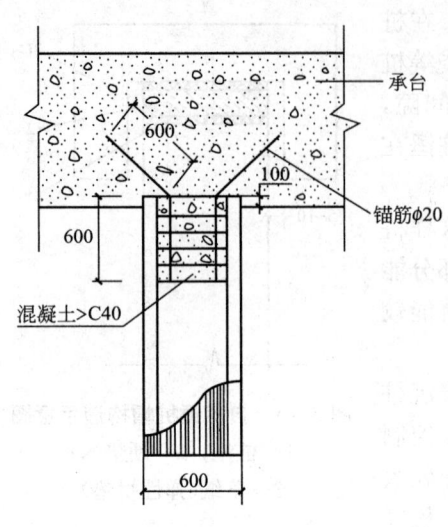

图 2.14 桩头处理

(4) 桩头处理。在打完各种预制桩开挖基坑时，按设计要求的桩顶标高将桩头多余的部分截去。截桩头时不能破坏桩身，要保证桩身的主筋伸入承台，长度应符合设计要求。当桩顶标高在设计标高以下时，在桩位上挖成喇叭口，凿掉桩头混凝土，剥出主筋并焊接接长至设计要求长度，与承台钢筋绑扎在一起，用桩身同强度等级的混凝土与承台一起浇筑接长桩身，如图 2.14 所示。

 知识链接

在打桩过程中，常出现桩头打碎现象，如：桩头处混凝土碎裂、脱落，桩顶钢筋外露。
原因分析：
(1) 混凝土强度偏低或龄期太短。
(2) 桩顶混凝土保护层厚薄不均，网片位置不准。
(3) 桩顶面不平，处于偏心冲击状态，产生局部受压。
(4) 桩锤选择不当，锤小时，锤击次数太多，锤大时，桩顶混凝土承受锤击力过大而破碎。
(5) 桩帽过大，桩帽与桩顶接触不平。
防治措施：
(1) 混凝土强度等级不宜低于C30，桩制作时要振捣密实，养护期不宜少于28d。
(2) 桩顶处主筋应平齐(整)，确保混凝土振捣密实，保护层厚度一致。
(3) 桩制作时，桩顶混凝土保护层不能过大，以3cm为宜，沉桩前对桩进行全面检查，用三角尺检查桩顶的平整度，不符合规范要求的桩不能使用或经处理(修补)后才能使用。
(4) 根据地质条件和断面尺寸及形状，合理选用桩锤，严格控制桩锤的落距，遵照"重锤低击"的原则，严禁"轻锤高击"。
(5) 施工前，认真检查桩帽与桩顶的尺寸，桩帽一般大于桩截面周边2cm。如桩帽尺寸过大和翘曲变形不平整，应进行处理后方能施工。
(6) 发现桩头被打碎，应立即停止沉桩，更换或加厚桩垫。如桩头破裂较严重，将桩顶补强后重新沉桩。

(5) 打桩施工常见问题。在打桩施工过程中会遇见各种各样的问题，例如桩顶破碎，桩身断裂、桩身位移、扭转、倾斜、桩锤跳跃、桩身严重回弹等。发生这些问题的原因有钢筋混凝土预制桩制作质量、沉桩操作工艺和复杂土层3个方面的原因。施工规范规定，打桩过程中如遇到上述问题，都应立即暂停打桩，施工单位应与勘察、设计单位共同研究，查明原因，提出明确的处理意见，采取相应的技术措施后，方可继续施工。

2) 静力压桩

静力压桩是在软土地基上，利用静力压桩机或液压压桩机用无振动的静力压力（自重和配重）将预制桩压入土中的一种新工艺。静力压桩已在我国沿海软土地基上较为广泛地采用，与普通的打桩和振动沉桩相比，压桩可以消除噪声和振动的公害。故特别适用于医院和有防震要求部门附近的施工。

静力压桩机如图 2.15 所示的工作原理是：通过安置在压桩机上的卷扬机的牵引，由钢丝绳、滑轮及压梁，将整个桩机的自重力（800～1500kN）反压在桩顶上，以克服桩身下沉时与土的摩擦力，迫使预制桩下沉。桩架高度 10～40m，压入桩长度已达 37m，桩断面为 400mm×400mm～500mm×500mm。

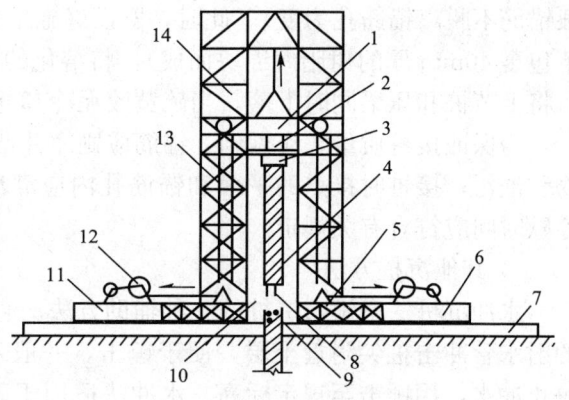

图 2.15　静力压桩机示意图
1—活动压梁；2—油压表；3—桩帽；4—上段桩；
5—加重物仓；6—底盘；7—轨道；8—上段接桩锚筋；
9—桩；10—压头；11—操作平台；12—卷扬机；
13—加压钢绳滑轮组；14—桩架导向笼

近年引进 WYJ—200 型和 WYJ—400 型压桩机，是液压操纵的先进设备。静压力有 2000kN 和 4000kN 两种，单根制桩长度可达 20m。压桩施工，一般情况下都采取分段压入，逐段接长的方法。接桩的方法目前有焊接法、法兰接法和浆锚法 3 种。

焊接法接桩如图 2.16 所示，必须对准下节桩并垂直无误后，用点焊将拼接角钢连接固定，再次检查位置正确后则进行焊接。施焊时，应两人同时对角对称地进行，以防止节点变形不匀而引起桩身歪斜。焊缝要连续饱满。

浆锚法接桩如图 2.17 所示，首先将上节桩对准下节桩，使四根锚筋插入锚筋孔中（直

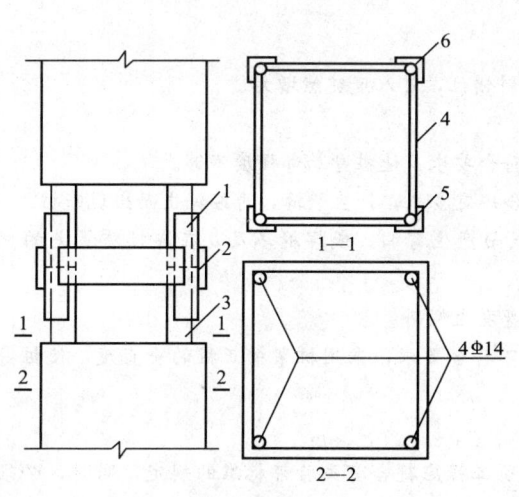

图 2.16　焊接法接桩节点构造
1—连接角钢；2—预埋垫板；
3—预埋钢板；4—钢板；5—主筋；6—角钢

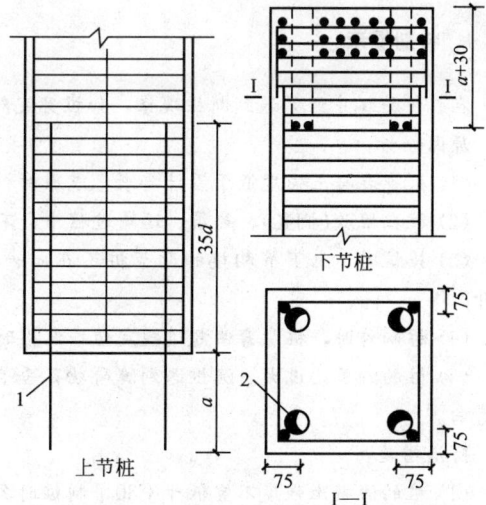

图 2.17　浆锚法接桩节点构造
1—锚筋；2—锚筋孔

径为锚筋直径的 2.5 倍），下落压梁并套住桩顶，然后将桩和压梁同时上升约 200mm（以 4 根锚筋不脱离锚筋孔为度）。此时，安设好施工夹箍（施工夹箍：由四块木板，内侧用人造革包裹 40mm 厚的树脂海绵块而成），将溶化的硫黄胶泥注满锚筋孔内和接头平面上，然后将上节桩和压梁同时下落，当硫黄胶泥冷却并拆除施工夹箍后，即可继续加荷施压。

为保证接桩质量，应做到：锚筋应刷净并调直；锚筋孔内应有完好螺纹，无积水、杂物和油污；接桩时接点的平面和锚筋孔内应灌满胶泥；灌注时间不得超过 2min；灌注后停歇时间应符合有关规定。

3）其他沉桩方法

水冲沉桩法是锤击沉桩的一种辅助方法。它是利用高压水流经过桩侧面或空心管内部的射水管冲击桩尖附近土层，便于锤击。一般是边冲水边打桩，当沉桩至最后 1~2m 时停止冲水，用锤击至规定标高。水冲法适用于砂土和碎石土，有时对于特别长的预制桩，单靠锤击有一定的困难时，也用水冲法辅助之。

振动法沉桩是利用振动机，将桩与振动机连接在一起，振动机产生的振动力通过桩身使土体振动，使土体的内摩擦角减小、强度降低而将桩沉入土中。此法在砂土中效率最高。

4．施工要求

（1）桩在起吊及搬运时，必须做到吊点符合设计要求，要平稳并不得损坏。

（2）妥善保护好桩基的轴线和标高控制桩，不得由于碰撞和振动而位移。

（3）打桩时如发现地质资料与提供的数据不符时，要停止施工，并与有关单位共同研究处理。

（4）在邻近有建筑物或岸边、斜坡上打桩时，要会同有关单位采取有效的加固措施。施工时要随时进行观测，确保避免因打桩振动而发生安全事故。

（5）打桩完毕进行基坑开挖时，要制定合理的施工顺序和技术措施，防止桩的位移和倾斜。

 特别提示

在打桩施工中经常遇到断桩现象，如桩身突然倾斜错位，贯入度突然增大。

原因分析：

（1）桩身混凝土强度低于设计要求，或原材料不符合要求，使桩身局部强度不够。

（2）桩在堆放（搁置）、起吊、运输过程中，不符合规定要求，产生裂缝，再经锤击而出现断桩。

（3）接桩时，上下节相接的两节桩不在同一轴线而产生弯曲，或焊缝不足，在焊接质量差的部位脱开。

（4）桩制作时，桩身弯曲超过规定值，沉桩时桩身发生倾斜。

（5）桩的细长比过大。沉桩遇到障碍物，垂直度不符合要求，采用桩架校正桩的垂直度，使桩身产生弯曲。

防治措施：

（1）桩的混凝土强度不宜低于 C30，制桩时各分项工程应符合有关验评标准的规定，同时，必须要有足够的养护期和正确的养护方法。

（2）桩在堆放、起吊、运输过程中，应严格按照有关规定或操作规程执行，发现桩开裂超过有关验收规定时，严禁使用。

(3) 接桩时，要保持相接的两节桩在同一轴线上，接头构造及施工质量符合设计要求和规范规定。

(4) 沉桩前，应对桩构件进行全面检查，若桩身弯曲大于1‰桩长，且大于20mm，则不得使用。

(5) 沉桩前，应将桩位下的障碍物清理干净，在初沉桩过程中，若桩发生倾斜、偏位，应将桩拔出重新沉桩；若桩打入一定深度，发生倾斜、偏位，不得采用移动桩架的方法来纠正，以免造成桩身弯曲。一节桩的细长比一般不超过40，软土中可适当放宽。

(6) 在施工中出现断桩时，应会同设计人员共同处理。

5. 质量标准

钢筋混凝土预制桩允许偏差，见表2-6。

表2-6 钢筋混凝土预制桩允许偏差

项次	项　目	允许偏差(mm)	检验方法
1	垂直基础梁的中心线方向	100	尺量检查
	沿基础梁的中心线方向	150	尺量检查
2	桩数为1~3根或单排桩	100	尺量检查
3	桩数为4~16根	$d/3$	尺量检查
4	边缘桩	$d/3$	尺量检查
5	中间桩	$d/2$	尺量检查

注：d为桩的直径或截面边长。

2.3.3 泥浆护壁钻孔灌注桩的施工

混凝土灌注桩是直接在施工现场桩位上成孔，然后在孔内安装钢筋笼，浇筑混凝土成桩。与预制桩相比，灌注桩具有不受地层变化限制，不需要接桩和截桩，节约钢材、振动小且噪声小等特点，但施工工艺复杂，影响质量的因素多。灌注桩按成孔方法分为：泥浆护壁成孔灌注桩、干作业钻孔灌注桩、人工挖孔灌注桩、沉管灌注桩等，近年来还出现了夯扩桩、管内泵压桩、变径桩等新工艺，特别是变径桩，将信息化技术引进到桩基础中。本节重点讲解泥浆护壁钻孔灌注桩的施工。

泥浆护壁成孔是利用原土自然造浆或人工造浆浆液进行护壁，通过循环泥浆将被钻头切下的土块携带排出孔外成孔，然后安装绑扎好的钢筋笼，导管法水下灌注混凝土沉桩。

泥浆护壁钻孔灌注桩成孔方法按成孔机械分类有回转钻机成孔、潜水钻机成孔、冲击钻机成孔、冲抓锥成孔等，其中以钻机成孔应用最多。

1) 回转钻机成孔

回转钻机是由动力装置带动钻机回转装置转动，再由其带动带有钻头的钻杆移动，由钻头切削土层。适用于地下水位较高的软、硬土层，如淤泥、黏性土、砂土和软质岩层。

回转钻机钻孔方式根据泥浆循环方式的不同，分为正循环回转钻机成孔和反循环回转钻机成孔。

正循环回转钻机成孔的工艺如图2.18所示。由空心钻杆内部通入泥浆或高压水，从钻杆底部喷出，携带钻下的土渣沿孔壁向上流动，由孔口将土渣带出流入泥浆池。

反循环回转钻机成孔的工艺如图2.19所示。泥浆带渣流动的方向与正循环回转钻机成孔的情形相反。反循环工艺的泥浆上流的速度较高，能携带较大的土渣。

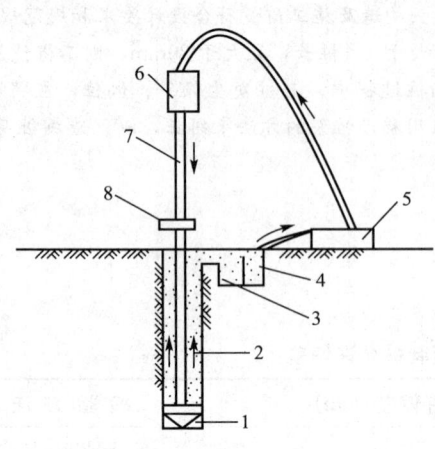
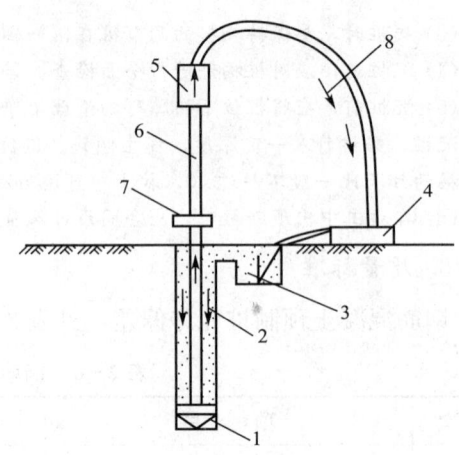

图 2.18 正循环回转钻机成孔工艺原理图
1—钻头；2—泥浆循环方向；3—沉淀池；
4—泥浆池；5—泥浆泵；6—水龙头；
7—钻杆；8—钻机回转装置

图 2.19 反循环回转钻机成孔工艺原理图
1—钻头；2—新泥浆流向；3—沉淀池；
4—砂石泵；5—水龙头；6—钻杆；
7—钻机回转装置；8—混合液流向

2）潜水钻机成孔

潜水钻机成孔示意图如图 2.20 所示。潜水钻机是一种将动力、变速机构、钻头连在一起加以密封，潜入水中工作的一种体积小而轻的钻机，这种钻机的钻头有多种形式，以适应不同桩径和不同土层的需要。钻头可带有合金刀齿，靠电机带动刀齿旋转切削土层或岩层。钻头靠桩架悬吊吊杆定位，钻孔时钻杆不旋转，仅钻头部分放置切削下来的泥渣通过泥浆循环排出孔外。

钻机桩架轻便，移动灵活，钻进速度快，噪声小，钻孔直径为 500～1500mm，钻孔深度可达 50m，甚至更深。

潜水钻机成孔适用于黏性土、淤泥、淤泥质土、砂土等钻进，也可钻入岩层，尤其适用于地下水位较高的土层中成孔。当钻一般黏性土、淤泥、淤泥质土及砂土时，宜用笼式钻头；穿过不厚的砂夹卵石层或在强风化岩上钻进时，可镶焊硬质合金刀头的笼式钻头；遇孤石或旧基础时，应用带硬质合金齿的筒式钻头。

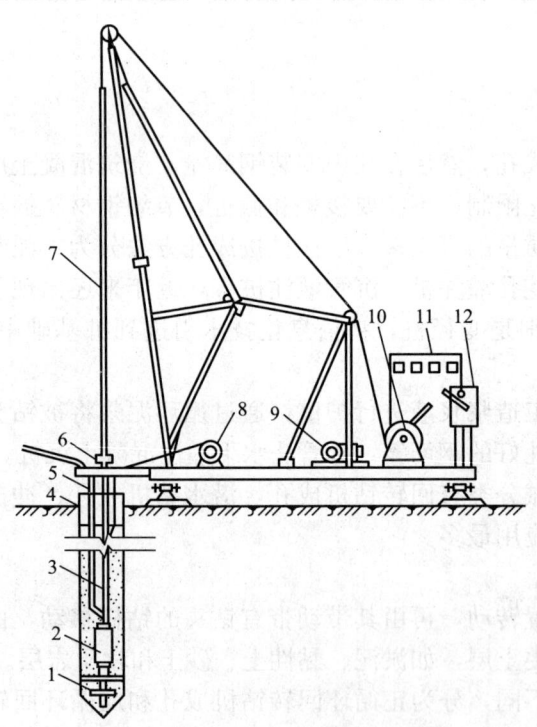

图 2.20 潜水钻机钻孔示意图
1—钻头；2—潜水钻机；3—电缆；4—护筒；
5—水管；6—滚轮（支点）；7—钻杆；8—电缆盘；9—5kN 卷扬机；10—10kN 卷扬机；
11—电流电压表；12—启动开关

3）冲击钻机成孔

冲击钻机通过机架、卷扬机把带刃的重钻头（冲击锤）提高到一定高度，靠自由下落的冲击力切削破碎岩层或冲击土层成孔如图 2.21 所示。部分碎渣和泥浆挤压进孔壁，大部分碎渣用掏渣筒掏出。此法设备简单，操作方便，对于有孤石的砂卵石岩、坚质岩、岩层均可成孔。

冲击钻头形式有十字形、工字形和人字形等，一般常用十字形冲击钻头如图 2.22 所示。在钻头锥顶与提升钢丝绳间设有自动转向装置，冲击锤每冲击一次转动一个角度，从而保证桩孔冲成圆孔。

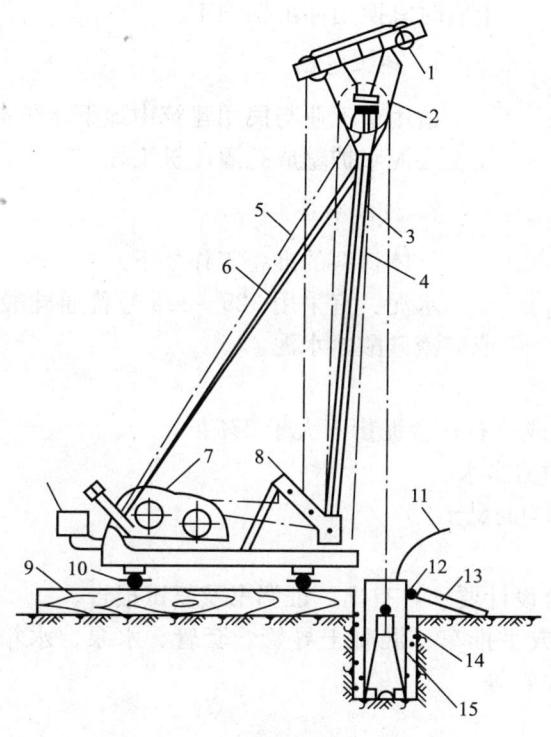

图 2.21　简易冲击钻机示意图

1—副滑轮；2—主滑轮；3—主杆；4—前拉索；5—后拉索；
6—斜撑；7—双滚筒卷扬机；8—导向轮；9—垫木；
10—钢管；11—供浆管；12—溢流口；13—泥浆渡槽；
14—护筒回填土；15—钻头

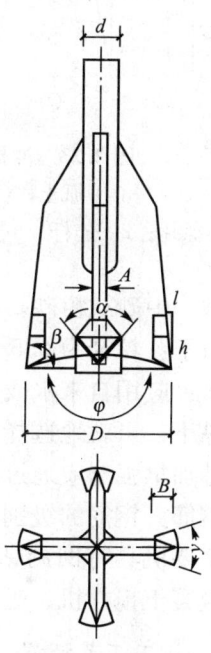

图 2.22　十字形冲击
钻头示意图

冲孔前应埋设钢护筒，并准备好护壁材料。若表层为淤泥、细砂等软土，则在筒内加入小块片石、砾石和黏土；若表层为砂砾卵石，则投入小颗粒沙砾石和黏土，以便冲击造浆，并使孔壁挤密实。冲击钻机就位后，校正冲锤中心对准护筒中心，在冲程 0.4~0.8m 范围内应低提密冲，并及时加入石块与泥浆护壁，直至护筒下沉 3~4m 以后，冲程可以提高到 1.5~2.0m，转入正常冲击，随时测定并控制泥浆相对密度。

施工中，应经常检查钢丝绳损坏情况，卡机松紧程度和转向装置是否灵活，以免掉钻。如果冲孔发生偏斜，应回填片石(厚 300~500mm)后重新冲孔。

4) 冲抓锥成孔

冲抓锥锥头如图 2.23 所示，有一重铁块和活动抓片，通过机架和卷扬机将冲抓锥提升到一定高度，下落时松开卷筒刹车，抓片张开，锥头便自由下落冲入土中，然后开动卷扬机提升锥头，这时抓片闭合抓土。冲抓锥整体提升至地面上卸去土渣，依次循环成孔。

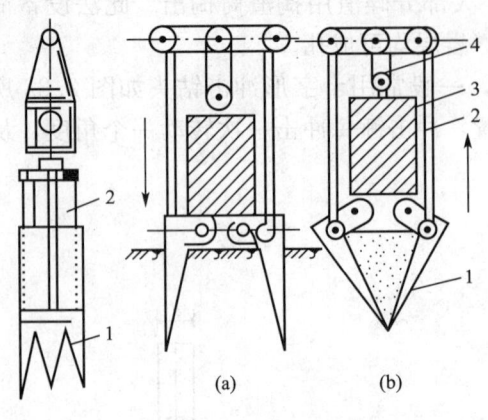

图 2.23 冲抓锥锥头
（a）抓土；（b）提土
1—抓片；2—连杆；3—压重；4—滑轮组

冲抓锥成孔施工过程、护筒安装要求、泥浆护壁循环等与冲击成孔施工相同。

冲抓锥成孔直径为 450～600mm，孔深可达 10m，冲抓高度宜控制在 1.0～1.5m。适用于松软土层（砂土、黏土）中冲孔，但遇到坚硬土层时宜换用冲击钻施工。

1. 施工范围

适用于工业与民用建筑中地下水位高的软、硬土层泥浆护壁成孔灌注桩工程。

2. 施工准备

具体材料的准备工作如下。

水泥：宜采用 325～425 号普通硅酸盐水泥或矿渣硅酸盐水泥。

砂：中砂或粗砂，含泥量不大于 5%。

石子：粒径为 0.5～3.2cm 的卵石或碎石，含泥量不大于 2%。

水：应用自来水或不含有害物质的洁净水。

黏土：可就地选择塑性指数 $I_P \geqslant 17$ 的黏土。

外加早强剂应通过试验确定。

钢筋：钢筋的级别、直径必须符合设计要求，有出厂证明书及复试报告。

主要机具有回旋钻孔机、翻斗车或手推车、混凝土导管、套管、水泵、水箱、泥浆池、混凝土搅拌机、平尖头铁锹和胶皮管等。

3. 施工工艺流程

钻孔机就位→钻孔→注泥浆→下套管→继续钻孔→排渣→清孔→吊放钢筋笼→射水清底→插入混凝土导管→浇筑混凝土→拔出导管→插桩顶钢筋。

钻孔机就位：钻孔机就位时，必须保持平稳，不发生倾斜、位移，为准确控制钻孔深度，应在机架上或机管上作出控制的标尺，以便在施工中进行观测、记录。

钻孔及注泥浆：调直机架挺杆，对好桩位（用对位圈），开动机器钻进，出土，达到一定深度（视土质和地下水情况）停钻，孔内注入事先调制好的泥浆，然后继续进钻。

下套管（护筒）：钻孔深度到 5m 左右时，提钻下套管。套管内径应大于钻头 100mm。套管位置应埋设正确和稳定，套管与孔壁之间应用黏土填实，套管中心与桩孔中心线偏差不大于 50mm。套管埋设深度：在黏性土中不宜小于 1m，在砂土中不宜小于 1.5m，并应保持孔内泥浆面高出地下水位 1m 以上。

继续钻孔：防止表层土受振动坍塌，钻孔时不要让泥浆水位下降，当钻至持力层后，设计无特殊要求时，可继续钻深 1m 左右，作为插入深度。施工中应经常测定泥浆相对密度。

孔底清理及排渣：在黏土和粉质黏土中成孔时，可注入清水，以原土造浆护壁。排渣泥浆的相对密度应控制在 1.1～1.2。

在砂土和较厚的夹砂层中成孔时，泥浆相对密度应控制在 1.1～1.3；在穿过砂夹卵石层或容易坍孔的土层中成孔时,泥浆的相对密度应控制在1.3~1.5。

吊放钢筋笼:钢筋笼放前应绑好砂浆垫块;吊放时要对准孔位,吊直扶稳,缓慢下沉,钢筋笼放到设计位置时,应立即固定,防止上浮。

射水清底:在钢筋笼内插入混凝土导管(管内有射水装置),通过软管与高压泵连接,开动泵水即射出。射水后孔底的沉渣即悬浮于泥浆之中。

浇筑混凝土:停止射水后,应立即浇筑混凝土,随着混凝土不断增高,孔内沉渣将浮在混凝土上面,并同泥浆一同排回贮浆槽内。

水下浇筑混凝土应连接施工;导管底端应始终埋入混凝土中0.8~1.3m;导管的第一节底管长度应大于等于4m。

混凝土的配制:配合比应根据试验确定,在选择施工配合比时,混凝土的试配强度应比设计强度提高10%~15%。水灰比不宜大于0.6。有良好的和易性,在规定的浇筑期间内,坍落度应为16~22cm;在浇筑初期,为使导管下端形成混凝土堆,坍落度宜为14~16cm。水泥用量一般为350~400kg/m³,砂率一般为45%~50%。

拔出导管:混凝土浇筑到桩顶时,应及时拔出导管。但混凝土的上顶标高一定要符合设计要求。

插桩顶钢筋:桩顶上的插筋一定要保持垂直插入,有足够锚固长度和保护层,防止插偏和插斜。同一配合比的试块,每班不得少于1组。每根灌注桩不得少于1组。

冬雨期施工:

泥浆护壁回转钻孔灌注桩不宜在冬期进行。雨天施工现场必须有排水措施,严防地面雨水流入桩孔内。要防止桩机移动,以免造成桩孔歪斜等情况。

特别提示

灌注桩的原材料和混凝土强度必须符合设计要求和施工规范的规定。

实际浇灌混凝土量,严禁小于计算的体积。

浇灌混凝土后的桩顶标高及浮浆的处理,必须符合设计要求和施工规范的规定。

成孔浓度必须符合设计要求。以摩擦力为主的桩,沉渣厚度严禁大于300mm,以端承力为主的桩,沉渣厚度严禁大于100mm。

4. 施工要求

钢筋笼在制作、运输和安装过程中,应采取措施防止变形。吊入桩孔内,应牢固确定其位置,防止上浮。

灌注桩施工完毕进行基础开挖时,应制定合理的施工顺序和技术措施,防止桩的位移和倾斜。并应检查每根桩的纵横水平偏差。

在钻孔机安装,钢筋笼运输及混凝土浇筑时,均应注意保护好现场的轴线桩,高程桩,并应经常予以校核。

桩头外留的主筋插铁要妥善保护,不得任意弯折或压断。

桩头的混凝土强度没有达到5MPa时,不得碾压,以防桩头损坏。

泥浆护壁成孔时,发生斜孔、弯孔、缩孔和塌孔或沿套管周围冒浆以及地面沉陷等情况,应停止钻进。经采取措施后,方可继续施工。

钻进速度,应根据土层情况、孔径、孔深、供水或供浆量的大小、钻机负荷以及成孔质量等具体情况确定。

水下混凝土面平均上升速度不应小于 0.25m/h。浇筑前，导管中应设置球、塞等隔水；浇筑时，导管插入混凝土的深度不宜小于 1m。

施工中应经常测定泥浆密度，并定期测定黏度、含砂率和胶体率。泥浆黏度 18～22s，含砂率不大于 4%～8%。胶体率不小于 90%。

清孔过程中，必须及时补给足够的泥浆，并保持浆面稳定。

钢筋笼变形：钢筋笼在堆放、运输、起吊、入孔等过程中，必须加强对操作工人的技术交底，严格执行加固的技术措施。

混凝土浇到接近桩顶时，应随时测量顶部标高，以免过多截桩或补桩。

浇灌混凝土前，应检查孔底 500mm 以内的泥浆比重应小于 1.25，含砂率≤8%，黏度≤28s。

承包单位在 1.5～3h 内（最多不超过 4h）完成混凝土浇筑的准备工作，就绪后监理工程师下达浇筑通知。

混凝土导管浇筑过程中应保持导管始终在孔洞中心，并随时测量浇筑深度，确定埋置深度（一般控制在 3～6m 最小不得小于 2m），防止导管提拔过快、过多，造成断桩。

2.3.4 沉管灌注桩的施工

沉管灌注桩是利用锤击打桩设备或振动沉桩设备，将带有钢筋混凝土的桩尖（或钢板靴）或带有活瓣式桩靴的钢管沉入土中（钢管直径应与桩的设计尺寸一致），造成桩孔，然后放入钢筋骨架并浇筑混凝土，随之拔出套管，利用拔管时的振动将混凝土捣实，便形成所需要的灌注桩。利用锤击沉桩设备沉管、拔管成桩，称为锤击沉管灌注桩；利用振动器振动沉管、拔管成桩，称为振动沉管灌注桩。

在沉管灌注桩施工过程中，对土体有挤密作用和振动影响，施工中应结合现场施工条件，考虑成孔的顺序。即间隔一个或两个桩位成孔；在邻桩混凝土初凝前或终凝后成孔；一个承台下桩数在 5 根以上者，中间的桩先成孔，外围的桩后成孔。

为了提高桩的质量和承载能力，沉管灌注桩常采用单打法、复打法和反插法等施工工艺。

(1) 单打法（又称一次拔管法）。拔管时，每提升 0.5～1.0m，振动 5～10s，然后再拔管 0.5～1.0m，这样反复进行，直至全部拔出。

(2) 复打法。在同一桩孔内连续进行两次单打，或根据需要进行局部复打。施工时，应保证前后两次沉管轴线重合，并在混凝土初凝之前进行。

(3) 反插法。钢管每提升 0.5m，再下插 0.3m，这样反复进行，直至拔出。

在施工时，注意及时补充套筒内的混凝土，使管内混凝土面保持一定高度并高于地面。

1. 锤击沉管灌注桩

1) 施工范围

适宜于一般黏性土、淤泥质土和人工填土地基。

2) 施工材料准备

水泥：425 号及其以上的硅酸盐水泥、普硅、矿渣、火山水泥。水泥进场时应有出厂合格证明书。施工单位应根据进场水泥品种、批号进行抽样检验，合格后才能使用。水泥如存放时间超过 3 个月，应重新检验确认符合要求后才能使用。

中粗砂：采用级配良好、质地坚硬、颗粒洁净的河砂或海砂，其含泥量不大于 3%。

石子：采用坚硬的碎石或卵石，最大粒径不宜大于 40mm，且不宜大于钢筋最小净距的 1/3，其针片状颗粒不超过 25%，含泥量不大于 2%。

钢筋：钢筋进场时应有出厂质量合格证明书，应检查其品种规格是否符合要求及有无损伤、锈蚀、油污，并应按规定抽样，进行抗压、抗弯、焊接试验，经试验合格后方能使用(进口钢筋要进行化学成分检验和焊接试验，符合有关规定后方可用于工程)。钢筋笼的直径除应符合设计要求外，还应比套管内径小 60~80mm。

桩尖：一般采用钢筋混凝土桩尖，也可用钢桩尖。钢筋混凝土的桩尖强度等级不低于 C30。其配筋构造和数量必须符合设计或施工规范的要求。

3) 施工工艺流程

沉管灌注桩施工过程如图 2.24 所示。

定位埋设混凝土预制桩尖→桩机就位→锤击沉管→灌注混凝土→边拔管、边锤击、边继续灌注混凝土(中间插入吊放钢筋笼)→成桩。

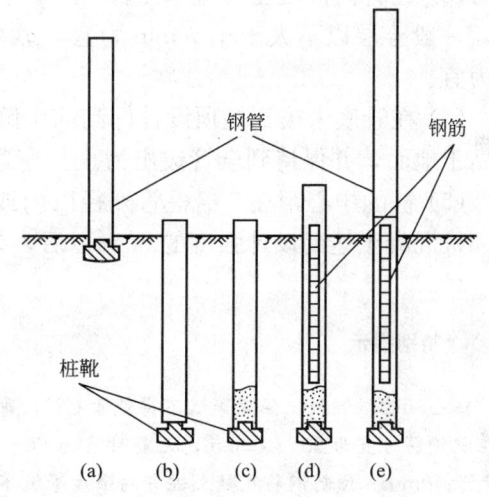

图 2.24 沉管灌注桩施工过程
(a) 就位；(b) 沉钢管；(c) 开始灌注混凝土；
(d) 下钢筋骨架继续浇筑混凝土；(e) 拔管成型

(1) 定位埋设混凝土预制桩尖。采用活瓣式桩尖时，应先将桩尖活瓣用麻绳或铁丝捆紧合拢，活瓣间隙应紧密。当桩尖对准桩基中心，并核查高速套管垂直度后，利用锤击及套管自重将桩尖压入。采用预制混凝土桩尖时，应先在桩基中心预埋好桩尖，在套管下端与桩尖接触处垫好缓冲材料。

(2) 桩机就位。桩机就位后，吊起套管，对准桩尖，使套管、桩尖、桩锤在一条垂直线上，利用锤重及套管自重将桩尖压入土中。

(3) 锤击沉管。开始沉管时应轻击慢振。锤击沉管时，可用收紧钢绳加压或加配重的方法提高沉管速率。

(4) 灌注混凝土。灌注时充盈系数应不小于1。一般土质为 1.1；软土为 1.2~1.3。在施工中可根据不同土质的充盈系数，计算出单桩混凝土需用量，折后成料斗浇灌次数，以核对混凝土实际灌注量。当充盈系数小于 1 时，应采用全桩复打。

(5) 钢筋笼的吊放。对通长的钢筋笼在成孔完成后埋设，短钢筋笼可在混凝土灌至设计标高时再埋设，埋设钢筋笼时要对准管孔，垂直缓慢下降。在混凝土桩顶采取构造连接插筋时，必须沿周围对称均匀垂直插入。

(6) 拔管。拔管前，应先锤击或振动套管，在测得混凝土确已流出套管时方可拔管。每次高度应以能容纳吊斗一次所灌注混凝土为限，并边拔边灌。在任何情况下，套管内应保持不少于 2m 高度的混凝土，并按沉管方法不同分别采取不同的方法拔管。在拔管过程中，应有专人用测锤或浮标检查管内混凝土下降情况，一次不应拔得过高。拔管过程中应及时清除桩管外壁和地面上的污泥。前后两次沉管的轴线必须重合。

(7) 成桩。桩体就位。

 知识链接

灌注时充盈系数＝实际灌注混凝土量/理论计算量，要求大于等于1。

4) 施工要点

（1）桩尖与桩管接口处应垫麻（或草绳）垫圈，以防地下水渗入管内和作缓冲层。沉管时先用低锤锤击，观察无偏移后，才正常施打。

（2）桩身混凝土浇筑后有必要复打时，必须在原桩混凝土未初凝前在原桩位上重新安装桩尖，第二次沉管。沉管后每次灌注混凝土应达到自然地面高，不得少灌。

（3）桩管内混凝土尽量填满，拔管时要均匀，保持连续密锤轻击，并控制拔管速度，一般土层以不大于 1m/min 为宜，软弱土层与软硬交界处，应控制在 0.8m/min 以内为宜。

（4）在管底未拔到桩顶设计标高前，倒打或轻击不得中断，注意使管内的混凝土保持略高于地面，并保持到全管拔出为止。

（5）桩的中心距在 5 倍桩管外径以内或小于 2m 时，均应跳打施工；中间空出的桩须待邻桩混凝土达到设计强度的 50% 以后，方可施打。

 特别提示

锤击沉管桩混凝土强度等级不得低于C20，每立方米混凝土的水泥用量不宜少于300kg。混凝土坍落度在配钢筋时宜为 80～100mm，无筋时宜为 60～80mm。碎石粒径在配有钢筋时不大于25mm，无筋时不大于 40mm。预制钢筋混凝土桩尖的强度等级不得低于C30。

2. 振动沉管灌注桩

振动沉管灌注桩采用激振器或振动冲击沉管。其施工工艺如下：

（1）桩机就位。将桩尖活瓣合拢对准桩位中心，利用振动器及桩管自重，把桩尖压入土中。

（2）沉管。开动振动箱，桩管即在强迫振动下迅速沉入土中。沉管过程中，应经常探测管内有无水或泥浆，如发现水、泥浆较多，应拔出桩管，用砂回填桩孔后方可重新沉管。

（3）上料。桩管沉到设计标高后停止振动，放入钢筋笼，再上料斗将混凝土灌入桩管内，一般应灌满桩管或略高于地面。

（4）拔管。开始拔管时，应先启动振动箱 8～10min，并用吊铊测得桩尖活瓣确已张开，混凝土确已从桩管中流出以后，卷扬机方可开始抽拔桩管，边振边拔。拔管速度应控制在 1.5m/min 以内。

3. 夯扩桩

夯扩桩即夯压成型灌注桩是在普通沉管灌注桩的基础上加以改进，增加一根内夯管，使桩端扩大的一种桩型。内夯管的作用是在夯扩工序时，将外管混凝土夯出管外，并在桩端形成扩大头；在施工桩身时利用内管和桩锤的自重将桩身混凝土压实。夯扩桩适用于一

般黏性土、淤泥、淤泥质土、黄土、硬黏性土；也可用于有地下水的情况；可在20层以下的高层建筑基础中使用。

夯扩桩施工如图2.25所示，首先在桩位处按要求放置干混凝土；其次将内外管套叠对准桩位；然后通过柴油锤将双管打入地基土中至设计要求深度。将内夯管拔出，向外管内灌入一定高度H的混凝土，然后将内管放入外管内压实灌入的混凝土，再将外管拔起一定高度h。通过柴油锤与内夯管夯打管内混凝土，夯打至外管底端深度略小于设计桩底深度处（差值Δh）。此过程为一次夯扩，如需第二次夯扩，则重复一次夯扩步骤即可。

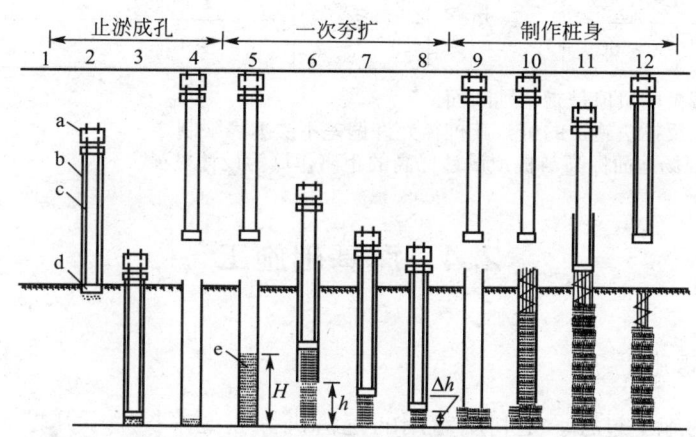

图2.25 夯扩桩施工
a—柴油锤；b—外管；c—内管；d—内管底板；e—干硬性混凝土；$H>h$

特别提示

沉管灌注桩施工时易发生断桩、缩颈、吊脚桩等问题，原因如下。
(1) 外管内混凝土拒落。
(2) 群桩施工影响，浇注不久的桩身混凝土受邻桩施工振动或土体挤压影响而剪断，或因地基土隆起将桩拉断。
(3) 在流态的淤泥质土层中孔壁坍塌。
(4) 外管内严重进水，造成夹层。
(5) 钢筋笼部位混凝土坍落度偏小，使桩身在钢筋笼下端产生缩颈。

防治措施：
(1) 正确安排打桩顺序，同一承台的桩应一次连续打完。桩距小于4倍桩径或初凝后不久的群桩施工，宜采用跳打法或控制间隔时间的方法，一般间隔时间为一周。
(2) 群桩施工时，合理安排施工顺序，宜采取由里层向外层扩展的施工顺序。
(3) 在流态淤泥质土层中施工，应采用较低的外管提升速度，一般控制在60cm/min左右。
(4) 在管内混凝土下落过快时，应及时在管内补充混凝土。
(5) 外管内进水时，应及时用干硬混凝土二次封填。施工中应加强检查并及时处理。

4. 质量标准

灌注桩的平面位置和垂直度的允许偏差，见表2-7。

表 2-7 灌注桩的平面位置和垂直度的允许偏差

序号	成孔方法(mm)		桩径允许偏差(mm)	垂直度允许偏差(%)	桩位允许偏差(mm)	
					1~3根、单排桩基垂直于中心线方向和群桩基础的边桩	条形桩基沿中心线方向和桩基础的中间桩
1	泥浆护壁钻孔桩	$D \leqslant 1000$	±50	<1	$D/6$,且不大于100	$D/4$,且不大于150
		$D > 500$	±50	<1	$100+0.01H$	$150+0.01H$
2	套管成孔灌注桩	$D \leqslant 1000$	-20	<1	70	150
		$D > 500$	-20	<1	100	150

注：1. 桩径允许偏差的负值是指个别断面。
  2. 采用复打、反插法施工的桩，其桩径允许偏差不受上表限制。
  3. H 为施工现场地面标高与桩顶设计标高的距离，D 为设计桩径。

2.4 深基础施工

2.4.1 地下连续墙施工

地下连续墙的施工过程，是利用专用的挖槽机械在泥浆护壁下开挖一定长度（一个单元槽段），挖至设计深度并清除沉渣后，插入接头管，再将在地面上加工好的钢筋笼用起重机吊入充满泥浆的沟槽内，最后用导管浇筑混凝土，待混凝土初凝后拔出接头管，一个单元槽段即施工完毕，如此逐段施工，即形成地下连续的钢筋混凝土墙，如图 2.26 所示。

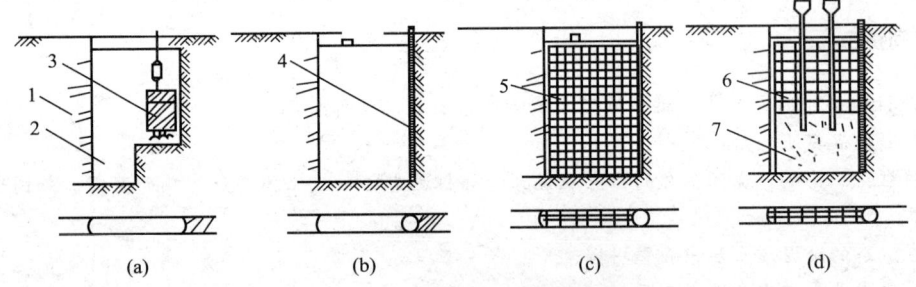

图 2.26 地下连续墙施工示意图
(a) 成槽；(b) 插入接头管；(c) 放入钢筋笼；(d) 浇筑混凝土
1—已完成的单元槽段；2—泥浆；3—成槽机；4—接头管；
5—钢筋笼；6—导管；7—浇筑的混凝土

1. 施工前的准备

1) 场地准备

确定和安排机械所需作业面积：主要包括泥浆搅拌设备（泥浆搅拌设备以水池为主，水池总量为挖掘一个单元槽段土方量的 2~3 倍，即 300~450m³）；钢筋笼加工及临时堆放场地（其地基做加固）；接头管和混凝土浇筑导管的临时堆放场地以及其他用地。

2) 场地地基加固

在地下连续墙施工中，挖槽、吊放钢筋笼和浇注混凝土等都要使用机械，安装挖槽机的场地地基对地下墙沟槽的精度有很大影响，所以安装机械用的场地地基必须能够经受住机械的振动和压力，应采取地基加固措施（换填表面软弱土层，整平和碾压地基，用沥青混凝土做简易路面为临时便道等）。

3) 给排水和供电设备

根据施工规模及设备配置情况，计算和确定工地所需的供电量，并考虑生活照明等，设置变压器及配电系统，地下连续墙施工的工程用水是十分庞大的工程，全面设计施工供水的水源及给水管系统。

4) 护壁泥浆的稳定

泥浆的主要作用是护壁，其次是携砂、冷却和润滑，泥浆具有一定的密度，在槽内对槽壁产生一定的静水压力，相当于一种液体支撑，槽内泥浆面如高出地下水位 $0.6\sim1.2m$，能防止槽壁坍塌，关于地下连续墙的槽壁稳定性问题可以通过计算公式确定如梅耶霍夫的沟槽稳定临界高度公式。

2. 挖槽工程

挖槽是地下连续墙施工中的主要工序，它是在泥浆中按单元槽段进行，挖至设计标高后要进行清孔（清除槽底的沉渣），然后尽快地下放接头管和钢筋笼，并立即浇筑混凝土，以防槽段塌方。有时在下放钢筋笼后要第二次进行清孔。

3. 泥浆施工

泥浆实施方案需要经过试验才能确定。泥浆是在挖槽过程中用来护壁，防止槽壁塌方。在用多头钻成槽时还利用泥浆的循环将钻下的土屑携带出槽段。泥浆的配制和成槽过程中保持其应有的性能，对顺利成槽非常重要。

4. 导墙

地下连续墙成槽前先要构筑导墙，导墙是建造地下连续墙必不可少的临时构造物，再施工期间，导墙经常承受钢筋笼、浇注混凝土用的导管、钻机等静、动荷载的作用，因而必须认真设计和施工，才能进行地下连续墙的正式施工。

(1) 导墙采用形式：对表层地基良好地段采用简易形式钢筋混凝土导墙。在表层土软弱的地带采用场浇 L 形钢筋混凝土导墙。

(2) 为了保持地表土体稳定，在导墙之间每隔 $1\sim3m$ 加添临时木支撑和横撑；导墙的施工精度直接关系着地下连续墙的精度，所以在构筑导墙时，必须注意导墙内侧的静空尺寸、垂直与水平精度和平面位置等。

(3) 导墙的水平钢筋必须连接起来，使导墙成为一个整体，防止因强度不足或施工不善而发生事故。

(4) 为保证地下墙的施工精度，便于挖槽机作业，导墙内侧净空应较地下墙的厚度稍大一些（比设计值大 5cm），导墙顶口比地面高出 5cm，导墙的深度为 1.5m。

5. 导孔

液压抓斗挖槽时，在地下连续墙的放样轴线位置上，每隔 $3.8\sim7.2m$ 距离钻出垂直的导孔，孔径与墙厚相同。当挖槽地基软弱时，可以不钻导孔。导孔钻机采用旋挖钻机。

6. 钢筋笼施工

钢筋笼根据设计图纸在现场加工制作。其中纵向钢筋底端距槽底的距离在10~20cm以上，水平钢筋的端部至混凝土表面留5~15cm的间隙。

为防止在下钢筋笼时碰撞槽壁和钢筋笼垂直度，采用厚3.2mm（30cm×50cm）钢板作为定位垫块焊接在钢筋笼上，即在每个单元槽段的钢筋笼前后两个面上分别在水平方向设置三块纵向间隔5m布置定位垫块。

根据单元槽长度确定钢筋笼预留灌注混凝土导管位置（槽段为3.2~5.4m，每1/3处预留灌注混凝土导管位置；槽段为5.4~7.2m，每1/4处预留灌注混凝土导管位置。预留导管间距不大于3m，预留导管位置和槽段端部接头部位不大于1.5m）。

将网片组焊成骨架，吊装时不采用直接绑扎千斤绳起吊，而采用辅助起吊的扁担梁，对于较长的钢筋骨架，考虑两台吊车辅助起吊的方法。插入槽段时要对准槽段徐徐下放，防止碰撞槽壁造成塌方，加大清孔的工作量。

7. 接头工程施工

清底结束后，插入直径大致与墙厚相同的接头管进行垂直下设。根据混凝土的硬化速度，依次适当的拔动接头管，在混凝土开始浇注约2h后，为了便于使它与混凝土脱开，将接头管转动并将接头管拔其约10cm，在浇注完毕约2~3h之后，采用起重机和千斤顶从墙段内将接头管慢慢地拔出来。先每次拔出10cm，拔到0.5~1.0m时，再每隔30min拔出0.5~1.0m，最后根据混凝土顶端的凝结状态全部拔出。接头管位置就形成了半圆形的榫槽。

在单元槽段的接头部位挖槽之后，对粘在接头表面上的沉渣进行清除。采用带刃角的专业工具沿接头表插入将将附着物清除。从而避免接头部位的混凝土强度降低和接头部位漏水现象。

8. 混凝土浇筑工程施工

单元槽清底后下设钢筋笼和接头管完毕，进行单元槽段混凝土浇筑。地下连续墙的混凝土是在护壁泥浆下导管进行灌注的，地下连续墙的混凝土浇筑按水下浇筑的混凝土进行制备和灌注。

混凝土的配合比按设计要求通过试验确定，水泥采用普通硅酸盐水泥或矿渣硅酸盐水泥，水灰比不大于0.6，水泥用量不少于370kg/m³，坍落度保持18~22cm，根据混凝土浇筑速度，可适当加入缓凝剂。配制混凝土的骨料不得大于40mm，接头管和钢筋笼就位后，检测槽底沉淀物不超过设计要求在4h内浇筑混凝土，浇筑混凝土的导管采用直径30cm钢导管，在浇筑混凝土前对导管进行强度和密封试验，合格后方可使用。根据单元槽长度确定下设导管根数（槽段为3.2~5.4m下设两根导管，槽段为5.4~7.2m下设三根导管，导管间距不大于3m，导管位置和槽段端部接头部位不大于1.5m），导管最初下设到距槽底30~40cm，导管埋入混凝土深度为2~6m，两根或三根导管浇筑混凝土要均衡连续浇筑，并保持两根或三根导管同时进行浇筑，各导管处的混凝土面在同一标高上。浇筑混凝土顶面高出设计标高300~500mm，待混凝土初凝后用风镐凿除。拔出接头管后进入另一单元槽段施工。

9. 质量检验标准

地下连续墙施工质量检验标准，见表2-8。

表 2-8 地下连续墙施工质量检验标准

序号	检查项目		容许偏差或容许值
1	导墙	墙面与纵轴线距离 内外导墙间距 导墙顶面局部高差 全长偏差	±10mm ±5mm <5mm <10mm
2	槽段开挖	相邻两槽段中心线（任意一深度）	≤1/3墙厚
3	钢筋笼制作与安装	主筋间距 箍筋间距 厚度、宽度 总长 平整度	±10mm ±20mm ±10mm ±50mm ±5mm
4	接头施工	接头管直径 全长垂直偏差	±3mm ≤1/1000

2.4.2 沉井施工

沉井施工法是修筑地下工程和深埋基础工程所采用的重要施工方法之一，在给水排水工程中常用于取水构筑物、排水泵站、大型集水井、盾构和顶管工作井等工程。平面布置多为圆形、矩形、椭圆形、菱形和不规则形状。

沉井法施工包括沉井制作、沉井下沉和沉井封底等几个主要部分。根据不同的情况和条件，可以采取一次制作一次下沉，也可以采用制作与下沉交替进行。沉井的井筒一般在地面上制作，在井筒内挖土，使井筒靠自重以克服其外壁与土间的摩阻力，而逐渐下沉至设计标高。然后平整筒内土层，浇筑混凝土垫层和混凝土底板，完成沉井的封底工作。因此在地下水位高、渗水量较大或有地下承压水、流沙、软土层、现场狭窄地段及附近已建成地下管线或地上建筑物等情况下，更显其施工优点。

1. 沉井制作

制作沉井的地表应平整，设有良好的排水系统，并保持地下水位低于基坑底面不应小于0.5m。采用承垫木方法制作沉井，应根据沉井的重力、地基土的承载力等因素，分析计算砂垫层的厚度、承垫木的数量、尺寸等。在较好的均质土层上制作沉井，可采用无承垫木方法，铺垫适当厚度的素混凝土或砂垫层。沉井分节制作时，每节高度应合理，应保证沉井的稳定性和顺利下沉。制作混凝土沉井要求：浇筑应均匀对称，沉井外壁应平滑；刃脚模板应在混凝土达到设计强度的70%后，方可拆除；分节制作时，应在第一节混凝土达到设计强度70%后，再浇筑其上一节混凝土。

1）基坑土方开挖

为减少沉井下沉深度，在沉井筒体制作前先开挖基坑，基坑开挖采用大开口方式进行，边坡坡比为1：0.5，基坑底的平面尺寸比刃脚的外壁每侧各大2m，在基底四周开挖排水沟，并接入基坑内的集水井中，用排水泵将集水井内的水抽排到远离基坑以外，如图2.27所示。

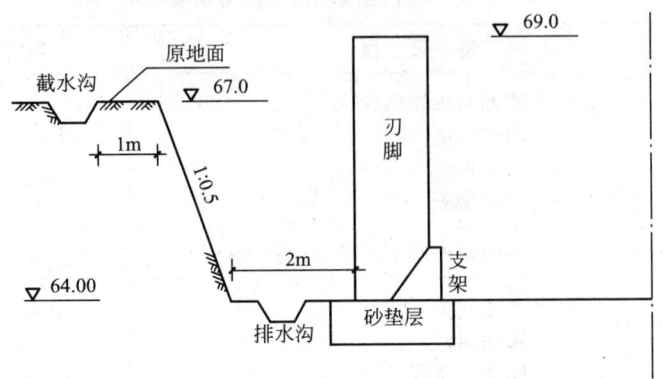

图 2.27 基坑土方开挖示意图

2)沉井井筒的制作

沉井井筒的制作分为两部分:刃脚支架的制作和井壁的制作。

(1)刃脚支架的制作。沉井刃脚支架的制作方法视沉井自重、施工荷载和土层承载力等情况而设定,支架方法有砖混结构支架、垫木支架、木支架等类型。

如图 2.28 所示,为扩大沉井刃脚的支撑面积,减小对砂垫层的压力,在刃脚环形混凝土垫层浇筑区按每 2m 为单位,将混凝土垫层分为 54 块,中间用 2cm 厚的缝板将混凝土垫层断隔,采用跳档法浇筑施工。混凝土的强度等级为 C10,厚度 15cm,宽度 4.2cm。在已浇筑的混凝土垫层上,采用跳档施工法用砖砌筑刃脚大放脚基础支架。每档之间留有 2cm 空隙,在靠近刃脚浇筑混凝土的砖模支架面,用水泥砂浆抹面,并铺油毡纸一层。

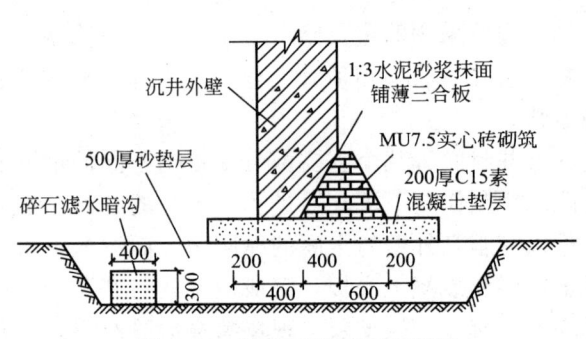

图 2.28 沉井刃脚砖座示意图

(2)井壁的制作。沉井模板采用组合钢模竖向分节制作,底梁、刃脚内侧采用非标准木模。支模先内模,一次支到比浇筑混凝土施工缝高 10cm 以上处,待钢筋安装完毕后再进行外模支设和加固。模板纵横向间距 60cm,用钢管紧固立楞,内、外模用钢管紧锁,并用水平撑加剪刀撑固位。内外模直立后,用 M18 螺栓对拉固定,在每根螺栓距离内、外模 20cm 处设置钢板止水片。木模间隙刮腻子找平,模板与已浇筑混凝土接触处,胶贴 50mm 宽泡沫塑料带防漏浆,预埋的插筋用夹板密封。用垂球法校正模板垂直度,且围绕沉井井壁内外模的外侧,搭设双排门式脚手架。

混凝土浇筑一般采用泵送混凝土工艺进行。将沉井井壁分成偶数段,布置两个混凝土输送出口,同时对称分层进行。施工中避免高差悬殊,荷载不均衡,造成地基不均匀下沉或产生倾斜。

为保证沉井现浇钢筋混凝土的抗渗性能,防止混凝土现浇后的自身渗漏;将混凝土的施工配制强度比设计要求的混凝土强度值提高。由于大体积混凝土易出现收缩性裂缝,为提高混凝土的抗裂抗渗性能,在混凝土内加入适量的 UEA 微膨胀剂以补偿混凝土的硬化收缩。

沉井井壁现浇钢筋混凝土工作面大，其展开长度较长，在混凝土浇筑前，合理布局浇筑面流程图，精确计算每层混凝土的浇筑厚度、每一层混凝土完成所需时间、确定浇筑层厚、单位泵送量与每层完成时间的对应关系，以控制新浇混凝土层的入模、振捣完成时间必须在已浇混凝土初凝之前完成，避免混凝土浇筑层间隙时间长而形成冷缝。

上、下节井壁混凝土的接缝采用凹式水平施工缝，施工缝处凿毛并冲洗干净后，先浇一层减半石混凝土约 7cm，然后再按正常混凝土施工配合比浇筑混凝土。

2. 沉井下沉

在沉井刃脚浇筑的混凝土达到设计强度，井壁最后一次浇筑混凝土强度达到设计强度的 70% 后，沉井开始下沉。沉井下沉方法见表 2-9。

表 2-9 沉井下沉方法

土 质	下沉除土方法	说 明
砂土	抓土吸泥	若抓土宜用两瓣式抓斗
卵石	吸泥，抓土	以直径大于卵石粒径的吸泥机吸泥为好，若抓斗宜选用四瓣式
黏性土	吸泥，抓土	一般需辅以高压射水，冲碎土层
风化岩	射水，爆破	碎块可用抓斗或吸泥机取出

1) 排水开挖下沉

在稳定的土层中，渗水量较小时，可采用排水开挖下沉。具体施工工艺为：

（1）挖土时先将刃脚内侧的回填土分层挖去，定位承垫处的土最后挖除，一层挖完再挖第二层。

（2）土质松软时，在分层挖回填土的过程中，沉井即逐渐下沉，当刃脚下沉至沉井中部土面大体齐平时，即可在中部先向下沉沉 40~50cm，再向四周均匀扩挖，再分层挖除刃脚内侧的土台，如图 2.29 所示。

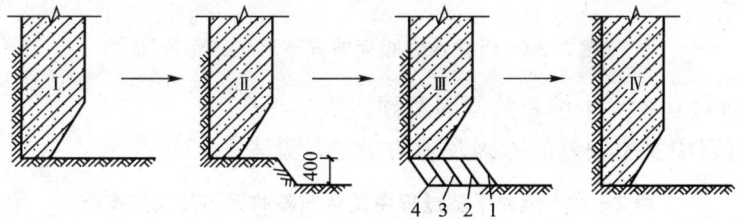

图 2.29 沉井刃脚开挖顺序示意图

（3）在坚硬的土层中，可先分段掏空刃脚，随即回填沙砾，即跳槽法开挖，最后挖定位承垫下的土（岩）层。

（4）遇有岩层时，顺序开挖刃脚内侧和外侧，风化岩（或软岩）可用风镐，风铲挖除，硬岩层可以采用爆破方式。

2) 不排水开挖下沉

井内挖土深度，一般根据土质而定，最深不应低于刃脚下 2m；尽量加大刃脚对土的压力；通过粉沙、细沙等松软地层时，不宜以降低井内水位而减少浮力的办法，促使沉井下沉。应保持井内水位比井外高 1~2m 以防止流沙涌向井内，引起沉井倾斜；除了纠偏外,井内的土应由各井孔均匀清除,各孔内高差不超过50cm。

抓土下沉施工。抓土一般锅底比刃脚低1~1.5m,刃脚周边不易坍落时,应采用高压水枪冲刃脚部位辅助下沉,多孔井时,每个井孔需配备一套抓土设备。出土方式可采用特制的挂钩甩土或利用井顶运输轨道。

3)吸泥下沉

吸泥机有水力吸泥机、水力吸石筒及空气吸泥机。通常采用吊架或吊机维持其悬吊状态,管力垂直,并能在井内移动位置,如图2.30所示。吸泥时,其吸泥管口泥面高度一般为0.15~0.5m。吸泥时应经常变换位置,提高吸泥效果,使井底泥面均匀下降,靠近刃脚及隔墙下的土层如不能向中间锅底自行坍落时,可用高压水枪射水冲击。吸泥操作水深不宜小于5m,因此筑岛一段开始下沉时,可采用排水开挖或抓斗下沉方法,或向井内注水,增大吸泥深度。吸泥机工作时应经常调整吸泥管口距泥面的高度,以能经常吸出最稠的泥浆为准。工作时注意泥面变化,防止周边坍方埋住吸泥机,停吸时,应先将吸泥机提升一定高度后再关闭风阀。

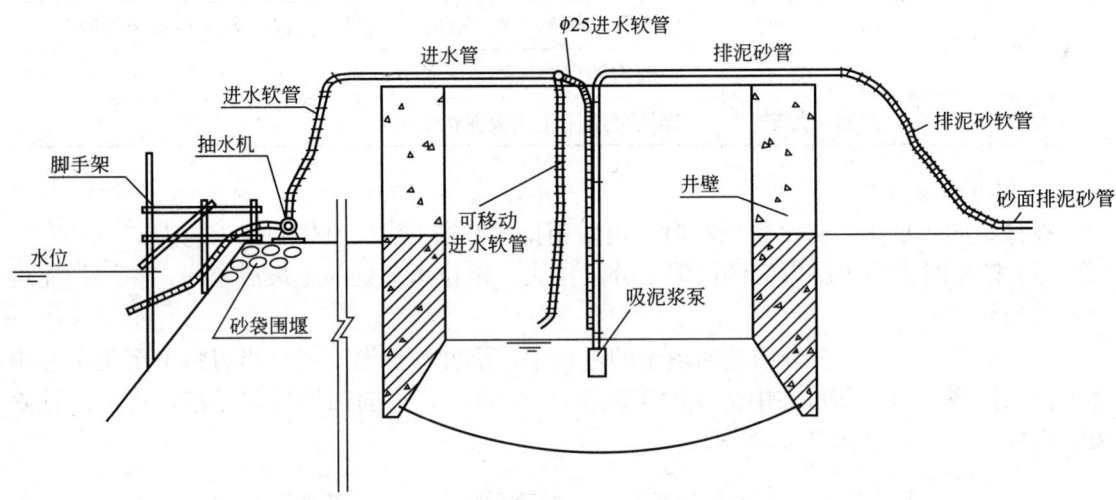

图2.30 沉井水力吸泥方式下沉施工示意图

4)沉井下沉过程中发生偏差的原因及预防措施

沉井下沉过程中发生偏差的原因及预防措施,见表2-10。

表2-10 沉井下沉过程中发生偏差的原因及预防措施

序号	产生原因	预防措施
1	筑岛被水流冲坏或沉井一侧的土被水流冲空	事先加强对筑岛的防护,对水流冲刷的一侧可抛卵石或片石防护
2	沉井刃脚下土层软硬不均	随时掌握地层情况,多挖土层较硬地段,对土质较软地段应少挖,多留台阶或适当回填和支垫
3	没有对称地抽出垫木或未及时回填夯实	认真制订和执行抽垫操作细则,注意及时回填夯实
4	除土不均匀,使井内土面高低相差过大	除土时严格控制井内泥面高差

(续)

序号	产 生 原 因	预 防 措 施
5	刃脚下掏空过多,沉井突然下沉	严格控制刃脚下除土量
6	刃脚一角或一侧被障碍物搁住没有及时发觉和处理	及时发现和处理障碍物,对未被障碍物搁住的地段,应适当回填或支垫
7	井外弃土或河床高低相差过大,偏土压对沉井的水平推移	弃土应尽量远弃,或弃于水流冲刷作用较大的一侧面,对河床较低的一侧可抛土(石)回填
8	排水开挖时,井内大量翻沙	刃脚处应适当留有土台,不宜挖通,以免在刃脚下形成翻沙通水通道,引起沉井偏斜
9	土层或岩面倾斜较大,沉井沿倾斜面滑动	在倾斜面低的一侧填土挡御,刃脚到达倾斜岩面后,应尽快使刃脚嵌入岩层一定深度,或对岩层钻孔,以桩(柱)锚固
10	在软塑至流动状态的淤泥土中,沉井易于偏斜	可采用轻型沉井,踏面宽度宜适当加宽,以免沉井下沉过快而失去控制

3. 沉井基底清理

沉井下到设计标高后,应进行基底清理以便封底。

1) 排水清基

当沉井刃脚下岩面较平整,刃脚与岩面间空隙不大时(20cm以内),可用1:1水泥砂浆封堵间隙后排水清基;岩石风化层较多,清基时应将风化层全部凿除,然后由潜水工将刃脚与岩石间空隙部分泥沙软层清理干净,在刃脚内侧堆码一圈砂袋,作为封堵砂浆的内模,用塑料袋或桶盛1:1水泥砂浆(必要时可掺2%氟化钠)缓缓吊送给潜水工,由潜水工将砂浆倒内砂袋与刃脚的空间内进行封堵,施工应连续进行。待砂浆达到一定强度后抽水进行井内清基工作。

2) 非岩石类土基底水下清基

基底设置在非岩石类土层上的沉井、井孔内、刃脚及隔墙下的土层均应进行清理,以形成封底锅底坑。清基时可采用射水、吸泥泵交替进行。清基时应注意控制泥面高度以及不要过分搅动刃脚下土层,以免引起翻砂或下沉,基底范围内的浮泥松土不易超过10cm,封底混凝土高度内的井壁及隔墙底面的粘泥应尽可能洗净。由潜水员和测量人员共同测定井孔底面标高。

4. 沉井封底

沉井下沉至设计标高并清除沉淀淤泥后,应进行沉降观察,8h内沉降量不大于10mm时方可封底。封底采用垂直导管法灌注水下混凝土,在井孔内垂直放入多根内径为200~300mm的钢制导管,导管数量及在平面上的布置,应使各导管有效灌注半径互相搭接,并盖满全部基底。管底距基底面30~40cm,在导管顶部接一漏斗,在漏斗颈部安放球塞,并用绳索系牢。漏斗内盛满陷度较大的混凝土,用砍球法灌注混凝土。在灌注混凝土过程中,对于导管断裂、接头漏水、球塞卡堵等常见故障,应采取相应预防措施。

5. 质量检验标准

沉井(箱)的质量检验标准,见表2-11。

表 2-11 沉井(箱)的质量检验标准

项目	检查项目	容许偏差或容许值 单位	容许偏差或容许值 数值	检查方法
主控项目	混凝土强度		满足设计要求(下沉前必须达到70%设计强度)	查试件记录或抽样送检
	封底前,沉井(箱)的下沉稳定	mm/8h	<10	水准仪
	封底结束后的位置: 刃脚平均标高(与设计标高比) 刃脚平面中心线位移 四角中任何两角的底面高差	mm	<100 <1%H <1%l	水准仪 经纬仪,H为下沉总深度,$H<10$时,控制在100mm之内。 水准仪,l为两角的距离,但不超过300,$l<10$时,控制在100mm之内。
一般项目	钢材、对接钢筋、水泥、骨料等原材料检查		符合设计要求	查出厂质保书或抽样送检
	结构体外观		无裂缝,无风窝、空洞,不露筋	直观
	平面尺寸: 长与宽	%	±0.5	用钢尺量,量大控制在100mm之内
	曲线部分半径	%	±0.5	用钢尺量,最大控制在50mm之内
	两对角线差 预埋件	% mm	1.0 20	用钢尺量 用钢尺量
	下沉过程中的偏差 高差	%	1.5~2.0	水准仪,但最大不超过1m
	下沉过程中的偏差 平面轴线		<1.5%H	经纬仪,H为下沉深度,最大应控制在300mm之内,此数值不包括高差引起的中线位移
	封底混凝土坍落度	cm	18~22	坍落度测定器

注:主控项目第三项偏差可同时存在下沉总深度是指下沉前后刃脚之高差。

  综合应用案例

某拟建的多层公寓二号地块,工程位于××区西山桥阮家桥村,东临西塘中路,北靠花园路,南邻市机电公司用地。共有5幢16~24层高层建筑及少量附属建筑,1个一层大型地下停车库。本工程由××房产公司开发,××设计研究院设计,××市勘测设计研究院完成岩土勘察工作。某施工企业中标工期70天。

1. 工程桩数量

××钻孔灌注桩工程数量,见表2-12。

表 2-12 ××钻孔灌注桩工程数量

序号	子项名称	桩型φ(mm)	桩长(m)	桩数(根)	地质资料上的成孔深度(m)
1	1号楼	800	50	296	55
		600	24	24	32
2	2号楼	800	40	80	43
3	3号楼	800	50	244	58
		600	40	6	43.5

(续)

序号	子项名称	桩型φ(mm)	桩长(m)	桩数(根)	地质资料上的成孔深度(m)
4	4号楼	800	40	62	37
5	5号楼	600	40	55	47.5

桩身混凝土强度等级C30，为预拌混凝土，混凝土坍落度18～20cm，混凝土灌注前孔底沉渣小于等于50mm，桩身混凝土加灌高度1.5m。

2．地貌、地基土工程地质特征

工程地质情况详细有××勘测设计研究院提供的岩土工程勘测报告。拟建工程场地复杂程度为中等复杂，地基复杂程度为中等复杂地基。

3．施工准备

(1) 技术资料准备并制订相应的保证措施。

(2) 施工中要投入的仪器，如经纬仪、水准仪等送计量局检验，合格后送工地使用。

(3) 进行技术交底。

(4) 清理现场，清除施工现场地上和地下全部障碍物。

(5) 复核规划红线，进行桩基轴线放样及桩位布置，将桩基定位点、水准点引出施工影响范围外，确保基准点、水准点不受施工影响，并加以保护。

(6) 配合施工总承包方进行施工场地平整，合理安排好施工场地和材料堆场，布置好泥浆循环系统，挖好泥浆池并用砖快砌好。

(7) 打试桩。全场施工前将开打的第一根工程桩作为试桩，邀请建设单位、设计、质检、监理、勘测等有关部门的人员参加，对试桩成孔的孔径、垂直度、孔壁稳定、沉渣、岩样和嵌岩深度、充盈系数等检测，能否满足设计要求进一步核对地质资料，检验施工工艺是否符合设计、施工规范要求，以确定工程桩施工中有关参数，为工程桩全面开打做好准备。

(8) 编制施工劳动力安排表、施工机具及配套设备表、材料计划安排表(此处略)。

(9) 进行临时设施设置，引入施工用水、电。

4．技术准备

(1) 做好建筑物位置定位防线。定位放线以规划部门指定的红线为准，以总平面图为依据，定出标准轴线，并绘制测量定位记录。

(2) 做好高程引进。

(3) 设置坐标点并进行复测，由监理工程师复查。在测量放线时应注意以下几个问题。

① 核验标准轴线桩的位置。

② 对照施工平面图检查建筑物各轴线尺寸。

③ 校验基准点和龙门桩高程。

④ 填写工程定位测量记录和绘制定位测量图，并在图上注明方向，测量起始点，测量顺序，测量结果，并有复测人和监理工程师签字。

5．大口径钻孔灌注桩施工

(1) 施工工艺流程图。

(2) 桩位放样。桩位测量放线，应与设计提供的桩位平面图一致，并有放线控制点夹角和距离，以便检验校核数据，桩位放样用φ14钢筋全部打入至高出地面20～30cm，顶部涂上红漆做标志，及时通知监理、业主复核，保证桩位的正确性。

(3) 护筒及其埋设。本工程使用的护筒由钢板制成，厚4mm，上部留有出溢浆口，并焊有吊环，每节护筒长1.2～1.5m，护筒内径大于钻头直径100mm，埋设完毕后其平面偏差不大于20mm。

(4) 钻机移位对中，钻机就位时，必须校对桩位中心、轴线及水平位置。桩机就位必须正确水平稳固，确保在施工中不发生倾斜和移动。垂直度必须符合规范要求(小于等于1%)。

(5) 成孔施工要点。钻点回转中心对准护筒中心,其偏差不大于20mm,开动泥浆泵使泥浆循环2~3min,然后再开动钻机,慢慢将钻头放至孔底,在护筒刃脚处低挡慢速钻进,钻至刃脚下1m后,再根据土质情况以正常速度钻进。

根据土质情况、孔径大小、钻孔深度确定相应的钻进速度

① 淤泥质土,最大钻速不大于1m/min,其他土层以钻机不超负荷为准。

② 在风化岩或其他硬土层中的钻进速度以钻机不产生跳动为准。

(6) 泥浆护壁和排渣。泥浆的稠度应当控制,应根据地层情况,应经常测定泥浆的比重,黏度,含砂率的技术指标,造孔中泥浆比重应控制在1.23~1.35,排出泥浆比重,其随地层条件而定。泥浆技术指标见表2-13。

表2-13 泥浆技术指标

地质条件	比重(g/cm³)	黏度	含砂量(%)	胶体率(%)	pH
粉土、粉质黏土,一般黏土	1.10~1.25	16~20	≤8~4	≥95	7~9
	1.10~1.30	18~22	≤8~4	≥95	7~9
沙砾(卵)石基岩	1.25~1.35	≤20~22	≤8~4	≥95	7~9

废浆处理:本工程安排6辆汽车,从现场拉运废浆,按环保条例定点进行排放,并办理有关手续。

(7) 进行第一次清孔,清孔是桩基施工关键所在。

(8) 钢筋笼制作安放。

(9) 下导管,第二次清孔。

(10) 桩身混凝土灌注。

本 章 小 结

本章介绍了基础工程基本概念;基础工程中浅基础、桩基础、深基础施工中常用的材料及主要机具;并重点介绍了的其一般施工工艺,施工技术要求及质量检验标准。学习本章以后,对基础工程的施工过程应该有一定的认识和理解,具备基础工程现场施工的能力。

习 题

1. 浅基础的分类有哪些?各适合哪种情况?
2. 简述板式基础的施工工艺流程。
3. 简述钢筋混凝土预制桩的制作、起吊、运输、堆放等环节的主要工艺要求。
4. 简述钢筋混凝土预制桩的施工过程及质量要求。
5. 打桩易出现哪些问题?分析其出现原因,如何避免呢?
6. 简述泥浆护壁成孔灌注桩的施工过程及注意事项。
7. 简述人工挖孔灌注桩的特点和工艺流程。
8. 简述沉管灌注桩的施工过程,以及施工中易出现的质量问题和其处理方法。
9. 夯扩桩的混凝土浇筑有什么特殊要求?
10. 简述地下连续墙的施工过程。泥浆是由什么成分组成的?它有哪些作用?

模块 3

钢筋混凝土工程

教学目标

了解钢筋混凝土工程施工的概念;掌握模板工程、钢筋工程、混凝土工程施工工艺和检查验收的要求;能够运用所学知识解决施工中钢筋混凝土工程的基本问题。

教学要求

能力目标	知识要点	相关知识	权重
具备模板工程的施工工艺和检查验收能力	混凝土基本构件的模板构造	1. 模板的作用组成及基本要求,大模板、滑升模板、爬升模板和台模构造 2. 模板的构造与安装	30%
	模板的选择	1. 模板设计的荷载和计算 2. 掌握模板安装和拆除的质量要求	
具备钢筋工程的施工工艺和检查验收能力	钢筋加工方法	1. 钢筋的分类及钢筋的主要力学性能 2. 钢筋代换 3. 钢筋下料长度计算	40%
	钢筋连接方法	1. 钢筋的焊接连接 2. 钢筋的挤压连接 3. 钢筋的螺纹连接	
具备混凝土工程的施工工艺和检查验收能力	混凝土搅拌、运输方法	1. 混凝土施工配合比的确定 2. 混凝土机械搅拌 3. 混凝土泵运输方法	30%
	混凝土浇筑、振捣、养护方法	1. 混凝土施工缝的留设 2. 混凝土的机械振捣 3. 混凝土的自然养护和蒸汽养护 4. 大体积混凝土、水下浇筑混凝土的施工 5. 混凝土冬期施工	

**引例**

某工程为五层框架结构工程，建筑平面基本呈横向"一"字形布置，总建筑面积为4200m²；建筑物南北方向的宽度为21.3m，东西方向的最大长度为52.5m；层高：一层为4.20m，二至四层为3.6m，五层为4.2m；最大高度为19.7m。抗震设防烈度为8度，框架抗震等级为二级。框架柱主要截面尺寸600mm×600mm、500mm×500mm；框架梁最大断面尺寸300mm×750mm；楼板厚度100mm。基础及框架柱、梁、板混凝土C30；其他均为C20。

思考：

1. 各构件模板如何施工？
2. 钢筋如何施工？
3. 各构件混凝土如何浇筑？

混凝土结构是工业与民用建筑的主要结构之一。包括素混凝土结构、钢筋混凝土结构和预应力混凝土结构等，混凝土结构按施工方法分为现浇混凝土结构和预制装配混凝土结构。

本章主要学习现浇钢筋混凝土结构的施工，即按工程部位就地浇筑混凝土，施工作业以现场为主。

钢筋混凝土结构工程可划分为模板工程、钢筋工程和混凝土工程3个分项工程，其施工工艺流程如图3.1所示。

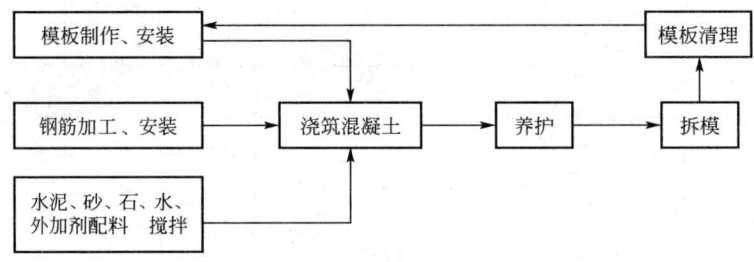

图3.1 钢筋混凝土结构工程施工工艺流程图

3.1 模板工程

模板是混凝土结构构件成型的模型板，新浇筑的混凝土在此模型内养护硬化，并达到一定的强度，形成结构所要求形状的构件。

模板系统是临时性施工措施，由模板和支撑两部分构成。模板是指与混凝土直接接触，使混凝土具有设计所要求的形状和尺寸的部分；支撑是指支撑模板承受模板、构件及施工荷载的作用，并使模板保持所要求的空间位置的部分。

模板工程施工工艺流程：模板的选材→选型→设计→制作→安装→拆除→周转。

**知识链接**

根据国外统计，在一般工业与民用建筑中，平均每立方米混凝土需用模板7.4m²，模板工程的费用

约占混凝土工程费用的 34%。

3.1.1 模板的分类和构造

1. 模板的分类

按模板所用的材料不同可分为：木模板、钢模板、胶合板模板、钢木模板、钢竹模板、塑料模板、玻璃模板和铝合金模板等。

按模板的形式及施工工艺不同可分为：组合式模板，如木模板、组合钢模板；工具模板，如大模板、滑模、爬模、飞模和模壳等；以及胶合板模板和永久性模板。

按模板规格形式不同可分为：定型模板（即定型组合模板、如小钢模板）和非定型模板（散装模板）。

下面重点介绍常用的木模板和组合钢模板的构造。

1) 木模板

木模板的主要优点是制作拼装随意，尤适用于浇筑外形复杂、数量不多的混凝土结构或构件。此外，因木材导热系数低，混凝土冬期施工时，木模板有一定的保温养护作用。

木模板的木材主要采用松木和杉木，其含水率不宜过高，以免干裂，一般含水率应低于 19%，木模板的基本元件为拼板如图 3.2 所示，由板条与拼条钉成。板条的宽度不宜大于 200mm，以免受潮翘曲。拼条的间距取决于板条面受荷大小以及板条厚度，一般为 400~500mm。

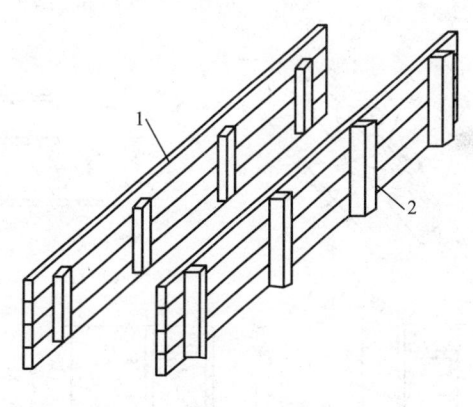

图 3.2 木拼板
1—板条；2—拼条

2) 定型组合钢模板

组合钢模板是一种定型模板，可组合成多种尺寸和几何形状，用于各种类型建筑物中钢筋混凝土梁、柱、板、基础等施工所需要的模板，也可用其拼成大模板、滑模、筒模和台模等。施工时可在现场直接组装，也可预拼装成大块模板或构件模板用起重机吊运安装。定型组合钢模板的安装工效比木模高；组装灵活，通用性强；拆装方便，周转次数多，每套钢模可重复使用 50~100 次以上；加工精度高，浇筑的混凝土质量好；成型后的混凝土尺寸准确，棱角齐整，表面光滑，可以节省装修用工。但一次投资费用大。

定型组合钢模板由模板、连接件和支承件组成。

(1) 组合钢模板。它主要包括：平面模板、阳角模板、阴角模板和连接角模，如图 3.3 所示。

(2) 组合钢模板连接件。它主要包括 U 形卡、L 形插销、钩头螺栓、紧固螺栓、对拉螺栓和扣件等，如图 3.4 所示。

(3) 组合钢模板的支承件。它主要包括柱箍、钢楞、支架、梁卡具、斜撑和钢桁架等，如图 3.5 所示。

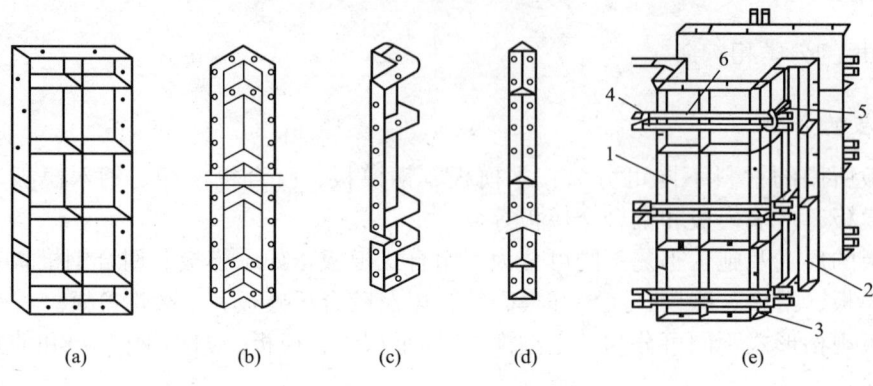

图 3.3　组合钢模板

(a) 平面模板；(b) 阴角模板；(c) 阳角模板；(d) 连接角模等；(e) 拼装成的附壁柱模板

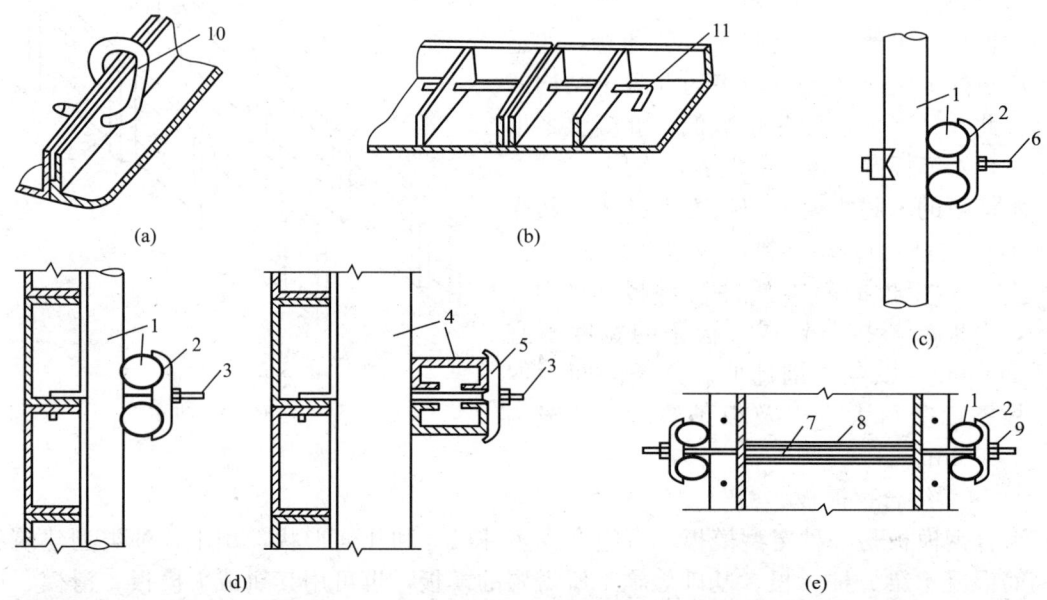

图 3.4　钢模板连接件

(a) U形卡连接；(b) L形插销连接；(c) 钩头螺栓连接；
(d) 紧固螺栓连接；(e) 对拉螺栓连接

1—圆钢管钢楞；2—"3"形扣件；3—钩头螺栓；4—内卷边槽钢钢楞；
5—蝶形扣件；6—紧固螺栓；7—对拉螺栓；8—塑料套管；9—螺母；10—U形卡；11—L形插销

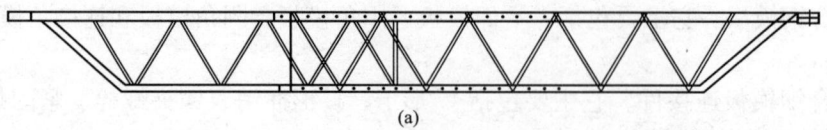

图 3.5　定型组合模板的支承

(a) 钢桁架；

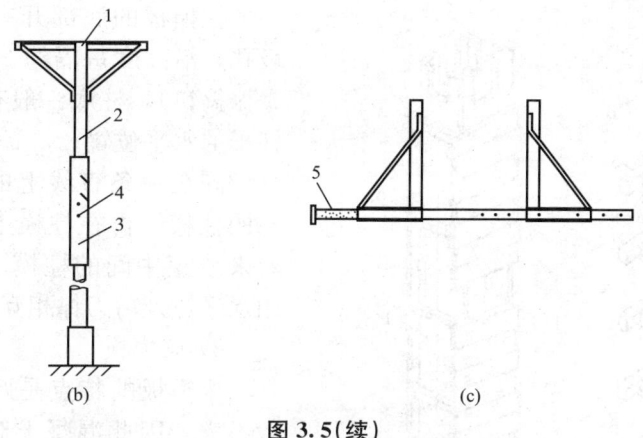

图3.5(续)

(b) 钢支架；(c) 梁卡具

1—顶板；2—钢管；3—套管；4—钢销；5—调节螺柱

2. 基本构件模板的构造

现浇钢筋混凝土的基本构件主要有基础、柱、梁和板，下面分别介绍这些基本构件的模板构造。

1) 基础模板

基础模板的特点一般来说高度不高但体积较大，当土质良好时，可以不用侧模，采取原槽灌筑，这样比较经济。但通常需要支模板。

阶梯基础模板，每一台阶模板由四块侧板拼钉而成，四块侧板用木档拼成方框。上台阶模板通过轿杠木，支撑在下台阶上，下层台阶模板的四周要设斜撑及平撑。杯形基础模板在杯口位置要装设杯芯模，如图3.6所示。

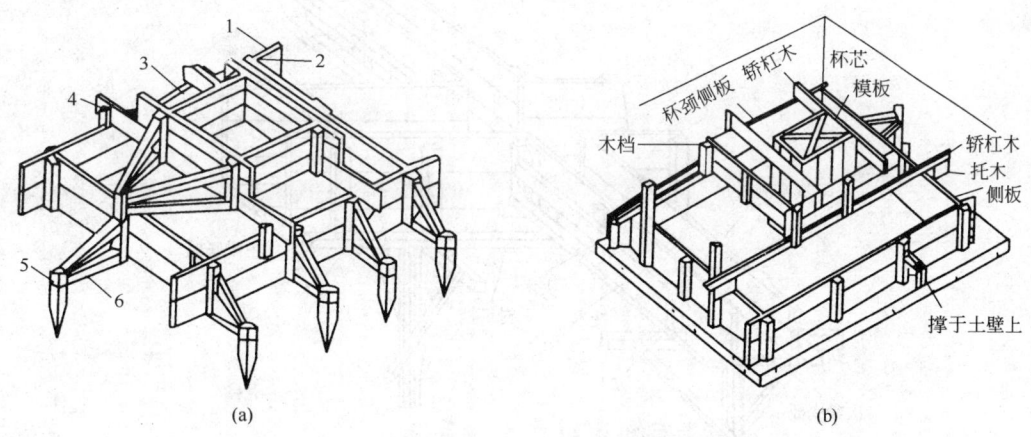

图3.6 阶梯、杯口形基础模板

(a) 阶梯形基础模板；(b) 杯口形基础模板

1—第一阶侧模；2—木档；3—第二阶侧模；4—轿杠木；5—木桩；6—斜撑

2) 柱模板

柱模板的特点是断面、尺寸不大而比较高。因此，柱模主要解决垂直度，柱模在施工时的侧向稳定及抵抗混凝土的侧压力的问题。同时也应考虑方便灌筑混凝土、清理垃圾与钢筋工配合等问题，柱模板如图3.7所示。

柱模板的底部开有清理模板内的垃圾孔,沿高度每隔约2m开有灌筑口(亦是振捣口),柱底一般有个木框用以固定柱子的水平位置。

同在一条直线上的柱,应先校正两头的柱模,再在柱模上口中心线拉一铁丝来校正中间的柱模。柱模之间,还要用水平撑及剪刀撑相互牵搭住。

3)梁模板

梁模板的特点是跨度较大而宽度一般不大,因此混凝土对梁模板既有横向侧压力,又有垂直压力。梁模板主要由底模、夹木及支架部分组成,梁的下面一般是架空的,梁模板及其支架系统要能承受这些荷载而不致发生超过规范允许的过大变形,梁模板如图3.8所示。

单梁的侧模板一般拆除较早,因此侧板应包在底模的外面。柱的模板与梁的侧板一样,也可早拆除,梁的模板也就不应伸到柱模板的开口里面,次梁模板也不应伸到主梁侧板开口里面。

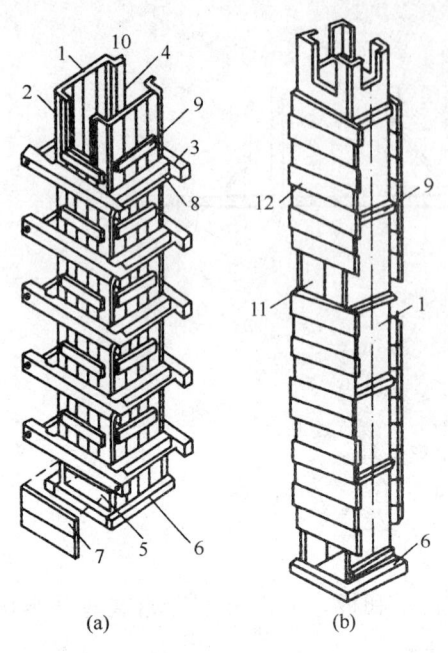

图3.7 柱模板

(a)拼板柱模板;(b)短横板柱模板

1—内拼板;2—外拼板;3—柱箍;4—梁缺口;5—清理孔;6—木框;7—盖板;8—拉紧螺栓;9—拼条;10—三角木条;11—灌筑口;12—木拼板

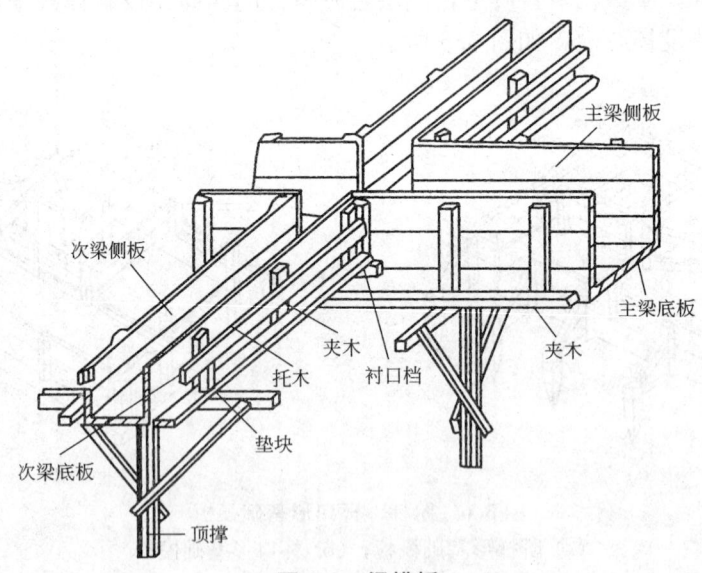

图3.8 梁模板

如梁的跨度在4m及以上,应使梁横中部略为起拱,防止由于浇筑混凝土后跨中梁底下垂。如设计无规定时,起拱高度宜为全跨长度的0.1%~0.3%。

4)墙模板

墙模板的特点是竖向面积大而厚度一般不大。因此墙模板主要应能保持自身稳定,并能承受浇筑混凝土时产生的水平侧压力。墙模板主要由侧模、主肋、次肋、斜撑对拉螺栓和撑块等组成,墙模板如图3.9所示。

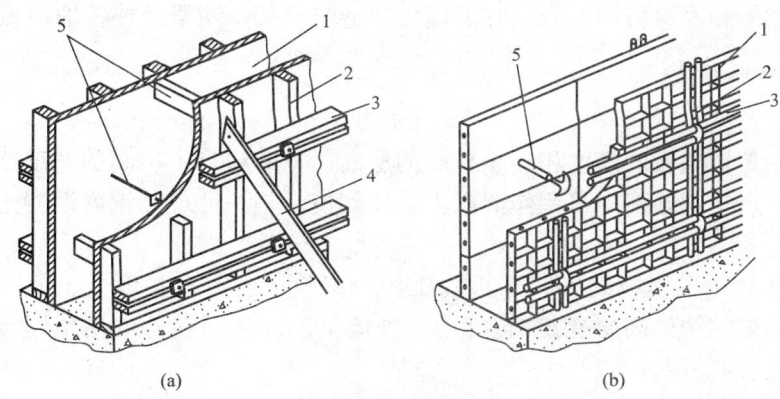

图 3.9 墙模板
（a）胶合板模板；（b）组合钢模板
1—侧模；2—次肋；3—主肋；4—斜撑；5—对拉螺栓及撑块

5）楼板模板

楼板模板的特点是面积大而厚度一般不大。因此横向侧压力很小,楼板模板及其支架系统主要用于抵抗混凝土的垂直荷载和其他施工荷载,保证楼板不变形下垂,楼板模板如图3.10所示。

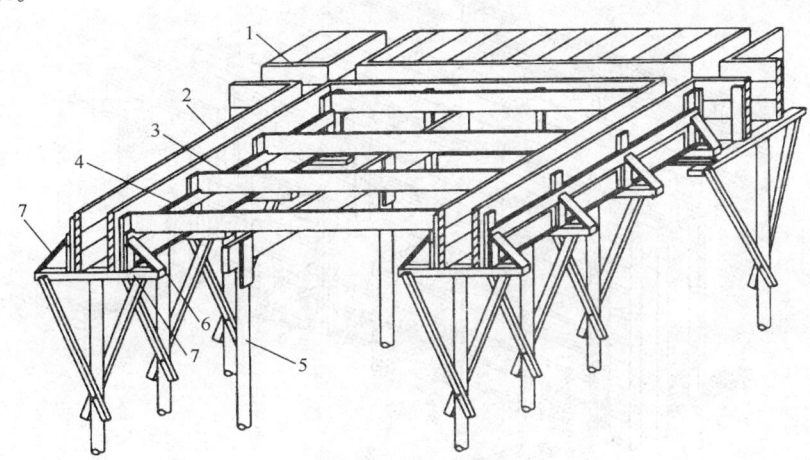

图 3.10 楼板模板
1—楼板模板；2—梁侧模板；3—搁栅；4—横档支撑；5—支撑；6—夹条；7—短撑木

楼板模板的安装顺序是,在主次梁模板安装完毕后,首先安托板,然后安楞木,铺定型模板。铺好后核对楼板标高、预留孔洞及预埋铁等的部位和尺寸。

6）楼梯模板

楼梯模板的构造,与楼板模板相似,不同点是倾斜和做成踏步。

楼梯段楼梯模板安装时,特别要注意每层楼梯第一级与最后一级踏步的高度,不要疏忽了装饰面层的厚度,造成高低不同的现象。

7）圈梁模板

圈梁的特点是断面小但很长,一般除窗洞口及其他个别地方是架空外,其他均搁在墙上。故圈梁模板主要是由侧板和固定侧板用的卡具所组成。底模仅在架空部分使用。

8）雨篷模板

雨篷包括过梁和雨篷板两部分，它的模板构造与安装，同梁及楼板的模板基本相同。

3. 其他模板简介

1）大模板

大模板是指单块模板的高度相当于楼层的层高、宽度约等于房间的宽度或进深的大块定型模板，在高层建筑施工中可用作混凝土墙体侧模，是一种现浇钢筋混凝土墙体的大型工具式模板。

大模板由于简化了模板的安装和拆除工序，工效高、劳动强度低、墙面平整、质量好，因而在剪力墙结构的高层建筑（包括内、外墙全现浇体系和外墙用预制板、内墙现浇体系）中得到广泛的应用。

大模板的一次投资大、通用性较差。为了减少大模板的不同型号，增加其利用率，用大模板施工的工程，在设计上应减少房间开间和进深尺寸的种类，并符合一定的模数，层高和墙厚应固定。外墙预制、内墙现浇的建筑应力求体形简单，加强墙与墙及墙与板之间的连接，采用加强建筑物整体性和提高其抗震能力的措施。

大模板由面板、次肋、主肋、支撑桁架、稳定机构及附件组成，其构造如图3.11所示。

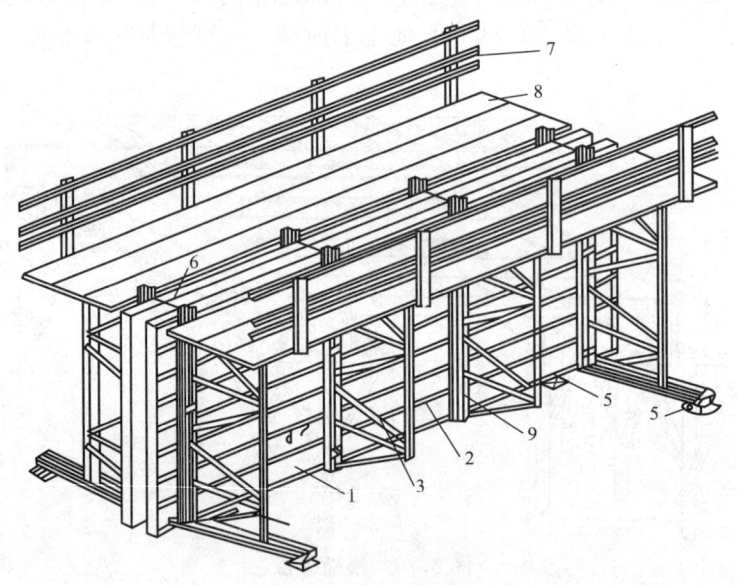

图 3.11 大模板构造

1—面板；2—次肋；3—支撑桁架；4—主肋；5—调整螺旋；6—卡具；
7—栏杆；8—脚手板；9—对拉螺栓

2）滑升模板

滑升模板施工原理是在构筑物或建筑物底部，沿其墙、柱、梁等构件的周边一次性组装高1.2m左右的滑动模板，随着向模板内不断地分层浇筑混凝土，用液压提升设备使模板不断地向上滑动，直到需要浇筑的高度为止，是现浇钢筋混凝土结构机械化施工的一种施工方法。

滑升模板施工可以节约模板和支撑材料，加快施工速度和保证结构的整体性。但模板一次性投资大，耗钢量多，对建筑的立面造型和构件断面变化有一定限制。

液压滑升模板是由模板系统、操作平台系统和提升机具系统及施工精度控制系统等部分组成。模板系统包括模板和腰梁围檩,又称为围圈和提升架等。模板又称为围板,依赖腰梁带动其沿混凝土的表面滑动,主要作用是成型混凝土,承受混凝土的侧压力、冲击力和滑升时的摩阻力。操作平台系统包括操作平台、上辅助平台和内外吊脚手等,是施工操作地点。提升机具系统包括支撑杆、千斤顶和提升操纵装置等,是液压滑模向上滑升的动力。提升架将模板系统,操作平台系统和提升机具系统连成整体,构成整套液压滑模装置,其构造如图3.12所示。

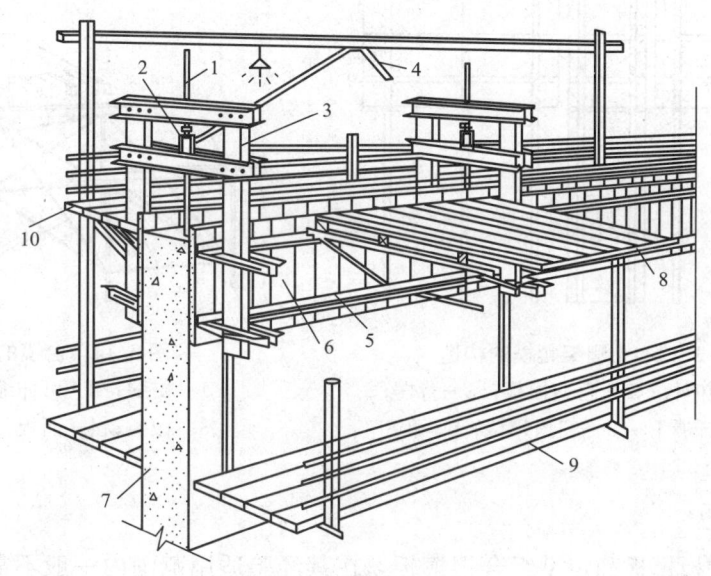

图 3.12　滑升模板构造
1—支撑杆；2—液压千斤顶；3—油管；4—提升架；5—围圈；6—模板；
7—混凝土墙体；8—操作平台桁架；9—内吊脚手架；10—外脚手架

3）爬升模板

爬升模板简称爬模,是一种适用于现浇混凝土竖直或倾斜结构施工的模板,是施工剪力墙和筒体结构的混凝土结构高层建筑和桥墩、桥塔等的一种有效的模板体系。爬模既保持了大模板墙面平整的优点,又保持了滑模利用自身设备向上提升的优点,不需起重运输机械吊运,能避免大模板受大风影响而停止工作,经济效益较好。爬模可分为"有架爬模"(即模板爬架子、架子爬模板)和"无架爬模"(即模板爬模板)两种。有架爬升模板的工艺原理是以建筑物的混凝土墙体结构为支撑主体,通过附着于已完成的混凝土墙体结构上的爬升支架或大模板。利用连接爬升支架与大模板的爬升设备使一方固定,另一方作相对运动,交替向上爬升。完成模板的爬升、下降、就位和校正等工作。

爬升模板由模板、爬架及动力装置组成。其模板形式与大模板类似,宜采用组合模板、胶合板等组成。无爬架爬模的构造如图3.13所示。

4）台模

台模是一个房间用一块台模,有时甚至更大,是一种大型工具式模板。它的外形像一张桌子,称为台模,也称桌模。施工时,利用塔式起重机将台模整体吊装就位。拆模后,又由塔式起重机将整个台模在空中直接吊运到下一个施工位置,因此又称为飞模。台模主要用于浇筑平板式或带边梁的水平结构,如用于建筑施工的楼面模板,台模由面板、支撑框架、檩条等组成,其构造如图 3.14 所示。

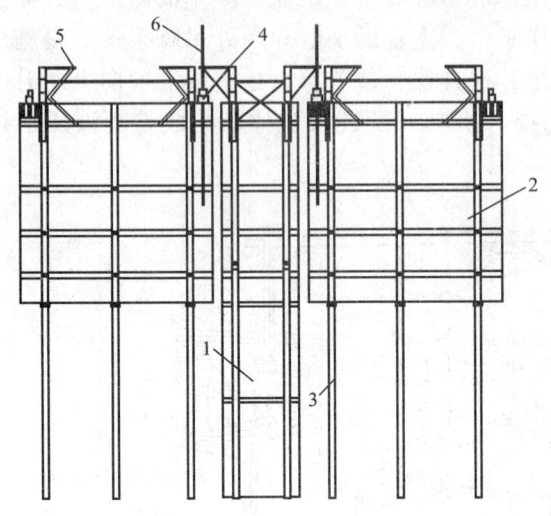

图 3.13　无爬架爬模的构造

1—甲型模板；2—乙型模板；3—背楞；
4—液压千斤顶；5—三角爬架；6—爬杆

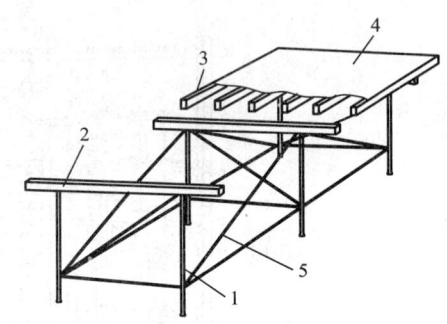

图 3.14　台模的构造

1—支腿；2—可伸缩的横梁；
3—檩条；4—面板；5—斜撑

3.1.2　模板设计

常用的木拼板模板和定型组合钢模板,在其经验适用范围内一般不需进行设计验算,但对重要结构的模板、特殊形式的模板或超出经验适用范围的一般模板,应进行设计或验算,以确保工程质量和施工安全,防止浪费。

模板和支撑系统的设计应根据结构形式、荷载大小、地基土类别、施工设备和材料供应等条件进行。设计内容一般包括选型、选材、配板、荷载计算、结构设计、拟订制作安装和拆除方案、绘制模板施工图等。

1. 荷载计算

计算模板及其支撑的荷载,分为荷载标准值和荷载设计值,后者应以荷载标准值乘以相应的荷载分项系数。

1) 荷载标准值的计算

（1）模板及其支撑自重。模板及其支撑自重标准值应根据模板设计图确定。肋形楼板及无梁楼板模板的自重标准值见表 3-1。

表 3-1　楼板模板的自重标准值　　　　　　　　　　　单位：kN/m²

模板构件名称	木模板	定型组合钢模板	钢框胶合板模板
平板的模板及小楞	0.30	0.50	0.40
楼板模板自重(包括梁模板)	0.50	0.75	0.60
楼板模板及支架自重 (楼层高度 4m 以下)	0.75	1.10	0.95

(2) 新浇筑混凝土自重。对普通混凝土密度可采用 24kN/m³，对其他混凝土可根据实际密度确定。

(3) 钢筋自重。根据设计图纸确定。对一般梁板结构每立方米混凝土的钢筋自重标准值为：楼板 1.1kN/m³；梁 1.5kN/m³。

(4) 施工人员及施工设备荷载。计算梁模板及直接支撑模板的小楞时，对均布活荷载取 2.5kN/m²，另应以集中荷载 2.5kN 再进行验算，比较两者所得的弯矩值，按其中较大者采用。计算直接支撑小楞结构构件时，均布活荷载取 1.5kN/m²。计算支撑立柱及其他支撑结构构件时，均布活荷载取 1.0kN/m²。

(5) 振捣混凝土时产生的荷载。振捣混凝土时产生的荷载标准值对水平面模板可采用 2.0kN/m²，对垂直面模板可采用 4.0kN/m²（作用范围在新浇筑混凝土侧面压力的有效压头高度之内）。

(6) 新浇筑混凝土对模板侧面的压力。新浇筑混凝土对模板侧面压力标准值影响的因素很多，如混凝土密度、凝结时间、混凝土的坍落度和掺缓凝剂等。采用内部振动器、浇筑速度在 6m/h 以下的普通混凝土及轻骨料混凝土，其新浇筑的混凝土作用于模板的最大侧压力标准值，可按以下两式计算，并取两式中的较小值，即

$$F = 0.22 r_c t_0 \beta_1 \beta_2 V^{1/2} \tag{3-1}$$

$$F = r_c H \tag{3-2}$$

式中　F——新浇筑混凝土对模板的最大侧压力标准值，kN/m²；

　　　r_c——混凝土的重力密度，kN/m³；

　　　t_0——新浇筑混凝土的初凝时间(h)，可按实测确定，当缺乏试验资料时，可采用 $t_0 = 200/(T+15)$ 计算，（T 为混凝土的温度，以℃为单位）；

　　　V——混凝土的浇筑速度，m/h；

　　　H——混凝土侧压力计算位置处至新浇筑顶面的总高度，m；

　　　β_1——外加剂影响修正系数，不掺外加剂时取 1.0，掺具有缓凝作用的外加剂时取 1.2；

　　　β_2——混凝土坍落度影响修正系数，当坍落度小于 30mm 时取 0.85，50～90mm 时取 1.0，110～150mm 时取 1.15。

(7) 倾倒混凝土时产生的荷载。倾倒混凝土时对垂直面模板产生的水平荷载标准值，见表 3-2。

表 3-2　倾倒混凝土时对垂直面模板产生的水平荷载标准值

向模板中供料方法	水平荷载标准(kN/m²)
用溜槽、串筒或由导管输出	2
用容量为小于 0.2m³ 的运输器具倾倒	2
用容量为 0.2～0.8m³ 的运输器具倾倒	4
用容量为大于 0.8m³ 的运输器具倾倒	6

注：作用范围在有效压头高度以内。

2) 荷载设计值的计算

$$荷载设计值 = 荷载标准值 \times 相应的荷载分项系数$$

荷载分项系数见表 3-3。

表 3-3 模板及其支撑荷载分项系数

项 次	荷 载 类 别	荷载分项系数 γ_i
1	模板及支架自重	1.2
2	新浇筑混凝土自重	1.2
3	钢筋自重	1.2
4	施工人员及施工设备荷载	1.4
5	振捣混凝土时产生的荷载	1.4
6	新浇筑混凝土对模板侧面的压力	1.2
7	倾倒混凝土时产生的荷载	1.4

3)荷载组合

表 3-3 中的各项荷载应根据不同的结构构件,参与模板及其支撑荷载效应的组合,各项组合荷载见表 3-4。

表 3-4 参与模板及其支撑荷载效应组合的各项荷载

模 板 类 别	参与组合的荷载项	
	计算承载能力	验算刚度
平板和薄壳的模板及支架	1,2,3,4	1,2,3
梁和拱模板的底板及支架	1,2,3,5	1,2,3
梁、拱、柱(边长小于等于 300mm)、墙(厚小于等于 100mm)的侧面模板	5,6	6
大体积结构、柱(边长大于 100mm)、墙(厚大于 100mm)的侧面模板	6,7	6

2. 模板结构的刚度要求

模板结构除必须保证足够的承载能力外,还应保证有足够的刚度,因此,应验算模板及支撑结构的挠度,其最大变形值不得超过下列允许值:

(1)对结构表面外露的模板,为模板构件计算跨度的 1/400。

(2)对结构表面隐蔽的模板,为模板构件计算跨度的 1/250。

(3)对支架的压缩变形值或弹性挠度,为相应的结构计算跨度的 1/1000。

支架的立柱或桁架应保持稳定,并用撑拉杆件固定。

为防止模板及其支撑在风荷载作用下倾倒,应从构造上采取有效措施,如在相互垂直的两个方向加水平斜拉杆、缆风绳和地锚等。当验算模板及支撑在自重和风荷载作用下的抗倾倒稳定性时,应符合有关的专门规定。

3.1.3 模板安装与拆除

1. 模板的安装

竖向模板和支撑部分如安装在基土上时,应加设垫板,且基土必须坚实并有排水措施。对湿陷性黄土，必须有防水措施；对冻胀土必须有防冻措施。

模板及支撑在安装过程中，必须设置防倾覆的临时固定措施。

现浇多层房屋和构筑物，应采取分层分段的支模方法。安装上层模板及支撑应符合以下规定：

(1) 下层模板应具有承受上层荷载的承载能力或加设支架支撑。

(2) 上层支撑的立柱应对准下层支撑的立柱，并铺设垫板。

(3) 当采用悬吊模板、桁架支模方法时，其支撑结构的承载能力和刚度必须符合要求。

当层间高度大于5m，宜选用桁架支模或多层支架支模。当采用多层支架支模时，支架的横垫板应平整，支柱应垂直，上下层支柱应在同一竖向中心线上。

固定在模板上的预埋件和预留孔洞均不得遗漏，安装必须牢固，位置准确。

现浇混凝土结构模板安装的允许偏差及检验方法，见表3-5。

表3-5 现浇混凝土结构模板安装的允许偏差及检验方法

项 目		允许偏差(mm)	检验方法
轴线位置		5	钢尺检查
底模上表面标高		±5	水准仪或拉线、钢尺检查
截面内部尺寸	基础	+10	钢尺检查
	柱、墙、梁	+4，-5	钢尺检查
层高垂直度	不大于5	6	经纬仪或吊线、钢尺检查
	大于5	8	经纬仪或吊线、钢尺检查
相邻两板表面高低差		2	钢尺检查
表面平整度		5	2m靠尺和塞尺检查

2. 模板的拆除

现浇结构的模板及支架拆除时的混凝土强度，应符合设计要求，当设计无要求时，侧模应在混凝土强度能保证其表面及棱角不因拆除而受损坏时拆除；底模拆除时的混凝土强度要求，见表3-6。

表3-6 底模拆除时的混凝土强度要求

构件类型	构件跨度(m)	达到设计的混凝土立方体抗压强度标准值的百分率(%)
板	≤2	≥50
	>2，≤8	≥75
	>8	≥100
梁、拱、壳	≤8	≥75
	>8	≥100
悬臂构件	—	≥100

拆模顺序一般是先支后拆，后支先拆，先拆除侧模板，后拆除底模板。重大复杂模板的拆除，事先前应制定拆模方案。

肋形楼板的拆模顺序为柱模板—楼板底模板—梁侧模板—梁底模板。

多层楼板模板支架的拆除应按下列要求进行：上层楼板正在浇筑混凝土时，下一层楼板的模板支架不得拆除，再下一层楼板模板的支架仅可拆除一部分；跨度大于等于4m的梁下均应保留支架，其间距不得小于3m。

在拆除模板过程中，如发现混凝土影响结构安全质量时，应暂停拆除。经过处理后，方可继续拆除。

已拆除及支撑结构的混凝土，应在其强度达到设计强度标准值后才允许承受全部使用荷载。当承受施工荷载大于计算荷载时，必须通过核算加设临时支撑。

3.1.4 模板工程质量控制

模板及支撑应根据工程结构形式、荷载大小、地基土类别、施工设备和材料供应等条件进行设计。模板及支撑应具有足够的承载能力、刚度和稳定性，能可靠地承受浇筑混凝土的重量、侧压力以及施工荷载。施工质量验收规范中规定，模板工程质量控制项目，见表3-7。

表3-7 模板工程质量控制项目

序号	控制项目	检查内容	序号	控制项目	检查内容
1	模板力学性能检验	强度、刚度、稳定性、支撑面积	4	模板拆除时	混凝土强度、计算荷载
2	防外界影响检验	防水、防冻	5	隔离剂	材料选用
3	消除施工挠度	起拱	6	预埋件	锚板、埋件外锚筋、锚固长度

对于模板设计、制作和施工等方面的要求，应符合《混凝土结构工程施工质量验收规范》(GB 50204—2002)中关于模板工程的规定。对模板工程的基本要求有：

(1) 应保证工程结构和构件各部分形状、尺寸和相互位置的正确。

(2) 要有足够的承载能力、刚度和稳定性，并能可靠的承受新浇筑混凝土的重量和侧压力，以及在施工中所产生的其他荷载。

(3) 构造要简单，装拆要方便，并便于钢筋的绑扎与安装，有利于混凝土的浇筑及养护。

(4) 模板接缝应严密，不得漏浆。

3.2 钢筋工程

钢筋是钢筋混凝土结构的骨架，通过与混凝土的黏结应力，使其结合成为一体。

钢筋工程施工工艺流程为：原材料验收→调直(除锈)→冷拉→切断→接长→弯曲→骨架。

3.2.1 钢筋的种类和性能

钢筋混凝土结构用的钢筋按照生产工艺不同可分为：热轧钢筋、冷拉钢筋、热处理钢筋、钢丝、钢绞线和冷轧扭钢筋。

1. 热轧钢筋

热轧钢筋是经热轧成型并自然冷却的成品钢筋，按外形分为热轧圆钢筋和热轧带肋两种，带肋钢筋的肋纹形式有月牙形、螺纹形、人字形如图 3.15 所示。按照屈服强度(MPa)分为 235 级、335 级、400 级、500 级，热轧钢筋的力学性能指标见表 3-8。

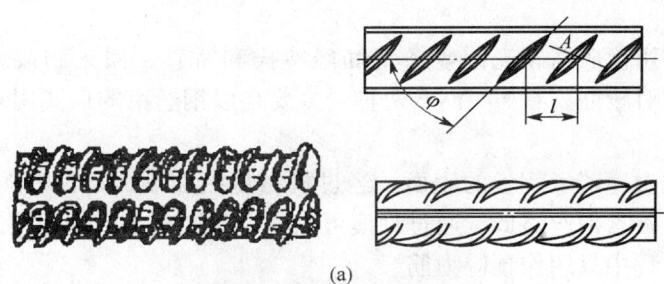

(a)

(b)

 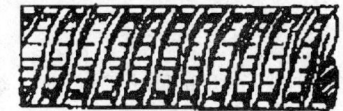

(c)

图 3.15 带肋钢筋
（a）月牙形钢筋；（b）螺纹形钢筋；（c）人字形钢筋

表 3-8 热轧钢筋的力学性能指标

表面形状	强度等级代号	公称直径 d(mm)	屈服点 σ_s(MPa)	抗拉强度 σ_b(MPa)	伸长率 δ_s(%)	冷弯		符号
			不小于			弯曲角度	弯心直径	
光圆	HPB235	8～20	235	370	25	180°	d	ϕ
月牙肋	HRB335	6～25 28～50	335	490	16	180°	$3d$ $4d$	Φ
	HRB400	6～25 28～50	400	570	14	180°	$4d$ $5d$	Φ
	RRB400	8～25 28～40	440	600	14	90°	$3d$ $4d$	
	HRB500	6～25 28～50	500	630	12	180°	$6d$ $7d$	Φ_R

2. 冷拉钢筋

冷拉钢筋是将热轧钢筋在常温下进行强力拉伸，使它强度提高的一种钢筋。这种冷拉操作都在施工工地进行。

3. 热处理钢筋

热处理钢筋又称调质钢筋，采用热轧螺纹钢筋经淬火及回火的调质热处理而制成的。按其外形，又可分为有肋和无肋两种。

4. 钢丝

1）碳素钢丝

碳素钢丝是采用优质高碳光圆盘条钢筋经冷拔和矫直、回火制成。这种钢丝的强度高，塑性性能也相对较好。有Φ4和Φ5两种，主要是以钢丝束的形式用来作预应力筋。

2）刻痕钢丝

刻痕钢丝是把上述碳素钢丝的表面，经过机械刻痕而制成，只有Φ5一种，由于刻痕的影响，其强度比碳素钢丝略低。通过刻痕可以使它与混凝土或水泥浆之间的黏结性能得到一定改善，在工程中只用作预应力筋。

3）冷拔低碳钢丝

一般是用小直径的低碳光圆钢筋，在施工现场或预制厂用拔丝机经过几次冷拔而成。它分为甲级和乙级，甲级钢丝的质量要求较严，即要求对钢丝逐盘取样进行检验，它又分为Ⅰ、Ⅱ两组。

主要用于一般民用建筑中小型预应力混凝土构件中作预应力筋用。

5. 钢绞线

钢绞线是由7根圆形截面钢丝经绞捻、热处理而成。由于强度高又与混凝土的黏结性能好，大多用于大跨度、重荷载的预应力钢筋混凝土结构中。

6. 冷轧扭钢筋

冷轧扭钢筋是用低碳盘圆钢筋经专用钢筋冷轧扭机调直、冷轧并冷扭一次成型，呈连续螺旋状，具有规定截面形状和节距。冷轧扭钢筋按其截面形状不同分为两种类型：Ⅰ—矩形截面和Ⅱ—菱形截面，如图3.16所示。

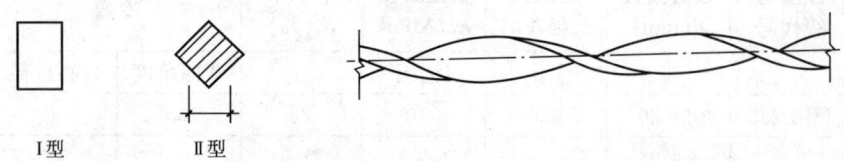

图3.16 冷轧扭钢筋

冷轧扭钢筋的直径以"标志直径"表示，指原材料（母材）轧制前的公称直径。标志直径有6.5mm、8mm、10mm、12mm、14mm五种。

这种钢筋具有较高的强度，而且有足够的塑性，与混凝土黏结性能优异，代替HPB235级钢筋可节约钢材约30％。一般用于预制钢筋混凝土圆孔板、叠合板中的预制薄板，以及现浇钢筋混凝土楼板等。

3.2.2 钢筋的检验和存放

1. 钢筋的检验

进入施工现场(加工厂)的钢筋,应有出厂质量证明书或试验报告单,每捆(盘)钢筋均应有标牌。

施工现场钢筋的检验主要是按批号及直径分批验收。验收的内容主要是查对标牌、外观检查,并按有关标准的规定抽取试样做机械性能试验,合格后方可使用。

 应用案例3-1

以热轧光圆钢筋的检验为例。每批钢筋由同一牌号,同一炉罐号,同一规格的钢筋组成,重量不大于60t。

对热轧光圆钢筋外观检查,从每批中抽取5%进行外观检查。要求钢筋表面不得有裂纹、结疤和折叠;钢筋表面凸块和它缺陷的深度和高度不得大于所在部位尺寸的允许偏差。

对热轧光圆钢筋抽取试样做机械性能试验,从每批钢筋中,任选两根钢筋,去掉钢筋端头500mm;一个试样做拉力试验,测定屈服点、抗拉强度和伸长率三项指标,另一个试样做冷弯试验。机械性能试验时,如有某一项试验结果不符合标准要求,应从同一批中再任取双倍数量的试样进行不合格项目的复验。如仍不合格,则评定该批钢筋为不合格品。

2. 钢筋的保管

为了确保质量,钢筋验收合格后,还要做好保管工作,主要是防止生锈、腐蚀和混用,要注意以下几个问题。

(1) 堆放场地要干燥,并用方木或混凝土板等作为垫件,一般保持离地200mm以上。非急用钢筋,宜放在有棚盖的仓库内。

(2) 钢筋必须严格分类、分级、分牌号堆放,不合格钢筋另作标记分开堆放。

(3) 钢筋不要和酸、盐、油等一类的物品放在一起,要在远离有害气体的地方堆放、以免腐蚀。

3.2.3 钢筋的配料和代换

1. 钢筋的配料

钢筋配料是根据《混凝土结构设计规范》(GB 50010—2002)及《混凝土结构工程施工质量验收规范》(GB 50204—2002)中对混凝土保护层、钢筋弯曲和弯钩等规定,按照结构施工图计算构件各钢筋的直线下料长度、根数及质量,然后编制钢筋配料单,作为钢筋备料加工的依据。钢筋配料单见表3-9。

表3-9 钢筋配料单

构件名称	钢筋编号	简图	直径(mm)	钢筋级别	下料长度(mm)	单件根数	合计根数	质量(kg)
—	—	—	—	—	—	—	—	—

1) 钢筋下料长度的确定

结构施工图中注明的尺寸一般是钢筋外轮廓尺寸,即从钢筋外皮到外皮量得的尺寸,称为外包尺寸。在钢筋加工时,一般也按外包尺寸进行验收。钢筋加工前直线下料,如果下料长度按钢筋外包尺寸的总和来计算,则加工后的钢筋尺寸将大于设计要求的外包尺寸或者弯钩平直段太长造成材料的浪费。这是由于钢筋弯曲时外皮伸长,内皮缩短,只有中轴线长度不变。按外包尺寸总和下料是不准确的,只有按钢筋轴线长度尺寸下料加工,才能使加工后的钢筋形状、尺寸符合设计要求。

2) 钢筋下料长度的计算方法

钢筋弯曲或弯折后,弯曲处外皮延伸,内皮收缩,轴线长度不变。钢筋的外包尺寸和轴线长度之间存在一个差值,称为"量度差值"。钢筋的直线段外包尺寸等于轴线长度,两者无量度差值;而钢筋弯曲段,外包尺寸大于轴线长度,两者间存在量度差值。因此,钢筋下料时,其下料长度应为各段外包尺寸之和减去弯曲处的量度差值加上两端弯钩的增长值。即

钢筋下料长度＝各段外包尺寸之和－弯曲处的量度差值＋两端弯钩的增长值　(3-3)

(1) 钢筋中部弯曲处的量度差值。钢筋中部弯曲处的量度差值与钢筋直径 d 和钢筋弯曲直径 D 及弯曲角度 α 有关。

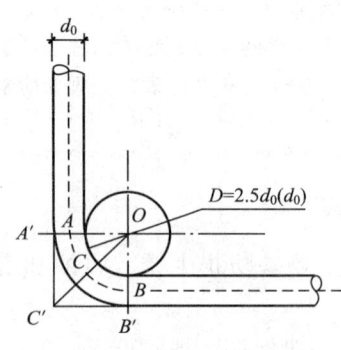

图 3.17　钢筋弯曲处的量度差值计算示意图

根据规范中规定,弯起钢筋中间部位弯曲处的弯曲直径 D 不小于钢筋直径 d 的 5 倍。如图 3.17 所示为钢筋弯曲处的量度差值计算示意图。

钢筋弯曲的外包尺寸:

$$A'C' + B'C' = 2A'C' = 2OA'\tan\alpha/2$$
$$= 2(D/2+d)\tan\alpha/2 = 2(5d/2+d)\tan\alpha/2 = 7d\tan\alpha/2$$

钢筋弯曲处的中线长度:

$$ABC = \pi R\alpha/180 = \pi\alpha/180(D+d)/2 = \pi\alpha(d+5d)/360$$
$$= 6d\pi\alpha/360 = d\pi\alpha/60$$

则弯曲处的量度差值:

$$A'C' + B'C' - ABC = 7d\tan\alpha - d\pi\alpha/60 = (7\tan\alpha - \pi\alpha/60)d$$

常用弯曲角度的量度差值见表 3-10。

(2) 钢筋末端弯钩或弯折时增长值。规范规定：HPB235 级钢筋的末端需要做 180°弯钩,其圆弧内弯曲直径 $D \geq 2.5d$；平直段长度大于等于 $3d$,如图 3.18 所示。

表 3-10　常用弯曲角度的量度差值

弯曲角度	量度差值	经验取值
30°	0.306d	0.35d
45°	0.543d	0.5d
60°	0.90d	0.90d
90°	2.29d	2d
135°	2.83d	2.5d

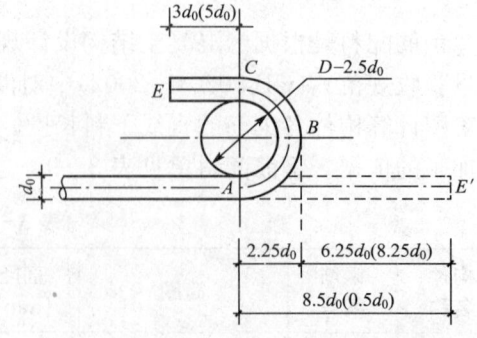

图 3.18　钢筋的末端 180°弯钩示意图

当设计要求钢筋末端做135°弯钩时，HRB335、HRB400级钢筋的弯曲直径$D \geqslant 4d$；平直段长度应符合设计要求。

钢筋做不大于90°弯折时，弯折处的弯弧内径$D \geqslant 5d$。

钢筋末端弯钩或弯折时增长值见表3-11。

表3-11 钢筋末端弯钩或弯折时增长值

钢筋级别	弯钩角度	弯曲最小直径D	平直段长度l_p	增加尺寸
HPB235	180°	$2.5d$	$3d$	$6.25d$
HRB335、HRB400	135°	$4d$	按设计（或规范）	$3d+l_p$
HRB335、HRB400	90°	$4d$	按设计（或规范）	$0.5d+l_p$

（3）箍筋弯钩增长值。一般结构如设计无要求时可按图3.19(a)加工；有抗震要求的结构，应按图3.19(b)加工。

箍筋弯钩的弯曲直径D应大于受力钢筋直径，且不小于箍筋直径的2.5倍。弯钩平直部分，一般结构不宜小于箍筋直径的5倍；有抗震要求的结构，不小于箍筋直径的10倍。箍筋一个弯钩增长值见表3-12。

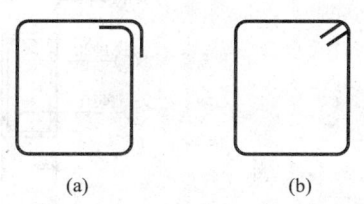

图3.19 箍筋加工示意图
(a) 90°/90°弯钩；(b) 135°/135°弯钩

表3-12 箍筋一个弯钩增长值

箍筋弯钩	弯曲直径	平直段长度	增 长 值
90°/90°弯钩	$2.5d$	$5d$	$5.5d$
		$10d$	$10.5d$
135°/135°弯钩	$2.5d$	$5d$	$6.5d$
		$10d$	$11.9d$

注：d为箍筋直径。

 应用案例3-2

某建筑物7度抗震设防，一层楼共有10根L形梁，梁的配筋如图3.20所示，计算L形梁的钢筋下料长度。

解：钢筋端部保护层厚C取25mm

① 号直段钢筋。

外包尺寸：
$$(6000+240-2\times25)\text{mm}=6190\text{mm}$$

钢筋下料长度＝外包尺寸＋钢筋末端弯钩或弯折时增长值
$$=6190+2\times6.25d=(6190+2\times6.25\times10)\text{mm}=6315\text{mm}$$

② 号弯折钢筋。

外包尺寸：
$$(6000+240-2\times25+2\times200)\text{mm}=6590\text{mm}$$

钢筋下料长度＝外包尺寸＋钢筋末端弯钩或弯折时增长值－钢筋中部弯曲处的量度差值
$$=6590+2\times6.25d-2\times2d=(6590+2\times6.25\times20-2\times2\times20)\text{mm}=6760\text{mm}$$

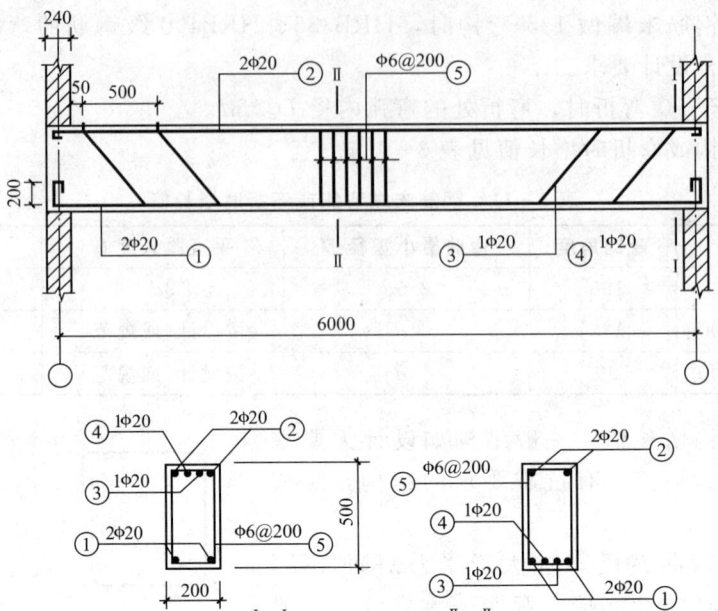

图 3.20 L 形梁的配筋示意图

③ 号弯起钢筋。

外包尺寸分段计算:

端部平直段长:

$$(240+50-25)\text{mm}=265\text{mm}$$

斜段长:

$$(500-2\times25)\div\sin45°=450\text{mm}\div0.707=636\text{mm}$$

中间直段长:

$$[6000+240-2\times(240+50+450)]=4760\text{mm}$$

外包尺寸 $=[2\times(265+636)+4760]\text{mm}=6562\text{mm}$

钢筋下料长度(外包尺寸+端部弯钩-量度差值):

$$6862+2\times6.25d-4\times0.5d=(6562+2\times6.25\times16-4\times0.5\times16)\text{mm}$$
$$=(6562+200-32)\text{mm}=6730\text{mm}$$

⑤ 号箍筋。

外包尺寸:

宽度 $200-2\times25+2\times8=166\text{mm}$ 高度 $500-2\times25+2\times8=466\text{mm}$

弯钩增长值:7 度抗震设防,钢筋弯钩形式(135°/135°),弯钩平直段取 $10d$ 则箍筋一个弯钩的增长值为

$$11.9d=11.9\times8\text{mm}=95\text{mm}$$

箍筋有三处 90°弯折,量度差值为

$$3\times2d=6d=6\times8\text{mm}=48\text{mm}$$

箍筋的下料长度:

$$[2\times(166+466+95)-48]\text{mm}=1406\text{mm}$$

箍筋的根数:

$$[(6000+240-2\times50)\div200+1]根=31.7根\quad 取32根$$

钢筋配料见表 3-13。

表 3-13 钢筋配料

构件名称	钢筋编号	简图	直径(mm)	钢筋级别	下料长度(mm)	单件根数	合计根数	质量(kg)
L形梁 10根	①		10	φ	6315	2	20	77.93
	②	200 ⌐‾6190‾⌐	20	φ	6760	2	20	333.94
	③	265 636 4760	20	φ	6730	2	20	332.46
	⑤	466 □ 166	8	φ	1406	32	320	177.72

特别提示

弯曲调整值实用取值。

在实际施工中,由于操作条件不同,理论计算值与实际操作的结果多少会有一些差距,主要是由于弯曲处圆弧的不准确性所引起。因此,不能绝对地定出弯曲调整值是多少,而通常是要根据本施工单位的经验资料,预先确定符合自己实际需要的、实用的弯曲调整值表备用。

2. 钢筋的代换

钢筋施工时应尽量按照施工图要求的钢筋级别、种类和直径使用。但确实没有施工图中所要求的钢筋种类、级别或规格时,可以进行代换。代换时,必须充分了解设计意图和代换钢材的性能,严格依据规范的各项规定;必须满足构造要求(如钢筋的直径、根数、间距、锚固长度等);对抗裂性要求高的构件,不宜采用光圆钢筋代换螺纹钢筋;凡属重要的结构和预应力钢筋,在代换时应征得设计单位的同意;钢筋代换后,其用量不宜大于原设计用量的5%。钢筋代换的方法有以下两种。

1) 等强度代换

构件配筋受强度控制时或不同种类的钢筋代换,按代换前后强度相等的原则进行代换,称为等强度代换。代换时应满足下式要求:

$$A_{S2} f_{y2} \geqslant A_{S1} f_{y1} \tag{3-4}$$

即

$$A_{S2} \geqslant A_{S1} f_{y1} / f_{y2} \tag{3-5}$$

式中 A_{S1}——原设计钢筋总面积;

A_{S2}——代换后钢筋总面积;

f_{y1}——原设计钢筋的设计强度;

f_{y2}——代换后钢筋的设计强度。

在设计图纸上钢筋都是以根数表示的,由于 $A_{S1} = n_1 d_1^2 \pi / 4$,$A_{S2} = n_2 d_2^2 \pi / 4$。所以

$$n_2 d_2^2 \pi / 4 f_{y2} \geqslant n_1 d_1^2 \pi / 4 f_{y1} \text{ 或 } n_2 \geqslant n_1 d_1^2 f_{y1} / d_2^2 f_{y2} \tag{3-6}$$

式中 n_1——原设计钢筋根数;
   d_1——原设计钢筋直径;
   n_2——代换后钢筋根数;
   d_2——代换后钢筋直径。

2) 等面积代换

构件按最小配筋率配筋时或相同种类和级别的钢筋代换,按代换前后面积相等的原则进行代换,称为等面积代换。即:$A_{S2} \geqslant A_{S1}$ 或 $n_2 \geqslant n_1 d_{12}/d_{22}$。

3) 钢筋代换应注意的问题

(1) 钢筋代换后,应满足混凝土结构设计规范中所规定的钢筋间距、锚固长度、最小钢筋直径、根数的要求。

(2) 对重要受力构件如吊车梁、薄腹梁、屋架下弦等,不宜用 HPB235 级光面钢筋代换变形钢筋。

(3) 梁的纵向受力钢筋与弯起钢筋应分别进行代换。

(4) 当构件配筋受抗裂裂缝宽度或挠度控制时,钢筋代换后应进行抗裂裂缝宽度或挠度验算。

(5) 有抗震要求的框架,不宜以强度等级较高的钢筋代替原设计中的钢筋。如必须代换时,其代换的钢筋检验所得的实际强度,应符合下列要求。

① 钢筋的实际抗拉强度与实际屈服强度的比值应大于 1.25。

② 钢筋的实际屈服强度与钢筋标准强度的比值:当按 HPB235 级抗震等级设计时不应大于 1.25,当按 HRB335 级抗震等级设计时不应大于 1.4。

(6) 预制构件吊环,必须采用未经冷拉的 HPB235 级热轧钢筋制作,严禁以其他钢筋代换。

(7) 不同种类钢筋的代换,应按钢筋受拉承载力设计值相等的原则进行。

3.2.4 钢筋加工

钢筋的加工包括钢筋的冷加工(冷拉及冷拔)、调直、除锈、下料切断和弯曲成型等。

1. 钢筋的冷加工

钢筋的冷加工包括冷拉和冷拔。在常温下,对钢筋进行冷拉或冷拔,可提高钢筋的屈服点,从而提高钢筋的强度,达到节省钢材的目的,钢筋经过冷加工后,强度提高,塑性降低,在工程上可节省钢材。

1) 钢筋的冷拉

钢筋的冷拉就是在常温下拉伸钢筋,使钢筋的应力超过屈服点,钢筋产生塑性变形,强度提高。

对于普通钢筋混凝土结构的钢筋,冷拉仅是调直、除锈的手段(拉伸过程中钢筋表面锈皮会脱落),与钢筋的力学性能无关。

2) 钢筋冷拔就是把 HPB235 级光面钢筋在常温下强力拉拔,使其通过特制的钨合金拔丝模孔,使钢筋变细,产生较大塑性变形,强度提高,塑性降低,硬度提高。钢筋冷拔工艺比较复杂,钢筋冷拔并非一次拔成,而要反复多次,所以只有在加工厂才对钢筋进行冷拔。经过多次强力拉拔的钢筋,称为冷拔低碳钢丝。

2. 钢筋调直

就是将有弯的钢筋弄直。钢筋调直方法宜采用机械调直方法,也可采用冷拉方法。当采用冷拉方法调直钢筋时,HPB235级钢筋的冷拉率不宜大于4%,HRB335级、HRB400级和RRB400级钢筋的冷拉率不宜大于1%。

机械调直钢筋宜采用数控钢筋调直切断机,它具有自动调直、定位切断和除锈清垢等多种功能。

3. 钢筋除锈

钢筋锈蚀程度包括锈迹分布状况、色泽变化以及钢筋表面平滑或粗糙程度等,凭肉眼外观确定,根据锈蚀轻重的具体情况采用除锈措施。

一般钢筋锈蚀现象有以下三种:

(1) 浮锈。钢筋表面附着较均匀的细粉末,呈黄色或淡红色。一般可不作处理。

(2) 陈锈。锈迹粉末较粗,用手捻略有微粒感,颜色转红,有的呈红褐色。陈锈必须清除。

(3) 老锈。锈斑明显,有麻坑,出现起层的片状分离现象,锈斑几乎遍及整根钢筋表面;颜色变暗,深褐色,严重的接近黑色。陈锈必须清除。

4. 钢筋切断

钢筋下料时需按计算的下料长度切断。

钢筋切断可采用手工切断器或钢筋切断机。手工切断器只用于切断直径小于16mm的钢筋,机械切断机可切断直径40mm的钢筋。

5. 钢筋弯曲成型

钢筋的弯曲成型是将已切断、配好的钢筋,按图纸规定的要求,准确地加工成规定的形状尺寸。弯曲成型的顺序是:划线→试弯→弯曲成型。

弯曲钢筋有手工和机械两种弯曲方法。手工弯曲钢筋的方法设备简单,使用方便,工地经常采用。机械弯曲方法采用钢筋弯曲机,可将钢筋弯曲成各种形状和角度,成型准确、效率高。

6. 钢筋加工的允许偏差

钢筋加工的形状、尺寸应符合设计要求,偏差应符见表3-14。

表3-14 钢筋加工的允许偏差 单位:mm

项 目	允许偏差	项 目	允许偏差
受力钢筋顺长度方向全长的净尺寸	±10	箍筋内净尺寸	±5
弯起钢筋的弯折位置	±20		

3.2.5 钢筋连接

施工中钢筋往往因长度不足或施工工艺上的要求等必须连接。钢筋的连接方式主要有绑扎连接、焊接连接和机械连接。

1. 绑扎连接

钢筋的绑扎连接就是将相互搭接的钢筋，用 20～22 号镀锌铁丝扎牢它的中心和两端，将其绑扎在一起。HPB235 级光面钢筋绑扎接头的末端应做 180°弯钩，弯厚平直段长度不应小于 $3d$，但作受压钢筋时可不做弯钩。如图 3.21 所示钢筋绑扎连接示意图。

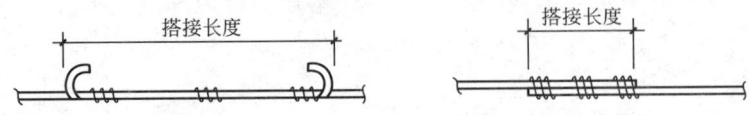

图 3.21　钢筋绑扎连接

绑扎连接目前仍为钢筋连接的主要方法之一。绑扎连接绑扎位置和搭接长度按《混凝土结构设计规范》（GB 50010—2002）的规定执行。

为确保结构的安全度，钢筋绑扎接头应符合如下规定。

（1）轴心受拉及小偏心受拉杆件（如桁架和拱的拉杆）的纵向受力钢筋不得采用绑扎搭接接头；当受拉钢筋的直径 $d>28mm$ 及受压钢筋的直径 $d>32mm$ 时，不宜采用绑扎搭接接头。

（2）绑扎接头中的钢筋的横向净距不应小于钢筋直径且不小于 25mm。

（3）受力钢筋的接头宜设置在受力较小处。在同一根钢筋上宜少设接头。不宜设置两个或两个以上接头。接头末端至钢筋弯起点的距离不应小于钢筋直径的 10 倍。

（4）同一构件中相邻纵向受力钢筋的绑扎搭接接头宜相互错开。钢筋绑扎搭接接头连接区段的长度为 1.3 倍搭接长度，凡搭接接头中点位于该连接区段长度内的搭接接头均属于同一连接区段，如图 3.22 所示。

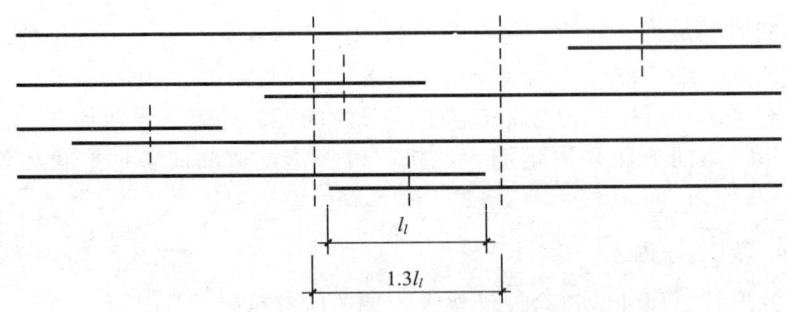

图 3.22　同一连接区段内的纵向受拉钢筋绑扎搭接接头

注：图中所示同一连接区段内的搭接接头钢筋为两根，当钢筋直径相同时，钢筋搭接接头面积百分率为 50%。

（5）同一连接区段内纵向钢筋搭接接头面积百分率为该区段内有搭接接头的纵向受力钢筋截面面积与全部纵向受力钢筋截面面积的比值。位于同一连接区段内的受拉钢筋搭接接头面积百分率应符合设计要求，无设计要求时，应符合下列规定。

① 对梁类、板类及墙类构件，不宜大于 25%。

② 对柱类构件，不宜大于 50%。

当工程中确有必要增大受拉钢筋搭接接头面积百分率时,对梁类构件,不应大于50%;对板类、墙类及柱类构件,可根据实际情况放宽。

(6) 纵向受拉钢筋绑扎搭接接头的最小搭接长度见表3-15。

表3-15 纵向受拉钢筋绑扎搭接接头的最小搭接长度

钢筋类型		混凝土强度等级			
		C15	C20~C25	C30~C35	≥C40
光圆钢筋	HPB235级	45d	35d	30d	25d
带肋钢筋	HRB335级	55d	45d	35d	30d
	HRB400级、RRB400级	—	55d	40d	35d

注:两根直径不同钢筋的搭接长度,以较细钢筋的直径计算。

注意:

① 当纵向受拉钢筋的绑扎搭接接头面积百分率不大于25%时,其最小搭接长度应符合表3-15的规定。

② 当纵向受拉钢筋搭接接头面积百分率大于25%,但不大于50%时,其最小搭接长度应按表3-15中的数值乘以系数1.2取用;当接头面积百分率大于50%时,应按表表3-15中的数值乘以系数1.4取用。

③ 在任何情况下,受拉钢筋的搭接长度不应小于300mm。

④ 纵向受压钢筋搭接时,其最小搭接长度应根据以上规定确定相应数值后,乘以系数0.7取用。在任何情况下,受压钢筋的搭接长度不应小于200mm。

⑤ 在梁、柱类构件的纵向受力钢筋搭接长度范围内,应按设计要求配置箍筋。当设计无具体要求时,应符合下列规定。

箍筋直径不应小于搭接钢筋较大直径的0.25倍;受拉搭接区段的箍筋间距不应大于搭接钢筋较小直径的5倍,且不应大于100mm;受压搭接区段的箍筋间距不应大于搭接钢筋较小直径的10倍,且不应大于200mm;当柱中纵向受力钢筋直径大于25mm时,应在搭接接头两个端面外100mm范围内各设置两个箍筋,其间距宜为50mm。

2. 焊接连接

混凝土结构设计规范规定,钢筋连接宜优先采用焊接连接。钢筋的焊接质量与钢材的可焊性、焊接工艺有关。钢材可焊性的好坏,受钢材所含化学元素种类及含量影响很大。含碳、锰数量增加,则可焊性差,而含适量的钛,可改善可焊性。焊接工艺(焊接工艺与操作水平)也影响焊接质量,即使可焊性差的钢材,若焊接工艺合宜,也可获得良好的焊接质量。

常用的焊接方法有闪光对焊、电阻点焊、电弧焊、电渣压力焊、埋弧压力焊和气压焊等。

1) 闪光对焊

闪光对焊属于焊接中的压焊(焊接过程中必须对焊件施加压力完成的焊接方法)。钢筋的闪光对焊是利用对焊机,将两段钢筋端面接触,通过低电压强电流在钢筋接头处,产生高温，钢筋熔化，产生强烈的金属蒸气飞溅，形成闪光，施加压力顶锻，使两根钢筋焊接在一起，形成对焊接头，是钢筋焊接中常用的方法。如图 3.23 所示为对焊机基本构造示意图。

根据钢筋的品种、直径和选用的对焊机功率，闪光对焊分为连续闪光焊、预热闪光焊和闪光—预热—闪光焊 3 种工艺。对可焊性差的钢筋，对焊后采取通电热处理的方法，以改善对焊接头的塑性。

（1）连续闪光焊。自闪光一开始，就徐徐移动钢筋，形成连续闪光，接头处逐步被加热，形成对焊接头。连续闪光焊的工艺简单，适用于焊接直径 25mm 以下的钢筋。钢筋对焊接头的外形见图 3.24。

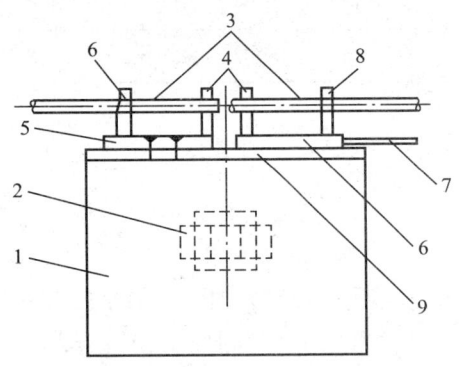
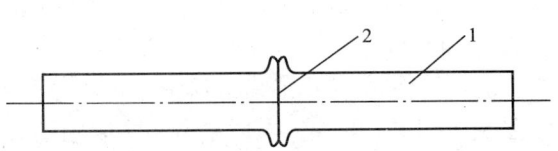

图 3.23　对焊机基本构造示意图
1—机架；2—变压器；3—钢筋；4—夹紧机构；5—固定座板；6—动板；7—送进机构；8—顶座；9—导轨

图 3.24　钢筋对焊接头的外形图
1—钢筋；2—接头

（2）预热闪光焊。在连续闪光焊前增加一次预热过程，以使钢筋均匀加热。其工艺过程为预热—闪光—顶锻。即先闭合电源，使两根钢筋端面交替轻微接触和分开，发出断续闪光使钢筋预热，当钢筋烧化到规定的预热留量后，连续闪光，最后进行顶锻。适用于直径 25mm 以上端部平整的钢筋。

（3）闪光—预热—闪光焊。在预热闪光焊前加一次闪光过程，使钢筋端面烧化平整，预热均匀。适用于直径 25mm 以上端部不平整的钢筋。

（4）焊后通电热处理。对于 RRB400 级钢筋对焊接头拉伸试验结果发生脆性断裂，或弯曲试验不能达到规范要求时，为改善其焊接接头的塑性，可在焊后进行通电热处理。焊后通电热处理在对焊机上进行。钢筋对焊完毕当焊接接头温度降低至呈暗黑色（300℃以下），松开夹具将电极钳口调至最大距离，重新夹紧。然后进行脉冲式通电加热，钢筋加热至表面呈橘红色（750～850℃）时，通电结束。松开夹具，待钢筋稍冷后取下，在空气中自然冷却。

 特别提示

闪光焊焊接质量检查。

应从每批焊接接头中抽查一定数量的接头作外观检查、力学性能试验。

2）电阻点焊

电阻点焊是将钢筋的交叉点放入点焊机两极之间，通电使钢筋加热到一定温度后，加压使焊点处钢筋互相压入一定的深度（压入深度为两钢筋中较细者直径的1/4～2/5），将焊点焊牢。

点焊机主要由加压机构、焊接回路、电极组成。基本构造如图 3.25 所示。

混凝土结构中的钢筋骨架和钢筋网成型时优先采用电阻点焊。采用点焊代替绑扎，可以提高工效，便于运输。

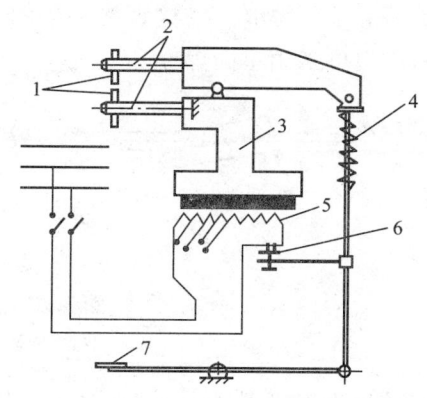

图 3.25　点焊机的基本构造

1—电极；2—电极臂；3—变压器的次级线圈；4—加压机构；5—变压器的初级线圈；6—断路器；7—踏板

**特别提示**

电阻点焊质量检查与验收。

应从每批焊接骨架和焊接网中抽查一定数量作形状尺寸检查、外观质量检查和力学性能试验。

3）电弧焊

电弧焊是利用电弧焊机使焊条和焊件之间产生高温电弧，熔化焊条和高温电弧范围内的焊件金属，熔化的金属凝固后形成焊接接头。

电弧焊广泛用于钢筋的接长、钢筋骨架的焊接、装配式结构钢筋接头焊接及钢筋与钢板、钢板与钢板的焊接等。

电弧焊的主要设备是弧焊机，分为交流弧焊机和直流弧焊机两类。工地常用交流弧焊机。

钢筋电弧焊接头主要有 3 种形式：帮条焊、搭接焊和坡口焊。

（1）帮条焊。用两根一定长度的帮条，将受力主筋夹在中间，用两端电焊定位，然后焊接一面或两面。帮条焊宜采用与主筋同级别、同直径的钢筋制作。它分为单面焊缝和双面焊缝，帮条焊接头如图 3.26 所示。若采用双面焊，接头中应力传递对称、平衡，受力性能好；若采用单面焊，则受力情况差。因此，当不能进行双面焊时，才采用单面焊。

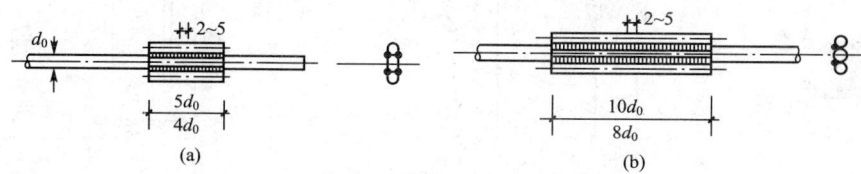

图 3.26　帮条焊接头

（a）单面焊缝；（b）双面焊缝

帮条焊适用于直径 10～40mm 的 HPB235、HRB400 级钢筋和 10～25mm 的余热处理 HRB400 级钢筋。

（2）搭接焊。把钢筋端部弯曲一定角度叠合起来，在钢筋接触面上焊接形成焊缝，它分为双面焊缝和单面焊缝。搭接焊接头如图 3.27 所示。搭接焊宜采用双面焊缝,不能进行双面焊时,也可采用单面焊。

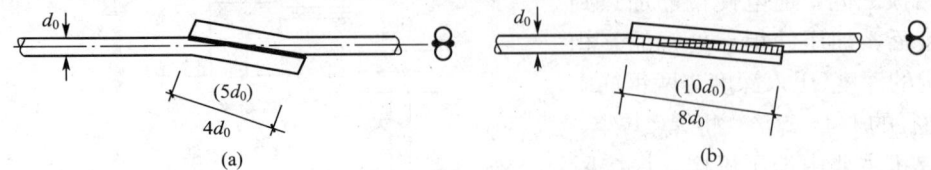

图 3.27 搭接焊接头

(a)双面焊缝;(b)单面焊缝

搭接焊适用于焊接直径 10～40mm 的 HPB235、HPB335 级钢筋。

(3)坡口焊。钢筋坡口焊接头可分为坡口平焊接头和坡口立焊接头两种,钢筋坡口焊接头见图 3.28。

适用于直径 16～40mm 的 HPB235、HRB335、HRB400 级钢筋及 RRB400 级钢筋。

 特别提示

坡口焊质量检查与验收。

应在接头清渣后逐个进行目测或量测外观检查;应从每批焊接接头中抽查一定数量的接头作力学性能试验。

4)电渣压力焊

电渣压力焊是将钢筋安放成竖向对接形式,利用电流通过渣池所产生的热量来熔化母材,待到一定程度后施加压力,完成钢筋连接。电渣压力焊示意图如图 3.29 所示。这种钢筋接头的焊接方法与电弧焊相比,焊接效率高 5～6 倍,且接头成本较低,质量易保证。

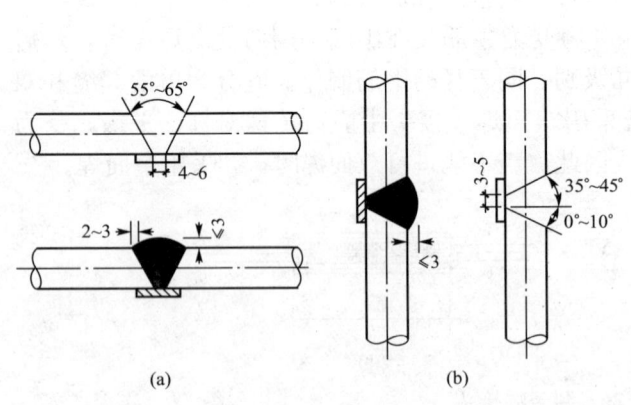

图 3.28 钢筋坡口焊接头

(a)平焊接头;(b)立焊接头

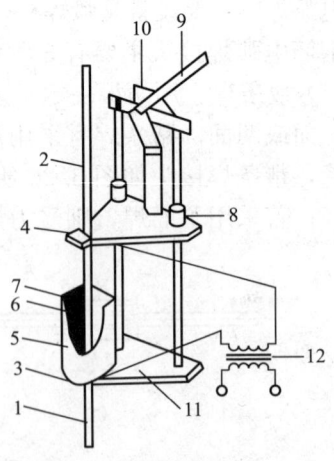

图 3.29 电渣压力焊示意图

1、2—钢筋;3—固定电极;4—活动电极;
5—焊剂盒;6—导电剂;7—焊剂;
8—滑动架;9—操纵杆;10—标尺;
11—固定器;12—变压器

适用于直径为 14～40mm 的 HPB235、HRB335 级竖向或斜向钢筋的连接。
电渣压力焊可用手动电渣压力焊机或自动压力焊机。

 **特别提示**

钢筋电渣压力焊质量检查与验收。
应对接头的外观逐个进行检查；应从每批焊接接头中抽查一定数量的接头作力学性能试验。

5）埋弧压力焊

埋弧压力焊是利用焊剂层下的电弧燃烧将两焊件相邻部位熔化，然后加压顶段使两焊件焊合。埋弧压力焊示意图如图 3.30 所示。这种焊接方法工艺简单，比电弧焊工效高、质量好（焊后钢板变形小、抗拉强度高）、成本低（不用焊条）。

适用于钢筋与钢板作丁字形接头焊接。埋弧压力焊可用手工埋弧压力焊机和自动埋弧压力焊机。

 **特别提示**

埋弧压力焊焊接质量检查与验收。
应从每批焊接接头中抽查一定数量的接头作外观检查、力学性能试验。

6）气压焊

钢筋气压焊是采用氧、乙炔火焰对钢筋接缝处进行加热，使钢筋端部加热达到高温状态，并施加足够的轴向压力而形成牢固的对焊接头。钢筋气压焊接方法具有设备简单、焊接质量好、效果高，且不需要大功率电源等优点。当两钢筋直径不同时，其直径之差不得大于 7mm，钢筋气压焊设备主要有氧、乙炔供气设备、加热器、加压器及钢筋卡具等，气压焊设备示意图如图 3.31 所示。

钢筋气压焊可用于直径 40mm 以下的 HPB235 级、HRB335 级钢筋的纵向连接。

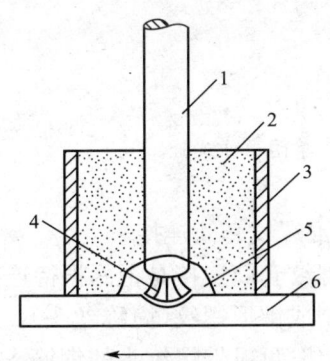 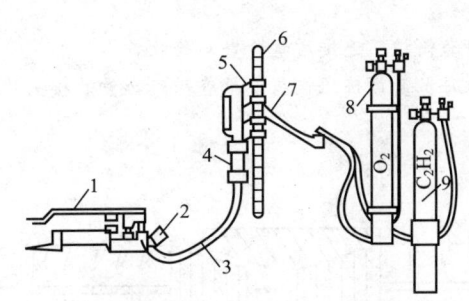

图 3.30　埋弧压力焊示意图　　　　图 3.31　气压焊设备示意图
1—钢筋；2—焊剂；3—焊剂盒；　　　1—脚踏液压泵；2—压力表；3—液压胶管；
4—电弧柱；5—弧焰；6—钢板　　　　4—活动油缸；5—钢筋卡具；6—钢筋；
　　　　　　　　　　　　　　　　　　7—焊枪；8—氧气瓶；9—乙炔瓶

 **知识链接**

钢筋焊接连接代替钢筋绑扎连接,可达到节约钢材、改善结构受力性能、提高工效、降低成本的目的。

3. 机械连接

机械连接是指通过机械手段将两根钢筋端头连接在一起。这种连接方法的接头区变形能力与母材基本相同,工效高,连接可靠,能全天候作业。

机械连接主要有套筒挤压连接法、锥螺纹套筒连接法和直螺纹套筒连接法。

1) 套筒挤压连接

钢筋套筒挤压连接是将两根待接钢筋插入钢套筒,用液压压接钳径向挤压钢套筒,使套筒塑性变形后与钢筋上的横肋纹紧密地咬合,压接成一体,从而达到连接效果的一种机械接头方式。套筒挤压连接示意图如图 3.32 所示。由于是在常温下挤压连接,所以也称为钢筋冷挤压连接,这种连接方法具有性能可靠、操作简便、施工速度快、施工不受气候影响和省电等优点。

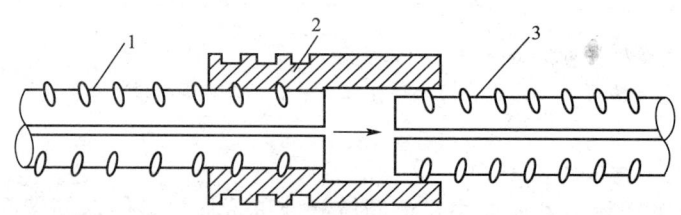

图 3.32 套筒挤压连接示意图
1—已挤压的钢筋;2—钢套筒;3—未挤压的钢筋

套筒挤压连接适用于钢筋混凝土结构中钢筋直径为 16～40mm 的 HRB335 级、HRB400 级带肋钢筋连接。

 **特别提示**

钢筋套筒挤压连接质量检查与验收。

应从每批套筒挤压接头中抽查一定数量的接头作外观检查、单向拉伸试验。

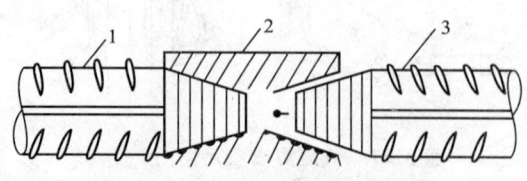

图 3.33 锥螺纹套筒连接示意图
1—已连接钢筋;2—锥螺纹套筒;
3—未连接钢筋

2) 锥螺纹套筒连接

锥螺纹套筒连接是把两根待连接的钢筋端加工制成锥形螺纹(简称丝头),通过锥螺纹连接套把两根带螺纹头的钢筋,按规定的力矩连接成一体的钢筋接头。锥螺纹套筒连接示意图如图 3.33 所示。钢筋螺纹连接具有使用范围广、施工速度快、对中性好、连接质量好、不受气候影响、适应性强等优点。

锥螺纹套筒连接适用于 16～40mm 的 HPB235～HRB400 级同径或异径的钢筋连接。

**特别提示**

钢筋锥螺纹套筒连接质量检查与验收。
应从每批锥螺纹接头中抽查一定数量的接头作外观检查、单向拉伸试验和接头拧紧值检验。

3）直螺纹套筒连接

直螺纹套筒连接是把两根待连接的钢筋端加工制成直螺纹，然后旋入带有直螺纹的套筒中，从而将两根钢筋连接成一体的钢筋接头。直螺纹套筒连接示意图见图 3.34 所示。与螺纹连接相比，其接头强度更高，安装更方便。

直螺纹套筒连接适用于 16～40mm 的 HPB235～HRB400 级同径或异径的钢筋连接。

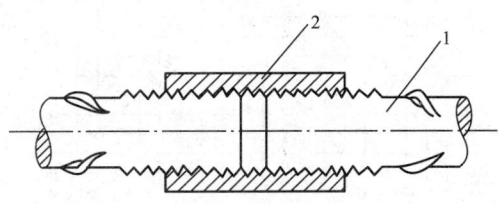

图 3.34 直螺纹套筒连接示意图
1—待接钢筋；2—套筒

**特别提示**

钢筋直螺纹套筒连接质量检查与验收。
应从每批直螺纹接头中抽查一定数量的接头作外观检查、单向拉伸试验和接头拧紧值检验。

**知识链接**

绑扎连接由于需要较长的搭接长度，浪费钢筋，且连接不可靠，故宜限制使用；焊接连接的方法较多，成本较低，质量可靠，宜优先选用；机械连接无明火作业，设备简单，节约能源，不受气候条件影响，可全天候施工，连接可靠，技术易于掌握，适用范围广。

3.2.6 钢筋绑扎与安装

单根钢筋经过调直、配料、切断、弯曲、连接等加工后，即可成型为钢筋骨架或钢筋网。钢筋成型最好采用焊接，并在车间预制好后直接运至现场安装，当条件不具备时，可在施工现场绑扎成型。

钢筋在绑扎与安装前，应首先熟悉钢筋图纸，核对钢筋配料单和料牌，根据工程特点、工作量大小、施工进度、技术水平等，研究与有关工种的配合，确定施工方法。

1. 钢筋绑扎的基本要求

1）钢筋网片的绑扎

钢筋网片的交叉点应采用铁丝扎牢。对于板和墙的钢筋网，除靠近外围两行钢筋的相交点应全部扎牢外，中间部分交叉点可间隔交替扎牢，但必须保证受力钢筋不产生位置偏移。如图 3.35 所示钢筋网片的绑扎示意图。双向受力的钢筋网片须将所有相交点全部扎牢。

2）梁和柱的箍筋

对梁和柱的箍筋，除设计有特殊要求之外（例如用于桁架端部节点采用斜向箍筋），箍筋应与受力钢筋保持垂直；箍筋弯钩叠合处应沿受力钢筋方向错开放置，如图3.36所示。其中梁的箍筋弯钩应放在受压区，即不放在受力钢筋这一面，在个别情况下，例如连续梁支座处，受压区在截面下部，要是箍筋弯钩位于下面，有可能被钢筋压"开"，这时，只好将箍筋弯钩放在受拉区（截面上部，即受力钢筋那一面），但应特别绑牢，必要时用电弧焊点焊几处。

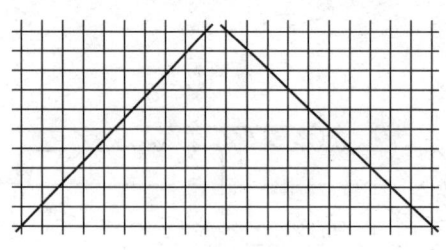 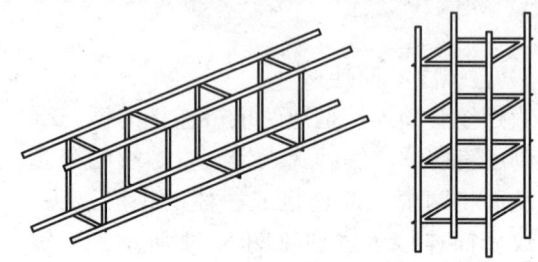

图3.35 钢筋网片的绑扎示意图　　　　图3.36 梁和柱的箍筋绑扎

3）弯钩朝向

绑扎矩形柱的钢筋时，角部钢筋的弯钩平面应与模板面成45°角（多边形柱角部钢筋的弯钩平面应位于模板内角的平分线上；圆形柱钢筋的弯钩平面应朝向圆心）；矩形柱和多边形柱的中间钢筋（即不在角部的钢筋）的弯钩平面应与模板面垂直；当采用插入式振捣器浇筑截面很小的柱时，弯钩平面与模板面的夹角不得小于15°。

4）构件交叉点钢筋处理

在构件交叉点，例如柱与梁、梁与梁以及框架和桁架节点处杆件交汇点，钢筋纵横交错，大部分在同一位置上发生碰撞，无法安装。遇到这种情况，必须在施工前的审图过程中就予以解决。处理办法一般是使一个方向的钢筋设置在规定的位置（按规定取保护层厚度），而另一个方向的钢筋则去避开它（常以调整保护层厚度来实现）。

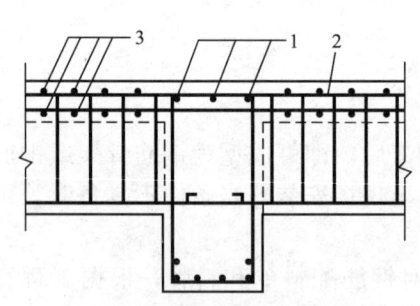

图3.37 肋形楼板钢筋安装顺序
1—主梁钢筋；2—次梁钢筋；
3—板的钢筋

在高层建筑中，这种情况尤为普遍，例如有的框架节点或基础底板，甚至有三四个方向的梁集聚在柱上，钢筋布置复杂，顺畅地安排几乎不可能。对施工人员来说，就得多考虑几种方案（一般是布置成多层，必要时还得对钢筋端部作少量弯曲），并且要体现在钢筋材料表中，作为具体安装依据。特别要注意对有关工人和质量检查员进行方案交底。

（1）主梁与次梁交叉。对于肋形楼板结构，在板、次梁与主梁交叉处，纵横钢筋密集，在这种情况下，钢筋的安装顺序自下至上应该为：主梁钢筋、次梁钢筋和板的钢筋，如图3.37所示。

**特别提示**

由于各方向钢筋互相重叠，交错凌乱，有的甚至碰撞在一条线上，因此安装钢筋的准备工作中还应对施工图进行详细审阅，并且要纠正设计不周之处。例如图3.37的主梁钢筋放在次梁钢筋下面，次梁钢

筋想要维持常规的混凝土保护层厚度，那么主梁上部混凝土保护层就必须加厚，加厚值为次梁钢筋的直径，亦即主梁箍筋高度应相应减小。

（2）杆件交叉。框架、桁架的杆件交叉点（节点）是钢筋交叠密集的部位，如果交叉件的截面高度（或宽度）一样，而按照同样的混凝土保护层厚度取用，两杆件的主筋就会碰触到一起，这种现象通常发生在桁架的交叉杆、柱的牛腿与柱身交接接处、框架节点处等。

特别提示

安装钢筋前也要事先对杆件交叉处配筋情况详细审核，避免操作时出现问题。如图 3.38 所示为支架节点钢筋交叉示意图，从截面 1—1 可以看出，按照梁、柱的混凝土保护层厚度要求，3 号钢筋与 4 号筋处于同一平面，会碰到一起，无法安装，要事先采取必要的措施纠正。

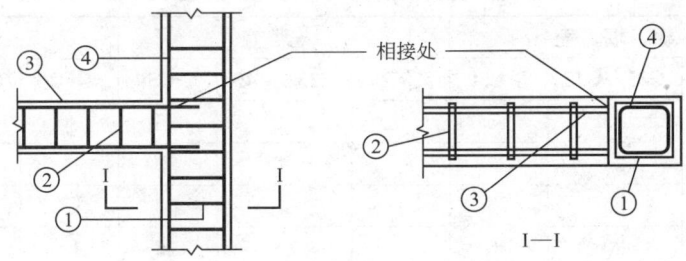

图 3.38　支架节点钢筋交叉示意图

如图 3.39 所示支架节点钢筋交叉纠正示意图。一般是将横杆（梁）的纵向钢筋弯折，插入竖杆（柱）的钢筋骨架内如图 3.39(a)所示；也可以征得技术人员同意，将梁钢筋的保护层厚度加大，即将如图 3.39(b)所示的 2 号箍筋宽度改小（比 1 号箍筋小两个柱筋的直径），使纵向钢筋能够直接插入柱的钢筋骨架内如图 3.39(b)所示，在这种情况下，由于箍筋宽度改小，就避免了梁的纵向钢筋不位于箍筋转角处的缺陷。

5）钢筋位置的固定

为了使安装好的钢筋，不致因施工过程中被人踩、放置工具、混凝土浇捣等影响而位移，必要时需准备一些相应的支架、撑件或垫筋备用。

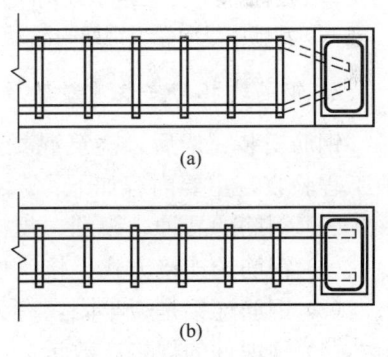

图 3.39　支架节点钢筋交叉纠正示意图

（1）支架和撑件。支架和撑件都可用钢筋弯折制成，高截面上部钢筋使用支架，双层钢筋网上层使用撑件。如图 3.40 所示支架和撑件示意图。

（2）垫筋。梁的纵向钢筋布置两层时，为使上层钢筋保持准确位置，可在下层钢筋上放短钢筋头，以作为上层钢筋的垫筋（垫筋直径应符合设计要求的两层钢筋间的净距），如图 3.41 所示。

6）钢筋的混凝土保护层

钢筋骨架或钢筋网被浇筑于混凝土中之后，四周必须有混凝土包裹住，钢筋外皮离混

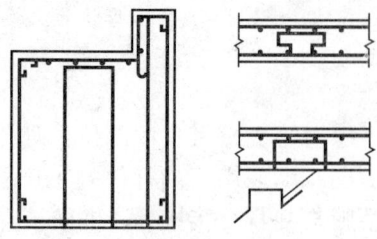

图 3.40 支架和撑件示意图

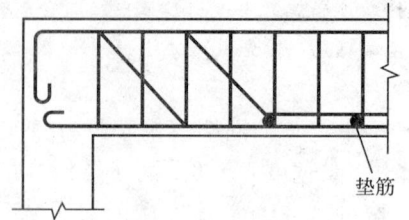

图 3.41 梁的垫筋

凝土面(即构件外表)的最小距离就是钢筋的混凝土保护层。施工时混凝土保护层利用水泥砂浆块加垫而成。

受力钢筋的混凝土保护层最小厚度(从受力钢筋外皮算起)应符合表 3-16 的规定,且不应小于受力钢筋的直径。

表 3-16 受力钢筋的混凝土保护层最小厚度　　　　　　　单位:mm

环境类别		板、墙、壳			梁			柱		
		≤C20	C25~C45	≥C50	≤C20	C25~C45	≥C50	≤C20	C25~C45	≥C50
一		20	15	15	30	25	25	30	30	30
二	a	—	20	20	—	30	30	—	30	30
	b	—	25	25	—	35	30	—	35	30
三		—	30	30	—	40	35	—	40	35

注:① 环境类别:一类为室内正常环境;二类 a 为室内潮湿环境、非严寒和非寒冷地区的露天环境、与无侵蚀的水或土壤直接接触的环境;b 为严寒和寒冷地区的露天环境、与无侵蚀的水或土壤直接接触的环境;三类为使用除冰盐的环境、严寒和寒冷地区冬季水位变动的环境、滨海室外环境。
② 基础中纵向受力钢筋的混凝土保护层厚度不应小于 40mm;当无垫层时不应小于 70mm。

2. 钢筋绑扎与安装质量验收

钢筋安装完毕后,浇筑混凝土之前,应根据施工质量验收规范对钢筋分项工程进行隐蔽工程验收,主要内容如下:

(1) 钢筋的品种、级别、规格和数量必须符合设计要求;
(2) 钢筋的连接方式、接头位置、接头数量、接头面积百分率等必须符合规定;
(3) 钢筋连接是否牢固,有无松动、移位和变形现象,钢筋骨架里有无杂物等;
(4) 预埋件的规格、数量、位置等要符合要求。

钢筋绑扎要求位置正确、绑扎牢固,钢筋安装位置的允许偏差和检验方法应见表 3-17。

表 3-17 钢筋安装位置的允许偏差和检验方法　　　　　　　单位:mm

项　目		允许偏差	检 验 方 法
绑扎钢筋网	长、宽	±10	钢尺检查
	网眼尺寸	±20	钢尺量连续三档,取最大值
绑扎钢筋骨架	长	±10	钢尺检查
	宽、高	±5	钢尺检查
受力钢筋	间距	±10	钢尺量两端、中间各一点,取最大值
	排距	±5	

(续)

项	目	允许偏差	检验方法
受力钢筋	保护层厚度 基础	±10	钢尺检查
	保护层厚度 柱、梁	±5	钢尺检查
	保护层厚度 板、墙、壳	±3	钢尺检查
绑扎箍筋、横向钢筋间距		±20	钢尺量连续三档，取最大值
钢筋弯起点位置		20	钢尺检查
预埋件	中心线位置	5	钢尺检查
	水平高差	+3.0	钢尺和塞尺检查

注：① 检查预埋件中心线位置时，应沿纵、横两个方向量测，并取其中的较大值。
② 表中梁类、板类构件上部纵向受力钢筋保护层厚度的合格点率应达到90％及以上，且不得有超过表中数值1.5倍的尺寸偏差。

3.3 混凝土工程施工

混凝土工程施工包括混凝土制备、运输、浇筑和养护等工序。各施工工序互相关联和影响，其中任一施工过程处理不当都会影响混凝土工程的最终质量。

混凝土工程施工工艺流程为：配料→拌制→运输→浇筑→振捣→养护。

3.3.1 混凝土的制备

混凝土制备是指将符合质量标准要求的各种组分材料，按规定的配合比拌制成均匀的，满足结构设计的混凝土强度等级的，并具有施工所需和易性的拌合物。

1. 混凝土试配强度确定

混凝土配合比的选择，是根据工程要求、组成材料的质量和施工方法等因素，通过试验室计算及试配后确定的。所确定的施工配合比应使拌制出的混凝土能保证达到结构设计中所要求的混凝土强度等级，并符合施工中对和易性的要求，同时还要合理地使用材料，节约水泥的原则。必要时，还应符合抗冻性、抗渗性等要求。

施工中按设计图纸要求的混凝土强度等级，确定混凝土配制强度，以保证混凝土工程质量。考虑到现场实际施工条件的差异和变化，因此，混凝土的试配强度应比设计的混凝土强度标准值提高一个数值，即

$$f_{cu,0} = f_{cu,k} + 1.645\sigma \tag{3-7}$$

式中 $f_{cu,0}$——混凝土配制强度，MPa；
$f_{cu,k}$——设计的混凝土立方体抗压强度标准值，MPa；
σ——施工单位的混凝土强度标准差，MPa。

当施工单位具有近期(现场搅拌统计周期不超过3个月)同一品种混凝土的强度统计资料时，σ可按下式计算：

$$\sigma = \sqrt{\frac{\sum_{i=1}^{N} f_{cu,i}^2 - N\mu_{f_{cu}}^2}{N-1}} \tag{3-8}$$

式中　$f_{cu,i}$——统计周期内第 i 组混凝土试件强度(MPa);
　　　$\mu_{f_{cu}}$——统计周期内 N 组混凝土试件强度平均值(MPa);
　　　N——统计周期内同一品种混凝土试件的总组数，$N \geq 25$ 组。

当混凝土为 C20 或 C25，如计算所得到的，$\sigma < 2.5$MPa 时，则取 $\sigma = 2.5$MPa；当混凝土为 C25 以上，如计算得到的 $\sigma < 3.0$MPa 时，取 $\sigma = 3.0$MPa。

当施工单位无近期混凝土强度统计资料时，σ 可按表 3-18 取值。

表 3-18　σ 值选用表

混凝土强度等级	<C20	C25~C35	>C40
σ(MPa)	4.0	5.0	6.0

2. 混凝土施工配合比

混凝土的配合比是在实验室根据初步计算的配合比经过试配和调整而确定的，称为实验室配合比。确定实验室配合比所用的砂、石都是干燥的。而施工现场使用的砂、石都具有一定的含水率。为保证混凝土工程质量，按配合比投料，在施工现场要按砂、石实际含水率对原配合比进行修正。

根据施工现场砂、石含水率，调整以后的配合比称为施工配合比。

假定实验室配合比为

$$\text{水泥}:\text{砂}:\text{石} = 1:x:y$$

水灰比为 W/C。

现场测得砂含水率为 W_{sa}、石子含水率为 W_g。

则施工配合比为

$$\text{水泥}:\text{砂}:\text{石} = 1:x(1+W_{sa}):y(1+W_g)$$

水灰比 W/C 不变（但用水量要减去砂石中的含水量）。

应用案例 3-3

某工程混凝土实验室配合比为 1:2.28:4.47，水灰比 $W/C = 0.63$，每 1m³ 混凝土水泥用量 $C = 285$kg，现场实测砂含水率 3%，石子含水率 1%，请计算施工配合比及每 1m³ 混凝土各种材料用量。

解： 施工配合比

$$1:x(1+W_{sa}):y(1+W_g)$$
$$=1:2.28(1+3\%):4.47(1+1\%)=1:2.35:4.51$$

按施工配合比得到 1m³ 混凝土各组成材料用量为

每 1m³ 混凝土水泥用量 $C = 285$kg
每 1m³ 混凝土砂用量 $S = 285 \times 2.35$kg $= 669.75$kg
每 1m³ 混凝土石用量 $G = 285 \times 4.51$kg $= 1285.35$kg
每 1m³ 混凝土水用量 $W = (W/C - W_{sa} - W_g)C = (0.63 - 2.28 \times 3\% - 4.47 \times 1\%) \times 285$kg $= 147.32$kg

3. 混凝土的拌制

混凝土的搅拌，就是将水、水泥、粗细骨料和外加剂等进行均匀拌合的过程。

混凝土的搅拌分为人工搅拌和机械搅拌两种。

 **特别提示**

人工搅拌，由于劳动强度大，均匀性差，水泥用量偏大，因此，只有在混凝土用量较少或没有搅拌机的情况下采用。

1) 混凝土搅拌机

混凝土搅拌机按其工作原理分为自落式搅拌机和强制式搅拌机两大类。

（1）自落式搅拌机。它的搅拌筒内壁装有叶片，搅拌筒旋转，叶片将物料提升一定的高度后自由下落，各物料颗粒分散拌合成均匀的混合物。这种搅拌机体现的是重力拌合原理。适于施工现场搅拌塑性，半干硬性混凝土。

自落式混凝土搅拌机按其搅拌筒的形状不同分为鼓筒式、锥形反转出料式和双锥形倾翻出料式三种类型。自落式鼓筒式搅拌机如图 3.42 所示，自落式锥形搅拌机如图 3.43 所示。

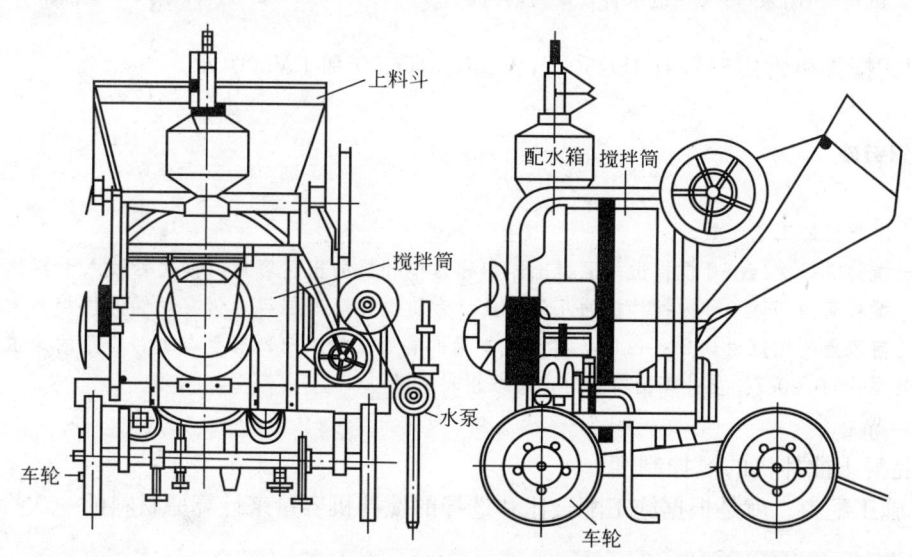

图 3.42 自落式鼓筒式搅拌机

自落式混凝土搅拌机常用型号有 JZ150，JZ250 和 JZ350 等。

（2）强制式搅拌机。它的轴上装有叶片，通过叶片强制搅拌装在搅拌筒中的物料，使物料沿环向、径向和竖向运动，拌合成均匀的混合物。这种搅拌机体现的是剪切拌合原理。强制式搅拌机和自落式搅拌机相比，搅拌作用强烈、均匀，搅拌时间短，生产效率高，质量好而且出料干净。适于搅拌低流动性混凝土、干硬性混凝土和轻骨料混凝土。

强制式搅拌机按其构造特征分为立轴式和卧轴式两类。立轴强制式搅拌机如图 3.44 所示，卧轴强制式搅拌机如图 3.45 所示。

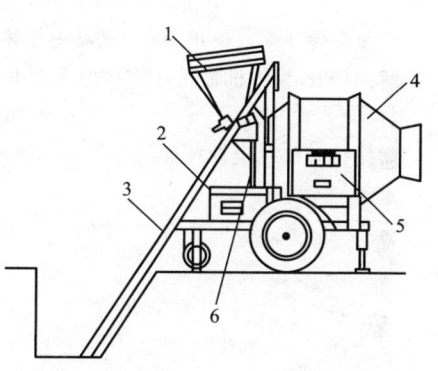

图 3.43 自落式锥形搅拌机
1—上料斗；2—电动机；3—上料轨道；
4—搅拌筒；5—开关箱；6—水管

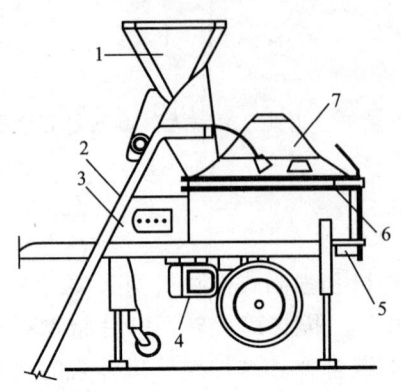 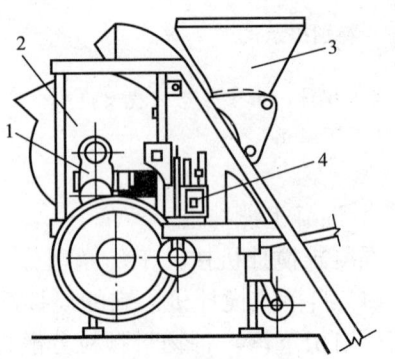

图 3.44　立轴强制式搅拌机　　　　　图 3.45　卧轴强制式搅拌机

1—上料斗；2—上料轨道；3—开关箱；4—电动　　　1—变速装置；2—搅拌筒；
机；5—出浆口；6—进水管；7—搅拌筒　　　　　　　3—上料斗；4—水泵

强制式搅拌机常用型号有 JD250、JW250、JD500 和 JW500 等。

 知识链接

混凝土搅拌机的工艺参数。

混凝土搅拌机每次（盘）可搅拌出的混凝土体积称为搅拌机的出料容量。每次可装入干料的体积称为进料容量。搅拌筒内部体积称为搅拌机的几何容量。为使搅拌筒内装料后仍有足够的搅拌空间，一般进料容量与几何容量的比值为 0.22～0.50，称为搅拌筒的利用系数。出料容量与进料容量的比值称为出料系数，一般为 0.60～0.7。在计算出料量时，可取出料系数 0.65。

2) 混凝土搅拌机的搅拌制度

(1) 施工配料。就是根据施工配合比和选择的搅拌机容量来计算原材料的一次投料量。

 应用案例 3-4

已知条件不变，使用 400L 混凝土搅拌机，计算搅拌时的一次投料量。

解：400L 搅拌机每次可搅拌出混凝土：

$$400L \times 0.65 = 260L = 0.26m^3$$

则搅拌时的一次投料量：

水泥：

$$285 \times 0.26 kg = 74.1 kg (取 75 kg，一袋半)$$

砂：

$$75 \times 2.35 kg = 176.25 kg$$

石子：

$$75 \times 4.51 kg = 338.25 kg$$

水：

$$75 \times (0.63 - 2.28 \times 3\% - 4.47 \times 1\%) kg = 38.77 kg$$

特别提示

搅拌混凝土时,根据计算出的各组成材料的一次投料量,按重量投料。投料时允许偏差不得超过下列规定。

水泥、外掺混合材料:±2%。

粗、细骨料:±3%。

水、外加剂:±2%。

各种衡器应定期检验,保持准确,骨料含水率应经常测定,雨天施工时应增加测定次数。

(2)投料顺序。

① 一次投料法。搅拌时加料顺序普遍采用一次投料法,将砂、石、水泥和水一起加入搅拌筒内进行搅拌。搅拌混凝土前,先在料斗中装入石子,再装水泥及砂,这样可使水泥夹在石子和砂中间,有效地避免上料时所发生的水泥飞扬现象,同时也可使水泥及沙子不致粘住斗底。料斗将砂、石、水泥倾入搅拌机的同时加水搅拌。

② 二次投料法。二次投料法又分为预拌水泥砂浆法、预拌水泥净浆法和水泥裹砂石法三种。

预拌水泥砂浆法是先将水泥、砂和水加入搅拌筒内进行充分搅拌,成为均匀的水泥砂浆后,再投入石子搅拌成均匀的混凝土。

预拌水泥净浆法是先将水泥和水充分搅拌成均匀的水泥净浆后,再加入砂和石搅拌成混凝土。

水泥裹砂石法是先将全部砂、石和70%的水倒入搅拌机,搅拌10~20s,将砂和石表面湿润,再倒入水泥进行造壳搅拌20s,最后加剩余水,进行糊化搅拌80s。

水泥裹砂石法能提高强度是因为改变投料和搅拌次序后,使水泥和砂石的接触面增大,水泥的潜力得到充分发挥。为保证搅拌质量,目前有专用的裹砂石混凝土搅拌机。

知识链接

国内外试验资料表明,二次投料法搅拌的混凝土与一次投料法相比较,混凝土强度可提高约15%,在强度相同的情况下,可节约水泥约15%~20%。

(3)混凝土的搅拌时间。从砂、石、水泥和水等全部材料装入搅拌筒至开始卸料止所经历的时间称为混凝土的搅拌时间。

混凝土搅拌时间是影响混凝土的质量和搅拌机生产效率的一个主要因素。混凝土搅拌的最短时间与搅拌机的类型和容量、骨料的品种、对混凝土流动性的要求等因素有关,见表3-19。

表3-19 混凝土搅拌的最短时间

混凝土的坍落度(mm)	搅拌机类型	搅拌机容量(L)		
		<250	250~500	>500
≤30	自落式	90	120	150
	强制式	60	90	120

(续)

混凝土的坍落度(mm)	搅拌机类型	搅拌机容量(L)		
		<250	250~500	>500
>30	自落式	90	90	120
	强制式	60	60	90

注：掺有外加剂时，搅拌时间应适当延长。

3) 混凝土搅拌站

为提高混凝土质量和取得较好的经济效益，混凝土拌和物在搅拌站集中制备成预拌混凝土。

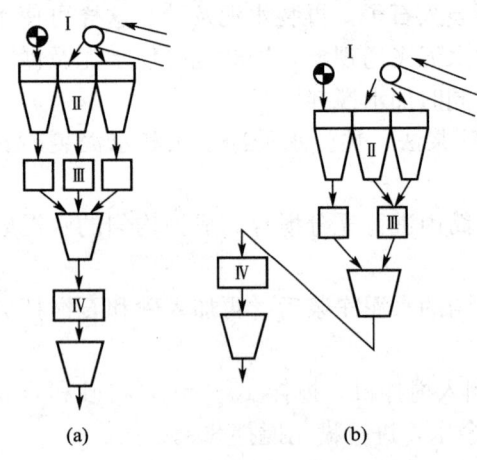

图 3.46 混凝土搅拌站工艺流程图
(a) 单阶式；(b) 双阶式
Ⅰ—运输设备；Ⅱ—储料斗；
Ⅲ—称量设备；Ⅳ—搅拌机

混凝土搅拌站制备工艺一般包括原料储存、称量配料和搅拌等工序。混凝土搅拌站根据其传料装置的竖向布置方式，分为单阶式和双阶式两种，如图 3.46 所示混凝土搅拌站工艺流程图。

单阶式搅拌站是将原材料一次提升后进入储料斗，然后靠自重下落进入称量和搅拌工序。这种工艺流程，原材料从上一道工序到下一道工序的时间短、效率高，便于自动控制，搅拌站的占地面积小。但一次性投资大，适用于产量大的固定式大型搅拌站。

双阶式搅拌站是原材料提升进入贮料斗，由自重下落称量配料后，需经第二次提升进入搅拌机。这种工艺流程的搅拌站高度小、骨料运输设备简单、投资少、建造快，但效率与自动化程度相对较低。适用于施工现场设置的临时性搅拌站。如图 3.47 所示大型搅拌站示意图。

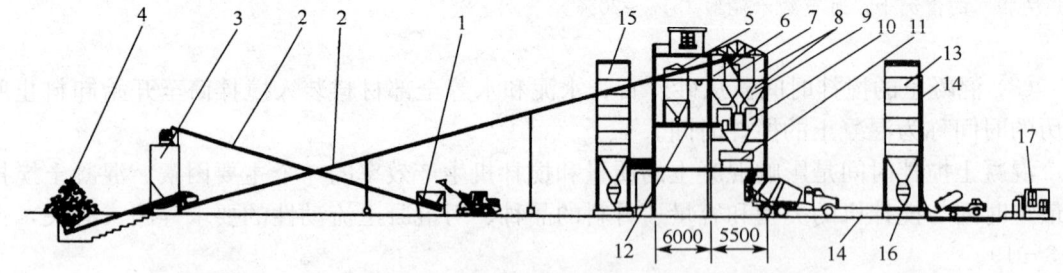

图 3.47 大型搅拌站示意图
1—沙子上料斗；2—皮带机；3—沙子料仓；4—石子料坑；5—粉煤灰储料仓；
6—石子储料仓；7—砂石分料斗；8—水泥储料仓；9—沙子储料仓；
10—称量系统；11—搅拌机；12—粉煤灰螺旋输送机；13—水泥筒仓；
14—气力输送管；15—粉煤灰筒仓；16—单仓泵；17—空压机房

知识链接

集中预拌混凝土是混凝土拌制的发展方向,目前在国内一些大中城市发展得很快,一些城市已规定必须采用预拌混凝土(也称商品混凝土),不得现场拌制混凝土。另外,一些大城市已发展到使用预拌砂浆。

3.3.2 混凝土的运输

混凝土的运输是指将混凝土由拌制地点运至浇筑地点的过程。分为水平运输(地面水平运输和楼面水平运输)和垂直运输。

1. 混凝土的运输要求

(1) 混凝土在运输过程中不产生分层、离析现象。如有离析现象,必须在浇筑前进行第二次搅拌。

(2) 混凝土运至浇筑地点开始浇筑时,应满足设计配合比所规定的坍落度,见表3-20。

表3-20　混凝土浇筑时的坍落度　　　　　　　　　　单位：mm

项次	结构类型	坍落度(mm)
1	基础或地面等垫层,无配筋的厚大结构(挡土墙、基础或厚大的块体等)或配筋稀疏的结构	10～30
2	板、梁和大型及中型截面的结构	30～50
3	配筋密列的结构(薄壁、斗仓、筒仓、细柱等)	50～70
4	配筋特密的结构	70～90

注：① 本表系指采用机械振捣的混凝土坍落度,采用人工振捣时可适当增大混凝土坍落度。
② 需要配置大坍落度混凝土时应加入混凝土外加剂。
③ 曲面、斜面结构的混凝土,其坍落度应根据需要另行选用。

(3) 混凝土从搅拌机中卸出运至浇筑地点必须在混凝土初凝之前浇捣完毕,其允许延续时间不超过见表3-21。

表3-21　混凝土从搅拌机中卸出后到浇筑完毕的延续时间　　　　单位：℃

混凝土强度等级	气　温	
	≤25	>25
≤C30	120	90
>C30	90	60

注：对掺加外加剂或快硬水泥拌制的混凝土,其延续时间应按试验确定。

(4) 运输工作应保证混凝土的浇筑工作连续进行。

2. 混凝土运输设备

混凝土运输设备的选择应根据建筑物的结构特点、运输的距离、运输量、地形及道路条件、现有设备情况等因素综合考虑确定。

常用的水平运输设备有手推车、机动翻斗车、混凝土搅拌运输车和自卸汽车等。

常用的垂直运输设备有龙门架、井架、塔式起重机和混凝土泵等。

1) 手推车

双轮手推车容量为 0.1~0.12m³。操作灵活、装卸方便，适用于楼地面混凝土水平运输。

2) 机动翻斗车

机动翻斗车车前装有容积为 0.467m³ 的料斗。轻便灵活，结构简单，转弯半径小，速度快，能自动卸料等特点，适用于短距离混凝土运输。

3) 自卸汽车

自卸汽车是以载重汽车作驱动力，在其底盘上装置一套液压举升机构，使车厢举升和降落，以自卸物料。适用于远距离和混凝土需用量大的水平运输。

4) 混凝土搅拌运输车

混凝土搅拌运输车是在载重汽车或专用汽车的底盘上装置一个梨形反转出料的搅拌机，它兼有运载混凝土和搅拌混凝土的双重功能。它可在运送混凝土的同时，对其缓慢地搅拌，以防止混凝土产生离析或初凝，从而保证混凝土的质量，如图 3.48 所示。亦可在开车前装入一定配合比的干混合料，在到达浇筑地点前 15~20min 加水搅拌，到达后即可使用。搅拌筒的容量为 2~10m³。适用于混凝土远距运输使用，是预拌(商品)混凝土必备的运输机械。

图 3.48　混凝土搅拌运输车

5) 混凝土泵运输

混凝土泵运输又称泵送混凝土，是利用混凝土泵的压力将混凝土通过管道输送到浇筑地点，一次完成水平运输和垂直运输。混凝土泵运输具有输送能力大(最大水平输送距离可达 800m，最大垂直输送高度可达 300m)、效率高、连续作业和节省人力等优点，是施工现场运输混凝土的较先进的方法。

(1) 泵送混凝土设备有混凝土泵、输送管和布料装置。

① 混凝土泵按作用原理分为液压活塞式、挤压式和气压式 3 种。

 知识链接

可将混凝土泵装在汽车底盘上，组成混凝土泵车。混凝土泵车转移方便、灵活，适用于中小型工地施工。

② 混凝土输送管有直管、弯管、锥形管和浇注软管等。直管、弯管的管径以 100mm、125mm 和 150mm 3 种为主，直管标准长度以 4.0m 为主，另有 3.0m、2.0m、1.0m 和 0.5m 4 种管长作为调整布管长度用。弯管的角度有 15°、30°、45°、60°、90° 5 种，以适应管道改变方向的需要。

锥形管长度一般为 1.0m，用于两种不同管径输送管的连接。直管、弯管、锥形管用

合金钢制成，浇注软管用橡胶与螺旋形弹性金属制成。软管接在管道出口处，在不移动钢干管的情况下，可扩大布料范围。

③布料装置混凝土泵连续输送的混凝土量很大，为使输送的混凝土直接浇筑到模板内，应设置具有输送和布料两种功能的布料装置（称为布料杆）。

知识链接

布料装置应根据工地的实际情况和条件来选择，如图 3.49 所示为移动式布料装置，放在楼面上使用，其臂架可回转 360°，可将混凝土输送到其工作范围内的浇筑地点。此外，还可将布料杆装在塔式起重机上；也可将混凝土泵和布料杆装在汽车底盘上，组成布料杆混凝土泵车如图 3.50 所示，用于基础工程或多层建筑混凝土浇筑。

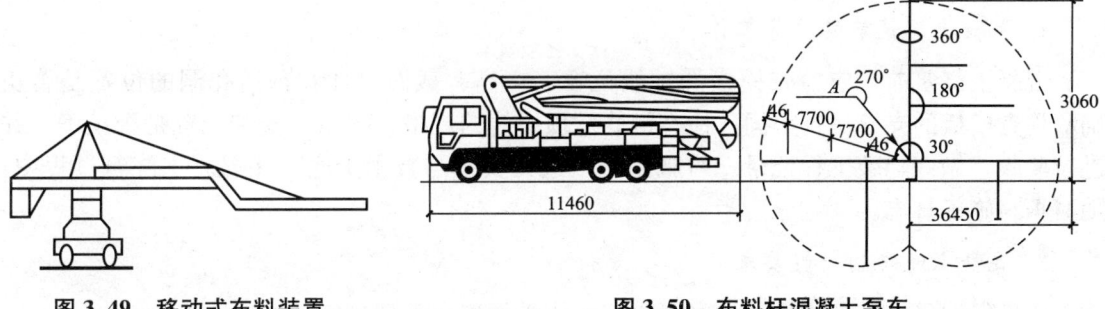

图 3.49　移动式布料装置　　　　　图 3.50　布料杆混凝土泵车

（2）泵送混凝土的有关要求。混凝土在输送管内输送时应尽量减少与管壁间的摩阻力，使混凝土流通顺利，不产生离析现象。泵送混凝土的原料和配合比选择应满足泵送的要求。

①粗骨料。粗骨料宜优先选用卵石，当水灰比相同时卵石混凝土比碎石混凝土流动性好，与管道的摩阻力小。为减小混凝土与输送管道内壁的摩阻力，应限制粗骨料最大粒径 d 与输送管内径 D 之比值。一般粗骨料为碎石时，$d \leqslant D/3$；粗骨料为卵石时 $d \leqslant D/2.5$。

②细骨料。骨料颗粒级配对混凝土的流动性有很大影响。为提高混凝土的流动性和防止离析，泵送混凝土中通过 0.135mm 筛孔的砂应不小于 15%，含砂率宜控制在 40%~50%。

③水泥用量。水泥用量过少，混凝土易产生离析现象。$1m^3$ 泵送混凝土最小水泥用量为 300kg。

④混凝土的坍落度。混凝土的流动性大小是影响混凝土与输送管内壁摩阻力大小的主要因素，泵送混凝土的坍落度宜为 80~180mm。

⑤为了提高混凝土的流动性，减小混凝土与输送管内壁摩阻力，防止混凝土离析，宜掺入适量的外加剂。

（3）泵送混凝土施工的有关规定。

泵送混凝土施工时，除事先拟定施工方案，选择泵送设备，做好施工准备工作外，在施工中应遵守如下规定。

①混凝土的供应必须保证混凝土泵能连续工作。

② 输送管线的布置应尽量直，转弯宜少且缓，管与管接头严密。
③ 泵送前应先用适量的与混凝土内成分相同的水泥浆或水泥砂浆润滑输送管内壁。
④ 预计泵送间歇时间超过 45min 或混凝土出现离析现象时，应立即用压力水或其他方法冲管内残留的混凝土。
⑤ 泵送混凝土时，泵的受料斗内应经常有足够的混凝土，防止吸入空气形成阻塞。
⑥ 输送混凝土时，应先输送远处混凝土，使管道随混凝土浇筑工作的逐步完成，逐步拆管。

3.3.3 混凝土的浇筑

混凝土浇筑必须保证成型的混凝土结构的密实性、整体性和匀质性，保证结构物尺寸准确和钢筋、预埋件的位置正确，及拆模后混凝土表面平整光洁。

1. 混凝土浇筑前的准备工作

混凝土浇筑前，应检查模板的轴线位置、标高、截面尺寸和预留孔洞的位置是否正确；检查模板的支撑是否牢固；检查钢筋及预埋件的规格、数量，安装位置是否正确。并进行验收，做好隐蔽工程记录。对施工班组进行安全与技术交底，在混凝土浇筑过程中，随时填写施工日志。

2. 混凝土浇筑的一般要求

为确保混凝土工程质量，混凝土浇筑工作必须遵守下列规定。

1) 混凝土的自由下落高度

浇筑混凝土时为防止发生离析现象，混凝土自高处倾落的自由高度（称自由下落高度）不应超过 2m。自由下落高度较大时，应使用溜槽或串筒，以防混凝土产生离析。溜槽一般用木板制作，表面包铁皮，如图 3.51 所示，使用时其水平倾角不宜超过 30°。串筒用薄钢板制成，每节筒长 700mm 左右，用钩环连接，筒内设有缓冲挡板，如图 3.52 所示。

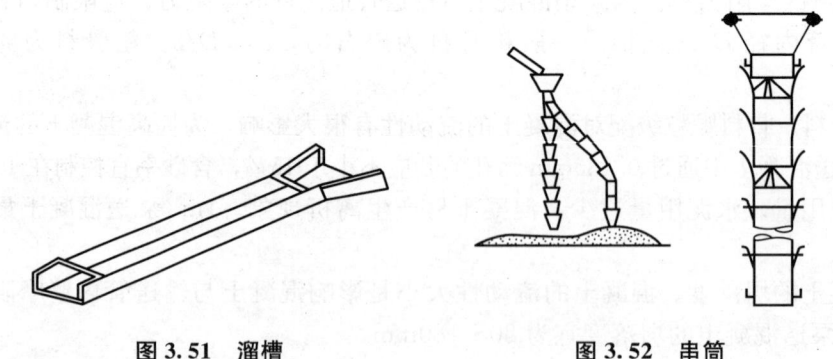

图 3.51 溜槽　　　　图 3.52 串筒

2) 混凝土分层浇筑厚度

为了使混凝土能够振捣密实，浇筑时应分层浇灌、振捣，并在下层混凝土初凝之前，将上层混凝土浇灌并振捣完毕。如果在下层混凝土已经初凝以后，再浇筑上面一层混凝土，在振捣上层混凝土时，下层混凝土由于受振动，已凝结的混凝土结构就会遭到破坏。混凝土分层浇筑时每层的厚度见表 3-22。

表 3-22　混凝土浇筑层的厚度　　　　　　　　　　单位：mm

项次	项目	捣实混凝土的方法		浇筑层厚度
1	普通混凝土	机械浇筑	插入式振捣	振捣器作用部分长度的 1.25 倍
			表面振捣	300
		人工浇筑振捣	在基础、无筋混凝土或配筋稀疏的结构中	250
			在梁、墙板、柱结构中	200
			在配筋密集的结构中	150
2	轻骨料混凝土	插入式振捣		300
		表面振动（振动时需加荷）		200

3. 施工缝的留设

1) 施工缝

施工缝是一种特殊的工艺缝。混凝土浇筑时由于施工技术（安装上部钢筋、重新安装模板和脚手架、限制支撑结构上的荷载等）或施工组织（工人换班、设备损坏、待料等）上的原因，不能连续将结构整体浇筑完成，且停歇时间可能超过混凝土的凝结时间时，则应预先确定在适当的部位留置施工缝。由于施工缝处"新"、"老"混凝土连接的强度比整体混凝土强度低，所以施工缝一般应留在结构受剪力较小且便于施工的部位。见表 3-23 为混凝土浇筑中允许间歇时间。

表 3-23　混凝土浇筑中允许间歇时间　　　　　　　　单位：min

混凝土强度等级	施工气温	
	≤25℃	>25℃
≤C30	210	180
>C30	180	150

注：当混凝土中掺加有促凝或缓凝型外加剂时，其允许时间应根据试验结果确定。

特别提示

所谓的施工缝，实际并没有缝，而是新浇混凝土与原混凝土之间的结合面，混凝土浇筑后，缝已不存在，与房屋的伸缩缝、沉降缝和抗震缝不同，这三种缝不论是建筑物在建造过程中或建成后，都存在实际的空隙。

2) 施工缝留设的位置

（1）柱子的施工缝宜留在基础与柱子交接处的水平面上，或梁的下面，或吊车梁牛腿的下面，或吊车梁的上面，或无梁楼盖柱帽的下面，如图 3.53 所示。框架结构中，如果梁的负筋向下弯入柱内，施工缝也可设置在这些钢筋的下端，以便于绑扎，柱的施工缝应留成水平缝。

（2）与板连成整体的大断面梁（高度大于 1m 的混凝土梁）单独浇筑时，施工缝应留置在板底面以下 20～30mm 处。板有梁托时,应留在梁托下部。

（3）有主次梁的楼板,宜顺着次梁方向浇筑,施工缝应留置在次梁跨度中间 1/3 的范围内,如图 3.54 所示。

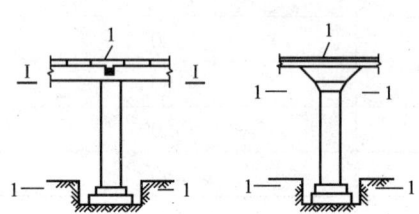

图 3.53 柱的施工缝留设位置

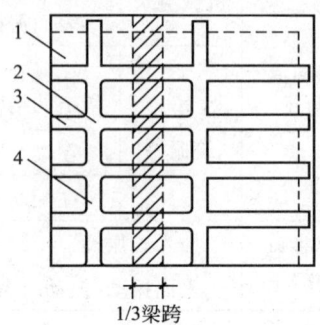

图 3.54 有主次梁的楼板的施工缝留设位置
1—楼板；2—柱；3—次梁；4—主梁

（4）单向板的施工缝可留置在平行于板的短边的任何位置处。

（5）楼梯的施工缝也应留在跨中 1/3 范围内。

（6）剪力墙留置在门洞口过梁跨中 1/3 范围内,也可留在纵横墙的交接处。

（7）双向受力楼板、大体积混凝土结构、拱、薄壳、蓄水池、斗包、多层框架及其他结构复杂工程,施工缝位置应按设计要求留置。

 **特别提示**

留设施工缝是不得已为之,并不是每个工程都必须一定设施工缝,有的结构不允许留施工缝。

3）施工缝的处理

（1）在施工缝处继续浇筑混凝土时,先前已浇筑混凝土的抗压强度应不小于 $1.2N/mm^2$。

（2）继续浇筑前,应清除已硬化混凝土表面上的水泥薄膜和松动石子以及软弱混凝土层,并加以充分湿润和冲洗干净,且不得积水。

（3）在浇筑混凝土前,先铺一层水泥浆或与混凝土内成分相同的水泥砂浆,然后再浇筑混凝土。

（4）混凝土应细致捣实,使新旧混凝土紧密结合。

4. 后浇带的设置

1）后浇带

后浇带是在现浇混凝土施工过程中,为克服由于温度、收缩而可能产生的有害裂缝而设置的临时施工缝。该缝需根据设计要求保留一段时间后再浇筑混凝土,将整个结构连成整体。

2）后浇带的处理

后浇带的设置距离,应考虑在有效降低温差和收缩应力条件下,通过计算来获得。在正常的施工条件下,一般规定是,如混凝土置于室内和土中,则为 30m；如在露天则为 20m。

后浇带的保留时间应根据设计确定,若无设计要求时,一般应至少保留 28d 以上。后浇带的宽度一般为700～1000mm，后浇带内的钢筋应完好保存。其构造如图3.55所示。

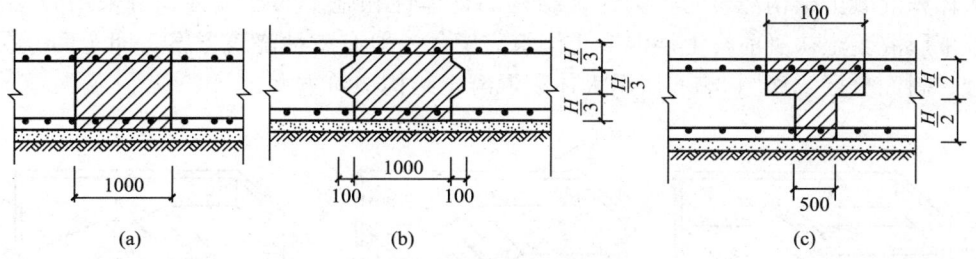

图3.55 后浇带构造图
(a) 平接式；(b) 企口式；(c) 台阶式

后浇带在浇筑混凝土前，必须将整个混凝土表面按照施工缝的要求进行处理。填充后浇带混凝土可采用微膨胀或无收缩水泥，也可采用普通水泥加入相应的外加剂拌制，但必须要求混凝土的强度等级比原结构提高一级，并保持至少15d的湿润养护。

5. 混凝土浇筑方法

1) 现浇混凝土框架结构的浇筑

框架结构的主要构件包括基础、柱、梁、板等，一般按结构层分层施工，如果平面面积较大，还要划分施工段，以便各工序组织流水作业。

在每一施工层中，应先浇筑柱或墙。在每一施工段中的柱或墙应连续浇筑到顶。每排柱子由外向内对称顺序地进行浇筑，以防柱子模板连续受侧推力而倾斜。柱、墙浇筑完毕后应停歇1～1.5h，使混凝土获得初步沉实后，再浇筑梁、板混凝土。

梁和板的混凝土应同时浇筑，以便结合成整体，浇筑时从一端开始向前推进。当梁的高度大于1m时，可单独浇筑，施工缝可留在板底以下20～30mm处。

2) 大体积混凝土的浇筑

大体积混凝土结构在工业建筑中多为大型设备基础和高层建筑中的厚大桩基承台或厚大基础底板等，由于承受的荷载大、整体性要求高，一般要求连续浇筑，不留施工缝。

另外，大体积混凝土结构在浇筑后，水泥的水化热量大，水化热聚积在内部不易散发，浇筑初期混凝土内部温度显著升高，而表面散热较快。这样就形成较大的内外温差，混凝土内部产生压应力，表面产生拉应力，如温差过大就会在混凝土表面产生裂纹。在浇筑后期，当混凝土内部逐渐散热冷却产生收缩时，由于受到基底或已浇筑的混凝土的约束，接触处将产生很大的剪应力，在混凝土正截面形成拉应力。当拉应力超过混凝土当时龄期的极限抗拉强度时，便会产生裂缝，甚至会贯穿整个混凝土构件，由此会造成严重的危害。在大体积混凝土结构的浇筑中，上述两种裂缝(尤其是后一种裂缝)都应设法防止产生。

要防止大体积混凝土结构浇筑后产生裂缝，就要减少浇筑后混凝土的内外温差，降低混凝土的温度应力。为此，可采取以下技术措施：

(1) 优先选用低水化热的矿渣水泥拌制混凝土，并适当使用缓凝减水剂。

(2) 在保证混凝土设计强度等级前提下，掺加粉煤灰，适当降低水灰比，减少水泥用量。

(3) 降低混凝土的入模温度，控制混凝土内外的温差(当设计无要求时，控制在25℃以内)，如降低拌和水温度(拌和水中加冰屑或用地下水)、骨料用水冲洗降温、避免暴晒。

(4) 及时对混凝土覆盖保温、保湿材料。

(5) 预埋冷却水管，通入循环水将混凝土内部热量带出，进行人工导热。

大体积混凝土结构浇筑时，为保证结构的整体性和施工的连续性，可采用分层浇筑，在保证下层混凝土初凝前将上层混凝土浇筑完毕。一般有三种浇筑方案，即全面分层、分段分层、斜面分层。如图 3.56 所示大体积混凝土结构浇筑方案。

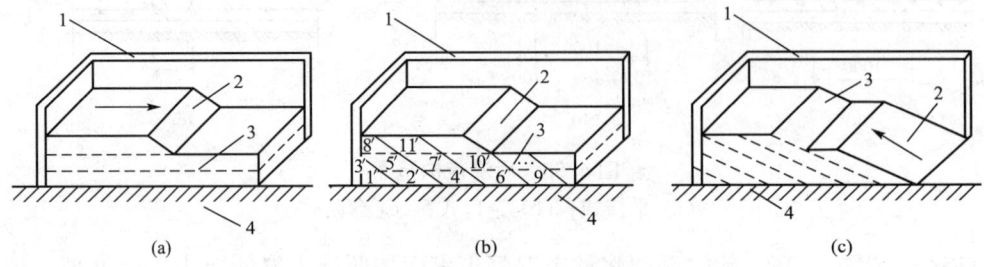

图 3.56　大体积混凝土结构浇筑方案

1—模板；2—新浇筑的混凝土；3—已浇筑的混凝土；4—地基

(1) 全面分层如图 3.56(a)所示。适用于结构的平面尺寸不太大的情况，浇筑混凝土时从短边开始，沿长边方向进行浇筑，逐层进行浇筑。混凝土浇筑强度大。

(2) 分段分层如图 3.56(b)所示。适用于结构厚度不大而面积或长度较大的情况。浇筑混凝土时结构沿长边方向分成若干段，浇筑工作从底层开始，当第一层混凝土浇筑一段长度后，便回头浇筑第二层，当第二层浇筑一段长度后，回头浇筑第三层，如此向前呈阶梯形推进。

(3) 斜面分层如图 3.56(c)所示。适用于长度较大的结构。混凝土一次浇筑到顶，由于混凝土自然流淌而形成斜面，混凝土振捣工作从浇筑层下端开始逐渐上移。

 **特别提示**

当采用全面分层方案时，混凝土浇筑强度大，现场混凝土搅拌机、运输和振捣设备均不能满足施工要求时，采用分段分层方案。目前应用较多的是斜面分层方案。

3) 水下混凝土的浇筑

深基础、沉井、沉箱和钻孔灌注桩的封底、泥浆护壁灌注桩的混凝土浇筑以及地下连续墙施工等，常需要进行水下浇筑混凝土，目前水下浇筑混凝土多用导管法，如图 3.57 所示导管法水下浇筑混凝土。

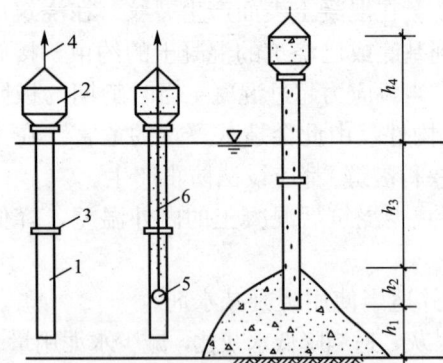

图 3.57　导管法水下浇筑混凝土

1—钢导管；2—漏斗；3—接头；
4—吊索；5—隔水塞；6—铁丝

导管直径为 250～300mm(不小于最大骨料粒径的 8 倍)，每节长 3m，用快速接头连接，顶部装有漏斗。导管用起重设备升降。浇筑前，导管下口先用隔水塞(混凝土、木等制成)堵塞，隔水塞用铁丝吊住。然后在导管内浇筑一定量的混凝土，保证开管前漏斗及管内的混凝土量能使混凝土冲出后足以封住并高出管口。将导管插入水下，在其下口距底面的距离 h_1 约 300mm 时浇筑。距离太小易堵管，太大则漏斗及管内混凝土量需较多。当导管内混凝土的体积及高度满足上述要求后,剪断吊住隔水塞的铁丝开管,使混凝土在自重作用下迅速推出隔水塞进入水中。以后一边均衡地浇混凝土,一边慢慢提起导管,导管下口必须始终保持在混凝土表面之下 1~1.5m 以上。下口埋得越深,混凝土顶面越平,质量越好,但浇筑也越困难。

在整个浇筑过程中,一般应避免在水平方向移动导管,直到混凝土顶面接近设计标高时,才可将导管提起,换插到另一浇筑点。一旦堵管,如半小时内不能排除,应立即换插备用导管。待混凝土浇筑完毕,应清除顶面与水接触的厚约 200mm 的松软部分。如水下结构物面积大,可用几根导管同时浇筑。

6. 混凝土的振捣

混凝土浇灌到模板中后,由于骨料间的摩阻力和水泥浆的黏结作用,不能自动充满模板,其内部是疏松的,有一定体积的空洞和气泡,不能达到要求的密实度。而混凝土的密实性直接影响其强度和耐久性。所以在混凝土浇灌到模板内后初凝前,必须进行振捣,使混凝土充满模板的各个边角,并将混凝土内部的气泡和部分游离水排挤除来,使混凝土密实,表面平整,从而使强度等各项性能符合设计要求。

混凝土振捣的方法有人工振捣和机械振捣。施工现场主要用机械振捣。

1) 人工振捣

人工振捣是用人力的冲击(夯或插)使混凝土密实、成型。一般只有在采用塑性混凝土,而且是在缺少机械或工程量不大的情况下,才用人工振捣。

特别提示

人工振捣时要注意插匀、插全。实践证明,增加振捣次数比加大振捣力的效果好。

2) 机械振捣

(1) 机械振捣原理。混凝土振捣机械振动时,将具有一定频率和振幅的振动力传给混凝土,使混凝土发生强迫振动,新浇筑的混凝土在振动力作用下,颗粒之间的黏着力和摩阻力大大减小,流动性增加。振捣时粗骨料在重力作用下下沉,水泥浆均匀分布填充骨料空隙,气泡逸出,孔隙减少,游离水分被挤压上长,使原来松散堆积的混凝土充满模型,提高密实度。振动停止后混凝土重新恢复其凝聚状态,逐渐凝结硬化。

(2) 混凝土振捣机械。混凝土振捣机械按其传递振动的方式分为内部振动器、表面振动器、附着式振动器和振动台。如图 3.58 所示振动机械示意图。在施工工地主要使用内部振动器和表面振动器。

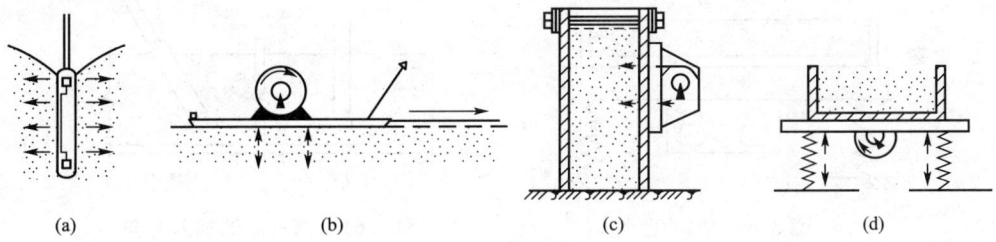

图 3.58 振动机械示意图
(a) 内部振动器;(b) 表面振动器;(c) 外部振动器;(d) 振动台

① 内部振动器。内部振动器又称为插入式振动器(振动棒)，其工作部分是一个棒状空心圆柱体，内部装有偏心振子，在电动机带动下高速转动而产生高频微幅的振动。多用于振捣现浇基础、柱、梁、墙等结构构件和厚大体积设备基础的混凝土捣实，如图 3.59 所示。

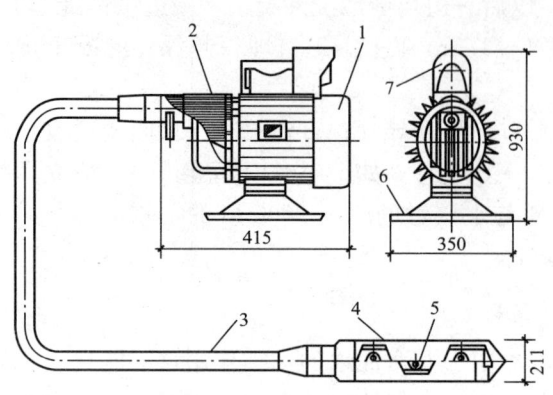

② 表面振动器。表面振动器又称为平板振动器，是将一个带偏心块的电动振动器安装在钢板或木板上，振动力通过平板传给混凝土，表面振动器的振动作用深度小，适用于振捣表面积大而厚度小的结构如现浇楼板、地坪或预制板。平板振动器底板大小的确定，应以使振动器能浮在混凝土表面上为准。

图 3.59 插入式振动器

1—电动机；2—加速齿轮箱；3—传动软轴；4—振动棒外套；5—偏心块；6—底板；7—手柄及开关

③ 附着式振动器。附着式振动器是将一个带偏心块的电动振动器利用螺栓或钳形夹具固定在构件模板的外侧，不与混凝土接触，振动力通过模板传给混凝土。附着式振动器的振动作用深度小，适用于振捣钢筋密，厚度小及不宜使用插入式振动器的构件如墙体，薄腹梁等。

特别提示

表面振动器和附着式振动器都是在混凝土的外表面施加振动，而使混凝土振捣密实。

④ 振动台。振动台是一个支撑在弹性支座上的工作台，如图 3.60 所示。工作台框架由型钢焊成，台面为钢板。工作台下面装设振动机构，振动机构转动时，即带动工作平台强迫振动，使平台上的构件混凝土被振实。

(3) 振动器的使用。

① 插入式振动器的使用。插入式振捣器操作时，应使振捣棒自然沉入混凝土内，切忌用力硬插或斜推如图 3.61 所示。振捣方向有直插和斜插两种。并插入尚未初凝混凝土中 50～100mm，使上下层混凝土结合成一整体。

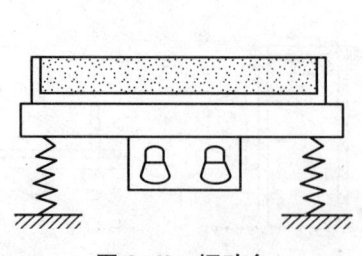

图 3.60 振动台

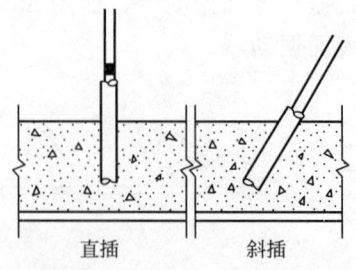

图 3.61 振捣器的插入方向

振捣器插点分布要均匀，有行列式或交错式两种，如图 3.62 所示。普通混凝土的插点间距不宜大于振捣器作用半径的 1.5 倍，振捣器距离模板不应大于作用半径的 1/2，并应避免碰撞钢筋、模板，芯管、预埋件等。

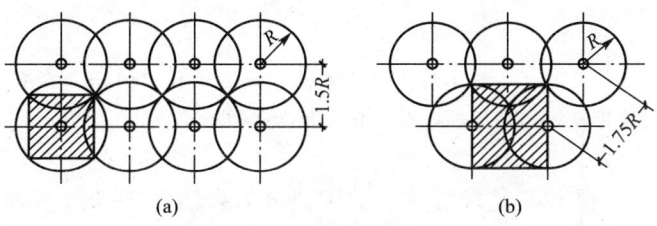

图 3.62　振捣器插点分布
(a) 行列式；(b) 交错式

每一插点的振捣延续时间，一般以混凝土表面呈水平，混凝土拌合物不显著下沉，表面泛浆和不出现气泡为准。

② 平板振捣器的使用。

a. 平板振捣器因设计时不考虑轴承承受轴向力，故在使用时，电动机轴承应呈水平状。

b. 平板振捣器在每一位置上连续振动的时间，正常情况下为 25～40s，以混凝土表面均匀出现泛浆为准。移动时应成排依次振捣前进，前后位置和排与排之间，应保证振捣器的平板覆盖已振实部分的边缘，一般重叠 3～5cm 为宜，以防漏振。移动方向应与电动机转动方向一致。

c. 平板振捣器的有效作用深度，在无筋和单筋平板中为 20cm，在双筋平板中约为 12cm。因此，混凝土厚度一般不超过振捣器的有效作用深度。

d. 大面积的混凝土楼地面，可采用两台振捣器以同一方向安装在两条木杠上；通过木杠的振动，使混凝土密实，但两台振捣器的频率应保持一致。

e. 振捣带斜面的混凝土时，振捣器应由低处逐渐向高处移动，以保证混凝土密实。

③ 附着式振捣器的操作和使用。

a. 附着式振捣器的有效作用深度约为 25cm，如构件较厚时，可在构件对应两侧安装振捣器，同时进行振捣。

b. 在同一模板上同时使用多台附着式振捣器时，各振捣器的频率须保持一致，两面的振捣器应错开位置排列。其位置和间距视结构形状，模板坚固程度，混凝土坍落度及振捣器功率大小，经试验确定，一般每隔 1～1.5m 设置一台振捣器。

c. 当结构构件断面较深，较狭时，可采用边浇灌，边振捣的方法。但对于其他垂直构件须在混凝土浇灌高度超过振捣器的高度时，方可开动振捣器进行振捣。振捣的延续时间以混凝土成一水平面，且无气泡出现时，可停止振捣。

3.3.4　混凝土的养护

混凝土浇筑后逐渐凝结硬化，强度也不断增长，这个过程主要由水泥的水化作用来实现。而水泥的水化作用又必须在适当的温度、湿度条件下才能完成，如果混凝土浇筑后即处在炎热、干燥、风吹、日晒的气候环境中，就会使混凝土中的水分很快蒸发，影响混凝土中水泥的正常水化作用。轻者使混凝土表面脱皮、起砂和出现干缩裂缝；严重的会因混凝土内部疏松，降低混凝土的强度，使混凝土遭到破坏。

特别提示

混凝土养护绝不是一件可有可无的工作，而是混凝土施工过程中的一个重要环节。混凝土浇筑后，必须根据水泥品种，气候条件和工期要求，在12h内加以养护。

混凝土养护的方法很多，通常按其养护工艺分为自然养护和蒸汽养护两大类。而自然养护又分为洒水养护及喷涂薄膜养生液养护，施工现场则以洒水养护为主要养护方法。

1. 洒水养护

洒水养护是指混凝土终凝后，日平均气温高于5℃的自然气候条件下，用草帘、草袋将混凝土表面覆盖并经常洒水，以保持覆盖物充分湿润。对于楼地面混凝土工程也可采用蓄水养护的办法加以解决。洒水养护时必须注意以下事项：

（1）对于一般塑性混凝土，应在浇筑后12h内立即加以覆盖和洒水润湿，炎热的夏天养护时间可缩短至2～3h。而对于干硬性混凝土应在浇筑后1～2h内即可养护，使混凝土保持湿润状态。

（2）在已浇筑的混凝土强度达到1.2MPa以后，方可在其上允许操作人员行走和安装模板及支架等。

（3）混凝土洒水养护时间视水泥品种而定，硅酸盐水泥和普通硅酸盐水泥，矿渣硅酸盐水泥拌制的混凝土，不得少于7d，掺用缓凝型外加剂或有抗渗要求的混凝土，不得少于14d，采用其他品种水泥时，混凝土的养护时间，应根据水泥技术性能确定。

（4）养护用水应与拌制用水相同，洒水的次数应以能保持混凝土具有足够的润湿状态为准。

（5）在养护过程中，如发现因遮盖不好、洒水不足，致使混凝土表面泛白或出现干缩细小裂缝时，应立即仔细加以遮盖，充分洒水，加强养护，并延长浇水养护日期加以补救。

（6）平均气温低于5℃时，不得洒水养护。

2. 喷涂薄膜养生液养护

喷涂薄膜养生液养护是将一定配比的过氯乙烯树脂养生液，用喷洒工具喷洒在混凝土表面，待溶液挥发后，在混凝土表面结成一层塑料薄膜，将混凝土表面与空气隔绝，阻止混凝土中水分的蒸发以保证水化反应的正常进行，达到养护的目的。

喷涂薄膜养生液养护剂的喷洒时间，一般待混凝土收水后，混凝土表面以手指轻按无指印时即可进行，施工温度应在10℃以上。

喷涂薄膜养生液养护适用于不易浇水养护的高耸构筑物和大面积混凝土的养护，也可用于表面积大的混凝土施工和缺水地区。

3. 蒸汽养护

蒸汽养护是将构件放在充有饱和蒸汽或蒸汽空气混合物的养护室内，在较高的温度和相对湿度的环境中进行养护，以加快混凝土的硬化，一般12h左右即可养护完毕。

蒸汽养护制度包括：养护阶段的划分，静停时间，升、降温速度，恒温养护温度与时间，养护室相对湿度等。

常压蒸汽养护过程分为四个阶段：静停阶段，升温阶段，恒温阶段及降温阶段。

静停阶段构件在浇灌成型后先在常温下放一段时间，称为静停。静停时间一般为2~6h，以防止构件表面产生裂缝和疏松现象。

升温阶段构件由常温升到养护温度的过程。升温温度不宜过快，以免由于构件表面和内部产生过大温差而出现裂缝。升温速度为：薄型构件不超过25℃/h，其他构件不超过20℃/h，用干硬性混凝土制作的构件，不得超过40℃/h。

恒温阶段温度保持不变的持续养护时间。恒温养护阶段应保持90%~100%的相对湿度，恒温养护温度不得大于95℃。恒温养护时间一般为3~8h。

降温阶段是恒温养护结束后，构件由养护最高温度降至常温的散热降温过程。降温速度不得超过10℃/h，构件出池后，其表面温度与外界温差不得大于20℃。

3.3.5 混凝土冬期施工

1. 温度对混凝土凝结、硬化的影响

混凝土正常的凝结、硬化并获得强度，需要适宜的温度和湿度，温度的高低对混凝土强度的增长影响很大。当温度降至0℃以下时，水化反应基本停止；降至-4~-2℃时，混凝土内的水开始结冰，水结冰后体积增大8%~9%，在混凝土内部产生冰胀应力，使尚处于强度很低状态的混凝土内部产生微裂缝，同时减弱了水泥、砂石与钢筋之间的黏结力，混凝土强度随之降低。受冻的混凝土解冻后，其强度虽然继续增长，但已不能达到设计的强度等级。

当混凝土具有一定强度后再遭冻结，其强度足以抵抗其内部剩余水结冰时产生的膨胀应力，混凝土的后期抗压强度损失在5%以内，即混凝土在受冻以前必须达到的最低强度，称为混凝土冬期施工的受冻临界强度。

该临界强度与水泥品种、混凝土强度等级有关，对硅酸盐水泥或普通硅酸盐水泥配制的混凝土，其为设计的混凝土强度标准值的30%；对矿渣硅酸盐水泥配制的混凝土，为设计的混凝土强度标准值的40%，但对于不大于C10的混凝土，不得小于5.0MPa。

如根据当地多年气温资料，室外日平均气温会连续5d稳定低于5℃的，混凝土结构工程应采取冬期施工技术措施。因为混凝土拌和物在5℃环境下养护，其强度增长很慢；而且在日平均气温低于5℃时，最低气温会低于0~-1℃，混凝土有可能受冻。所以，应采取相应的技术措施，以确保冬期浇筑的混凝土在受冻前其抗压强度值不低于混凝土受冻临界强度。

除上述早期冻害之外，混凝土冬期施工还需注意拆模不当带来的冻害。拆模后，混凝土构件表面急剧降温，由于内外温差较大会产生较大的温度应力而导致表面产生裂纹，故在冬期施工中应力求避免这种冻害。

2. 混凝土冬期施工方法

混凝土冬期施工方法一般分为三类：混凝土养护期间不加热、混凝土养护期间加热以及两者的综合。

特别提示

选择冬期施工方法时,要综合考虑自然气温、结构类型和特点、原材料、工期限制、能源情况和经济指标,着眼于节约能源和减少施工费用。如工期不紧和无特殊要求限制的工程,应优先选用养护期间不加热方法或综合方法;当工期限制、施工条件许可时,才考虑选用养护期间加热的方法。施工方法的确定,应经过技术经济比较,原则是用最低的施工费用实现预定的工期及质量要求。

1) 不加热养护方法

(1) 蓄热法。蓄热法是利用预热原材料(水泥除外)或混凝土(热拌混凝土)的热量及水泥水化热,用适当的保温材料覆盖,延缓混凝土的冷却,使混凝土受冻前的强度不低于其受冻临界强度。室外最低气温不低于$-15℃$,地面以下的工程或表面系数不大于$5m^{-1}$的结构,宜用蓄热法。

水的比热容比砂石大,加热设备简单,故应首先考虑加热水。水及骨料的加热温度不得超过见表3-24拌和水及骨料最高温度的规定。

表3-24 拌和水及骨料最高温度　　　　　　　　　　　单位:℃

水泥品种及标号	拌和水	骨料
标号低于525号的普通硅酸盐水泥、矿渣硅酸盐水泥	80	60
标号高于及等于525号的硅酸盐水泥、普通硅酸盐水泥	60	40

若加热水的蓄热量已满足要求而不用加热骨料时,水可加热到$100℃$,但搅拌时应先将水与砂石拌和,然后再投入水泥以防止假凝,且搅拌前必须除去骨料中的冰凌。若还需要加热骨料,可将蒸汽直接通到骨料中,或在骨料堆、贮料斗中安设蒸汽管。工程量较小时,也可将砂石放在铁板上用火烘烤。

特别提示

水泥不得直接加热,宜在使用前运入暖棚内存放。

采用蓄热法时应对原材料加热、搅拌、运输、浇筑和养护进行热工计算,最后验算混凝土冷却至$0℃$时的强度能否达到受冻临界强度。热工计算的根据是热平衡原理,计算式及相关参数见《混凝土结构工程施工及验收规范》(GB 50204—2002)附录3。

用蓄热法拌制的混凝土拌和物应选用大容量容器运输,且应有保温措施,并应尽量缩短运距,减少转运次数,运至工地后应立即浇筑入模。

蓄热法还可与其他方法结合起来使用,如结合掺加外加剂,使混凝土早强、防冻、与混凝土浇筑后短时加热相结合,增加混凝土热量和延长其冷却至$0℃$的时间等。

(2) 掺外加剂法。掺外加剂法是一种只需要在混凝土中掺入外加剂,不需采取加热措施就能使混凝土在负温条件下继续硬化的方法。在负温条件下,混凝土拌合物中的水要结冰,随着温度的降低,固相逐渐增加。一方面增加了冰晶应力,使混凝土内部产生微裂缝;另一方面由于液相减少,水化反应变得十分缓慢而处于休眠状态。

掺外加剂就是使之产生抗冻、早强、催化、减水等效用。降低混凝土的冰点,使之在负温下加速硬化以达到要求的强度。常用的抗冻、早强的外加剂有氯化钠、氯化钙、硫酸钠、亚硝酸钠、碳酸钾、三乙醇胺、硫代硫酸钠、重铬酸钾、氨水、尿素等。其中,氯化钠具有抗冻、早强作用,且价廉易得,20世纪50年代就开始应用。但对其掺量应有限制,否则会引起钢筋锈蚀。对氯盐,除掺量有限制外,在高湿度环境、预应力混凝土结构等情况下禁止使用。

外加剂种类的选择取决于施工要求和材料供应,而掺量应由试验确定,但混凝土的凝结速度不得超过其运输和浇筑时间,且混凝土的后期强度损失不得大于5%,其他物理力学性能不得低于普通混凝土。随着新型外加剂的不断出现,其效果愈来愈好。目前,掺外加剂多从单一型向复合型发展,外加剂也从无机化合物向有机化合物方向发展。

2)加热养护方法

(1)蒸汽加热法。蒸汽加热法是利用低压(0.07MPa以下)饱和蒸汽对新浇筑的混凝土构件进行加热养护。该法对于各类构件皆可应用,但其需锅炉等设备,消耗能源多,费用高,因而只有当在一定龄期内采用蓄热法达不到要求时才采用。该法宜优先采用矿渣硅酸盐水泥,因其后期强度损失比普通硅酸盐水泥少。施工现场应用该法的方式主要分为以下3类。

① 汽套法在构件模板外加密封的套板(如木板),模板与套板的间隙不宜超过150mm,在套板内通入蒸汽加热养护混凝土。该法加热均匀,但设备复杂,费用大,只在特殊条件下用于养护水平结构的梁、板等。

② 毛细管法在模板内侧做沟槽(断面可为三角形、矩形或半圆形),间距为200~250mm,在构槽上盖0.5~2mm的铁皮而形成毛细管,通入蒸汽进行养护,如图3.63所示柱用毛细管法养护。该法用汽少,加热均匀,适用于垂直结构。此外,也可在大模板背面加装蒸汽管道,再用薄铁皮封闭并适当加以保温的。其适用于大模板工程的冬期施工。

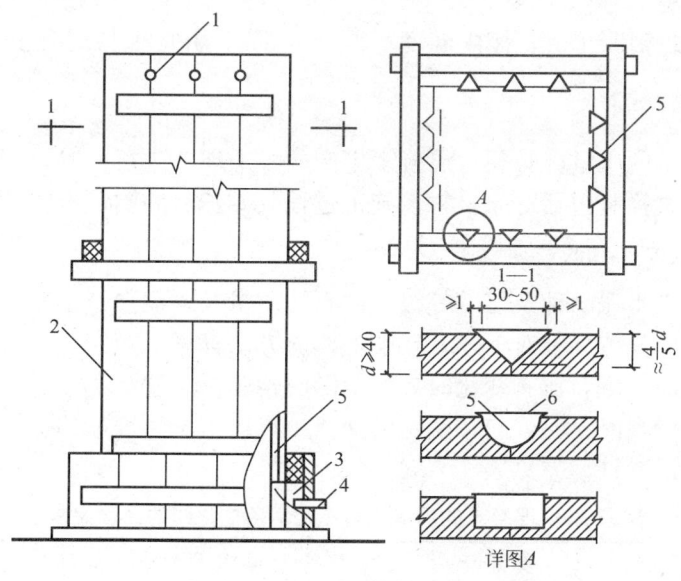

图3.63 柱用毛细管法养护

1—出气孔;2—模板;3—分汽箱;4—进气管;5—毛细管;6—薄铁皮

③ 构件内部通汽法在构件内部预埋外表面涂有隔离剂的钢管或胶皮管，浇筑混凝土后隔一定时间将管子抽出，形成孔洞，再于一端孔内插入短管，即可通入蒸汽加热混凝土。加热时，混凝土温度一般控制在 30～60℃，待混凝土达到设计强度后，用砂浆或细石混凝土灌入通汽孔加以封闭。

(2) 电热法。电热法是利用电流通过不良导体混凝土（或通过电阻丝）所发出的热量来养护混凝土。它虽然设备简单，施工方便有效，但耗电量大，施工费用高，应慎重选用。用该法养护混凝土的方式有两类。

① 电极法在新浇筑的混凝土中，按一定间距（200～400mm）插入电极（$\phi6$～$\phi12$ 短钢筋），接通电源，利用混凝土本身的电阻，变电能为热能进行加热。使用时要防止电极与构件内的钢筋接触而引起短路。对于较薄构件，亦可将薄钢板固定在模板内侧作为电极。

② 电热器法利用电流通过电阻丝产生的热量进行加热养护。根据需要，电热器可制成多种形状，如加热现浇楼板可用板状电热器；加热装配整体式钢筋混凝土框架的接头可用针状电热器；对用大模板施工的现浇墙板，可用电热模板（大模板背面装电阻丝形成热夹层，其外用铁皮包矿渣棉封严）等进行加热。

电热法施工要用变压器将二次电压降至 50～110V，对无筋结构和含钢量不大于 50kg/m³ 的结构，其电压可用 120～220V。电热养护属高温干热养护，温度过高会使混凝土过热脱水。混凝土加热的极限温度及升、降温速度与蒸汽养护同样有所限制。混凝土电阻随强度增加而增大，当加热养护至设计强度的 50%时，电阻增大，养护效果不显著，而且电能消耗增加。为节省电能，用电热法养护混凝土只宜加热养护至设计强度的 50%。对整体式结构，亦要防止加热养护时产生过大的温度应力。

(3) 暖棚法。暖棚法是在所要养护的建筑结构或构件周围用保温材料搭起暖棚，棚内设置热源，以维持棚内的正温环境，使混凝土浇筑和养护如同在常温中一样。但暖棚搭设需耗费大量的材料和人工，故其能耗高，费用较大，一般只用于建筑物面积不大而混凝土施工又很集中的工程。

采用暖棚法养护混凝土时，棚内温度不得低于 5℃，并应保持混凝土表面湿润。

3.3.6 混凝土质量检验

为了保证混凝土的质量，必须对混凝土生产的各个环节进行检验，消除质量隐患，保证安全。混凝土质量检验包括对原材料、施工过程及养护后的质量检验。

1. 原材料及施工过程的质量检验

检验内容包括：水泥品种及强度等级、砂石的质量及含泥量、混凝土配合比、搅拌时间和坍落度等环节。规范标准对上述各环节的检验方法都做了规定，一般要求在每一工作班至少两次，如混凝土配合比有变化时，还应随时检验。

采用预拌（商品）混凝土时，应在确定的交货地点进行坍落度的检验。混凝土的坍落度与指定坍落度之间的允许偏差见表 3-25。

表 3-25 混凝土的坍落度与指定坍落度之间的允许偏差　　　　单位：mm

要求坍落度	允许偏差	要求坍落度	允许偏差
≤40	±10	≥100	±20
50～90	±15		

2. 混凝土养护后的质量检验

检验内容包括：混凝土的强度、外观质量和结构构件的轴线、标高、截面尺寸和垂直度的偏差。如设计上有特殊的要求时，还需对抗冻性、抗渗性等进行检验。

（1）混凝土抗压强度检查方法是，制作边长为 150mm 的立方体试块，在标准条件下（温度为 20℃±3℃，相对湿度为 90％以上的潮湿环境或水中），经 28 天养护后试验确定。试验结果作为核算结构或构件的混凝土强度是否达到设计要求的依据。

（2）用作评定结构或构件混凝土强度质量的试块应在浇筑地点随机取样制作。检验评定混凝土强度用的混凝土试块组数，应按下列规定留置。

① 每拌制 100 盘且不超过 $100m^3$ 的同配合比的混凝土，其取样不得少于一次。

② 每工作班拌制的同配合比的混凝土不足 100 盘时，其取样不得少于一次。

③ 现浇楼层，每层取样不得少于一次。

④ 预拌混凝土应在预拌混凝土厂内按上述规定留置试块。

特别提示

每项取样应至少留置一组（三块）标准试块，同条件养护试块的留置组数，可根据实际需要确定。

（3）混凝土试块强度值的确定。

混凝土强度应分批进行验收。同批混凝土应由强度等级相同、龄期相同以及生产工艺和配合比基本相同的混凝土组成。每批混凝土的强度，应以同批内全部标准试块的强度代表值来评定。

每组三块试块应在同盘混凝土中取样制作，其强度代表值按下列规定确定。

① 取 3 个试块试验结果的平均值，作为该组试块的强度代表值。

② 当 3 个试块中的最大或最小的强度值，与中间值相比超过 15％时，取中间值代表该组的混凝土试块的强度。

③ 当 3 个试块中的最大和最小的强度值，均超过中间值的 15％时，其试验结果不应作为评定的依据。

（4）混凝土强度验收评定标准。

根据混凝土生产情况，在混凝土强度检验评定时，按以下几种情况进行。

① 当混凝土的生产条件在较长时间内能保持一致，且同一品种混凝土的强度变异性能保持稳定时，由连续的三组试块代表一个验收批，其强度同时满足下列要求：

$$\left.\begin{array}{l} mf_{cu} \geq f_{cu,k} + 0.7\sigma_0 \\ f_{cu,min} \geq f_{cu,k} - 0.7\sigma_0 \end{array}\right\} \tag{3-9}$$

当混凝土强度等级不高于 C20 时，强度的最小值尚应满足下式要求：

$$f_{cu,min} \geq 0.85 f_{cu,k} \tag{3-10}$$

当混凝土强度等级高于 C20 时，强度的最小值尚应满足下式要求：

$$f_{cu,min} \geq 0.90 f_{cu,k} \tag{3-11}$$

式中　mf_{cu}——同一验收批混凝试块抗压强度平均值，MPa；

$f_{cu,k}$——设计的混凝土抗压强度标准值，MPa；

$f_{cu,min}$——同一验收批混凝土试块抗压强度最小值,MPa;

σ_0——验收批混凝土试块抗压强度的标准差(MPa),应根据前一个检验期内(检验期不应超过三个月,强度数据总批数不得小于15)同一品种混凝土试块的强度数据按下式确定。

$$\sigma_0 = \frac{0.59}{m}\sum_{i=1}^{m}\Delta f_{cu,i} \qquad (3-12)$$

式中 $\Delta f_{cu,i}$——前一个检验期内第 i 批试块抗压强度中最大值与最小值之差;

m——前一个检验期内验收批总批数。

② 当混凝土的生产条件不能满足上述规定或在前一个检验期内的同一品种混凝土没有足够的数据用以确定验收混凝土试块抗压强度标准差时,应由不少于10组的试块代表一个验收批,其强度同时满足下列要求:

$$\left.\begin{array}{l} mf_{cu} - \lambda_1 Sf_{cu} \geqslant 0.9 f_{cu,k} \\ f_{cu,min} \geqslant \lambda_2 f_{cu,k} \end{array}\right\} \qquad (3-13)$$

式中 mf_{cu}——同一验收批混凝土试块抗压强度平均值,MPa;

Sf_{cu}——同一验收批混凝土试块抗压强度的标准差,MPa。当 Sf_{cu} 的计算值小于 $0.06f_{cu,k}$时,取 $Sf_{cu}=0.06f_{cu,k}$。

混凝土试块抗压强度的标准差 Sf_{cu}。可按下式计算:

$$sf_{cu} = \sqrt{\frac{\sum_{i=1}^{n} f_{cu,i}^2 - nmf_{cu}^2}{n-1}} \qquad (3-14)$$

式中 $f_{cu,i}$——第 i 组混凝土抗压强度值,MPa;

n——一个验收批混凝土试块的组数,$n \geqslant 10$。

$f_{cu,k}$——设计的混凝土抗压强度标准值,MPa;

$f_{cu,min}$——同一验收批混凝土立方体抗压强度最小值,MPa;

λ_1、λ_2——混凝土的合格判定系数见表3-26。

表3-26 混凝土的合格判定系数

试块组数	10~14	15~24	≥25
λ_1	1.70	1.65	1.60
λ_2	0.90	0.85	0.85

③ 对零星生产的预制构件混凝土或现场搅拌批量不大的混凝土,可采用非统计法评定,此时,验收批混凝土的强度必须同时满足下列要求:

$$\left.\begin{array}{l} mf_{cu} \geqslant 1.15 f_{cu,k} \\ f_{cu,min} \geqslant 0.95 f_{cu,k} \end{array}\right\} \qquad (3-15)$$

④ 当检验结果能满足第①条或第②条或第③条的规定时,则该批混凝土强度判为合格,当不能满足上述规定时,则该批混凝土强度判为不合格。

特别提示

由于抽样检验存在一定的局限性,混凝土的质量评定可能出现误判。因此,如混凝土试件强度不符合上述要求时,允许从结构上钻取芯样进行试压检查,亦可用回弹仪或超声波仪直接在构件上进行非破损检验。

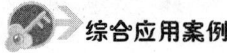综合应用案例

扣件钢管楼板模板支架计算

模板支架的计算参照《建筑施工扣件式钢管脚手架安全技术规范》(JGJ 130—2001)。
模板支架搭设高度 $H=3.0\mathrm{m}$,如图 3.64 所示。
搭设尺寸为立杆的纵距 $b=1.10\mathrm{m}$,立杆的横距 $l=1.10\mathrm{m}$,立杆的步距 $h=1.50\mathrm{m}$,如图 3.65 所示。

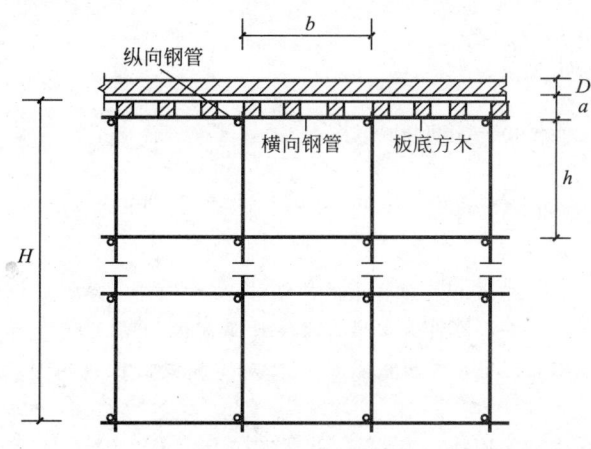

图 3.64 楼板支撑架立面简图　　图 3.65 楼板支撑架荷载计算单元

面板厚度 18mm,支撑方木截面 60mm×80mm,支撑间距 400mm。采用的钢管类型为 $\phi48\times3.5$。

1. 模板面板计算

面板为受弯结构,需要验算其抗弯强度和刚度。模板面板的按照三跨连续梁计算。

1) 强度计算

木模板自重 $0.30\mathrm{kN/m^2}$;

新浇混凝土 110mm 高自重:
$$24\times0.11\mathrm{kN/m^2}=2.64\mathrm{kN/m^2}$$

钢筋自重:
$$1.1\times0.11\mathrm{kN/m^2}=0.12\mathrm{kN/m^2}$$

施工人员及设备均布活荷载:$2.5\mathrm{kN/m^2}$

集中荷载:$2.5\mathrm{kN}$

将面荷载转换为线荷载,按板宽 1m 计算:
$$q_1=[(0.30+2.64+0.12)\times1.2+2.5\times1.4]\times1\mathrm{kN/m}=7.17\mathrm{kN/m}$$
$$q_2=(0.30+2.64+0.12)\times1.2\times1\mathrm{kN/m}=3.67\mathrm{kN/m}$$
$$q_k=(0.30+2.64+0.12)\times1\mathrm{kN/m}=3.06\mathrm{kN/m}$$

2) 内力计算

情况一:
$$M_B=-0.1\times q_1\times l^2=-0.1\times7.17\times0.4^2\mathrm{kN\cdot m}=0.115\mathrm{kN\cdot m}$$
$$Q_{B左}=-0.6\times q_1\times l=-0.6\times7.17\times0.40\mathrm{kN}=-1.72\mathrm{kN}$$

情况二:$M_1=0.08q_2l^2+0.2pl=(0.08\times3.67\times0.40^2+0.2\times2.5\times1.4\times0.40)\mathrm{kN\cdot m}$
$$=0.327\mathrm{kN\cdot m}$$

$$Q_{B左} = -0.6 \times 3.67 \times 0.40 - 0.6 \times 2.5 \times 1.4 = -2.98 \text{kN}$$

两种荷载情况比较,情况二产生的弯矩和剪力均较大,则

$$|M_{max}| = 0.327 \text{kN} \cdot \text{m} \quad |Q_{max}| = 2.98 \text{kN}$$

本例楼板取 1m(1000mm)计算宽度,则

$$W = \frac{bh^2}{6} = \frac{1000 \times 18^2}{6} \text{mm}^3 = 54000 \text{mm}^3$$

$$\sigma = \frac{M}{W} = \frac{327000}{54000} \text{N/mm}^2 = 6.06 \text{N/mm}^2 < [f_1] = 15 \text{N/mm}^2$$

$$\tau = \frac{3}{2} \times \frac{2980}{1000 \times 18} \text{N/mm}^2 = 0.25 \text{N/mm}^2 < [T_1] 1.5 \text{N/mm}^2$$

故面板强度验算合格。
挠度计算为

$$[v] = \frac{l}{400}$$

$$I = \frac{bh^3}{12} = \frac{1000 \times 18^3}{12} \text{mm}^4 = 486000 \text{mm}^4$$

$$v = 0.677 \frac{q_k l^4}{100 EI} = 0.677 \times \frac{3.06 \times 400^4}{100 \times 4000 \times 486000} \text{mm} = 0.27 \text{mm} < [v] = \frac{400}{400} = 1.00 \text{mm}$$

故满足要求。

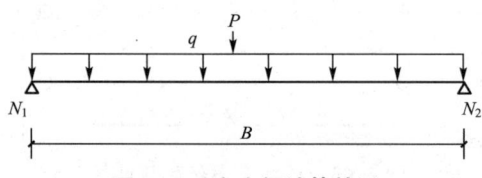

图 3.66 方木楞计算简图

2. 模板支撑方木的计算

方木按照简支梁计算,计算简图如图 3.66 所示。本算例中,面板的截面惯性矩 I 和截面抵抗矩 W 分别为

$$W = 6.00 \times 8.00 \times 8.00 / 6 \text{cm}^3 = 64.00 \text{cm}^3$$

$$I = 6.00 \times 8.00 \times 8.00 \times 8.00 \text{cm}^4 / 12 = 256.00 \text{cm}^4$$

1) 荷载的计算

(1) 钢筋混凝土板自重(kN/m):

$$q_1 = 25.000 \times 0.110 \times 0.400 \text{kN/m} = 1.100 \text{kN/m}$$

(2) 模板的自重线荷载(kN/m):

$$q_2 = 0.300 \times 0.400 \text{kN/m} = 0.120 \text{kN/m}$$

(3) 活荷载为施工荷载标准值(kN)。

经计算得到,活荷载标准值

$$P_1 = 2.5 \times 1.10 \times 0.40 \text{kN} = 1.10 \text{kN}$$

2) 强度计算

最大弯矩考虑为静荷载与活荷载的计算值最不利分配的弯矩和,计算公式如下:

$$M_{max} = \frac{Pl}{4} + \frac{ql^2}{8}$$

均布荷载 $q = (1.2 \times 1.100 + 1.2 \times 0.120) \text{kN/m} = 1.464 \text{kN/m}$

集中荷载 $P = 1.4 \times 1.100 \text{kN} = 1.540 \text{kN}$

最大弯矩 $M = (1.540 \times 1.10 / 4 + 1.46 \times 1.10 \times 1.10 / 8) \text{kN} \cdot \text{m} = 0.645 \text{kN} \cdot \text{m}$

最大支座力 $N = 1.540 / 2 + 1.46 \times 1.10 / 2 \text{kN} = 1.575 \text{kN}$

截面应力 $\sigma = 0.645 \times 10^6 / 64000.0 \text{N/mm}^2 = 10.08 \text{N/mm}^2$

方木的计算强度小于 13.0 N/mm²,满足要求。

3) 抗剪计算

最大剪力的计算公式如下:

截面抗剪强度必须满足：
$$Q = q_{1/2} + P/2$$
$$T = 3Q/2bh < [T_2]$$
其中最大剪力　　　　　$Q = (1.100 \times 1.464/2 + 1.540/2)\text{kN} = 1.575\text{kN}$
截面抗剪强度计算值　　$T = 3 \times 1575/(2 \times 60 \times 80)\text{N/mm}^2 = 0.492\text{N/mm}^2$
截面抗剪强度设计值　　$[T_2] = 1.30\text{N/mm}^2$
方木的抗剪强度计算满足要求。

4）挠度计算
$$V_{max} = \frac{5q_k l^4}{384EI}$$
均布荷载 $q_k = (1.100 + 0.120)\text{kN/m} = 1.220\text{kN/m}$
集中荷载 $P = 1.100\text{kN}$

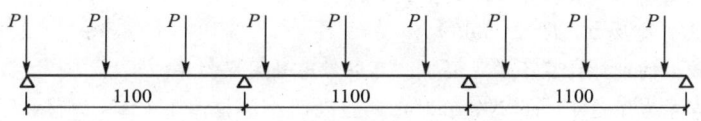

图 3.67　支撑钢管计算简图

最大变形 $v = 5 \times 1.220 \times 1100.04/(384 \times 9500.00 \times 2560000.0)\text{mm} = 0.96\text{mm}$
方木的最大挠度小于 1100.0mm/250 = 4.4mm，满足要求。

3. 板底支撑钢管计算
支撑钢管按照集中荷载作用下的三跨连续梁计算，如图 3.68～图 3.70 所示。

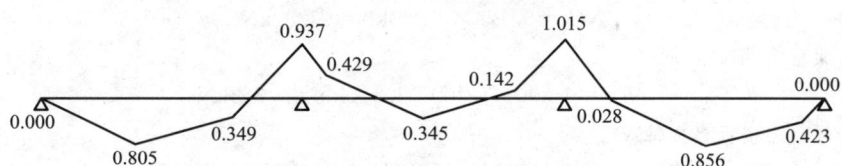

图 3.68　支撑钢管弯矩图(kN·m)

图 3.69　支撑钢管变形图(mm)

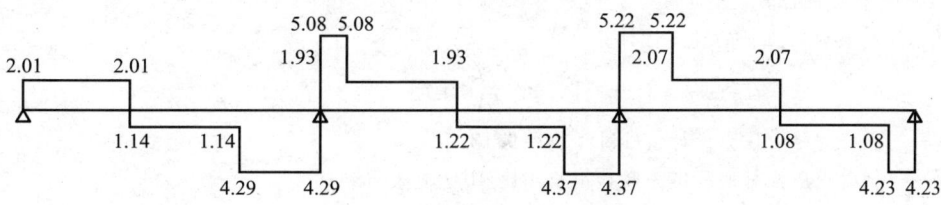

图 3.70　支撑钢管剪力图(kN)

集中荷载 P 取纵向板底支撑传递力
$$P = 3.15\text{kN}$$

经过连续梁的计算得到

$$最大弯矩\ M_{max}=1.015\text{kN}\cdot\text{m}$$
$$最大变形\ v_{max}=3.190\text{mm}$$
$$最大支座力\ Q_{max}=9.586\text{kN}$$

截面应力 $\sigma=1.02106\text{N/mm}^2/5080.0=199.89\text{N/mm}^2$

支撑钢管的计算强度小于 205.0N/mm²,满足要求。

支撑钢管的最大挠度小于 1100.0/150 与 10mm,满足要求。

4. 扣件抗滑移的计算

纵向或横向水平杆与立杆连接时,扣件的抗滑承载力按照下式计算:

$$R \leqslant R_c$$

式中 R_c——扣件抗滑承载力设计值,取 8.0kN;

　　　R——纵向或横向水平杆传给立杆的竖向作用力设计值。

计算中 R 取最大支座反力,$R=9.59\text{kN}$。

单扣件抗滑承载力的设计计算不满足要求,可以考虑采用双扣件。

当直角扣件的拧紧力矩达 40~65N·m 时,试验表明:单扣件在 12kN 的荷载下会滑动,其抗滑承载力可取 8.0kN。

双扣件在 20kN 的荷载下会滑动,其抗滑承载力可取 12.0kN。

5. 模板支架荷载标准值(立杆轴力)

作用于模板支架的荷载包括静荷载、活荷载和风荷载。

1) 静荷载标准值包括以下内容

(1) 脚手架的自重(kN)。

$$NG_1=0.129\times3.000\text{kN}=0.387\text{kN}$$

(2) 模板的自重(kN)。

$$NG_2=0.300\times1.100\times1.100\text{kN}=0.363\text{kN}$$

(3) 钢筋混凝土楼板自重(kN)。

$$NG_3=25.000\times0.110\times1.100\times1.100\text{kN}=3.328\text{kN}$$

经计算得到,静荷载标准值

$$NG=NG_1+NG_2+NG_3=4.078\text{kN}$$

2) 活荷载为施工荷载标准值

经计算得到,活荷载标准值

$$NQ=2.5\times1.100\times1.100\text{kN}=3.025\text{kN}$$

3) 不考虑风荷载时,立杆的轴向压力设计值计算公式

$$N=1.2NG+1.4NQ$$

6. 立杆的稳定性计算

不考虑风荷载时,立杆的稳定性计算公式

$$\sigma=\frac{N}{\phi A}\leqslant[f]$$

式中 N——立杆的轴心压力设计值(kN),$N=9.13$;

　　　ϕ——轴心受压立杆的稳定系数,由长细比 $10/i$ 查表得到;

　　　i——计算立杆的截面回转半径(cm),$i=1.58$;

　　　A——立杆净截面面积(cm²),$A=4.89$;

　　　W——立杆净截面抵抗矩(cm³),$W=5.08$;

　　　σ——钢管立杆抗压强度计算值(N/mm²);

$[f]$——钢管立杆抗压强度设计值，$[f]=205.00\text{N/mm}^2$；

l_0——计算长度（m）；如果完全参照扣件式规范。

可按下式计算：

$$l_0 = k_1 uh$$
$$l_0 = h + 2a$$

式中　k_1——计算长度附加系数，取值为 1.155；

u——计算长度系数，参照《扣件式规范》表 5.3.3，$u=1.70$；

a——立杆上端伸出顶层横杆中心线至模板支撑点的长度，$a=0.20\text{m}$。

按 $l_0=k_1 uh$ 计算的结果：$\sigma=90.04\text{N/mm}^2$，立杆的稳定性计算 $\sigma<[f]$，满足要求。

按 $l_0=h+2a$ 计算结果：$\sigma=41.30\text{N/mm}^2$，立杆的稳定性计算 $\sigma<[f]$，满足要求。

本 章 小 结

本单元主要介绍钢筋混凝土工程中的模板工程、钢筋工程和混凝土工程等内容。通过本单元的学习，要求熟悉模板系统的组成、钢筋的加工、连接和下料。掌握钢筋下料长度的计算方法、混凝土施工的工艺。学习完应具备从事模板的选择、编制钢筋配料表、钢筋混凝土施工的技术和管理工作，能够运用所学知识解决施工中的实际问题。

习　题

1. 简述模板的作用和对模板的基本要求。
2. 简述钢模板包括哪些。
3. 为保证浇筑混凝土不离析，柱支模时，沿高度方向每隔约多少 m 开有浇筑口？
4. 跨度在 4m 及 4m 以上的梁模板为什么需要起拱？起拱多少？
5. 大模板由哪几部分组成？
6. 滑模组成包括哪 4 个系统？
7. 梁模板主要由哪几部分组成？拆模时一般先拆什么？
8. 悬臂构件模板在什么情况下可拆除？
9. 简述模板拆除的一般顺序。
10. 试述钢筋代换的原则及方法。
11. 某道梁设计主筋为 3 根 HRB335 级直径 20 钢筋，现场无 HRB335 级钢筋，拟采用 HPB235 级钢筋直径 25 代换，试计算需要几根直径 25 钢筋。
12. 钢筋按外形分类有几种？
13. 简述钢筋闪光对焊的常用工艺及其适用范围。
14. 什么叫做量度差值？
15. 钢筋弯折 45°时、弯折 90°时的量度差值各是多少？
16. HPB235 级钢筋的末端需要作 180°弯钩，其圆弧内弯曲直径（D），不应小于钢筋直径（d）的多少倍；平直部分的长度不宜小于钢筋直径（d）的多少倍；用于普通混凝土结构时，其弯曲直径 $D=2.5d$，平直长度为 $3d$，每一个 180°弯钩的增长值为多少？

17. HRB335、HRB400 级钢筋末端弯折 135°时,当弯曲直径 $D=4d$ 时,平直长度为 $3d$ 时,每一弯折处的增长值是多少?

18. HRB335、HRB400 级钢筋末端弯折 90°时,当弯曲直径 $D=5d$ 时,平直长度为 $3d$ 时,每一弯折处的增长值是多少?

19. 箍筋弯钩的弯曲直径 D 应大于受力钢筋直径,且不小于箍筋直径的多少倍?弯钩平直部分,一般结构不宜小于箍筋直径的多少倍?有抗震要求的结构,不小于箍筋直径的多少倍?

20. 箍筋 90°/90°弯钩当取 $D=2.5d$,平直长为 $5d$ 时,两个弯钩增长值是多少?箍筋 135°/135°弯钩当取 $D=2.5d$,平直长为 $10d$ 时,两个弯钩增长值是多少?

21. 某建筑物 7 度抗震设防,一层楼共有 10 根 L 形梁,梁的配筋如图 3.71 所示,计算 L 形梁的钢筋下料长度,并绘制 L 形梁钢筋配料单。

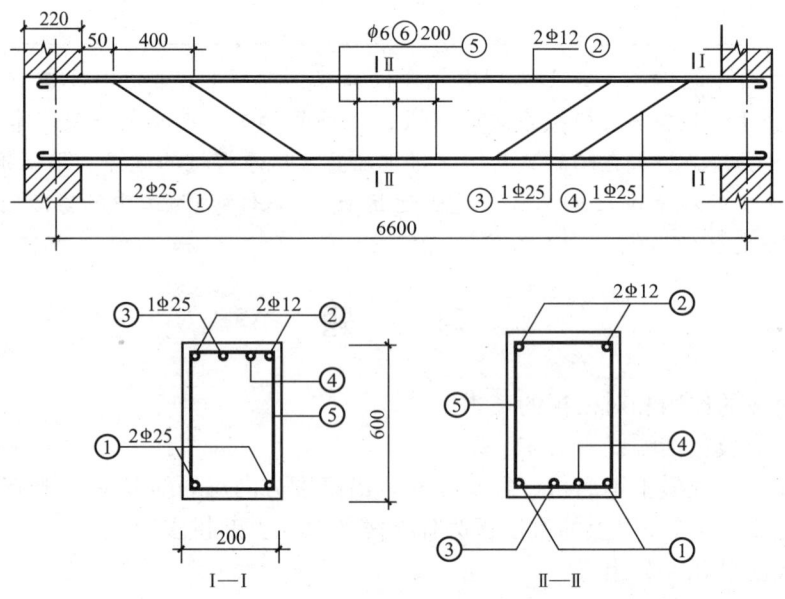

图 3.71 习题图

22. 钢筋连接的方法通常有哪几种?

23. 搅拌混凝土时,根据计算出的各组成材料的一次投料量,按重量投料。各组成材料投料时允许偏差是多少?

24. 某结构采用 C20 混凝土,实验室配合比为 1∶2.15∶4.35,水灰比为 0.6,实测砂石含水率分别为 3‰、1‰,试计算施工配合比。若采用 400L 搅拌机搅拌,每立方米混凝土水泥用量为 270kg,试计算一次投料量。

25. 混凝土自高处倾落的自由高度(称自由下落高度)不应超过多少米?自由下落高度较大时,应使用溜槽或串筒,以防混凝土产生离析。

26. 什么叫做施工缝?为什么要留施工缝?施工缝一般留在何部位?

27. 有主次梁的楼板,宜顺着次梁方向浇筑,施工缝应留置在次梁跨度中间什么的范围内?

28. 混凝土的浇水养护有何要求?

模块 4

砌筑工程

教学目标

通过本章的学习，了解砌筑工程基本概念；熟悉砌筑工程常用的材料、主要机具；掌握砌筑工程一般施工工艺、各种类型砌体施工技术要求、砌体质量验收标准，具备砌筑工程现场施工的能力；掌握脚手架施工方法和技术要求；熟悉砌筑工程安全技术要求。

教学要求

知识要点	能力要求	相关知识	权重
砌筑工程常用概念	了解基本概念；能识别现场的这些现象	清水墙、混水墙、砖的砌筑分类、螺钉墙、砌体、灰缝、组砌、包心砌法等概念	5%
砌筑常用材料	熟悉常用材料的基本性能要求；能对常用材料进行检查验收；掌握砂浆的分类、制备、使用以及砂浆强度验收的方法与要求	普通黏土砖、烧结多孔砖和空心砖、粉煤灰硅酸盐砌块、混凝土小型空心砌块、加气混凝土砌块、水泥、砂、掺和料、砂浆等材料的技术要求；砂浆试块强度验收	10%
砌筑工程工作流程与常用规范	理解砌筑工程的工作内容及工作顺序关系；能知道砌筑工程所用规范名称并正确选用相应规范	工作流程图、常用规范名称	5%
砌筑的基本知识	知道砌筑前各方面的准备工作内容；掌握一般砌体砌筑的方法与技术要求，能独立开展其施工工作	砌筑前的材料准备工作、辅助设施准备、施工管理准备、施工作业条件、砌体的组砌形式、砌筑方法、砌体的一般砌筑工艺、砌体的一般要求	5%
各种类型砖砌体的施工	掌握基础、主体实心砖砌体、构造柱、楼板施工要点，能编制其施工方案等技术文件并能独立进行现场施工的检查验收；其余类型的砖砌体了解即可	砌体基础、主体实心砖砌体、构造柱、过梁、砖柱、砖垛、楼板等施工要点	20%
砌体工程冬季施工	理解冬期对砌筑工程的影响；掌握冬期施工的条件、冬期施工的方法，能够在低温时采取适当的技术措施展开施工	冬期对砌筑工程的影响、冬期施工的条件、冬期施工的方法（外加剂法、冻结法）	10%
空心砖、多孔砖砌体施工	掌握烧结空心砖多孔砖砌体施工要点，能对其进行正确的施工与验收；熟悉混凝土空心砖的施工	烧结空心砖、多孔砖、混凝土空心砖施工要点及技术要求	5%
砌块砌体施工	能正确进行小型砌块施工	小型砌块施工要点、技术要求	5%
框架填充墙施工	能采取适当的顺序与技术措施施工框架填充墙；掌握加气混凝土小型砌块填充施工工艺及要点	框架填充墙一般施工顺序与施工要点、加气混凝土小型砌块填充墙施工工艺、施工要点	10%
一般脚手架的施工	能结合案例编制脚手架施工方案、技术交底；能按构造要求及施工方案对扣件式钢管脚手架进行正确的搭设、拆除，并采取安全防护措施保证施工期间的安全	脚手架的分类、基本要求、扣件式钢管脚手架的材料、构造要求、搭设施工、拆除、安全防护措施	5%
框式脚手架	能认识框式脚手架，知道其搭设的方法	框式脚手架的构造、搭设要求	5%
里脚手架	了解里脚手架的构造	里脚手架构造	5%
垂直运输设施	知道常用机械的性能特点，能正确的选用垂直运输机械	塔式起重机、井架、龙门架、施工电梯性能简介	10%

 **引例**

　　万里长城是世界上最伟大的砖石结构建筑之一，埃及在公元前约 3000 年在吉萨采用块石建成三座大金字塔，罗马在公元前 75～80 年采用石结构建成的罗马大斗兽场，希腊的雅典卫城和一些公共建筑（运动场、竞技场等），以及罗马的大引水渠、桥梁、神庙和教堂等，都是世界历史上砌体结构的辉煌成就，至今仍是备受推崇和瞻仰的宝贵遗产。在只能利用天然建筑材料的时代，由于缺乏运输和修建的工具设备，建造的艰难和用料的浪费及建造不当产生的巨大损失也是显而易见的。

　　思考：
　　1. 如果在现代建长城和金字塔，可以选择哪些垂直运输设备和脚手架形式？
　　2. 墙体的施工工艺如何？如何保证其施工质量？

4.1　砌筑工程的基础知识

　　砌筑施工技术是传统施工工艺的一种，多用于施工砌体结构以及其他结构中的填充墙。砌筑工程发展到现在，存在着突出的特点。其优点：就地取材、耐火性、稳定性较好、节约水泥和钢材、施工无需模板和重型设备。缺点：自重大、砌筑工作繁重、砌体的抗拉、抗弯、抗剪能力低和所使用的黏土砖材占用优良农田，破坏环境。因此改进砌筑施工工艺、改良墙体材料成为目前砌筑工程发展的主要方向。

4.1.1　砌筑材料

　　砌筑工程所用材料主要有砖材、水泥、砂、石灰膏和外加剂等。材料进场应进行材料质量检验与验收。除检查其合格证，产品质量检验报告、外观质量外还应进行抽样复检。检查合格后方可使用。

 **特别提示**

　　复检工作应尽早进行，以免因为材料万一不合格影响正常施工。
　　复检应按见证取样的相关规定实施。

　　1. 砖材

　　砌体工程中用的砖材有普通砖和砌块。
　　普通砖有普通黏土砖、煤渣砖、烧结多孔砖、烧结空心砖和蒸压灰砂空心砖等。
　　砌块有粉煤灰硅酸盐砌块、混凝土小型空心砌块、加气混凝土砌块和煤矸石砌块等。高度在 180～380mm 的块体，一般称为小型砌块，高度在 380～940mm 的块体，一般称为中型砌块，大于 940mm 的块体，称为大型砌块。
　　砖材强度等级、外观质量应符合设计和规范的要求。

 **知识链接**

　　现场码放 1m 普通黏土砖的数量为 683.6 块/m³。

空心砖和多孔砖的区别主要有以下三个方面：
（1）多孔砖孔洞率要求为大于15%；空心砖孔洞率要求为大于40%。
（2）多孔砖孔洞的尺寸小而数量多，空心砖孔的尺寸大而数量少，一般有2孔、3孔、4孔等几种。
（3）多孔砖常用于承重部位，空心砖常用于非承重部位。

2．水泥

砌筑用水泥应根据设计要求采用。常采用中等标号的普通硅酸盐水泥，对于有特殊用途的情况则选用相应的特殊水泥。

水泥进场使用前，应分批对其强度、安定性进行复验。不合格者不能使用或降级使用。

当在使用中对水泥质量有怀疑或水泥出厂超过3个月（快硬硅酸盐水泥超过一个月）时，应复查试验，并按其结果使用。

不同品种的水泥，不得混合使用。因为各种水泥成分不一，当不同水泥混合使用后往往会发生材性变化或强度降低现象，从而引起工程质量问题。

3．砂

砌筑用砂常采用中粗砂。人工砂、山砂及特细砂，应经试配能满足砌筑砂浆技术条件要求。砂中不得含有有害杂物。

砂的含泥量应满足下列要求。
（1）对水泥砂浆和强度等级不小于M5的水泥混合砂浆，不应超过5%。
（2）对强度等级小于M5的水泥混合砂浆，不应超过10%。
（3）砂中含泥量过大，不但会增加砌筑砂浆的水泥用量，还可能使砂浆的收缩值增大，耐久性降低，影响砌体质量。

知识链接

现场检验砂的方法：用手随取砂一把搓揉，如感觉坚硬、颗粒粗糙有棱角刺手且无尘土粘手则为好砂。

砂中如含有草根、树皮等杂物或粒径不符合要求，则需要用筛子筛分。常用筛孔尺寸有4mm、6mm和8mm等几种。

4．掺和料

为了提高砂浆的保水性，改善和易性常在砂浆中掺加掺和料。混合砂浆主要以掺和熟化7以上的石灰膏为主，也可以用黏土膏或熟化的精磨石灰粉、粉煤灰等。还可以掺入适量的有机塑化剂，掺量一般为水泥的用量的(0.5~1)/10000。

生石灰熟化成石灰膏时，应用孔径不大于3mm×3mm的网过滤，熟化时间不得少于7d；磨细生石灰粉的熟化时间不得小于2d。石灰膏不得有脱水硬化、冻结和污染的现象。

粉煤灰的品质指标应符合规范要求。

特别提示

凡在砂浆中掺入有机塑化剂、早强剂、缓凝剂、防冻剂等，应送检且经检验和试配符合要求后，方可使用。有机塑化剂应有砌体强度的形式检验报告。因为这类产品很多，但同种产品的性能存在差异，为保证施工质量，所以应对这些外加剂进行检验和试配符合要求后再使用。

5. 水

拌制砂浆用水，水质应符合国家现行标准《混凝土拌合用水标准》的规定。使用饮用水搅拌砂浆时，可不对水质进行检验。否则应对水质进行检验。

6. 砂浆

砌筑砂浆填充砖之间的空隙，并将其黏结成一整体形成砌体。在建筑工程中主要起到黏结、衬垫、传递应力的作用。

（1）砌筑砂浆一般采用水泥砂浆和混合砂浆。按组成材料的不同分为：水泥砂浆、水泥混合砂浆、非水泥砂浆。

① 水泥砂浆。水泥砂浆的塑性和保水性较差，但能够在潮湿环境中硬化、具有较高的强度和耐久性，一般多用于高强度和潮湿环境的砌体中。

② 水泥混合砂浆。在水泥砂浆中掺入一定量的外加剂而形成的具有一定强度和耐久性的砂浆。其和易性和保水性好，常用于地上砌体。

③ 非水泥砂浆。不含有水泥的砂浆。强度低耐久性差，可用于简易或临时建筑的砌体。

（2）砂浆性能指标。砌筑砂浆应通过计算和试配确定配合比。当砌筑砂浆的组成材料有变更时。其配合比应重新确定。砂浆必须满足设计要求的种类和强度等级。其稠度、分层度和试配抗压强度，也必须同时符合要求。

砂浆的强度等级有 M15、M10、M7.5、M5 和 M2.5 5 个等级。

水泥砂浆拌和物的密度不宜小于 $1900kg/m^3$；水泥混合砂浆拌和物的密度不宜小于 $1800kg/m^3$；水泥砂浆中水泥用量不应小于 $200kg/m^3$，水泥混合砂浆中水泥和掺加料总量宜为 $300\sim350kg/m^3$。

砌筑砂浆的分层度不得大于 30mm。砌筑砂浆的稠度见表 4-1。

表 4-1 砌筑砂浆稠度　　　　　　　　　　　　　　单位：mm

砌体种类	砂浆的稠度	砌体种类	砂浆的稠度
烧结普通砖砌体	70～90	烧结普通砖平拱式过梁、空斗墙、普通混凝土小型空心砌块砌体、加气混凝土砌块砌体	50～70
轻骨料混凝土小型空心砌块砌体	60～90	石砌体	30～50
烧结多孔砖、空心砖砌体	60～80		

特别提示

砂浆配合比的计算与确定，参见建筑工程材料。

（3）砂浆的制备。砂浆应采用机械搅拌。常用于砂浆制备的机械有混凝土搅拌机、砂浆搅拌机等。

制备中应采取措施保证砂浆材料配合比计量准确。

为使物料充分拌合，保证砂浆拌和质量，对不同砂浆品种分别规定了搅拌时间的要求。

自投料完算起，搅拌时间应符合下列规定：

① 水泥砂浆和水泥混合砂浆不得少于 2min。
② 水泥粉煤灰砂浆和掺用外加剂的砂浆不得少于 3min。
③ 掺用有机塑化剂的砂浆，应为 3～5min。

为保证计量准确砌筑砂浆配合比一般采用重量比。
搅拌现场应悬挂配合比标牌、设置称量工具并按规定时间对其进行计量检定。
砂浆制备中常易出现的问题。
(1) 未严格按配合比进料，导致砂浆强度出现异常。
(2) 搅拌时，不按安全操作规程操作，出现机械或用电的安全事故。
(3) 砂浆原材料准备不足，影响施工进度。

(4) 砂浆的使用。

砂浆应随拌随用。水泥砂浆和水泥混合砂浆应分别在 3h 和 4h 内使用完毕；当施工期间最高气温超过 30℃时，应分别在拌成后 2h 和 3h 内使用完毕。对掺用缓凝剂的砂浆，其使用时间可根据具体情况延长。

(5) 砂浆试块强度验收。

砂浆强度以标准养护，龄期为 28d 的试块抗压试验结果为准。

检验方法：在砂浆搅拌机出料口随机取样制作砂浆试块（同盘砂浆只应制作一组试块），在标准条件下养护 28d 后送试验检测机构试压，最后检查试块强度试验报告单。

抽查数量：每一检验批且不超过 250m³ 砌体的各种类型及强度等级的砌筑砂浆，每台搅拌机应至少抽检一次。

验收强度合格标准必须符合以下规定：

同一验收批砂浆试块抗压强度平均值必须大于或等于设计强度等级所对应的立方体抗压强度，同一验收批砂浆试块抗压强度的最小一组平均值必须大于或等于设计强度等级所对应的立方体抗压强度的 0.75 倍。

砌筑砂浆的验收批，同一类型、强度等级的砂浆试块应不少于 3 组。当同一验收批只有一组试块时，该组试块抗压强度的平均值必须大于或等于设计强度等级所对应的立方体抗压强度。

为了对试块进行养护，现场临时设施中应考虑适当的位置修建临时养护池或养护室。

4.1.2　砌筑工程工作流程

砌筑工程工作流程如图 4.1 所示。

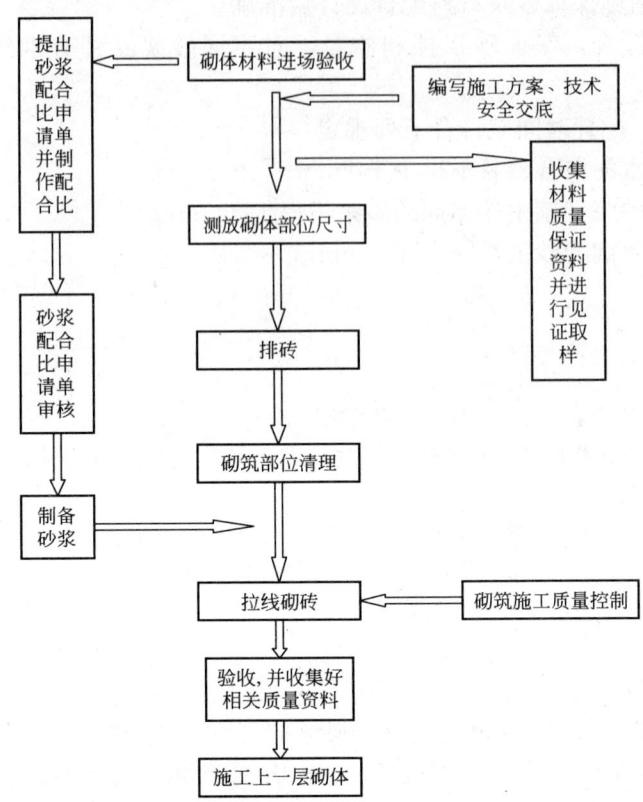

图 4.1 砌筑工程工作流程

4.1.3 砌筑工程施工相关标准

GB 50203—2002《砌体工程施工质量验收规范》。

GB 50202—2002《建筑地基基础工程施工质量验收规范》。

GB 50204—2002《混凝土结构工程施工质量验收规范》。

JGJ/T 13—1994《设置钢筋混凝土构造柱多层砖房抗震技术规范》。

JGJ/T 14—2004《混凝土小型空心砌块建筑技术规程》。

JGJ/T 104—97《建筑工程冬期施工规程》。

JGJ/T 98—96《砌筑砂浆配合比设计规程》。

GB/T 50315—2000《砌体工程现场检测技术标准》。

JGJ 70—2009《建筑砂浆基本性能试验方法》。

JGJ 28—1986《粉煤灰在混凝土及砂浆中应用技术规程》。

GBJ 119—1988《混凝土外加剂应用技术规范》。

GB 5101—2003《烧结普通砖》。

GB 13544—2000《烧结多孔砖》。

GB 11945—1999《蒸压灰砂砖》。

JC 239—2001《粉煤灰砖》。

GB 13545—2003《烧结空心砖和空心砌块》。

GB 8239—1997《普通混凝土小型空心砌块》。
GB 15229—1994《轻集料混凝土小型空心砌块》。
GB 11968—2006《蒸压加气混凝土砌块》。
JC/T 479—1992《建筑生石灰》。
JC/T 480—1992《建筑生石灰粉》。
JGJ 63—2006《混凝土标准用水》。
JC 860—2000《混凝土小型空心砌块砌筑砂浆》。
JC 861—2000《混凝土小型空心砌块灌孔混凝土》。
JGJ 130—2001《建筑施工扣件式钢管脚手架安全技术规范》。
JG/T 164—2004《砌筑砂浆增塑剂》。
GB/T 50375—2006《建筑工程施工质量评价标准》。
JGJ 52—2006《普通混凝土用砂、石质量及检验方法标准》。

4.2 砖砌体施工

4.2.1 砌筑的基础知识

1. 砌筑前的准备工作

1) 材料准备

（1）材料的制备。根据施工进度安排，按设计和配合比制备好满足数量和技术性能要求的砂浆。提前购进砌筑所用的砖材。并对所有进场材料组织检验验收。

特别提示

材料制备中除了材料质量性能需满足要求外，材料的数量必须要满足施工进度的要求。每一阶段的施工前，施工员应提前根据设计仔细计算各种材料用量提交给材料部门进行采购。提前时间量应考虑采购、检验、退换、制备等合理时间，以免延误工期。

（2）材料的处理。砌筑砖砌体时，砖应提前1～2天浇水湿润。对烧结普通砖、多孔砖含水率宜为10%～15%；对灰砂砖、粉煤灰砖含水率宜为8%～12%。现场检验砖含水率的简易方法采用断砖法，当砖截面四周融水深度为15～20mm时，视为符合要求的适宜含水率。

（3）材料的运输。材料准备好后通过一定的方式运输到施工作业地点，以便进行砌筑作业。材料的运输应满足作业高峰期使用材料量的要求。

材料运输方式分为水平运输与垂直运输。运输机具不同材料的运输方式也不同。砌筑工程常采用的机具有手推车、塔吊、井架、施工电梯、龙门架和灰浆泵等。施工前，应根据工程材料的需用量和机具设备的技术性、经济性对机具进行合理的选用。

2) 辅助设施准备

（1）安装脚手架。一般砌筑高度在1.2～1.4m时，即需要安装脚手架以便施工。脚手架应根据施工进度随砌随搭。外脚手架必须按脚手架专项施工方案搭设并经检查验收符合安全及使用要求。

(2) 施工机具的准备。常用机具分 4 种：瓦工工具、共用工具、检测工具和搅拌和运输机械。

① 瓦工工具。瓦刀和灰桶。

② 共用工具。砂筛、手推车、铁铲和皮数杆。

③ 检测工具。钢卷尺、线坠、靠尺、水平尺、准线和百格网。

④ 搅拌和运输机械。搅拌机、塔吊、井架、施工电梯、龙门架和灰浆泵。

砌筑前应按施工组织设计的要求组织相应的机具进场、安装和调试。大型施工机械，如塔吊、井架、施工电梯、龙门架和灰浆泵等应由具有资质的专业公司、人员进行装拆。

特别提示

小型工具、手工工具一般由各施工作业队伍自备。

皮数杆用于控制砌体的竖向高度。

准线用于控制砌体的平整度和水平灰缝的厚度。

靠尺用于控制砌体的垂直度。

3) 施工管理准备

(1) 施工技术准备。

① 图纸审查。工程开工前需要对整个工程图纸进行图纸会审。在工程进行中，项目部对每个分部分项工程仍需进行图纸审查，以便发现疏漏的问题在正式施工该分部分项工程前及时给予解决，不致影响进度。由于时间、经验等影响往往在图纸会审阶段无法发现所有的问题，因此还必须在施工中反复熟悉图纸，群策群力做好内部的图纸审查工作。

② 编制施工技术文件。

施工方案：分部工程施工前应编制施工方案。它是指导分部工程施工的核心文件，应按实际情况，编制切实可行的方案。其中最主要的内容是施工技术措施，应有针对性和可操作性。

技术交底、安全交底文件：分项工程施工前由技术负责人向岗位管理人员进行交底。各岗位管理人员结合各作业班组的任务情况向班组长或全体成员进行书面交底。书面交底上应有相关人员签字。

交底的内容主要有：工作内容及工程质量要求，工期目标，具体方法措施，注意事项，分工安排，交接班制度，安全技术措施等项。

(2) 施工组织管理准备。

① 确定目标。根据合同和项目内部控制有关要求制订本分部工程的质量目标、工期目标、安全生产目标、文明施工目标和班组考核目标。

② 编制施工计划。根据确定的目标需编制以下计划：分部或分项工程作业计划，材料采购供应计划，构件生产或订购供应计划，劳动力和机械、机具需求计划，材料抽检复检计划，砂浆试块制作计划，现场准备工作计划等。

③ 组织劳务队伍。根据各施工企业的管理模式和各地条件组织劳务人员，确保有稳定的、足够数量和工作经验的工人来实现工程目标。工人应证证上岗，并按人力资源保障

部住房和城乡和社会建设部的有关规定加强管理。

2. 作业条件

（1）完成砌砖前的准备工作。

（2）砌筑部位的灰渣、杂物应清理干净，基层浇水湿润。

（3）基础砌筑作业条件。

基础垫层施工完成，验收合格并办理好工程隐蔽验收手续。

垫层表面弹出基础轴线和边线、水平标高。

（4）首层砖墙、柱作业条件。

地基、基础工程及防潮层均已完成并办理好工程隐蔽验收手续。

基础顶面弹出墙、柱边线、轴线、门窗洞口平面位置线并进行抄平工作。

完成室外回填土及室内地面垫层。

4.2.2 砌体的组砌形式

为了保证砌体的强度，砌体在砌筑时必须按一定形式进行。常用的组砌形式有：一顺一丁、三顺一丁、梅花丁、两平一侧、全顺式和全丁式。

1. 一顺一丁（如图 4.2 所示）

由一皮顺砖与一皮丁砖相互交错砌筑而成，上下皮间的竖缝相互错开 1/4 砖长。砌体转角处与交接处砌法如图 4.3 和图 4.4 所示。适合砌一砖及一砖以上厚的墙。

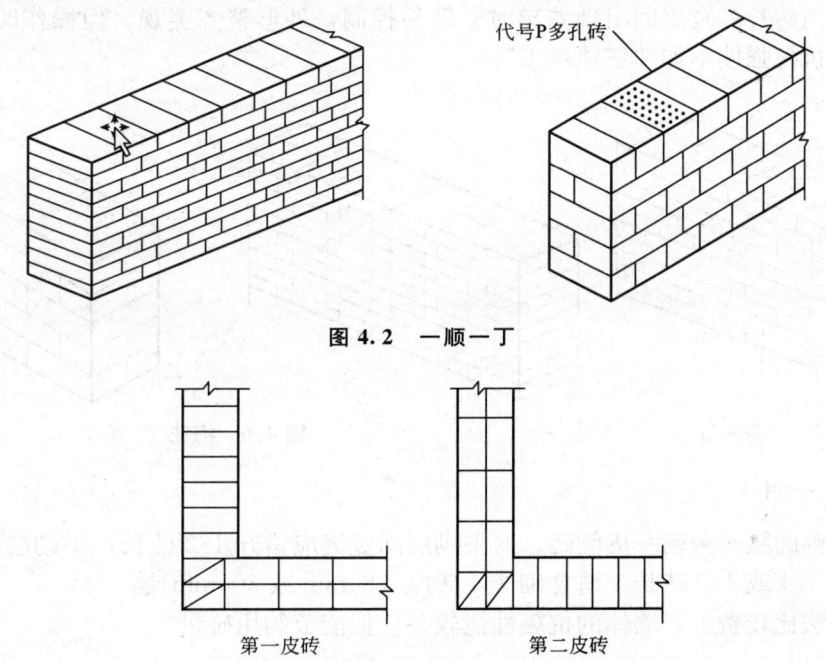

图 4.2 一顺一丁

图 4.3 一砖墙一顺一丁转角处分皮砌法（配砖为 3/4 砖）

这种砌法各皮间错缝搭接牢靠，墙体整体性较好，操作中变化小，易于掌握，砌筑时墙面也容易控制平直，但竖缝不易对齐，在墙的转角，丁字接头，门窗洞口等处都要砍砖，因此砌筑效率受到一定限制。这种砌法在砌筑中采用较多。

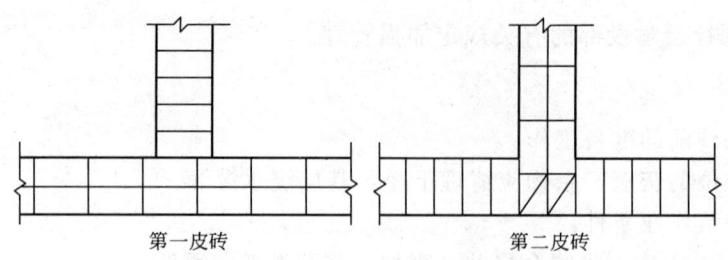

图 4.4　一砖墙一顺一丁交接处分皮砌法

2. 三顺一丁如图 4.5 所示

由三皮顺砖与一皮顶砖相互交错叠砌而成，上下皮顺砖搭接为 1/2 砖长。适合砌一砖及一砖以上厚的墙。

这种砌法出面砖较少，同时在墙的转角、丁字与十字接头，门窗洞口处砍砖较少，故可提高工效。但由于顺砖层较多反面墙面的平整度不易控制，当砖较湿或砂浆较稀时，顺砖层不易砌平且容易向外挤出，影响质量。这种墙体的抗压强度接近一顺一丁砌法，受拉受剪力学性能均较一顺一丁砌法为强。

3. 梅花丁如图 4.6 所示

在同一皮砖层内一块顺砖一块丁砖间隔砌筑（转角处不受此限），上下两皮间竖缝错开 1/4 砖长，顶砖位于顺砖的中间。适合砌一砖厚墙。

该砌法内外竖缝每皮都能错开，故抗压整体性较好，墙面容易控制平整，竖缝易于对齐，特别是当砖长、宽比例出现差异时竖缝易控制，外形整齐美观。但操作时容易搞错，比较费工，抗拉强度不如"三顺一丁"。

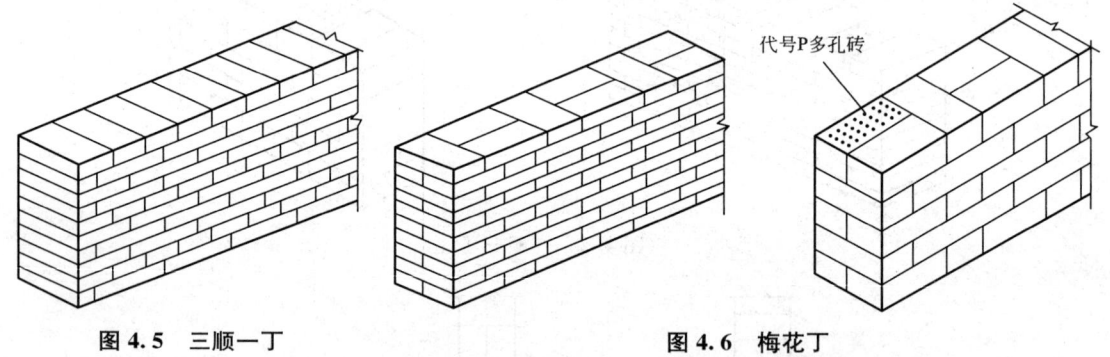

图 4.5　三顺一丁　　　　　　　　　　图 4.6　梅花丁

4. 两平一侧

两皮平砌的顺砖旁砌一皮侧砖。两平砌层间竖缝应错开 1/2 砖长；平砌层与侧砌层间竖缝可错开 1/4 或 1/2 砖长。适合砌 3/4 砖厚（180mm 或 300mm）墙。

此种砌法比较费工，墙体的抗震性能较差；但能节约用砖量。

5. 全顺式

每皮砖全部用顺砖砌筑，两皮间竖缝搭接 1/2 砖长。仅用于半砖隔断墙。

6. 全丁式

每皮全部用丁砖砌筑，两皮间竖缝搭接为 1/4 砖长。一般多用于圆形建筑物，如水塔、烟囱、水池和圆仓等。

7. 其他形式

严寒地区有空斗墙、双层砖墙的砌法，但因较为少见，所以在此不做介绍。

知识链接

1. 砌体

砌体是由砖、石块或砌块等块体材料与砂浆或其他胶结材料砌筑而成的结构。

按砌筑的块体材料可分为砖砌体、砌块砌体、配筋砖砌体和石材砌体。

2. 组砌

组砌是指砖在砌体中按一定规律的摆放方式。以保证砌体上下层砖之间错缝搭砌。

3. 标准砖砌筑分类

1) 按砌筑方向的不同进行分类

(1) 顺砖。砖的长度方向与墙体轴线平行。

(2) 丁砖。砖的长度方向与墙体轴线垂直。

2) 按砖被破的尺寸不同进行分类

(1) 七分头。七分头是指3/4砖长的砖。

(2) 二寸条。二寸条是指1/2砖宽的砖。

(3) 二寸头。二寸头是指1/4砖长的砖。

标准砖砌体材料用量计算（砖墙厚度尺寸见表4－2）：

每 $1m^3$ 砖墙的用砖量＝1/[墙厚×(砖长＋灰缝)×(砖厚＋灰缝)×墙厚的砖数×2]
＝k/(墙厚×0.01575)

式中　k——墙厚120mm时$k=1$；墙厚180mm时$k=1.5$；墙厚240mm时$k=2$；墙厚370mm时$k=3$；墙厚490mm时$k=4$。

每 $1m^3$ 砖墙的砂浆用量＝1－0.0014628×砖数

表4－2　砖墙厚度尺寸对照表　　　　　　　　　　　单位：mm

砖墙厚度	$\frac{1}{4}$砖	$\frac{1}{2}$砖	$\frac{3}{4}$砖	1砖	$1\frac{1}{2}$砖	2砖	$2\frac{1}{2}$砖	3砖
计算尺寸	53	115	178	240	365	490	615	740
设计尺寸	60	120	180	240	370	490	620	740

4.2.3　砌体的砌筑方法

砌体的砌筑方法有"三一"砌砖法、铺浆法、刮浆法和满口灰法。其中，"三一"砌砖法和挤浆法最为常用。

1. "三一"砌砖法

一铲灰，一块砖，一挤揉，并随手将挤出的砂浆刮去的砌筑方法。操作时砖块要放平，跟线。优点：灰缝易饱满，粘接力好，能保证砌筑质量。缺点：劳动强度大，影响砌筑效率。实心砖砌体宜采用"三一"砌砖法。

2. 铺浆法

即先用砖刀或灰铲在墙上铺 500～750mm 长的砂浆,用砖刀调整好砂浆的厚度,再将砖沿砂浆面向接口处推进并揉压,使竖向灰缝有 2/3 高的砂浆,再用砖刀将砖调平。

优点:可以连续挤砌几块砖,减少烦琐的动作;平推平挤可使灰缝饱满;效率高;保证砌筑质量。

铺浆长度不宜超过 750mm,施工期间气温超过 30℃,铺浆长度不宜超过 500mm。要求砂浆的和易性一定要好。

4.2.4 砌体的一般砌筑工艺

1. 抄平、放线

1) 抄平

砌筑前,先在砌筑面上根据控制水准点定出结构标高位置。

二层以下用水准仪确定;二层以上采用钢尺从底层向上一层传递。如果实际标高与设计有偏差则需进行处理。厚度在不大于 20mm 时用 1∶3 水泥砂浆;厚度在大于 20mm 时一般用 C15 细石混凝土找平。

砌体砌筑时,当每层砌体砌到约 1.2m 高度时,应随即用水准仪在墙内进行抄平。即在所有墙体内侧弹出该层结构标高加 0.5m 的标高线(现场称为结构五零线)。其作用为控制该层砌体的砌筑高度及放置门、窗过梁高度的依据。

特别提示

结构 500mm 水平线放出后应在同一水平面,如不在同一水平面则称为不能交圈,即应对水平线进行检查校核。

2) 放线

砌筑面标高调整好后,还应在砌筑面放出砌体的边线。如果砌体中有形状的变化如门窗洞口等,其位置线也应在砌筑面放出。

建筑物底层砌体可按龙门板上轴线定位将砌体中心轴线放到基础面上,根据控制轴线,弹出纵横砌体中心线与边线,定出门洞口位置。

二层以上砌体借助于经纬仪把砌体中心轴线引测到楼层上去如图 4.7 所示;或用线锤对准外墙面上的中心轴线,向上引测如图 4.8 所示。

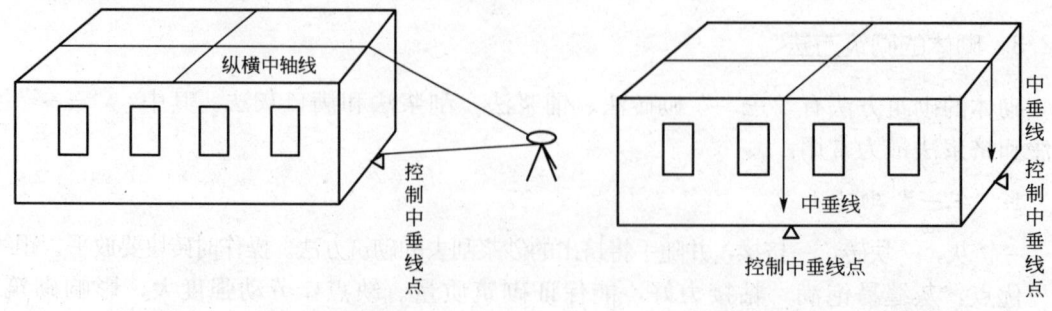

图 4.7 经纬仪引测轴线　　　　　图 4.8 垂球法引测轴线

2. 摆砖

在砌筑基顶面放线位置上按事先确定的组砌方法，试摆砖位。摆砖应尽量使门窗间墙符合砖的模数，偏差小时可通过竖缝调整或将门窗口位置适当调整，以减小砍砖数量并保证砖及砖缝排列整齐、均匀，提高砌砖效率。

特别提示

摆砖应从一端向另一端有序摆排。

3. 立皮数杆

皮数杆是木制的标杆，上面划有每皮砖和灰缝的厚度，以及门窗洞、过梁、楼板底面等的标高如图4.9所示。一般可用50mm×50mm的方木制作，长度大于一个楼层高。砌筑前立于墙的转角、纵横墙交接处如图4.10所示。如墙的长度很大（≥20m），可每隔10~15m再立一根。皮数杆基准标高用水准仪校正。

皮数杆标高校正好后，应进行固定。可用卡子或铁钉固定在地面的预埋件上或墙上。

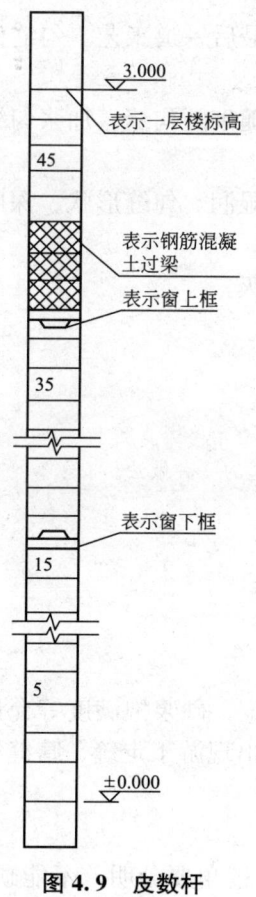

图4.9 皮数杆

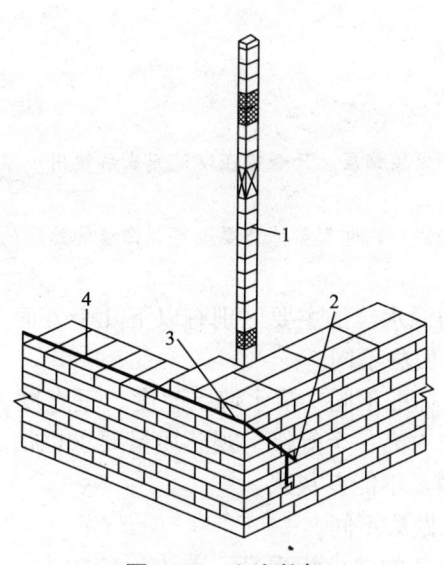

图4.10 立皮数杆

1—皮数杆；2—末端水平控制线固定铁钉；
3—转角处水平控制线固定铁钉；
4—水平控制线

4. 盘角、挂线

砌体角部是控制砌体横平竖直的主要依据。砌墙角即为盘角。砌筑时，一般先砌砌体两端大角，然后再砌中间部位。大角砌筑主要是根据皮数杆标高，依靠线锤、托线板使之垂直。大角必须双向垂直。大角砌好后即进行挂线。将准线挂在大角的每一层砖的灰缝中，准线应固定拉紧。两个大角之间的砌体砌筑即以此准线进行控制灰缝平直。一砖、一砖半墙可用单面挂线，一砖半墙以上采用双面挂线。

特别提示

墙角多指两道外墙交接的部位，也称为大角。

5. 铺灰砌砖

砌筑操作各地采用的方法有所不同，但都应遵循操作规程保证质量符合验收规范的要求。砌筑过程中应三皮一吊、五皮一靠，以保证墙面垂直平整。

6. 勾缝、清理

清水墙砌完后，要进行墙面修正及勾缝，这是清水墙的最后一道工艺。勾缝作用在于保护墙面、增加墙面的美观。混水墙不做勾缝的要求。

方法有原浆勾缝和加浆勾缝。原浆勾缝，使用砌筑砂浆随砌随勾缝。加浆勾缝，砌筑完成后用1∶1.5水泥砂浆或加色浆勾缝。

首先将墙面黏结的砂浆及污物清刷干净，然后浇水冲洗湿润。勾缝形状、深度应符合设计要求。深度无设计要求时，一般可控制在4～5mm为宜。

勾缝或砌筑完成后，应全面清扫墙面、柱面，清理落地灰。

知识链接

1. 清水墙

墙体表面不做装饰层，只需要在砌筑完成后使用砂浆进行勾缝处理的一种做法。

2. 混水墙

墙体砌筑完成后，墙面整体还要进行装饰层的处理的做法。

清水墙与混水墙的主要区别有以下几个方面。

（1）设计做法不同。

（2）验收标准不同。清水墙平整度、垂直度、灰缝直线度、砂浆饱满度等允许偏差值比混水墙的要求高一个等级。观感质量要求也很高，不允许出现游丁走缝、瞎缝等质量缺陷。砖面干净，不能有灰浆。

（3）施工做法不同。

清水墙对砖的要求相当高。首先，砖的大小规格一致，棱角要分明，不能缺棱掉角，色泽要有质感。必须定制或选砖。其次，砌筑工艺十分讲究。混水墙在施工时不考虑其他的表面美观施工；清水墙则要考虑灰缝线条通直、大小均匀，阴阳角要锯砖磨边，接槎要严密和具有美感。

4.2.5 砌体的一般要求

(1) 砌体施工的原材料符合质量要求。

(2) 砌体的砌筑质量良好，做到灰缝横平竖直、砂浆饱满、厚薄均匀、砌块上下错缝、内外搭砌、接槎可靠、墙面垂直。质量应符合《砌体工程施工质量验收规范》(GB 50203—2002) 的要求。

(3) 采取措施预防不均匀沉降、温度等引起的裂缝。

(4) 注意施工中墙柱的稳定性。

(5) 冬季施工应有相应的技术措施。

4.2.6 基础实心砖砌体的施工

1. 砌体基础的基本形式

1) 砖基础

砖基础的下部放大的部分为大放脚，上部为基础墙。大放脚砌筑在垫层之上。大放脚有等高和不等高式两种。等高式大放脚是每砌两皮砖，两边各收进 1/4 砖长(60mm)；不等高式大放脚是每砌两皮砖及一皮砖，轮流两边各收进 1/4 砖长如图 4.11 所示。

大放脚的宽度为半砖长的整数倍。混凝土垫层厚度一般为 100mm，宽度每边比大放脚最下层宽 100mm。

基础墙在室内地面标高以下一皮砖 (−0.06m) 处一般设置有防潮层，当设计无具体要求时，宜用 1∶2 水泥砂浆加适量防水剂铺设，其厚度宜为 20mm。

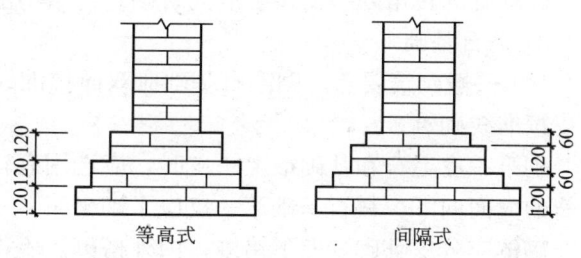

图 4.11 砖基础大放脚形式

知识链接

砖基础大放脚由于其截面形状不规则，按一般的方法计算工程量很繁琐，也易出错。在工程实践中，对其计算方法提出过很多种改进。现选介一种以供参考(该方法出自《建筑工人》，作者曹韩阳)。

根据设计砖基础截面的形状，见表 4-3 选择相应的公式计算即可。

表 4-3 砖基础大放脚截面积计算公式表　　　　　　　　单位：m^2

类别	放脚层数	截面积(S)计算式
等高式	n	$S = n(4n+4)/508$
不等高式	n(偶数)	$S_{偶} = n(3n+4)/508$
	n(奇数)	$S_{奇} = (3n-1)(n+1)/508$

2) 毛石基础

毛石基础由毛石与水泥混合砂浆或水泥砂浆砌成。毛石基础可作为墙下条形基础或柱下独立基础。石材应质地坚实，无风化剥落和裂纹。毛石强度等级一般为 MU20 以上；砂浆宜用水泥砂浆，强度等级不低于 M5。

毛石基础按其断面形状有矩形、梯形和阶梯形等。基础顶面宽度应比墙基底面宽度大 200mm；基础底面宽度依设计计算而定。梯形基础坡角应大于 60°。阶梯形基础每阶高不小于 300mm，每阶挑出宽度不大于 200mm。

2. 施工流程

定位放线→土方开挖(地基处理)→地基验槽→垫层施工→基础砌筑→构造柱、地圈梁施工→基础验收→土方回填。

3. 实心砖砌体基础施工要点

1) 砖基础

(1) 一般砌筑要点。砌筑前，应将垫层表面的浮土和垃圾去除。

砖基础大放脚一般采用一顺一丁砌筑形式，上下皮垂直灰缝相互错开 1/4 砖长(60mm)。

砖基础的水平灰缝厚度和垂直灰缝宽度宜为 10mm。水平灰缝的砂浆饱满度不得小于 80%。

(2) 特殊部位砌筑要点。砖基础的底标高不相同时，应从低处开始砌筑，并应由低处向高处搭砌，当设计无要求时，搭砌长度不应小于砖基础大放脚的高度。

砖基础的转角处和交接处应同时砌筑，当不能同时砌筑时，应留置斜槎(踏步槎)。

2) 毛石基础

(1) 一般砌筑要点。砌毛石基础应双面拉准线。第一皮按所放的基础边线砌筑，以上各皮按准线砌筑。

砌第一皮毛石和基础最上一皮时，应选用有较大平面的石块。毛石基础应坐浆，并使毛石的大面向下。料石基础第一皮应丁砌坐浆。

砌体应分皮卧砌，上下错缝，内外搭砌。不得采用先砌外面石块后中间填心的砌筑方法，石块间较大的空隙应先填塞砂浆后用碎石嵌实，不得采用先填碎石块后塞砂浆或干填碎石块的方法。

灰缝厚实宜为 20～30mm，砂浆应饱满，石块间不得有相互接触现象。

毛石基础的每皮毛石内每隔 2m 左右应设置一块拉结石。拉结石宽度：如基础宽度等于或小于 400mm，拉结石宽度应与基础宽度相等；如基础宽度大于 400mm，可用两块拉结石内外搭接，搭接长度不应小于 150mm，且其中一块长度不应小于基础宽度的 2/3。

阶梯形毛石基础，上阶的石块应至少压砌下阶石砌的 1/2。

毛石基础每天可砌高度为 1.2m。

(2) 特殊部位砌筑。砌体转角处、交接处和洞口处应选用平毛石砌筑。

有高低台的毛石基础，应从低处砌起，并由高处向低处搭接，搭接长度不小于基础高度。

毛石基础转角处和交接处应同时砌起。如不能同时砌起又必须留槎时，应留成斜槎，斜槎长度应不小于斜槎高度。继续砌筑时，应将斜槎清理干净，浇水湿润。

4.2.7 主体实心砖砌体的施工

1. 施工流程

1) 设计楼板为预制板

抄平放线(绑扎构造柱钢筋)→摆砖→立皮数杆→组砌(50 线抄平)→清理→构造柱模

板安装、浇筑混凝土→圈梁钢筋绑扎→圈梁、楼梯及现浇楼板模板安装→浇筑混凝土→拆圈梁模板、找平→楼板安装→现浇板带→楼层清理。

2) 设计楼板为现浇板

抄平放线（绑扎构造柱钢筋）→摆砖→立皮数杆→组砌（50线抄平）→清理→构造柱模板安装、浇筑混凝土→圈梁钢筋绑扎→圈梁、楼梯及现浇板模板安装→现浇楼板楼梯钢筋绑扎→浇筑混凝土→楼层清理。

2. 施工技术要点

1) 一般要点

每层承重墙的最上一皮砖、梁和梁垫下及挑檐、腰线等处，应是整砖丁砌。砖柱或宽度小于 1m 的窗间墙，应选用整砖砌筑。半砖和破损的砖应分散使用在受力较小的砖墙，小于 1/4 砖块体积的碎砖不能使用。

砖墙的水平灰缝厚度和垂直灰缝宽度宜为 10mm，但不应小于 8mm，也不应大于 12mm。

砖墙的水平灰缝砂浆饱满度不得小于 80%；垂直灰缝宜采用挤浆或加浆方法，不得出现透明缝、瞎缝和假缝。砌体不准出现通缝，错缝或搭接长度一般不小于 1/4 砖长（60mm），在砌筑时尽量少砍砖。

在墙上留置临时施工洞口，其侧边距交接处墙面不应小于 500mm，洞口净宽度不应超过 1m。临时施工洞口应做好补砌。补砌时，必须将接槎处表面清理干净，浇水湿润，并填实砂浆，保持灰缝平直。

不得在下列墙体或部位设置脚手眼。

（1）半砖厚墙。

（2）过梁上与过梁成 60°角的三角形范围及过梁净跨度 1/2 的高度范围内。

（3）宽度小于 1m 的窗间墙。

（4）墙体门窗洞口两侧 200mm 和转角处 450mm 范围内。

（5）梁或梁垫下及其左右 500mm 范围内。

（6）设计不允许设置脚手眼的部位。

施工脚手眼补砌时，灰缝应填满砂浆，不得用干砖填塞。

设计要求的洞口、管道、沟槽应于砌筑时正确留出或预埋，未经设计方同意，不得打凿墙体和墙体上开凿水平沟槽。宽度超过 300mm 的洞口上部，应设置钢筋混凝土过梁。

砖墙每日砌筑高度不得超过 1.8m。雨天不得超过 1.2m。

砖墙工作段的分段位置，宜设在变形缝、构造柱或门窗洞口处；相邻工作段的砌筑高度不得超过一个楼层高度，也不宜大于 4m。

 知识链接

灰　　　缝

（1）平缝。砌体中水平方向的灰缝。

（2）竖缝。砌体中竖直方向的灰缝。

(3)通缝。砌体中由于上下皮砖材的搭接长度小于规定数值而形成的竖向灰缝。规定数值为小于25mm的部位即形成了通缝。

2)特殊部位施工

(1)砖墙转角处和交接处。砖墙的转角处和交接处应同时砌筑。若不能同时砌筑,应将留置的临时间断砌成斜槎如图4.12所示。斜槎水平投影长度不应小于墙高度的2/3;接槎时,必须将接槎处的表面清理干净,浇水湿润,填实砂浆并保持灰缝平直。非抗震设防及抗震设防烈度为6度、7度地区,如临时间断处留斜槎确有困难时,除转角处外也可留直槎,但必须做成凸槎,直槎处加设拉结筋如图4.13所示。拉结筋的数量为每12cm墙厚放置1φ6拉结钢筋(120mm厚墙放置2φ6拉结钢筋),间距沿墙高不应超过500mm;埋入长度从墙的留槎处算起,每边均不得少于50cm,对抗震设防烈度为6度、7度地区,不得小于1000mm,末端应有90°弯钩。

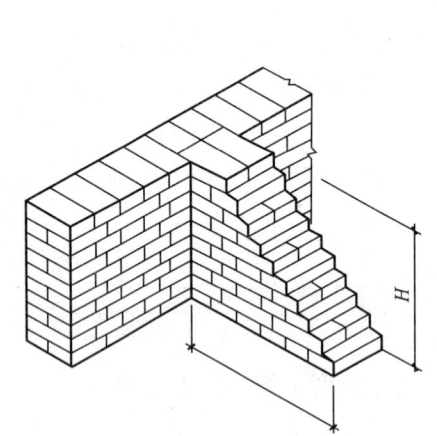

图4.12 普通砖砌体斜槎

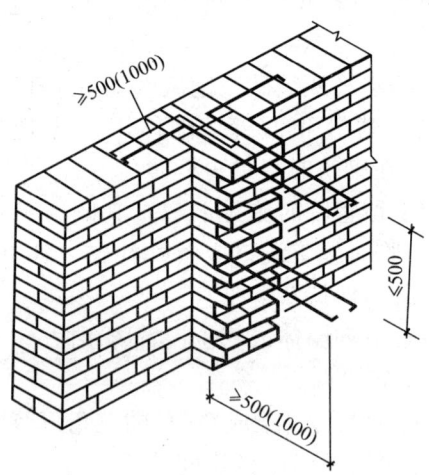

图4.13 普通砖砌体直槎

(2)构造柱。

① 构造柱的一般构造要求。构造柱截面尺寸不应小于240mm×180mm。主筋一般采用4φ12,钢箍间距不大于250mm。

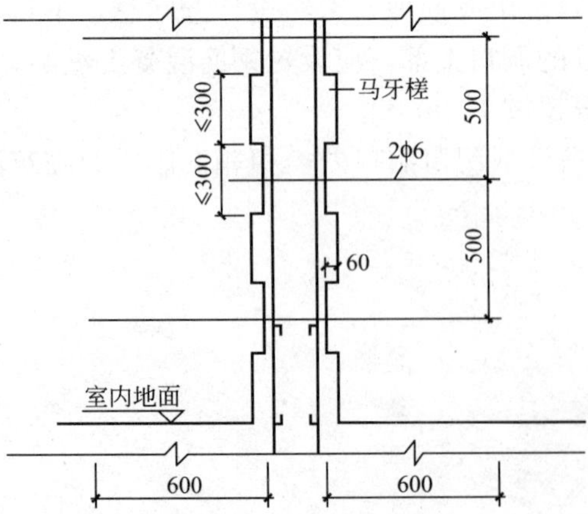

砖墙与构造柱应沿墙高每隔500mm设2φ6钢筋连接,每边伸入墙内不少于1m如图4.14所示。

当设计抗震烈度为8度、9度时,砖墙与构造柱相接处应砌成马牙槎。每个马牙槎沿高度方向的尺寸不宜超过300mm(或5匹砖高)。每个楼层面开始马牙槎应先退后进。

② 施工要点。施工顺序为先绑扎钢筋,后砌砖墙,最后浇筑混凝土。

支模前,将构造柱、圈梁及板缝处杂物全部清理干净;支完模板后,应保持模内清洁,防止掉入砖头、石子和木屑等杂物。

图4.14 砖墙与构造柱连接

构造柱模板,可采用木模板或定型组合钢模板分层支设。模板必须与砖墙面严密贴紧,支撑牢靠,堵塞缝隙,防止漏浆。

构造柱竖向受力钢筋与基础圈梁的锚固长度不应小于 35 倍竖向受力钢筋直径。竖向受力钢筋接长可采用绑扎搭接,搭接长度一般为 35 倍钢筋直径;接头区段内箍筋间距不应大于 200mm。绑扎时箍筋间距准确,与纵筋垂直,绑扎牢靠。预留的拉结钢筋应位置正确,施工中不得任意弯折。

钢筋绑扎完毕,应办好隐蔽验收手续。

浇筑混凝土前,必须将砖墙和模板浇水湿润,并将模板内杂物清理干净。在结合面处注入 10～20mm 厚与构造柱混凝土相同强度等级的去石水泥砂浆。浇筑可分段进行,但一般每一楼层一次浇筑完成。振捣时宜用插入式振动器,分层捣实。振动棒应避免直接触碰钢筋和砖墙,严禁通过墙体传振以免使墙体裂缝和鼓肚。

(3) 过梁。

① 一般构造。洞口跨度在 1.2～2m 时,洞口顶部可设置钢筋砖过梁如图 4.15 所示。钢筋直径不应小于 5mm。可按每一砖厚墙配 2～3φ6 钢筋,放置在第一皮砖下的砂浆层内;砂浆层厚度不宜小于 30mm(亦可在第一皮砖和第二皮砖之间)。钢筋间距不宜大于 120mm,钢筋两端伸入墙体内的长度不宜小于 240mm,并有向上的 90°弯钩。在相当于 1/4 跨度的高度范围内(5～7 皮砖)砌体用强度不低于 M2.5 的砂浆砌筑。

洞口跨度在 2m 以上时,必须采用预制钢筋混凝土过梁;宽与墙厚相同,高度应与砖的皮数相适应,常为 60mm、120mm、180mm、240mm。

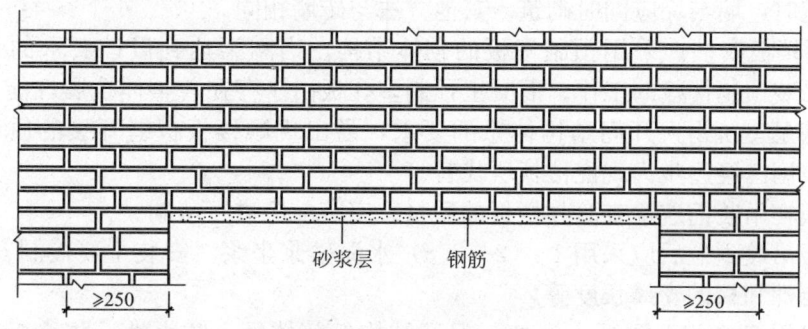

图 4.15 钢筋砖过梁

特别提示

工程中具体采用何种过梁,应根据设计要求选用。在目前的工程中,以预制钢筋混凝土过梁最常见,钢筋砖过梁已经非常少见。

② 施工要点。砌筑钢筋砖过梁前,应先支设模板,模板面与墙顶相平。模板中间应有 1‰ 的起拱。砌筑时,先铺 15mm 厚的砂浆层,将钢筋放在砂浆层上,使其弯钩向上,然后再铺 15mm 砂浆层使钢筋位于砂浆层中间,钢筋上下各有不小于 2mm 厚的砂浆保护层。再按墙体砌筑形式与墙体同时砌砖。纵向钢筋下的一匹砖宜采用丁砌。过梁底部的模板,应在砂浆强度不低于设计强度 50% 时,方可拆除。

预制钢筋混凝土过梁需要在施工前按设计要求预制好。通常在施工现场预制，或委托预制构件厂制作。砌筑到过梁的位置时，则将过梁安放在相应的位置即可。过梁下一定要坐浆。

（4）砖柱。

① 一般构造。断面形式有方形、矩形、多角形和圆形。方柱最小断面尺寸为365mm×365mm；矩形柱最小断面尺寸为240mm×365mm。

② 施工要点。柱面上下皮竖缝应相互错开 1/2 砖长以上，柱心无通天缝。严禁采用包心砌法。竖缝饱满，无透明缝。成排砖柱，可先砌两端的砖柱后逐皮拉通线，按通线砌筑中间部分的砖柱。

砖柱上不得留脚手眼。

砖柱每天的砌筑高度不应大于 1.8m。

知识链接

包心砌法：砖柱先砌四周后填心的砌法。现行规范严禁使用该砌法。

包心砌法严禁使用原因在于填心部位一般要求插填钢筋混凝土，但实际上多数都是中间干填建筑材料；并且砖柱里外皮砖层互不相咬，形成周围通天缝。

（5）砖垛。砖垛又称附墙柱、壁柱。根据墙厚的不同和垛的大小，砖垛有多种断面形式。一般为矩形较多。垛凸出墙面至少 120mm，垛宽至少 240mm。

砖垛砌筑时，墙与垛应同时砌筑。其他方法与砖墙相同。

（6）预制楼板安装。采用预制楼板的砌体结构，当圈梁达到设计要求的强度并找平后，即进行吊装预制楼板的工作。混凝土预制多孔板由于存在着整体抗震性能及防火性能较差，难以满足建筑物大开间结构体系的要求，易出现顺楼板板缝开裂的质量通病等缺点，所以在我国已经逐步为现浇楼板所代替。

预制楼板在吊装前应检查验收楼板的质量。安装前应进行堵洞。

预制楼板吊装到位后应采用 1∶（2～2.5）水泥砂浆坐浆。安装主要控制安装的标高、平整性、稳定性和板的支撑长度等。

楼板板缝用 C20 细石混凝土灌填，保证结构的整体性、防水性，防止板底抹灰层开裂。楼板间如有较宽的板缝，可采用后浇板带来填筑。

灌缝工作应后期或隔层进行。灌缝应分两次进行：第一次灌 1/2 深；待混凝土终凝后灌第二次。灌缝前应清理并冲洗板缝。灌缝时，先在板缝两侧刷水泥浆再灌填混凝土，并用砖刀等工具捣实。板缝中埋有电线管，应将其放在板缝上部。灌完板缝后应浇水养护，不得振动和施加荷载。

（7）现浇楼板。现浇楼板与圈梁一般同时浇筑。

模板的安装、钢筋的绑扎、混凝土的浇筑与多层钢筋混凝土现浇结构楼板类似。质量验收也可参照相应的标准，故该部分请参看钢筋混凝土现浇结构施工。

特别提示

在现浇楼板施工中，施工难点是控制侧模的漏浆；施工重点是控制板面标高及浇筑质量。

4.2.8 砖砌体工程质量与安全要求

1. 砖砌体工程质量要求

质量要求是：横平竖直，砂浆饱满，厚薄均匀，上下错缝，内外搭砌，接槎牢固。

1) 主控项目(应全部符合规定)

(1) 砖和砂浆的强度等级必须符合设计要求。

检验方法：查砖和砂浆试块试验报告。

(2) 砌体水平灰缝的砂浆饱满度不得小于80%。

抽检数量：每检验批抽查不应少于5处。

检验方法：用百格网检查砖底面与砂浆的黏结痕迹面积。每处检测3块砖，取其平均值。

(3) 砖砌体的转角处和交接处应同时砌筑，严禁无可靠措施的内外墙分砌施工。对不能同时砌筑而又必须留置的临时间断处应砌成斜槎，斜槎水平投影长度不小高度的2/3。

抽检数量：每检验批抽20%接槎，且不应少于5处。

检验方法：观察检查。

(4) 直槎的留设必须符合相关规定要求。

抽检数量：每检验批抽20%接槎，且不应少于5处。

检验方法：观察和尺量检查。

(5) 砖砌体的位置及垂直度允许偏差见表4-4。

表4-4 砖砌体的位置及垂直度允许偏差

项次	项目		允许偏差(mm)	检验方法
1	轴线位置偏移		10	用经纬仪和尺检查或用其他测量仪器检查
2	垂直度	每层	5	用2m托线板检查
		全高 ≤10m	10	用经纬仪、吊线和尺检查，或用其他测量仪器检查
		全高 >10m	20	

抽检数量：轴线查全部承重墙柱；外墙垂直度全高查阳角，不应少于4处，每层20m查一处；内墙按有代表性的自然间抽10%，但不应少于3间，每间不应少于2处，柱不少于5根。

2) 一般项目(应有80%以上的抽检处符合规定，并且偏差值在允许偏差范围内)

(1) 砖砌体组砌方法应正确，上、下错缝，内外搭砌，砖柱不得采用包心砌法。

抽检数量：外墙每20m抽查一处，每处3～5m，且不应少于3处；内墙按有代表性的自然间抽10%，且不应少于3间。

检验方法：观察检查。

(2) 砖砌的灰缝应横平竖直，厚薄均匀。水平灰缝厚度宜为10mm，但不应小于8mm，也不应大于12mm。

抽检数量：每步脚手架施工的砌体，每20m抽查1处。

检验方法：用尺量10皮砖砌高度折算。

(3) 砖砌体的一般尺寸允许偏差见表4-5。

表4-5 砖砌体一般尺寸允许偏差

项次	项 目		允许偏差(mm)	检验方法	抽检数量
1	基础顶面和楼面标高		±15	用水平仪和尺检查	不应少于5处
2	表面平整度	清水墙、柱	5	用2m靠尺和楔形塞尺检查	有代表性自然间10%，但不应少于3间，每间不应少于2处
		混水墙、柱	8		
3	门窗洞口高、宽（后塞口）		±5	用尺检查	检验批洞口的10%，且不应少于5处
4	外墙上下窗口偏移		20	以底层窗口为准，用经纬仪或吊线检查	检验批的10%，且不应少于5处
5	水平灰缝平直度	清水墙	7	拉10m线和尺检查	有代表性自然间10%，但不应少于3间，每间不应少于2处
		混水墙	10		
6	清水墙游丁走缝		20	吊线和尺检查，以每层第一皮砖为准	有代表性自然间10%，但不应少于3间，每间不应少于2处

知识链接

螺钉墙：同层砖砌筑的标高不闭合的现象。这是砌筑质量通病中的一种。

防治方法：基础垫层标高不等或有局部加深部位，应从低处往上砌筑；砌筑时应按水准面立皮数杆拉线控制并经常拉通线检查，保持砌体平直通顺。

2. 砖砌体工程安全要求

(1) 使用机械拌制、泵送砂浆，运输材料、人员时，应按工程机械操作安全交底操作。

(2) 砖、石运输车辆两车前后距离平道上不小于2m，坡道上不小于10m；装砖、取砖时要先取高处后取低处，防止垛倒砸人。

(3) 严禁用抛掷方法传递砖、石等材料，如用人工传递时，应稳递稳接，上下操作人员站立位置应错开。

(4) 砌基础时，应经常检查和注意基坑土质变化情况，有无崩裂现象。堆放砌筑材料应离开坑边1m以上。当深基坑装设挡土板或支撑时，操作人员应设梯子上下，不得攀跳。运料不得碰撞支撑，也不得踩踏砌体和支撑上下。

(5) 脚手架上、楼层（特别是预制板面）施工时堆料量不得超过规定荷载。

(6) 不准站在墙上做画线、检查和清扫墙面等工作。

(7) 砍砖时应面向内打，注意砖碎弹出伤人。

(8) 砌砖使用的工具、材料应放在稳妥的地方，工作完毕应将脚手板和砖墙上的碎砖、灰浆等清扫干净，防止掉落伤人。

(9) 雨季施工要做好防雨措施，严防雨水冲走砂浆，造成砌体倒塌；不得使用过湿的砌块。

(10) 冬期施工时，脚手板上如有冰霜、积雪，应先清除后才能上架进行操作。

(11) 大风、大雨、冰冻等异常气候之后，应检查砌体是否有垂直度的变化、是否产生裂缝、是否有不均匀下沉等现象。

4.2.9 砌体工程冬季施工

1. 冬季对砌筑工程的影响

冬季最显著的影响是砂浆受低温作用冻结。受冻结的砂浆将出现以下几种不利的现象。
(1) 砂浆的硬化暂时停止，失去胶结作用及强度。
(2) 砂浆塑性显著降低，减弱了灰缝的密实度。
(3) 砂浆解冻后，在上部荷载作用下可能产生不均匀沉降。

因此，冬季施工主要应采取措施使砂浆免受冻结或使砂浆能在负温下增长强度，满足冬季施工的要求。其次，也需要控制雨、雪和霜对材料的侵袭，尽量集中堆放各种材料并采取保温措施。

2. 冬季施工的条件

(1) 当室外日平均气温连续 5d 稳定低于 5℃时，砌体工程应采取冬季施工措施。
(2) 冬季施工期限以外，当日最低气温低于 0℃时，也应按冬季施工的有关规定执行。

特别提示

气温根据当地气象资料确定。

3. 冬季施工的方法

砌筑工程的冬季施工方法有外加剂法、冻结法和暖棚法等。其中，以采用外加剂法为主，对保温绝缘、装饰等方面有特殊要求的工程，可采用冻结法或其他施工方法。

砌筑工程冬季施工应有完整的冬季施工方案。

1) 外加剂法

掺入氯盐、亚硝酸钠等盐类外加剂的水泥砂浆、水泥混合砂浆或微沫砂浆称为掺盐砂浆。采用此种砂浆砌筑的方法称为外加剂法。

(1) 外加剂法的原理和特点。

① 原理。在砌筑砂浆内掺入一定数量的抗冻化学剂来降低水的冰点，以保证砂浆中有液态水存在，使水化反应能在一定负温下不间断进行，使砂浆强度在负温下能够继续缓慢增强。同时，由于降低了砂浆中水的冰点，砌体的表面不会立即结冰而形成冰膜，故砂浆和砖石砌体能较好地黏结。

掺盐砂浆中的抗冻化学剂，目前主要有氯化钠和氯化钙，以氯化钠为主。此外，还有亚硝酸钠、碳酸钾和硝酸钙等。

② 特点。优点：采用掺盐砂浆法具有施工简便、施工费用低、货源易解决等优点，所以在我国砌筑工程冬季施工中普遍采用掺盐砂浆法。缺点：氯盐砂浆吸湿性大，可使结构保温性能下降，并有盐析现象。

(2) 外加剂法的适应范围。对下列工程严禁采用掺盐砂浆法施工。

① 对装饰有特殊要求的建筑物。

② 使用湿度大于 80% 的建筑物。
③ 接近高压电路的建筑物。
④ 配筋、钢埋件无可靠的防腐处理措施的砌体。
⑤ 处于地下水位变化范围内以及水下未设防水层的结构。

(3) 掺盐砂浆法的施工工艺。
① 冬季施工所用的材料要求。

砖石在砌筑前，应清除表面污物和冰雪等杂物。若遭水浸冻则不得使用。

拌制砂浆应选用普通硅酸盐水泥。

砂浆所用的砂，不得含有冰块和直径大于 10mm 的冻结块。

石灰膏、电石膏等应保温防冻，如遭冻结，应经融化后使用。

拌制砂浆时水温不得超过 80℃；砂的温度不得超过 40℃。当水温超过规定时，应将水、砂先行搅拌再加水泥，以防出现假凝现象。

② 砂浆的配制。配制砂浆时应按不同负温界限控制掺盐量。按气温情况规定的掺盐量见表 4-6。

表 4-6　砂浆掺盐量（占用水重量的百分率）

氯盐及砌体材料种类		日最低气温（℃）			
		≥-10	-15～-11	-20～-16	-25～-21
氯化钠（单盐）	砖、砌块	3	5	7	—
	砌石	4	7	10	—
复盐	氯化钠	砖、砌石	—	—	5	7
	氯化钙		—	—	2	3

注：掺盐量以无水盐计。

对砌筑承重结构的砂浆强度等级应按常温施工时提高一级。拌和砂浆前要对原材料加热，且应优先加热水。当满足不了温度要求时，再进行砂的加热。

拌和砂浆宜采用两步投料法。水的温度不得超过 80℃，砂的温度不得超过 40℃。

当拌和水的温度超过 60℃时，拌制时的投料顺序为：盐类先溶于水，掺盐水和砂再拌和，最后投放水泥。掺盐砂浆中掺加微沫剂时，盐溶液在砂浆拌和过程中应先加入再加微沫剂。砂浆应采用机械进行拌和，搅拌时间应比常温季节增加一倍。拌和后的砂浆应注意保温。

砂浆使用温度应符合下列规定。
① 采用掺外加剂法时，不应低于 5℃。
② 采用氯盐砂浆法时，不应低于 5℃。
③ 采用暖棚法时，不应低于 5℃。
④ 采用冻结法砂浆使用温度见表 4-7。

表 4-7　冻结法砌筑时砂浆使用最低温度　　　　　　　　　　　　　单位：℃

室外空气温度	砂浆使用最低温度	室外空气温度	砂浆使用最低温度
-10～0	10	-25 以下	20
-25～-11	15		

(4)砌筑要点。如地基土为冻胀性土时,应在未冻的地基上砌筑基础,且在施工时及完工后,均应防止地基遭受冻结。已冻结的地基须开冻后方可砌筑。

由于氯盐对钢筋有腐蚀作用,掺盐法用于设有构造配筋或有预埋件的砌体时,应先做好防腐处理。钢筋可以涂樟丹2~3道或者涂沥青1~2道或专用的防腐涂料,以防钢筋锈蚀。

掺盐砂浆法砌筑砖砌体,应采用"三一"砌砖法进行操作。砌筑时,要求灰浆饱满,灰缝厚度均匀。

采用掺盐砂浆法砌筑砌体,砌体转角处和交接处应同时砌筑,对不能同时砌筑而又必须留置的临时间断处,应砌成斜槎。砌体表面不应铺设砂浆层,宜采用保温材料加以覆盖,继续施工前,应先用扫帚扫净砖表面,然后再施工。

2) 冻结法

冻结法是指采用不掺化学添加剂的普通砂浆进行砌筑的一种冬期施工方法。

(1)冻结法的原理。冻结法的砂浆采用普通砌筑砂浆,允许砂浆在铺砌完后受冻。施工中,砂浆经历冻结、融化和硬化三个阶段。受冻结的砂浆可以获得较大的冻结强度,保证砌体的稳定冻结的强度随气温降低而增高。但当气温升高而砌体解冻时,砂浆强度仍然等于冻结前的强度。当气温转入正温后,水泥水化作用又重新进行,砂浆强度可继续增长。

砌体解冻时,由于砂浆的强度接近于零,所以增加了砌体解冻期间的变形和沉降,其下沉量比常温施工增加10%~20%。

砂浆遭冻后强度降低,砂浆与砌体之间的黏结力减弱,所以砌体在解冻期间的稳定性较差。

(2)冻结法的适应范围。对有保温、绝缘及装饰等特殊要求的工程和受力配筋砌体,以及不受地震区条件限制的其他工程,均可采用冻结法施工。

对下列结构不宜选用:空斗墙、毛石墙、承受侧压力的砌体、在解冻期间可能受到振动或动荷载的砌体、在解冻期间不允许发生沉降的砌体。

(3)冻结法的施工工艺。采用冻结法施工时,应按照"三一"砌筑方法砌筑。对于房屋转角处和内外墙交接处的灰缝应特别仔细砌合。砌筑时一般采用一顺一丁的砌筑方法。冻结法施工中宜按水平分段进行,墙体一般应在一个施工段范围内,砌筑至一个施工层的高度,不得间断。施工段宜画在变形缝处。每天砌筑高度和临时间断处均不宜大于1.2m。不设沉降缝的砌体,其分段处的高差不得大于4m。

用冻结法砌筑的砌体,在开冻前需进行检查,开冻过程中应组织观测。如发现裂缝、不均匀下沉等情况,应分析原因并立即采取加固措施。解冻时,除对正在施工的工程进行强度验算外,还要对已完成的工程进行强度验算。

在解冻期进行观测时,应特别注意多层房屋下层的柱和窗间墙、梁端支撑处、墙交接处等地方。此外,还必须观测砌体沉降的大小、方向和均匀性,以及砌体灰缝内砂浆的硬化情况。观测一般需15d左右。

为保证砖砌体在解冻期间稳定性和均匀沉降,施工应满足下列要求。

① 解冻前应清除房屋中剩余的建筑材料等临时荷载。
② 在开冻前,宜暂停施工。
③ 留置在砌体中的洞口和沟槽等,宜在解冻前填砌完毕。
④ 跨度较大的梁、悬挑结构在解冻前应在下面设临时支撑。当砌体强度达到设计值的80%时,方可拆除临时支撑。

⑤ 跨度大于 0.7m 的过梁，宜采用预制构件。
⑥ 门窗框上部应留 3~5mm 的空隙，作为解冻后预留沉降量，在楼板水平面上，墙的拐角处、交接处和交叉处每半砖设置一根 $\phi 6$ 的拉筋。

4. 其他冬期施工方法

可供选用的其他施工方法有蓄热法、暖棚法、电气加热法、蒸汽加热法和快硬砂浆法等。

1) 暖棚法

利用简易结构和廉价的保温材料，将砌筑工作面临时封闭起来，使砌体在正温条件下砌筑和养护。

特点：成本高、效率低。

适用范围：地下室墙、挡土墙、局部性事故修复工程的砌筑工程。

2) 快硬砂浆法

用快硬硅酸盐水泥、加热的水和砂拌和制成的快硬砂浆进行砌筑，以在受冻前获得较高的强度。

特点：适用于热工要求高、湿度大于 60％及接触高压输电线路和配筋的砌体。

4.3 混凝土空心砖砌块施工

4.3.1 材料准备

普通混凝土小砌块不宜浇水；当天气干燥炎热时，可在砌块上稍加喷水润湿。

轻骨料混凝土小砌块施工前可洒水，但不宜过多。龄期不足 28d 及表面有浮水的小砌块不得进行砌筑。

砌筑小砌块时，应清除表面污物和芯柱用小砌块孔洞底部的毛边，剔除外观质量不合格的小砌块。承重墙体严禁使用有竖向裂缝、断裂的小砌块。小型砌块与烧结普通砖等其他块体材料不得混合砌筑。

砌筑砂浆应符合《混凝土小型空心砌块砌筑砂浆》JC 860—2000 的要求。砂浆稠度为 50~80mm。

砌块和砂浆强度等级按设计要求选用，此外一般应满足以下要求：

（1）室内地面以下的砌体，应采用普通混凝土小砌块和不低于 M5 的水泥砂浆。

（2）5 层及 5 层以上民用建筑的底层墙体，应采用不低于 MU5 的混凝土小砌块和 M5 的砌筑砂浆。

4.3.2 一般构造要求

（1）在墙体的下列部位，应用强度等级不低于 C20 混凝土灌实砌块的孔洞。

① 底层室内地面以下或防潮层以下的砌体。

② 无圈梁的楼板支撑面下的一皮砌块。

③ 未设置混凝土垫块的屋架、梁等构件支撑面下，灌实宽度不应小于 600mm，高度不应小于一皮砌块。

④ 挑梁的悬挑长度不小于 1.2m 时，其支撑部位的内外墙交接处，纵横各灌实 3 个孔

洞，高度不小于三皮砌块。

（2）砌块墙与后砌隔墙交接处，应沿墙高每隔400mm在水平灰缝内设置不少于2Φ4、横筋间距不大于200mm的焊接钢筋网片，钢筋网片伸入后砌隔墙内不应小于600mm如图4.16所示。

（3）芯柱构造。

① 在外墙转角、楼梯间四角的纵横墙交接处的3个孔洞，宜设置素混凝土芯柱。

② 芯柱的构造要求如下：

a. 芯柱截面尺寸不宜小于120mm×120mm，宜用不低于C20的细石混凝土浇灌。

b. 钢筋混凝土芯柱每孔内插竖筋不应小于1Φ10（抗震设防地区应小于1Φ12），底部应伸入室内地面下500mm或与基础圈梁锚固，顶部与屋盖圈梁锚固。

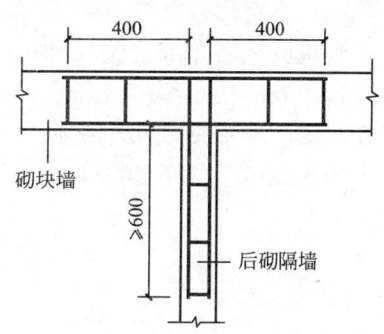

图4.16 砌块墙与后砌隔墙交接处的钢筋设置

c. 在钢筋混凝土芯柱处，沿墙高每隔600mm应设Φ4钢筋网片拉结，每边伸入墙体不小于600mm(抗震设防地区不宜小于1m)如图4.17所示。

d. 芯柱应沿房屋的全高贯通，并与各层圈梁整体现浇如图4.18所示。

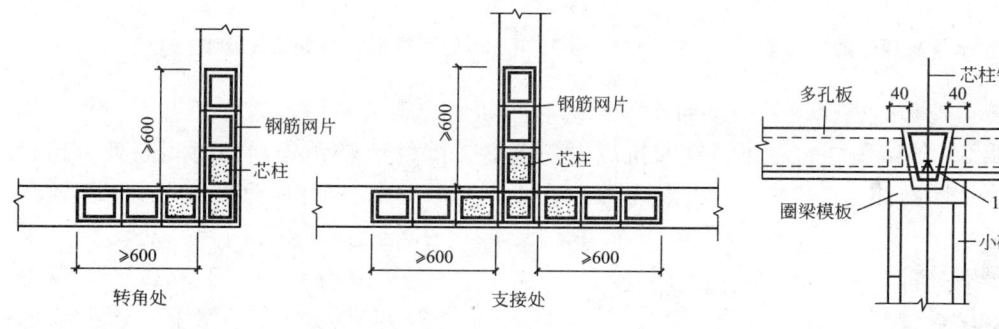

图4.17 钢筋混凝土芯柱处拉筋　　　　图4.18 芯柱贯穿楼板的构造

4.3.3 施工工艺和施工要点

1. 工艺流程

检验轴线及标高→立皮数杆→选砌块、摆砌块→盘角砌外墙→砌内墙→砌二步架外墙→砌内墙(砌筑过程中留槎、下拉结网片、安装混凝土过梁)→检查验收。

2. 砌筑形式

立面砌筑形式为全顺式，上下皮竖缝错开1/2砌块长。砌块应对孔错缝搭砌，搭接长度不应小于90mm。当不能保证此规定时，应在水平灰缝中设置2Φ4钢筋网片，钢筋网片每端均应超过该垂直灰缝，其长度不得小于300mm。竖向通缝仍不得超过两皮小砌块如图4.19所示。

3. 施工要点

砌筑前，应将砌筑面按标高找平；检查墙体轴线位置，放出砌体边线和洞口线；设置好皮数杆并进行试摆。

小砌块应底面朝上反砌于墙上。砌体灰缝应横平竖直，水平灰缝的砂浆饱满度，应按净面积计算，不得低于90%；竖向灰缝饱满度不得小于80%，竖缝凹槽部位应用砌筑砂浆填实；不得出现瞎缝、透明缝。灰缝厚度与实心砖砌体要求相同。

砌筑应从转角或定位处开始，依准线进行。内外墙要求同时砌筑，纵横墙交错搭接。外墙转角处应使小型砌块隔皮露端面；T字交接处应使横墙小砌块隔皮露端面，纵墙在交接处改砌两块辅助规格小型砌块（尺寸为290mm×190mm×190mm，一头开口），所有露端面用水泥砂浆抹平如图4.20所示。

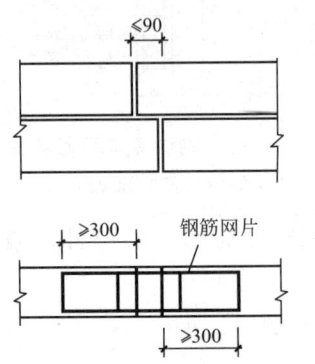

图4.19 水平灰缝中的拉结筋

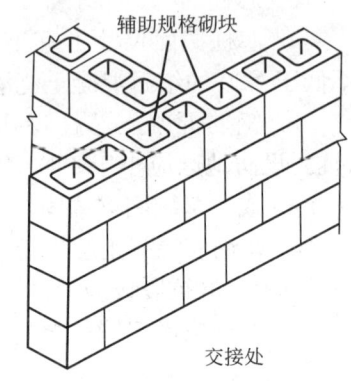

图4.20 小型砌块墙转角处及T字交接处砌法

墙体转角处和纵横交接处应同时砌筑。临时间断处应砌成斜槎，斜槎长度不应小于斜槎高度的2/3；如留斜槎有困难，在非抗震设防地区，除外墙转角处，临时间断处可留设直槎。砌块从墙面伸出200mm砌成阳槎；并沿砌体高每三皮小型砌块（600mm），设2Φ6拉结筋或钢筋网片，从留槎处算起每边均不应小于600mm，钢筋外露部分不得弯折如图4.21所示。

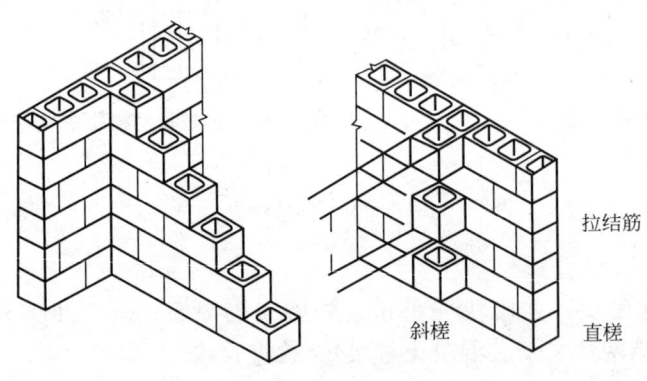

图4.21 小型砌块砌体的斜槎和直槎

小型砌块砌体内不宜设脚手眼，如必须设置时，可用辅助规格190mm×190mm×190mm的单孔小砌块侧砌，利用其孔洞做脚手眼，砌体完工后用C15混凝土填实。但在砌体下列部位中不得设置脚手眼：

（1）过梁上部，与过梁成60°的三角形及过梁跨度1/2范围内。
（2）宽度不大于800mm的窗间墙。
（3）梁和梁垫下及左右各500mm的范围内。
（4）门窗洞口两侧200mm内和砌体交接处400mm的范围内。
（5）结构设计规定不允许设脚手眼的部位。

小砌块墙体孔洞中需充填隔热或隔声材料时，应砌一皮灌一皮。要求填满，不予捣实。所填材料必须干燥、洁净、不含杂物，粒径应符合设计要求。

在常温条件下，普通混凝土小型砌块的每天砌筑高度应控制在1.5m内；轻骨料混凝土小型砌块的日砌筑高度应控制在2.4m内。

对砌体的平整度和垂直度，灰缝的厚度和砂浆饱满度应随时检查，校正偏差。在砌完每一楼层后，应校核砌体的轴线尺寸和标高，允许范围内的偏差，可在本层楼板面上予以校正。砌体中的砌块被移动或被撞动时，应重新铺砌。

4．芯柱施工

芯柱部位宜采用不封底的通孔小砌块，当采用半封底小砌块时，砌筑前必须打掉孔洞毛边。在每层每根芯柱柱脚部位，应用开口砌块(或U形砌块)砌出清扫口。

芯柱钢筋应与基础或基础梁中的预埋钢筋连接，上下楼层的钢筋可在楼板面上搭接，搭接长度不应小于40d(d为钢筋直径)并不小于500mm。钢筋位置校正好并绑扎或焊接固定后，方可浇筑混凝土。

砌完一个楼层高度后，应连续浇筑芯柱混凝土。砌筑砂浆强度达到1.0MPa以上方可进行浇筑。灌芯柱的混凝土，宜选用专用的小砌块灌孔混凝土，当采用普通混凝土时，其坍落度不应小于90mm。浇筑前，应清除孔洞内的砂浆等杂物并用水冲洗；注入50mm厚与芯柱混凝土相同的去石水泥砂浆，再浇筑混凝土。浇筑时，必须按"连续浇灌，分层(300～500mm)捣实"的原则进行，直浇至离该芯柱最上一皮小砌块顶面50mm止，不得留施工缝。严禁灌满一个楼层后再捣实。宜采用插入式混凝土振动捧振捣。

特别提示

小型砌块墙十字交接处也可用一孔半或三孔砌块避免产生通缝。

小型砌块墙表面不得打凿沟槽。如设计有洞口、管槽等应在砌筑时预留或预埋。

4.4　框架填充墙施工

填充墙是多高层框架结构及框剪结构或钢结构中，用于围护或分隔区间的墙体。填充墙除自重外不承受其他的荷载，因此施工时不得改变框架结构的传力路线。为满足使用要求，墙体应有一定的强度、轻质、隔声隔热性能，外墙还应具有防水、防潮的性能。

4.4.1　框架填充墙材料

框架填充墙体多采用小型空心砌块、烧结多孔砖、空心砖、轻骨料小型砌块、加气混凝土砌块及其他砌块等轻型墙体材料。

砌筑前块材应提前2d浇水湿润。使用蒸压加气混凝土砌块砌筑时，应向砌筑面适量浇水，含水量宜小于15%。

4.4.2　框架填充墙施工顺序和施工工艺

1．框架填充墙施工顺序

填充墙在单位工程中施工顺序为先施工框架主体结构，后施工填充墙。

砌筑施工时，最好从顶层向下层砌筑。因结构承受荷载后可能产生一定的变形量，变形量向下传递将造成早期下层先砌筑的墙体产生裂缝。实践表明，特别是空心砌块，此裂缝的发生往往是在工程主体完成3～5个月后。抹灰墙面在跨中易因此产生竖向裂缝。

如果工期要求非常紧张，框架主体结构与填充墙也可能会进行穿插施工作业。这时填充墙施工就只能从底层逐步向顶层进行，但墙顶的连接处理最好待全部砌体完成后，从上层向下层施工。每一层结构就能获得一个完成变形的时间和空间，以防裂缝的发生。

2. 框架填充墙施工工艺与施工要点

填充墙的施工工艺应满足一般砖砌体和各类砌块等相应技术和质量标准。但由于填充墙比一般砌体有其特殊的情况，如单独砌筑的填充墙体高厚比较大、稳定性较差；连接处混凝土和墙体材料线膨胀系数不一致、边界处应力相对集中等。因此，在施工中应采取特别的细部技术措施。

1）墙体与框架结构的连接

（1）墙两侧与结构的连接。砌体与混凝土柱或墙的连接处一般需用拉结筋进行加强。拉结筋的留设目前常用的有3种方法：预埋铁件法、预埋拉结筋法和植筋法。

① 预埋铁件法。在安装混凝土构件钢筋时，按设计要求的位置，将铁件准确固定在构件中。砌墙时则按确定好的砌体水平灰缝高度位置将拉结钢筋焊接在预埋的铁件上。预埋铁件一般采用厚4mm以上，宽略小于墙厚，高60mm的钢板。此种方法的缺点是混凝土浇筑施工时铁件如果移位或遗漏将给下一步施工带来麻烦，也会影响混凝土的质量。如遇到设计变更则需重新处理。

② 预埋拉结筋法。在安装混凝土构件钢筋时，按设计要求的位置，直接将拉结筋准确固定在构件中。该方法的缺点与预埋铁件法相同。

③ 植筋法。混凝土构件施工完成后，在设计要求的位置，将拉结筋植入构件中。这种方法施工方便、灵活，不影响混凝土的外观质量。随着其成本的降低，目前许多工程采用植筋的方式，取得了较好效果。

（2）墙顶与结构底部的连接。填充墙顶部应采取相应的措施与结构挤紧。填充墙砌至接近梁、板底时，应留一定空隙，待填充墙砌完并应至少间隔7天后，再将其斜砌挤紧。这是为了使砌体砂浆有一个完成压缩变形的时间，保证砌体与梁或板底的紧密结合，不会在结合部位产生水平裂缝。

2）门窗的连接

由于空心砌块与门窗框直接连接不易牢固，因此在施工中通常采用在门窗洞口两侧做混凝土构造柱、预埋混凝土预制块及镶砖的方法。空心砌块在窗台顶面应做成混凝土压顶，以保证门窗框与砌体的可靠连接。

3）防潮、防水

外墙在风雨作用下主要在灰缝处易产生渗漏现象。砌筑中应注意灰缝饱满密实，其竖缝应灌砂浆插捣密实。也可在外墙面的装饰层采取适当的防水措施，如采用掺加3%～5%防水剂的防水砂浆进行抹灰、面砖勾缝或外墙表面涂刷防水剂等，以确保外墙的防水效果。

室内隔墙砌体下应用混凝土现浇或实心砖砌筑180mm高的底座。

特别提示

砌筑填充墙前，基层一定要清理干净并浇水湿润，这是防水的重要技术措施。

4) 单片面积较大的填充墙施工

如填充墙单片面积较大，为保证砌体的稳定性，应在墙体中根据墙体长度、高度需要设置构造柱和水平现浇混凝土带；转角处设芯柱。由于不同的块料填充墙要求不同，施工时应参照相应设计及规范、图集等的要求。

施工中，注意预埋构造柱钢筋的位置应正确，预埋固定时应牢固，防止浇筑混凝土时钢筋移位。

4.4.3 加气混凝土小型砌块填充墙施工

1. 工艺流程

弹出墙体边线及门窗洞口位置→基层处理（楼面清理、找平）→立皮数杆→确定组砌方法→选砌块、排砌块→墙体砌筑（砌筑过程中下拉结网片、安装混凝土过梁）→斜砖砌筑与框架顶紧→检查验收。

2. 砌筑形式

立面采用全顺式。上下皮错缝搭砌，搭砌长度不应小于砌块长度的1/3。

3. 施工要点

(1) 根据基础或楼层中的控制轴线，测放出墙体和门窗洞口的位置线。

(2) 基层处理：砌筑前应对砌筑部位基层进行清理。将墙体连接处的浮浆、灰尘清扫冲洗干净，并在砌筑前一天浇水使墙与原结构相接处湿润以保证砌体黏结质量。楼面不平整或经排砖后发现灰缝过厚，则应用细石混凝土找平。

(3) 砌筑前，按实际尺寸和砌块规格尺寸进行排列摆块。排列砌块时，应尽量采用标准规格砌块。不够整块可以锯裁成需要的规格，但不得小于砌块长度的1/3并保护好砌体的棱角。

(4) 砌体灰缝要做到横平竖直，水平灰缝厚度不大于15mm，垂直灰缝不大于20mm。水平灰缝的砂浆饱满度不得小于80%，竖缝的砂浆饱满度不得小于60%。竖缝应用临时夹板夹紧后填满砂浆，不得有透明缝、瞎缝和假缝。严禁用水冲浆浇灌灰缝，也不得用石子垫灰缝。

(5) 砌筑砂浆应具有较好的和易性和保水性，砂浆稠度一般为70~100mm。

(6) 砌筑时铺浆要均匀，厚薄适当，浆面平整，铺浆后立即放置砌块，一次摆正找平。

(7) 砌体转角处及纵横墙相交处应同时砌筑，砌块应分皮咬槎，交错搭砌。竖向通缝不得大于2皮砌块高度。临时间断应留置在门窗洞口处，或砌成阶梯形斜槎，斜槎长度不小于高度的2/3。如留斜槎有困难时，也可留直槎，但必须设置拉结网片或其他措施，以保证有效连接如图4.22所示。

(8) 预留孔洞和穿墙等均应按设计要求砌筑，不得事后凿墙。在墙面上凿槽敷管时，应使用专用工具，不得用斧或瓦刀

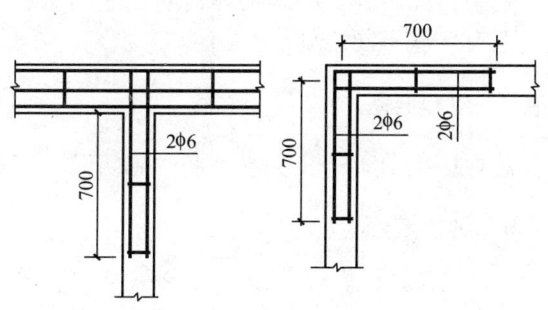

图4.22 非承重砌块墙拉结钢筋（单位：mm）

任意砍凿。

(9) 砌体与混凝土墙相接处，必须按照要求留置拉结筋或网片，留设应符合设计和规范要求。铺砌时将拉结筋埋直、铺平。

(10) 施工过程中，应严格按设计要求留设构造柱。当设计无要求时，应按墙长每 5m 设一构造柱。另外，在墙的端部、墙角和纵横墙相交处设构造柱。

(11) 砌体与门窗的连接可通过预埋木砖实现。木砖经防腐后可埋入预制混凝土块中，随加气混凝土砌块一起砌筑。在门窗洞口两侧，洞口高度在 2m 以内每边砌筑三块，洞口高度大于 2m 时砌四块。混凝土砌块四周的砂浆要饱满密实。

(12) 砌至接近梁底和板底时，应留一定的间隙，待填充墙砌筑完毕并至少间隔 7 天后，再用烧结标准砖或多孔砖宜成 60°斜砌顶紧，防止上部砌体因砂浆收缩而开裂(图 4.23)。

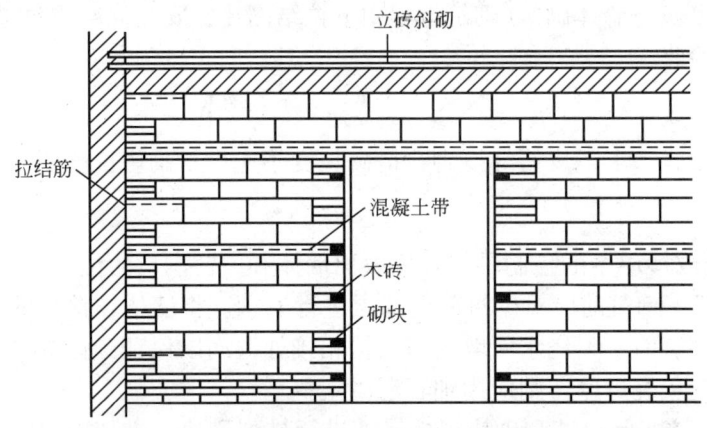

图 4.23 梁底采用实心辅助砌块立砖斜砌

(13) 墙体每天砌高度不宜超过 1.8m。砌好的砌体不能撬动、碰撞和松动，否则应重新砌筑。

特别提示

不同干密度（容重）和强度等级的加气混凝土砌块不应混砌。

4.4.4 烧结多孔砖、空心砖砌体施工

烧结多孔砖、空心砖砌体目前也多用于填充墙施工中，施工要求一般与普通砖砌体类似，但有一些不同之处。

4.4.5 材料准备

砖材应提前 1~2d 浇水湿润。砌筑时，砖的含水率宜控制在 10%~15%之间。

4.4.6 施工要点

1. 烧结多孔砖

方形多孔砖一般采用全顺砌法，上下皮垂直灰缝相互错开 1/2 砖长。

矩形多孔砖宜采用一顺一丁或梅花丁的砌筑形式,上下皮垂直灰缝相互错开1/4砖长。

对有抗震设防要求的地区应采用"三一"砌砖法砌筑；非抗震设防地区可采用铺浆法砌筑。砌筑时砖的孔洞应平行于墙面。

砌体灰缝应横平竖直、砂浆饱满。灰缝厚度、砂浆饱满度的要求与普通砖砌体要求相同。垂直灰缝宜采用加浆填灌方法,使其砂浆饱满。

2. 烧结空心砖

空心砖应侧砌,其孔洞呈水平方向。空心砖墙底部宜砌3皮烧结普通砖如图4.24所示。

空心砖墙与烧结普通砖交接处,应以普通砖墙引出2φ6拉结钢筋,长度240mm与空心砖墙相接；拉结钢筋在空心砖墙中的长度不小于空心砖长加240mm,竖向间距2皮空心砖高如图4.25所示。

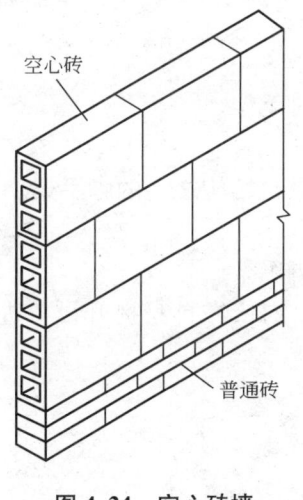

图 4.24　空心砖墙

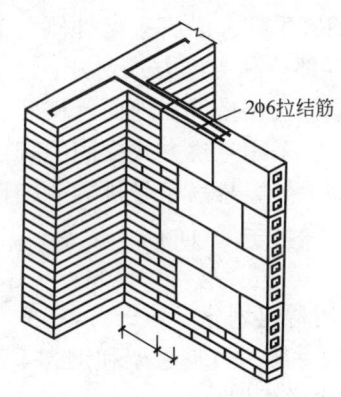

图 4.25　空心砖墙与普通砖墙交接

空心砖墙的转角处,应用烧结普通砖砌筑,砌筑长度角边不小于240mm。

空心砖墙砌筑不得留置斜槎或直槎,中途停歇时,应将墙顶砌平。在转角、交接处,空心砖与普通砖应同时砌起。

空心砖墙中不得留置脚手眼；不得对空心砖进行砍凿。

4.5　脚手架工程

4.5.1　脚手架工程基础知识

脚手架是为建筑施工需要而搭设的临时结构架。它是建筑施工中广泛的应用的临时设施。主要用作操作平台、施工作业、安全防护和短距离运输通道并能临时堆放施工用材料和机具。随着建筑工程技术的不断发展,产生了多种材料、多种类型的脚手架。

1. 脚手架的分类

1) 按照与建筑物的位置关系划分

(1) 外脚手架。搭设在建筑物外围的脚手架统称为外脚手架,既可用于主体结构,也可用于外装饰的施工。目前,工程中使用最多的是多立杆式钢管脚手架。

(2) 里脚手架。凡搭设在建筑物内部的统称为里脚手架,可用于主体结构内部构件和室内装饰施工。其结构形式有折叠式、支柱式和门架式等多种。

2) 按用途划分

(1) 结构脚手架。用于砌筑及其他结构工程施工作业的脚手架。

(2) 装修脚手架。用于装修工程施工作业的脚手架。

(3) 防护架。用于安全防护的构架。

(4) 支撑架。用于承重、支撑的构架。常见的如混凝土的模板支架、卸料台等。

3) 按脚手架外侧的遮挡情况划分

(1) 敞开式脚手架。仅设作业层栏杆和挡脚板,在外侧立面挂大孔安全网,再无其他遮挡设施的脚手架。

(2) 局部封闭脚手架。遮挡面积小于30%的脚手架。

(3) 半封闭脚手架。遮挡面积占30%~70%的脚手架。

(4) 全封闭脚手架。沿脚手架外侧全长全高封闭的脚手架。

4) 按照支撑部位和支撑方式划分

(1) 落地式。直接搭设在地面、楼面、屋面或其他平台结构之上的脚手架。

(2) 悬挑式。采用悬挑方式支固的脚手架。

(3) 悬吊脚手架。悬吊于悬挑梁或工程结构之下的脚手架。

(4) 附着升降脚手架(简称"爬架")。附着于工程结构依靠自身提升设备进行升降的悬空脚手架。

5) 按其所用材料划分

可分为木脚手架、竹脚手架和钢脚手架。

6) 按其结构形式划分

可分为多立杆式、碗扣式、门形、框式、桥式、挑式、附着式升降脚手架及悬吊式脚手架等。

2. 脚手架必须满足的基本要求

(1) 满足使用要求。脚手架应有足够的工作面,能满足工人操作、材料堆放及运输的要求。脚手架的宽度一般为1.5~2m。

(2) 有足够的强度、刚度及稳定性。在施工期间,在允许的荷载和气候条件下,保证脚手架不变形,不摇晃,不倾斜。

(3) 搭拆简单,搬运方便,能多次周转使用。

(4) 因地制宜,就地取材,尽量节约用料。

4.5.2 外脚手架

可用于外脚手架的结构形式有钢管扣件式(图4.26)、碗扣式、门形、方塔式、附着式升降脚手架和悬吊脚手架等。

扣件式钢管脚手架是多立杆式外脚手架中的一种,也是目前运用最普遍的形式。其特点是:杆配件数量

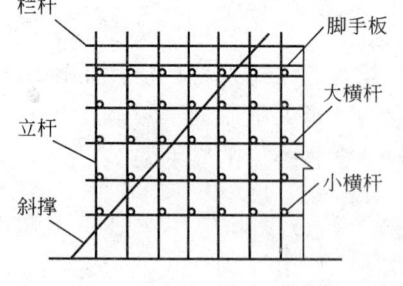

图4.26 扣件式钢管脚手架立面图

少，装拆方便，搭设灵活，能适应建筑物平立面的变化，能搭设的高度较大，强度高，坚固耐用。

1. 扣件式钢管脚手架

1）扣件式钢管脚手架的材料

扣件式钢管脚手架主要由钢管杆件、扣件组成的脚手架骨架与脚手板、防护构件、连墙件等组成。

（1）钢管杆件。杆件应采用 φ48×3.5 的焊接钢管或无缝钢管。钢管应为 3 号普通钢管，材质应符合现行国家标准中 Q235—A 级钢的规定。钢管长度一般为 4～6m，每根最大质量不大于 25kg，便于搭设操作。

钢管表面应平直光滑，严禁打孔，且不应有裂缝、结疤、分层、错位、硬弯、毛刺、压痕和深的划道。钢管其他要求必须符合规范的规定。

 **特别提示**

杆件也可以采用 φ(50～51)×(3～4) 的焊接钢管或其他钢管，但严禁将不同直径的钢管混用。

（2）扣件。扣件是采用螺栓紧固的扣接连接件，有可锻铸铁铸造扣件和钢板压制扣件两种。螺栓用 A3 钢制成，并作镀锌防锈处理。

扣件的基本形式有 3 种如图 4.27 所示。

① 直角扣件。用于连接两根互相垂直相交的钢管。
② 回转扣件。用于连接两根呈任意角度相交的钢管。
③ 对接扣件。用于钢管的对接接长。

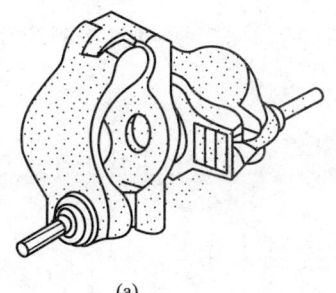 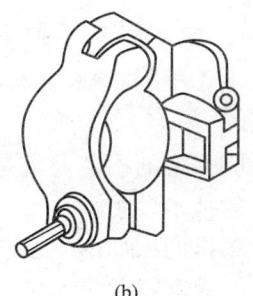 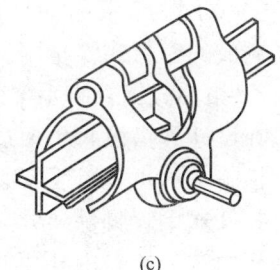

(a) (b) (c)

图 4.27 扣件

(a) 直角扣件；(b) 回转扣件；(c) 对接扣件

 **知识链接**

扣件有裂缝、变形的严禁使用，出现滑丝的螺栓必须更换；扣件使用一段时间后应进行除锈。

（3）脚手板。脚手板铺设在脚手架杆件上用于直接承受施工荷载。一般由钢、木和竹材料制作而成。脚手板的材质应符合规定，且不得有超过允许的变形和缺陷。

钢制脚手板由厚为 2mm 的钢板压制而成，长度为 2～4m，宽度为 250mm，表面有防滑措施。

木脚手板采用杉木或松木制作。板长度为3～6m，宽度为200～250mm，厚度不小于50mm。

竹脚手板由毛竹或楠竹制作，有竹笆板和竹片板两种形式。

木脚手板两端一般用 $\phi 4$ 镀锌钢丝箍两道，作用是防止板端开裂。

（4）底座。底座用于承受脚手架立柱传递下来的荷载。底座有两种形式：一种用边长150mm、厚8mm的钢板作底板，外径60mm，长150mm的钢管作套筒焊接而成；另一种由可锻铸铁铸成。

目前，施工中底座常采用简易形式，如将长度不少于2跨、厚度不小于50mm的木垫板垫在立杆下，也可采用槽钢。

（5）安全网。安全网是用来防止人、物坠落或用来避免、减轻坠落及物击伤害的网具。根据其功能，安全网分为平网和立网两类。

① 平网。安装平面不垂直水平面，用来防止人或物坠落的安全网。用直径9mm的麻绳、棕绳或尼龙绳编织而成。网眼为5cm左右，每块支好的安全网应能承受不小于1600N的冲击荷载。

② 立网。安装平面垂直水平面，用来防止人或物坠落的安全网。常用的立网为由化纤丝制成的密目式安全网。网眼密度不小于2000目/100cm²。

2）扣件式钢管脚手架的构造形式

在设计和搭设脚手架过程中，脚手架的构造要求是保证脚手架受力与正常工作的重要技术措施，这也是脚手架必须满足的技术要求。

扣件式钢管脚手架分为双排和单排两种如图4.28所示。双排式沿外墙侧设两排立杆，小横杆两端支撑在内外两排立杆上。多高层建筑均可采用双排式，当建筑高度超过50m

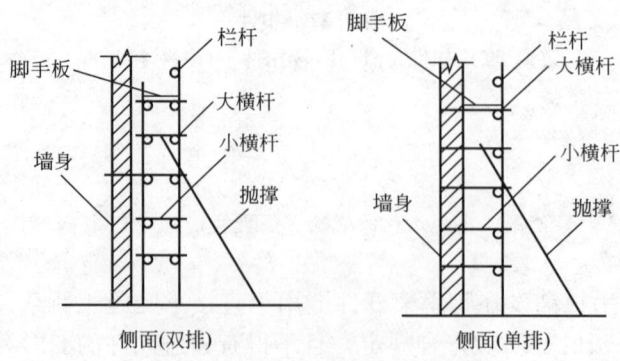

图4.28 双排脚手架与单排脚手架

时，需专门设计。单排式沿墙外侧仅设一排立杆，其小横杆一端与大横杆连接，另一端支撑在墙上，仅适用于荷载较小，高度较低(小于25m)，墙体有一定强度的多层房屋。

（1）承力结构。脚手架的承力结构包括作业层、横向构架、纵向构架。

① 作业层。直接承受施工荷载。

② 横向构架。由立杆和小横杆组成，是脚手架直接承受和传递垂直荷载的部分，是受力主体。

③ 纵向构架。由各榀横向构架通过大横杆相互之间连成的一个整体。它一般沿房屋的四周形成一个连续封闭的结构。如未连续封闭则应采取有效措施加强其整体性。常用措施是设置抗侧力构件，加强与主体结构的拉结等。

施工荷载作用于脚手架时是按一定的路线传递的，其路线一般为：荷载→脚手板→小横杆→大横杆和立柱→基础。

（2）杆件。脚手架主要杆件有立杆、大横杆、小横杆、斜杆和抛撑等。主要杆件的构造参数见表4-8。

表4-8 常用双排 $\phi 48 \times 3.5$ 钢管脚手架构造参数
（连墙固定件按三步三跨布置）

排距 L_s	步距 h	下列施工荷载(kN/m^2)时的立杆间距(m)			脚手架最大搭设高度 H_{max}
		1	2	3	
		L			
1.05	1.35	1.8	1.5	1.2	80
	1.8	2.0	1.5	1.2	55
	2.0	2.0	1.5	1.2	45
1.55	1.35	1.8	1.5	1.2	75
	1.8	1.8	1.5	1.2	50
	2.0	1.8	1.5	1.2	40

① 立杆。立杆时竖向往下传递荷载的杆件。每根立杆底部应设置底座或垫板。

立杆应竖向通长设置。钢管长度不足时应接长。接长除顶层顶步可采用搭接外，其余各层各步接头必须采用对接扣件连接。连接应符合下列规定：立杆上的对接扣件应交错布置；两根相邻立杆的接头不应设置在同步内，同步内隔一根立杆的两个相隔接头在高度方向错开的距离不宜小于500mm；各接头中心至主节点的距离不宜大于步距的1/3。

搭接连接长度不应小于1m，应采用不少于2个旋转扣件固定。

② 纵向水平杆（大横杆）如图4.29所示。

纵向水平杆宜用直角扣件固定在立杆内侧，其长度不宜小于3跨。纵向水平杆件应保证水平；在封闭型脚手架的同一步中，应四周交圈。

纵向水平杆接长宜采用对接扣件连接，也可采用搭接。对接、搭接的要求与立杆类似。

搭接长度不应小于1m，等间距设置3个旋转扣件固定。

纵向水平杆一般应作为横向水平杆的支座，固定在立杆上。但使用竹笆脚手板时，纵向水平杆应等间距布置固定在横向水平杆上，间距不应大于400mm如图4.30所示。

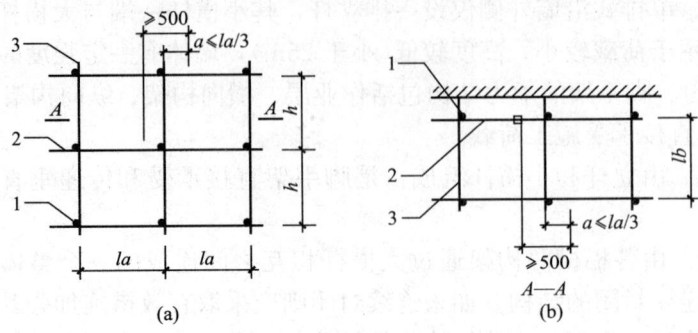

图 4.29 纵向水平杆构造
（a）立面图；（b）剖面图
1—大横杆；2—纵向水平杆；3—立杆

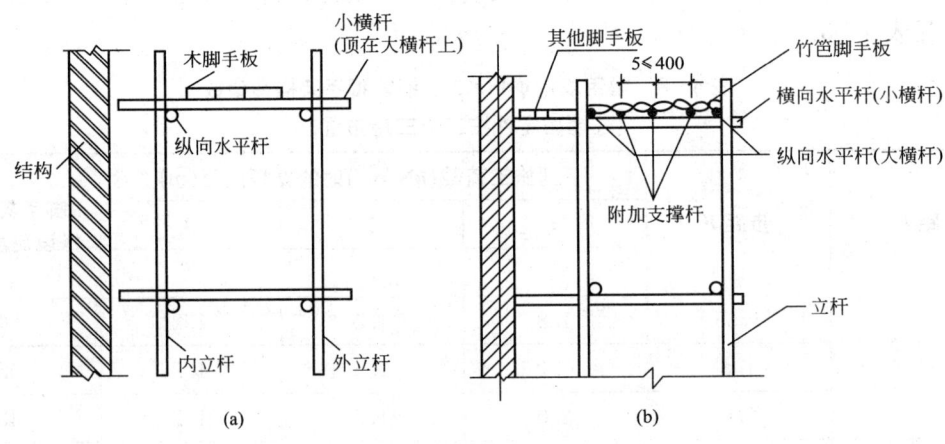

图 4.30 纵向水平杆与横向水平杆构造

知识链接

脚手架必须设置纵、横向扫地杆。扫地杆是贴近地面，连接立杆根部的水平杆。扫地杆应采用直角扣件固定在距底座上皮不大于 200mm 处的立杆上。当立杆基础不在同一高度上时，必须将高处的纵向扫地杆向低处延长两跨与立杆固定，高低差不应大于 1m。靠边坡上方的立杆轴线到边坡的距离不应小于 500mm，如图 4.31 所示。

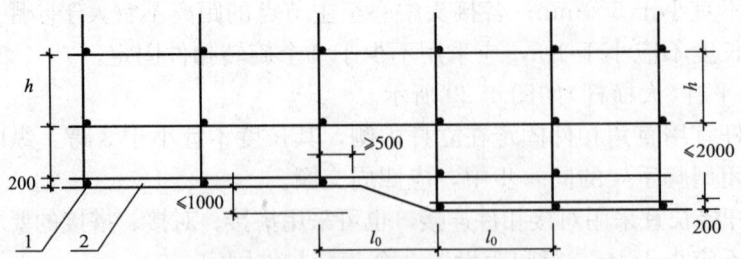

图 4.31 纵、横向扫地杆构造
1—横向扫地杆；2—纵向扫地杆

③ 横向水平杆（小横杆）。主节点处必须设置一根横向水平杆，用直角扣件固定在纵向水平杆上且严禁拆除。主节点处两个直角扣件的中心距不应大于 150mm。在双排脚手架中，靠墙一端的外伸长度 a 如图 4.32 所示不应大于 0.4l，且不应大于 500mm。

作业层上非主节点处的横向水平杆，可根据支撑脚手板的需要等间距设置，最大间距不应大于纵距的 1/2。

单排脚手架的横向水平杆插入墙内一端的长度不应小于 180mm。

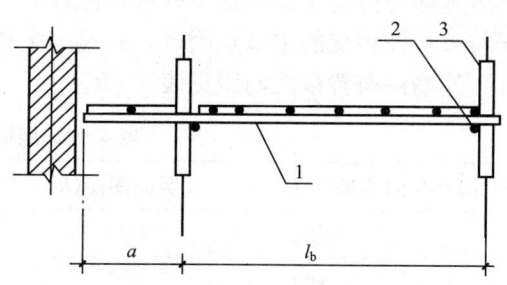

图 4.32　横向水平杆构造
1—大横杆；2—纵向水平杆；
3—立杆；a—外伸长度

**特别提示**

使用竹笆脚手板时，双排脚手架的横向水平杆应固定在立杆上。

④ 脚手板。作业层上应满铺脚手板。自顶层作业层的脚手板往下计，宜每隔 12m 满铺一层脚手板。铺设要求有：脚手板离开墙面 120～150mm。脚手板应设置在 3 根横向水平杆上。当脚手板长度小于 2m 时，可采用两根横向水平杆支撑，但应将脚手板两端与其可靠固定，严防倾翻。脚手板的铺设有对接平铺和搭接铺设两种形式。对接平铺时，接头处必须设两根横向水平杆，脚手板外伸长 130～150mm，两块脚手板外伸长度的和不应大于 300mm 如图 4.33(a)所示；脚手板搭接铺设时，接头必须支在横向水平杆上，搭接长度应大于 200mm，其伸出横向水平杆的长度不应小于 100mm 如图 4.33(b)所示。

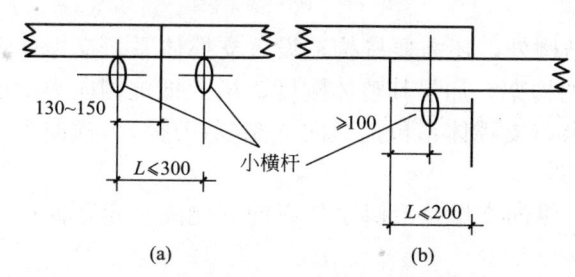

图 4.33　脚手板对接、搭接构造
(a) 脚手板对接；(b) 脚手板对接搭接

**特别提示**

竹笆脚手板应对接平铺，主竹筋应垂直于纵向水平杆方向。四个角用 φ1.2 的镀锌钢丝固定在纵向水平杆上。

⑤ 抛撑、连墙件。脚手架的结构是一个高跨比相差很悬殊的单跨结构。结构本身很难保持整体稳定并防止倾覆和抵抗风力。因此，需要设置抛撑和连墙件加强整体稳定性。

抛撑是指与脚手架外侧面斜交的杆件。对高度低于三步的脚手架，或搭设脚手架时可采用加设抛撑来防止其倾覆。抛撑应采用通长杆件与脚手架可靠连接，与地面的倾角应在 45°～60°之间；连接点中心至主节点的距离不应大于 300mm。

连墙件是连接脚手架与建筑物的构件。对高度超过三步的脚手架防止倾斜和倒塌的主要措施即是将脚手架用连墙杆件依附在整体刚度很大的主体结构上。连墙件一端设置在立杆与大横杆相交的主节点附近，一端与主体结构拉结。

连墙件布置最大间距见表4-9。

表4-9 连墙件布置最大间距表

脚手架的高度(m)		竖向间距(h)	水平间距(l_a)	每根连墙件覆盖面积
双排	≤50	3	3	≤40
	>50	2	3	≤27
单排	≤24	3	3	≤40

连墙件应从底层第一步纵向水平杆处开始设置；宜优先采用菱形水平布置，也可采用方形、矩形；连墙件偏离主节点的距离不应大于300mm。

脚手架高度在24m以下，采用刚性连墙件与建筑物可靠连接，亦可采用拉筋和顶撑配合使用的附墙连接方式；高度24m以上，必须采用刚性连墙件与建筑物可靠连接。

特别提示

一字形、开口形脚手架的两端必须设置连墙件，连墙件的垂直间距不应大于建筑物的层高，并不应大于4m（2步）。

(3) 支撑体系。脚手架除基本的承力结构外，还需要按构造设置支撑体系。支撑体系的设置是为了使脚手架成为一个几何稳定的构架，加强其整体刚度、增大抵抗侧向力的能力，避免出现节点的可变状态和过大的位移。支撑体系包括纵向支撑（剪刀撑）、横向支撑和水平支撑。

① 纵向支撑（剪刀撑）如图4.34所示。纵向支撑是沿脚手架纵向外侧隔一定距离由下而上连续设置的剪刀撑。

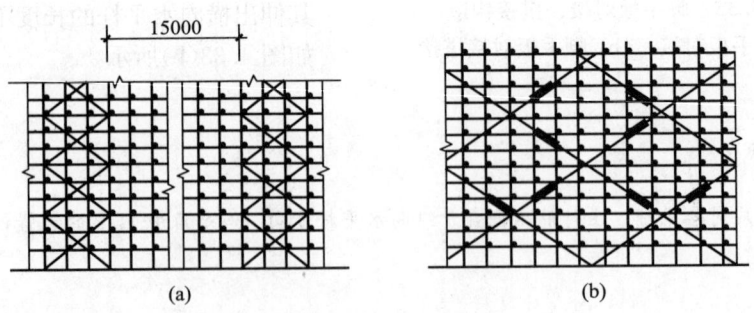

图4.34 剪刀撑
(a) 间断式；(b) 连续式

每道剪刀撑宽度宜取3~5倍立杆纵距且不应小于6m；斜杆与地面的倾角宜在45°~60°之间；斜杆应用旋转扣件固定在与之相交的横向水平杆的伸出端或立杆上，旋转扣件中心线至主节点的距离不宜大于150mm。斜杆的接长宜按立杆要求搭接。

高度在24m以下的单、双排脚手架，均必须在外侧立面的两端各设置一道剪刀撑，并应由底至顶连续设置；中间各道剪刀撑之间的净距不应大于15m。

高度在24m以上的双排脚手架应在外侧立面整个长度和高度上连续设置剪刀撑。

② 横向支撑。横向支撑是在横向构架内从底到顶沿全高呈之字形设置的连续斜撑。

横向支撑斜腹杆宜采用旋转扣件固定在与之相交的横向水平杆的伸出端上，旋转扣件中心线至主节点的距离不宜大于150mm。

一字形、开口形脚手架的两端均必须设置横向斜撑，中间宜每隔6跨设置一道。

高度在24m以下的封闭型双排脚手架可不设横向斜撑，高度在24m以上时，除拐角应设置横向斜撑外，中间应每隔6跨设置一道。

③ 水平支撑。水平支撑指在设置连墙拉结杆件的所在水平面内连续设置的水平斜杆。可根据需要设置，如承力较大的结构脚手架或承受偏心荷载较大的部位设置，加强水平刚度。

3）扣件式钢管脚手架的搭设施工

（1）施工准备。脚手架施工前，应做好以下的准备工作。

① 编制脚手架施工方案和安全技术交底。

② 单位工程负责人根据施工方案和安全技术交底向架设和使用人员进行技术交底。

③ 对搭设材料进行检查验收，不合格产品不得使用。

④ 清除搭设场地杂物，平整场地，场地严禁有积水的现象，防止地基不均匀沉陷。

（2）地基与基础。脚手架地基应坚实。其施工必须根据脚手架搭设高度、搭设场地土质情况与现行国家标准《地基与基础工程施工及验收规范》（GBJ 202—1983）有关规定进行。

 知识链接

脚手架底座底面标高宜高于自然地坪50mm。

（3）搭设。脚手架杆件应按施工方案搭设，并符合构造规定。搭设必须配合施工进度，一次搭设高度不应超过相邻连墙件以上两步。每搭完一步脚手架后，校正步距、纵距、横距及立杆的垂直度。

开始搭设立杆时，应每隔6跨设置一根抛撑，直至连墙件安装稳定后，方可根据情况拆除；当搭至有连墙件的构造点时，在搭设完该处的立杆、纵向水平杆和横向水平杆后，应立即设置连墙件。相邻立杆的对接扣件不得在同一高度内，应交错布置，错开距离应符合规范规定。

连墙件、剪刀撑、横向斜撑应随脚手架进度同步搭设。当脚手架施工操作层高出连墙件两步时，应采取临时稳定措施，直到上一层连墙件搭设完后方可根据情况拆除。

连接杆件的扣件螺栓必须拧紧，扭力矩不应小于40N·m且不应大于65N·m；各杆件端头伸出扣件盖板边缘的长度不应小于100mm。

（4）拆除。拆除脚手架时，应划出工作区，并作出明显警戒标志。拆除工作应有统一指挥，以防止构件坠落或伤及人员。

拆除顺序为由上而下逐层进行，严禁上、下同时作业；连墙件必须随脚手架逐层拆除，严禁先将连墙件整层或数层拆除后再拆脚手架；分段拆除高差不应大于两步，如高差

大于两步，应增设连墙件加固。卸下材料按品种和规格码堆存放，严禁抛掷。

4）安全防护措施

为了能使脚手架起到应有的安全防护功能，脚手架应正确地悬挂安全网并做好避雷防电的措施。

（1）安全网的设置。当外墙砌筑高度超过 4m；多高层建筑的外脚手架或立体交叉作业时；或者在采用里脚手架砌筑外墙时需要架设安全网。安全网悬挂方式分垂直与水平设置两种。

在架设平网时从二层楼面起设安全网，以上每隔 3～4 层设一道。安全网的伸出宽度若无要求，至少应不小于 2m，外口高于里口 500mm，网的搭接应当牢固。施工过程中应经常对安全网进行检查和维护，禁止向网内抛掷杂物，以保障安全性。

高层建筑的外脚手架外侧应自下而上满挂密目式安全立网。安全网的架设要随着楼层施工的增高而逐步上升。由下往上的第一步架应当满铺脚手板，每一作业层的脚手板下应沿水平方向平挂安全网，其余每隔 4～6 层加设一层水平安全网。

（2）避雷防电。脚手架外边缘、顶面与外电架空线路的边线之间必须保持最小的安全操作距离。一般要求钢脚手架不得搭设在距离 35kV 以上的高压线路 4.5m 以内的范围和距离 1～10kV 高压线路 2m 以内的地区。脚手架如果必须穿过 380V 以内的电力线路而距离又在 2m 以内时，在搭设和使用期间应当切断或拆除电源，如果不能拆除，必须采取可靠的绝缘措施。

通过脚手架的电力线路要严格检查并采取保护措施。夜间施工等操作的照明线通过脚手架时，应尽可能使用低于 120V 的低压电源。

对于高层施工作业的或在旷野、山坡上施工用的钢脚手架，在雷雨季节或雷击区域时，应做好避雷防护措施。

特别提示

脚手架的安全防护措施还应结合各地的安全文明施工要求进行相应设置。

2. 框式脚手架

1）框式脚手架的构造

框式脚手架又称门式脚手架，是由门式框架和剪刀撑、水平撑、栏杆、三脚架和底座等部件组装而成的。搭设高度一般低于 20m。按照框架形式的不同，常用的有门形和梯形两种。

（1）门形框式脚手架如图 4.35 所示。

门形框式脚手架主要构件有框架、剪刀撑及水平撑、栏杆、三脚架。门形脚手架的主要部件之间的连接形式有制动片式和偏重片式两种。

框架用外径 45mm 及 38mm 两种钢管焊接而成。底脚部分用外径 54mm 钢管做套管，以便在框架接高时套在下一框架立柱的上端。框架立柱上留有螺栓孔以便安装剪刀撑和水平撑。

（2）梯形框式脚手架。梯形框式脚手架其主要构件有框架、剪刀撑及水平撑、栏杆、三脚架。

框架由外径 45mm、38mm 两种钢管焊接而成。框架立柱上端焊有细短管，以便在接高框架时承插上层框架。框架立柱上也留有安装剪刀撑和水平撑的螺栓孔。

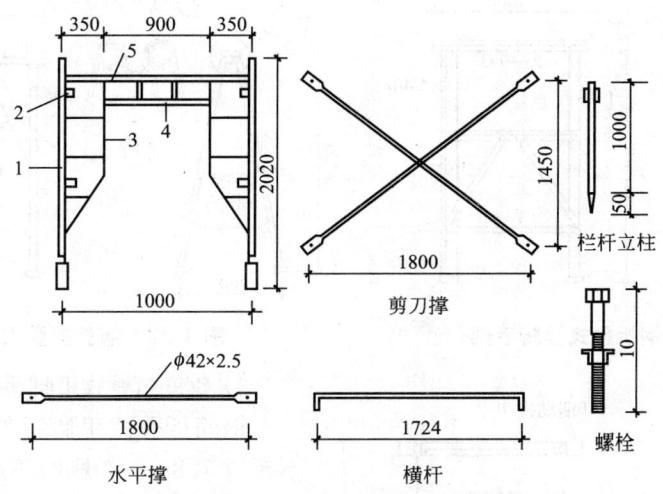

图 4.35 门形框式脚手架

1—立杆；2—锁销；3—立杆加强杆；4—横杆加强杆；5—横杆

2）框式脚手架的搭设要求

一般按产品目录所列荷载和搭设规定进行施工。如果实际情况与规定不同，应采取相应的加固措施或进行验算。

搭设程序为：铺放垫木（板）→拉线、放底座→自一端起立门架并随即装剪刀撑→装水平梁架（或脚手板）→装梯子→需要时，装设通常的纵向水平杆→装设连墙杆→照上述步骤，逐层向上安装→装加强整体刚度的长剪刀撑→装设顶部栏杆。

搭设前应做好地基平整夯实。如遇地基松软潮湿时，应加做垫层或铺设木垫板，以保证框架在垂直和水平方向的准确性。安装框架时应注意拉线找齐、抄平，每安装完一层均应详细检查构件接合是否牢固？螺栓是否上紧？框架立柱是否垂直？是否有歪扭？是否有偏斜现象？

为了保证脚手架的整体稳定性，必须在脚手架与建筑物之间设置可靠的连墙点。

4.5.3 里脚手架

里脚手架搭设比较简单，施工中常采用现场的一些材料经过简单的加工搭设而成。定型的里脚手架有折叠式、支柱式和门架式等结构形式。

1. 折叠式里脚手架

根据制作材料的不同，折叠式里脚手架可分为角钢、钢管和钢筋折叠式里脚手架。

1）角钢折叠式里脚手架（如图 4.36 所示）

角钢折叠式里脚手架搭设间距砌墙时不超过 2m，粉刷时不超过 2.5m。可搭设两步架：第一步高为 1m；第二步高为 1.65m。

2）钢管折叠式里脚手架（如图 4.37 所示）

钢管折叠式里脚手架搭设间距砌墙时不超过 1.8m，粉刷时不超过 2.2m。

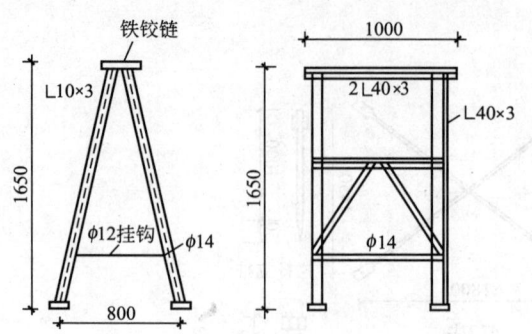

图 4.36 角钢折叠式里脚手架

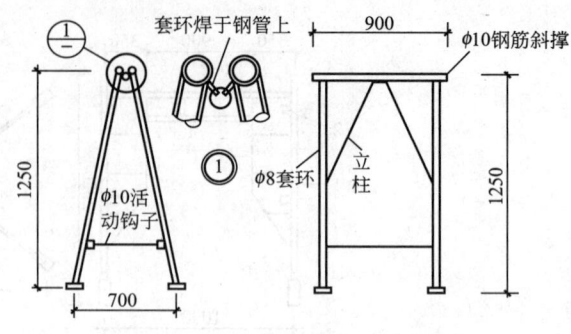

图 4.37 钢管折叠式里脚手架

3）钢筋折叠式里脚手架（如图 4.38 所示）

钢筋折叠式里脚手架搭设间距砌墙时不超过 1.8m，粉刷时不超过 2.2m。

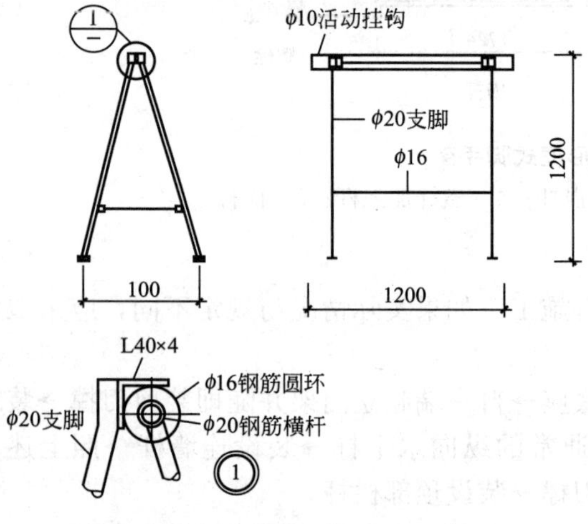

2. 支柱式里脚手架

支柱式里脚手架由若干个支柱和横杆组成，上铺脚手板。支柱间距在砌墙时不超过 2m；粉刷时不超过 2.5m。支柱式里脚手架的支柱有套管式及承插式两种。

1）套管式支柱（如图 4.39 所示）

套管式支柱由立管和插管组成。插管插入立管中，以销孔间距调节脚手架的高度，插管顶端的支托搁置方木横杆，横杆上铺设脚手板。架设高度为 1.50～2.10m。

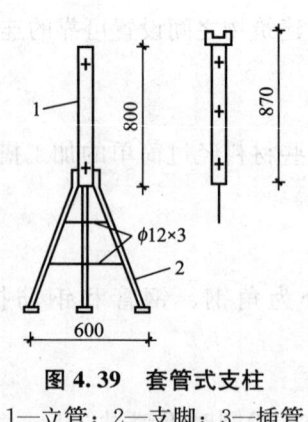

图 4.38 钢筋折叠式里脚手架

2）承插式支柱（如图 4.40 所示）

图 4.39 套管式支柱
1—立管；2—支脚；3—插管

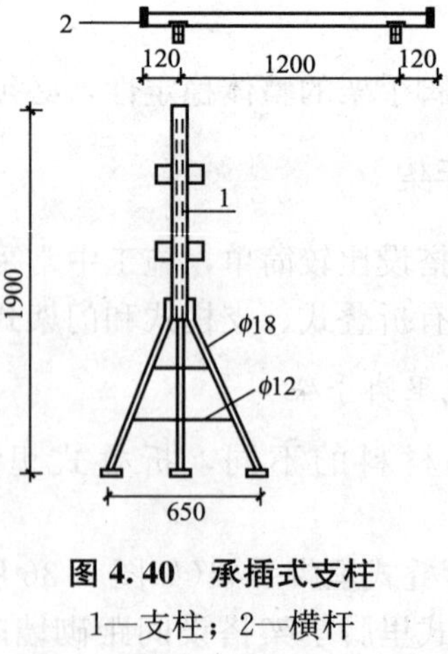

图 4.40 承插式支柱
1—支柱；2—横杆

承插式支柱架设高度为 1.2m、1.6m、1.9m，当架设第三步时要加销钉以保证安全。

3. 门架式里脚手架

门架式里脚手架（如图 4.41 所示）由两片 A 形支架与门架组成。支架间距，砌墙时不超过 2.2m，粉刷时不超过 2.5m，其架设高度为 1.5～2.4m。

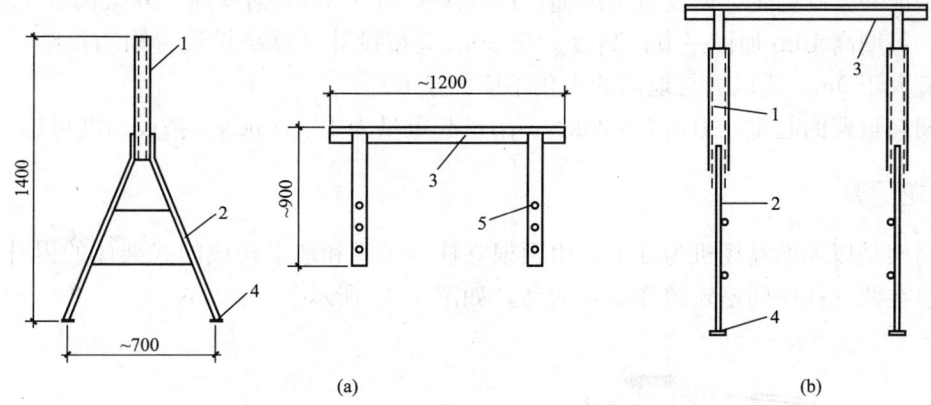

图 4.41 门架式里脚手架
（a）A 形支架与门架；（b）安装示意图
1—立管；2—支脚；3—门架；4—垫板；5—销孔

4.6 砌筑工程垂直运输

垂直运输设施是指担负垂直输送材料和施工人员上下的机械设备和设施。在主体结构施工过程中，大量的材料、机具都需要用垂直运输机具运输到施工作业区。如何恰当地选择、安排运输机具将直接影响到施工进度和成本。垂直运输设施的设置主要应满足覆盖面、供应面、供应能力、提升高度、水平运输手段、装设条件、设备效能的发挥、经济性和安全保障等条件的要求。

砌筑工程中，常用的垂直运输设施有塔式起重机、井字架、龙门架和建筑施工电梯等。

4.6.1 塔式起重机

塔式起重机，是一种塔身直立、起重臂回转的起重机械。它广泛应用于多高层建筑的施工。塔式起重机具有提升、回转和水平运输等功能，因此它既是重要的吊装设备，也是重要的垂直运输设备。

塔式起重机具有较大的起重高度和工作幅度、工作速度快、生产效率高、操作方便和变幅简单等特点。尤其在吊运长、大、重的物料时有明显的优势。因此，在可能的条件下宜优先选用。

4.6.2 井架

井架是以地面卷扬机为动力，由型钢组成井字架体、吊盘（吊篮）在井孔内或架体外侧沿轨道作垂直运动的提升机，如图 4.42 所示。

井架多为单孔井架，也可构成两孔或多孔井架并联在一起使用。井架通常带一个起重臂和吊盘。除用型钢或钢管加工的定型井架外，所有多立杆式脚手架的杆件和框式脚手架的框架，都可用以搭设不同形式和不同井孔尺寸的单孔或多孔井架。

井架稳定性好，运输量大，可以搭设较大高度。因此，井架是砌筑工程垂直运输的常用设备之一。

为保证井架的稳定，需设置缆风绳。缆风绳采用 9.3mm 钢丝绳。井架高度 15m 以下设一道，每增高 10m 加设一道；高度大于 30m 应按设计计算结果设置附墙拉结，其间隔一般不宜大于 9m。缆风绳与地面的夹角不应大于 60°。

井架起重臂的起重能力为 5～20kN；吊盘起重量为 10～15kN。搭设高度可达 40m。

4.6.3 龙门架

龙门架是以地面卷扬机为动力，由两根立柱与天梁和地梁构成门式架体的提升机，吊篮（吊笼）在两立柱中间沿轨道作垂直运动，如图 4.43 所示。

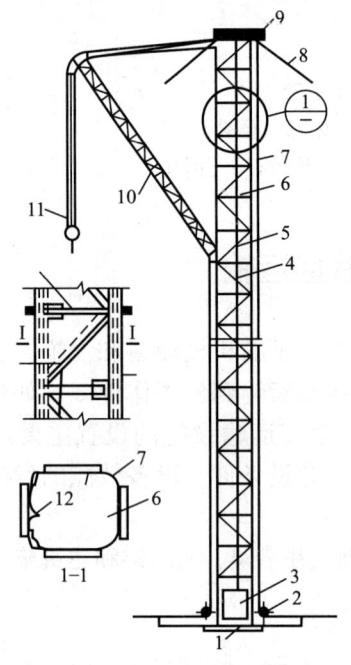
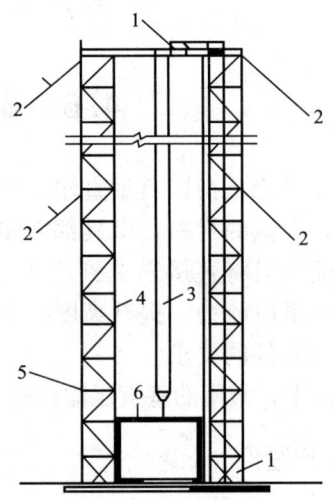

图 4.42 井架
1—垫木；2—地轮；3—吊盘；
4—钢丝绳；5—斜撑；6—平撑；
7—立柱；8—缆风绳；9—天轮；
10—辅助吊臂；11—吊钩；12—导轨

图 4.43 龙门架
1—天轮；2—缆风绳；3—钢丝绳；
4—导轨；5—立杆；6—吊盘

龙门架上装设有滑轮（天轮及地轮）、导轨、吊盘（上料平台）、安全装置以及起重索、缆风绳等。

龙门架构造简单、制作容易、用材少、装拆方便，适用于中小工程。但由于立杆刚度和稳定性较差，一般常用于低层建筑。

4.6.4 施工电梯

施工电梯（又称施工升降机），是一种使用工作笼（吊笼）沿导轨架作垂直（或倾斜）运动用来运送人员和物料的机械如图 4.44 所示。在现代高层施工中，它是与大型塔机相配合的必不可少的重要施工设备。对于保证施工工期与安全、降低施工成本、减轻劳动强度起着不可替代的作用。

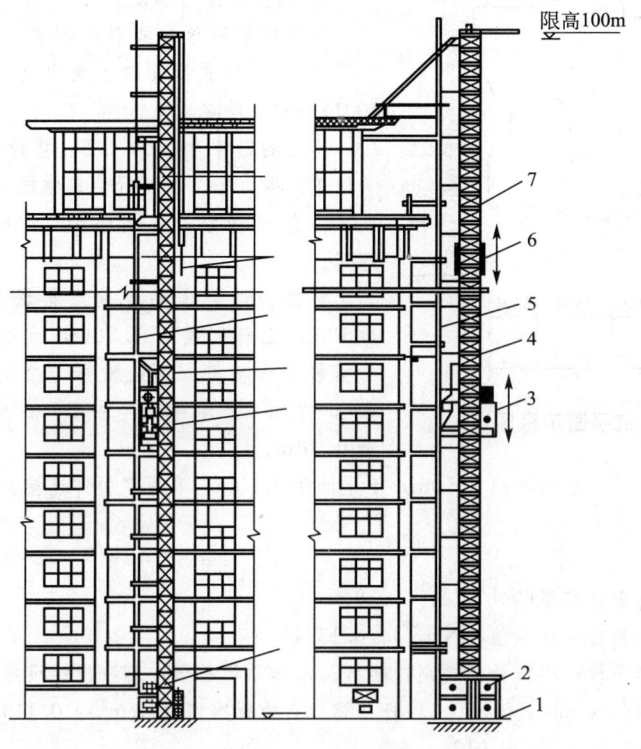

图 4.44 施工电梯

1—混凝土基础；2—底笼；3—吊笼；4—小吊杆；
5—架设安装杆；6—平衡安装杆；7—导航架

施工电梯按驱动方式不同，可分为齿轮齿条驱动（SC 型）、卷扬机钢丝绳驱动（SS 型）和混合驱动（SH 型）3 种。按导轨架的结构不同，可分为单柱和双柱两种。

施工电梯可载重货物 1.0~1.2t，也可容纳 12~15 人。其高度可达 100m，用于超高层建筑施工时可达 200m。特别适用于高层建筑，也可用于高大建筑、多层厂房和一般建筑施工中的垂直运输。

施工电梯一般是在建筑物主体完成 50% 以后才安装。

某工程脚手架计算实例

1. 工程概况

本工程位于四川省成都市某县区。结构类型为框剪结构；建筑高度为 50.45m；标准层层高为

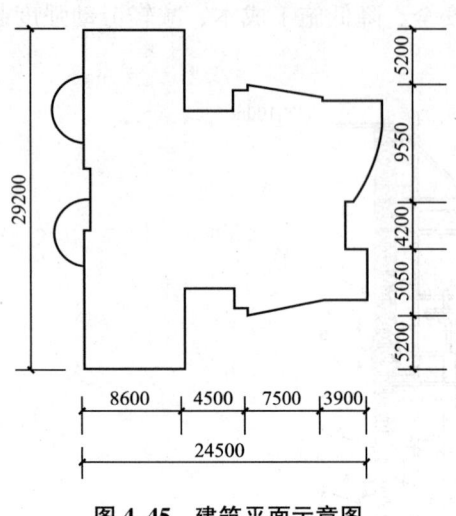

图 4.45 建筑平面示意图

2.950m；总建筑面积为48922m²；脚手架搭设范围为沿外墙的周边。建筑平面示意图如图4.45所示。

2. 初步选择的搭设方案

本工程采用落地式双排钢管扣件脚手架。计算参照《建筑施工扣件式钢管脚手架安全技术规范》(JGJ 130—2001)的相关规定。

采用的钢管为φ48×3.5。搭设高度为50.45m。立杆采用单立管，每7层断开为单独的架体。主体结构中预埋φ12钢筋预埋件，其间距为1.2m，并设置φ8钢丝绳卸荷。

根据构造要求初步确定搭设尺寸为：立杆的纵距1.50m，立杆的横距1.20m，大小横杆的步距1.50m，小横杆在大横杆上面；横杆与立杆连接方式为单扣件，取扣件抗滑承载力系数为0.80；内排架距离墙0.30m。

连墙件采用三步三跨，竖向间距4.50m，水平间距4.50m，采用双扣件连接。

3. 计算参数

1) 恒荷载参数

每米脚手架钢管自重标准值(kN/m²)：0.038。

每米立杆承受的结构自重标准值(kN/m²)：0.1394。

脚手板类别：木脚手板；栏杆挡板类别：栏杆、木脚手板挡板；脚手板铺设层数：2层。

脚手板自重标准值(kN/m²)：0.350；栏杆挡脚板自重标准值(kN/m²)：0.140。

安全设施与安全网(kN/m²)：0.010。

2) 活荷载参数

施工均布活荷载标准值：2.0kN/m²；脚手架用途：装修脚手架；同时施工层数：2层。

3) 风荷载参数

脚手架计算中考虑风荷载作用。

本工程地处四川省成都市，基本风压为0.30kN/m²；风荷载高度变化系数 μ_z 为1.42，风荷载体型系数 μ_s 为0.65。

4) 地基参数

地基土类型：黏性土，承载力标准值为180(kN/m²)。

由于地基承载力不满足脚手架荷载要求，故在搭设之前先将回填土夯实并沿外墙浇筑100mm厚、1.5m宽C15混凝土垫层，使得地基承载力标准值满足要求。

立杆基础底面面积(m²)：0.09；地基承载力调整系数：0.40。

4. 横向水平杆(小横杆)的计算

小横杆按照简支梁进行强度和挠度计算。小横杆上面的脚手板和活荷载作为均布荷载计算小横杆的最大弯矩和变形。

1) 均布荷载值计算如图4.46所示

小横杆的自重标准值：
$$P_1 = 0.038 \text{kN/m}$$

脚手板的荷载标准值：
$$P_2 = 0.350 \times 1.500/3 \text{kN/m} = 0.175 \text{kN/m}$$

活荷载标准值：
$$Q = 2.000 \times 1.500 \text{kN/m}/3 = 1.000 \text{kN/m}$$

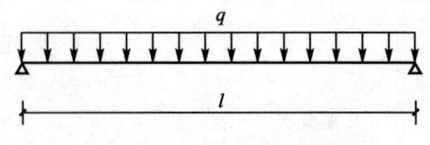

图 4.46 小横杆计算简图

荷载的计算值：
$$q=(1.2×0.038+1.2×0.175+1.4×1.000)\text{kN/m}=1.656\text{kN/m}$$

2) 抗弯强度计算

最大弯矩考虑为简支梁均布荷载作用下的弯矩，计算公式如下：
$$M_{qmax}=ql^2/8$$

最大弯矩：
$$M_{qmax}=1.656×1.200^2\text{kN·m}/8=0.298\text{kN·m}$$

最大应力计算值：
$$\sigma=M_{qmax}/W=58.680\text{N/mm}^2;$$

小横杆的最大应力计算值 $\sigma=58.680\text{N/mm}^2$ 小于小横杆的抗压强度设计值 $[f]=205.0\text{N/mm}^2$，满足要求。

3) 挠度计算

最大挠度考虑为简支梁均布荷载作用下的挠度。

荷载标准值：
$$q=(0.038+0.175+1.000)\text{kN/m}=1.213\text{kN/m}$$

$$V_{qmax}=\frac{5ql^4}{384EI}$$

最大挠度 $V=5.0×1.213×1200.0^4\text{mm}/(384×2.060×10^5×121900.0)=1.305\text{mm}$

小横杆的最大挠度 1.305mm 小于小横杆的最大容许挠度 1200.0/150=8.000 与 10mm，故满足要求。

5. 纵向水平杆(大横杆)的计算

大横杆按照三跨连续梁进行强度和挠度计算。用小横杆支座的最大反力计算值，在最不利荷载布置下计算大横杆的最大弯矩和变形。

1) 荷载值计算如图 4.47 所示

小横杆的自重标准值：
$$P_1=0.038×1.200\text{kN}=0.046\text{kN}$$

脚手板的荷载标准值：
$$P_2=0.350×1.200×1.500\text{kN}/3=0.210\text{kN}$$

活荷载标准值：
$$Q=2.000×1.200×1.500\text{kN}/3=1.200\text{kN}$$

荷载的设计值：
$$P=(1.2×0.046+1.2×0.210+1.4×1.200)\text{kN}/2=0.994\text{kN}$$

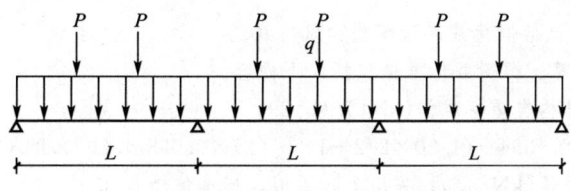

图 4.47 大横杆计算简图

2) 强度验算

最大弯矩考虑为大横杆自重均布荷载与小横杆传递荷载的设计值最不利分配的弯矩和。
$$M_{max}=0.08ql^2$$

均布荷载最大弯矩计算：
$$M_{1max}=0.08×0.038×1.500×1.500^2\text{kN·m}=0.010\text{kN·m}$$

集中荷载最大弯矩计算公式如下：

$$M_{pmax} = 0.267pl$$

集中荷载最大弯矩计算：

$$M_{2max} = 0.267 \times 0.994 \times 1.500 \text{kN} \cdot \text{m} = 0.398 \text{kN} \cdot \text{m}$$

$$M = M_{1max} + M_{2max} = (0.010 + 0.398) \text{kN} \cdot \text{m} = 0.408 \text{kN} \cdot \text{m}$$

最大应力计算值：

$$\sigma = 0.408 \times 10^6 \text{N/mm}/5080.0 = 80.379 \text{N/mm}^2$$

大横杆的最大应力计算值 $\sigma = 80.379 \text{N/mm}^2$ 小于大横杆的抗压强度设计值 $[f] = 205.0 \text{N/mm}^2$，故满足要求。

3）挠度验算

最大挠度考虑为大横杆自重均布荷载与小横杆传递荷载的设计值最不利分配的挠度和，单位为毫米（mm）。

均布荷载最大挠度计算公式如下：

$$V_{max} = 0.677 \frac{ql^4}{100EI}$$

大横杆自重均布荷载引起的最大挠度：

$$V_{max} = 0.677 \times 0.038 \times 1500.04 \text{mm}/(100 \times 2.060 \times 10^5 \times 121900.0) = 0.052 \text{mm}$$

集中荷载最大挠度计算公式如下：

$$V_{pmax} = 1.883 \frac{pl^3}{100EI}$$

集中荷载标准值最不利分配引起的最大挠度：

小横杆传递的集中荷载标准值：

$$P = (0.046 + 0.210 + 1.200) \text{kN}/2 = 0.728 \text{kN}$$

$$V = 1.883 \times 0.728 \times 1500.03 \text{mm}/(100 \times 2.060 \times 10^5 \times 121900.0) = 1.843 \text{mm}$$

最大挠度和：

$$V = V_{max} + V_{pmax} = (0.052 + 1.843) \text{mm} = 1.895 \text{mm}$$

大横杆的最大挠度 1.895mm，小于大横杆的最大容许挠度 1500.0/150=10.0 与 10mm，满足要求。

6. 扣件抗滑力的验算（略）

7. 立杆的计算

1）立杆荷载计算

作用于脚手架的荷载包括恒荷载、活荷载和风荷载。

(1) 恒荷载标准值计算。恒荷载标准值包括以下内容。

① 每米立杆承受的结构自重标准值(kN)为 0.1394。

$$NG_1 = [0.1394 + (1.20 \times 2/2 + 1.50 \times 2) \times 0.038/1.50] \times 18.00 = 4.445$$

② 脚手板的自重标准值(kN/m^2)：采用木脚手板，标准值为 0.35。

$$NG_2 = 0.350 \times 2 \times 1.500 \times (1.200 + 0.3) \text{kN}/2 = 0.787 \text{kN}$$

③ 栏杆与挡脚手板自重标准值(kN/m)：采用栏杆、木脚手板挡板，标准值为 0.14。

$$NG_3 = 0.140 \times 2 \times 1.500 \text{kN}/2 = 0.210 \text{kN}$$

④ 吊挂的安全设施荷载为 0.005 包括安全网(kN/m^2)。

$$NG_4 = 0.010 \times 1.500 \times 18.000 \text{kN} = 0.270 \text{kN}$$

经计算，恒荷载标准值：

$$NG = NG_1 + NG_2 + NG_3 + NG_4 = 5.712 \text{kN}$$

(2) 活荷载标准值计算。活荷载为施工荷载标准值产生的轴向力总和，内、外立杆按一纵距内施工荷载总和的1/2取值。

经计算，活荷载标准值 $NQ = 2.000 \times 1.200 \times 1.500 \times 2 \text{kN}/2 = 3.600 \text{kN}$

(3) 风荷载标准值计算。风荷载标准值按照以下公式计算。

$$W_k = 0.7 U_z U_s W_0$$

式中　W_0——基本风压(kN/m^2)，应按照《建筑结构荷载规范》(GB 50009—2001)的规定采用。

$$W_0 = 0.300 \text{kN/m}^2$$

式中　U_z——风荷载高度变化系数，应按照《建筑结构荷载规范》(GB 50009—2001)的规定采用。

$$U_z = 1.420$$

式中　U_s——风荷载体型系数，取值为0.645；

经计算风荷载标准值：

$$W_k = 0.7 \times 0.300 \times 1.420 \times 0.645 \text{kN/m}^2 = 0.192 \text{kN/m}^2$$

不考虑风荷载时，立杆的轴向压力设计值计算公式：

$$N = 1.2 NG + 1.4 NQ = (1.2 \times 5.712 + 1.4 \times 3.600) \text{kN} = 11.894 \text{kN}$$

考虑风荷载时，立杆的轴向压力设计值为

$$N = 1.2 NG + 0.85 \times 1.4 NQ = (1.2 \times 5.712 + 0.85 \times 1.4 \times 3.600) \text{kN} = 11.138 \text{kN}$$

风荷载设计值产生的立杆段弯矩 M_w 为

$$M_w = 0.85 \times 1.4 W_k L_a h2/10 = 0.850 \times 1.4 \times 0.192 \times 1.500 \times 1.5002 \text{kN} \cdot \text{m}/10 = 0.077 \text{kN} \cdot \text{m}$$

式中　W_k——风荷载基本风压标准值(kN/m^2)；

　　　L_a——立杆的纵距（m）；

　　　h——立杆的步距（m）。

2) 立杆的稳定性计算：

(1) 不组合风荷载时，立杆的稳定性计算公式

$$\sigma = \frac{N}{\phi A} \leqslant [f]$$

式中　N——立杆的轴向压力设计值，$N = 11.894 \text{kN}$；

　　　i——计算立杆的截面回转半径，$i = 1.58 \text{cm}$；

　　　k——计算长度附加系数。参照《扣件式规范》表5.3.3得，$k = 1.155$；

　　　μ——计算长度系数。参照《扣件式规范》表5.3.3得，$\mu = 1.730$；

　　　l_0——计算长度。由公式 $l_0 = k\mu h$ 确定：$l_0 = 2.997 \text{m}$；长细比 $L_0/i = 190.000$；

　　　ϕ——轴心受压立杆的稳定系数 φ，由长细比 l_0/i 的计算结果查表得到，$\varphi = 0.199$；

　　　A——立杆净截面面积，$A = 4.89 \text{cm}^2$；

　　　W——立杆净截面模量(抵抗矩)，$W = 5.08 \text{cm}^3$；

　　　$[f]$——钢管立杆抗压强度设计值，$[f] = 205.000 \text{N/mm}^2$。

立杆的稳定性计算：

$$\sigma = 11894.000 \text{N/mm}^2 /(0.199 \times 489.000) = 122.232 \text{N/mm}^2$$

由于 $\sigma = 122.232 \text{N/mm}^2$ 小于立杆的抗压强度设计值 $[f] = 205.000 \text{N/mm}^2$，故满足要求。

(2) 考虑风荷载时，立杆的稳定性计算公式

$$\sigma = \frac{N}{\phi A} + \frac{M_w}{W} \leqslant [f]$$

式中　N——立杆的轴心压力设计值，$N = 11.138 \text{kN}$；

i——计算立杆的截面回转半径,$i=1.58\text{cm}$;

k——计算长度附加系数,参照《扣件式规范》表5.3.3得,$k=1.155$;

μ——计算长度系数。参照《扣件式规范》表5.3.3得,$\mu=1.730$;

l_0——计算长度。由公式 $l_0=k\mu h$ 确定:$l_0=2.997\text{m}$;长细比:$L_0/i=190.000$;

φ——轴心受压立杆的稳定系数,φ 由长细比 l_0/i 的结果查表得到,$\varphi=0.199$

A——立杆净截面面积,$A=4.89\text{cm}^2$;

W——立杆净截面模量(抵抗矩),$W=5.08\text{cm}^3$;

$[f]$——钢管立杆抗压强度设计值,$[f]=205.000\text{N/mm}^2$。

立杆的稳定性计算:

$$\sigma=11138.472\text{N/mm}^2/(0.199\times489.000)+77248.151/5080.000=129.669\text{N/mm}^2$$

由于 $\sigma=129.669\text{N/mm}^2$ 小于立杆的抗压强度设计值 $[f]=205.000\text{N/mm}^2$,故满足要求。

8. 最大搭设高度的计算(略)

9. 连墙件的计算

连墙件的轴向力设计值应按照下式计算:

$$N_l=N_{lw}+N_0$$

式中 N_{lw}——风荷载产生的连墙件轴向力设计值(kN),按照下式计算。

$$N_{lw}=1.4W_kA_w=5.453\text{kN}$$

式中 W_k——风荷载标准值 $W_k=0.192\text{kN/m}^2$;

A_w——每个连墙件的覆盖面积内脚手架外侧的迎风面积 $A_w=20.250\text{m}^2$;

N_0——连墙件约束脚手架平面外变形所产生的轴向力(kN),$N_0=5.000\text{kN}$。

连墙件的轴向力设计值:

$$N_l=N_{lw}+N_0=10.453\text{kN}$$

连墙件承载力设计值按下式计算:

$$N_f=\varphi A[f]$$

式中 φ——轴心受压立杆的稳定系数。

由长细比 $l_0/i=300.000/15.800$ 的结果查表得到 $\varphi=0.949$,l_0 为内排架距离墙的长度;

$A=4.89\text{cm}^2$;$[f]=205.00\text{N/mm}^2$

连墙件轴向承载力设计值为:

$$N_f=(0.949\times4.890\times10-4\times205.000\times103)\text{kN}=95.133\text{kN}$$

$N_l=10.453<N_f=95.133$,故连墙件的设计计算满足要求。

连墙件采用双扣件与墙体连接,如图4.48所示。

由以上计算得到 $N_l=10.453$ 小于双扣件的抗滑力 16.0kN,满足要求。

10. 立杆的地基承载力计算

立杆基础底面的平均压力应满足下式的要求。

$$p\leqslant f_g$$

式中 p——立杆基础底面的平均压力,$p=N/A=123.761\text{kN/m}^2$;

其中,上部结构传至基础顶面的轴向力设计值 $N=11.138\text{kN}$。

基础底面面积 $A=0.090\text{m}^2$。

f_g——地基承载力设计值,$f_g=f_{gk}k_c=160.000\text{kN/m}^2$。

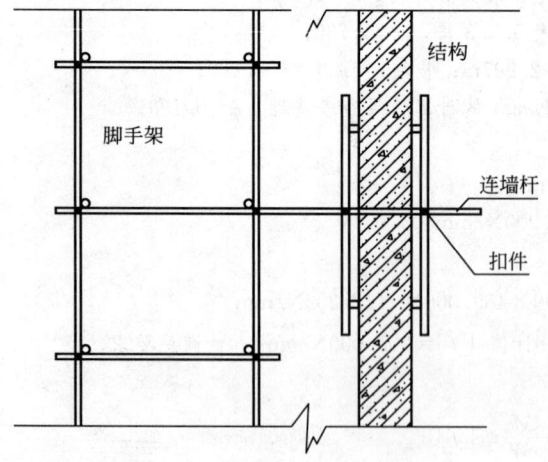

图4.48 连墙件扣件连接示意图

其中，地基承载力标准值 $f_{gk}=400.000\text{kN/m}^2$。
脚手架地基承载力调整系数 $k_c=0.400$。
$p=123.761 \leqslant f_g=160.000\text{kN/m}^2$
故地基承载力满足要求。
11. 脚手架配件数量匡算（略）
12. 架体加强措施（略）

本 章 小 结

本章主要内容包括脚手架工程、垂直运输设施和各种类型砌体的施工3个部分。

在这3个部分中分别比较完整地介绍了其施工准备、施工构造、施工工艺、施工验收及安全管理等知识。学习的重点应放在掌握脚手架工程、砌体施工工艺和施工验收。

因为砌筑工程结构形式较简单，本章涉及的知识在一般工程中应用较多，并且很多属于规范中要求遵守执行的内容所以在学习中必须切实深刻理解、牢记。如果要做到灵活运用还应结合砌筑工程的实训与实习，从实际施工的流程来综合掌握施工每阶段应会的知识。这样才能将各部分的知识相结合起来。

因为砌筑工程的施工是一个系统工程，当然还有一些其他知识也需要在这里面进行综合，如，砌筑主体结构施工时要适时穿插水电等安装工程施工等。这就要求在学习时不仅需将本章与本书内容综合，还需要与其他的课程相结合。

习 题

一、简答题

1. 砌体结构常用的材料有哪些？对其性能和规格有什么要求和规定？
2. 砌筑砂浆如何制备和使用？强度怎样验收？
3. 砌筑工程的施工流程如何进行？
4. 砌筑准备工作有哪几种？准备的内容有哪些？
5. 砌体的组砌形式有哪些？其特点分别是什么？
6. 简述砌体的一般砌筑工艺过程。
7. 各种砌体类型的砌筑要点是什么？
8. 简述砌体冬期施工的措施及原理。
9. 框架填充墙施工顺序和施工要点是什么？
10. 加气混凝土砌块施工要点是什么？
11. 扣件式钢管脚手架所使用的材料有哪些？材料性能有什么要求？
12. 扣件式钢管脚手架的构造要点有哪些？
13. 脚手架搭设、拆除、安全防护各有哪些规定？
14. 框式脚手架的构造、搭设有哪些要求？

15. 里脚手架的种类有哪几种？
16. 垂直运输设施的种类及性能、特点各是什么？

二、案例分析题

试根据某学生公寓的设计要求，编制其脚手架、主体砌筑施工方案。

工程名称：某学生公寓楼。

工程概况：建筑平面尺寸 56.4m×10.18m。总建筑面积 2890.8m²，层高为 2.9m、建筑层数为 6 层。建设场地平坦，四周无阻碍。工程地基场地为三类，属非液化场地土，无不良地质现象。地基土为黏性土，承载力标准值为 300kN/m²。地下水水位很低。

建筑设计要求：工程外形规则，平面形状为矩形。工程相当于两个单元，设两座钢筋混凝土楼梯。

外墙均贴面砖。厕所、浴室贴瓷砖。门采用木门，窗采用铝合金窗（白铝，5mm 厚白玻）。屋面为现浇钢筋混凝土斜坡屋面；25mm 厚挤塑板保温层，水泥瓦面层，SBS 改性沥青卷材防水层。

结构设计要求：基础采用 MU10 机砖，M10 水泥砂浆砌筑而成的大放脚基础。主体为砖混结构，墙体为 240mm 厚，MU10 黏土烧结砖、M10 混合砂浆砌筑而成的砖墙，部分间隔墙为 120mm 厚。楼板采用现浇钢筋混凝土楼板，楼板厚度为 120mm。混凝土强度全部为 C25。

模块 5

预应力混凝土工程

教学目标

了解预应力混凝土的概念、特点和分类；熟悉预应力钢筋的种类；了解预应力筋张拉的台座、锚(夹)具、张拉机械的构造及使用方法，正确计算预应力筋的下料长度；掌握先张法和后张法施工工艺，了解建立张拉程序的依据及放张要求。

教学要求

知识要点	能力要求	相关知识	权重
预应力混凝土基础知识	掌握预应力混凝土的概念、特点、分类 了解预应力钢筋的种类	预应力混凝土的概念、预应力筋	20%
先张法	了解先张法施工台座、夹具、张拉机械的构造及使用方法 掌握先张法施工工艺，理解预应力筋的控制应力张拉程序和预应力筋的放张方法和要求	先张法施工的基础知识、先张法施工的工艺流程、施工要点	40%
后张法	了解后张法施工锚具、张拉机械的构造及使用方法和预应力筋的制作 掌握有黏结后张法施工工艺中孔道的留设、预应力筋的张拉和孔道灌浆 了解无黏结预应力钢筋的制作、张拉程序、锚头端部处理	后张法施工的基础知识、后张法施工的工艺流程、施工要点	40%

 引例

某大厦框架剪力墙结构，檐高 55m，总建筑面积约 136600m²，地上 13 层，地下 3 层，东西长约 147m，南北长约 79m。其中，部分板及梁中布置后张无黏结预应力筋以解决结构的温度应力；部分梁中布置后张有黏结预应力筋以解决结构的抗裂、变形、承载力问题，有黏结梁主要有框架梁、悬挑梁。框架梁最大跨度 16.8m，悬挑梁最大跨度 6.2m。预应力筋均采用 $\phi_s 15.2(7\Phi 5)$ 高强低松弛预应力钢绞线，抗拉强度标准值 $f_{ptk}=1860MPa$；张拉控制应力为 $0.70f_{ptk}$ 即 $\sigma_{con}=1302MPa$。预应力锚具采用 B&S(包含 BUPC)体系，I 类锚具，有黏结预应力筋张拉端采用 Z15 型群锚，固定端采用 Zp15 型挤压锚；无黏结预应力筋张拉端采用 Z15—1 型单孔锚具，固定端采用 Zp15 型挤压锚；混凝土强度等级为 C40，强度达到设计要求强度后方可张拉。

思考：1. 预应力混凝土有哪些施工工艺？
2. 无黏结预应力混凝土适用于哪些结构？
3. 预应力筋的张拉控制力如何确定？

5.1 预应力混凝土基础知识

预应力混凝土的概念是在 19 世纪末提出的，但早期的试验并不成功，低值的预应力很快在混凝土收缩与徐变后丧失。直到 1928 年，法国工程师弗莱西奈(E. Freyssinet)在对混凝土和钢材性能进行大量研究和总结后，指出了预应力混凝土必须采用高强钢材和高强混凝土，从而使预应力混凝土在理论上有了关键性突破，其后这些技术在全世界范围内得到了广泛推广。我国从 20 世纪 50 年代推广应用预应力混凝土结构，预应力混凝土技术在公路桥梁上得到普遍应用，尤其对于大跨度和重荷载结构以及不允许开裂的结构中被广泛应用。近年来，预应力混凝土技术在公路桥梁以外的土建结构中也得到了迅速发展。

5.1.1 预应力混凝土的概念

在荷载作用下，普通钢筋混凝土构件的抗拉极限应变只有 0.0001～0.00015(即每米只能拉长 0.1～0.15mm，超过后就会出现裂缝)。构件混凝土受拉不开裂时，构件中受拉钢筋的应力只能达到 20～30MPa；即使允许出现裂缝的构件，因受裂缝宽度限制，受拉钢筋的应力也仅达到 150～200MPa，钢筋的抗拉强度未能充分发挥。为了避免普通钢筋混凝土过早出现裂缝，充分利用高强度钢筋及高强度混凝土，预应力混凝土是解决这一问题的有效方法。即在构件承受外荷载前，在构件的受拉区域，通过对钢筋进行张拉后将钢筋的回弹力施加给混凝土，使混凝土受到一个预压应力，当构件在使用阶段时外荷载作用下产生的拉应力，首先要抵消预压应力，然后随着外力的增加，混凝土才逐渐被拉伸，这就推迟了混凝土裂缝的出现并限制了裂缝的发展，从而达到提高构件抗裂度和刚度的目的。这种利用钢筋对受拉区混凝土施加预压应力的钢筋混凝土，称为预应力混凝土。

与普通钢筋混凝土相比，预应力混凝土具有以下特点。
(1) 可有效地利用高强钢材，提高使用荷载下结构的抗裂性和刚度。
(2) 构件截面尺寸减小，能减轻自重，节约材料(可节约钢材 40%～50%，混凝土 20%～40%)。

(3) 提高构件的耐久性。

(4) 在大开间、大跨度与重荷载的结构中，具有良好的综合经济效益。

(5) 工序较多，制作工艺较复杂，且需要张拉机具和锚固装置，操作要求较高。

预应力混凝土的应用范围越来越广，其不仅广泛应用在屋架、空心楼板、吊车梁和大型屋面板等单个构件上，而且还应用在多层厂房、电视塔、核电站安全壳、大型桥梁和大跨度薄壳结构等领域。在现代结构中，预应力混凝土具有广阔的发展前景和推广价值。预应力混凝土的分类：按预应力的大小，分为全预应力混凝土和部分预应力混凝土；按预应力筋与混凝土黏结方式不同，分为有黏结预应力混凝土和无黏结预应力混凝土；按施工方式不同，分为预制预应力混凝土、现浇预应力混凝土和叠合预应力混凝土等；按钢筋的张拉方法不同，分为机械张拉（液压或电动螺杆）和电热张拉；按施加预应力的顺序不同，分为先张法和后张法。本章主要介绍先张法和后张法。

5.1.2 预应力钢筋

预应力混凝土结构有非预应力钢筋和预应力钢筋两种。非预应力钢筋可采用Ⅰ级、Ⅱ级钢筋和乙级冷拔低碳钢丝。预应力钢筋应采用高强度、有一定塑性及较好的黏结性能的钢筋，目前较常见的有以下5种。

1. 钢绞线

钢绞线一般是由几根碳素钢丝在绞丝机上围绕一根中心钢丝顺一个方向进行螺旋状绞合，再经低温回火处理而成。如图 5.1 所示为预应力钢绞线截面图。中心钢丝直径较外围钢丝直径大 5‰～7‰，捻距一般为 $(12\sim16)d$（d 为钢绞线直径）。

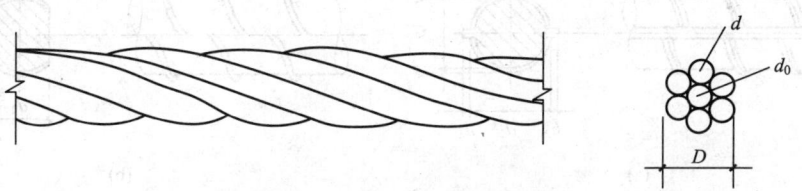

图 5.1 预应力钢绞线截面图
D—钢绞线直径；d_0—中心钢丝直径；d—外层钢丝直径

钢绞线的直径较大，一般为 9～15mm，比较柔软，施工方便，适用于先张法和后张法施工，将钢绞线外层涂防腐油脂并用塑料薄膜进行包裹，可用作无黏结预应力筋。因此，具有广阔的发展前景。

2. 高强钢丝

常用的高强钢丝分为冷拔和矫直回火两种，按外形不同分为光面、刻痕和螺旋肋 3 种。常用的高强钢丝的直径有 4.0mm、5.0mm、6.0mm、7.0mm、8.0mm、9.0mm 等几种。

高强钢丝是采用优质碳素钢盘条经冷拔制成的，钢丝直径一般为 3～8mm，最大为 12mm，其中 3～4mm 直径钢丝主要用于先张法，5～8mm 直径钢丝用于后张法。钢丝强度高，表面光滑，用作先张法预应力筋时，为了保证高强钢丝与混凝土具有可靠的黏结，可用机械方式对钢丝表面压痕处理形成刻痕钢丝。

冷拔后的高强钢丝内部存在强大的内应力，一般采用 500℃ 低温回火处理，冷却到室温条件的高强钢丝,称为消除应力钢丝。它可以消除钢丝冷拔过程中产生的残余应力,其比例极限、屈服极限和弹性模量也有所提高,塑性有所改善,同时也解决钢丝的矫直问题。

高强钢丝在一定拉力作用条件下,采用 300~400℃ 的消除应力回火处理,其松弛损失可减少到消除应力钢丝的 1/3 左右,称为低松弛钢丝,目前已在国内外广泛应用。我国的消除应力钢丝的品种及其强度设计值见表 5-1。

表 5-1 消除应力钢丝的品种及其强度设计值(N/mm^2)

钢丝种类	钢筋直径(mm)	符 号	f_{ptk}	f_{py}	f'_{py}
光面螺旋筋	4.0,5.0	ϕ^P	1770	1250	410
	6.0	ϕ^H	1670	1180	
	7.0,8.0,9.0		1570	1110	
刻痕	5.0,7.0	ϕ^I	1570	1110	

3. 热处理钢筋

热处理钢筋是由普通热轧中碳合金钢筋经淬火和回火调质热处理制成。具有高强度、高韧性和高黏结力等优点,直径为 6~10mm。成品钢筋为直径 2m 的弹性盘卷,开盘后自行伸直,每盘钢筋长度为 100~120m。热处理钢筋的螺纹外形,有带纵肋和无纵肋两种,如图 5.2 所示。热处理钢筋强度设计值见表 5-2。

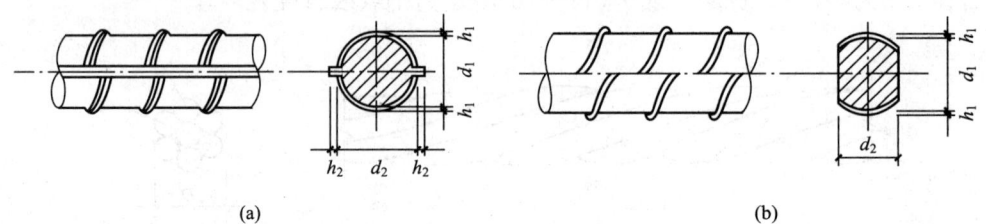

图 5.2 热处理钢筋外形
(a)带纵肋;(b)无纵肋

表 5-2 热处理钢筋强度设计值(N/mm^2)

钢丝种类	钢筋直径(mm)	符 号	f_{ptk}	f_{py}	f'_{py}
40Si2Mn	6	ϕ^{HT}	1470	1040	400
48Si2Mn	8.2				
45Si2Cr	10				

4. 精轧螺纹钢筋

精轧螺纹钢筋是用热轧方法在整个钢筋表面上轧出不带纵肋的螺纹外形,如图 5.3 所示。钢筋的接长用连接螺纹套筒,端头锚固直接用螺母。它具有锚固简单、施工方便和无需焊接等优点。目前，国内生产的精轧螺纹钢筋品种有直径为 25mm 和 32mm，其屈服点为 750MPa 和 900MPa 两种。

5. 冷拉钢筋

冷拉钢筋是将 Ⅱ～Ⅳ 级热轧钢筋在常温下通过张拉到超过屈服点某一应力，使

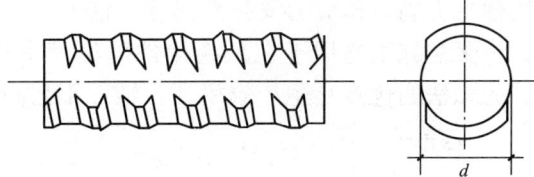

图 5.3 精轧螺纹钢筋外形

其产生一定的塑性变形后卸荷，再经时效处理而成。这样钢筋的塑性和弹性模量有所降低而屈服强和硬度有所提高，可直接用作预应力筋。

近年来，非金属预应力筋得到了很大发展，它们主要是纤维增强塑料(FRP)制成的预应力筋，如玻璃纤维增强塑料(GFRP)、芳纶纤维增强塑料(AFRP)及碳纤维增强塑料(CFRP)预应力筋。它们具有轻质、高强(强度接近或大于预应力钢筋)、耐腐蚀、耐疲劳和非磁性等优点。

冷拉和冷拔是金属冷加工的两种不同的方法，两者并非一个概念。

冷拉是指在金属材料的两端施加拉力，使材料产生拉伸变形的方法。

冷拔是指在材料的一端施加拔力，使材料通过一个模具孔而拔出的方法，模具的孔径要较材料的直径小些。冷拔加工使材料除了有拉伸变形外还有挤压变形，冷拔加工一般要在专门的冷拔机上进行。

经冷拔加工的材料要比经冷拉加工的材料性能更好些。

预应力混凝土对混凝土和钢筋的要求。

(1) 要求采用高强混凝土，可以施加较大的预压应力，提高预应力效率；有利于减小构件截面尺寸，以适用大跨度的要求；具有较高的弹性模量，有利于提高截面抗弯刚度，减少预压时的弹性回缩；徐变较小，有利于减少徐变引起的预应力损失；与钢筋有较大黏结强度，减少先张法预应力筋的应力传递长度；有利于提高局部承压能力，便于后张锚具的布置和减小锚具垫板的尺寸；强度早期发展较快，可较早施加预应力，加快施工速度，提高台座、模具和夹具的周转率，降低间接费用；一般预应力混凝土构件的混凝土强度等级不低于 C30，当采用高强钢丝时不低于 C40。

(2) 预应力钢筋的强度越高越好。使用高强钢筋(丝)作预应力筋。必须具有一定的塑性；具有良好的加工性能，以满足对钢筋焊接、镦粗的加工要求；具有低松弛性和与混凝土良好的黏结性能。

5.2 先 张 法

5.2.1 先张法施工基础知识

先张法是在浇筑混凝土构件前先张拉预应力筋，将张拉的预应力筋临时锚固在台座或钢模上，然后进行非预应力筋的绑扎，支设模板，浇筑混凝土构件，待混凝土养护达到一定强度(一般不低于混凝土设计强度值的 75%)，保证预应力筋与混凝土有足够的黏结时，

放松预应力筋，预应力筋弹性回缩，借助于混凝土与预应力筋的黏结，对混凝土施加预应力。先张法施工适用于在预制构件厂生产中小型构件，如楼板、屋面板和中小型吊车梁等。先张法的优点是生产效率高，施工工艺简单，锚具可多次重复使用等。

1. 台座

台座在先张法构件生产中是主要的承力构件，它在生产预应力混凝土构件时，预应力筋锚固在台座横梁上，台座承受全部预应力的拉力。因此，台座应有足够的承载能力、刚度和稳定性，以避免台座变形、倾覆和滑移而引起的预应力损失，从而确保先张法生产构件的质量。

先张法生产构件可采用长线台座法，一般台座长度在 50~150m 之间。台座的承载力应根据构件张拉力的大小，可按台座每米宽的承载力为 200~500kN 设计台座。

台座由台面、横梁和承力结构等组成。根据构造形式的不同，台座可分为墩式台座、槽式台座和钢模台座等。选用时应根据构件种类、张拉力大小和施工条件确定。

1）墩式台座

以混凝土墩作承力结构的台座称为墩式台座，一般用以生产中小型构件，如屋架、空心板和平板等。墩式台座由承力台墩、台面和横梁3部分组成，如图 5.4 所示。

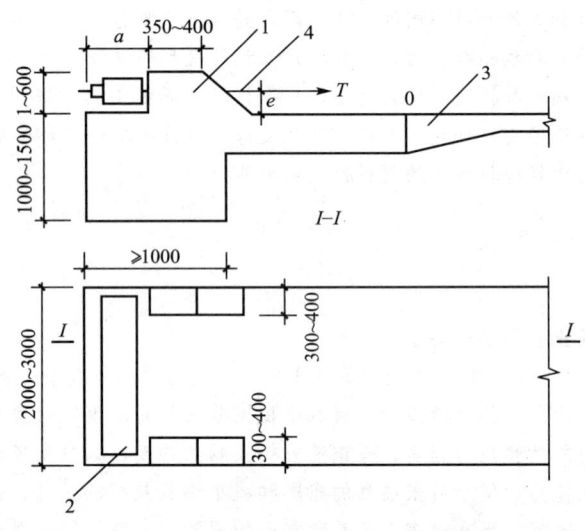

图 5.4 墩式台座
1—混凝土墩；2—横梁；3—台面；4—预应力筋

台座尺寸由场地大小、构件类型和产量等因素确定。台座长度较长，张拉一次可生产多根构件，减少了张拉和临时固定的工作，同时也减少了因钢筋滑动引起的预应力损失。台座宽约 2m，主要取决于构件的布筋宽度及张拉和浇筑是否方便。

在台座的端部应留出张拉操作用地和通道，两侧要有构件运输和堆放的场地。

当生产空心板、平板等平面布筋的小型构件时，由于张拉力不大，可利用简易墩式台座，它将卧梁和台座浇筑成整体，充分利用台面受力。锚固钢丝的角钢用螺栓锚固在卧梁上。

承力台墩一般埋置在地下，由现浇钢筋混凝土做成。台座应具有足够的强度、刚度和稳定性。

承力台墩是墩式台座的主要受力结构，它依靠其自重和土压力平衡张拉力产生倾覆力矩，依靠土的反力和摩阻力平衡张力产生水平位移。因此，承力台墩结构造型大，埋设深度深，投资较大。为了改善承力台墩的受力状况，可采用与台面共同工作的做法以减小台墩自重和埋深。

台面是预应力混凝土构件成型的胎模。它是由素土夯实后铺碎石垫层，再浇筑 60～100mm 厚的 C15～C20 混凝土面层组成的。台面要求平整、光滑，沿其纵向留设 3‰ 的排水坡度，每隔 10～20m 设置宽 30～50mm 的温度缝，也可采用预应力混凝土滑动台面，不留施工缝。

横梁是锚固夹具临时固定预应力筋的支点，也是张拉机械张拉预应力筋的支座，一般由型钢或钢筋混凝土制作而成。对于横梁的挠度应控制在 2mm 以内，并不得产生翘曲。

2）槽式台座

槽式台座是由钢筋混凝土压杆、上、下横梁及台面组成，如图 5.5 所示。它既可承受张拉力，又可作蒸汽养护槽，适用于生产吊车梁、屋架和箱梁等预应力混凝土构件。

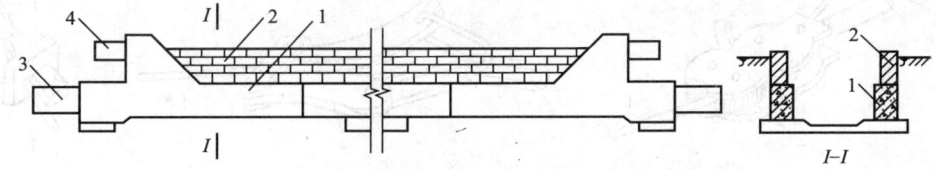

图 5.5　槽式台座
1—钢筋混凝土压杆；2—砖墙；3—上横梁；4—下横梁

台座的长度一般不大于 76m，宽度随构件外形及制作方式而定，一般不小于 1m。由于它具有通长的钢筋混凝土压杆，可承受较大的张拉力和倾覆力矩，其上加砌砖墙，加盖后还可进行蒸汽养护，为方便混凝土运输和蒸汽养护，槽式台座多低于地面。为便于拆迁，台座的压杆亦可分段浇制。

设计槽式台座时，应进行强度和抗倾覆稳定性验算。

3）钢模台座

钢模台座是将制作构件的模板作为预应力钢筋的锚固支座的一种台座。将钢模板做成具有相当刚度的结构，直接放置钢筋在模板上进行张拉。此种模板主要在流水线生产中应用。图 5.6 为钢模台座。

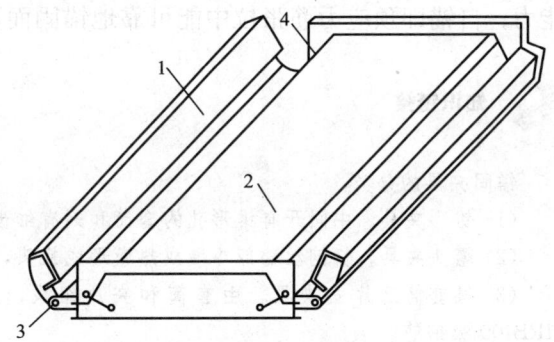

图 5.6　钢模台座
1—侧模；2—底模；3—活动铰；4—预应力筋锚固孔

2. 夹具

夹具是预应力筋张拉和临时固定的锚固装置。要求夹具工作可靠、加工方便和成本低并能多次重复使用。

1）钢丝夹具

钢丝夹具种类繁多，一般分为两类：一类是将预应力筋锚固在台座或钢模上的锚固夹具如图 5.7 所示；另一类是张拉时夹持预应力筋用的张拉夹具如图 5.8 所示。

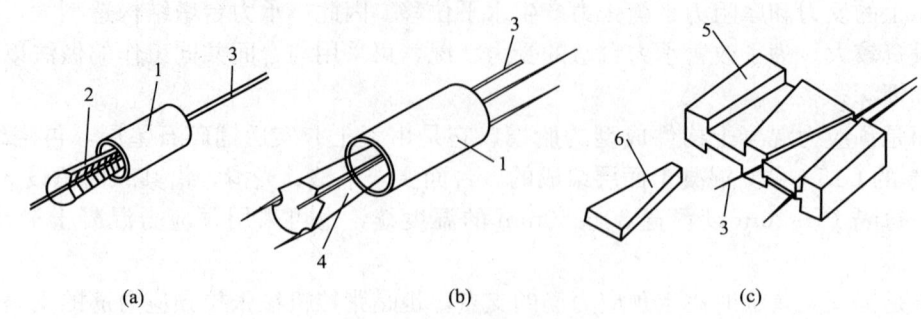

图 5.7 钢丝的锚固夹具
(a)圆锥齿板式；(b)圆锥槽式；(c)锲形
1—套筒；2—齿板；3—钢丝；4—锥塞；5—锚板；6—锲块

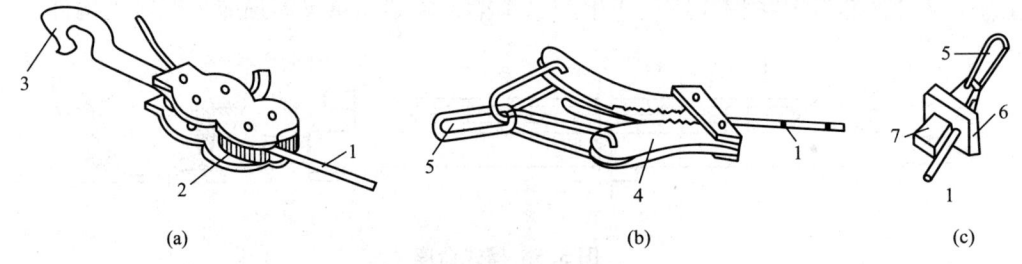

图 5.8 钢丝的张拉夹具
(a)钳式；(b)偏心式；(c)楔形
1—钢丝；2—钳齿；3—拉钩；4—偏心齿条；5—拉环；6—锚板；7—楔块

夹具本身应具备自锁和自锚能力。自锁即锥销、齿板或楔块打入后不会反弹而脱出的能力；自锚即预应力筋张拉中能可靠地锚固而不被从夹具中拉出的能力。

 知识链接

锚固夹具的分类。
(1)锥形夹具。中间开有锥形孔的套筒和刻有细齿的锥形齿板或锥销组成，用于锚固预应力钢丝。
(2)墩头夹具。将钢丝端部冷墩或热墩形成粗头，通过承力板或疏筋板锚固。
(3)圆套筒三片式夹具。由套筒和夹片组成，用于 12～14mm 的单根冷拉 HPB235、HRB335、HRB400 级钢筋。

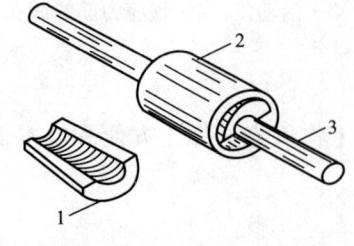

图 5.9 两片式销片夹具
1—销片；2—套筒；3—预应力筋

2)钢筋夹具

钢筋锚固多用螺母锚具、镦头锚和销片夹具等。张拉时可用连接器与螺母锚具连接，或用销片夹具等。

销片夹具由圆套筒和圆锥形销片组成的如图 5.9 所示，套筒内壁呈圆锥形，与销片锥度吻合，销片有两片式和三片式两种，钢筋就夹紧在销片的凹槽内。

夹具的静载锚固性能，应由预应力筋夹具组装件静载锚固试验测定的夹具效率系数确定。夹具的静载锚固性能

应满足 $\eta \geq 0.92$。

夹具除满足上述要求外，尚应具有下列性能：
(1) 当预应力夹具装件达到实际极限拉力时，全部零件不得出现裂缝和破坏。
(2) 具有良好的自锚性能。
(3) 具有良好的松锚性能。
(4) 能多次重复使用。

3. 张拉机械

张拉机械分为电动张拉和液压张拉两类，电动张拉多用于先张法，液压张拉可用于先张法，也可用于后张法。张拉机械要求工作可靠，控制应力准确，能以稳定的速率加大拉力。

1) 电动张拉

在先张法台座上生产构件进行单根钢筋张拉，一般采用电动螺杆张拉机或电动卷扬机等。

电动螺杆张拉机以弹簧和杠杆等设备测力。用弹簧测力时宜设置行程开关，以便张拉到规定的拉力时能自行停车。它既可张拉预应力钢筋，也可张拉预应力钢丝。

由于在长线台座上预应力筋的张拉伸长值较大，一般电动螺杆张拉机或液压千斤顶的行程难以满足，故张拉较小直径钢筋可用卷扬机。

2) 液压张拉

(1) 普通液压千斤顶。先张法施工中，常常会进行多根钢筋的同步张拉，当用钢台模以机具流水法或传送带法生产构件进行多根张拉，可用普通液压千斤顶进行张拉。张拉时要求钢丝的长度基本相等，以保证张拉后各钢筋的预应力相同，因此，事先应调整钢筋的初始应力。

(2) 拉杆式千斤顶。拉杆式千斤顶是利用单活塞张拉预应力筋的单作用千斤顶，主要用于张拉力较大的钢筋张拉。

(3) 穿心式千斤顶。穿心式千斤顶具有一个穿心孔，是利用双液压缸张拉预应力筋和顶压锚具的双重作用千斤顶。这种千斤顶适应性强，既适用于张拉带 JM 型锚具的钢筋束或钢绞线束；配上撑脚与拉杆后，也可作为拉杆式穿心千斤顶。

(4) 锥锚式千斤顶。锥锚式千斤顶具有张拉、顶锚和退楔功能的千斤顶，主要用于张拉带锥形锚具的钢丝束。

(5) 高压油泵。高压油泵是向液压千斤顶各个油缸供油，使其活塞杆按照一定速度伸出或回缩的主要设备。油泵的额定压力应等于或大于千斤顶的额定压力。

采用千斤顶张拉预应力筋时，张拉力的大小主要由油泵上的油压表反映。油压表的读数表示千斤顶内活塞上单位面积的油压力。在理论上，油压表读数乘以活塞面积，即可求出张拉时油表读数。但是由于活塞与油缸之间存在摩阻力，故实际张拉力往往比理论计算值要小。为保证预应力筋张拉力的准确性，应定期校验千斤顶，确定张拉力与油表读数的关系曲线，以供施工时使用。千斤顶在校验时，千斤顶与油压表必须配套校验。校验期限不宜超过半年。

5.2.2 先张法施工的工艺流程

先张法预应力混凝土构件在台座上生产时，其生产示意和工艺流程，分别如图 5.10 和图 5.11 所示。

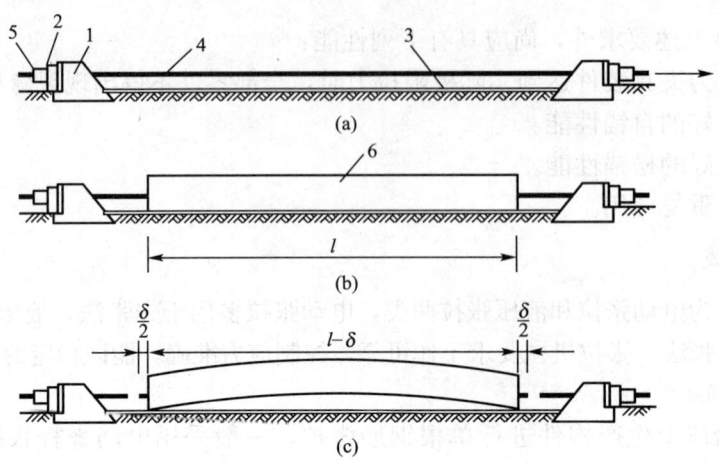

图 5.10 先张法生产示意图

1—台座；2—横梁；3—台面；4—预应力筋；5—夹具；6—混凝土构件

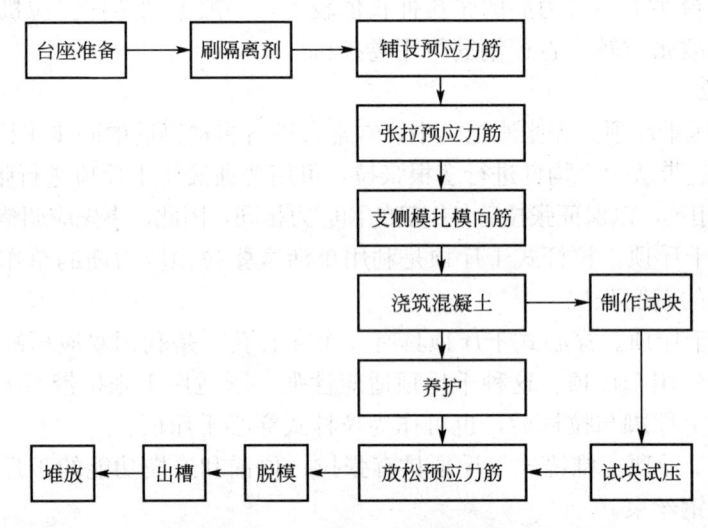

图 5.11 先张法工艺流程图

5.2.3 先张法施工的施工要点

1. 预应力筋的铺设

为了便于脱模，在铺放预应力筋前，在长线台座台面（或胎模）上应先刷隔离剂。隔离剂不应污损钢丝，以免影响钢丝与混凝土的黏结。如果预应力筋遭受污染，应使用适当的溶剂加以清洗干净。在生产过程中，应防止雨水冲刷掉台面上的隔离剂。

预应力钢丝宜用牵引车铺设。如遇钢丝需要接长，可借助于钢丝连接器，用 20～22 号镀锌钢丝密排绑扎。绑扎长度，对冷拔低碳钢丝不得小于 $40d$（d 为钢丝直径），对高强刻痕钢丝不得小于 $80d$。钢丝搭接长度应比绑扎长度长 $10d$。

预应力钢筋铺设时，钢筋之间的连接或钢筋与螺杆之间的连接，可采用连接器。

2. 预应力筋的张拉

预应力筋的张拉应根据设计要求,采用合适的张拉方法、张拉顺序和张拉程序进行,并应采取可靠的保证质量措施和安全技术措施。

1) 张拉控制应力

预应力筋的张拉控制应力应按照《混凝土结构设计规范》(GB 50010—2002)的规定,见表 5-3 取值,且不应小于 $0.4f_{puk}$。预应力筋的张拉可采用单根张拉或多根同时张拉,当预应力筋数量不多、张拉设备拉力有限时常采用单根张拉。当预应力筋数量较多且密集布筋,且张拉设备拉力较大时,则可采用多根同时张拉。

表 5-3 张拉控制应力限值   单位:f_{puk}

钢筋种类	先张法张拉控制应力	后张法张拉控制应力
消除应力钢丝、钢绞线	0.75	0.7
热处理钢筋	0.70	0.65

注:f_{puk} 为预应力筋极限抗拉强度标准值。

2) 张拉程序

在确定预应力筋张拉顺序时,应考虑尽可能减少台座的倾覆力矩和偏心力,先张拉靠近台座截面重心处的预应力筋。此外,在施工中为了提高构件的抗裂性能或为了部分抵消由于应力松弛、摩擦、钢筋分批张拉以及预应力筋与张拉台座之间温度因素产生的预应力损失,张拉应力可按设计值提高 5%,称为超张拉法。但预应力筋的最大超张拉值对消除应力钢丝、钢绞线不得大于 $0.80f_{puk}$,对热处理钢筋不得大于 $0.75f_{puk}$。预应力紧张拉后于设计位置的偏差不得大于 5mm,且不得大于构件截面短边连长的 4%。

预应力钢筋的张拉一般有下列两种张拉程序(σ_{con} 为张拉控制应力):

超张拉法:$0 \rightarrow 1.05\sigma_{con} \xrightarrow{\text{持荷 2min}} \sigma_{con}$

一次张拉法:$0 \rightarrow 103\%\sigma_{con}$

预应力筋进行超张拉($1.03 \sim 1.05\sigma_{con}$)主要是为了减小预应力筋的松弛应力损失值。所谓应力松弛是指钢材在常温、高应力的作用下,由于塑性变形而使应力随时间延续而降低的现象。松弛的数值与张拉控制应力和延续时间有关,控制应力越高,松弛也越大,所以钢丝、钢绞线的松弛损失比冷拉热轧钢筋大,松弛损失还随时间的延续而增加,但在第一分钟内可完成损失总值的 50%,24h 内则可完成 80%。所以,采用超张拉工艺,先超张拉 5% 并持荷 2min,再回到控制应力,松弛可以完成 50% 以上。超张拉 $3\%\sigma_{con}$ 是为了弥补设计中预见不到的预应力损失。

对重要结构如吊车梁、屋架等的预应力筋用应力控制方法张拉时,应校核预应力筋的伸长值。如实际伸长值大于计算伸长值 10% 或小于计算伸长值 5% 时,应暂停张拉。在查明原因并采取措施调整后,方可继续张拉。通过伸长值的检验,可以综合反映张拉力是否足够以及预应力筋是否有异常现象,因此,对于伸长值的检验必须重视。

3. 混凝土的浇筑与养护

预应力混凝土的配合比必须严格控制,以减少混凝土的收缩和徐变而引起的预应力损失。收缩和徐变都与水泥品种和用量、水灰比、骨料孔隙率和振动成型等有关。

预应力筋张拉完成后,应进行混凝土浇筑。混凝土的浇筑应一次完成,不允许留设施工缝。混凝土的强度等级不得小于 C30。混凝土必须振捣密实,特别是构件端部,以保证预应力筋和混凝土之间的强度和黏结力。混凝土浇筑时,振动器不得碰撞预应力筋。混凝土未达到强度前,也不允许碰撞或踩动预应力筋。

采用重叠法生产构件时,其下层构件混凝土的强度达到 5.0MPa 后,方可浇筑上层构件混凝土,并采取隔离措施。

混凝土可采用自然养护或湿热养护。但应注意的是,当预应力混凝土构件在台座上进行湿热养护时,应采取正确的养护制度以减少由于温差引起的预应力损失。预应力筋张拉后锚固在台座上,温度升高预应力筋膨胀伸长,使预应力筋的应力减小。在这种情况下,混凝土逐渐硬结,而预应力筋由于温度升高而引起的应力损失则不能恢复。因此,先张法在台座上生产预应力混凝土构件,一般可采用两次升温的措施:第一次升温应在混凝土尚未结硬、未与预应力筋黏结时进行,第一次升温的温差一般可控制在 20℃ 以内;第二次升温则在混凝土构件具备一定强度(7.5~10MPa),即混凝土与预应力筋的黏结力足以抵抗温差变形后,再将温度升到养护温度进行养护,此时,预应力筋将和混凝土一起变形,预应力筋不再引起应力损失。

采用机组流水法或传送带法用钢模制作、湿热养护预应力构件时,钢模与预应力筋同步伸缩,故不引起温差预应力损失。

**特别提示**

混凝土自然养护不得少于 14d。干硬性混凝土浇筑完毕后,应立即覆盖进行养护。

4. 预应力筋的放张

混凝土强度达到设计规定的数值(一般不小于混凝土标准强度的 75%)后,才可放松预应力筋;放松过早会由于预应力筋回缩而引起较大的预应力损失或使预应力钢丝产生滑动。预应力筋放松应根据配筋情况和数量,选用正确的方法和顺序,否则会引起构件翘曲、开裂和断筋等现象。

预应力的放张顺序应符合设计要求,当设计无具体要求时,应符合下列规定。

(1) 对承受轴心预压力的构件(如压杆、桩等),所有预应力筋应同时放张。

(2) 对承受偏心预压力的构件,应先同时放张预压力较小区域的预应力筋,再同时放张预压力较大区域的预应力筋。

(3) 当不能按上述规定放张时,应分阶段、对称、相互交错地放张,以防止在放张过程中产生构件弯曲、裂缝及预应力筋断裂等现象。

当预应力筋采用钢丝时,配筋不多的中小型钢筋混凝土构件,钢丝可用砂轮锯或切断机切断等方法放松。配筋多的钢筋混凝土构件,钢丝应同时放松,如逐根放松,则最后几根钢丝将由于承受过大的拉力而突然断裂,易使构件端部开裂。放松后预应力筋的切断顺序,一般由放松端开始,逐次切向另一端。

预应力筋为钢筋时,对热处理钢筋及冷拉Ⅳ级钢筋,不得用电弧切割,宜用砂轮锯或切断机切断。数量较多时,应同时放松。多根钢丝或钢筋的同时放松,可用油压千斤顶、砂箱和楔块等。

采用湿热养护的预应力混凝土构件，宜热态放松预应力筋，而不宜降温后再放松。

5.3 后 张 法

5.3.1 后张法施工基础知识

后张法施工分为有黏结后张法施工与无黏结预应力施工。

有黏结后张法是在制作构件（或块体）时，在放置预应力筋的部位预留孔道，待构件混凝土达到规定强度（一般不低于混凝土设计强度的75%）后，孔道内穿入预应力筋，并用张拉机具夹持预应力筋将其张拉至设计规定的控制应力，然后借助锚具将预应力筋锚固在构件端部，最后进行孔道灌浆（也有不灌浆的），它是借助构件两端的锚具将钢筋的张拉力传给混凝土，使混凝土产生预应力。如图5.12所示为有黏结后张法生产示意图。

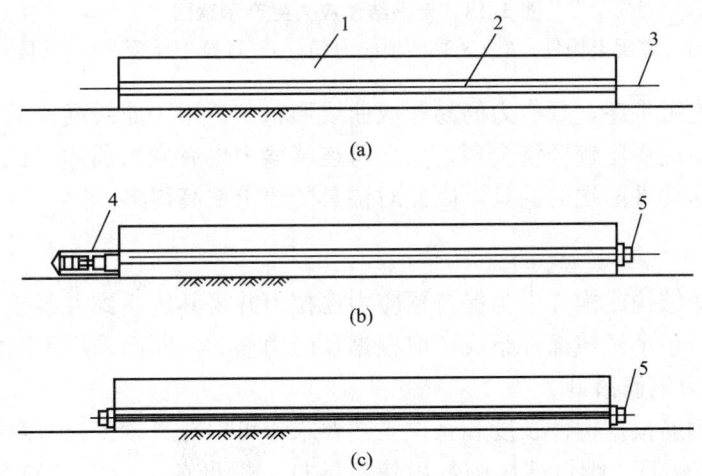

图 5.12 有黏结后张法生产示意图
（a）制作混凝土构件；（b）张拉预应力筋；（c）锚固和孔道灌浆
1—混凝土构件；2—预留孔道；3—预应力筋；4—张拉千斤顶；5—锚具

有黏结后张法施工由于直接在混凝土构件上进行张拉，故无需固定的台座设备，不受地点限制，适用于在施工现场生产大型预应力混凝土构件，特别是大跨度构件（如屋架等），同时对特种结构和构筑物，可作为一种预应力预制构件的拼装手段，大型构件可以预制成小型块体，运至施工现场后，通过预加应力的手段拼装整体预应力结构。但其施工工序较多、工艺较复杂，锚具作为预应力筋的组成部分，将永远留置在构件上不能重复使用而消耗量大、成本较高。

无黏结预应力在国外发展较早，近年来在我国无黏结预应力技术也得到了较大的推广。无黏结预应力结构是将预应力筋表面刷涂料并包塑料布（管）后准确定位，如同普通钢筋一样绑扎形成钢筋骨架，然后浇筑混凝土，待混凝土达到预期强度后（一般不低于混凝土设计强度的75%）进行张拉。张拉完成后，在张拉端用锚具将预应力筋锚住，形成黏结预应力结构。如图5.13所示为无黏结预应力生产示意图。

无黏结预应力施工工艺的特点是施工过程较为简单，它避免了预留孔道、穿预应力筋

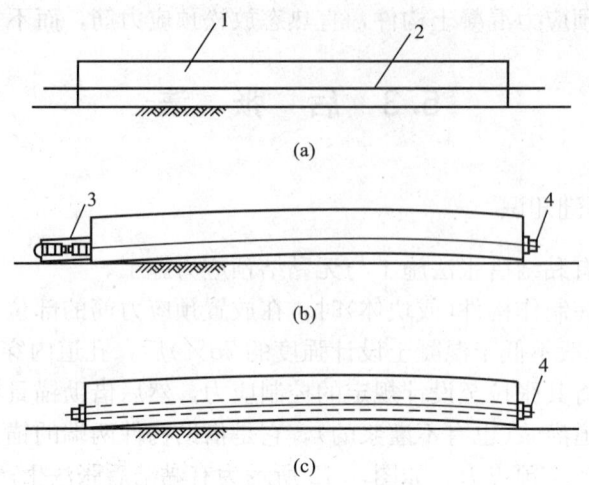

图 5.13　无黏结预应力生产示意图
1—混凝土构件；2—无黏结预应力筋；3—张拉千斤顶；4—锚具

以及压力灌浆等施工工序，预应力筋易弯成曲线形状，适用于曲线配筋的结构。在双向连续平板和密肋板中应用比较经济合理，大多跨连续梁中也有发展前途。此外，无黏结预应力的传递完全依靠构件两端的锚具，因此对锚具的要求要高得多。

1. 锚具

锚具是后张法结构或构件中为保持预应力筋拉力并将其传递到混凝土上用的永久性锚固装置，通常由若干个机械部件组成。应根据预应力筋的不同而采用不同的锚具。

1）单根预应力钢筋锚具

单根预应力钢筋根据构件长度和张拉工艺要求，可以在一端张拉或两端张拉。

（1）螺钉端杆锚具。螺钉端杆锚具由螺钉端杆、螺母和垫板组成如图 5.14 所示，是单根预应力粗钢筋张拉端常用的锚具。此锚具也可作先张法夹具使用，电热张拉时也可采用。型号有 LM18～LM36，适用于直径 18～36mm 的预应力钢筋。

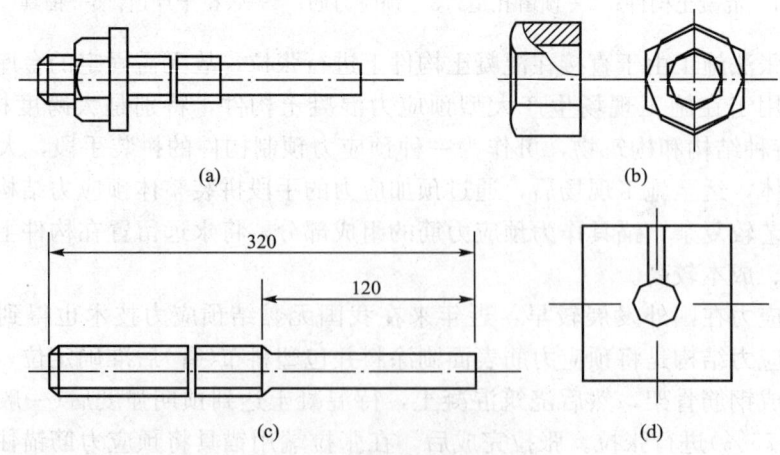

图 5.14　螺钉端杆锚具
（a）螺钉端杆锚具；（b）螺母；（c）螺钉端杆；（d）垫板

螺钉端杆锚具的特点是将螺钉端杆与预应力筋对焊成一个整体,用张拉设备张拉螺钉杆,用螺母锚固预应力筋。螺钉端杆锚具的强度不得低于预应力钢筋的抗拉强度实测值。端杆的长度一般为320mm,当构件长度较长时,螺钉端杆的长度也应增加30～50mm;其净截面积应大于或等于所对焊的预应力钢筋截面积。螺钉端杆可采用与预应力钢筋同级冷拉钢筋制作,也可采用冷拉45号钢或热处理45号钢制作,螺母、垫板可用3号钢制作。对焊应在预应力钢筋冷拉前进行,以检验焊接质量。冷拉时螺母的位置应在螺钉端杆的顶部,经冷拉后由螺母传递至螺钉端杆和预应力筋上。

(2) 帮条锚具。帮条锚具由三根帮条和衬板焊接而成如图5.15所示,是单根预应力粗钢筋固定端用锚具。帮条采用与预应力钢筋同级别的钢筋,衬板采用普通低碳钢钢板。

在安装帮条时,三根帮条应成120°均匀布置,三根帮条应垂直于衬板,以免受力时产生扭曲。帮条的焊接应在预应力钢筋冷拉前进行,施焊方向应由里向外,引弧及熄弧均应在帮条上,并应防止烧伤预应力钢筋,并严禁将地线搭在预应力钢筋上。

(3) 精轧螺纹钢筋锚具。精轧螺纹钢筋锚具由螺母和垫板组成,是一种利用与该钢筋螺纹匹配的特制螺母锚固的支撑式锚具。端头锚具直接采用螺母,无需另焊接螺钉端杆。适用于锚固直径25～32mm的表面热轧成不带纵肋的螺旋外形的高强精轧螺纹钢筋。

2) 预应力钢筋束锚具

(1) KT—Z型锚具。KT—Z型锚具(又称锻铸铁锥形锚具)由锚环与锚塞组成如图5.16所示,适用于锚固3～6根直径12mm的冷拉螺纹钢筋和钢绞线束。锚环和锚塞均用KT37—12或KT35—10可锻铸铁铸造成型。该锚具为半埋式,使用时先将锚环小头嵌入承压钢板中,并用断续焊缝焊牢,然后共同预埋在构件端部。

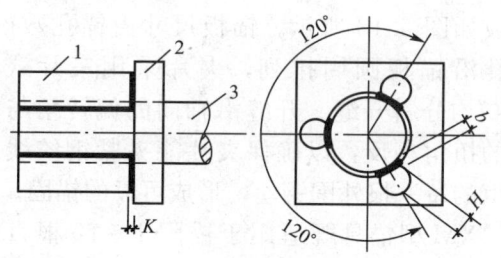

图5.15 帮条锚具

1—帮条;2—衬板;3—预应力筋

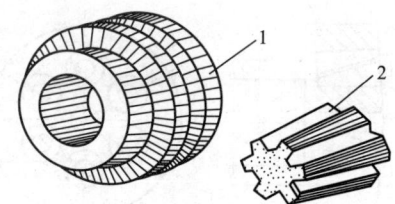

图5.16 KT-Z型锚具

1—锚环;2—锚塞

(2) JM锚具。JM锚具由锚环与夹片组成如图5.17所示。JM型锚具为单孔夹片式锚具,可以锚固多根预应力筋。锚固时,用穿心式千斤顶张拉钢筋后随即顶进夹片。JM型锚具主要用于锚固3～6根直径为12mm的钢筋束与4～6根直径为12～15mm的钢绞线束,也可兼做重复使用的工具锚具,但以使用专用工具锚为好。

JM型锚具具有良好的锚固性能,预应力筋滑移量较小,构造简单,施工方便,多使用于小吨位高强钢丝束的锚固,但成本较高。

(3) XM型锚具。XM型锚具为多孔夹片锚具,是一种新型锚具,由锚板和三片夹片

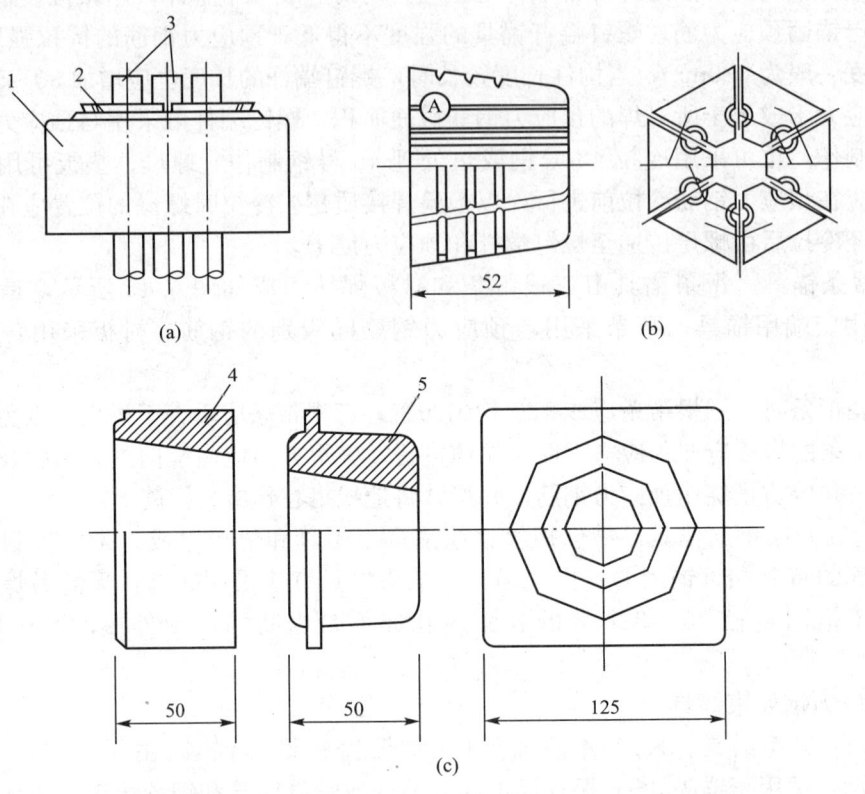

图 5.17　JM 型锚具

(a) JM 型锚具；(b) 夹片；(c) 锚环

1—锚环；2—夹片；3—钢筋束或钢绞线；4—圆钳环；5—方锚环

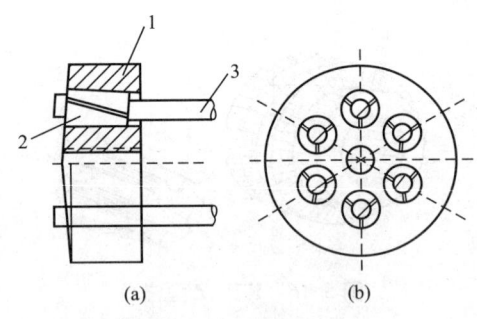

图 5.18　XM 型锚具

(a) 装配图；(b) 锚板

1—锚板；2—夹片；3—钢绞线

组成如图 5.18 所示。锚板尺寸由锚孔数确定，锚孔沿锚板圆周排列，夹片采用三片式，按 120°均分斜开缝。开缝沿轴向的偏转角与钢绞线的扭角相反，以确保夹片能夹紧钢绞线或钢丝束的每一根外围钢丝，形成可靠的锚固。

XM 型锚具既适用于锚固 1~12 根直径为 15mm 的钢绞线，又可用于锚固钢丝束；既适用于锚固单根预应力筋，又可用于锚固多根预应力筋。当用于锚固多根预应力筋时，既可单根张拉、逐根锚固，又可成组张拉、成组锚固。

XM 型锚具可作工具锚与工作锚使用。当用于工具锚时，可在夹片和锚板之间涂抹一层固体润滑剂(如石墨、石蜡等)，以利于夹片松脱。用于工作锚时，具有连续反复张拉的功能，可用行程不大的千斤顶张拉任意长度的钢绞线。

XM 型锚具具有通用性强、锚固性能可靠、施工方便、便于高空作业的特点。

(4) QM 型锚具。QM 型锚具也为多孔夹片锚具，由锚板与夹片组成如图 5.19 所示。

它与 XM 型锚具不同之点是：锚孔是直的，锚板顶面的是平的，夹片垂直开缝，备有配套喇叭形铸铁垫板与弹簧圈等。由于灌浆孔设在垫板上，锚板尺寸可稍小。

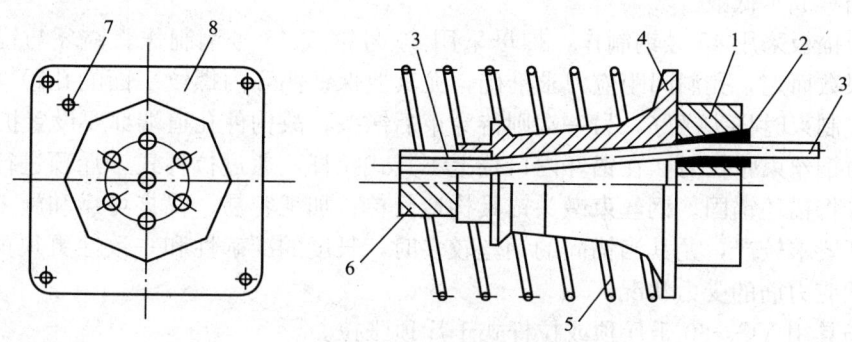

图 5.19　QM 型锚具及配件

1—锚板；2—夹片；3—钢绞线；4—喇叭形铸铁垫板；
5—螺旋筋；6—预留孔道用的螺旋管；7—灌浆孔；8—锚垫板

QM 型锚具适用于锚固 4～31 根直径为 12mm 和 3～19 根直径为 15mm 的钢绞线束。QM 型锚具备有配套自动工具锚，张拉和退出十分方便，并可减少安装工具锚所花费的时间。张拉时要使用 QM 型锚具的配套限位器。

（5）固定端用镦头锚具。固定端用镦头锚具由锚固板和带镦头的预应力筋组成如图 5.20 所示。镦头锚具加工简单、操作方便、成本较低、适用性较广，但对下料长度要求很精确。

3）预应力钢丝束锚具

（1）锥形螺杆锚具。锥形螺杆锚具由锥形螺杆、套筒、螺母和垫板组成如图 5.21 所示。锥形螺杆和套筒均采用 45 号钢制成，螺母和垫板采用 Q235 钢制成。它适用于锚固 14～28 根直径 5mm 的钢丝束。使用时，先将钢丝束均匀整齐地紧贴在螺杆锥体部分，然后套上套筒，用拉杆式千斤顶使端杆锥通过钢丝挤压套筒，从而锚紧钢丝。预应力钢丝束中能预先组装一端的锚具，而另一端则在钢丝束穿过孔道后，在现场组装。

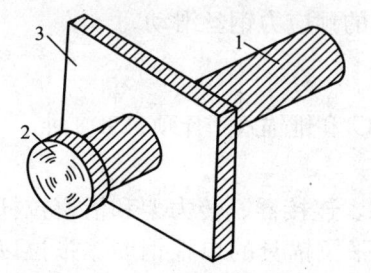

图 5.20　端用镦头锚具

1—钢筋；2—镦头；3—热板

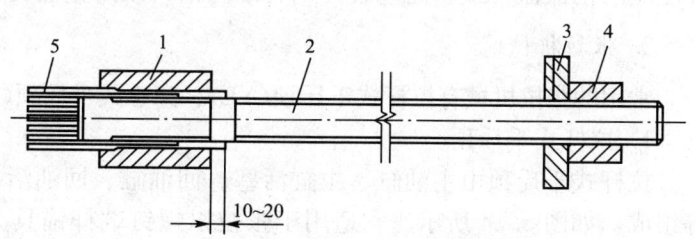

图 5.21　锥形螺杆锚具

1—套筒；2—锥形螺杆；3—垫板；4—螺母；5—钢丝束

锥形螺杆锚具与 YL—60、YL—90 拉杆式千斤顶配套使用，YC—60、YC—90 穿心式千斤顶亦可应用。

（2）钢丝束镦头锚具。

钢丝束镦头锚具适用于锚固任意根数 5mm 的钢丝束。镦头锚具的形式与规格可根据需要自行设计。常用的镦头锚具分为 A 型和 B 型如图 5.22 所示。A 型由锚环和螺母组成，用于张拉端；B 型由锚板组成，用于固定端，利用钢丝两端的镦头进行锚固，它相对 A 型镦头锚具成本低廉。

锚环与锚板采用 45 号钢制作，螺母采用 30 号钢或 45 号钢制作。锚环与锚板上的孔数由钢丝根数而定，孔洞间距应力求准确，尤其要保证锚环内螺纹一面的孔距准确。钢丝束一端可在制束时将头镦好，另一端则待穿束后镦头，故构件孔道端部要设置扩孔。

预应力钢丝束张拉时，在锚环内口拧上工具式拉杆，通过拉杆式千斤顶进行张拉，然后拧紧螺母将锚环锚固。钢丝束镦头锚具构造简单、加工容易、锚夹可靠和施工方便，但对下料长度要求较严，尤其当锚固的钢丝较多时，长度的准确性和一致性更须重视，这将直接影响预应力筋的受力状况。

镦头锚具用 YC—60 千斤顶或拉杆式千斤顶张拉。

3) 钢质锥型锚具（又称弗氏锚具）

钢质锥型锚具由锚环和锚塞组成如图 5.23 所示。适用于锚固 6～30 根直径 5mm 或 12～24 根直径 7mm 的钢丝束。锥形锚具的尺寸较小，便于分散布置。

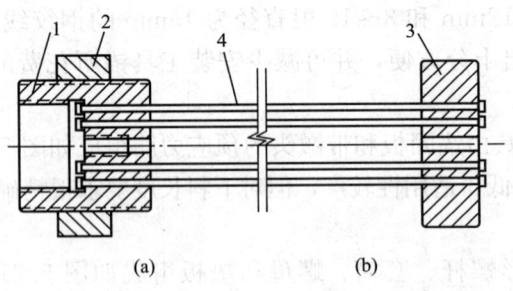
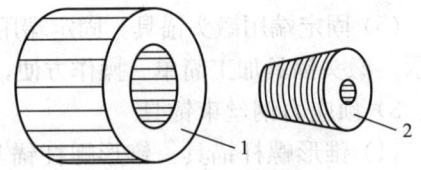

图 5.22　钢丝束镦头锚具
(a) 张拉端锚具（A 型）；(b) 固定端锚具（B 型）
1—锚环；2—螺母；3—锚板；4—钢丝束

图 5.23　钢质锥型锚具
1—锚环；2—锚塞

锚环采用 45 号钢制作，锚塞采用 45 号钢或 Y_7、T_8 碳素工具钢制作。锚环与锚塞的锥度应严格保证一致。锚塞表面刻有细齿槽，以防止被夹紧的预应力钢丝滑动。

2. 张拉机械

常用的张拉机械有拉杆式千斤顶(YL)、穿心式千斤顶(YC)和锥锚式千斤顶(YZ)3 种。

1) 拉杆式千斤顶

拉杆式千斤顶由主油缸、主缸活塞、回油缸、回油活塞、连接器、传力架和活塞拉杆等组成，如图 5.24 所示。它适用于张拉以螺钉端杆锚具为张拉锚具的单根钢筋，张拉以锥型螺杆锚具为张拉锚具的钢丝束。拉杆式千斤顶构造简单、操作方便且应用范围较广。

拉杆式千斤顶张拉预应力筋时，首先使连接器与预应力筋的螺钉端杆相互连接，由传力架支撑在构件端部的预埋钢板上。高压油进入主油缸时，推动主缸活塞向左移动，并带动拉杆和连接器以及螺钉端杆同时向左移动，预应力筋被张拉。当达到张拉力规定值时，拧紧预应力筋的螺母，将预应力筋锚固在构件的端部。高压油再进入副缸，推动副缸使主缸活塞和拉杆向右移动，恢复初始位置。此时主缸的高压油流回高压油泵中去，完成一次张拉过程。

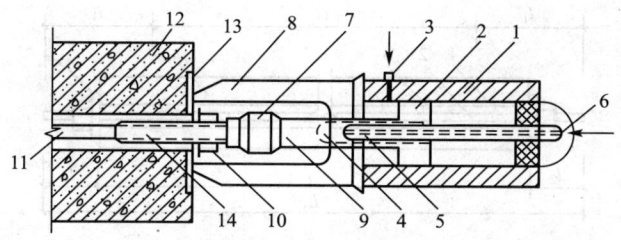

图 5.24 拉杆式千斤顶构造示意图

1—主油缸；2—主缸活塞；3—进油孔；4—回油缸；5—回油活塞；
6—回油孔；7—连接器；8—传力架；9—拉杆；10—螺母；11—预应力筋；
12—混凝土构件；13—预埋铁板；14—螺钉端杆

2）穿心式千斤顶

穿心式千斤顶是目前我国预应力混凝土构件施工中应用最为广泛的张拉机械，适用于张拉各种形式的预应力筋。穿心式千斤顶加装撑脚、张拉杆和连接器后，又可作为拉杆式千斤顶使用。它是利用双液压缸张拉预应力筋和顶压锚具的双作用千斤顶。

3）锥锚式双作用千斤顶

锥锚式双作用千斤顶适由主缸、主缸活塞、主缸拉力弹簧、副缸、副缸活塞、副缸压力弹簧及锥型卡环等组成。它适用于张拉以 KT—Z 型锚具为张拉锚具的钢筋束和钢绞线束，张拉以钢质锥型锚具为张拉锚具的钢丝束。

3. 预应力筋的制作

预应力筋的制作，主要根据所用的钢筋直径、钢材品种、锚具形式及生产工艺等确定。

1）单根预应力粗钢筋的制作

根据构件的长度和张拉工艺的要求，单根预应力钢筋可在一端张拉或两端张拉。一般张拉端均采用螺钉端杆锚具；而固定端除了采用螺钉端杆锚具外，还可采用帮条锚具或镦头锚具。

单根预应力粗钢筋的制作，一般包括配料、对焊和冷拉等工序。预应力筋的下料长度应计算确定，计算时应考虑构件长度、锚具种类、对焊接头或镦头的压缩量、冷拉伸长率、弹性回缩率以及张拉伸长值等因素。冷拉弹性回缩率一般为 0.4%～0.6%。对焊接头的压缩量，包括钢筋与钢筋、钢筋与螺钉端杆的对焊压缩，接头的压缩量取决于对焊时的闪光留量和顶锻留量，每个接头的压缩量一般为 20～30mm。

螺钉端杆外露在构件孔道外的长度，根据垫板厚度、螺母高度和拉伸机与螺钉端杆连接所需长度确定，一般选用 120～150mm。固定端用帮条锚具或镦头锚具时，其长度视锚具尺寸而定。

预应力钢筋下料长度的计算的以下两种情况。

（1）当预应力钢筋两端采用螺钉端杆锚具如图 5.25 所示，其成品全长 L_1（包括螺钉端杆在内冷拉后的全长）。

$$L_1 = l + 2l_2 \tag{5-1}$$

式中　l——构件孔道长度或台座长度（包括横梁在内）；

l_2——螺钉端杆伸出构件外的长度，按下式计算。

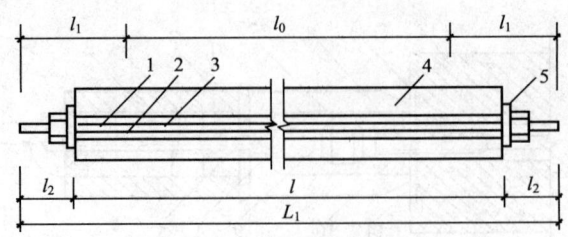

图 5.25 两端用螺钉端杆锚具

1—螺钉端杆；2—对焊接头；3—预应力钢筋；4—混凝土构件；5—垫板

$$\left.\begin{array}{ll}张拉端 & l_2=2H+h+a_1 \\ 锚固端 & l_2=H+h+a_2\end{array}\right\} \tag{5-2}$$

式中　H——螺母高度；

　　　h——垫板厚度；

a_1、a_2——螺钉端杆伸出螺母外的长度，分别取为 5mm、10mm。

预应力筋钢筋部分的成品长度 L_0 为

$$L_0 = L_1 - 2l_1 \tag{5-3}$$

式中　l_1——螺钉端杆长度。

预应力筋钢筋的下料长度为

$$L = \frac{L_0}{1+\gamma-\delta} + nl_0 \tag{5-4}$$

式中　γ——钢筋冷拉拉长率（由试验确定）；

　　　δ——钢筋冷拉弹性回缩率（由试验确定）；

　　　l_0——每个对焊接头的压缩量（可取钢筋直径）；

　　　n——对焊接头的数量（包括钢筋与螺钉端杆的对焊接头）。

（2）当预应力筋一端用螺钉端杆，另一端用帮条（或镦头）锚具如图 5.26 所示。

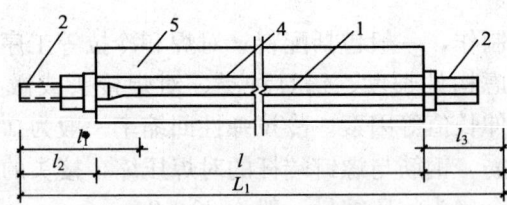

图 5.26 一端用螺钉端杆锚具

1—预应力钢筋；2—螺钉端杆锚具；3—帮条锚具（右边2改为3）；
4—孔道；5—混凝土构件

$$\left.\begin{array}{l}L_1 = l + l_2 + l_3 \\ L_0 = L_1 - l_1 \\ L = \dfrac{L_0}{1+\gamma-\delta} + nl_0\end{array}\right\} \tag{5-5}$$

式中　l_3——镦头或帮条锚具长度（包括垫板厚度 h）。

为保证质量，冷拉宜采用控制应力的方法。若在一批钢筋中冷拉率分散性较大时，应尽可能把冷拉率相近的钢筋对焊在一起,以保证钢筋冷拉应力的均匀性。

2) 预应力钢丝束的制作

钢丝束的制作,主要与张拉设备和锚具形式有关,一般包括开盘、调直、下料、编束和安装锚具等工序。钢筋束所用的钢筋一般成盘状供应,长度较长,无需对焊接长。

钢绞线、热处理钢筋及冷拉Ⅳ级钢筋,宜采用砂轮锯或切割机切断,不得采用电弧切割。用砂轮切割机下料具有操作方便、效率高、切口规则无毛头等优点,尤其适合现场使用。钢绞线下料前应在切割口两侧各50mm处用铅丝绑扎牢固,以免切割后松散。

编束主要是为了保证穿入构件孔道时预应力筋束不发生扭结,在穿束时采用穿束网穿束。穿束前必须逐根理顺,用铅丝每隔1m左右绑扎成束,不得紊乱。

(1) 采用钢质锥形锚具,以锥锚式千斤顶张拉如图5.27所示,钢丝的下料长度L为

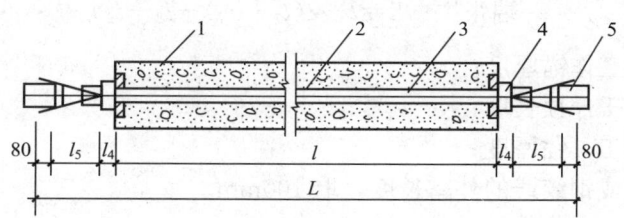

图 5.27 采用钢质锥形锚具时钢丝下料长度计算示意图

1—混凝土构件;2—孔道;3—钢丝束;4—钢质锥形锚具;5—锥锚式千斤顶

$$\left.\begin{array}{ll}两端张拉 & L=l+2(l_4+l_5+a_3) \\ 一端张拉 & L=l+2(l_4+l_5+a_3)\end{array}\right\} \quad (5-6)$$

式中 l_4——锚环厚度;

l_5——千斤顶分丝至卡盘外端距离,对 YZ850 型千斤顶为 470mm;

a_3——钢丝束端头预留量,取 80mm。

(2) 用锥形螺杆锚固的钢丝束,经过矫直的钢丝可以在非应力状态下料。采用锥形螺杆锚具,以拉杆式千斤顶在构件上张拉如图5.28所示,钢丝的下料长度L为

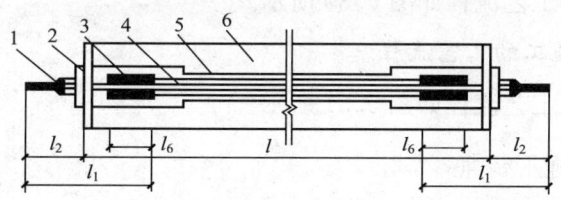

图 5.28 锥形螺杆锚具时钢丝下料长度计算示意图

1—螺母;2—垫板;3—锥形螺杆锚具;4—钢丝束;5—孔道;6—混凝土构件

$$L=l+2l_2-2l_1+2(l_6+a_4) \quad (5-7)$$

式中 l_6——锥形螺杆锚具的套筒长度;

a_4——钢丝伸出套筒的长度,取 $a_4=20\text{mm}$。

3) 钢筋束或钢绞线束的制作

当采用夹片式锚具,以穿心式千斤顶在构件上张拉如图5.29所示,钢筋束或钢绞线束的下料长度L为

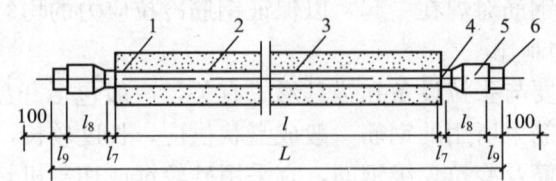

图 5.29　钢筋线下料长度计算示意图
1—混凝土构件；2—孔道；3—钢筋线；4—夹片式工作锚；
5—穿心式千斤顶；6—夹片式工具锚

$$\left.\begin{array}{ll}两端张拉 & L=l+2(l_7+l_8+l_9+a_5) \\ 一端张拉 & L=l+2(l_7+a_5)+l_8+l_9\end{array}\right\} \quad (5-8)$$

式中　l_7——夹片式工作锚厚度；
　　　l_8——穿心式千斤顶长度；
　　　l_9——夹片式工具锚厚度；
　　　a_5——钢筋束或钢绞线的外露长度，取 100mm。

4）下料

钢筋束、热处理钢筋和钢绞线是成盘状供应的，长度较长，无需对焊接长。其制作工序为：开盘→下料→编束。

矫直回火钢丝放开后是直的，可直接下料。采用镦头锚具时，同一束中各根钢丝下料长度的相对差值，应不大于钢丝束长度的 1/5000，且不得大于 5mm。为了达到这一要求，钢丝下料可用钢管限位法或牵引索在拉紧状态下进行。

钢绞线在出厂前经过低温回火处理，因此在进场后无需预拉。

5.3.2　后张法施工的工艺流程

1. 有黏结后张法施工的工艺流程

有黏结后张法施工工艺流程如图 5.30 所示。

2. 无黏结预应力施工的工艺流程

无黏结预应力施工工艺流程如图 5.31 所示。

5.3.3　后张法施工的施工要点

1. 有黏结后张法施工的施工要点

下面主要介绍孔道的留设、预应力筋的张拉和孔道灌浆等内容。

1）孔道的留设

预应力筋的孔道形状有直线、曲线和折线 3 种。孔道的留设是有黏结后张法构件制作中的关键工作。预留孔道的尺寸与位置应正确、孔道应平顺，接头不漏浆；端部的预埋垫板应垂直于孔道中心线并用螺栓或钉子固定在模板上，以防浇筑混凝土时发生走动。孔道的直径一般应比预应力筋的外径（包括钢筋对焊接头的外径或需穿入孔道锚具的外径）大 10～15mm，以利于预应力筋穿入。预应力筋孔道之间的净距不应小于 50mm，孔道至构

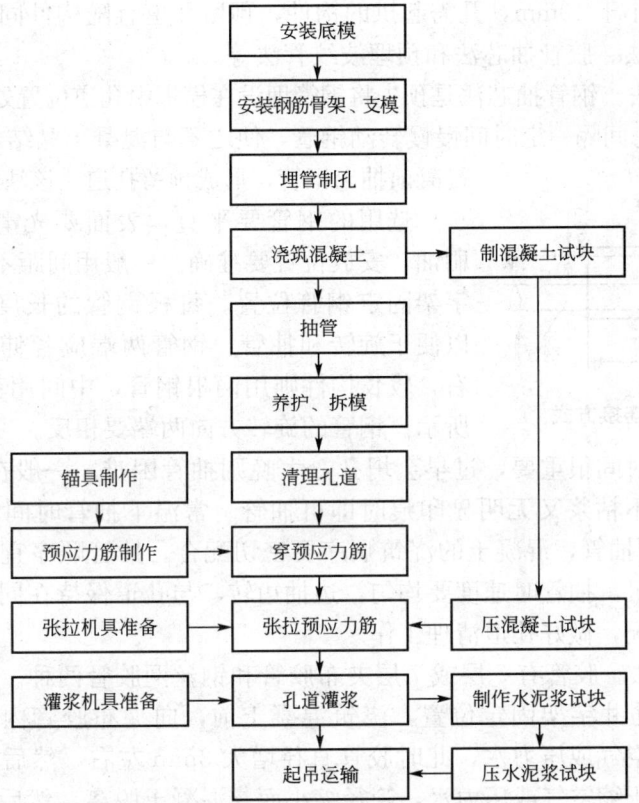

图 5.30　有黏结后张法工艺流程

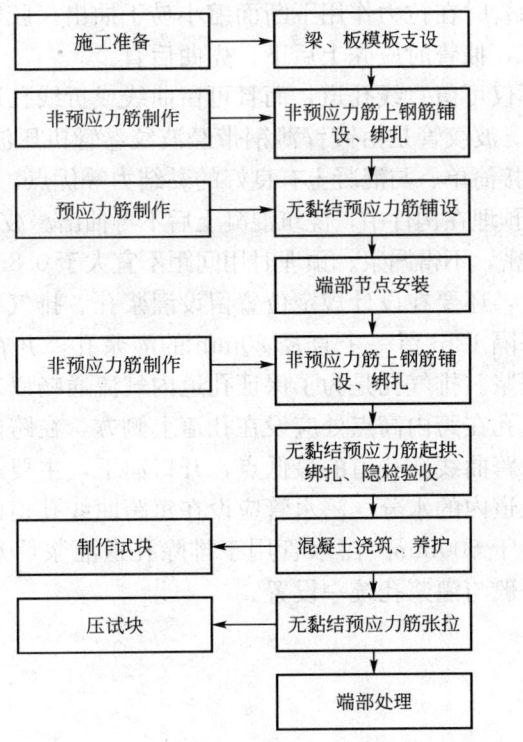

图 5.31　无黏结预应力施工工艺流程

件边缘的净距不应小于 40mm，凡需起拱的构件，预留孔道宜随构件同时起拱。孔道留设的方法有钢管抽芯法、胶管抽芯法和预埋波纹管法等。

（1）钢管抽芯法。钢管抽芯法是预先将钢管埋设在模板中孔道位置处，在混凝土浇筑过程中和浇筑之后，每间隔一定时间慢慢转动钢管，使之不与混凝土黏结，待混凝土初凝后、终凝前抽出钢管，形成预留孔道。该法适用于直线孔道。

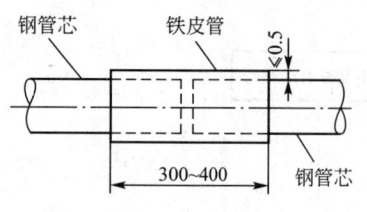

图 5.32 钢管连接方式

选用的钢管要平直，表面要光滑，预埋前应除锈、刷油，安放位置要准确。一般用间距不大于 1m 的钢筋井字架固定钢管位置。每根钢管的长度一般不超过 15m，以便于旋转和抽管。钢管两端应各伸出构件外 0.5m 左右，较长构件则用两根钢管，中间用套管连接如图 5.32 所示。钢管的旋转方向两端要相反。

恰当掌握抽管时间很重要，过早会坍孔，太晚则抽管困难。一般在初凝后、终凝前，以手指按压混凝土不粘浆又无明显印痕时即可抽管。常温下抽管时间约在混凝土浇筑后 3～6h。为保证顺利抽管，混凝土的浇筑顺序要密切配合。抽管顺序宜先上后下，抽管可采用人工或用卷扬机，抽管时速度要均匀，边抽边转，与孔道保持在同一直线上。抽管后要及时检查孔道情况，做好孔道清理工作。

（2）胶管抽芯法。胶管有 5 层或 7 层夹布胶管和钢丝网胶管两种。前者质软，用间距不大于 0.5m 的钢筋井字架固定位置，浇筑混凝土前，向夹布胶管内充入压力为 0.6～0.8N/mm² 的压缩空气或压力水，此时胶管直径增大 3mm 左右，然后浇筑混凝土。待混凝土初凝后，放出压缩空气或压力水，管径缩小而与混凝土脱离，然后抽出夹布胶管。钢丝网胶管质地坚硬、具有一定弹性，留孔方法与钢管相同，只是浇筑混凝土后不需转动，由于其有一定弹性，抽管时在拉力作用下断面缩小易于抽出。胶管抽芯法预留孔道，混凝土浇筑后无需旋转胶管，抽管时应先上后下，先曲后直。

胶管抽芯留孔，不仅可留直线孔道，而且可留曲线或折线孔道。

（3）预埋波纹管法。波纹管是由镀锌薄钢带经波纹卷管机压波后卷成的，具有重量轻、刚度好、弯折方便、连接简单、与混凝土有良好的黏结力等优点，可以作成任意曲线形状的预应力筋孔道。波纹管预埋在构件中，浇筑混凝土后不再抽出。波纹管应密封良好并有一定的轴向刚度，接头应严密，不得漏浆。预埋时用间距不宜大于 0.8m 的钢筋井字架固定。

在留设孔道的同时，还要在设计规定位置留设灌浆孔、排气孔、排水孔与泌水管。一般在构件两端和中间每隔 12m 留一个直径 20mm 的灌浆孔，并在构件两端各设一个排气孔。灌浆孔用于进水泥浆。排气孔是为了保证孔道内气流通畅以及水泥浆充满孔道，不形成死角。灌浆孔或排气孔在跨内高点处应设在孔道上侧方，在跨内低点处应设在孔道下侧方。排水孔一般设在每跨曲线孔孔道的最低点，开口向下，主要用于排除灌浆前孔道内冲洗用水或养护时进入孔道内的水分。泌水管应设在每跨曲线孔道的最高点，开口向上，露出梁面的高度一般不小于 500mm。泌水管用于排除孔道灌浆后水泥浆的泌水，并可两次补充水泥浆。泌水管一般与灌浆孔统一设置。

特别提示

钢管抽芯法留孔适用于直线孔道，必须抽出。

胶管抽芯留孔，不仅可留直线孔道，而且可留曲线或折线孔道，必须抽出。

预埋波纹管法可以作成任意曲线形状的预应力筋孔道，浇筑混凝土后不再抽出。

2）预应力筋的张拉

预应力筋的张拉是制作预应力构件的关键，必须按规范有关规定进行施工。预应力筋张拉时，构件混凝土的强度应符合设计要求，如设计无具体要求时，则不宜低于混凝土标准强度的75%，以确保在张拉过程中，混凝土不至于受压而破坏。对于块体拼装的预应力构件，立缝处混凝土或砂浆的强度如设计无要求时，不应低于块体混凝土设计强度标准值的40%也不得低于15MPa，以防在张拉预应力筋时压裂混凝土块体或使混凝土产生过大的弹性压缩。安装张拉设备时，直线预应力筋应使张拉力的作用线与孔道中心线重合；曲线预应力筋应使张拉力的作用线与孔道中心线末端的切线重合。预应力筋张拉、锚固完毕，留在锚具外的预应力筋长度不得小于30mm。锚具应用封端混凝土保护，长期外露的锚具应采取防锈措施。

预应力张拉控制应力应符合设计要求，最大张拉控制应力不能超过规定的数值，见表5-3。

（1）张拉方法。由于预应力混凝土结构特点、预应力筋形状与长度以及施工方法不同，预应力筋的张拉方法也不相同。一般有一端张拉和两端张拉两种。一端张拉是将张拉设备放置在预应力筋一端进行张拉；两端张拉是将张拉设备放置在预应力筋两端的张拉方法，当张拉设备不足或由于张拉顺序安排关系，也可先在一端张拉，再在另一端补足张拉力。为了减少预应力筋与孔道摩擦引起的损失，预应力筋张拉端的设置应符合设计要求。当设计无要求时，应符合下列规定。

① 对抽芯成形孔道，曲线预应力筋和长度大于24m的直线预应力筋，应在两端张拉；长度不大于24m的直线预应力筋，可在一端张拉。

② 对预埋波纹管孔道，曲线预应力筋和长度大于30m的直线预应力筋，宜在两端张拉；长度不大于30m的直线预应力筋，可在一端张拉。

③ 竖向预应力筋结构宜采用两端分别张拉，且以下端张拉为主。用双作用千斤顶两端同时张拉钢筋束、钢绞线束或钢丝束时，可先顶压一端的锚塞，而另一端在补足张拉力后再行顶压。

④ 同一截面中有多根一端张拉的预应力筋时，张拉端宜分别设置在结构的两端。当两端同时张拉同一根预应力筋时，为了减少预应力损失，宜先在一端锚固，再在另一端补足张拉力后进行锚固。

（2）张拉顺序。预应力筋的张拉顺序应符合设计要求，当设计无具体要求时，可采用分批、分阶段对称张拉，以使混凝土不产生超应力、构件不扭转与侧弯、结构不变位等。因此，对称张拉是一项重要原则。同时，还要考虑尽量减少张拉机械的移动次数。

对配有多根预应力筋的预应力混凝土构件，应分批、对称地进行张拉。分批张拉时，要考虑到后批预应力筋张拉时对混凝土产生的弹性压缩而造成前批张拉并锚固好的预应力筋的预应力损失，或采用同一张拉值逐根复位补足。

对于平卧叠浇的预应力混凝土构件，上层构件重量产生的水平摩阻力会阻止下层构件在预应力筋张拉时产生的混凝土弹性压缩的自由变形，待上层构件起吊后，由于摩阻力影响消失，则混凝土弹性压缩的自由变形恢复而引起预应力损失。所以，对于平卧重叠浇筑的构件，宜先上后下逐层进行张拉。为了减少上下层之间因摩阻力引起的预应力损失，可逐层加大张拉力。但底层张拉力，当采用钢丝、钢绞线、热处理钢筋，不宜比顶层张拉力大5%；采用冷拉带肋钢筋，不宜比顶层张拉力大9%。当隔层效果较好时可采用同一张拉值。

当预应力筋是逐根或逐束张拉时，应保证各阶段不出现对结构不利的应力状态；同时宜考虑后批张拉预应力紧缩产生的结构构件的弹性压缩对先批张拉预应力筋的影响，确定张拉力。

 **知识链接**

张拉安全事项如下。

在张拉构件的两端应设置保护装置，如用麻袋、草包装土筑成土墙，以防止螺母滑脱、钢筋断裂飞出伤人；在张拉操作中，预应力筋的两端严禁站人，操作人员应在侧面工作。

3) 孔道灌浆

预应力筋张拉完毕后，应尽早进行孔道灌浆，尤其是钢丝束，孔道内水泥浆应饱满、密实。进行灌浆的目的是为了防止钢筋锈蚀，增加结构的整体性和耐久性，提高结构抗裂性和承载能力。

灌浆宜采用不低于42.5号普通硅酸盐水泥或矿渣硅酸盐水泥调制的水泥浆，水灰比一般为0.40~0.45。对空隙大的孔道，水泥浆中可掺加适量的细砂，但水泥浆和水泥砂浆的强度等级不低于$30N/mm^2$，且应有较大的流动性和较小的干缩性、泌水性（搅拌后3h的泌水率宜控制在2%，最大不超过3%）。泌水应能在24h内全部重新被水泥浆吸收。由于纯水泥浆的干缩性和泌水性较大，凝结后往往形成月牙空隙，为增加孔道灌浆的密实性和灰浆的流动性，可在灰浆中适当掺入细砂和其他塑化剂，或掺入0.005%~0.01%的铝粉或0.25%的木质素磺酸钙。

灌浆前，孔道应用压力水冲洗和润湿孔道。在灌浆过程中，可用电动或手动灰浆泵进行灌浆，灌浆用的水泥浆要过筛，在灌浆过程中应不断搅拌，以免沉淀析水。灌浆工作应均匀缓慢地注入，不得中断，并应防止空气压入孔道而影响灌浆质量。灌满孔道并封闭气孔后，宜再继续加注至0.5~0.6MPa，并稳定一段时间，以确保孔道灌浆的密实性。对不掺加外加剂的水泥浆，可采用两次灌浆法来提高灌浆的密实性。

灌浆顺序应先下后上，以免上层孔道漏浆将下层孔道堵塞。直线孔道灌浆时，应从构件一端灌到另一端。曲线孔道灌浆宜由最低点注入水泥浆，至最高点排气孔排尽空气并溢出浓浆为止。用连接器连接的多跨连续预应力筋的孔道灌浆，应张拉完一跨随即灌注一跨，不得在各跨全部张拉完毕后，一次连续灌浆。如果孔道排气不畅，应检查原因，待故障排除后重灌。当灰浆强度达到15MPa时，方可移动构件。灰浆强度达到100%时设计强度时，方允许吊装。

2. 无黏结预应力施工的施工要点

无黏结预应力施工工艺主要分为以下五个阶段：

无黏结预应力筋的制作→预应力筋的铺设→混凝土构件制作→预应力筋的张拉→锚头端部处理。

1) 无黏结预应力筋的制作

无黏结预应力筋是一种在施加预应力后沿全长与周围混凝土不黏结的预应力筋，它由预应力钢材、涂料层和包裹层组成如图 5.33 所示。

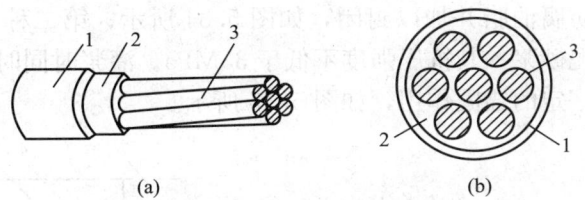

图 5.33 无黏结预应力筋
(a) 无黏结预应力筋；(b) 截面示意图
1—聚乙烯塑料套管；2—油脂；3—钢绞线或钢丝束

一般有挤压涂层工艺和涂包成型工艺两种制作方法。

(1) 挤压涂层工艺。挤压涂层工艺是钢丝通过涂油装置涂油，涂油钢丝筋通过挤压机涂刷塑料薄膜，再经冷却筒槽成型塑料套管。这种无黏结挤压工艺与电线、电缆包裹塑料套管的工艺相似，并具有效率高、质量好且设备性能稳定的特点。

(2) 涂包成型工艺。涂包成型工艺是钢丝经过涂料槽涂刷涂料后，再通过归束滚轮归成束并进行补充涂刷，涂料厚度一般为 2mm。涂好涂料的钢丝通过绕布转筒自动地交叉缠绕两层塑料布。当达到需要的长度后再进行切割，成为一根完整的无黏结预应力筋。这种涂包成型工艺具有质量好、适应性较强的特点。

成型后的整盘无黏结预应力筋可按工程所需长度和锚固形式下料使用。

2) 预应力筋的铺设

无黏结筋在铺设前应逐根进行检查外包的完好程度。对有轻微破损者，可用塑料胶粘带重叠绕补好；对破损严重者，应予以报废。

在单向连续梁板中，无黏结筋的铺设比较简单，如普通钢筋一样铺设在设计位置上。在双向连续平板中，无黏结筋常常为双向曲线配置，因此其铺设顺序很重要。钢丝束的铺设一般根据双向钢丝束交点的标高差，绘制钢丝束的铺设顺序图，钢丝束波峰低的底层钢丝束先行铺设，然后依次铺设波峰高的上层钢丝束，这样可以避免钢丝束之间的相互穿插。钢丝束铺设波峰的形成是用钢筋制成的"马凳"来架设。一般的施工顺序是依次放置钢筋马凳，然后按顺序铺设钢丝束，钢丝束就位后，进行调整波峰高度及其水平位置，经检查无误后，用铅丝将无黏结预应力束与非预应力钢筋绑扎牢固，防止钢丝束在浇筑混凝土的过程中位移。

3) 混凝土构件制作

混凝土浇筑时，严禁踏压碰撞无黏结预应力筋、支撑钢筋及端部预埋件，张拉端与固定端混凝土必须振捣密实。

4) 预应力筋的张拉

由于无黏结预应力筋多为曲线配筋，故宜采用两端同时张拉。无黏结预应力筋的张拉顺序，应根据其铺设顺序，先铺设的先张拉，后铺设的后张拉。无黏结预应力筋的张拉与普通后张法带有螺母锚具的有黏结预应力钢丝束张拉方法相似，张拉程序一般采用 $0 \rightarrow 103\% \sigma_{con}$ 进行锚固。

5) 锚头端部处理

无黏结预应力筋由于一般采用镦头锚具，锚头部位的外径比较大，因此，钢丝束两端应在构件上预留一定长度的孔道，其直径略大于锚具的外径。钢丝束张拉锚固以后，其端部便留下孔道，并且该部分钢丝没有涂层，为此对无黏结筋端部锚头的防腐处理应特别重视。

无黏结预应力筋锚头端部处理,目前常采用两种方法:第一种方法用油枪通过锚杯的注油孔向套筒内注入防腐油脂并加以封闭,如图 5.34 所示;第二种方法在两端留设的孔道内注入环氧树脂水泥砂浆,其抗压强度不低于 35MPa。灌浆时同时将锚头封闭,防止钢丝锈蚀,同时也起到一定的锚固作用,如图 5.35 所示。

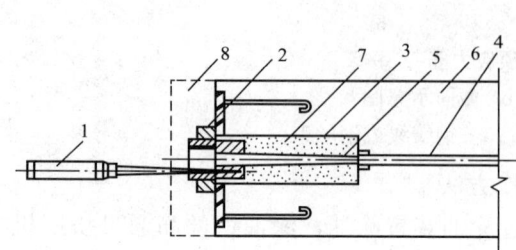

图 5.34 锚头端部处理方法——油脂封闭
1—油枪;2—锚具;3—端部孔道;
4—有涂层的无黏结预应力筋;5—无涂层的
端部钢丝;6—构件;
7—注入孔道的油脂;8—混凝土封闭

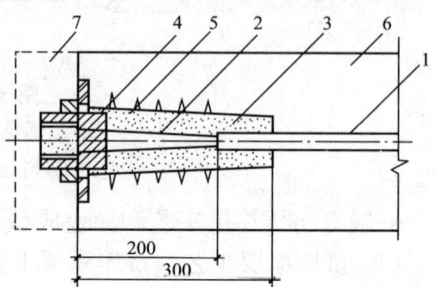

图 5.35 锚头端部处理方法——环氧树脂
水泥砂浆封闭
1—无黏结预应力束;2—无涂层的端部钢丝;
3—环氧树脂水泥砂浆;4—锚具;5—端部
加固螺旋钢筋;6—构件;7—混凝土封闭

预留孔道中注入油脂或环氧树脂水泥砂浆后,用 C30 的细石混凝土封闭锚头部位。在无黏结预应力构件中,锚具是将预应力束的张拉力传递给混凝土的工具,外荷载引起的预应力束内力全部由锚具承担。因此,无黏结预应力束的锚具不仅受力比有黏结预应力筋的锚具大,而且承受的是重复荷载,故对无黏结预应力束的锚具应有更高的要求。一般要求无黏结预应力束的锚具至少应能承受预应力束最小规定极限强度的 95%,而且不超过预期的滑动值。

 综合应用案例

某屋架预应力筋制作及张拉

该预应力屋架长 24m,下弦截面为 220mm×240mm,有 4 根预应力筋,孔道长 23800mm,预应力筋采用冷拉Ⅲ级钢筋 $4\phi^L25$,冷拉采用应力控制方法。实测冷拉率为 4.2%,冷拉回弹率 0.4%。两端采用螺钉端杆锚具。张拉控制应力 $\sigma_{con}=0.85f_{pyk}=0.85\times500\text{N/mm}^2=425\text{N/mm}^2$,采用 $0\sim1.03\sigma_{con}$ 张拉程序,每根钢筋的拉力为 214.9kN,混凝土为 C40。以下是施工前需要进行的必要计算。

1) 预应力筋下料长度计算

选用螺钉端杆锚具尺寸如下:钢筋直径为 25mm,螺纹规格为 M30×2,螺钉端杆长度 L_1 为 320mm,螺母厚度为 45mm。取螺杆外露 l_2 为 120mm。

预应力筋全长 L_1:
$$L_1=l+2l_2=(23.8+2\times0.12)\text{m}=24.04\text{m}$$
预应力筋的钢筋部分冷拉后的长度 l_0:
$$L_0=L_1+2L_1=(24.04-2\times0.32)\text{m}=23.4\text{m}$$

现场钢筋长 7m 左右,因此需用 4 根钢筋对焊接长,加上两端焊螺钉端杆,共计对焊接头数 5 个,每个对焊接头压缩长度 Δ 取 30mm,对钢筋下料长度 L 为
$$L=\frac{l_0}{1+r-\delta}+n\Delta=\left(\frac{23.4}{1+0.0422-0.004}+5\times0.03\right)\text{m}=(22.54+0.15)\text{m}=22.69\text{m}$$

2) 钢筋冷拉计算

钢筋冷拉采用应力控制方法:冷拉控制应力为 500N/mm²,直径 25mm 钢筋截面面积为 491mm²,钢

筋冷拉时的拉力为
$$N=500\times491\text{N}=245500\text{N}=245.\text{kN}$$
冷拉时钢筋(不包括螺钉端杆)应拉到下列长度：
$$22.54\times(1+0.042)\text{m}=23.487\text{m}$$
放松后预应力筋全长(包括螺钉端杆长)为
$$(23.487-22.54\times0.004+2\times0.32)\text{m}=24.04\text{m}$$
放松钢筋部分的长度为23.4m。

3) 预应力筋张拉计算

采用两台YL60千斤顶(或两台YC千斤顶)张拉，4根预应力筋，采用对角线对称分批张拉顺序，第一批张拉的钢筋拉力为221.16kN，第二批张拉力为214.9kN，因千斤顶活塞面积为16200mm², 故张拉第一批钢筋时油压表读数理论值为
$$P_1=\frac{221160}{16200}\text{N/mm}^2=13.7\text{N/mm}^2$$

张拉第二批钢筋时油压表读数的理论值为
$$P_2=\frac{214900}{16200}\text{N/mm}^2=13.3\text{N/mm}^2$$

张拉时相应的伸长值ΔL_1和ΔL_2分别为(作为检查校核用)
$$\Delta L_1=\frac{221160\times24040}{491\times1.8\times10\times10\times10\times10\times10}\text{mm}=60\text{mm}$$
$$\Delta L_2=\frac{214900\times24040}{491\times1.8\times10\times10\times10\times10\times10}\text{mm}=58\text{mm}$$

本章小结

本章主要介绍预应力混凝土的基本概念、预应力钢筋的种类，先张法、后张法的施工工艺的特点，并详细介绍了预应力台座、锚(夹)具、张拉机械，施加预应力的张拉程序、张拉控制方法等内容。

习　题

1. 简述预应力混凝土的特点。
2. 常用的预应力钢筋有几种？
3. 施加预应力的方法有几种？其预应力值是如何建立和传递的？
4. 简述先张法的施工工艺特点。
5. 常用的几种锚具的特点与适用条件是什么？
6. 有黏结预应力与无黏结预应力施工工艺有何区别？
7. 后张法孔道留设有哪几种方法？各适用什么情况？
8. 建立张拉程序的依据是什么？在张拉程序中为什么要超张拉和持荷2min？
9. 先张法与后张法的最大控制张拉应力如何确定？
10. 孔道灌浆的作用是什么？对灌浆材料有何要求？
11. 无黏结预应力锚头端部应如何处理？

模块 6

结构安装工程

▶ 教学目标

通过学习结构安装工程施工，了解结构安装工程施工的主要内容；了解结构安装工程中常用的起重机械和索具，熟悉单层厂房结构安装工艺，掌握一般单层厂房构件主要吊装工艺，并能编制一般单层厂房结构安装方案，在此基础上熟悉轻钢结构安装、网架结构安装等常见钢结构安装施工工艺，了解钢管混凝土结构、劲性混凝土结构（SRC结构）等钢与混凝土组合结构施工要点。

▶ 教学要求

知识要点	能力要求	相关知识	权重
起重机械和索具的种类和特点	能根据实际情况合理选择结构安装施工机械和索具	主要结构安装施工机械和索具的种类和特点；自行起重机的安全稳定验算；塔式起重机种类和特点；索具设备及锚碇的种类和特点	20%
单层厂房结构安装施工技术	能做好单层厂房结构安装的准备工作 能根据实际情况合理选择单层厂房构件吊装工艺 能根据实际情况编制单层厂房结构安装施工施工方案	单层厂房结构安装前准备工作内容；单层厂房构件吊装工艺特点；柱子、屋架等构件吊装工艺要求；结构安装方法；起重机的开行路线选择方法；结构构件的平面布置要求等	30%
钢结构安装施工技术 钢与混凝土组合结构施工技术	能编制一般轻钢结构安装工程施工方案 能编制一般网架结构安装工程施工方案 能编制一般钢管混凝土结构施工方案 能编制一般劲性混凝土结构（SRC结构）施工方案	轻钢结构安装工艺及施工要点；网架结构安装工艺及施工要点；钢管混凝土结构工艺及施工要点；劲性混凝土结构（SRC结构）工艺及施工要点；一般钢结构安装质量和安全要求；一般钢与混凝土组合结构安装质量和安全要求	50%

引例

某工程为单层钢结构金属压型钢板车间，钢柱、主梁均采用H型钢；楼层采用工字钢和槽钢，均采用高强度螺栓连接；楼板为花纹钢板；檩条为镀锌C型钢，用普通螺栓连接固定；屋、墙面板为保温金属压型钢板，用自攻螺钉连接固定；拉条为圆钢；角撑为角钢；基础为框架柱基础，与柱连接为预埋板地锚螺栓连接。车间长为37m，宽为12m，檐高18m，共三层；人字形屋面，坡度为10%；窗采用铝合金推拉窗，门为钢结构夹层门。工程安全等级为二级，H型钢为外购件，其他钢构件为现场加工。用起重机械在施工现场将这些构件吊起来并安装到设计位置上。

思考：
1. 可以用哪些起重机械来安装呢？
2. 钢结构厂房如何进行安装？施工工艺是什么？
3. 如果是钢筋混凝土结构单层工业厂房，如何进行安装？

6.1 起重机械与索具

结构安装工程常用的起重机械类型按其行走方式可分为桅杆式起重机、自行式起重机和塔式起重机等；按起重臂构造又可分为拼装式、鸭嘴式和伸缩式。

6.1.1 桅杆式起重机

桅杆式起重机是最简单的起重设备，它具有制作简单、装拆方便，起重量大（可达1000kN），受施工场地限制小的特点。但这类起重机需设较多的缆风绳，移动困难。另外，其起重半径小，灵活性差。因此，桅杆式起重机一般多用于吊装工程比较集中且构件较重、施工场地狭窄，而又缺乏其他合适的大型起重机械的工程。

1. 独脚把杆

独脚把杆由把杆、起重滑轮组、卷扬机、缆风绳及锚碇等组成。其中，缆风绳常采用钢丝绳，数量一般为6～12根，最少不得少于4根，起重时把杆保持不大于10°的倾角，独脚把杆的移动靠其底部的拖撬进行，把杆的稳定主要靠顶端的缆风绳。

独脚把杆按其制作材料分为木独脚把杆、钢管独脚把杆和格构式独脚把杆。木独脚把杆起重量在100kN以内，起重高度一般为8～15m；钢管独脚把杆起重量可达300kN，起重高度在20m以内；格构式独脚把杆起重量可达1000kN，起重高度可达70～80m，如图6.1(a)所示。

2. 人字把杆

人字把杆一般是由两根圆木或钢管用钢丝绳绑扎或铁件铰接而成，两杆夹角一般为20°～30°。底部设有拉杆或拉，在一根拔杆底部装有导向滑轮，起重索通过它连在卷扬机上。如图6.1(b)所示。

人字把杆优点是侧向稳定性较好，起重量较大（40～200kN）；缺点是构件起吊后，活动范围小。

3. 悬臂把杆

悬臂把杆是在独脚把杆的中部或 2/3 高度处装一根铰接的起重臂而成。其特点是起重臂左右摆动的角度较大(120°～270°)，起重高度和起重半径也都较大，但起重量较小，适用于轻型构件的吊装，如图 6.1(c)所示。

4. 牵缆式桅杆起重机

牵缆式桅杆起重机是在独脚把杆的下端安装一根起重臂而成。这种起重机的起重臂可以起伏，机身可回转 360°，能够在起重机半径范围内将构件吊到任何位置。用格构式截面杆件的牵缆式起重机，桅杆高度可达 80m，起重量可达 100t。其较适用于构件多且集中的建筑安装工程，如图 6.1(d)所示。

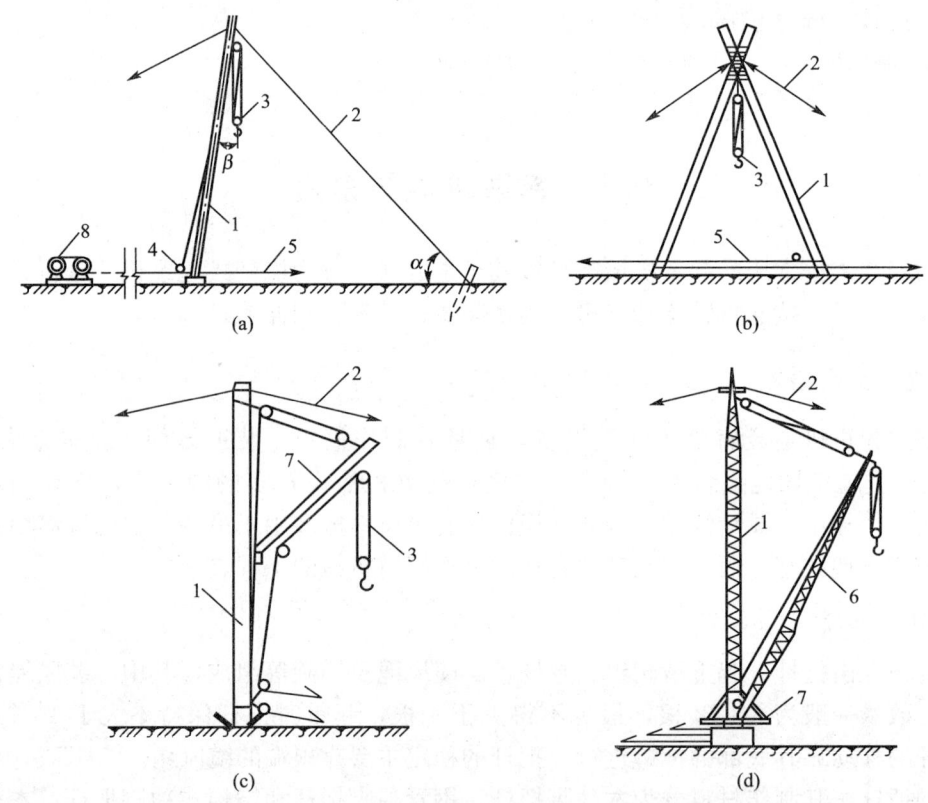

图 6.1 桅杆式起重机

(a)独脚把杆；(b)人字把杆；(c)悬臂拔杆；(d)牵缆式桅杆起重机

1—把杆；2—缆风绳；3—滑轮组；4—导向装置；5—拉锁；6—起重臂；7—回转盘；8—卷扬机

6.1.2 自行式起重机

1. 履带式起重机

履带式起重机是一种具有履带行走装置的全回转起重机，由行走装置、回转机构、机身及起重臂等部分组成。行走装置为链式履带。回转机构为装在底盘上的转盘，可使机身回转 360°。机身内有动力装置、操纵系统和卷扬机等。其起重臂多为格构式杆件，可分节接长。

履带式起重机具有起重量大、稳定性好、操作灵活、可负荷行走和对行走路面要求不高等优点。但也存有其自重较大、行走速度缓慢和在道路上行走对路面造成损坏等缺点。

1) 履带式起重机的常用型号及性能

在结构安装工程中，常用的履带式起重机有 W1—50 型、W1—100 型、W1—200 型及一些进口机型。履带式起重机的主要技术性能包括三个主要参数：起重量 Q、起重半径 R、起重高度 H。

2) 履带式起重机的稳定性验算

履带式起重机稳定性验算时应选择起重最不利位置，即起重机的稳定性最差位置，如图 6.2 所示，此时车身与行驶方向垂直，以履带中心 A 点为倾覆点，保证稳定力矩大于倾覆力矩。具体验算方式有两种：一种考虑吊装荷载及所有附加荷载（风荷载、刹车惯性荷载等）；一种仅考虑吊装荷载，而不考虑附加荷载。在施工中为计算方便，多采用后一种方法。仅考虑吊装荷载起重机稳定验算应满足的条件为

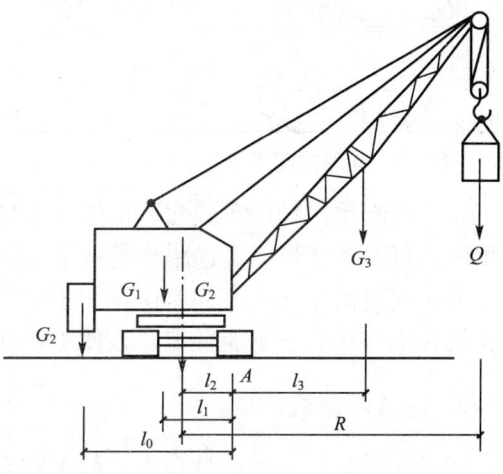

图 6.2　履带式起重机受力示意图

$$K=\frac{稳定力矩(M_稳)}{倾覆力矩(M_倾)}=\frac{G_1L_1+G_2L_2+G_0L_0-G_3L_3}{(Q+q)(R-L_2)}\geqslant 1.4 \tag{6-1}$$

式中　　　K——仅考虑吊装荷载时的稳定安全系数；

G_0——平衡重量，kN；

G_1——机身可转动部分的重量，kN；

G_2——机身不可转动部分的重量，kN；

G_3——起重臂重量，kN；

L_1、L_2、L_3、L_4——以上各部分中心至倾覆点 A 的距离，m；

Q——吊装构件重量，kN；

q——起重滑轮组及索具重量，kN；

R——起重机回转半径，m。

2. 轮胎式起重机和汽车式起重机

轮胎式起重机是将起重机构安装在加重轮胎和轮轴组成的特制底盘上的全回转起重机，如图 6.3 所示。常用于结构吊装的轮胎式起重机有 QL1—16 型、QL2—8 型、QL3—16 型、QL3—25 型和 QL3—40 型等。

汽车式起重机是自行式全回转起重机，起重机构安装在汽车的通用或专用底盘上，如图 6.4 所示。常用于一般厂房结构吊装的汽车式起重机有 QY8 型、QY16 型和 QY32 型。

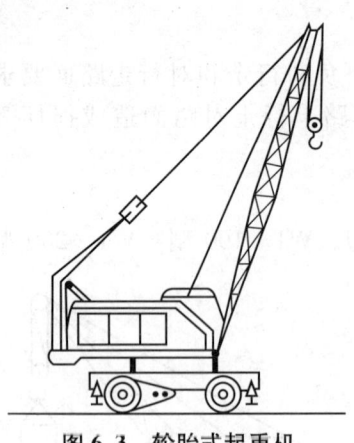
图 6.3 轮胎式起重机
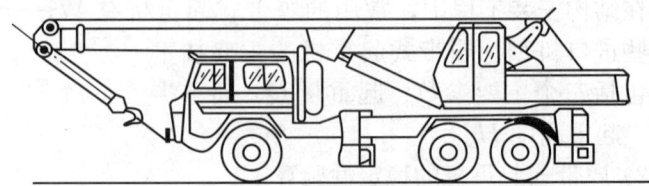
图 6.4 汽车式起重机

轮胎式起重机和汽车式起重机作业原理与履带式起重机类似，但移动更为灵活，机动性更强，行驶速度快，可远距离行驶，且行走时对路面无破坏性。其起重臂多为液压伸缩，可快速自由改变长度。但这类起重机对施工场地要求较高，在泥泞、松软场地难以行走；且在工作状态下不能行走，致使工作面受到限制，对构件摆放要求较为严格。

6.1.3 塔式起重机

塔式起重机是一种塔身直立，起重臂安装在塔身顶部能 360°全回转的起重机。这种起重机具有起重高度高、安装半径大、拆装方便、操作灵活和工作效率高等优点；但这种起重机行走或移动不便，只能做直线或曲率较小的曲线行走，工作面受到一定限制，转移、拆卸组装不便。塔式起重机的类型较多，广泛应用于工业与民用建筑施工中。一般分为轨道式和自升式塔式起重机两大类。

1. 轨道式塔式起重机

轨道式塔式起重机的行走机构装在专用的轨道上，可同时完成水平和垂直运输。它具有作业范围大、安装部位高、可负荷行走且安全可靠等优点；缺点是安装和拆除困难、施工费用高。其适用工程量大且集中的建筑施工。

常用的轨道式塔式起重机有 QT1—2、QT1—6 和 QT—60/80 型等。

(1) QT1—2 型为轻型塔身回转式轻型起重机，这种起重机优点是重心低、运转灵活、可折叠整体运输和安装方便；缺点是回转平台大、起重高度较小。其起重量为 10~20kN，起重力矩 160kN·m，起重半径 8.5~20m，适用于 5 层以下建筑施工和预制构件厂的构件吊装。

(2) QT1—6 型为中型塔顶回转式起重机，这种起重机特点是能转弯行驶、起重高度可按需增减塔身节数调整；缺点是重心较高稳定稍差、拆装费工时。其起重量为 20~60kN，起重力矩 400kN·m，起重半径 8.5~20m，适用于一般建筑的结构吊装及材料装卸工作。

(3) QT—60/80 型也是一种中型塔顶回转式起重机，最大起重量为 104kN，起重力矩 600~800kN·m，起重半径 7.7~30m，适用于工业厂房与较高的民用建筑结构吊装。

2. 自升式塔式起重机

自升式塔式起重机支撑在建筑物上施工，型号较多，如 QTZ50、QTZ60、QTZ100 和 QTZ120 等。QT4—10 型多功能(可附着、可固定、可行走、可爬升)自升塔式起重机，是一种上旋转、小车变幅自升式塔式起重机，随着建筑物的增高，利用液压顶升系统而逐步自行接高塔身，如图6.5所示。

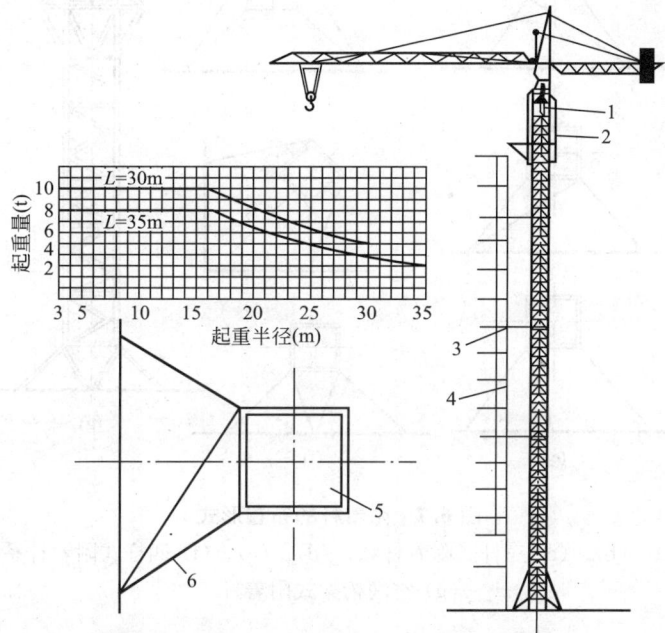

图 6.5　QT4—10 型附着式自升塔式起重机
1—液压千斤顶；2—顶升套架；3—锚固装置；4—建筑物；5—塔身；6—附着杆

自升塔式起重机的液压顶升系统主要有顶升套架、长行程液压千斤顶、支撑座、顶升横梁、引渡小车、引渡轨道及定位销等。液压千斤顶的缸体装在塔吊上部结构的底端支撑座上，活塞杆通过顶升横梁支撑在塔身顶部，其顶升过程如图6.6所示。锚固装的附着杆布置形式如图6.7所示。

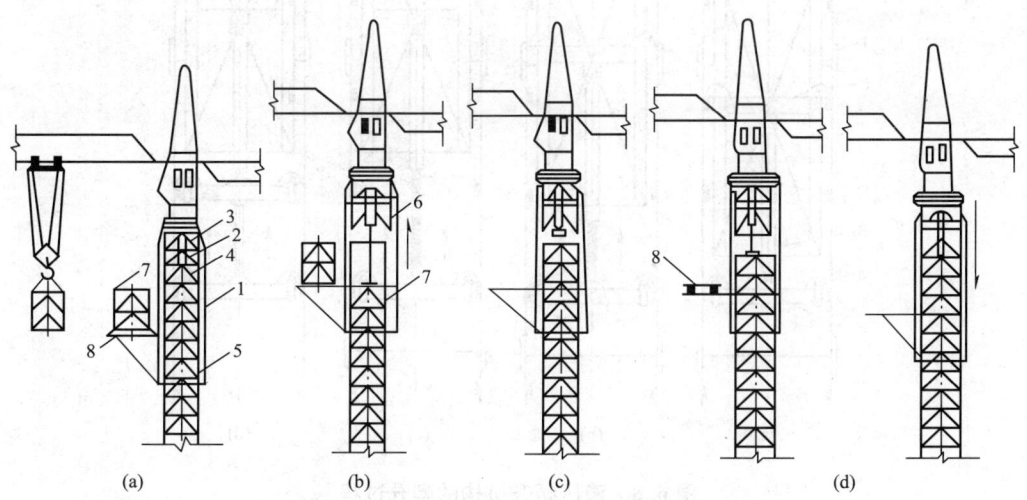

图 6.6　附着式自升塔式起重机的顶升过程
(a) 准备状态；(b) 顶升塔顶；(c) 推入塔身标准节；(d) 塔顶与塔身联成整体
1—顶升套架；2—液压千斤顶；3—支撑座；4—顶升横梁；
5—定位销；6—过渡节；7—标准节；8—摆渡小车

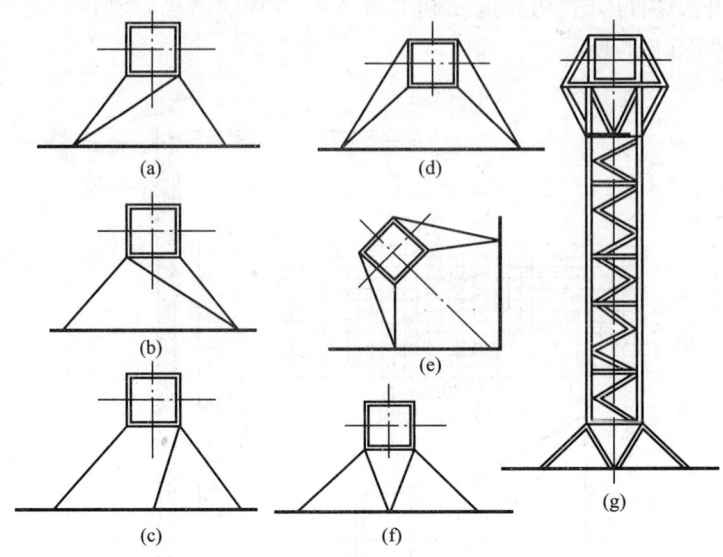

图 6.7 附着杆的布置形式
(a)、(b)、(c) 三杆式附着杆系；(d)、(e)、(f) 四杆式附着杆系；
(g) 空间桁架式附着杆

自升式起重机其特点：塔身短，起升高度大而且不占建筑物的外围空间；但驾驶员作业时看不到起吊过程，全靠信号指挥，施工完成后拆塔工作处于高空作业等。如图 6.8 所示为自升式起重机的爬升示意图。它的主要型号有 QT5—4/40 型、QT5—4/60 型和 QT3—4 型等。

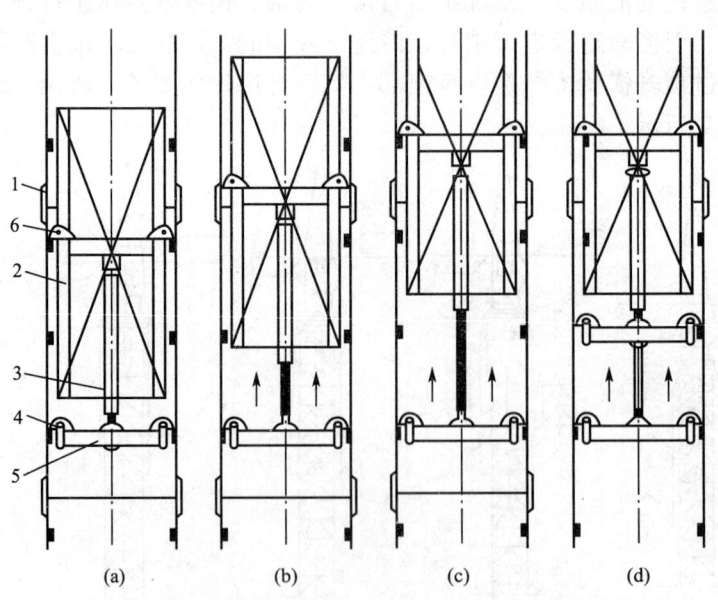

图 6.8 液压爬升机构的爬升过程
(a)、(b) 下支腿支撑在踏步上，顶升塔身；
(c)、(d) 上支腿支撑在踏步上，缩回活塞杆，将活动横梁提起
1—爬梯；2—塔身；3—液压缸；4、6—支腿；5—活动横梁

> **思考题**

针对引例，请列出本工程结构安装施工可能需要用到哪些施工机械？

6.1.4 索具设备及锚碇

1. 钢丝绳

钢丝绳是起重机械中用于悬吊、牵引或捆绑重物的物件。它是由许多根直径为 0.4～2mm、抗拉强度为 1200～2200MPa 的钢丝按一定规则捻制成的。按捻制方法不同，它分为单绕、双绕和三绕，建筑施工中常用的是双绕钢丝绳，由钢丝捻成股，再由多股围绕绳芯绕成绳。双绕钢丝绳按照捻制方向分为同向绕、交叉绕和混合绕 3 种。同向绕是钢丝绳捻成股的方向与股捻成绳的方向相同，这种绳的挠性好、表面光滑、磨损小，但易松散和扭转，不宜用来悬吊重物。交叉绕是指钢丝捻成股的方向与股捻成绳的方向相反，这种绳不易松散和扭转，宜作起吊绳，但挠性较差。混合绕是指相邻两股的钢丝绕向相反，性能介于两者之间，制造复杂，用得较少。

钢丝绳的表示方法如 6×19+1 指共有 6 股，每股由 19 根细钢丝拧成，另加一根油麻芯。每股内钢丝绳数量越多，每根钢丝的直径就约细，钢丝绳越柔软。6×19+1 的钢丝绳，钢丝较粗，硬而耐磨，不易弯曲，宜用于拉索。6×37+1 的钢丝绳，比较柔软，易弯曲，一般用于滑车组；6×61+1 钢丝绳更柔软，更易弯曲，用作起重机械的吊索。

2. 滑轮组及吊索

滑轮组是由一定数量的定滑轮和动滑轮组成的，具有省力和改变力的方向的功能，是起重机的重要组成部分。

吊索是一种用钢丝绳（6×37 或 6×61 等）制成的吊装索具。吊索主要用于绑扎构件以便起吊。吊索主要有两种类型：环状吊索（万能吊索/闭式吊索）和轻便吊索（8 股头吊索/开式吊索）。

吊索是用钢丝绳制作而成的，钢丝绳吊索的接头方式包括编接和卡接两种。吊索的接头方式最好采用编接，即将钢丝绳分股拆股，并按一定的方法编插在钢丝绳股内形成一个牢固的接头。当吊索采用钢丝绳夹头（钢丝绳卡）制作时长采用钢丝绳夹头来固定钢丝绳端，钢丝绳夹头主要有骑马式夹头、压板式夹头和拳握式夹头 3 种。其中，骑马式最为常用。

3. 卷扬机

卷扬机又称为绞车。按驱动方式不同，它可分为手动卷扬机和电动卷扬机。卷扬机在结构吊装中是最常用的工具。

用于结构吊装的卷扬机多为电动卷扬机。电动卷扬机主要由调动机、卷筒、电磁制动器和减速机构等组成。卷扬机分为快速和慢速两种。快速电动卷扬机主要用于垂直运输和打桩等作业；慢速电动卷扬机主要用于结构吊装、钢筋冷拉及预应力筋张拉等作业。

选用卷扬机的主要技术参数是卷筒牵引力、钢丝绳的速度和卷筒容绳量。

4. 吊具及锚碇

吊具有吊钩、钢丝夹头、卡环、吊索和横吊梁等，是吊装时的重要辅助工具。横吊梁又称铁扁担，用于承受吊索对构件的轴向压力并能减小起吊高度，如图 6.9 所示。常用的锚碇有桩式锚碇和水平锚碇两种。其中,水平锚碇如图6.10所示,水平锚碇的承载力较大。

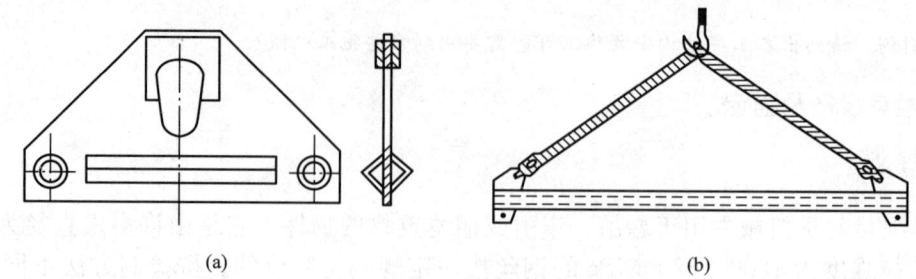

图6.9 横吊梁
(a)钢板横吊梁;(b)钢管横吊梁

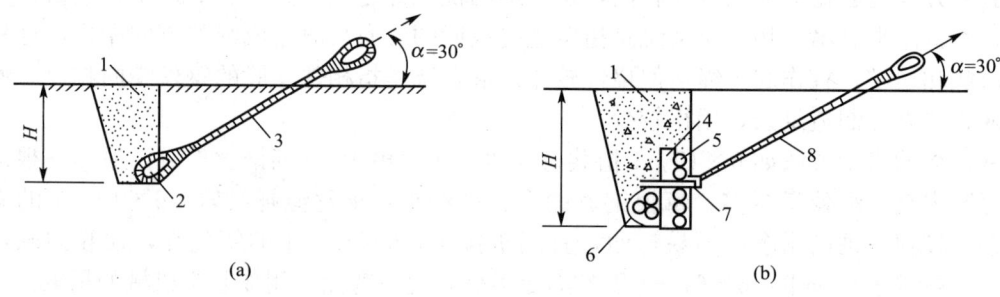

图6.10 水平锚锭构造示意图
(a)拉力在30kN以下;(b)拉力为100~400kN
1—回填土逐层夯实;2—地龙木1根;3—钢丝绳或钢筋;4—柱木;5—挡木;
6—地龙木3根;7—压板;8—钢丝绳圈或钢筋环

6.2 单层工业厂房结构安装

单层工业厂房多采用装配式钢筋混凝土结构,除基础现场浇筑外,其他主要承重构件(如柱、吊车梁、屋架、屋面板等)均采用预制构件。单层工业厂房的结构安装就是将其多种预制构件按设计要求采用合理的施工方法在现场进行安装,完成该建筑物骨架的整个施工过程。

特别提示

结构安装工程是单层工业厂房施工的主导工程。

6.2.1 结构安装前的准备工作

为保证单层厂房结构吊装的施工质量和进度,在吊装前应做好吊装前的准备工作,准备工作主要包括:场地清理,道路修筑,基础准备,构件运输、排放,构件拼装加固、检查清理、弹线编号,以及机械、机具的准备工作等。

1.构件的检查与清理

检查构件的外观质量、型号与数量、构件截面尺寸、预埋件、预留孔的位置及质量

等。（变形、缺陷、损伤等）。检查构件的混凝土强度，并作相应的清理工作。

2. 构件的弹线与编号

1) 柱子

在柱身三面弹出中心线（可弹两个小面、一个大面），如图 6.11 所示，对工字形柱除在矩形截面部分弹出中心线外，为便于观察及避免视差，还需要在翼缘部分弹一条与中心线平行的线。

2) 屋架

屋架上弦顶面上应弹出几何中心线，并将中心线延至屋架两端下部，再从跨度中央向两端分别弹出天窗架、屋面板的安装定位线。

3) 吊车梁

在吊车梁的两端及顶面弹出安装中心线。

3. 构件的拼装和加固

为便于运输并避免扶直时损坏构件，天窗架及大型屋架可制成两个半榀，运到现场后在吊装位置再拼装成整体。构件的拼装分为平拼和立拼两种方法。平拼法是将构件平放拼装后扶直，一般适用于小跨度构件。立拼法是将构件在吊装位置呈直立状态拼装，尽量避免移动和扶直工作，多用于侧向刚度较差的大跨度构件。

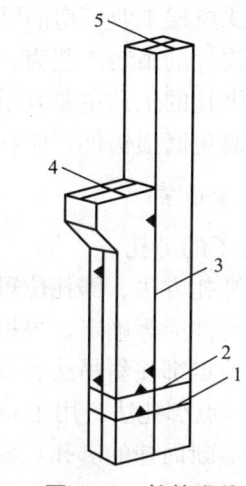

图 6.11 柱的准线

1—基础顶面线；2—地坪标高线；
3—柱子中心线；4—吊车梁对位线；
5—柱顶中心线

对一些侧向刚度较差的构件（如屋架、天窗架等）在搬动过程中为防止变形开裂，宜用横杆进行临时加固。

4. 基础的准备工作

柱基础在施工时，杯底标高一般比设计标高低（通常代 5cm），柱在吊装前需对基础杯底标高进行一次调整（或称找平）。调整方法是测出杯底原有标高（小柱测中间一点，大柱测四个角点），再量出柱脚底面至牛腿面的实际长度，计算出杯底标高调整值，并在杯口内标出，然后用 1∶2 水泥砂浆或细石混凝土将杯底找平至标志处。例如，测出杯底标高为 −1.20m，牛腿面的设计标高是 7.80m，而柱脚至牛腿面的实际长度为 8.95m，则杯度标高调整值 $h=[(7.80+1.20)-8.95]m=0.05m$。

此外，还要在基础杯口面上弹出建筑的纵、横定位轴线和柱的由装准线，作为柱对位、校正的依据如图 6.12 所示。柱的吊装准线应与基础面上所弹的吊装准线位置相适应。对矩形截面柱可按几何中线弹吊装准线；对工字形截面柱，为便于观测及避免视差，则应靠柱边弹吊装准线。

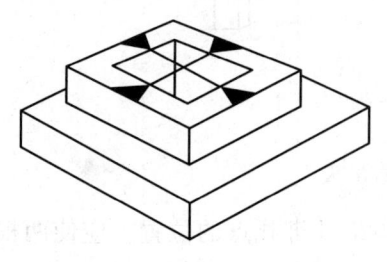

图 6.12 基础的准线

5. 构件运输

一些质量不大而数量较多的定型构件，如屋面板、连系梁和轻型吊车梁等，宜在预制厂预制，用汽车将构件运至施工现场。起吊运输时，必须保证构件的强度符合要求，吊点位置符合设计规定；构件支垫的位置要正确，数量要适当，每一构件的支垫数量一般不超过两个支撑处，且上下层支垫应在同一垂线上。在运输过程中，要确保构件不倾倒、不损坏和不变形。构件的运输顺序、堆放位置应按施工组织设计的要求和规定进行，以免增加构件的第二次搬运。

6.2.2 构件的吊装工艺

装配式单层工业厂房的结构安装构件有：柱子、吊车梁、连系梁、屋架、天窗架、屋面板等。构件的吊装工艺为：绑扎→吊升→对位→临时固定→校正→最后固定。

用于绑扎的工具主要有吊索、卡环和横吊梁等。为更易在空中脱钩，应尽量选用活络卡环。为避免磨损构件，应在吊索与构件之间加麻袋和木板等衬垫。

1. 柱子吊装

1) 柱子的绑扎

柱的绑扎方法、绑扎位置和绑扎点数，应根据柱的形状、长度、断面、配筋、起吊方法和起重机性能等确定。根据柱起吊后柱身是否垂直，分为斜吊法和直吊法，相应的绑扎方法有：一点绑扎斜吊法、一点绑扎直吊法；两点绑扎斜吊法、两点绑扎直吊法。

（1）一点绑扎法。用于自重130kN以下的中小型柱，有牛腿的柱绑扎点多在牛腿根部，工字形断面柱的绑扎点多选在矩形断面处（实心处，否则应加方木垫平）。

一点绑扎斜吊法：柱平放起吊的抗弯强度满足要求时采用此法。柱起吊后呈倾斜状态。起重臂可稍短，如图6.13(a)所示。

一点绑扎直吊法：柱平放起吊的抗弯强度不满足要求时，需将柱翻身侧立起吊。起吊后呈直立状态，需用横吊梁，起重臂较长，如图6.13(b)所示。

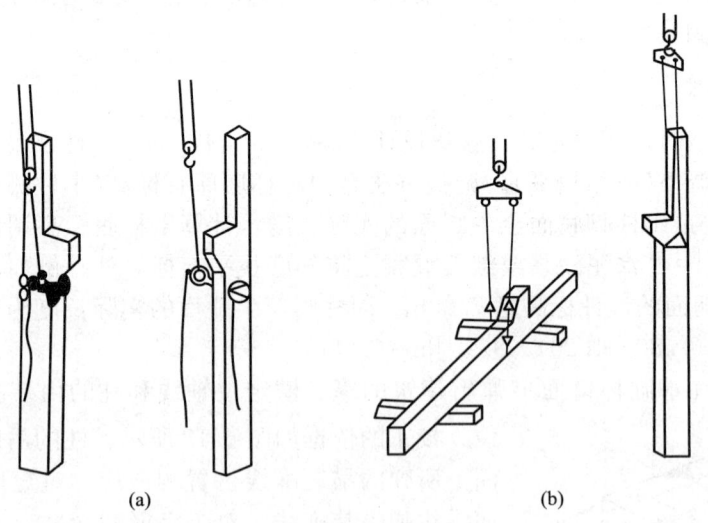

图6.13 一点绑扎
(a)一点绑扎斜吊法；(b)一点绑扎直吊法

（2）两点绑扎法。用于重型柱或配筋少而细长柱。两点绑扎绑扎点的位置：应使两根吊索的合力作用线高于柱的重心，以保证柱子起吊后自行回转直立。

两点绑扎斜吊法：适用于两点平放起吊，柱的抗弯强度满足要求时采用，如图 6.14(a) 所示。

两点绑扎直吊法：用两点绑扎斜吊法，柱的抗弯强度不足时，将柱翻身，然后起吊，如图 6.14(b)所示。

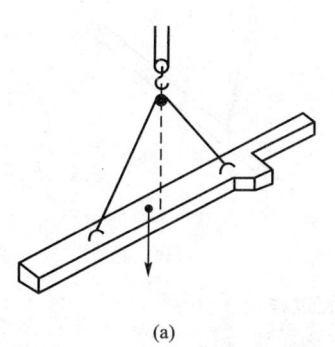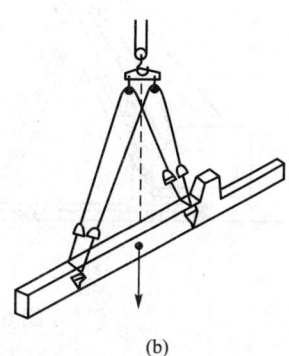

图 6.14 两点绑扎
（a）两点绑扎斜吊法；（b）两点绑扎直吊法

柱的绑扎方法、绑扎位置和绑扎点数，应根据柱的形状、长度、截面、配筋、起吊方法和起重机性能等因素确定。由于柱起吊时吊离地面的瞬间由自重产生的弯矩最大，其最合理的绑扎点位置，应按柱子产生的正负弯矩绝对值相等的原则来确定。一般中小型柱（自重 13t 以下）大多数绑扎一点；重型柱或配筋少而细长的柱（如抗风柱），为防止起吊过程中柱的断裂，常需绑扎两点甚至三点。对于有牛腿的柱，其绑扎点应选在牛腿以下 200mm 处；工字形断面和双肢柱，应选在矩形断面处，否则应在绑扎位置用方木加固翼缘，防止翼缘在起吊时损坏。

2）柱的吊升

根据柱在吊升过程中柱身运动的特点，柱的吊开方法分为旋转法和滑行法两种。

（1）旋转法。起重机边起钩、边回转，使柱身绕柱脚旋转成直立状态，然后略吊离地面，再稍微回转起重臂，将柱放入基础杯口。此种吊装方法称为旋转法。

采用旋转法吊装柱子时，柱的平面布置宜使柱脚靠近基础（制作时一般与厂房纵向轴线成斜向摆放），以减少起重臂的回转幅度。起吊时基本保持柱脚位置不动，柱的吊点、柱脚与基础中心 3 个点宜位于起重机的同一起重半径的圆弧上，如图 6.15 所示。

特点：柱吊升中所受振动较小、工作效率较高，但对起重机的机动性要求高。旋转法适用于 100kN 以下的柱，并宜采用直吊绑扎法，宜选用自行式起重机，尤其是履带式起重机。

（2）滑行法。柱吊升时起重机只收钩，起重臂不转动，使柱顶随起重钩的上升而上升，柱脚随柱顶的上升而滑行，直至柱子直立后，吊离地面，并旋转至基础杯口上方，插入杯口，如图 6.16 所示。

采用滑行法吊装柱子时，柱的吊点布置在杯口旁，并与杯口中心两点共弧。柱的平面布置可较为灵活，如图 6.16 所示。

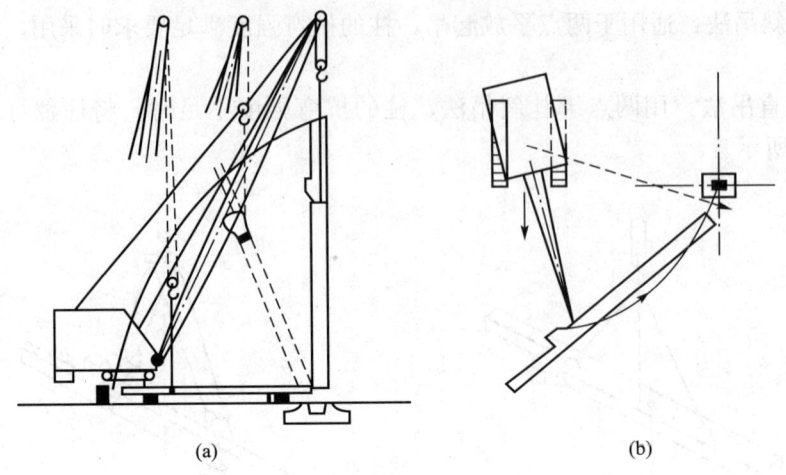

图 6.15 旋转法吊装过程

(a) 旋转过程；(b) 平面布置

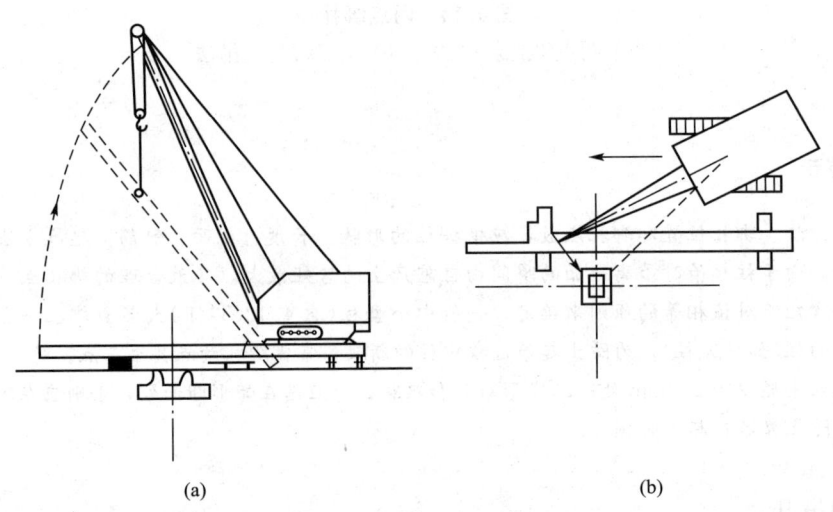

图 6.16 滑行法吊装过程

(a) 旋转过程；(b) 平面布置

特点：柱在滑行中受到振动，对构件不利，但对起重机机动性要求低。

滑行法适用于长柱或场地受限时柱的吊升，宜采用斜吊绑扎法，多选用独脚桅杆起重机。

（3）混合法。柱在吊升时按起重机的作业条件及吊装要求，随时起钩、旋转、变幅或行走，逐渐起吊。混合法结合两种吊装方法的优点，宜用于大型柱的双机抬吊，适用范围较广，对起重机要求较低，柱的平面布置可较为灵活。

3) 柱的对位和临时固定

对位与临时固定：柱脚插入杯口后，并不立即降至杯底，而是停在距杯底 30~50mm 处进行对位。

对位的方法：使用 8 只木楔或钢楔从柱的四边放入杯口，并用撬棍撬动柱脚，使柱的安装中心线对准杯基口上的安装中心线，并使柱基本保持垂直。

对位后将 8 只楔块略打紧，放松吊钩，让柱靠自重沉至杯底，再检查一下安装中心线对准的情况，若已符合要求，即将楔块打紧，将柱临时固定。

当柱较长（杯口深度与柱长之比小于 1/20）或柱有较大的牛腿时，除采用 8 只楔块临时固定外，应附加缆风绳拉锚或用斜撑来加强临时固定，防止柱的倾倒如图 6.17 所示。

4）柱的校正

柱子校正是对已临时固定的柱子进行全面检查（平面位置、标高和垂直度等）及校正的一道工序。柱子校正包括平面位置、标高和垂直度的校正。对重型柱或偏斜值较大则用千斤顶、缆风绳和钢管支撑等方法校正。

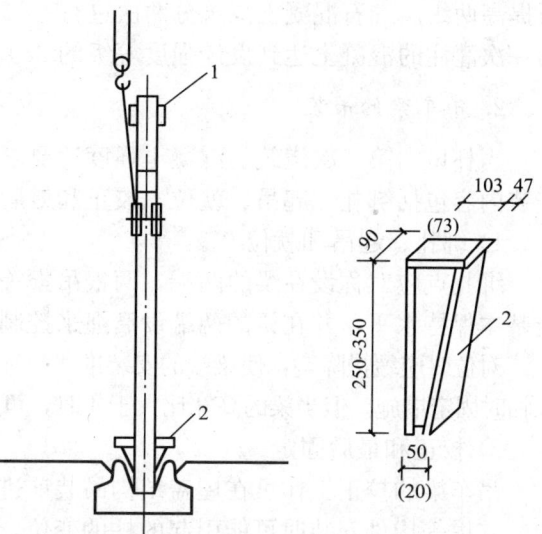

图 6.17 柱的对位与临时固定
1—安装缆风绳或挂操作台的夹箍；2—钢楔

柱的校正包括：平面位置、标高及垂直度 3 个方面。柱的标高校正在杯基杯底抄平时已经完成，而柱平面位置的校正则在柱对位时也已完成。因此，在柱临时固定后，仅需对柱进行垂直度的校正。

对柱垂直偏差的检验方法，最常用的方法是用两架经纬仪从柱相邻的两边（视线应基本与柱面垂直）去检查柱吊装准线的垂直度。另外，还可用激光直准仪测量、铅垂法和标准柱法等方式进行垂直度检验。

如偏差超过规定值则应对柱的垂直度进行校正。校正除常用的楔子配合钢钎校正法外，还可采用撑杆校正法和千斤顶校正法，如图 6.18 所示。

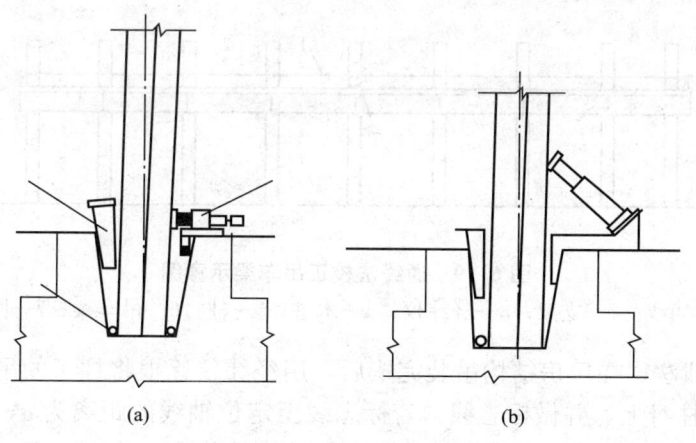

图 6.18 柱的垂直度校正
（a）螺旋千斤顶平顶法；（b）千斤顶斜顶法

5）柱子最后固定

其方法是在柱脚与杯口之间浇筑细石混凝土，其强度等级应比原构件的混凝土强度等级提高两级。细石混凝土浇筑分两次进行,第一次:灌注混凝土至楔块下端。第二次:当第一次灌注的混凝土达到设计强度等级的 25%时,即可拔除楔块,将杯口灌满混凝土。

2. 吊车梁的吊装

当杯口内第二次浇筑的混凝土强度达要求强度的 75%时,即可进行吊车梁的安装。其安装内容包括绑扎、起吊、就位、校正和最后固定。

1)绑扎、起吊和就位

绑扎点应对称设在梁的两端,两根吊索等长,吊钩垂线对准梁的重心,吊车梁起吊后能基本保持水平,并在梁的两端设溜绳来控制梁的转动。

对位时应缓慢降钩,使梁端的安装准线与柱牛腿面的吊装定位线对准。一般吊车梁不需采取临时固定措施。但当梁的高宽比大于 4 时,可用铁丝临时将吊车梁绑在柱上,以防倾倒。

2)校正和最后固定

吊车梁的校正工作可在屋盖结构吊装前进行,但最好在屋盖吊装后进行,并应考虑屋架、支撑等构件安装时可能引起的柱的变位,而使吊车梁移动。

吊车梁的吊装是否准确,应从其平面位置、垂直度和标高 3 个方面进行检查。吊车梁的标高主要取决牛腿面的标高,这在杯底抄平时已进行调整,如仍有误差,可在安装轨道时进行调整。吊车梁的垂直度一般可用靠尺、线锤进行测量,如偏差超过规定值,可在支座处加铁片垫平。

吊车梁平面位置的校正,包括纵轴线直线度和跨距两项,实际上就是对吊车梁吊装中心线的校正。常用的方法有通线法、平移轴线法和边吊边校 3 种。

(1)通线法。首先,应根据车间的定位轴线,定出吊车梁吊装中心线在地面上的位置,并检查两列吊车梁的跨距是否与设计相符。其次,用经纬仪自车间两端将地面上的吊车梁吊装中心线投影到两端的柱上,据此检查、校正两端吊车梁的吊装偏差。然后在已校正的两端吊车梁上设约 200mm 高的支架,拉钢丝通线,根据此通线校正吊车梁的吊装中心线的偏差,如图 6.19 所示。

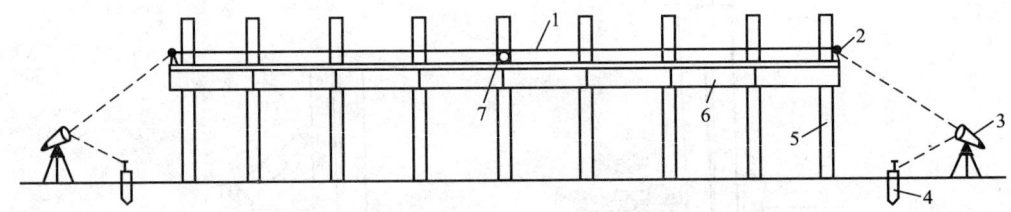

图 6.19 通线法校正吊车梁示意图
1—通线;2—支架;3—经纬仪;4—木桩;5—柱;6—吊车梁;7—圆钢

(2)平移轴线法。在厂房结构吊装完毕后,用经纬仪逐根将柱子的吊装中心线投影到吊车梁顶面处的柱身上,并做标志线。若标志线至定位轴线的距离为 a,柱定位轴线到吊车梁定位轴线距离为 λ,则标志线据吊车梁定位轴线的距离为 $\lambda-a$,据此按设计规定的吊车梁吊装中心线的距离来逐根校正,如图 6.20 所示。

纠正吊车梁吊装中心线偏差的办法,可用撬杠来拨动吊车梁。

(3)边吊边校法。重型吊车梁校正时撬动困难,可在吊装吊车梁时借助于起重机,采用边吊装边校正的方法。

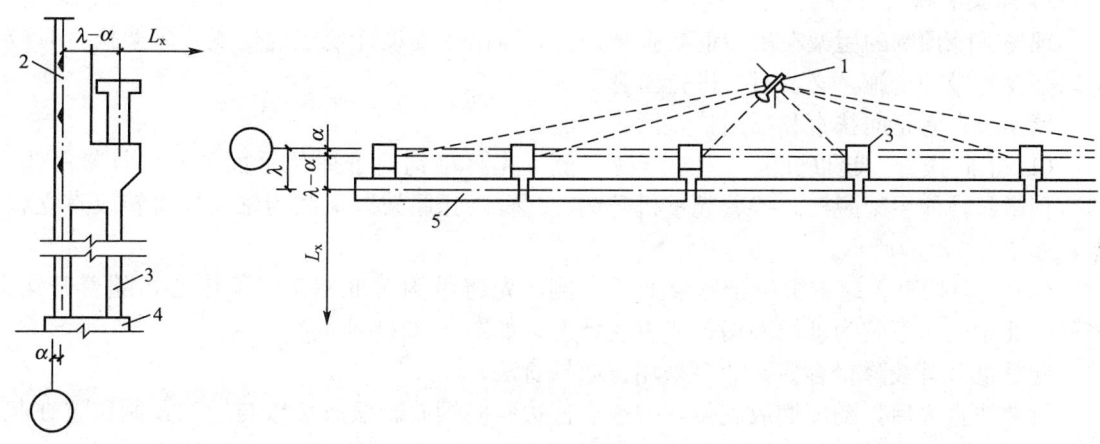

图 6.20 平移轴线法校正吊车梁
1—经纬仪；2—标志；3—柱；4—柱基础；5—吊车梁

吊车梁校正后，用连接钢板等与柱侧面、吊车梁顶端的预埋铁相焊接，并在接头空隙处浇筑细石混凝土。

3. 屋架的吊装

单层工业厂房的屋架一般在施工现场预制，屋架的吊装的施工顺序为：绑扎→扶直就位→起吊→对位与临时固定→校正与最后固定。

1) 屋架绑扎

屋架的绑扎点应选在上弦节点处，并以屋架的重心为中心左右对称。绑扎中心（即各支吊索的合力作用点）须高于屋架重心，使屋架起吊后不宜转动和倾翻。吊索与水平线的夹角不宜小于45°，以免屋架承受过大的横向压力，必要时可采用横吊梁。屋架的绑扎如图 6.21 所示。

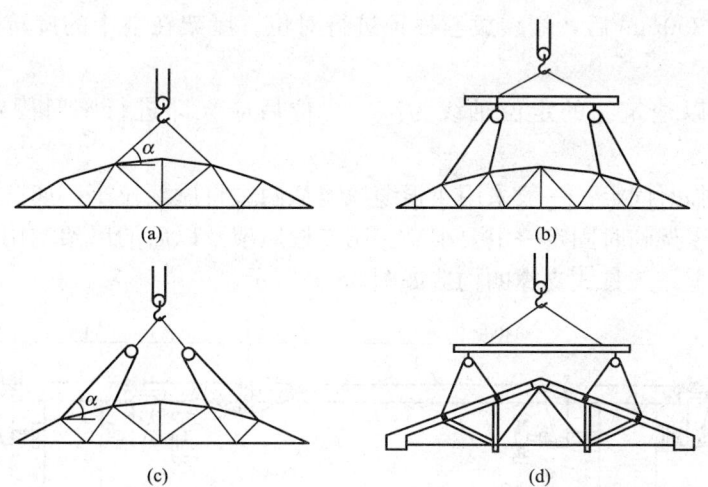

图 6.21 屋架的绑扎
(a) 屋架跨度≤18m 时；(b) 屋架跨度＞18m 时；
(c) 屋架跨度≥30m 时；(d) 三角形组合屋架

2)屋架的扶直与排放

现场平卧预制的屋架在吊装前要翻身扶直,再吊放到设计规定的位置。屋架扶直时应采取必要的保护措施,必要时要进行验算。

屋架扶直有正向扶直和反向扶直两种方法。

(1)正向扶直。起重机位于屋架下弦一侧,先将吊钩对准屋架平面中心,收紧吊钩,然后稍微起臂使屋架脱模,接着起重机升钩、起臂,让屋架以下弦为轴线慢慢转成直立状态,如图 6.22(a)所示。

(2)反向扶直。起重机位于屋架上弦一侧,先将吊钩对准屋架平面中心,随着升钩、降臂,让屋架以下弦为轴线慢慢转成直立状态,如图 6.22(b)所示。

起重机升臂较降臂容易,故多采用正向扶直法。

屋架扶直之后,随即摆放就位,一般靠柱边斜向摆放。摆放位置与屋架预制位置在起重机开行路线同侧时,称为同侧就位。两者不在开行路线一侧时称为异侧就位。

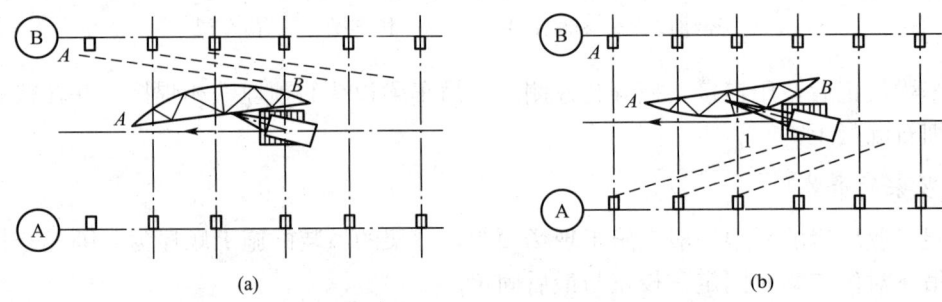

图 6.22 屋架的扶直
(a)正向扶直,同侧就位;(b)反向扶直,异侧就位

3)屋架的吊升、对位与临时固定

屋架的吊升是将屋架吊离地面约 500mm,随即将其转至安装位置下方,再将屋架吊升至柱顶上方约 300mm 后,缓缓放至柱顶进行对位。屋架在空中的旋转是由地面上设置的拉绳控制的。

屋架对位应以建筑物的定位轴线为准,对位后应立即进行临时固定,然后起重机脱钩。

第一榀屋架临时固定:一般采用 4 根缆风绳从两边将屋架拉牢,如有防风柱可与防风柱连接。第一榀屋架临时固定一定要牢靠。第二榀屋架及以后的屋架均用屋架校正器临时固定在前一屋架上。工具式支撑的构造如图 6.23 所示。

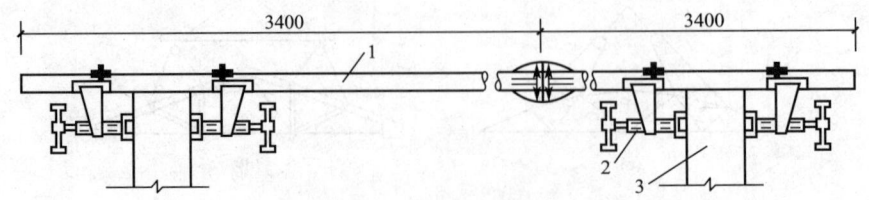

图 6.23 工具式支撑的构造
1—钢管;2—撑脚;3—屋架上弦

4) 屋架的校正及最后固定

屋架的校正主要是垂直度的校正。屋架垂直度的检查与校正方法是在屋架上弦安装三个卡尺,卡尺与屋架的平面垂直,一个安装在屋架上弦中点附近,另两个安装在屋架两端。在卡尺上从屋架上弦几何中心线量取 50mm 并作标志。然后在距屋架中心线 500mm 处的地面上放置经纬仪,检查 3 个卡尺上的标志是否在同一垂直面上,如图 6.24 所示。

屋架垂直度的校正可通过转动工具式支撑的螺栓加以纠正,并垫入斜垫铁。屋架的临时固定与校正如图 6.24 所示。

屋架校正后应立即在两端的不同侧同时电焊固定,以防因焊缝收缩而导致屋架倾斜。

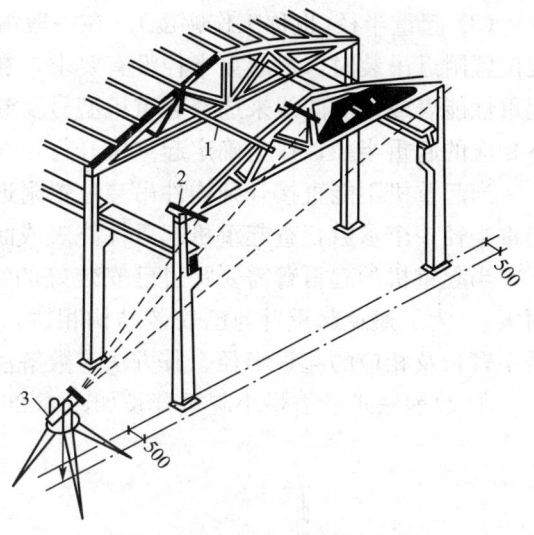

图 6.24 屋架的临时固定与校正
1—工具式支撑;2—卡尺;3—经纬仪

6.2.3 结构安装方案

在拟订单层工业厂房结构安装方案时,应着重解决起重机的选择、结构安装方法、起重机的开行路线和构件的平面布置等。

1. 起重机的选择

起重机的选择直接影响构件的吊装方法、起重机开行路线与停机点位置、构件平面布置等问题。先根据厂房跨度、构件重量、吊装高度以及施工现场条件和当地现有机械设备等确定机械类型。一般中小型厂房结构吊装多采用自行杆式起重机;当厂房的高度和跨度较大时,可选用塔式起重机吊装屋盖结构。在缺乏自行杆式起重机或受地形限制自行杆式起重机,而厂房的高度和跨度较大时,可选用塔式起重机吊装屋盖结构。在缺乏自行杆式起重机或受地形限制自行杆式起重机难以到达的地方,可采用拔杆吊装。对于大跨度的重型工业厂房,则可选用自行杆式起重机、牵缆式起重机和重型塔吊等进行吊装。

1) 起重机型号及起重臂长度的选择

(1) 起重量。起重机起重量 Q 应满足下式要求:

$$Q \geqslant Q_1 + Q_2 \tag{6-2}$$

式中 Q_1——构件重量,t;

Q_2——索具重量,t。

(2) 起重高度如图 6.25 所示。起重机的起重高度,必须满足所吊构件的高度要求,即

$$H \geqslant h_1 + h_2 + h_3 + h_4 \tag{6-3}$$

式中 H——起重机的起重高度,m,从停机面至吊钩的垂直距离;

h_1——安装支座表面高度,m,从停机面算起;

h_2——安装间隙,应不小于 0.3m;

h_3——绑扎点至构件吊起后底面的距离,m;

h_4——索具高度,m,自绑扎点至吊钩面,不小于1m。

(3)起重半径(也称工作幅度)。在一般情况下,当起重机可以不受限制地开到构件吊装位置附近吊装时,对起重半径没有要求,在计算起重量及起重高度后,便可查阅起重机起重性能表或性能曲线来选择起重机型号及起重臂长度,并可查得在此起重量和起重高度下相应的起重半径,作为确定起重机开行路线及停机位置时参考。

当起重机不能直接开到构件吊装位置附近去吊装构件时,需根据起重量、起重高度和起重半径3个参数,查起重机起重性能表或曲线来选择起重机型号及起重臂长。

当起重机的起重臂需要跨过已安装好的结构去吊装构件时(如跨过屋架或天窗架吊屋面板),为了避免起重臂与已安装结构相碰,使所吊构件不碰起重臂,则需求出起重机的最小臂长及相应的起重半径。其方法有数解法和图解法。

① 数解法求所需最小起重臂长如图6.26所示。

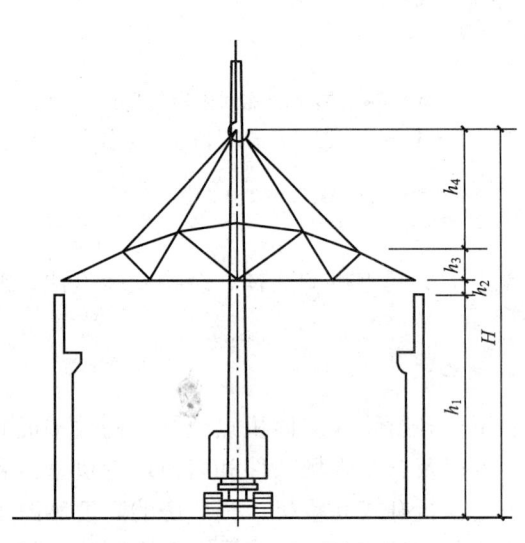

图6.25 起升高度的计算示意图

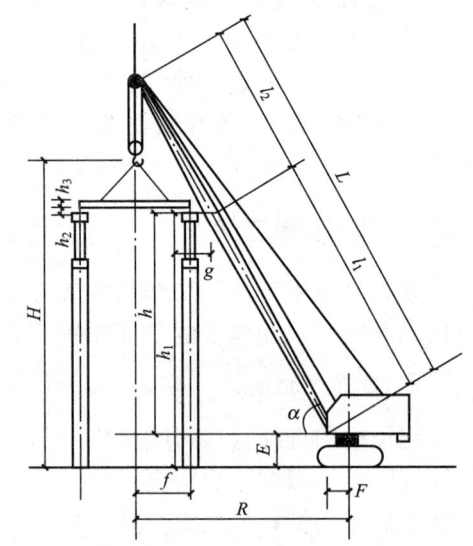

图6.26 数解法求吊装屋面板时起重臂最小长度计算示意图

$$L \geqslant L_1 + L_2 = \frac{h}{\sin\alpha} + \frac{f+g}{\cos\alpha} \tag{6-4}$$

式中 L——起重臂的长度,m;
　　h——起重臂底铰至构件(如屋面板)吊装支座的高度,m,即

$$h = h_1 - E \tag{6-5}$$

　　h_1——停机面至构件(如屋面板)吊装支座的高度,m;
　　f——起重钩需跨过已安装结构构件的距离,m;
　　g——起重臂轴线与已安装构件间的水平距离,m;
　　E——起重臂底铰至停机面的距离,m;
　　α——起重臂的仰角,计算公式为

$$\alpha = \arctan\sqrt[3]{\frac{h}{f+g}} \tag{6-6}$$

特别提示

从式可知,为使 L 为最小,需对公式进行一次微分,并令 $\mathrm{d}L/\mathrm{d}\alpha=0$,即

$$\frac{\mathrm{d}L}{\mathrm{d}\alpha}=\frac{-h\cos\alpha}{\sin^2\alpha}+\frac{(f+g)\sin\alpha}{\cos^2\alpha}=0$$

解上式得

$$\alpha=\arctan\sqrt[3]{\frac{h}{f+g}}$$

将求得的 α 角代入上式,即可求出起重臂的最小长度,据此,可选择适当长度的起重臂,然后根据实际采用的起重臂及仰角 α 计算起重半径 R。

根据计算出的起重半径 R 及已选定的起重臂长度 L,查起重机的性能表或性能曲线,复核起重量 Q 及起重高度 H,如能满足吊装要求,即可根据 R 值确定起重机吊装屋面板时的停机位置。

② 图解法。作图方法及步骤如下(如图 6.27 所示)。

a. 按比例(不小于 1：200)绘出构件的安装标高,柱距中心线和停机地面线。
b. 根据 $(0.3+n+h+b)$ 在柱距中心线上定出 P_1 的位置。
c. 根据 $g=1\mathrm{m}$ 定出 P_2 点位置。
d. 根据起重机的 E 值绘出平行于停机面的水平线 GH。
e. 连接 P_1P_2,并延长使之与 GH 相交于 P_3(此点即为起重臂下端的铰点)。
f. 量出 P_1P_2 的长度,即为所求起重臂的最小长度。

屋面板的吊装,也可不增加起重臂,而采用在起重臂顶端安装一个鸟嘴架来解决。一般设在鸟嘴架的融吊钩与起重臂顶端中心线的水平距离为 3m,如图 6.28 所示。

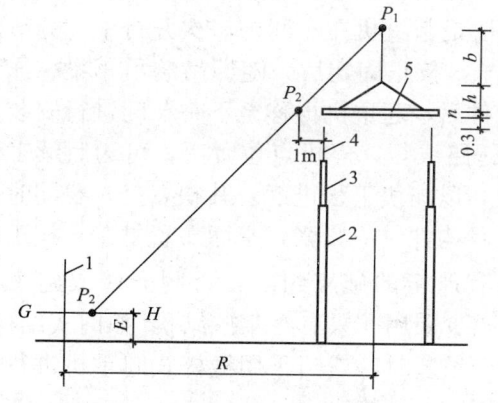

图 6.27　用图解法求起重臂的最小长度
1—起重机回转中心线；2—柱子；3—屋架；
　　4—天窗架；5—屋面板

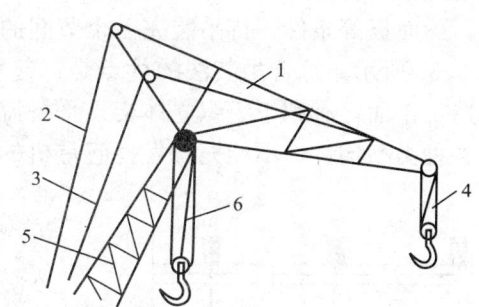

图 6.28　鸟嘴架的构造示意图
1—鸟嘴架；2—拉绳；3—起重钢丝绳；
4—副钩；5—起重臂；6—主钩

2. 结构吊装方法及起重机开行路线

1) 结构吊装方法

单层工业厂房的结构吊装方法有分件吊装法和综合吊装法两种。

(1) 分件吊装法(亦称大流水法)。分件吊装法是指起重机每开行一次,仅吊装一种或两种构件。

第一次开行,吊装完全部柱子,并对柱子进行校正和最后固定。

第二次开行,吊装吊车梁、连系梁及柱间支撑等。

第二次开行,按节间吊装屋架、天窗架、屋面板及屋面支撑等。

分件吊装的优点是:构件便于校正;构件可以分批进场,供应亦较单一,吊装现场不致拥挤;吊具不需经常更换,操作程序基本相同,吊装速度快;可根据不同的构件选用不同性能的起重机,能充分发挥机械的效能。其缺点是不能为后续工作及早提供工作面,起重机的开行路线长,如图6.29所示。

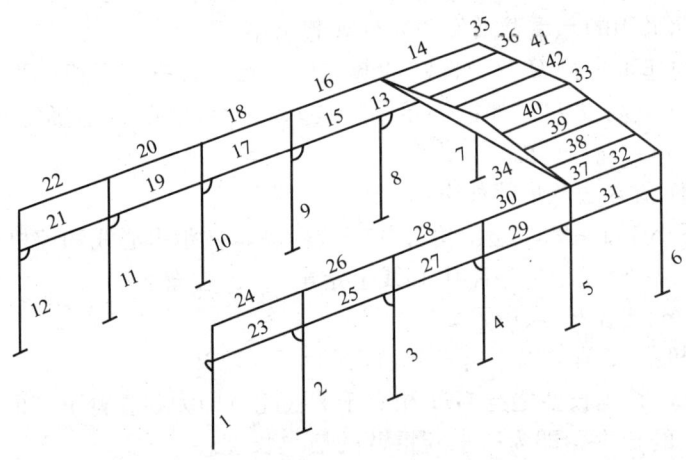

图 6.29 分件安装时的构件吊装顺序

1~12—柱;13~32—单数是吊车梁,双数是联系梁;33、34—屋架;35~42—屋面板

(2) 综合吊装法(又称节间安装)。综合吊装法是起重机在车间内一次开行中,分节间吊装完所有各种类型构件。即先吊装4~6根柱子,校正固定后,随即吊装吊车梁、连系梁、屋面板等条件,待吊装完一个节间的全部构件后,起重机再移至下一节间进行安装如图6.30所示。综合吊装法的优点是:起重机开行路线短,停机点位置少,可为后续工作创造工作面,有利于组织立体交叉平行流水作业,以加快工程进度。其缺点是,要同时吊装各种类型构件,不能充分发挥起重机的效能;且构件供应紧张,平面布置复杂,校正困难;必须要有严密的施工组织,否则会造成施工混乱,故此法很少采用。只有在某些结构(如门式结构)必须采用综合吊装时,或当采用桅杆式起重机进行吊装时,才采用综合吊装法。

2) 起重机的开行路线及停机位置

吊装屋架、屋面板等屋面构件时,起重机宜跨中开行;吊装柱子时,则视跨度大小、构件尺寸、质量及起重机性能,可沿跨中开行或跨边开行,如图6.31所示。

当$R \geq L/2$时,起重机可沿跨中开行,每个停机位置可吊装两根柱,如图6.31(a)所示。

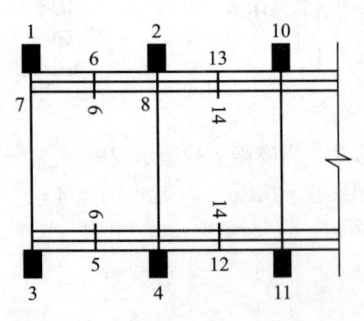

图 6.30 综合吊装

注:1,2,3,…,14 为吊装构件顺序。

当 $R \geqslant \sqrt{\left(\dfrac{L}{2}\right)^2 + \left(\dfrac{b}{2}\right)^2}$，则可吊装四根柱，如图 6.31(b)所示。

当 $R<L/2$ 时，起重机需沿跨边开行，每个停机位置吊装 1~2 根柱，如图 6.31(c)、(d)所示。

如图 6.32 所示为一个单跨车间采用分件安装法时起重机的开行路线及停机位置。

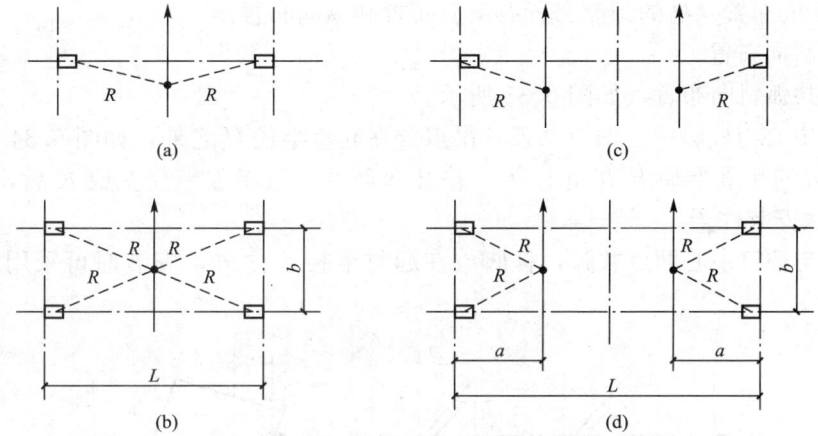

图 6.31 起重机吊装柱时的开行路线及停机位置

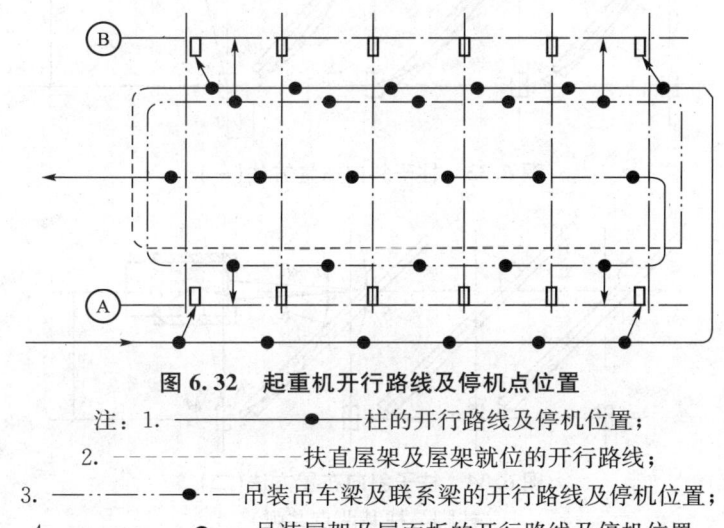

图 6.32 起重机开行路线及停机点位置

注：1. ───●───柱的开行路线及停机位置；
　　2. ------- 扶直屋架及屋架就位的开行路线；
　　3. ───●───吊装吊车梁及联系梁的开行路线及停机位置；
　　4. ───●───吊装屋架及屋面板的开行路线及停机位置。

3. 构件的平面布置与运输堆放

1）构件的平面布置原则

（1）每跨构件尽可能布置在本跨内，如确有困难也可布置在跨外而便于吊装的地方。

（2）构件布置方式应满足吊装工艺要求，尽可能布置在起重机的起重半径内，尽量减少起重机在吊装时的跑车、回转及起重臂的起伏次数。

（3）按"重近轻远"的原则，首先考虑重型构件的布置。

（4）构件的布置应便于支模、扎筋及混凝土的浇筑，若为预应力构件，要考虑有足够的抽管、穿筋和张拉的操作场地等。

（5）所有构件均应布置在坚实的地基上，以免构件变形。

(6) 构件的布置应考虑起重机的开行与回转,保证路线畅通,起重机回转时不与构件相碰。

(7) 构件的平面布置分预制阶段构件的平面布置和安装阶段构件的平面布置。布置时两种情况要综合加以考虑,做到相互协调,有利于吊装。

2) 预制阶段构件的平面布置

(1) 柱子的布置。柱的预制布置有斜向布置和纵向布置。

① 柱子斜向布置。

a. 三点共弧斜向布置,如图 6.33 所示。

b. 杯口中心与柱脚中心两点共弧,吊点放在起重半径 R 之外,如图 6.34 所示。吊装时,先用较大的起重半径 R' 吊起柱子,并升起重臂,当起重半径变成 R 后,停止升臂,随之用旋转法安装柱子。

c. 吊点与杯口中心两点共弧,柱脚放在起重半径 R 之外,安装时可采用滑行法,如图 6.35 所示。

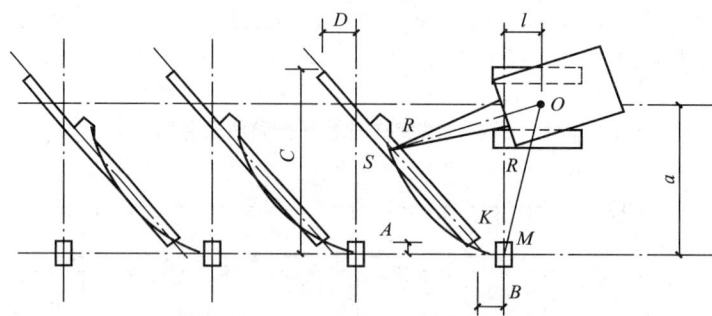

图 6.33　柱子斜向布置方法(一)

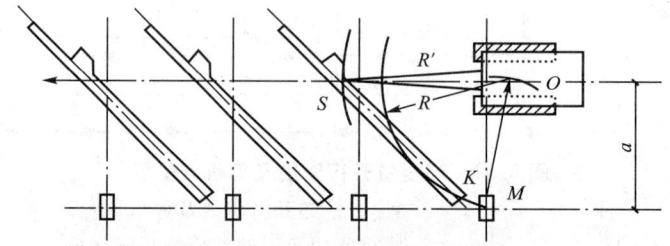

图 6.34　柱子斜向布置方法(二)
(柱脚与柱基两点共弧)

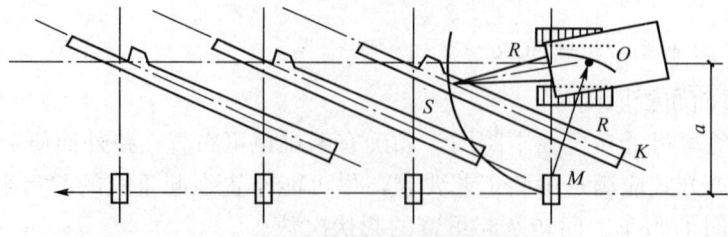

图 6.35　柱子斜向布置方法(三)
(吊点与柱基两点共弧)

② 柱子纵向布置。绑扎点与杯口中心两点共弧,如图 6.36 所示。

a. 若柱子长度大于 12m,柱子纵向布置宜排成两行,如图 6.36(a)所示。

b. 若柱子长度小于 12m，则可叠浇排成一行，如图 6.36(b)所示。

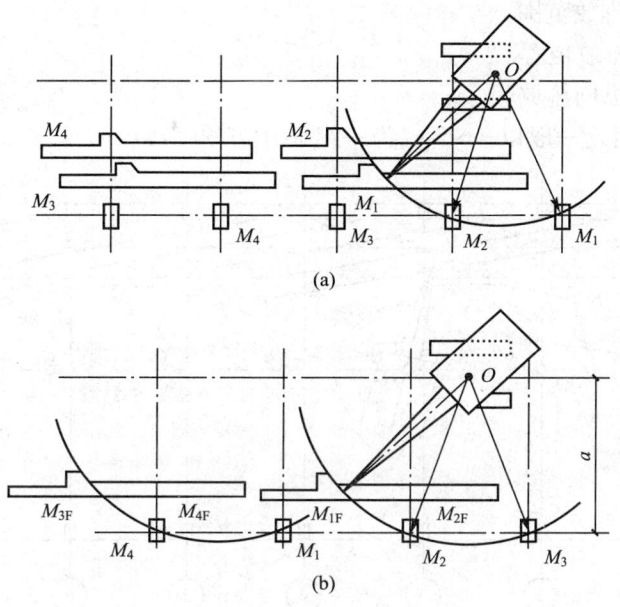

图 6.36 柱子纵向布置

(2) 屋架的布置。

屋架宜安排在厂房跨内平卧叠浇预制，每叠 3～4 榀，布置方式有 3 种：斜向布置、正反斜向布置和正反纵向布置等，如图 6.37 所示。

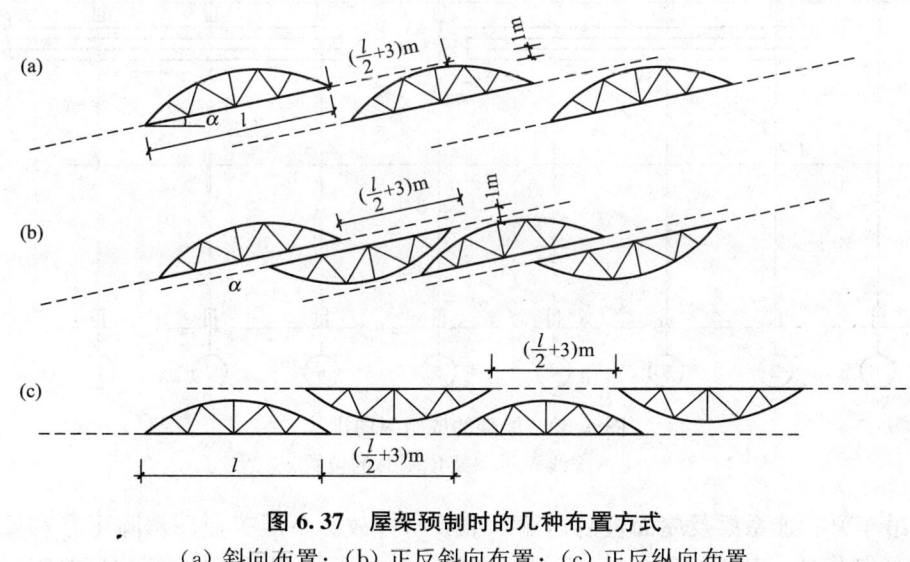

图 6.37 屋架预制时的几种布置方式
(a) 斜向布置；(b) 正反斜向布置；(c) 正反纵向布置

(3) 吊车梁的布置。当吊车梁安排在现场预制时，可靠近柱基顺纵轴线或略作倾斜布置，也可插在柱子的空当中预制，或在场外集中预制等。

3) 安装阶段构件的排放布置及运输堆放

(1) 屋架的扶直排放。屋架可靠柱边斜向排放或成组纵向排放。

① 屋架的斜向排放。确定屋架斜向排放位置的方法可按下列步骤操作，如图 6.38 所示：

a. 确定起重机安装屋架时的开行路线及停机点。
b. 确定屋架的排放范围。
c. 确定屋架的排放位置。
② 屋架的成组纵向排放。

屋架纵向排放时，一般以 4～5 榀为一组靠柱边顺轴线纵向排放，如图 6.39 所示。

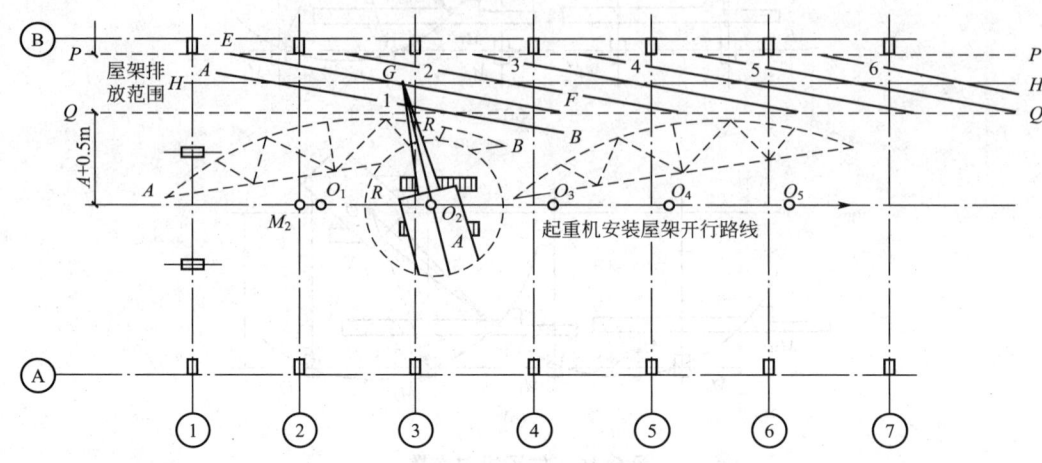

图 6.38　屋架斜向排放

注：虚线表示屋架预制时的位置。

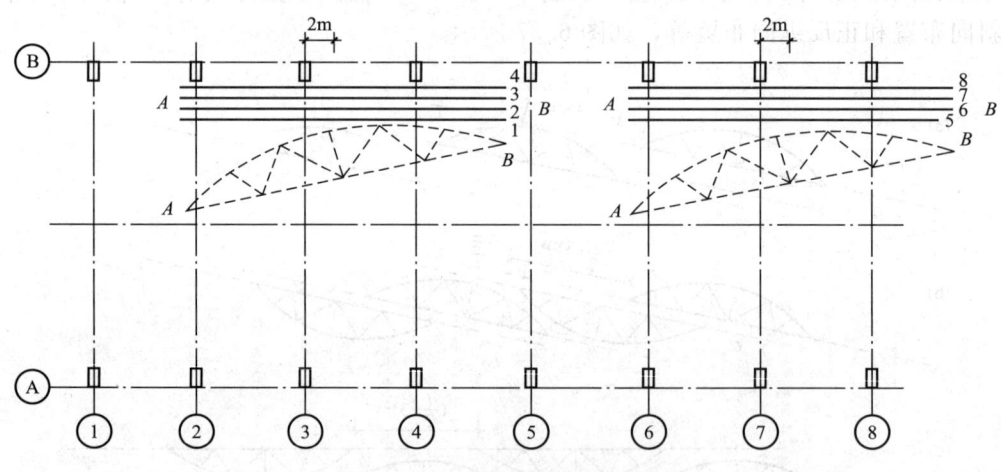

图 6.39　屋架的成组纵向排放

注：虚线表示屋架预制时的位置。

（2）吊车梁、连系梁及屋面板的运输、堆放与排放。单层工业厂房除了柱和屋架一般在施工现场制作外，其他构件（如吊车梁、连系梁、屋面板等）均可在预制厂或附近的露天预制场制作，然后运至施工现场进行安装。

构件运输至现场后，应根据施工组织设计所规定的位置，按编号及构件安装顺序进行排放或集中堆放。

吊车梁、连系梁的排放位置，一般在其吊装位置的柱列附近，跨内跨外均可。

屋面板可布置在跨内或跨外。

特别提示

结构安装方案的重要内容之一就是结构安装平面图的设计,包括预制阶段和安装阶段的平面图设计。

6.2.4 结构安装工程的质量要求及安全措施

1. 结构安装的质量要求

1) 操作中的质量要求

(1) 混凝土强度不小于75%,预应力构件灌浆强度不小于15MPa,方可吊装。
(2) 先标注准线,后校核高及平面位置。
(3) 接头混凝土强度不小于10Pma,才能吊装上层构件。
(4) 构件就位后,要临时固定。
(5) 安装误差。在允许范围以内。

2) 预制构件检验批质量验收记录(见表6-1)

表6-1 预制构件尺寸的允许偏差及检验方法　　　　单位:mm

项　目		允许偏差	检验方法
长度	板、梁	+10,-5	钢尺检查
	柱	+5,-10	
	墙板	±5	
	薄腹梁、桁架	+15,-10	
宽度、高(厚)度	板、梁、柱、墙板、薄腹梁、桁架	±5	钢尺量一端及中部,取其中较大值
侧向弯曲	梁、柱、板	$L/750$ 且≤20	拉线、钢尺量最大侧向弯曲处
	墙板、薄腹梁、桁架	$L/1000$ 且≤20	
预埋件	中心线位置	10	钢尺检查
	螺栓位置	5	
	螺栓外露长度	+10,-5	
预留孔	中心线位置	5	钢尺检查
预留洞	中心线位置	15	钢尺检查
主筋保护层厚度	板	+5,-3	钢尺或保护层厚度测定仪式量测
	梁、柱、墙板、薄腹梁、桁架	+10,-5	
对角线差	板、墙板	10	钢尺量两个对角线
表面平整度	板、墙板、柱、梁	5	2m靠尺和塞尺检查
预应力构件预留孔道位置	梁、墙板、薄腹梁、桁架	3	钢尺检查
翘曲	板	$L/750$	调平尺在两端量测
	墙板	$L/1000$	

2. 结构安装的安全要求

1) 保证人身安全的要求

(1) 非心脏病的高血压患者。

(2) 不准酒后作业。

(3) 戴安全帽，系好安全带，配工具包。

(4) 高空电焊，系安全带，着防护罩，绝缘胶鞋。

(5) 安装时统一哨声、红绿旗、手势，可用对讲机和手机指挥。

2) 使用机械的安全

(1) 钢丝绳应符合要求。

(2) 起重机负重缓慢开行，构件离地不大于 500mm，作业时与高压线保持安全距离。

(3) 变形或裂纹吊钩与卡环，不得再使用。

(4) 吊钩升降要平稳，避免紧急制动和冲击。

(5) 初用起重机，须经动、静荷试运行，$Q=125\%Q_{max}$，离地 1m，悬空 10min。

(6) 停机后，关闭上锁，升高吊钩。

3) 确保安全的设施

(1) 吊装现场，闲人免进。

(2) 高空作业，有操作平台、爬梯。

(3) 雨冬期，须采取防滑措施。

3. 质量的通病及防治的措施

1) 安装柱子的质量通病及防治的措施

(1) 质量通病。

① 实际与标准轴线不重合。

② 裂缝超过允许值。

③ 牛腿柱子垂直度偏差过大。

④ 垂直度不符要求，双肢柱底脚有裂缝。

(2) 防治措施。

① 相对面中心线要共面。

② 柱子就位后，首灌混凝土强度不小于 10MPa 拆楔块。

③ 混凝土强度不小于 75%运输，100%吊装。

④ 垂直度线锤初校，经纬仪校正。

⑤ 柱子绑扎点，不能形成头重脚轻。

2) 安装梁的质量通病及防治措施

(1) 质量通病。

① 跨度较大的梁，在跨中容易出现裂缝。

② 轴线有误差，使吊车梁跨距不等。

③ 标高不准确，出现扭曲或使吊车梁不呈水平线。

④ 梁的垂直度偏差起过允许值。

(2) 防治措施。

① 大跨的梁，在跨中或两端临时支顶方木。

② 同时进行梁的中心线与垂直度校核。
3) 安装屋架的质量通病及防治措施
(1) 质量通病。
① 垂直度发生偏差。
② 扶直屋架时，出现裂缝。
(2) 防治措施。
① 屋架两侧绑衫木杆，吊索与水平夹角不小于45°；
② 用振动法使重叠生产的屋架脱离开。
4) 安装板的质量通病及防治措施
(1) 质量通病。
① 板边压线发生位移。
② 焊缝长度和厚度不足。
③ 板搁置长度不够，一端长、一端短。
④ 板缝灌素细石混凝土，交工后出现裂缝。
(2) 防治措施。
① 成品检查，无裂缝、鼓胀、掉边、缺角。
② 板间缝隙留足，做钢筋细石混凝土。
③ 搁置长度符合要求。
④ 预埋件不得突出板面。
⑤ 梁上部位用水泥砂浆（细石混凝土）找平。
⑥ 安装悬臂板时，设临时支撑。

6.3 钢结构安装

6.3.1 轻钢结构安装

1. 轻钢结构的特点

轻钢结构通常是指由下列钢材所构成的结构。
(1) 冷弯薄壁型钢结构。
(2) 热轧轻型钢结构。
(3) 焊接或高频焊接轻型钢结构。
(4) 轻型钢管结构。
(5) 板壁较薄的焊接组合梁及焊接组合柱而构成的结构。

其中，由薄壁型钢组成的轻钢结构近年来发展非常迅速，而且是轻钢结构发展的主要方向。

薄壁轻钢结构由薄钢板或型钢焊接成主要框架的柱、梁以及薄壁冷弯屋面、墙面檩条（也有称墙梁、墙筋）等组装而成，外盖以轻质、高强、美观耐久的彩色钢板组成墙体和屋面围护结构。这类建筑的构件轻质高强，结构抗震性能好，可建造大跨度（9～50m）、大柱距（6～15m）的房屋，并且建筑美观、屋面排水流畅、防水性能好；由于构件在工厂制造，成品精确度高；构件采用高强螺栓或电焊连接在现场吊装拼接，具有施工简单方便、产品质量好、安装速度快、占地面积小和施工不受季节限制等特点。

此外，由于结构轻巧、自重轻，轻钢结构与混凝土结构建筑比较，自重减少70%～80%，大大减轻了对地基的压力，减少基础造价；用钢量也仅为20～30kg/m^2，投资少，故广泛应用于建造各类轻型工业厂房、仓储、公共设施、大商场、娱乐场所和体育场所等建筑。

2. 薄壁型钢的成型

薄壁型钢材料要求：当采用普通碳素钢时应符合《普通碳素结构钢技术条件》规定的Q235钢的要求；当采用16锰钢时应符合《低合金结构钢技术条件》规定的16锰钢的要求。并应符合国家有关规定。

薄壁型钢成型：一般采用冷压成型，对于较薄的钢板（1～2mm）也可以采用冷弯成型。薄壁型钢成型过程为钢板剪切下料→辊压整平→边缘加工→冷压（冷弯）成型。

对钢板或钢带下料、整平和边缘加工分别采用剪切机、辊压机及刨床等机械。经过冷压后可以形成不同的形状，但成型过程一般要经过一次或若干次冷压。

3. 轻型门式刚架结构工程

门式刚架结构是大跨建筑常用的结构形式之一。轻型门式刚架结构是指主要承重结构采用实腹门式刚架，具有轻型屋盖和轻型外墙的单层房屋钢结构。近年来，随着彩色压型钢板、H型钢、冷弯薄壁型钢的引进和发展，我国轻型门式刚架结构发展迅速。

轻型门式刚架结构的主刚架，一般采用变截面或等截面实腹式焊接H型钢或轧制H型钢。门式刚架结构的安装宜先立柱子，然后将在地面组装好的斜梁吊起就位，并与柱连接。安装工艺流程为：钢柱安装→钢柱校正→斜梁地面拼装→斜梁安装、临时固定→钢柱重校→高强度螺栓紧固→复校→安装檩条、拉杆→钢结构验收。

4. 轻型门式刚架结构工程施工

1）安装施工准备

轻钢构件进入施工现场，须有质量保证书及详细的验收记录；应按构件的种类、型号及安装顺序在指定区域堆放。构件底层垫木要有足够的支撑面以防止支点下沉；相同型号的构件叠层时，每层构件的支点要在同一直线上；对变形的构件应及时矫正，检查合格后方可安装。

钢柱基础施工时，应做好地脚螺栓的定位和保护工作，控制基础顶面标高和地脚螺栓顶面标高。基础施工后应按以下内容进行检查验收。

（1）各行列轴线位置是否正确。

（2）各跨跨距是否符合设计要求。

（3）基础顶标高是否符合设计要求。

（4）地脚螺栓的位置及标高是否符合设计及规范要求。

构件在吊装前应根据《钢结构工程施工及验收规范》（GB 50205—2001）中的有关规定进行检验构件的外形和截面几何尺寸，其偏差不允许超出规范规定值之外；构件应根据设计图纸要求进行编号，弹出安装中心标记。钢柱应弹出两个方向的中心标记和标高标记；标出绑扎位置；丈量柱长，其长度误差应详细记录，并用油笔写在柱子下部中心标记旁的平面上，以备在基础顶面标高第二次灌浆层中调整。

2) 安装机械选择

轻型门式刚架结构构件重量较轻,且一般单层建筑安装标高为 10m 左右,所以起重机选择以大跨度斜梁起重高度(包括索具高度)为原则,可采用履带式起重机、汽车式起重机,多跨可采用轻便式小型塔式起重机。

根据现场条件和构件大小,可采用单机起吊或双机抬吊;根据工期要求也可采用多机流水作业。对有些重量比较轻的小型构件,如檩条、彩钢板等,也可直接由人力吊升安装。

起重机械的数量,可根据工程规模、安装工程量大小及工期要求合理确定。

3) 刚架柱的安装

轻型门式刚架钢柱的安装顺序是:吊装单根钢柱→柱标高调整→纵横十字线位移→垂直度校正。

刚架柱一般采用一点起吊,吊耳放在柱顶处。为防止钢柱变形,也可两点或三点起吊。对于大跨轻型门式刚架变截面 H 型钢柱,由于柱根小、柱顶大,头重脚轻,且重心是偏心的,因此安装固定后,为防止倾倒必要时需加临时支撑。

4) 刚架斜梁的拼接与安装

轻型门式刚架斜梁的特点是跨度大(即构件长)、侧向刚度小,为确保安装质量和安全施工,提高生产效率,减小劳动强度,应根据场地和起重设备条件,最大限度地将扩大拼装工作在地面完成。

刚架斜梁一般采用立放拼接,拼装程序是:将要拼接的单元放在拼装平台上→找平→拉通线→安装普通螺栓定位→安装高强度螺栓→复核尺寸,如图 6.40 所示。

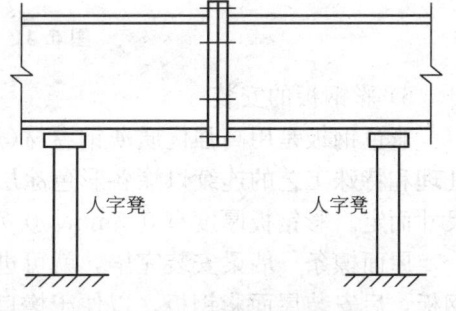

图 6.40 斜梁拼接示意图

斜梁的安装顺序是:先从靠近山墙的有柱间支撑的两榀刚架开始,刚架安装完毕后将其间的檩条、支撑、隅撑等全部装好,并检查其垂直度;然后以这两榀刚架为起点,向建筑物另一端顺序安装。除最初安装的两榀刚架外,所有其余刚架间的檩条、墙梁和檐檩的螺栓均应在校准后再拧紧。

斜梁的起吊应选好吊点,大跨度斜梁的吊点须经计算确定。斜梁可选用单机两点或三点、四点起吊,或用铁扁担以减小索具对斜梁产生的压力。对于侧向刚度小、腹板宽厚比大的斜梁,为防止构件扭曲和损坏,应采取多点起吊及双机抬升。

如图 6.41 所示为北京某机场波音机库(长 72m)刚架主梁的吊装示意图。刚架梁采用了如下吊装方案:在有支撑的跨间,将两榀梁都在地面拼装成 36m 长的半跨刚性单元(两半榀梁立放拼装,所有高强度螺栓终拧,除吊点处檩条外所有檩条和跨间支撑均安装到位),由 2 台汽车吊式起重机通过铁扁担吊起两个左半榀梁与各自轴线柱连接后,2 号吊机使两个左半榀梁空中定位,1 号吊机摘钩后与 3 号吊机吊起两个右半榀梁与各自轴线柱对接,最后对接中间节点,形成整体刚架。

5) 檩条和墙梁的安装

轻型门式刚架结构的檩条和墙梁,一般采用卷边槽形、Z 型冷弯薄壁型钢或高频焊接轻型 H 型钢。檩条和墙梁通常与焊于刚架斜梁和柱上的角钢支托连接。檩条和墙梁端部与支托的连接螺栓不应少于两个。

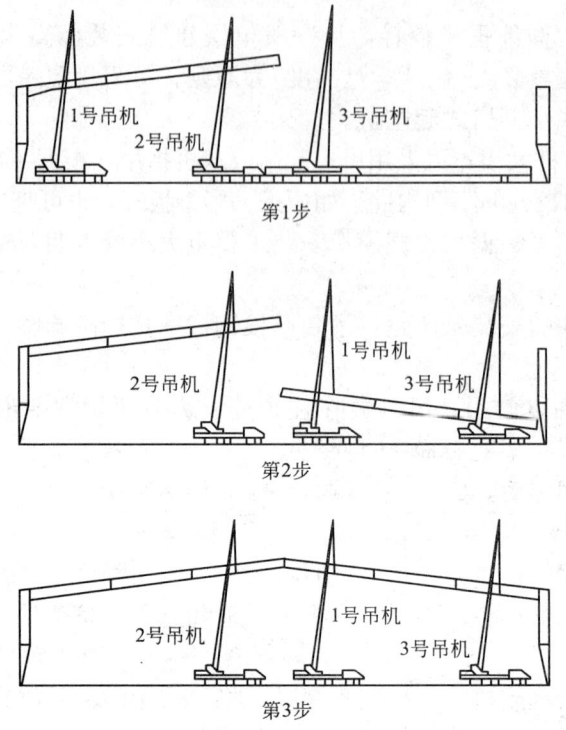

图 6.41 刚架主梁的吊装示意图

6)彩钢板的安装

彩色钢板是用高强优质薄钢卷材(热镀锌钢板、镀铝锌钢板),经连续热浸合金化镀层处理和特殊工艺的连续烘涂各彩色涂层,再经机器辊压而制成。彩钢板的长度可根据实际尺寸而定。彩钢板厚度有 0.5mm、0.7mm、0.8mm、1.0mm、1.2mm 等几种。

屋面檩条、墙梁安装完毕,就可进行屋面、墙面彩钢板的安装。一般是先安装墙面彩钢板,后安装屋面彩钢板,以便于檐口部位的连接。

彩钢板安装有隐藏式连接和自攻螺钉连接两种。隐藏式连接是将彩钢板通过支架将其固定在檩条上,彩钢板横向之间用咬口机将相邻彩钢板搭接口咬接,或用防水黏结胶黏结(这种做法仅适用于屋面)。自攻螺钉连接是将彩钢板直接通过自攻螺钉固定在屋面檩条或墙梁上,在螺钉处涂防水胶封口,这种方法可用于屋面或墙面彩钢板的连接。

彩钢板在纵向需要接长时,其搭接长度不应小于 100mm,并用自攻螺钉连接、防水胶封口。

5. 质量验收

轻型门式刚架结构的安装施工,应符合《钢结构工程施工质量验收规范》(GB 50205—2001)、《门式刚架轻型房屋钢结构技术规程》(CECS 102:98)及其他相关规范、规程的规定。门式刚架结构安装工程质量验收,可按变形缝或空间刚度单元等划分成一个或若干个检验批进行。压型金属板安装工程质量验收,可按变形缝、施工段或屋面、墙面等划分成一个或若干个检验批进行。

刚架柱安装的允许偏差见表 6-2。压型金属板安装的允许偏差见表 6-3。

表 6-2　刚架柱安装的允许偏差　　　　　　　　　　　　　　　　　单位：mm

项　目		允　许　偏　差	检　验　方　法
柱脚底座中心线对定位轴线的偏移		5.0	用吊线和钢尺检查
柱基准点标高	有吊车梁的柱	+3.0 -5.0	用水准仪检查
	无吊车梁的柱	+5.0 -8.0	
弯曲矢高		$H/1200$，且不应大于 15.0	用经纬仪或拉线和钢尺检查
柱轴线垂直度	单层柱 $H \leqslant 10m$	$H/1000$	用经纬仪或吊线和钢尺检查
	单层柱 $H > 10m$	$H/1000$，且不应大于 25.0	
	多节柱 单节柱	$H/1000$，且不应大于 10.0	
	多节柱 柱全高	35.0	

表 6-3　压型金属板安装的允许偏差　　　　　　　　　　　　　　单位：mm

项　目		允　许　偏　差	检　验　方　法
屋面	檐口与屋脊的平行度	12.0	用拉线、吊线和钢尺检查
	压型金属板波纹线对屋脊的垂直度	$L/800$，且不应大于 25.0	
	檐口相邻两块压型金属板端部错位	6.0	
	压型金属板卷边板件最大波浪高	4.0	
墙面	墙板波纹线的垂直度	$H/800$，且不应大于 25.0	
	墙板包角板的垂直度	$H/800$，且不应大于 25.0	
	相邻两块压型金属板的下端错位	6.0	

注：L 为屋面半坡或单坡长度；H 为墙面高度。

6.3.2　网架结构安装

1. 网架结构的特点

网架结构：是许多杆件沿平面或立面按一定规律组成的高次超静定空间网状结构。网架结构最早是出现在 20 世纪 40 年代，但当时因计算上的困难而无法推广。近年来，由于电子计算机和计算技术的迅速发展，网架结构才得到了广泛的应用。

网架结构的特点：它改变了一般桁架的平面受力状态，由于杆件之间互相支撑，所以结构的稳定性好、空间刚度大，能承受来自各方面的荷载。网架结构的种类很多，按其外形可分为曲面网壳与平面网架。

2. 网架结构的施工

网架的制造与安装分为三个阶段：制备杆件及节点→拼装成基本单元体→现场安装。杆件与节点的制备都在工厂中进行，和一般钢结构的制造相同。基本单元体的拼装可在工厂或施工现场附近进行，单元体的大小视网格尺寸及运输条件而定，可以是一个网格，也可以是几个网格。

网架安装是网架结构施工中最重要的一项，方法有整体安装、悬挑拼装、地面部分拼装然后高空总装的分条分块安装法等。

3. 整体安装

整体安装是将在地面上拼装成的网架整体滑升或提升到高空中的设计位置。在现场拼装时，通常是在地面上先砌筑一定数量的砖墩。这些砖墩的标高，应符合网架各相应点的高差。地面拼装时，从中心开始，逐渐向四周扩接，每拼接一套经反复测量检查并考虑再焊接收缩量后固定，直至地面工作全部完成。网架的整体安装主要有以下几种方法。

1) 整体提升法

整体提升法是指在结构柱上安装提升设备直接提升网架，或在提升网架的同时用滑升模板施工法进行柱子施工的方法。此法适用于支点较多的周边支撑网架，利用升板、滑升模板等小型机具便可进行提升，但高空不能移位，并适用于场地窄小的施工条件，提升点的位置和数量的选择应与网架结构使用时的受力状况尽量接近。随着我国升板、滑模施工技术的发展，现已广泛采用升板机和液压千斤顶作为网架整体提升设备，并创造了升梁抬网、升网提模和滑模升网等新工艺。

例如，某网架为44m×60.5m的斜放四角锥网架，重116t，就是采用升梁抬网的施工方案。该网架支撑在38根钢筋混凝土柱的框架上如图6.42(a)所示，事先将框架梁按结构平面位置分间在地面架空预制，网架支撑于梁的中央，每根梁的两端各设置一个提升吊点，梁与梁之间用10号槽钢横向拉接，升板机安放在柱顶，通常吊杆与梁端吊点连接，在升梁的同时，梁也抬着网架上升如图6.42(b)所示。

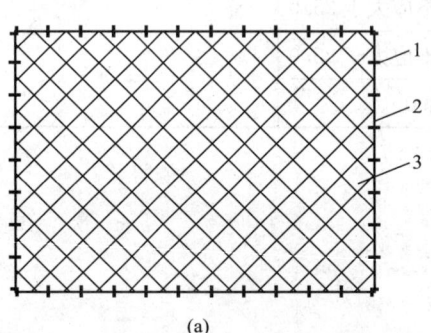
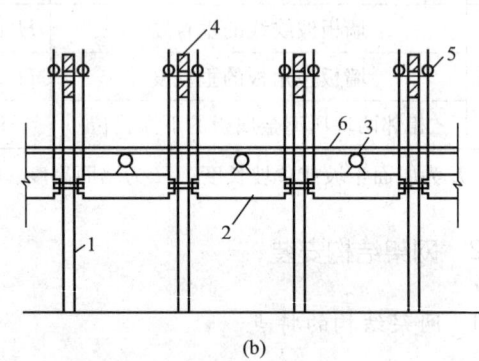

图6.42 升梁抬网法
(a) 网架平面图；(b) 升梁抬网工艺
1—柱；2—框架梁；3—网架；4—工具柱；5—升板机；6—屋面板

2) 整体顶升法

整体顶升法是在设计位置的地面上将网架拼装成整体，然后利用千斤顶和支撑结构(如预制混凝土柱块)的交替填塞，将网架逐步顶升到设计标高的施工方法。将各柱块连接起来，即成为支撑网架结构的柱子。这种安装方法适用于支点较少的支撑网架，所需设备简单，顶升能力大，但有时由于顶升施工的需要使得柱子断面尺寸较大。顶升时由于千斤顶的起重能力较大，一般还可以将屋面构件先放在网架上一起顶升，以减少垂直运输。整体顶升法应尽量利用网架的永久支撑柱作为顶升用的支撑结构，否则要在原支点处或其附近设置临时顶升支架。

顶升法在顶升过程中的同步问题比提升法更为重要。顶升胳所用的螺旋式千斤顶或液压千斤顶，要求起冲程和起升速度要一致，顶升时要同步。所用的预制混凝土柱块的高度应为千斤顶有效冲程的整倍数。为了保证柱块间的接头平整和各柱的垂直度，应尽量用钢模板制作规格划一的混凝土柱块。

采用顶升法时要特别注意风力对网架和网架支撑柱的影响。此外，顶升点的位置和数量的选择应与网架结构使用时的受力状况尽量接近。

根据千斤顶放置的位置不同，顶升法可分为上顶升法和下顶升法。

网架在顶升过程中，一般用结构柱作临时支撑，但也有另设专门支架或枕木垛的。如图 6.43 所示为用结构柱作临时支撑的顶升顺序，图 6.43(a)用千斤顶顶起搁置于十字架的网架；图 6.43(b)移去十字呆下的垫块，装上柱的缀板；图 6.43(c)将千斤顶及横梁移至柱的上层缀板，便可进行下一顶升循环。

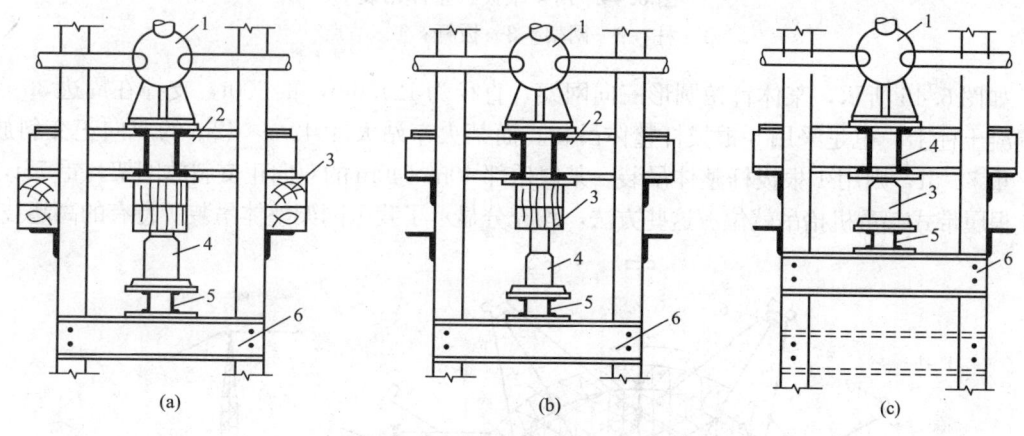

图 6.43 网架顶升过程

1—网架；2—十字架；3—垫块；4—千斤顶；5—横梁；6—柱的缀板

4. 整体吊装法

将网架在地面总拼成整体后，用起重设备将其吊装至设计位置的方法称为整体吊装法。

用整体吊装法安装网架时，可以就地与柱错为总拼或在场外总拼，此法适用于焊接连接网架，因此地面总拼易于保证焊接质量和几何尺寸的准确性。其缺点是需要较大的起重能力。整体吊装法往往由若干台桅杆或自行式起重机(履带式、汽车式等)进行抬吊。因此大致上可分为桅杆吊装法和多机抬吊法两类。当用桅吊装时，由于桅杆机动性差，网架只能就地与柱错为总拼，待网架抬吊至高空后，再进行旋转或平移到设计位置。由于桅杆的起重量大，故大型网架多用此法，但需要大量的钢丝绳、大型卷扬机及劳动力，因而成本较高，但如用多根中小型钢管桅杆整体吊装网架，则成本较低。

网架在设计位置地面错为拼装时，如支撑柱身有凸出的构造(如小牛腿等)时，应采用措施以防止网架在吊升过程中被凸出的物体卡住；必要时，应征得设计单位的同意，暂不拼装个别构件，在网架久违后再行补上。在吊装过程中，要采取措施使各吊点在吊升时能同步，同时要考虑风力对网架施工的影响。

例如，某体育馆八角形三向网架，长 88.67m，宽 76.8m，重 360t，支撑在周边 46 根钢筋混凝土柱上，就是采用 4 根拔杆，32 个吊点整体吊装就位如图 6.44 所示。

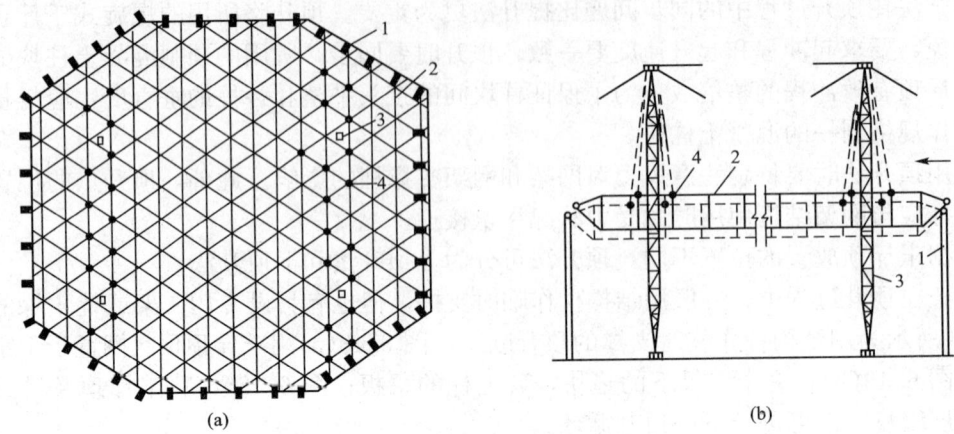

图 6.44　用 4 根拔杆整体吊装
1—柱；2—网架；3—拔杆；4—吊点

如图 6.45 所示，某体育馆圆形三向网架，直径为 124.6m，重 600t，支撑在周边 36 根钢筋混凝土柱上，也是采用 6 根拔杆整体吊装。而某火车站大厅 42m×42m 的双向正交斜放网架，重 71.5t，则用 1 根拔杆整体吊装。某俱乐部 40m×40m 的双向正交斜放网架，重 55t，则用 4 根履带式起重机抬吊就位。这些方法，均充分显示了我国网架整体吊装所特有的高超技术。

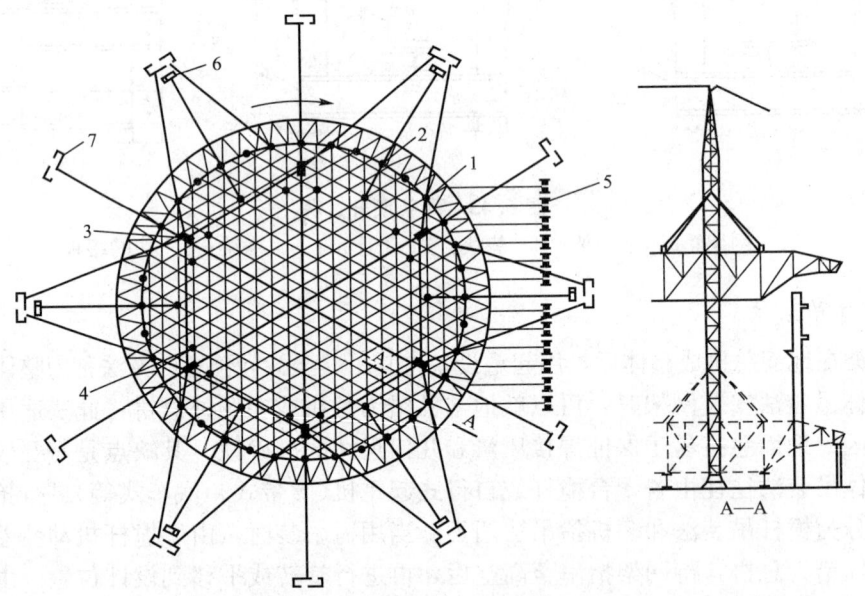

图 6.45　用 6 根拔杆整体吊装
1—柱；2—网架；3—拔杆；4—吊点；5—起重卷扬机；6—校正卷扬机；7—地锚

5. 悬吊拼装

这种方法是指网架的杆件和节点先拼成小拼单元再在高空网架设计位置进行拼装的一种方法。这种各个对施工场地、起重设备的能力要求不高，但要大量脚手架或部分的拼装架，高空作业量大。当采用焊接节点的网架结构时，对安全防火应充分重视。因此，此法用于螺栓连接(包括螺栓球、高强螺栓等)的非焊接节点的各种类型网架较为适宜。

搭设拼装时,架上支撑点的位置应设在下旋节点处,在拼装架底部用垫木或脚手架板分布荷载,使其受力小于地面的允许荷载。

网架在拼装的精度,减少积累误差。在拼装过程中应随时检查杆件的轴线位置、标高,如发现大于施工工艺允许偏差时,应及时纠正。

采用此法安装网架可把网架一次拼装完成,但网架的几何尺寸的总调整较麻烦,特别是拼装架发生移动、沉降时,校正困难,影响网架几何尺寸的精确性。

6. 分条(分块)吊装法

将网架从平面分割成若干条状或块状单元,每个条(块)状单元在地面拼装后,再由起重机吊装到设计位置总拼成整体,此方法称分条分块吊装法。

条状单元一般沿长跨方向分割,其宽度约为1~3个网格,其长度为 L_1 或 $L_2/2$(L_2 为短跨跨距)。块状单元一般沿网架平面纵横向分割成矩形或正方形单元。每个单元的重量以现有起重机能胜任为准。条(块)与条(块)之间可以直接拼装,也可空一网格在高空拼装。由于条(块)状单元是在地面拼装,因而高空作业量较高空散装法大为减少,拼装也减少很多,又能充分利用现有起重设备,比较经济。这种安装方法适用于分割后网架的刚度和受力状况改变较小的各类中小型网架,如两向正交正放四角锥、正放抽空四角锥等网架。

如图 6.46 所示为某体育馆斜放四角锥网架采用分块吊装的实例。该网架平面尺寸为 45m×36m,从中间十字对开分为四块(每块之间留出一节间),每个单元尺寸为 15.75m×20.25m,重约 12t,用一台悬臂式拔杆在跨外移动吊装就位。就位时,利用网架中央搭设的井字架作临时支撑。

如图 6.47 所示为某体育馆双向正交方形网架采用分条吊装的实例。该网架平面尺寸为 45m×45m,重 52t,分割成三条吊装单元,就地错位拼装后,用两台 40t 汽车式起重机抬吊就位。

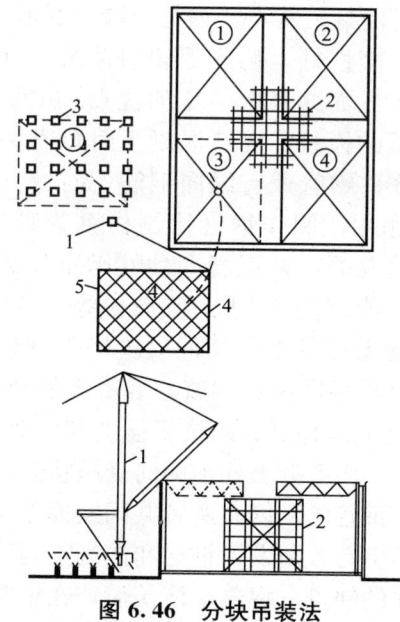

图 6.46 分块吊装法

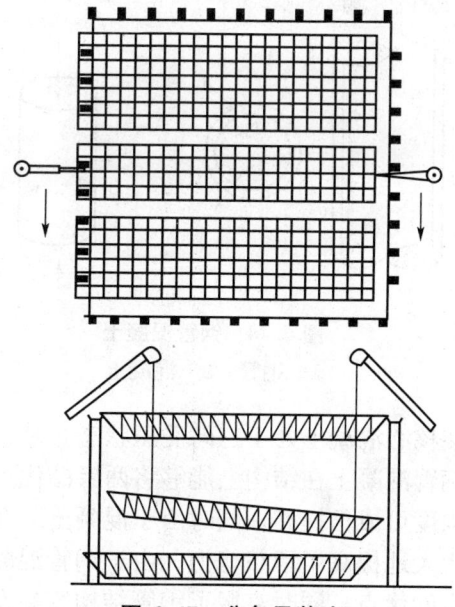

图 6.47 分条吊装法

1—悬臂拔杆;2—井字架;3—拼装砖墩
①~④—网架分块编号;4—临时封闭杆;5—吊点

7. 钢网架结构安装质量要求

钢网架结构安装的允许偏差要求及检验方法见表 6-4。

表 6-4 钢网架结构安装的允许偏差及检验方法　　　　单位：mm

项　目	允许偏差	检验方法
纵向、横向长度	$L/2000$，且不应大于 30.0 $-L/2000$，且不应大于 -30.0	用钢尺实测
支座中心偏移	$L/3000$，且不应大于 30.0	用钢尺和经纬仪实测
周边支撑网架相邻支座高差	$L/400$，且不应大于 15.0	用钢尺和水准仪实测
支座最大高差	30.0	用钢尺和水准仪实测
多点支撑网架相邻支座高差	$L_1/800$，且不应大于 15.0	

注：1. L 为纵向、横向长度。
　　2. L_1 为相邻支座间距。

6.4　钢与混凝土组合结构施工

6.4.1　钢管混凝土结构施工

1. 钢管混凝土的特点

钢管混凝土结构是由混凝土填入薄壁钢管内而形成的一种新型组合结构如图 6.48 所示。

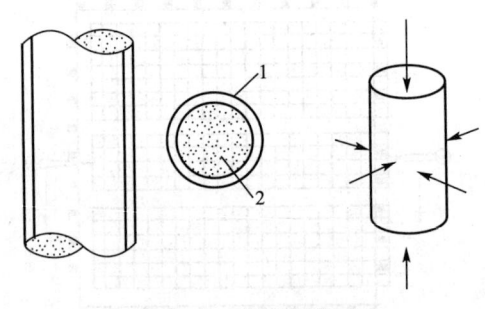

图 6.48　钢管混凝土
1—钢管；2—混凝土

钢管混凝土特点：钢管混凝土具有强度高、重量轻、塑性好、耐疲劳和耐冲击等优点。在施工工艺方面亦具有一定的优点：钢管本身即为耐侧压的模板，浇筑混凝土时可省去支模和拆模工作；钢管兼有纵向钢筋（受拉和受压）和箍筋的作用，制作钢管比制作钢管骨架省工，便于浇筑混凝土；钢管即劲性承重骨架，可省去支撑，能缩短工期，施工不受季节的限制。钢管混凝土可借助内填混凝土增强钢管壁的稳定性；又可借助钢管对核心混凝土的套箍作用，使核心混凝土处于三向受压状态，从而使核心混凝土具有更高的抗压强度和抗变形能力。钢管混凝土在结构上能够将两者的优点结合在一起，使混凝土处于侧向受压状态，其抗压强度可成倍提高。同时由于混凝土的存在，提高了钢管的刚度，两者共同发挥作用，从而大大地提高了承载能力。由于钢管混凝土结构能够更有效地发挥钢材和混凝土两种材料各自的优点，同时克服了钢管结构容易发生局部屈曲的缺点。混凝土浇筑后，在钢管内处于相当稳定的湿度条件，水分不易蒸发，省去浇水养护工序，简化了混凝土的养护工艺。钢管混凝土具有强度高、重量轻、塑性好、耐疲劳和耐冲击等优点，被广泛应用于高层框架结构中。

钢管混凝土与钢结构相比，在自重相近和承载能力相同的条件下，可节省钢材约50%，且焊接工作量大幅度减少；与普通钢筋混凝土结构相比，在保持钢材用量和构件自重相应减少约50%。

19世纪80年代，钢管混凝土结构就已经出现。例如，1879年英国赛文铁路桥的建造中采用了钢管桥墩，在钢管中灌了混凝土以防止内部锈蚀并承受压力。前苏联乌拉尔的伊谢特铁路桥采用钢管混凝土构件做拱形桁架的上弦和上部建筑的柱子，省钢25%。1961年比利时建造船坞时，采用钢管混凝土构件做桁架的压杆和立柱，比钢结构节省钢材40%。法国巴黎居民区的第一座摩天大楼采用了钢管混凝土框架柱，比钢结构节省钢材40%。前苏联在一些吊车栈桥（跨度达48m）中采用钢管混凝土结构，比全钢结构节省钢材12%～28%，降低造价28%，比钢筋混凝土结构省钢9%，降低造价56%。日本、瑞士等国在输电跨越塔中采用了钢管混凝土结构，也都取得了显著的经济效益。

我国从1959年即开始研究钢管混凝土的基本性能和应用。20世纪70年代又在单层工业厂房、重型构架中得到了成功的应用。主楼25层的南京斯维特大厦采用了直径1.3m、内填C60混凝土的钢管混凝土柱等，都取得了较好的效果。近10年来，随着国家经济的迅猛发展，钢管混凝土结构在我国的高层建筑工程、地铁车站工程和大跨度桥梁工程中得到了卓有成效地应用，推动了建造技术的发展。

2. 钢管混凝土的施工

钢管混凝土结构施工兼有钢结构施工与混凝土结构施工的内容和特点。

1）钢管制作

钢管混凝土柱用的钢管，焊接、制作要求较高。一般应优先采用螺旋焊管，无螺旋焊接管时，也可以用滚床自行卷制钢管，但卷管的方向应与钢板压延方向垂直且对管的内径有一定的要求。焊接时除一般钢结构的制作要求外要严格保证管的平、直，不得有翘曲、表面锈蚀和冲击痕迹。特别是它对钢管内壁的除锈要求。可能会增加钢管的制作周期。

卷管方向应与钢板压延方向一致。卷管内径对Q235钢不应小于钢板厚度的35倍；对16Mn钢不应小于钢板厚度的40倍。卷制钢管前，应根据要求将板端开好坡口。坡口端应与管轴严格垂直。卷板过程中，应保证管端平面与管轴线垂直。采用螺旋焊接管时，亦按要求预先开好坡口。垫板材质与钢管材质可不相同，宜采用Q235钢或20号钢；对于大直径钢管，焊工可进入大管径的钢管内壁进行施焊。

当用滚床卷管和手工焊接时，宜采用直流电焊机进行反接焊接施工，以得到较稳定的焊弧，并能获得含氢量较低的焊缝。焊接钢管使用的焊条型号，应与主体金属强度相适应。钢管混凝土结构中的钢管对核心混凝土起套箍作用，焊缝应达到与母材等强。焊缝质量应满足《钢结构工程施工质量验收规范》（GB 50205—2001）二级焊缝的要求。钢管内壁不得有油渍等污物。

2）钢管柱拼接组装

根据运输条件，柱段长度一般以12m左右为宜。在现场组装的钢管柱的长度，根据施工要求和吊装条件确定。

钢管对接应严格保持焊后管肢平直，应特别注意焊接变形对肢管的影响，焊接宜用分段反向焊接顺序，分段施焊应尽量保持对称。肢管对接间隙应适当放大 0.5~2.0mm，以抵消收缩变形，具体数据可根据试焊结果确定。焊接前，小直径钢管采用点焊定位；大直径钢管可另用附加钢筋焊于钢管外壁做临时固定，固定点的间距以 300mm 为宜，且不少于 3 点。为确保连接处的焊缝质量，可在管内接缝处设置附加衬管，长度为 20mm，厚度为 3mm，与管内壁保持 0.5mm 的膨胀间隙，以确保焊缝根部的质量。

格构柱的肢管和腹杆的组装顺序，应严格按工序设计要求进行。肢管与腹杆连接尺寸和角度必须准确。腹杆与肢管连接处的间隙应按板全展开图进行放样。肢管与腹杆的焊接次序应考虑焊接变形的影响。钢管构件必须在所得焊缝检查后方能按设计要求进行防腐处理。吊点位置应有明显标记。

在高层建筑中常常采用变径的钢管，变径管的对接就又是一个施工难点，变径处节点构造较为复杂，无疑会影响到施工的进度。

3. 钢管柱吊装

吊装时应注意减少吊装荷载作用下的变形，吊点位置应根据钢管本身的强度和稳定性验算后确定。吊装钢管柱时，上口应包封，防止异物落入管内。

采用预制钢管混凝土构件时，应待管内混凝土达到强度设计值的 50% 后方可进行吊装。

钢管柱吊装就位后，应立即进行校正并加以临时固定，以保证构件的稳定性。

钢管柱吊装的允许偏差见表 6-5。

表 6-5　钢管柱吊装允许偏差

序号	项　　目	允　许　偏　差
1	立柱中心线和基础中心线	±5mm
2	立柱顶面标高和设计标高	+0，-20mm
3	立柱顶面不平度	±5mm
4	各立柱不垂直度	长度的 1/1000，最大不大于 15mm
5	各柱之间的距离	间距的 1/1000
6	各立柱上下两平面相对对角线差	长度的 1/1000，但不大于 20mm

4. 管内混凝土浇筑

钢管混凝土的特点是它的钢管即模板，有很好的强度和密闭性。在一般情况下，钢管内部无钢筋骨架，混凝土浇筑十分方便。

管内混凝土可采用泵送顶升浇筑法、立式手工浇捣法和高位抛落无振捣法。

泵送顶升浇筑法，是在钢管接近地面的适当位置安装一个带闸门的进料支管，直接与泵车的输送管相连，由泵车的压力将混凝土连续不断地自下而上顶升灌入钢管，无需振捣。钢管的直径宜大于或等于泵径的两倍。某造船厂高 36.5m 的四肢钢管混凝土阶形格构柱即用此法浇筑。用此法浇筑混凝土的坍落度不小于 150mm，水灰比不大于 0.45，需要有较好的流动性，但收缩亦要小，与管壁有良好的黏结。粗骨料粒径可采用 5~

30mm。泵送顶升浇筑不可进行外部振捣，以免泵压急剧上升，甚至使浇筑被迫中断。为防止拆除进料支管时混凝土回流，所以在进料支管上设一个止流闸门。当混凝土泵送顶升浇筑结束，控制泵压2~3min，然后打入止流闸门，即可拆除混凝土输送管。待管内混凝土达到70%设计强度后切除进料支管，补焊洞口管壁，补洞用的钢板宜为原开洞时切下的钢板。

立式手工浇灌法，混凝土自钢管上口浇入，用振动器振捣。管径大于350mm者用内部振捣器，每次振动时间不少于30s，第一次浇筑高度不宜超过2mm。当管径小于350mm者可用附着式振动器捣实。外部振动器的位置应随混凝土浇灌的进展加以调整。外部振动器的工作范围，以钢管横向振幅不小于0.3mm为宜。振幅可用百分表实测。振捣时间不小于1min。第一次浇筑的高度不应大于振动器有效工作范围和2~3m柱长。此法所用混凝土的坍落度宜为20~40mm，水灰比不大于0.4，粗骨料粒径可为10~40mm。

高位抛落无振捣法，是利用混凝土下落时产生的动能达到振实混凝土的目的。适用于管径大于350mm、高度不小于4m的情况。对于抛落高度不足4m的区段，应用内部振动器捣实。一次抛落的混凝土量宜为0.7m^{2}左右，用料斗装料，料斗的下口尺寸应比钢管内径小100~200mm，以便混凝土下落时，管内空气能够排出。此法所用混凝土的坍落度不小于150mm，水灰比不大于0.45，粗骨料粒径可采用5~30mm。

混凝土浇筑宜连续进行，需留施工缝时，应将管口封闭，以免水、油、杂物落入。

每次浇筑混凝土前(包括施工缝)，应先浇筑一层厚度为10~20cm的与混凝土强度等级相同的水泥砂浆，以免自由下落的混凝土粗骨料产生弹跳现象。

当浇筑至钢管顶端时，可使混凝土稍为溢出，再将留有排气孔的层间横隔板或封顶板紧压在管端，随即进行点焊。待混凝土达到50%设计强度时，再将层间横隔板或封顶板按设计要求进行补焊。

有时也可将混凝土浇至稍低于钢管顶端，待混凝土达到50%设计强度后，再用同强度等级的水泥砂浆补填主管口，再将层间横隔板或顶封板一次封焊到位。

管内混凝土的浇筑质量，可用敲击钢管的方法进行初步检查，如有异常，可用超声脉冲技术检测。对不密实的部位，可用钻孔压浆法进行补强，然后将钻孔补焊封固。

6.4.2 劲性混凝土结构(SRC结构)施工

1. 劲性混凝土结构(SRC结构)的特点

劲性钢筋混凝土结构也称作型钢混凝土组合结构，是由混凝土包裹型钢形成的结构。这种结构在各国有不同的名称，在英、美等西方国家将这种结构叫做混凝土包钢结构。在日本则称为钢骨钢筋混凝土。在苏联则称为劲性钢筋混凝土。我国过去也采用劲性钢筋混凝土这个名称。

型钢混凝土特征是在型钢结构的外面有一层混凝土的外壳。型钢混凝土中的型钢除采用轧制型钢外，还广泛使用焊接型钢。此外还配合使用钢筋和钢箍。型钢混凝土梁和柱是最基本的构件。

型钢可以分为实腹式和空腹式两大类。实腹式型钢可由型钢或钢板焊成，常用的截面形式有I、H、工、T、槽形等和矩形及圆形钢管。空腹式构件的型钢一般由缀板或缀条连接角钢或槽钢而组成。实腹式型钢制作简便,承载能力大,近年来在日本和西方国家普遍采用。空腹式型钢较节省材料,在苏联曾大量使用,但其制作费用较高。型钢混凝土组合结构的混凝土强度等级不宜小于C30。

劲性钢筋混凝土结构特点如下。

(1) 型钢混凝土中型钢不受含钢率的限制,型钢混凝土构件的承载能力可以高于同样外形的钢筋混凝土构件的承载能力一倍以上,因而可以减小构件截面。对于高层建筑,构件截面减小,可以增加使用面积和层高,经济效益很大。

(2) 型钢在混凝土浇筑之前已形成钢结构,具有较大的承载能力,能承受构件自重和施工荷载,可将模板悬挂在型钢上,模板不需设支撑,简化支模,加快施工速度。在高层建筑中型钢混凝土不必等待混凝土达到一定强度就可继续施工上层,可缩短工期。由于无临时立柱,为进行设备安装提供了可能。

(3) 型钢混凝土组合结构的延性比钢筋混凝土结构明显提高,尤其是实腹式型钢,因而此种结构有良好的抗震性能。1923年日本关中大地震中,这种结构表现良好,所以型钢混凝土组合结构在日本得到迅速发展不是偶然的。

(4) 型钢混凝土组合结构较钢结构在耐久性、耐火等方面均胜一筹。最初人们把钢结构用混凝土包起来,目的是为了防火和防腐蚀,后来经过试验研究才确认混凝土外壳能与钢结构共同受力。型钢混凝土框架较钢框架可节省钢材50%或者更多。

型钢混凝土组合结构在日本应用最广泛研究试验也最多,这种结构被简称为SRC结构。日本从1905年就开始应用型钢混凝土组合结构。1930—1970年日本的型钢混凝土组合结构以空腹式型钢为主要形式,1970年以后则以实腹式为主。从1964年以后开始用于超高层建筑,日本1981—1985年间建造的10~15层高层建筑中,型钢混凝土组合结构的建筑物幢束占总幢束的90%;在16层以上的高层建筑中占50%。在欧美一些国家,前苏联等对型钢混凝土组合结构亦给予一定的重视。

我国在20世纪50年代从前苏联引进了劲性钢筋混凝土结构,包头电厂、郑州铝厂等就采用了型钢混凝土组合结构。80年代以后,由于改革开放,型钢混凝土结构又一次在我国兴起。北京的国际贸易中心、京广大厦的底部几层都是型钢混凝土组合结构,北京香格里拉饭店亦为型钢混凝土组合结构;上海的瑞金大厦、东方明珠电视塔底部的三根斜撑亦为型钢混凝土组合结构;江苏太仓的弇山饭店、北京天亚花园等亦采用了型钢混凝土组合结构。

2. 劲性混凝土结构的构造

1) 一般构造

型钢混凝土组合结构构件中,纵向受力钢筋直径不宜小于16mm,纵筋与型钢的净间距不宜小于30mm。型钢的混凝土保护层最小厚度,对梁不宜小于100mm,且梁内型钢翼缘离梁两侧距离之和不宜小于截面宽度的1/3;对柱不宜小于120mm。型钢混凝土组合结构构件中的型钢钢板厚度不宜小于6mm。

2) 型钢混凝土框架柱

型钢混凝土框架柱的型钢宜采用实腹式宽翼缘的H型轧制型钢和各种截面型式的焊接型钢,非地震区或设防烈度为6度地区的多高层建筑,可采用带斜腹杆的格构式焊接型钢,如图6.49所示。

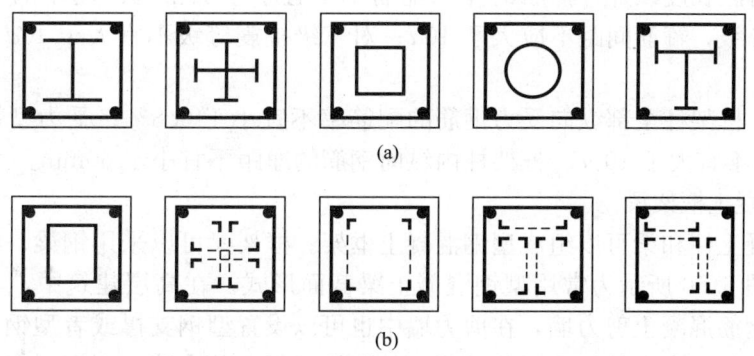

图 6.49　型钢混凝土柱截面
（a）实腹式型钢混凝土柱截面；（b）空腹式型钢混凝土柱截面

型钢混凝土框架柱中箍筋的配置应符合混凝土结构设计规范中的规定。考虑地震作用组合的型钢混凝土框架柱，柱端箍筋加密区长度、箍筋最大间距和最小直径见表 6-6。

表 6-6　框架柱端箍筋加密区的构造要求

抗震等级	箍筋加密区长度	箍筋最大间距	箍筋最小直径
一级	取矩形截面长边尺寸（或圆形截面直径）、层间柱净高的 1/6 和 500mm 三者中的最大	取纵向钢筋直径的 6 倍、100mm 两者中的较小值	φ10
二级		取纵向钢筋直径的 8 倍、100mm 两者中的较小值	φ8
三级			φ8
四级		取纵向钢筋直径的 8 倍、150mm 两者中的较小值	φ6

注：1. 对二级抗震等级的框架柱，当箍筋最小直径小于 φ10 时，其箍筋最大间距可取 150mm。
2. 剪跨比不大于 2 的框架柱、框支柱和一级抗震等级角柱应沿全长加密箍筋，箍筋间距不应大于 100mm。

柱箍筋加密区的箍筋最小体积配筋百分率见表 6-7。

表 6-7　柱箍筋加密区的箍筋最小体积配筋百分率　　　　单位：%

抗震等级	箍筋形式	轴压比		
		<0.4	0.4～0.5	>0.5
一级	复合箍筋	0.8	1.0	1.2
二级	复合箍筋	0.6～0.8	0.8～1.0	1.0～1.2
三级	复合箍筋	0.4～0.6	0.6～0.8	0.8～1.0

注：1. 混凝土强度等级高于 C50 或需要提高柱变形能力或Ⅳ类场地上较高的高层建筑，柱中箍筋的最小体积配筋百分率应取表中相应项的较大值。
2. 当配置螺旋箍筋时，体积配筋率可减少 0.2%，但不应小于 0.4%。
3. 对一级、二级抗震等级且剪跨比不大于 2 的框架柱，其箍筋体积配筋率不应小于 0.8%。
4. 当采用Ⅱ级钢筋作箍筋，表中数值可乘以折减系数 0.85，但不应小于 0.4%。

柱箍筋加密区长度以外,箍筋的体积配筋率不宜小于加密区配筋率的一半,且对一级、二级抗震等级,箍筋间距不应大于$10d$;对三级抗震等级不宜大于$15d$,d为纵向钢筋直径。

型钢混凝土框架柱全部纵向受力钢筋的配筋率不宜小于0.8%;受力型钢的含钢率不宜小于4%,且不宜大于10%。框架柱内纵向钢筋的净距不宜小于$60mm$。

3) 型钢混凝土框架梁

由型钢混凝土柱和梁可以组成型钢混凝土框架。框架梁可以采用钢梁、组合梁或钢筋混凝土梁。如图6.50所示为常用型钢混凝土梁截面形式。在高层建筑中,型钢混凝土框架中可以设置钢筋混凝土剪力墙,在剪力墙中也可以设置型钢支撑或者型钢桁架,或在剪力墙中设置薄钢板,这样就组成了各种型式的型钢混凝土剪力墙。型钢混凝土剪力墙的抗剪能力和延性比钢筋混凝土剪力墙好,可以在超高层建筑中发挥作用。

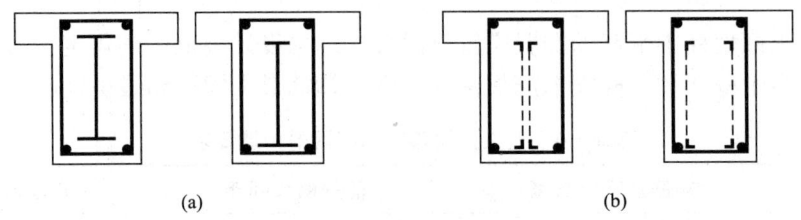

图6.50 型钢混凝土梁截面

(a) 实腹式型钢混凝土梁截面;(b) 空腹式型钢混凝土梁截面

型钢混凝土框架梁的截面宽度不宜小于$300mm$,截面高度和宽度的比值不宜大于4。

梁中纵向受拉钢筋不宜超过2排,其配筋率不宜大于0.3%,直径宜为$16\sim25mm$,净距不宜小于$30mm$和$1.5d$(d为钢筋最大直径);梁的上部和下部纵向钢筋伸入节点的锚固构造要求,应符合《混凝土结构设计规范》(GB 50010—2002)的规定。

型钢混凝土框架梁的截面高度大于等于$500mm$时,在梁的两侧沿高度方向每隔$200mm$设置一根纵向腰筋,且腰筋与型钢间宜配置拉结钢筋。

型钢混凝土框架梁箍筋的配置,应符合混凝土结构设计规范的规定;考虑地震作用组合的型钢混凝土框架梁,梁端应设置箍筋加密区,见表6-8。

表6-8 梁端箍筋加密区的构造要求

抗 震 等 级	箍筋加密区长度	箍筋最大间距(mm)	箍筋最小直径(mm)
一级	$2h$	100	12
二级	$1.5h$	100	0
三级	$1.5h$	150	10
四级	$1.5h$	150	8

注:表中h为型钢混凝土梁的梁高。

梁端第一根箍筋应设置在距节点边缘不大于$50mm$处,非加密区的箍筋最大间距不宜大于加密区箍筋间距的2倍。

对于转换层大梁或托柱梁等主要承受竖向重力荷载的梁,梁端型钢上翼缘宜增设栓钉。

配置桁架式型钢的型钢混凝土框架梁，其压杆的长细比宜小于120。

开孔型钢混凝土梁的孔位宜设置在剪力较小截面附近，且宜采用圆形孔。当孔洞位于离支座1/4跨度以外时，圆形孔的直径不宜大于0.4倍梁高，且不宜大于型钢截面高度的0.7倍；当孔洞位于离支座1/4跨度以内时，圆孔的孔径不宜大于0.3倍梁高，且不宜大于型钢截面高度的0.5倍。孔洞周边宜设置钢套管，管壁厚度不宜小于型钢腹板厚度。腹板孔周围两侧宜各焊上厚度稍小于腹板厚度的环形补强板，环板宽度应取75～125mm，且孔边应加设构造箍筋和水平筋。

4）连接构造

梁柱节点设计和施工都应重视，应做到构造简单、传力明确、便于混凝土浇筑和配筋。

型钢混凝土组合结构的梁柱连接有下列几种方式。

① 型钢混凝土柱与型钢混凝土梁的连接。

② 型钢混凝土柱与钢筋混凝土梁的连接。

③ 型钢混凝土柱与钢梁的连接。

上述3种连接方式中，柱内型钢宜采用贯通型，柱内型钢的拼接应满足钢结构的连接要求。型钢柱沿高度方向，在对应于型钢梁的上下边缘处，应设置水平加劲肋如图6.51所示。加劲肋形式宜便于混凝土浇筑，水平加劲肋应与梁端型钢翼缘等厚，且厚度不宜小于12mm。

型钢混凝土柱与型钢混凝土梁或钢筋混凝土梁连接的梁柱节点应为刚性连接，梁的纵向钢筋应伸入柱节点，且应满足钢筋锚固要求。柱内型钢的截面形式和纵向钢筋的配置，宜便于梁纵向钢筋的贯穿，应减少梁纵向钢筋穿过柱内型钢柱的数量，且不宜穿过型钢翼缘，也不应与柱内型钢直接焊接连接如图6.52所示。当必须在柱内型钢腹板上预留贯穿孔时，型钢腹板截面损失率宜小于腹板面积的25%；当必须在柱内型钢翼缘上预留贯穿孔时，宜按柱端最不利组合M、N验算预留孔截面的承载能力，不满足承载力要求时，应进行补强。

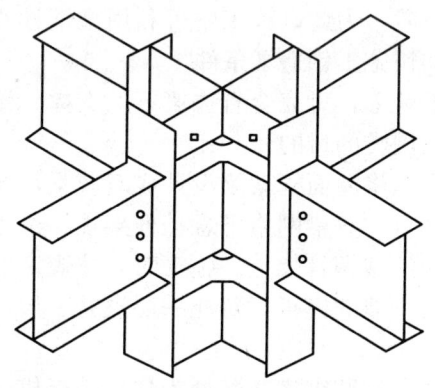

图6.51 型钢柱梁节点及水平加劲肋

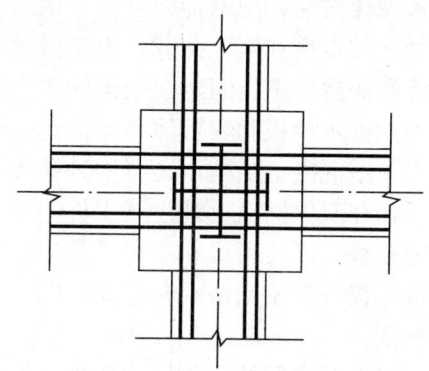

图6.52 型钢混凝土梁柱节点穿筋构造

3. 劲性混凝土结构施工

型钢混凝土结构与普通钢筋混凝土结构的区别在于型钢混凝土结构中有型钢骨架，在混凝土未硬化之前，型钢骨架可作为钢结构来承受荷载，因此施工时可利用这个特点，合理选择模板材料和支模方法。在高层建筑现浇型钢混凝土结构施工中，经济效益较显著的模板体系有：无支撑模板体系、升梁提（滑）模体系和外挂脚手升降体系等。如上海金茂大厦型钢混凝土结构的滑模施工、重庆民族饭店的升梁提模工艺等，都是利用型钢骨架的承重能力为施工创造有利的条件。

1) 型钢和钢筋施工

型钢骨架施工应遵守钢结构的有关规程。安装柱的型钢骨架时，先在上下型钢骨架连接处进行临时连接，纠正垂直偏差后再进行焊接或高强螺栓固定，然后在梁的型钢骨架安装后，要再次观测和纠正因荷载增加、焊接收缩或螺栓松紧不一而产生的垂直偏差。

施工中要确保现场型钢柱拼接和梁柱节点连接的焊接质量，其焊缝质量应满足一级焊缝质量等级要求。对一般部位的焊缝，应进行外观质量检查，并应达到二级焊缝质量等级要求。工字形和十字形型钢柱的腹板与翼缘、水平加劲肋与翼缘的焊接应采用坡口熔透焊缝，水平加劲肋与腹板连接可采用角焊缝。箱形柱隔板与柱的焊接，宜采用坡口熔透焊缝。栓钉焊接前，应将构件焊接面的油、锈清除；焊接后栓钉高度的允许偏差应在±2mm以内，同时按有关规定抽样检查其焊接质量。

在梁柱接头处和梁的型钢翼缘下部，由于浇筑混凝土时有部分空气不易排出，或因梁的型钢翼缘过宽防碍浇筑混凝土，为此要在一些部位预留排除空气的孔洞和混凝土浇筑孔。

型钢混凝土结构的钢筋绑扎，与钢筋混凝土结构中的钢筋绑扎基本相同。由于柱的纵向钢筋不能穿过梁的翼缘，因此柱的纵向钢筋只能设在柱截面的四角或无梁的部位。在梁柱节点部位，柱的箍筋要在型钢腹板上已留好的孔中穿过，由于整根箍筋无法穿过，只好将箍筋分段，再用电弧焊焊接。不宜将箍筋焊在梁的腹板上，因为节点处受力较复杂。

如腹板上开孔的大小和位置不适合时，征得设计者的同意后，再用电钻补孔或用绞刀扩孔，不得用气割开孔。

2) 模板与混凝土浇筑

型钢混凝土结构与普通钢筋混凝土结构的区别，在于型钢混凝土结构中有型钢骨架在混凝土未硬化之前，型钢骨架可作为钢结构来承受荷载，为此，施工中可利用型钢骨架来承受混凝土的重量和施工荷载，为降低模板费用和加快施工创造了条件。

可将梁底模用螺栓固定在型钢梁或角钢桁架的下弦上，可完全省去梁下的支撑。楼盖模板可用钢框木模板和快拆体系支撑，达到加速模板周转的目的。

施工型钢混凝土结构，还可用升梁提模体系，它是将屋面框架梁设计成双肢梁，在地面制作后，在双梁网格上铺设脚手板构成施工操作平台。双梁网格下悬挂框架柱、梁和剪力墙等的模板，以及吊梁和吊脚手等。升板挂机在柱的型钢骨架上。施工时，按规定的程序用升板机提升双梁网格平台，同时即可提升柱、梁、墙的模板，每注一层提升一层，逐步形成框架。

网格梁双肢之间的空隙恰为各楼层梁的平面位置，双肢纵横交叉处为柱，升板机吊挂于柱的型钢骨架上。对双肢网格梁，除按使用荷载计算外，还应该按施工荷载进行核算。

梁的侧模挂在吊梁上，底模用螺栓固定在梁的型钢骨架上，当升板机提升时，侧模随操作平台上升，而底模则固定在型钢骨架上，待混凝土达到规定强度后拆除。

施工时有关型钢骨架的安装，应遵守钢结构有关的规范和规程。

至于型钢混凝土结构的混凝土浇注，应遵守有关混凝土施工的规范和规程，在梁柱接头处和梁型钢翼缘下部等混凝土不易充分填满处，要仔细进行浇注和捣实。型钢混凝土外包的混凝土外壳，要满足受力和耐火的双重要求，浇注时要保证其密实度和防止开裂。

4. 施工及质量要求

（1）型钢混凝土结构中型钢的制作必须采用机械加工；并宜由钢结构制作厂承担；制作者应根据设计和施工详图，编制制作工艺书。型钢的切割、焊接、运输、吊装、探伤、检验应符合《现行国家标准钢结构工程施工及验收规范》（GB 50205—2001）《现行国家标准建筑钢结构焊接技术规程》（JGJ 81—2002）《现行国家标准钢结构工程质量检验评定标准》（GB 50221—95）的规定。

（2）结构用钢应有质量证明书，质量应符合现行国家标准《碳素结构钢》（GB 700—2006）、《高强度低合金结构钢》（GB/T 1591—2008）的规定。焊接材料、高强度螺栓、普通螺栓应具有质量证明书，且应符合现行国家标准《碳钢焊条》（GB 5117—1995）、《低合金钢焊条》（GB 5118—1995）、《熔化焊用钢丝》（GB/T 14957—1994）、《钢结构高强度六角头螺栓、大六角头螺母、垫圈的技术条件》（GB/T 1228 1231—2006）的规定。

（3）型钢拼接前应将构件焊接面的油、锈清除。承担焊接工作的焊工，应按现行行业标准《建筑钢结构焊接规程》（JGJ 81—2002）规定，持证上岗。

（4）钢结构的安装应严格按图纸规定的轴线方向和位置定位，受力和孔位应正确；吊装过程中应使用经纬仪严格校准垂直度，并及时定位。安装的垂直度、现场吊装误差范围应符合现行国家标准《钢结构工程施工及验收规范》（GB 50205—2001）的规定。

（5）施工中应确保现场型钢柱拼接和梁柱节点连接的焊接质量，其焊缝质量应满足一级焊缝质量等级要求。

（6）对一般部位的焊缝，应进行外观质量检查，并应达到二级焊缝质量等级要求。

（7）工字形和十字形型钢柱的腹板与翼缘、水平加劲肋与翼缘的焊接应采用坡口熔透焊缝，水平加劲肋与腹板连接可采用角焊缝。

（8）箱形柱隔板与柱的焊接宜采用坡口熔透焊缝。

（9）焊缝的坡口形式和尺寸，应符合现行国家标准《手工电弧焊焊缝坡口的基本形式和尺寸》（GB 985—1988）和《埋弧焊焊缝坡口的基本形式和尺寸》（GB 986—1998）的规定。

（10）型钢钢板制孔，应采用工厂车床制孔，严禁现场用氧气切割开孔。

（11）栓钉焊接前，应将构件焊接面的油、锈清除；焊接后检查栓钉高度的允许偏差应在2mm以内，同时，按有关规定抽样检查其焊接质量。

综合应用案例

某厂单层工业厂房结构的金工车间，跨度18m，长66m，柱距6m，共11个节间，厂房平面图、剖面图如图6.53所示。

制定安装方案前，应先熟悉施工图，了解设计意图，将主要构件数量、重量、长度、安装标高分别算出，见表6-9以便计算时查阅。

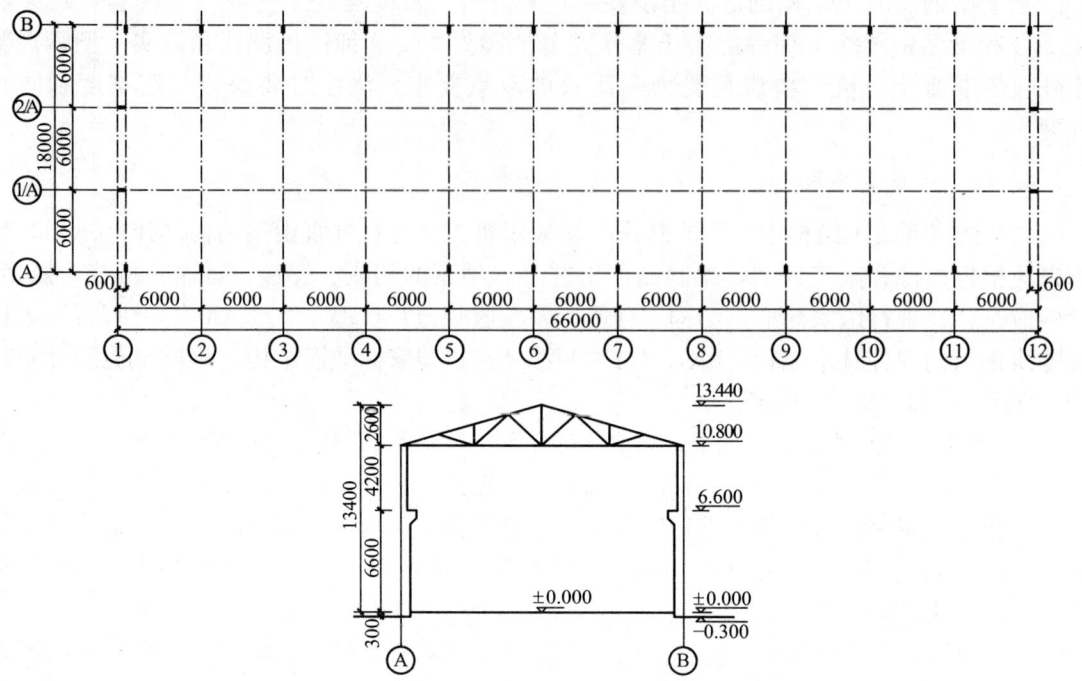

图 6.53 某厂房结构的平面图和剖面图

表 6-9 车间主要构件一览表

厂房轴线	构件名称及编号	构件数量	构件质量(t)	构件长度(m)	安装标高(m)
AB1~14	基础梁 JL	28	1.51	5.95	
A、B	连系梁 LL	22	1.75	5.95	+6.60
A、B	柱 Z_1	4	6.95	12.05	−1.25
A、B	柱 Z_2	20	6.95	12.05	−1.25
Ⓐ/1 Ⓐ/2	柱 Z_3	4	5.6	13.74	−1.25
1、14	屋架 YWJ 18—1	12	4.8	17.70	+10.80
A、B	吊车梁 DL—8Z	18	3.85	5.95	+6.60
A、B	吊车梁 DL—8B	4	3.85	5.95	+6.60
	屋面板 YWB	132	1.16	5.97	+13.80
A、B	天沟板 TGB	22	0.86	5.97	+11.40

1. 起重机的选择及工作参数计算

根据厂房基本概况及现有起重设备条件，初步选用 W_1—100 型履带式起重机进行结构吊装。主要构件吊装的参数计算如下：

1）柱

柱子采用一点绑扎斜吊法吊装。

柱 Z_1、Z_2 要求起重量为

$$Q = Q_1 + Q_2 = (6.95 + 0.2)\text{t} = 7.15\text{t}$$

柱 Z_1Z_2 要求起升高度为

$$H=h_1+h_2+h_3+h_4=(0+0.3+6.9+2.0)\text{m}=9.2\text{m}$$

柱 Z_3 要求起重量为

$$Q=Q_1+Q_2=(5.6+0.2)\text{t}=5.8\text{t}$$

柱 Z_3 要求起升高度为

$$H=h_1+h_2+h_3+h_4=(0+0.30+11.35+2.0)\text{m}=13.65\text{m}$$

2) 屋面板

吊装跨中屋面板时，起重量为

$$Q=Q_1+Q_2=(1.16+0.2)\text{t}=1.36\text{t}$$

起升高度为

$$H=h_1+h_2+h_3+h_4=[(10.8+2.64)+0.3+0.24+2.5]\text{m}=16.48\text{m}$$

本 章 小 结

本章从工程实例入手，介绍结构安装工程常用起重机械和索具，按单层装配厂房施工过程介绍了单层厂房结构安装工艺，单层厂房构件主要吊装工艺，结构安装工程施工方案编制等，使学生初步具备编制和选择一般单层厂房结构安装方案的能力，并掌握结构安装工程的施工质量和安全技术要求，并在此基础上让学生熟悉轻钢结构安装、网架结构安装等常见钢结构安装施工工艺，了解钢管混凝土结构、劲性混凝土结构(SRC结构)等钢与混凝土组合结构施工要点。

习 题

1. 单层工业厂房结构吊装前应先拟订合理的结构吊装方案，其主要内容有哪些？
2. 简述履带式起重机的起重高度、起重荷载及工作幅度与起重机臂长及仰角之间的关系。
3. 起重机的布置依据和形式各有哪些？
4. 简述单层工业厂房分件吊装法的特点、综合吊装法的特点。
5. 试比较柱的旋转法和滑升法吊升过程的区别及上述两种方法的优缺点。
6. 简述轻型门式刚架结构的安装工艺流程。
7. 简述劲性钢筋混凝土结构的优缺点。

模块 7

防水工程

教学目标

通过学习防水工程的施工，了解防水工程施工的主要内容；掌握防水工程所涉及的基本定义、概念和防水工程的分类和等级；熟悉屋面防水工程中细石混凝土刚性防水屋面施工、卷材防水屋面施工、涂膜防水屋面施工三种防水工程所使用各种材料及其施工工艺及施工过程中的注意事项；熟悉地下防水工程中结构自防水施工、外防水层防水施工使用的材料、施工工艺及注意事项；了解厕浴间防水工程的施工过程及注意事项。

教学要求

知识要点	能力要求	相关知识	权重
屋面防水工程施工	能设计细石混凝土刚性防水屋面施工方案 能设计卷材防水屋面施工方案 能设计涂膜防水屋面施工方案	屋面防水等级和设防要求、细石混凝土刚性防水屋面的一般构造和细部构造、卷材防水屋面施工的一般构造和细部构造、涂膜防水屋面施工的一般构造和细部构造	55%
地下防水工程施工	能设计地下结构结构自防水施工方案； 能设计地下结构外防水施工方案	地下结构结构自防水的一般构造和细部构造、地下结构外防水的一般构造和细部构造、施工的程序	25%
厕浴间防水工程施工	能够根据实际情况设计厕浴间防水工程施工方案	厕浴间防水工程的一般构造和细部构造及施工程序	20%

> **引例**
>
> 就像雨天要打伞穿雨衣，以保护我们的衣服不被淋湿一样，建筑物也需要采取措施避免雨水的侵蚀并防漏。
>
> 思考：
> 1. 建筑物的哪些部位需采取防水或抗渗措施呢？
> 2. 这些部位如何进行防水工程施工？又如何对防水工程的质量进行验收呢？

7.1 防水工程概论

在建筑工程中，建筑防水技术是一门综合性、应用性很强的工程技术科学，是建筑工程技术的重要组成部分，对提高建筑物使用功能和生产、生活质量，改善人居环境发挥重要作用。防水工程是一项系统工程，它涉及防水材料、防水工程设计、施工技术和建筑物的管理等各个方面。建筑防水工程的任务则是综合上述诸方面的因素，进行全方位评价，选择符合要求的高性能防水材料，进行可靠、耐久、合理、经济的防水工程设计，认真组织，精心施工，完善维修、保养管理制度，以满足建筑物及构筑物的防水耐用年限，实现防水工程的高质量及良好的综合效益。

防水工程，是指从建筑材料和建筑物本身构造采取措施，防止雨水、地下水、工业与民业用给排水、腐蚀性液体以及空气中的湿气、蒸汽等对建筑物某些部位的渗透侵入。屋面要防止雨水渗入，地下室防止地下水的侵蚀，卫生间和浴室防止屋间的渗漏水。

建筑防水工程的分类，可按设防部位、设防方法、设防材料性能和设防材料的品种来划分。对生产生活影响最大最为密切的 3 种建筑防水施工为屋面防水施工、地下防水工程施工和厕浴间防水施工。从施工设计角度考虑，可将建筑防水工程分为两大类，即材料防水和结构自防水，具体防水分类如图 7.1 所示。

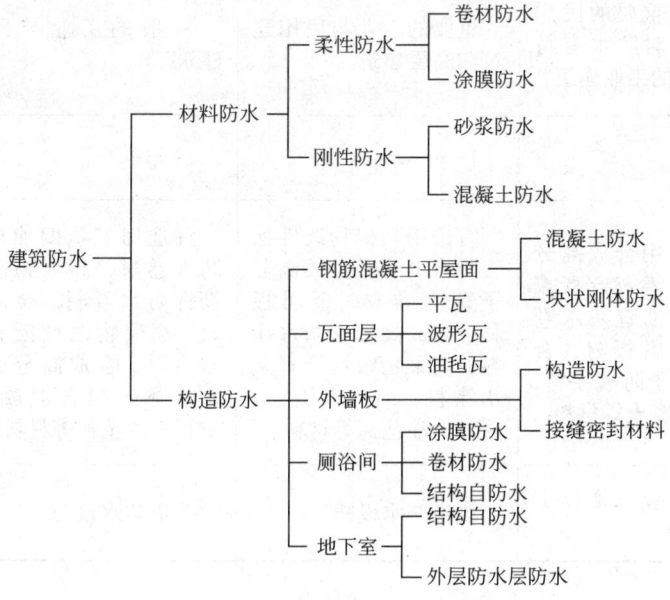

图 7.1 常见的建筑分类

 **知识链接**

1. 材料防水

主要是从材料角度出发,利用各种防水材料通过施工形成整体封闭的防水层,阻断水的通路,增强建筑物的抗渗漏能力。

材料防水根据建筑物的功能要求可采用两种形式,即柔性防水和刚性防水。柔性防水是利用柔性防水材料,如卷材和涂膜等,经施工粘贴和涂刷在需作防水的建筑部位迎水面上,增强建筑物的防水能力。刚性防水指制作混凝土或砂浆层,利用较为致密的保护层来保护建筑物,达到防水目的。

2. 结构自防水

主要是从建筑物本身结构角度出发,采取适宜的构造形式来阻断外界环境水或湿气渗透建筑物的通道,从而达到建筑防水目的。如对建筑物各个部位的接缝、变形缝以及节点等细部构造作防水处理均属于构造防水。

7.2 屋面防水工程施工

GB 50207—2002《屋面工程质量验收规范》中根据建筑物的性质、重要程度、使用功能要求以及防水层合理使用年限等,将屋面防水分为四个等级,见表7-1。其中,Ⅰ级屋面防水工程用于特别重要的民用建筑和对防水有特殊要求的工业建筑;Ⅱ级屋面防水工程用于重要的民用建筑;Ⅲ级屋面防水工程适用遇一般的民用建筑和一般工业建筑仓库;Ⅳ级屋面防水工程使用年限仅为5年,适用于非永久性建筑或临时建筑。

表7-1 屋面防水等级和设防要求

项目	屋面防水等级			
	Ⅰ	Ⅱ	Ⅲ	Ⅳ
建筑物类别	特别重要的民用建筑和对防水有特殊要求的工业建筑	重要的工业与民用建筑和高层建筑	一般的工业与民用建筑	非永久性的建筑
防水层合理使用年限	25年	15年	10年	5年
防水层使用材料	宜选用合成高分子防水卷材、高聚物改性沥青防水卷材、金属板材、合成高分子防水涂料、细石混凝土等材料	宜选用高聚物改性沥青防水卷材、合成高分子防水卷材、金属板材、合成高分子防水涂料、高聚物改性沥青防水涂料、细石混凝土、平瓦、油毡瓦等材料	宜选用三毡四油沥青防水卷材、高聚物改性沥青防水卷材、金属板材、合成高分子防水涂料、高聚物改性沥青防水涂料、细石混凝土、平瓦、油毡瓦等材料	可选用二毡三油沥青防水卷材、高聚物改性沥青防水涂料等材料
设防要求	三道或三道以上防水设防	二道防水设防	一道防水设防	一道防水设防

目前,屋面防水工程的主要做法有3种:刚性屋面防水、卷材屋面防水和涂膜屋面防水。

 知识链接

1. 刚性防水

主要是在结构层上加一层适当厚度的普通细石混凝土、预应力混凝土、补偿收缩混凝土、块体刚性层作为防水层,依靠混凝土的密实性或憎水性达到防水的目的。

2. 卷材防水

是利用胶结材料粘贴卷材铺设在结构基层上面而形成防水层,进行防水。这种屋面的优点是重量轻、防水性能好,其防水层的柔韧性好,能适应一定程度的结构振动和膨胀变形。

3. 涂膜防水

涂膜防水是采用高分子合成材料为主体的防水材料,在常温下呈无定型液态,涂刷后能在基层表面结成坚韧的防水膜,形成防水层,以达到防水目的的方式。

7.2.1 细石混凝土刚性防水屋面施工

针对引例中的居民建筑楼,因建筑是在南方,多雨潮湿,对防水工程要求很高。其中屋面一定要做防水,可以采用的方案之一就是利用细石混凝土刚性防水层屋面进行防水。细石刚性屋面防水施工包括普通屋面部位刚性防水施工和屋面特殊部位细部构造刚性防水屋面施工。

普通屋面部位刚性防水施工,普通刚性防水屋面具体构造如图 7.2 所示。在混凝土预制楼板上铺设隔离层,然后在隔离层上铺设细石混凝土防水层,总体屋面按设计要求预设一定的坡角。

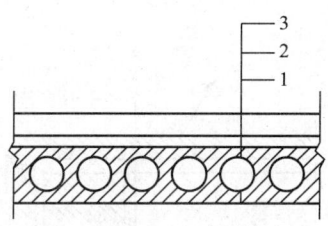

图 7.2 刚性防水屋面构造
1—预制板;2—隔离层;
3—细石混凝土防水层

 特别提示

刚性防水屋面的结构宜为整体现浇钢筋混凝土,当采用预制混凝土屋面板时,应采用细石混凝土灌缝,其强度等级不应小于C20,并宜掺微膨胀剂。屋面板板缝宽度大于40mm或上窄下宽时,板缝内应设置构造钢筋;板端缝应进行密封处理。细石混凝土防水层与基层之间宜设置隔离层,隔离层可采用纸筋灰、麻刀灰、低强度等级砂浆和干铺卷材。细石混凝土宜采用普通硅酸盐水泥或硅酸盐水泥,以防止泌水,并掺有少量膨胀剂、减水剂和防水剂等外加剂,机械搅拌或者振捣。

在普通屋面部位刚性防水施工的同时,当遇到屋面局部特殊的细部构造时,要进行特殊的防水构造处理。屋面的细部构造主要包括天沟或檐沟、防水层与山墙及女儿墙的交接处、变形缝、伸出屋面管道等。细部构造应遵守规范规定,具体防水构造如图7.3~图7.8所示。

 特别提示

细石混凝土刚性防水屋面施工过程中要注意:混凝土机械搅拌时间不少于2min;混凝土运输过程中应防止漏浆和离析;每个分格板块的混凝土应一次浇筑完成,不得留施工缝;抹压时不得在表面洒水、加水泥浆或撒干水泥;混凝土收水后应进行二次压光;混凝土浇筑12~24h后应进行养护,养护时间不

超过14d，养护初期屋面不得上人。

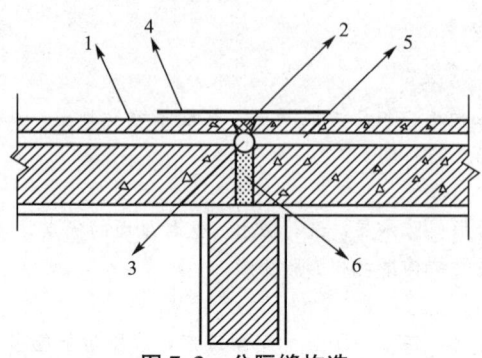

图7.3　分隔缝构造

1—刚性防水层；2—密封材料；3—背衬材料；
4—防水材料；5—隔离层；
6—细石混凝土

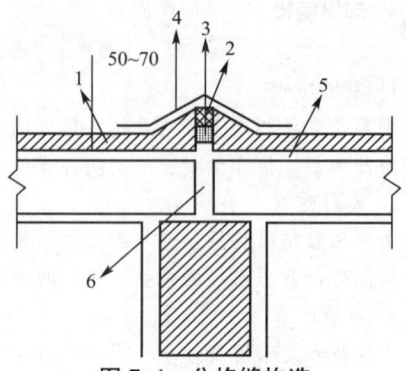

图7.4　分格缝构造

1—刚性防水层；2—密封材料；
3—背衬材料；4—防水材料；
5—隔离层；6—细石混凝土

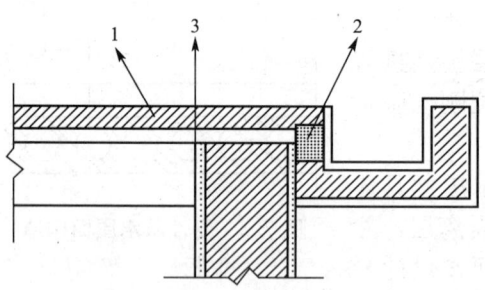

图7.5　檐沟

1—刚性防水层；2—密封材料；3—隔离层

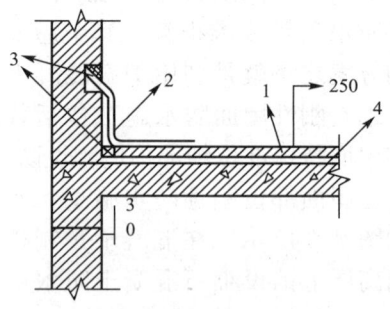

图7.6　泛水构造

1—刚性防水层；2—防水卷材或涂膜；
3—密封材料；4—隔离层

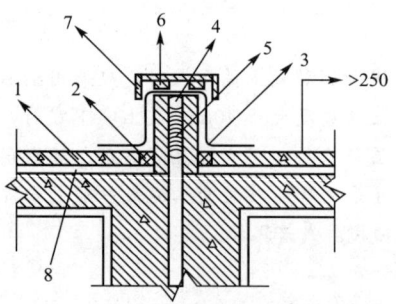

图7.7　变形缝构造

1—刚性防水层；2—密封材料；3—防水卷材或涂膜；
4—衬垫材料；5—沥青麻丝；6—水泥砂浆；
7—混凝土盖板；8—隔离层

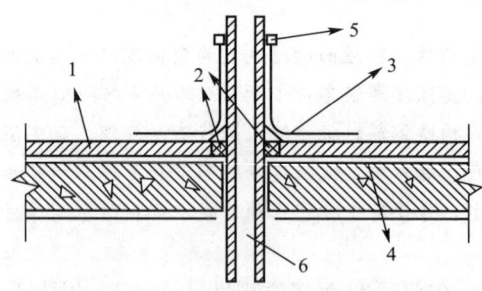

图7.8　伸出屋面管道防水构造

1—刚性防水层；2—密封材料；3—防水卷材或涂膜；4—隔离层；
5—金属箍；6—管道

7.2.2　卷材防水屋面施工

针对引例中的居民建筑楼，可以采用的方案之二就是利用卷材制作柔性防水层屋面进行防水。

屋面防水卷材有传统的沥青防水卷材、高聚物改性沥青防水卷材和合成高分子防水卷材三个系列，几十个品种规格。

利用屋面卷材防水施工按工程部位包括普通屋面部位卷材防水施工和屋面局部细部构造卷材防水施工。普通屋面部位的卷材防水构造分为不保温的卷材屋面和保温的卷材屋面两种，具体构造如图 7.9 所示。

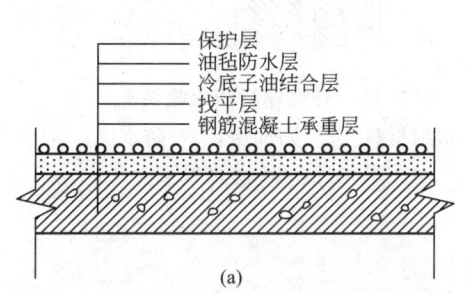
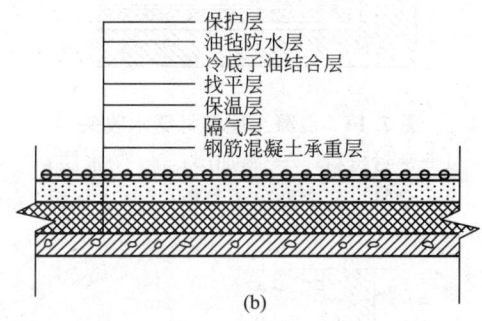

图 7.9 卷材屋面构造层次
（a）不保温的卷材屋面；（b）保温的卷材屋面

在大面积铺贴卷材防水层前应先做好细部构造的防水处理，这些部位有檐口、天沟、雨水口、屋面与立墙交接处、变形缝等。具体防水构造遵守规范规定：檐沟和檐口如图 7.10 和图 7.11 所示，各种收头构造如图 7.12～图 7.15 所示，变形缝防水构造如图 7.16 所示，落水口防水构造如图 7.17 所示。

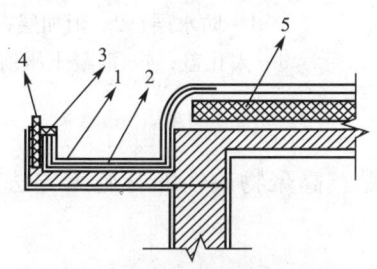
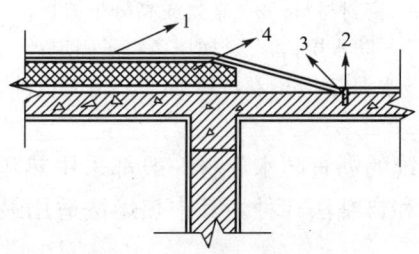

图 7.10 檐沟
1—防水层；2—附加层；3—水泥钉；
4—密封材料；5—保温层

图 7.11 无组织排水檐口
1—防水层；2—密封材料；
3—水泥钉；4—保温层

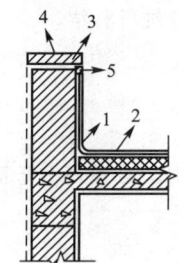
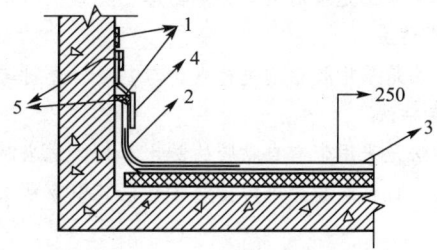

图 7.12 卷材泛水收头
1—附加层；2—防水层；3—压顶；
4—防水处理；5—密封材料

图 7.13 砖墙卷材泛水收头
1—密封材料；2—附加层；3—防水层；
4—水泥钉；5—防水处理

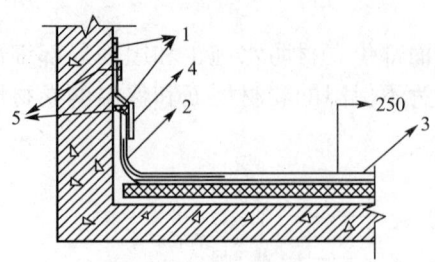 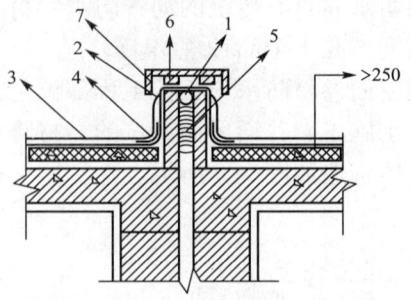

图 7.14 混凝土墙卷材泛水收头　　　　图 7.15 砖墙卷材泛水收头
1—密封材料；2—附加层；3—防水层；　　1—密封材料；2—附加层；3—防水层；
4—金属、合成高分子盖板；5—水泥钉　　4—水泥钉；5—防水处理

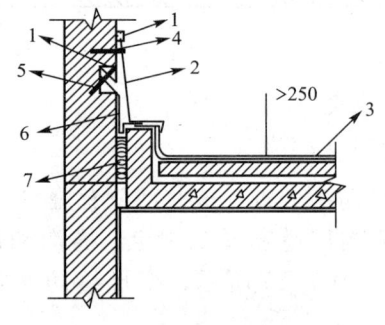 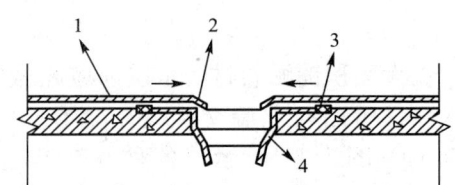

图 7.16 高低跨变形缝　　　　　　　图 7.17 直式落水口
1—密封材料；2—金属或高分子盖板；　　1—防水层；2—附加层；
3—防水层；4—金属压条钉子固定；　　　3—入孔盖；4—混凝土压顶圈
5—水泥钉；6—卷材封盖；7—泡沫塑料

传统的沥青防水卷材一般都采用热玛琉酯粘贴。高聚物改性沥青施工方法有热熔法、冷粘法和自粘法 3 种，其中热熔法适用最多。

 知识链接

1. 热熔法施工
热熔法施工是采用火焰加热器熔化热熔型防水卷材底面的热熔胶进行黏结。
2. 冷粘法
冷粘法是采用胶粘剂进行卷材与基层、卷材与卷材的黏结。
3. 自粘法
自粘法是采用带有自粘胶的防水卷材，适当时加热黏结牢固即可。合成高分子防水卷材的施工方法有冷粘法、自粘法和热风焊接法 3 种，其中冷粘法最为普遍。

根据适用的材料不同，具体的施工方法有所不同。但各种不同材料的卷材屋面防水施工过程类似，总的施工过程包括卷材的铺贴和制作保护层。大体工艺流程包括：检查验收基层→涂刷基层处理剂→测量防线→铺贴附加层→铺贴卷材防水层→淋水试验→铺设保护

层，具体不同材料的工艺流程有所差异。其中，卷材的铺设方向按照屋面的坡度来确定：当坡度小于3%时，宜平行屋脊铺贴；坡度在3%~15%之间时，可平行或垂直屋脊铺贴。坡度大于15%或屋面有受振动情况，沥青防水卷材应垂直屋脊铺贴；高聚物改性沥青防水卷材和合成高分子防水卷材可平行或垂直屋脊铺贴。坡度大于25%时，应采取防止卷材下滑的固定措施。卷材之间不得相互垂直铺贴，以避免卷材间重叠缝产生不平整，造成渗漏隐患。铺贴卷材应采用搭接法；垂直于屋脊的搭接缝应顺最频率风向搭接。当铺贴连续多跨的屋面卷材时，应按先高跨后低跨，先远后近的次序。对同一坡面，则应先铺好水落漏斗、天沟、女儿墙、沉降缝部位，特别应先做好泛水，然后顺序铺设大屋面的防水层。为了延长防水卷材使用寿命，各类卷材防水层表面均应做防水层，保护层一般采用浅色涂料或粘贴铝箔做保护层，沥青防水卷材的保护层应采用绿豆砂或采用带有云母粉、页岩保护层的500号石油沥青油毡做面层，易积灰的屋面做刚性保护层。

7.2.3 涂膜防水屋面施工

适合防水等级为Ⅲ级、Ⅳ级的屋面防水，也可作为Ⅰ级、Ⅱ级屋面多道防水设防中的一道防水层。按照材料的组成可分为沥青基防水涂料、高聚物改性沥青防水涂料和合成高分子防水涂料3类。

涂膜防水层施工按工程部位分类包括普通屋面防水构造和屋面细部防水构造，普通屋面防水构造如图7.18所示。

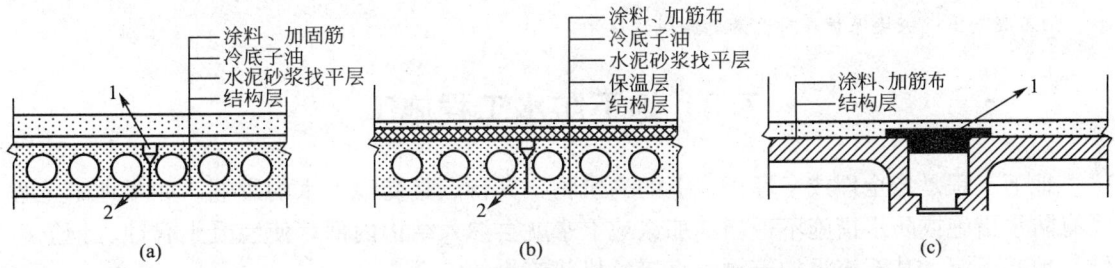

图7.18 涂膜防水屋面构造图

(a) 无保温涂料防水屋面；(b) 有保温涂料防水屋面；(c) 槽形板涂料防水屋面

1—嵌缝油膏；2—细石混凝土

屋面细部构造涂膜防水措施见表7-2。

表7-2 屋面细部构造涂膜防水措施

细 部 构 造	防 水 措 施
屋面易开裂、渗水部位	应留凹槽嵌填密封材料，并应增设一层或一层以上带有胎体增强材料的附加层
防水层的找平层	应设缝宽为20mm的分格缝，在缝内嵌密封材料；并应沿分格缝增设带胎体增强材料的空铺附加层，宽度为200~300mm
天沟、檐沟	天沟、檐沟与屋面交接处的附加层宜空铺，空铺宽度宜为200~300mm；檐口处涂膜防水的收头，应与防水涂料多遍涂刷或用密封材料严封

(续)

细部构造	防水措施
泛水	泛水处的涂膜防水层应刷涂至女儿墙的压顶下；收头处理应用防水涂料多遍涂刷封严
变形缝	缝内应填充泡沫塑料或沥青麻丝，其上填方衬垫材料，并用卷材封盖；顶部加扣混凝土或金属盖板
水落口	水落口处的防水构造与卷材防水屋面的做法相同

涂膜防水屋面施工的工艺流程：表面基层清理→喷涂基层处理剂→节点部位附加增强处理→涂布防水涂料及铺贴胎体增强材料→清理及检查修理→保护层施工。在施工过程中应注意，基层如果为预制屋面板时，其端缝应进行柔性密封处理；为避免基层变形导致涂膜防水层开裂，涂膜层应加铺胎体增强材料，如玻纤网布、化纤或聚酯无纺布等，与涂料共同形成防水层；涂膜施工应分层分遍涂布，待先涂的涂层干燥成膜后，方可涂布后一遍；铺设胎体增强材料，屋面坡度小于15％时可平行屋脊铺设；坡度大于15％时应垂直屋脊铺设，并由屋面最低处向上操作。涂膜防水层的收头应用防水材料涂刷多遍或用密封材料封严。

特别提示

涂膜防水层屋面应做保护层，保护层材料的选择应根据设计要求及所用防水涂料的特性而定，一般薄质涂料可以用浅色涂料或粒状材料（细砂）做保护层，厚质涂料可用粉料或粒状材料做保护层，水泥砂浆、细石混凝土或板块保护层对这两类涂料均适用。

7.3 地下防水工程施工

地下工程是指全埋或半埋于地下的构筑物，其特点是受地下水的影响。如果地下工程没有防水措施或防水措施不得当，那么地下水就会渗入结构内部，使混凝土腐蚀、钢筋生锈、地基下沉，甚至淹没构筑物，直接危机建筑物的安全。

地下工程的防水设计应定级准确、措施可靠、选材适当和经济合理。城市的地下工程，宜根据总体规划及排水体系，进行合理布局和确定工程标高。地下工程在防水设计中，应考虑地表水、潜水、上层滞水和毛细管水的作用，以及由人为因素引起的附近水及地质改变的影响，合理确定防水标高。对于变形缝、施工缝、穿墙管（盒）、埋设件、预留孔洞等特殊部位，应采取加强措施。对地下管沟、地漏、出入口、窨井等应有防灌措施，对寒冷地区的排水沟应有防冻措施。

地下防水工程与屋面防水工程相比有其不同的特点，地下工程长期受地下水位变化影响，处于水的包围当中。《地下工程防水技术规范》（GB 50108—2001）将地下工程防水等级分为四级，见表7-3。

表7-3 地下防水工程等级及适用范围

防水等级	标准	适用范围
Ⅰ	不允许漏水，结构表面可有少量湿渍	人员常停留的场所；极其重要的战备工程；危及物品质量或设备运转的场所

(续)

防水等级	标 准	适用范围
Ⅱ	不允许漏水，结构表面可有少量湿渍。工业与民用建筑：总湿渍面积不应大于总防水面积的1/1000；任意100m² 防水面积上湿渍不超过1处，单个湿渍的最大面积不大于0.1m² 其他地下工程：总湿渍面积不应大于总防水面积的6/1000；任意100m² 防水面积上湿渍不超过4处，单个湿渍的最大面积不大于0.2m²	人员经常活动的场所；重要的战备工程；不会很明显影响设备正常运作和物品质量的场所
Ⅲ	有少量漏水点，不得有线流和漏泥沙任意100m² 防水面积上湿渍不超过7处，单个漏水点的最大漏水量不大于2.5L/d，单个湿渍的最大面积不大于0.3m²	人员临时活动的场所；一般战备工程
Ⅳ	有漏水点，不得有线流和漏泥沙 整个工程平均漏水量不大于2L/(m²·d)个湿渍的最大面积不大于0.3m²	对渗漏无严格要求的工程

总而言之，地下工程的防水施工主要包括结构自防水施工和外防水层防水施工，其中结构防水施工包括防水混凝土施工和地下细部构造处理；外防水层防水施工包括水泥砂浆防水层施工、涂膜防水层施工和卷材防水层施工，具体分类如图7.19所示。

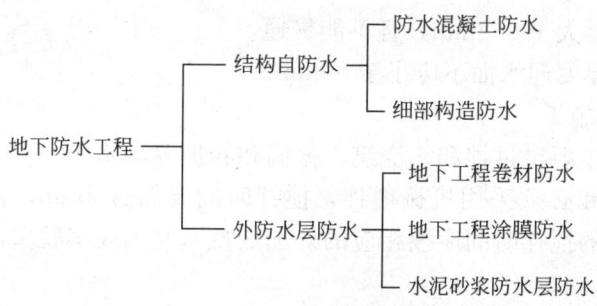

图7.19 地下防水工程分类

7.3.1 结构自防水施工

结构自防水又称躯体防水，是依靠建（构）筑物结构（底板、墙体、楼顶板等）材料自身的密实性以及采取坡度、伸缩缝等构造措施和辅以嵌缝膏，埋设止水带或止水环等细部构造，起到结构构件自身防水的作用。一般地下工程都是通过利用防水混凝土材料和细部构造施工来达到整体防水的目的。

1. 防水混凝土结构施工

1) 防水混凝土的一般要求

防水混凝土是通过混凝土本身的憎水性和密实性，来达到防水目的的一种混凝土，它既是防水材料，同时又是承重材料和围护结构的材料。

防水混凝土使用的水泥，应按以下原则选用。

（1）水泥强度等级不低于32.5级，且不得使用过期或受潮结块的水泥，不同品种或强度等级的水泥不能混用。

（2）在不受侵蚀介质和冻融作用时，宜采用普硅水泥、硅酸盐水泥、火山灰质硅酸盐水泥和粉煤灰硅酸盐水泥，如采用硅酸盐水泥必须掺用外加剂（高效碱水剂）。

（3）在受冻融作用时应优先选用普硅水泥，不宜采用火山灰硅酸盐水泥和粉煤灰硅酸盐水泥。

此外，应根据工程需要掺入引气剂、减水剂、密实剂、膨胀剂、防水剂、复合型外加剂等外加剂，具体掺量和品种应通过实验室试验确定。

防水混凝土除了满足设计要求的强度等级外，还要满足一定的抗渗等级。防水混凝土的抗渗等级见表7-4。

表7-4 防水混凝土设计抗渗等级

工程埋置深度(m)	设计抗渗等级	工程埋置深度(m)	设计抗渗等级
<10	P_6	20～30	P_{10}
10～20	P_8	30～40	P_{12}

注：1. 本表适用于Ⅳ、Ⅴ级围岩（土层及软弱围岩）。
　　2. 山岭隧道防水混凝土的抗渗等级可按铁道部门的有关规范执行。

防水混凝土的结构应满足下列规定。

（1）结构厚度不小于250mm。

（2）裂缝宽度不得大于0.2mm，且不能贯通。

（3）钢筋保护层厚度迎水面不应小于50mm。

2）防水混凝土的施工

防水混凝土施工主要经过拌和、浇筑、振捣和养护等步骤。

防水混凝土的拌和必须采用机械搅拌，搅拌时间要超过2min，保证拌和均匀。掺有外加剂的防水混凝土的搅拌时间应按相应的外加剂技术要求或实验室混凝土试验确定的最佳搅拌时间来确定。

防水混凝土尽量连续浇筑，少留施工缝。留设施工缝时，应注意以下两个问题：

（1）顶板、底板不宜留施工缝，顶拱、底拱不宜留纵向施工缝，墙体水平施工缝不应留在剪力与弯矩最大处或底板与侧墙的交接处，应留在高出底板表面不小于30mm的墙体上，墙体有孔洞时，施工缝距孔洞边缘不宜小于300mm。拱墙结合的水平施工缝，宜留在起拱线以下150～300mm处；先拱后墙的施工缝可留在起拱线处，但必须加强防水措施，施工缝的形式根据图7.20选用。

（2）垂直施工缝应避开地下水和裂隙水较多的地段，并宜与变形缝相结合。防水混凝土的振捣必须采用机械振捣，振捣时间宜为10～30s，以混凝土开始泛浆和不冒泡为最佳，避免漏振、欠振和过振，保证混凝土的密实。掺有引气剂或引气型碱水剂时，应采用高频插入式振捣器振捣。

防水混凝土进入终凝时要立即进行养护，防水混凝土水泥用量较多，收缩性较大，如果早期脱水或养护中缺乏必要的温、湿条件，会对起抗渗性影响很大。一般浇筑4～6h后，防水混凝土进入终凝阶段，立即覆盖并浇水养护。浇筑3d内每天应浇水3～6次，3d后每天2～3次，养护天数不少于14d。

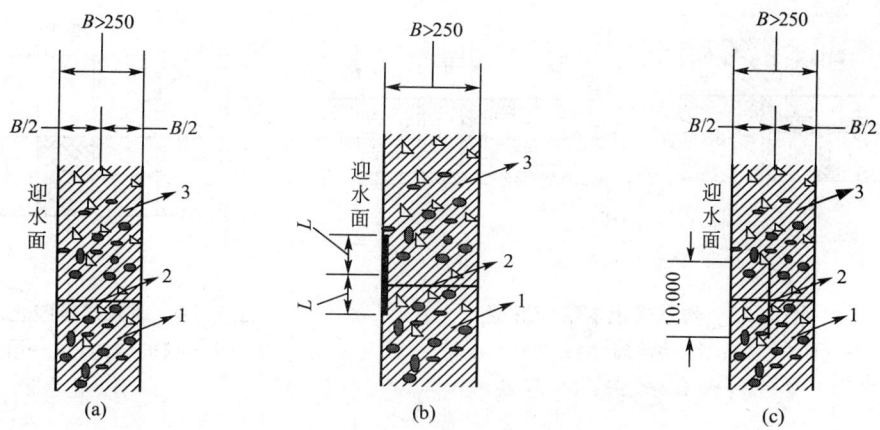

外贴止水带 $L>150$；外贴防水涂料 $L=200$；外贴防水砂浆 $L=200$
钢板止水带 $L>100$；橡胶止水带 >125；钢板橡胶止水带 $L>120$

图 7.20 施工缝的防水基本构造
1—先浇混凝土；2—遇水膨胀混凝土；3—后浇混凝土

2. 细部构造施工

地下工程中常见的细部构造主要有变形缝、施工缝、穿墙管、埋设件、预留孔洞和孔口等。细部构造防水处理的得当与否，直接影响地下工程的结构自防水效果。

1) 变形缝

用于伸缩的变形缝宜不设或少设，可根据不同的工程结构类别及工程结构类别及工程地质情况采用诱导缝、加强带、施工缝等来代替。用于沉降的变形缝宽度宜为 20～30mm，最大允许沉降差值小于 30mm，大于 30mm 时应在设计时采取措施。

对于水压小于 0.03MPa，变形量小于 10mm 的变形缝可用弹性密封材料嵌填密实或粘贴橡胶片，如图 7.21 和图 7.22 所示。

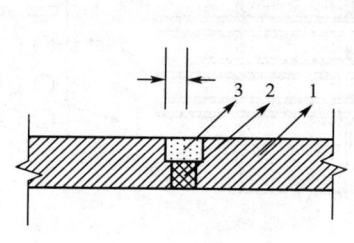

图 7.21 嵌缝变形缝
1—围护结构；2—填缝材料；3—嵌缝材料

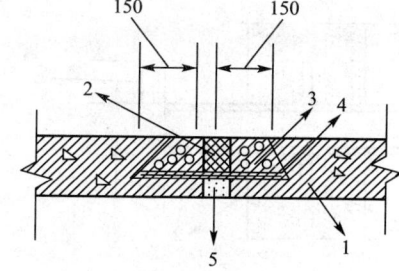

图 7.22 粘贴式变形缝
1—围护结构；2—填缝材料；
3—细石混凝土；4—橡胶片；5—嵌缝材料

对于水压小于 0.03MPa，变形量为 20～30mm 的变形缝，宜用附贴式止水带，如图 7.23 所示。

对于水压大于 0.03MPa，变形量为 20～30mm 的变形缝，应采用埋入式橡胶或塑料止水带，如图 7.24 所示。

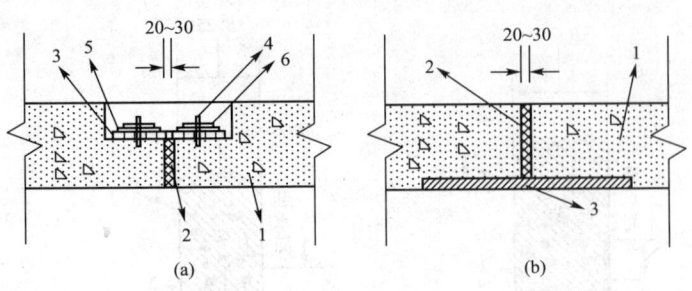
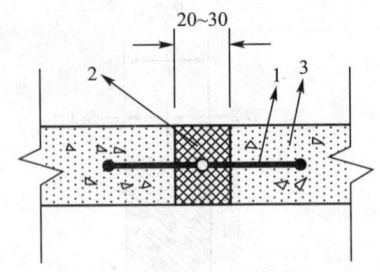

图 7.23　附贴式止水带变形缝
1—围护结构；2—填缝材料；3—止水带；
4—螺栓；5—螺母；6—压铁

图 7.24　埋入式橡胶止水带变形缝
1—围护结构；2—填缝材料；
3—止水带

2) 施工缝

施工缝应设在受力和变形较小的部位，一般间距为 30～60mm，宽度为 700～1000mm。施工缝可做成平直缝，结构主筋不宜在缝中断开，如必须断开，则主筋搭接长度应大于 45 倍主筋直径，并应按设计要求加设附加钢筋。施工缝应在两侧混凝土龄期达到 42d（高层建筑应在结构顶板浇筑混凝土 14d）后，采用补偿收缩混凝土浇筑，强度应不低于两侧混凝土。并在施工缝结构断面中部附近安设遇水膨胀橡胶止水条。

3) 穿墙管

当结构变形或管道伸缩量较小时，穿墙管可采用直接埋入混凝土内的固定式防水法，主管应满焊止水环；当结构变形或管道伸缩量较大或有更换要求时，应采用套管式防水法，套管与止水环应满焊；当穿墙管线较多且密时，宜相对集中，采用穿墙盒法。盒的封口钢板应与墙上的预埋角钢焊严，并从钢板上的浇筑孔注入密封材料。

固定式穿墙管和穿墙盒的构造示意图如图 7.25 和图 7.26 所示。

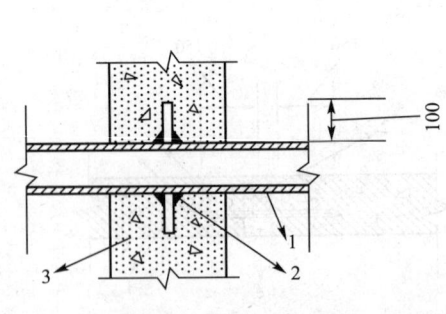
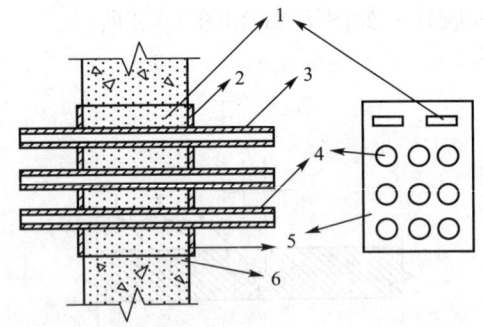

图 7.25　固定式穿墙管
1—主管；2—止水环；3—围护结构

图 7.26　穿墙盒做法示意图
1—浇筑孔；2—柔性材料；3—穿墙管；
4—穿墙管预留孔；5—封口钢板；6—固定角钢

4) 埋设件

埋设件端部或预留孔底部的混凝土厚度不得小于 250mm，当厚度小于 250mm 时，必须局部加厚或采取其他防水措施。预留孔内的防水层，应与孔外的结构附加防水层保持连续。

5) 预留孔洞、孔口

地下室通向的地面的各种孔洞、孔口应采取防止地面水倒灌,出入口应高出的地面不小于 500mm。窗井的底部在最高地下水位以上时,窗井的底板和墙应做防水处理,宜与主题结构断开;窗井或窗井的部分处于最高地下水位以下时,窗井应与主体结构形成整体,起采用的附加防水层也应连成整体,并在窗井内设集水井。窗井内的底板必须比窗下缘低 300mm。窗井墙高出地面不得小于 500mm。

7.3.2 外防水层防水施工

为了保证地下工程的防水效果,除了进行结构自防水之外,还可以在地下结构表面另加防水层,如抹水泥砂浆防水层、贴卷材防水层或涂膜防水层等。

1. 水泥砂浆防水层施工

水泥砂浆防水层相对于卷材防水层和涂膜防水层而言,属于刚性防水层。主要是在构筑物的底面与侧面分层涂抹一定厚度的水泥砂浆,利用水泥砂浆层本身具有的憎水性和密实性来达到抗渗防水效果。

常采用的水泥砂浆防水层主要有多层普通水泥砂浆防水层、掺外加剂水泥砂浆防水层和聚合物水泥砂浆防水层 3 种。

1) 多层抹面的普通水泥砂浆防水层

多层抹面的防水层是利用不同配合比的水泥砂浆和素灰胶浆,相互交替抹压均匀、密实,构成一个多层的整体防水层。

常见的多层抹面砂浆采用 5 层,做法如图 7.27 所示。其中素灰层水灰比为 0.37~0.4,稠度为 70mm 的水泥浆,厚度为 2mm,分两次抹压密实,主要起防水作用。第 2、第 4 层是由配合比为 1∶(2~2.5)(水泥∶砂),水灰比为 0.4~0.45,稠度为 85mm 的水泥砂浆构成,厚 4~5mm,作用是饱和、养护和加固素灰层,也有防水作用。第 5 层仍为水泥浆,厚 1mm,水灰比为 04~0.45。

也有仅做两层素灰层及两层砂浆层的"4 层做法",仅在第 4 层最后压光五六遍即成。

2) 加外加剂水泥砂浆防水层

水泥砂浆中的外加剂包括防水剂和膨胀剂两类。防水剂掺入到水泥砂浆中,会形成不溶性的物质或憎水性薄膜,可填充、堵塞或封闭水泥砂浆中的毛细管通道,切断和减少渗水通道,因而抗渗能力提高。掺入膨胀剂的防水砂浆,又叫做补偿收缩防水砂浆,膨胀剂的加入,使水泥砂浆适量膨胀,在周边有约束力的条件下,膨胀力转化成预压应力,可以抵消水泥砂浆收缩所产生的拉应力作用,使水泥收缩有所补偿,从而防止或减少水泥浆的开裂,并提高其密实度。

掺外加剂水泥砂浆的施工采用分层涂抹。涂抹前处理好基层,保持基层清洁干净及湿润。然后在处理好的基层上刷防水水泥浆一道,接着分两次抹垫层防水砂浆,在第 1 层垫层砂浆凝固前用木抹子均匀搓涂,使之形成麻面,待阴干后在进行第 2 层垫层砂浆涂抹,总厚度一般为 10~12mm。待第 2 层垫层砂浆抹完 12h 后,再刷一道水泥净浆,随刷随抹第 1 遍面层防水砂浆,阴干后再抹第 2 遍面层防水砂浆,面层砂浆总厚度为 13mm。然后在面层砂浆凝固前反复多次抹压密实。

3) 聚合物水泥砂浆防水层

聚合物水泥砂浆由水泥、砂和一定量的橡胶胶乳或树脂乳液以及稳定剂、削泡剂经搅拌而成。

聚合物水泥砂浆防水层的施工操作方法和掺有外加剂防水砂浆的做法一致。此外，聚合物水泥砂浆的配合比和施工方法还应符合所掺材料的规定，拌和后应在1h内用完，且施工中不得任意加水。聚合物水泥砂浆防水层未达到硬化状态时，不得任意加水。聚合物水泥砂浆防水层未达到硬化状态时，不得浇水养护或直接受雨水冲刷，硬化后应采用干湿交替的养护方法。

2. 地下工程卷材防水层施工

地下防水工程卷材防水层的防水方法有两种，即外防水法和内防水法。外防水法是将卷材防水层粘贴在地下工程结构的迎水面（即结构的外表面），它能够有效的保护地下工程主体结构免受地下水的侵蚀和渗透，是地下防水工程中最常见的防水方法。内防水法是将卷材防水层粘贴在地下工程结构的背水面（结构的内表面）。两种施工的具体方法如图7.27所示。

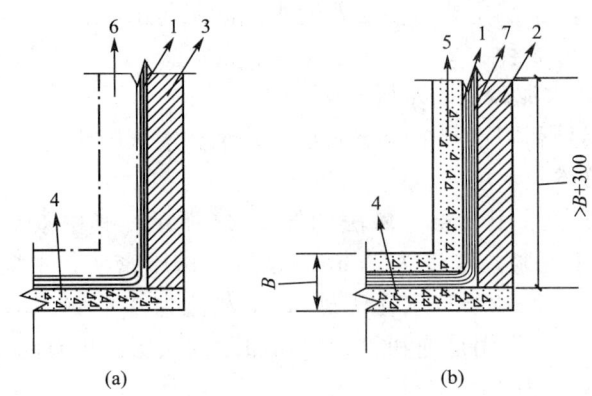

图 7.27　卷材防水层铺贴法

（a）内贴法；（b）外贴法

1—卷材防水层；2—临时保护墙；3—永久保护墙；4—垫层；
5—先浇构筑物；6—后浇构筑物；7—木条

内贴法先在地下构筑物周围的混凝土底板垫层上做好找平层，在周围干铺一层卷材条，在其上砌永久性保护墙。接着在保护墙上抹水泥砂浆找平后，将防水卷材铺贴在保护墙上，最后浇筑钢筋混凝土底板和结构墙体。

外贴法在浇筑混凝土底板和结构墙体之前，先做混凝土垫层，在垫层的周围砌保护墙，在铺贴底层卷材，周围留出卷材接头，然后灌注底板和墙身混凝土，待测模拆除以后，继续铺贴结构墙外侧的卷材防水层。

3. 地下工程涂膜防水层施工

涂膜防水主要是在结构表面刷涂一定厚度的涂料，利用涂料的憎水特性来达到防水目的。常用的涂料有有机合成高分子防水涂料（如聚氨酯防水涂料、硅橡胶防水涂料等）和高聚物改性沥青防水涂料（如水乳型氯丁橡胶改性沥青防水涂料、SBS橡胶改性沥青防水涂料等)及聚合物水泥复合防水涂料等。

涂膜防水层施工的一般顺序为：清理基层→平面涂布处理剂→平面防水层涂布施工→平面部位铺贴油毡隔离层→平面部位浇筑细石混凝土保护层→钢筋混凝土地下结构施工→修补混凝土立墙外表面→立面外侧涂布处理剂和防水层施工→立墙防水层处粘贴聚乙烯泡沫塑料保护层→基坑回填。

7.4 厕浴间防水

厕所、浴间用水频繁，防水处理不好就会出现渗漏水现象，以致影响建筑物质量及其使用，所以厕浴间的地面和相关部位必须设置防水隔离层。防水隔离层施工应符合现行国家标准《建筑地面工程施工质量验收规范》(GB 50209—2002)、《屋面工程质量验收规范》(GB 50207—2002)的规定，以及其他相关的国家、行业、地方标准与规范的规定。

7.4.1 厕浴间防水施工部位的构造和施工要求

厕浴间的防水部位主要为地面防水、墙面防水和细部构造防水。

1. 厕浴间的地面防水

厕浴间的地面构造如图 7.28 和图 7.29 所示。其中，结构层一般采用整体现浇钢筋混凝土板、预制整块开间钢筋混凝土板。找平层要求表面坚固、洁净且干燥。防水层采用掺有防水剂的水泥砂浆时，防水剂的掺入量和水泥强度等级应符合设计要求。面层一般做 20mm 厚水泥砂浆抹面、压光，或者铺设地面砖。

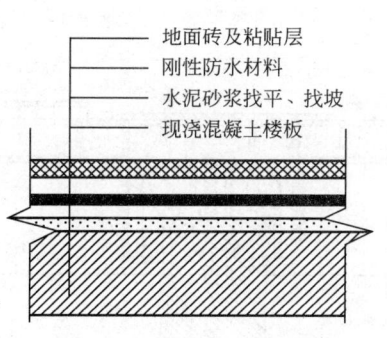

图 7.28 刚性厕浴间防水地面构造

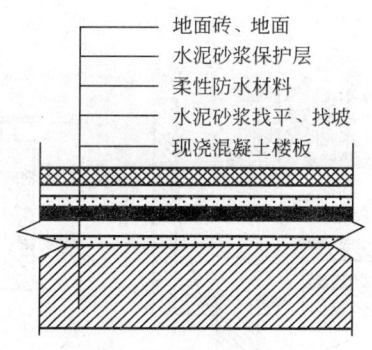

图 7.29 柔性厕浴间防水地面构造

厕浴间地面结构宜采用整体现浇钢筋混凝土板或预制整块开间钢筋混凝土板。如设计采用预制空心板时，则板缝应采用防水砂浆堵严，表面 20mm 深处宜嵌填沥青密封材料；也可在板缝嵌填防水砂浆并抹平表面后，附加涂膜防水层，即铺贴 100mm 宽玻璃纤维布一层，涂刷两道沥青涂膜防水层，厚度不小于 2mm。

厕浴间的地面防水还要考虑地面的排水坡度，以便存留在房间里的水及时通过地漏排走，减少漏水的可能性。地面向地漏的排水坡度一般为 2%～3%，地漏周围 50mm 范围内的排水坡度为 3%～5%。地漏标高应根据门口至地漏的坡度确定，地漏上口标高应低于地面最低处，以利于排水畅通。

2. 厕浴间的墙面防水

墙面防水可根据需要设置防水范围，不一定整个墙面都需要做防水层，需在做防水层的墙面可在一定高度以下进行防水处理，其他墙面可不做。常用墙面防水构造如图 7.30 所示。

3. 厕浴间的细部构造防水

厕浴间的防水工程中细部构造防水主要包括下水管防水、地漏防水和大小便器的防水，各部分的构造如图 7.31～图 7.34 所示。

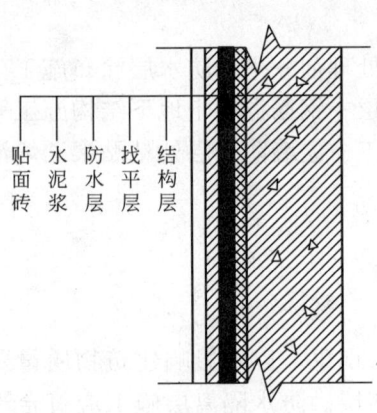

图 7.30　厕浴间墙面防水构造

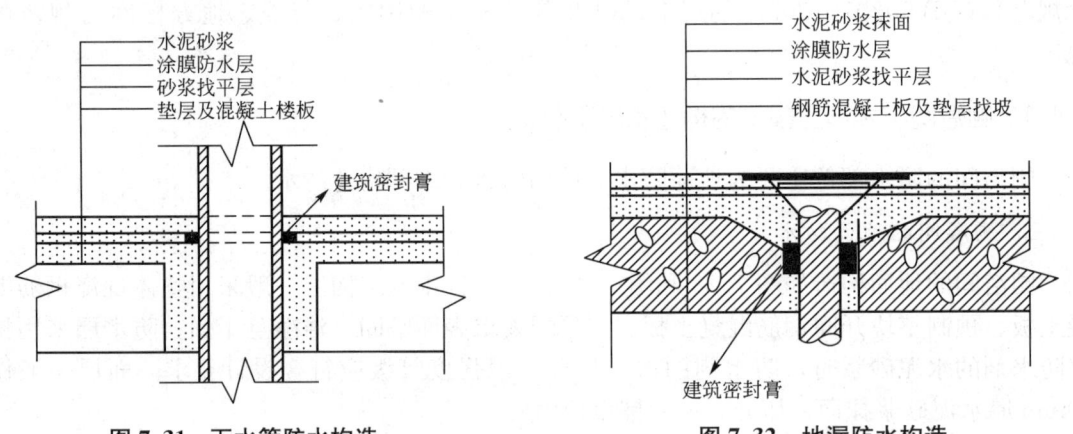

图 7.31　下水管防水构造　　　　图 7.32　地漏防水构造

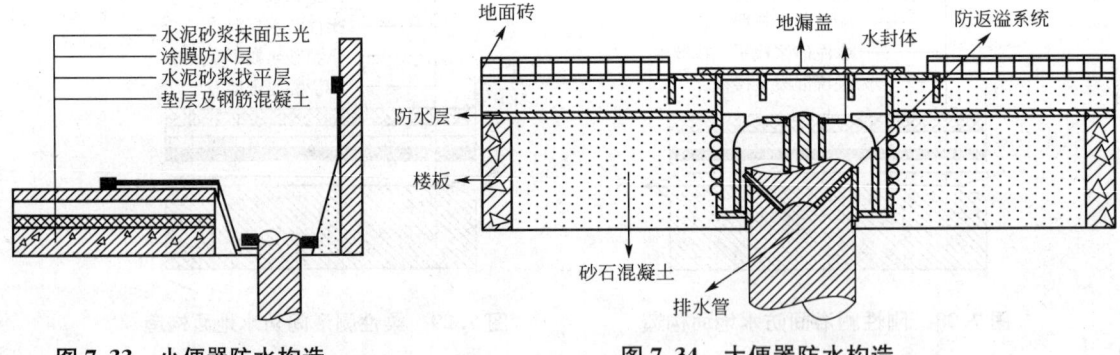

图 7.33　小便器防水构造　　　　图 7.34　大便器防水构造

7.4.2　厕浴间的防水施工过程

目前，常用的厕浴间防水材料为聚氨酯防水涂料和氯丁胶沥青防水涂料。

其中，聚氨酯防水涂料施工工艺流程大致为：清理基层→涂刷基层处理剂→细部附加层施工→第一遍涂膜→第二遍涂膜→第三遍涂膜→防水层施工→防水层一层试水→保护层饰面施工→防水层第二次试水→防水层验收。

在施工过程中,要清理好基层,保证彻底干净,一般等前一层涂膜干燥后再进行下一层的施工,待涂膜固化完全并检查验收合格后,在进行抹水泥砂浆保护层或粘贴饰面砖、马赛克等饰面层。

氯丁胶乳沥青防水涂料施工工艺流程大致为:清理基层→刮氯丁胶乳沥青水泥腻子→涂刷第一遍涂料→表干后,做细部构造附加层→铺贴玻纤网格布同时刷第二遍涂料→实干后,涂刷第三遍涂料→表干后,铺贴玻纤网格布同时刷第四遍涂料→实干后,涂刷第五遍涂料→表干后,涂刷第六遍涂料并及时撒砂粒→实干后,防水层第一次试水→保护层饰面层施工→防水层二次试水→防水层验收。

特别提示

施工过程中要注意,每次刷的涂料不能过厚,不得漏刷,以表面均匀不流淌、不堆积为宜。在做细部构造部位(如阴阳角、管道根部、地漏和大便器蹲坑等位置)时分别附加一布二涂附加层。

综合应用案例

现浇钢筋混凝土框架结构的某商场,建筑面积为17046.76m²,长度为147.2m,宽度为57.9m。屋面设计防水等级Ⅰ级的上人屋面,防水层为两道高聚改性沥青防水卷材(SBS),采用热熔法施工,保温层用加气混凝土块,保护层为C20细石混凝土,厚度为40mm,内设$\phi 6@200$的双向钢筋网片。沿建筑物纵向、横向中部位置有两道变形缝,将屋面分为4大块,屋面的排水坡度为2‰,水落口沿屋面四周设置,宽度方向中部位置沿纵向设置暗排水。女儿墙、变形缝和水落管口构造做法详如图7.35~图7.37所示。

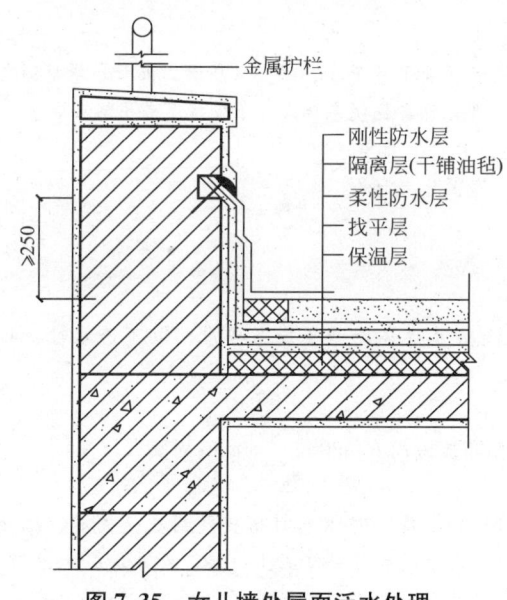

图7.35 女儿墙处屋面泛水处理

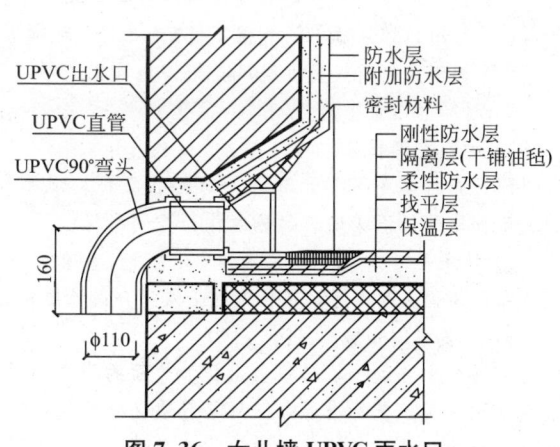

图7.36 女儿墙UPVC雨水口

该屋面施工方案如下。

1. 施工准备工作

1) 技术准备工作

施工之前,必须对专业施工队伍和施工人员进行技术交底并进行必要的培训。施工队要有资质合格

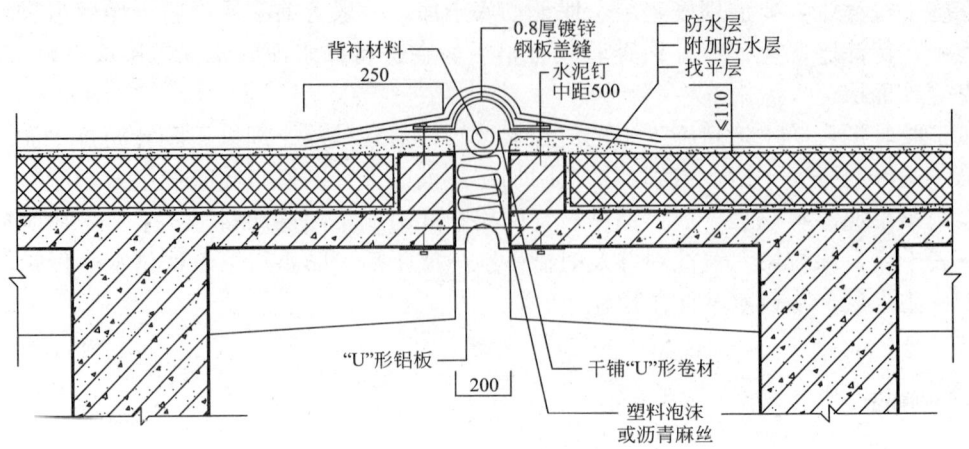

图 7.37 上人屋面变形缝构造

证,操作人员必须持证上岗;施工前应详细制订该屋面的施工作业方案。

2) 材料准备工作

SBS 高聚物改性沥青防水卷材的品种、规格和技术性能等,必须满足设计与施工技术规范的要求,必须有出厂合格证和质量检验报告,并经现场抽查复试达到合格。

基层处理用冷底子油为氯丁橡胶沥青胶粘剂,细部嵌固边缝,用密封膏为橡胶改性沥青嵌缝膏。用70 号汽油清洗受污染之处。

3) 主要机具准备工作

需要准备的主要机具有喷灯、铁抹子、滚动刷、长把滚动刷、钢卷尺、剪刀、扫帚、小线绳、电动搅拌器、高压吹风机和自动热风焊接机等。

2. 施工作业条件

(1) 防水层的基层表面应将尘土、杂物等清理干净;表面必须平整干净、坚实且高燥。将 1m² 卷材铺在找平层上,静置 3~4h 后掀开检查,找平层覆盖处与卷材上未见水印,说明基层表面干燥程度满足施工要求。

(2) 找平层与凸出屋面的物体相连位置,阳角应抹成光滑的小圆角。

(3) 采用热熔法施工,气温不低于 -5℃,环境温度不宜低于 -10℃。

(4) 遇雨天、雪天及五级风必须停止施工。

3. 材料和质量措施

1) 材料关键措施

SBS 卷材厚度不小于 3mm。材料的品种、规格和性能必须符合设计及规范要求,以不透水性、拉力、延伸率、低温柔度和耐热度作为控制指标。

2) 技术关键措施

基层表面必须干燥,基层坡度必须符合设计要求,阴阳角应做成 $R=30mm\sim50mm$ 的圆弧。

3) 质量关键措施

掌握好火焰加热器与防水卷材加热面的距离,以及熔化的温度。防水卷材搭接及封边是关键,搭接长度必须满足工艺标准要求;每层封边必须逐层检查,经验收无误后方可施工上一层。女儿墙、水落口、管根、变形缝等细部处理和防水收头是关键,必须验收合格后方可施工保护层。

4) 安全关键措施

SBS 高聚物改性沥青防水卷材是易燃品。在贮存和施工中应有可靠的防火措施,施工现场应有灭火器等防火设施工具。防水卷材与辅助材料均有毒,施工人员必须戴好口罩、袖套和手套等劳保用品。

4. 施工操作要点

施工工艺流程:基层清理→涂刷基层处理剂→铺贴卷材附加层→卷材铺贴→热熔封边→蓄水实验→

做细石混凝土保护层。

(1) 基层清理。基层验收合格后,将表面尘土、杂物清理干净。

(2) 涂刷基层处理剂。将氯丁橡胶沥青胶粘剂加入工业汽油稀释,搅拌均匀,用滚刷均匀涂刷在基层表面上,不粘脚时,开始铺贴卷材。

(3) 附加层施工。待基层处理剂干燥后,先对女儿墙、水落口、变形缝、檐口和阴阳角等细部先做附加层,在其中心200mm范围内,均匀涂刷1mm厚的胶粘剂,干燥后会形成一层无接缝和弹塑性的整体附加层。铺贴在立墙上的卷材高度不小于250mm。

(4) 卷材铺贴。卷材铺贴的方向应平行屋脊铺贴。上、下层接缝应错开不小于250mm,上、下层卷材不得互相垂直铺贴。火焰加热器距卷材加热面300mm左右,经往返均匀加热,至卷材表面发光亮黑色,即卷材的材面熔化时,将卷材向前滚铺并黏结,搭接部位应满粘牢固。搭接宽度为满粘法长边80mm,短边100mm。

(5) 热熔封边。将卷材搭接处用火焰加热器加热,趁热使两者黏结牢固,以边缘溢出沥青为度,末端收头可用密封膏嵌填严密。

(6) 细石混凝土保护层施工。细石混凝土保护层分格面积不大于36m²;刚性保护层与女儿墙间应预留30mm宽的缝,并用密封材料嵌填密实。

5. 成品保护措施

(1) 已铺好的防水卷材层,应有可靠保证措施进行保护,绝对禁止在防水层上进行其他施工和运输材料,并应及时做细石混凝土保护层。

(2) 屋面的变形缝和水落口等处,施工中应临时堵塞和挡盖,以防落入杂物。

(3) 屋面施工时,不得污染墙面等部位。

本 章 小 结

本章主要讲述屋面防水工程与地下防水工程。重点介绍地下防水工程结构自防水、卷材防水几种常见施工方法和施工操作要点及注意事项。屋面防水工程重点介绍了卷材防水铺贴方法、铺贴要求、铺贴顺序以及刚性防水屋面适用范围。地下防水工程与屋面防水工程、细部和节点做法是防水的薄弱环节和防水工程质量保证的关键,在学习过程中应引起高度的重视。

习 题

1. 简述建筑工程防水的定义。
2. 从施工设计角度,建筑防水工程如何分类?
3. 简述刚性防水和柔性防水的异同。
4. 目前,屋面防水工程有哪几种做法?
5. 常用屋面防水卷材有哪几种?
6. 简述3种常用高聚物改性沥青施工方法。
7. 地下防水工程是什么?
8. 地下防水工程有哪几种防水形式?
9. 常见的地下外防水层防水施工有哪几种形式?

模块 8 装饰工程

教学目标

通过学习熟悉抹灰工程的分类,各种抹灰的构造及其作用,熟悉一般抹灰、装饰抹灰的施工要点以及验收标准;掌握楼地面的构造组成、分类、基层处理及垫层施工要点,整体地面、块材地面、卷材地面、木地面的施工要点;了解并掌握常用吊顶和隔墙材料种类、施工方法、质量要求及验收标准;掌握饰面砖、饰面板施工要点,熟悉各种板材安装、面砖镶贴的施工方法;了解门窗的分类及各种门窗的安装固定方法;熟悉不同幕墙的施工要点;了解涂料工程、刷浆工程和裱糊工程施工要点、质量标准及检验方法。

教学要求

知识要点	能力要求	相关知识	权重
抹灰工程	1. 掌握抹灰工程的分类,各种抹灰的构造及各构造层的作用 2. 熟悉一般抹灰、装饰抹灰的施工方法以及验收标准	抹灰工程分类,抹灰施工顺序,各种抹灰的构造及各构造层的作用,一般抹灰、装饰抹灰的施工方法及验收标准	25%
楼地面工程	1. 掌握楼地面的构造组成、分类、基层处理及垫层施工方法 2. 掌握整体地面、块材地面、卷材地面、木地面的施工要点	楼地面的构造组成、分类、基层处理及垫层施工方法,整体地面、块材地面、卷材地面、木地面的施工要点	25%
吊顶、隔墙工程	掌握常用吊顶和隔墙材料种类、施工方法、质量要求及验收标准	常用吊顶和隔墙材料种类、施工方法、质量要求及验收标准	10%
饰面板(砖)工程	1. 掌握各种板材安装、面砖镶贴的施工方法 2. 了解饰面工程施工机具的种类及功能	饰面砖、饰面板施工要点,熟悉各种板材安装、面砖镶贴的施工方法,饰面工程施工机具的种类及功能	25%
门窗工程及幕墙工程	1. 掌握各种门窗的安装固定方法 2. 掌握不同幕墙的施工要点	门窗的分类及各种门窗的安装固定方法;不同幕墙的施工要点	10%
涂料、刷浆和裱糊工程	掌握涂料工程、刷浆工程和裱糊工程施工要点、质量标准及检验方法	涂料、刷浆工程施工机具及材料种类,涂料工程、刷浆工程和裱糊工程施工要点、质量标准及检验方法	5%

 **引例**

某工程建筑耐火等级为Ⅰ级，室内外高差为 0.3～0.75m，外墙为钢筋混凝土墙厚度 250mm、200mm，外墙采用内保温，局部为外保温做法，内留 20mm 厚空气层，贴 60mm 厚增强型复合保温板，外墙外饰面为干挂石材、高级面砖。

住宅户内、底商部分装修只做到初装修，地下室、公共部分按图纸材料做法一次装修到位，分隔墙地下部分为陶粒空心砖 150mm、加气块砖 200mm；标准层户内分隔墙采用 φ8 钢筋网片@250 双向加钢丝网片双面抹 C15 豆石混凝土成活 80mm 厚，内墙一般只做到基底，刮完腻子不做面层。厕所间墙面、地面只做完防水层及保护层、拉毛，面砖不做。

踢脚做法：楼梯间、水箱间、公共走道、电梯前室、电梯机房采用 100mm 高水泥踢脚。

标准层户内顶棚只刮完耐水腻子，不做面层。

标准地面做法：卧室、起居室、内走道、厨房间、阳台楼、地面面层不做，厕所间防水为水无耐涂膜 1.2mm 厚；墙面防水高度 1800mm。

非标层为初装修标准，面层不做。

外窗采用保温塑钢窗，圆弧阳台为玻璃幕墙，均有专业厂家安装施工。

思考：内外墙面、楼地面、门窗、吊顶如何施工？

装饰工程是建筑施工的重要组成部分，是将设计师反映在图纸上的成熟的设计构思转化为工程实践的创作过程，同时也是对设计质量的检查与完善。

装饰工程是指为了保护建筑物的主体结构、完善建筑物的使用功能、美化建筑物、延长建筑物的使用寿命、提高耐久性，采用装饰装修材料或装饰物，选用适当的材料和正确的构造，以科学的施工方法，对建筑物的内外表面及空间进行各种处理的过程。

建筑装饰的分类。

1. 根据使用功能的不同

建筑装饰可分为保护装饰、功能装饰和饰面装饰。保护装饰能防止结构构件遭受大气侵蚀和人为的污染；功能装饰能满足使用功能，如保温、隔热、隔声、防火、防潮、防腐和防静电等的要求；饰面装饰能美化建筑，以改善室内外环境。

2. 根据所用材料的不同

建筑装饰可分为水泥类、石膏类、陶瓷类、石材类、玻璃类、塑料类、裱糊类、涂料类、木材类和金属类等。

3. 根据施工方法的不同

建筑装饰可分为抹、刷、涂、喷、滚、弹、铺、贴、裱、挂和钉等。

4. 根据工程部位的不同

建筑装饰可分为抹灰工程、楼地面工程、吊顶工程、轻质隔墙工程、饰面工程、门窗工程、幕墙工程、涂饰工程、裱糊与软包工程以及细部工程等。

装饰工程具有建筑性、规范性、严肃性、复杂性且技术经济性等特点。

 **知识链接**

《中华人民共和国建筑法》第四十九条规定，涉及建筑主体和承重结构变动的装修工程，建设单位应

当在施工前委托原设计单位或者具有相应资质条件的设计单位提出设计方案；没有设计方案的，不得施工。这一条规定限制了建筑装饰工程施工中随意凿墙开洞等野蛮施工的行为，保证了建筑主体结构安全适用。另外，装饰施工中的一切工艺操作和工艺处理，均应遵循国家颁发的有关施工和验收规范；所用材料及其应用技术，应符合国家及行业颁布的相关标准。对于一些重要工程和规模较大的装饰项目，均应实行招标、投标制度；明确确认装饰施工企业和施工队伍的资质水平与施工能力；在施工过程中，应由建设监理部门进行监理；工程竣工后，应通过质量监督部门及有关方面的严格验收。

装饰工程施工是一项十分复杂的生产活动，项目繁多，工程量大，工期长，用工量大，造价高，装饰材料和施工技术更新快，施工管理复杂。因此，从业人员必须提高自身的技术水平，不断改革装饰材料和施工工艺。近年来，建筑装饰工程的施工现状较以前大有改观。

 **知识链接**

大量的干作业和装配施工，有效地克服了传统的建筑装饰工程施工中费工费料、湿作业量大和劳动条件差的缺点。射钉连接技术、螺栓铆固技术、自攻螺钉和拉铆钉及打钉连接技术、新型高强胶粘剂的黏结技术、型材骨架与配套板材的卡接安装技术，以及众多的施工机械与电动、气动工具的普及等，都使建筑装饰工程的施工作业简化了工序和工艺，提高了生产效率并解放了生产力，从而也就相应的降低了建筑装饰工程的工程成本和造价，加快了实现建筑装饰工程施工工业化的步伐。工程构件的预制化程度，装饰项目和配套设施的专业化生产与专业化施工，已使建筑装饰施工人员基本上摆脱了传统建筑工人所要付出的繁重体力劳动，而迫切需要的是从事建筑装饰人员的事业心和生产活动中的严肃态度。

装饰工程的施工顺序对施工质量起控制作用。室外抹灰和饰面工程的施工，一般应自上而下进行；高层建筑采取措施后，可分段进行；室内装饰工程的施工，应待屋面防水完工后，并不致被后续工程所损坏和污染的条件下进行；否则，必须做防护。室内吊顶、隔墙的罩面板和花饰等工程，应待室内地（楼）面湿作业完工后再施工。

 **特别提示**

室内装饰工程的施工顺序，应符合下列规定。
（1）隔墙、钢木门、窗框、暗装管道、电线管和电器预埋件、预制钢筋混凝土楼板灌缝完工后，进行抹灰、饰面、吊顶和隔断工程。
（2）钢木门窗及其玻璃工程，根据地区气候条件和抹灰工程的要求，可在湿作业前进行；铝合金、塑料、涂色镀锌钢板门窗及其玻璃工程，宜在湿作业完工后进行；否则，必须加强保护。
（3）有抹灰基层的饰面板工程、吊顶及轻型花饰安装工程，应待抹灰工程完工后进行。
（4）涂料、刷浆工程以及吊顶、隔断、罩面板的安装，应在塑料地板、地毯、硬质纤维等地（楼）面的面层和明装电线施工前、管道设备试压后进行。应待裱糊工程完工后，进行本地（楼）板面层的最后一遍涂料。
（5）裱糊工程，应待顶棚、墙面、门窗及建筑设备的涂料和刷浆工程完工后进行。

装饰工程大多是以饰面为最终效果，所以许多处于隐蔽部位而对于工程质量起着关键作用的项目和操作工序易被忽略，或是其质量弊病易被表面的美化修饰所掩盖。如大量的预埋件、连接件、铆固件、骨架杆件、焊接件、饰面板下的基面或基层处理，防火、防腐、防潮、防水、防虫、绝缘和隔声等功能性与安全性的构造和处理等，包括钉件质量、规格、螺栓及各种连接紧固件的设置、数量及埋入深度等，如果在操作时偷工减序、偷工减料、草率作业，势必给工程留下质量隐患。为此，建筑装饰工程的从业人员应该是经过专业技术培训和接受过一定的职业教育的持证上岗的人员，他们应具备一定的美学知识、识图能力、专业技能和及时发现问题并解决问题的能力，应具备严格执行国家政策和法规的强烈意识。对每一位建筑装饰工程的建设者来说，都必须规范自己的建设行为，严格按照法律、法规及规范和标准实施工程建设，切实保障建筑装饰工程施工的质量和安全。

8.1 抹灰工程施工

抹灰工程是将各种砂浆、装饰性石屑浆、石子浆涂抹在建筑物的墙面、顶棚、地面等表面上，除了保护建筑物外，还可以作为饰面层起到装饰作用。抹灰工程按工种部位可分为室内抹灰和室外抹灰。室内抹灰一般包括顶棚、墙面、楼地面、踢脚板、墙裙和楼梯等。室外抹灰一般包括屋檐、女儿墙、压顶、窗楣、窗台、腰线、阳台、雨篷、勒脚以及墙面等。

按抹灰的材料和装饰效果可分为一般抹灰和装饰抹灰。

抹灰工艺一般顺序为：先外墙后内墙，先上后下，先顶棚、墙面后地面。

外墙抹灰顺序为：屋檐→阳角线→台口线→窗→墙面→勒脚→散水坡→明沟。

内墙抹灰应在屋面防水工程完工后，且无后续工程损坏和沾污的情况下进行，其顺序为：房间(顶棚→墙面→地面)→走廊→楼梯→门厅。

8.1.1 一般抹灰工程施工

一般抹灰适用于石灰砂浆、水泥砂浆、混合砂浆、聚合物水泥砂浆、膨胀珍珠岩水泥砂浆、麻刀灰、纸筋灰和石膏灰等抹灰工程。

1. 一般抹灰工程的组成与分类

一般抹灰按建筑标准可分为普通抹灰和高级抹灰，当无设计要求时，按普通抹灰验收。

普通抹灰由一道底层和一道面层或一道底层、一道中层和一道面层构成。施工要求分层赶平、修整，表面光滑、洁净，接槎平整，分格缝应清晰。

高级抹灰由一底层、数层中层和一面层构成。施工要求阴阳角找方，设置标筋，分层赶平、修整。表面光滑、洁净、颜色均匀、无抹纹，分格缝和灰线应清晰、美观。

抹灰一般由底层、中层和面层组成如图8.1所示。其中，底层和中层可合并为一起操作。

1) 底层

底层主要起抹面层与基体黏结和初步找平的作用，采用的材料与基层有关。室内砖墙常用石灰砂浆或水泥砂浆；室外砖墙常采用水泥砂浆；混凝土基层常采用素水泥浆、混合砂浆或水泥砂浆；硅酸盐砌块基层应采用水泥混

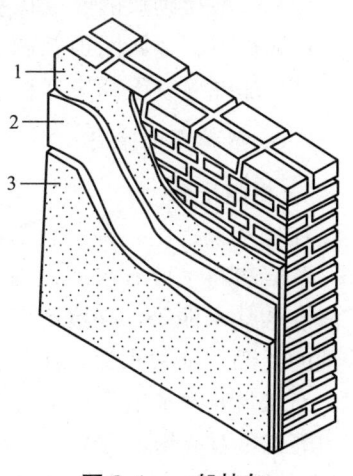

图 8.1 一般抹灰
1—底层；2—中层；3—面层

合砂浆或聚合物水泥砂浆；板条基层抹灰常采用麻刀灰和纸筋灰。因基层吸水性强，故砂浆稠度应较小，一般为100~200mm。若有防潮、防水要求，则应采用水泥砂浆抹底层。

2）中层

中层主要起保护墙体和找平作用，采用的材料与基层相同，但稠度可大一些，一般为70~80mm。

3）面层

面层主要起装饰作用。室内墙面及顶棚抹灰常采用麻刀（玻纤）灰、纸筋灰或石膏灰，也可采用大白腻子。室外抹灰可采用水泥砂浆、聚合物水泥砂浆或各种装饰砂浆。砂浆稠度为100mm左右。

抹灰层的平均总厚度（主要是为了防止抹灰层脱落）：内墙普通抹灰不得大于18mm，中级抹灰不得大于20mm，高级抹灰不得大于25mm；外墙抹灰，墙面不得大于20mm，勒脚及凸出墙面部分不得大于25mm；顶棚抹灰当基层为板条、空心砖或现浇混凝土时不得大于15mm，预制混凝土不得大于18mm，金属网顶棚抹灰不得大于20mm。抹灰总厚度大于或等于35mm时，应采取加强措施。

抹灰层每层的厚度要求为：水泥砂浆每层宜为5~7mm，水泥混合砂浆和石灰砂浆每层厚度宜为7~9mm。面层抹灰经过赶平压实后的厚度，麻刀灰不得大于3mm，纸筋灰、石膏灰不得大于2mm。

特别提示

此项要求的目的是为防止抹灰层由于抹得太厚，内外层收水快慢不同，引起开裂、甚至起鼓脱落。

抹灰饰面所采用的砂浆品种，一般应按设计要求选用，如设计无要求，应符合下列规定。
（1）外墙门窗洞口的外侧壁、屋檐、勒脚和压檐墙等，用水泥砂浆或水泥混合砂浆。
（2）湿度较大的房间和工厂车间，用水泥砂浆或水泥混合砂浆。
（3）混凝土板和墙的底层抹灰，用水泥混合砂浆或水泥砂浆。
（4）硅酸盐砌块的底层抹灰，用水泥混合砂浆。
（5）板条、金属网顶棚和墙的底层和中层抹灰，用麻刀灰砂浆或纸筋石灰砂浆。
（6）加气混凝土砌块和板的底层抹灰，用水泥混合砂浆或聚合物水泥砂浆。

2. 一般抹灰的准备

1）材料准备

在抹灰工程中，常用材料有胶凝材料、掺和料、砂、纤维材料和外加剂等。

胶凝材料主要有水泥、石灰和石膏等。常用的水泥有硅酸盐水泥、普通硅酸盐水泥和矿渣硅酸盐水泥等，强度等级在32.5级以上。不同品种的水泥不得混用，不得采用未做处理的受潮、结块水泥，出厂已超过3个月的水泥应经实验后方可使用。

石灰膏和磨细生石灰粉：块状生石灰须熟化成石灰膏后使用；将块状生石灰碾碎磨细后即为磨细生石灰粉，可节约石灰，适合冬季施工，而且粉饰后不易出现膨胀、鼓皮等现象，但它同样需经熟化；为保证过火生石灰的充分熟化，生石灰的熟化时间一般应不少于15d，如用于拌制罩面灰，则应不少于30d。抹灰用的石灰膏可用优质块状生石灰磨细而成的生石灰粉代替，可省去淋灰作业而直接使用，但为保护抹灰质量，其细度要求过4800孔/cm²的筛，且熟化时间不小于3d。生石灰不宜长期存放，保质期不宜超过一个月。在熟化期间，石灰浆表面应保留一层水，以使其与空气隔开而避免碳化。同时，应防止冻结和污染。

石膏：在抹灰过程中如需加速凝结，可在其中掺入适量的食盐；如需缓凝，可在其中掺入适量的石灰浆或明胶，一般用于高级抹灰或抹灰龟裂的补平。

粉煤灰：粉煤灰作为抹灰掺合料，可以节约水泥，提高和易性。

砂：一般抹灰砂浆中，采用普通中砂（细度模数为2.6～3.0），或与粗砂（细度模数为3.1～3.7）混合掺用。抹灰用砂要求颗粒坚硬洁净，含黏土、淤泥不超过3%，在使用前需过筛，去除粗大颗粒及杂质，应根据现场砂的含水率及时调整砂浆拌和用水量。

纤维材料：麻刀、纸筋、稻草、麦秸、玻璃纤维是抹灰砂浆中常掺加的纤维材料，在抹灰层中主要起拉结和骨架作用，以提高其抗裂能力和抗拉强度，同时可增加抹灰层的弹性和耐久性，使抹灰层不易脱落。麻刀应均匀、干燥、不含杂质，长度以20～30mm为宜，用时将其敲打松散，为便于敲打松散，还需干燥，每100kg石灰膏约掺1kg打松的麻刀拌匀，即成麻刀灰。纸筋（即粗草纸）分干、湿两种，拌和纸筋灰用的干纸筋应用水浸透、捣烂，湿纸筋可直接掺用，罩面纸筋应机碾磨细。稻草或麦秸断成不大于30mm长，泡在石灰水中半个月后使用。也可用石灰或火碱浸泡软化后轧磨成纤维状当纸筋用。玻璃纤维丝配制抹面灰浆可耐热、耐久和耐腐蚀，其长度以10mm左右为宜，但使用时要采取保护措施，以防其刺激皮肤。

外加剂：在抹灰工程中，常用外加剂有胶粘剂、憎水剂及分散剂等。

胶粘剂：常用的胶粘剂聚乙烯醇缩甲醛（俗称108胶）和聚酯酸乙烯乳液（简称乳液）。108胶主要作用有提高面层的强度，不致粉酥掉面；增加涂层或砂浆层的柔韧性与弹性，减少开裂；加强涂层或砂浆层与基层之间的黏结力，不易爆皮或起鼓脱落；108胶的掺量不宜超过水泥质量的40%；用耐碱容器贮运，冬期应注意防冻，冻后会严重影响质量。聚酯酸乙烯乳液是一种白色水溶性胶粘剂，较108胶的性能和耐久性都好，但价格较贵，乳液有效期为3～6个月。

憎水剂：常用的憎水剂有甲基硅醇钠建筑憎水剂和聚甲基乙氧基硅氧烷憎水剂。前者要求雨天不能施工，如喷、刷后24h内遇雨。第二天应做憎水试验，以水挂流、饰面不见湿为合格。否则，再喷刷一遍。稀释后的水溶液应在1～2d内用完（存放时间过长则效果下降）。后者要求使用后24h内防止雨水冲洗，随配随用，不得过夜。

分散剂：常用的分散剂有木质素磺酸钙和六偏磷酸钠。木质素磺酸钙可减少10%左右用水量，并起到分散剂的作用。六偏磷酸钠用于室外喷涂、刷涂等调制色浆的分散剂。它可稳定砂浆稠度，使颜料分散均匀及抑制水泥中游离成分的析出。一般掺入量为水泥用量的1%。本品为白色结晶颗粒，易潮解结块，需用塑料袋贮存。

2）一般抹灰砂浆的配制

一般抹灰砂浆拌和时通常采用质量配合比，材料应称量搅拌。配料的误差，水泥应在±2%以内，沙子、石灰膏应控制在±5%以内。砂浆应搅拌均匀，一次搅拌量不宜过多，最好随拌随用。拌好的砂浆应控制在水泥初凝前用完。

抹灰砂浆的拌制可采用人工拌制或机械拌制。一般中型以上工程均采用机械搅拌。机械搅拌可采用纸筋灰搅拌机和灰浆搅拌机。

搅拌不同种类的砂浆应注意不同的加料顺序。

冬期施工时,砂浆室内抹灰的环境温度不应低于5℃。室外抹灰砂浆内应掺入能降低冰点的防冻剂,其掺量应由实验确定。室内抹灰工程结束后,在7d以内,应保持室内温度不低于5℃。养护温度也不应低于5℃。水泥砂浆层应在潮湿的条件下养护,并应通风换气。含氯盐的防冻剂不得用于高压电源部位和有油漆墙面的水泥砂浆基层内。

3)抹灰工具的准备

常用手工抹灰工具有以下几种如图8.2所示。

图8.2 常用手动工具

抹子是将灰浆施于抹灰面上的主要工具,有铁抹子、钢皮抹子、压子、塑料抹子、木抹子、阴阳角抹子等若干种,分别用于抹制底层灰、面层灰、压光、搓平压实和阴阳角压光等抹灰操作。

木制工具主要有木杠、刮尺、靠尺、靠尺板、方尺、托线板等,分别用于抹灰层的找平、做墙面楞角、测阴阳角的方正和靠吊墙面的垂直度。使用时,将板的侧边靠紧墙面,根据中悬垂线偏离下端取中缺口的程度,即可确定墙面的垂直度及偏差。托线板也可用铝合金制作。

其他工具有毛刷、钢丝刷、茅草把、喷壶、水壶和弹线墨斗等,分别用于抹灰面的洒水、清刷基层、木抹子搓平时洒水及墙面洒水、浇水。

4) 施工准备

抹灰工程施工前,必须对基层表面做适当的处理,使其坚实粗糙,以增强抹灰层的黏结。基层处理包括以下内容。

(1) 将砖、混凝土和加气混凝土等基层表面的灰尘、污垢和油渍等清除干净,并洒水湿润;光滑的石面或混凝土墙面应凿毛,或刷一道纯水泥浆以增加黏结力;表面凹凸明显的部位,应事先剔平或用1:3水泥砂浆补平,对于平整光滑的混凝土表面拆模时随即作凿毛处理,或用铁抹子满刮水灰比为0.37~0.4(内掺水重3%~5%的108胶)水泥浆一遍,或用混凝土界面处理剂处理。

(2) 不同基层材料(如砖石与木,混凝土结构)等相接处应先铺钉金属网并绷紧钉牢,金属网与各基体的搭接宽度不应小于100mm,如图8.3所示。

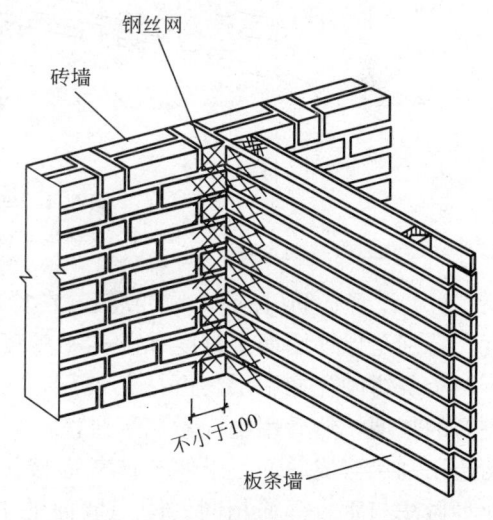

图8.3 基层交接处金属网铺设

(3) 墙上的施工孔洞及管道线路穿越的孔洞应堵塞填平密实。

(4) 抹灰前应检查门、窗框位置是否正确,与墙连接是否牢固。连接处的缝隙应用水泥砂浆或水泥混合砂浆(加少量麻刀)分层嵌塞密实。

3. 一般抹灰的施工方法

1) 内墙一般抹灰

内墙一般抹灰的施工工艺流程为:做标志块→标筋(冲筋)→阴阳角找方→做护角→底层及中层抹灰→面层抹灰(罩面灰)。

(1) 做标志块(贴灰饼)。用托线板全面检查墙体表面的垂直平整度,根据实际平整度及抹灰的总平均厚度决定墙面抹灰厚度。接着在2m左右高度,在距离墙两边阴角10~20cm处,用底层抹灰砂浆(也可以用1:3水泥砂浆或1:3:9水泥混合砂浆)各做一个标志块,厚度为抹灰层厚度(一般为1~1.5cm),大小5cm见方。以这两个标志块为依据,再用托线板靠、吊垂直确定墙下部对应的两个标志块的厚度,其位置在踢脚板上口,使上下两个标志块在一条垂直线上。标志块做好后,再在标志块附近墙面钉上钉子,拉水平通线，然后按间距 1.2～1.5m 加做若干标志块，如图 8.4 所示。窗口和垛角处必须做标志块。

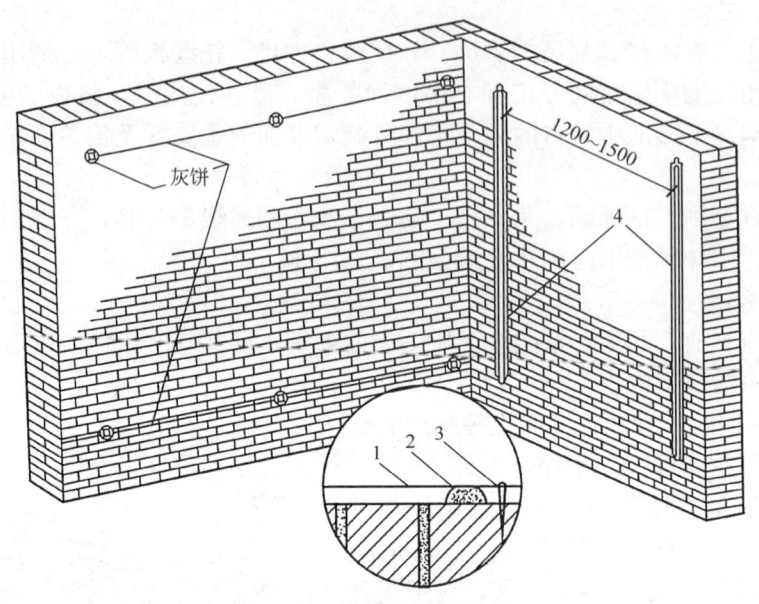

图 8.4 挂线做标志块及标筋
1—引线；2—灰饼(标志块)；3—钉子；4—标筋

(2) 设置标筋(标筋也称冲筋)。在抹底、中层灰前应设置标筋，可有效地控制抹灰厚度，特别是保证墙面垂直度和整体平整度。具体做法为：用与底层抹灰相同的砂浆在上、下两个灰饼间先抹一层，再抹第二层，形成宽度为 100mm 左右，厚度比灰饼高出 10mm 左右的灰埂，然后用木杠紧贴灰饼搓动，直至将标筋搓得与灰饼齐平为止。最后要将标筋两边用刮尺修成斜面，以便与抹灰面接槎顺平。标筋的另一种做法是采用横向水平标筋。此种做法与垂直标筋相同。同一墙面的上下水平标筋应在同一垂直面内。标筋通过阴角时，可用带垂球的阴角尺上下搓动，直至上下两条标筋形成相同且角顶在同一垂线上的阴角。阳角可用长阳角尺同样合在上下标筋的阳角处搓动，形成角顶在同一垂线上的标筋阳角。水平标筋的优点是可保证墙体在阴、阳转角处的交线顺直，并垂直于地面，同时水平标筋通过门窗框，由标筋控制，墙面与框面可接合平整。横向水平标筋如图 8.5 所示。

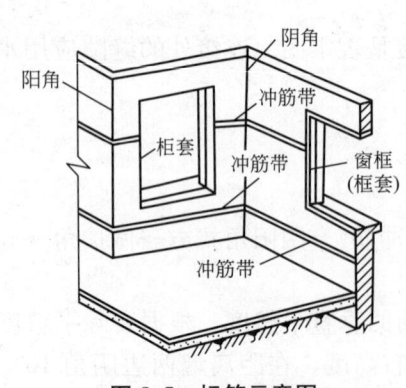

图 8.5 标筋示意图

(3) 阴阳角找方。中级抹灰要求阳角找方。其方法是先在阳角一侧墙面做基线，用方尺将阳角先规方，然后在墙角弹出抹灰基准线，并在基准线上下两端挂通线做标志块。高级抹灰要求阴阳角都要找方，阴阳角两边都要弹基线，并且必须在阴阳角两边做标志块和标筋。

(4) 做护角。为保护墙面转角处不易遭碰撞损坏，在室内抹面的门窗洞口及墙角、柱面的阳角处应做水泥砂浆护角。护角高度一般不低于 2m，每侧宽度不小于 50mm。具体做法为：先将阳角用方尺规方，靠门框一边以门框距墙的空隙为准，另一边以墙面灰饼厚度为依据。最好在地面上画好准线，按准线用砂浆粘好靠尺板，用托线板吊直，方尺找方。然后在靠尺板的另一边墙角分层抹1：2水泥砂浆，与靠尺板的外口平齐。然后将靠尺板移动至已抹好护角的一边，用钢筋、卡子卡住，用托线板吊直靠尺板，将护角的另一面分层抹好。取下靠尺板，待砂浆稍干时，用阳角抹子和水泥素浆捋出护角的小圆角，最后用靠尺板沿顺直方向留出预定宽度，将多余砂浆切出40°斜面，以便抹灰时与护角接槎。窗洞口一般虽不要求做护角，但同样也要方正一致、棱角分明、平整光滑，其操作方法与护角相同如图8.6所示。

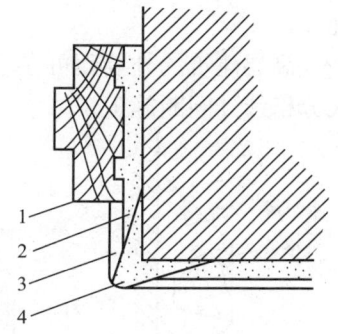

图8.6 护角示意图

1—窗口；2—墙面抹灰；
3—面层；4—水泥砂浆护角

（5）抹底层和中层灰。待标筋具有一定强度后，即可在两标筋间用力抹上底层灰，用木抹子压实搓毛。待底层灰收水后，即可抹中层灰，中层灰每层厚度一般为5～7mm，抹灰厚度应略高于标筋。抹中层灰，以灰筋为准满铺砂浆，然后用大木杠紧贴灰筋，将中层灰刮平如图8.7所示，最后用木抹子搓平。阴角处先用方尺上下核对方正(有水平横向标筋可免去此步)，然后用阴角器上下抽动扯平，使室内四角方正为止如图8.8所示。

图8.7 刮杠示意图

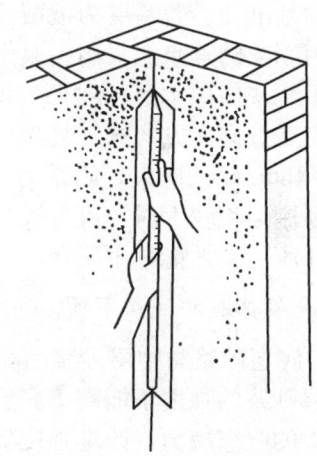

图8.8 阴角的扯平、找直

（6）抹面层灰。待中层灰有六七成干时，即可抹面层灰。操作一般从阴角或阳角处开始，自左向右进行。一人在前抹面灰，另一人其后找平整，并用铁抹子压实赶光。阴、阳角处用阴、阳角抹子捋光，并用毛刷蘸水将门窗圆角等处刷干净。高级抹灰的阳角必须用拐尺找方。普通抹灰可用麻刀灰罩面，高级抹灰应用纸筋灰罩面，用铁抹子抹平，并分两遍连续适时压实收光，如中层灰已干透发白，应先适度洒水湿润后，再抹罩面灰。

2）外墙一般抹灰

外墙一般抹灰的工艺流程为：基体表面处理→浇水润墙→设置标筋→抹底层、中层灰→弹分格线、嵌分格条→抹面层灰→起分格条→养护。

外墙抹灰的做法与内墙抹灰大部分相似，下面只介绍其特殊的几处。

（1）抹灰顺序。外墙抹灰应先上部后下部，先檐口再墙面。大面积的外墙可分块同时施工。

高层建筑的外墙面可在垂直方向适当分段，如一次抹完有困难，可在阴、阳角交接处或分格线处间断施工。

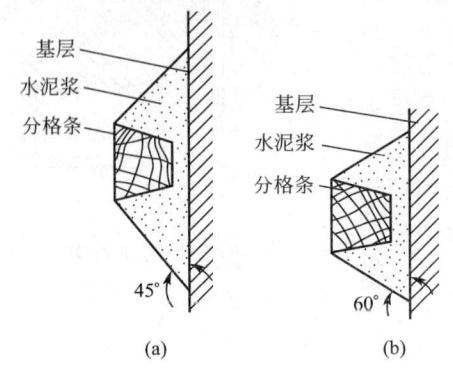

图 8.9 分格条两侧斜角示意图
(a) 当日起条者做 45°角；
(b) "隔夜条"做 60°角

(2) 嵌分格条，抹面层灰及分格条的拆除。待中层灰六七成干后，按要求弹分格线。分格条为梯形截面，浸水湿润后两侧用黏稠的素水泥浆与墙面抹成 45°角黏结。嵌分格条时，应注意横平竖直，接头平直。如当天不抹面层灰，分格条两边的素水泥浆应与墙面抹成 60°角，如图 8.9 所示。

面层灰应抹得比分格条略高一些，然后用刮杠刮平，紧接着用木抹子搓平，待稍干后再用刮杠刮一遍，用木抹子搓磨出平整、粗糙、均匀的表面。

面层抹好后，即可拆除分格条，并用素水泥浆将分格缝填匀平整。如果不是当即拆除分格条，则必须待面层达到适当强度后才可拆除。

3) 顶棚一般抹灰

顶棚抹灰一般不设置标筋，只需按抹灰层的厚度在墙面四周弹出水平线作为控制抹灰层厚度的基准线。若基层为混凝土，则需在抹灰前在基层上用掺 10% 108 胶的水溶液或水灰比为 0.4 的素水泥浆刷一遍作为结合层。抹底灰的方向应与楼板及木模板木纹方向垂直。抹中层灰后用木刮尺刮平，再用木抹子搓平。面层灰宜两遍成活，两道抹灰方向垂直，抹完后按同一方向抹压赶光，应抹得平整、光滑、不见抹印。顶棚的高级抹灰应加钉长 350~450mm 的麻束，间距为 400mm，并交错布置，分别按放射状梳理抹进中层灰浆内。当顶棚面积较大时，可分段、分块进行抹灰、压平、压光，但接合处必须理顺；底层灰全部抹压后，才能抹中层灰，中层灰全部抹压后，才能抹面层灰。

4. 一般抹灰的注意事项

(1) 底层砂浆与中层砂浆的配合比应基本相同。

中层砂浆的强度不能高于底层，底层砂浆的强度不能高于基层，以免砂浆凝结过程中产生较大的收缩应力，破坏强度较低的底层或基层，使抹灰层产生开裂、空鼓或脱落。一般混凝土基层上不能直接抹石灰砂浆，而水泥砂浆也不得抹在石灰砂浆层上。

(2) 冬季施工时，抹灰砂浆应采取保温措施。

涂抹时，砂浆室内抹灰的环境温度不宜低于 5℃。砂浆抹灰硬化初期不得受冻，气温低于 5℃时，室外抹灰所用的砂浆可掺入混凝土防冻剂，其掺量由实验确定。室内抹灰工程结束后，在 7d 以内，应保持室内温度不低于 5℃。养护温度也不应低于 5℃。水泥砂浆层应在潮湿的条件下养护，并应通风换气。含氯盐的防冻剂不得用于高压电源部位和有油漆墙面的水泥砂浆基层内。

(3) 外檐窗台、窗楣、雨篷、阳台、压顶和凸出腰线等，上面应做流水坡度，下面应做滴水线或滴水槽，其深度和宽度均应小于 10mm，并应整齐一致。

8.1.2 装饰抹灰工程施工

装饰抹灰的底层和中层的做法与一般抹灰基本相同，只是面层的材料、厚度和施工方法有所不同。装饰抹灰面层材料有水刷石、斩假石、干粘石、假面砖、拉毛灰、喷涂和滚涂等。

下面介绍几种主要装饰面层的施工工艺。

1. 水刷石施工

水刷石饰面是将水泥石子浆罩面灰中尚未干硬的水泥用水冲刷掉，使各色石子外露，形成有"绒面感"的表面。它具有耐久性强、装饰效果好、造价较低的特点，是一种传统的外墙装饰做法。但由于其操作技术要求较高，洗刷浪费水泥，墙面污染后不易清洗，故已不常用。

面层材料的水泥可采用彩色水泥、白水泥或普通水泥。颜料应选耐碱、耐光、分散性好的矿物颜料。骨料可选用中、小八厘石粒，玻璃碴，粒砂等，骨料颗粒应坚硬、均匀、洁净，色泽一致。

水刷石的施工工序为：清理基层→湿润墙面→设置标筋→抹底层砂浆→抹中层砂浆→弹线和粘贴分格条→抹面层石子浆→冲刷面层→起分格条及浇水养护。

水刷石抹灰分三层。底层砂浆同一般抹灰。抹中层砂浆时表面压实搓平后划毛，然后进行面层施工。中层砂浆凝结后，按设计要求弹分格线，按分格线用水泥浆粘贴湿润过的分格条，贴条必须位置准确，横平、竖直。

其施工要点如下。

(1) 水泥石子浆大面积施工前，为防止面层开裂，需待中层砂浆六七成干(初凝)时，按设计要求弹线、分格，分格条应事先在水中浸透。分格条两侧用抹成45°角的"8"字形纯水泥浆固定。

施工前，润湿中层灰，立即用铁抹子满刮水灰比为0.37～0.4的水泥浆(内掺3%～5%的108胶)一道，随即抹面层石子浆。石子浆面层稍收水后，用铁抹子将面层浆满压一遍，轻轻拍平露出的石子棱尖，然后用刷子蘸水刷一遍，再通压一遍。如此反复刷压不少于三遍，最后用铁抹子拍平，使表面石子大面朝外，排列紧密均匀。

(2) 喷刷、冲洗面层。冲刷面层是影响水刷石质量的关键环节。冲刷面层应待面层石子浆刚开始初凝时进行(手指按上去不显指痕，用刷子刷表面而石粒不掉时)，分两遍进行。第一遍用软毛刷蘸水刷掉面层水泥浆，露出石粒；紧跟着第二遍用喷雾器向四周相邻部位喷水，喷头离墙10～20cm，将表面水泥浆冲掉，石子外露约为1/2粒径，使石子清晰可见，均匀密布。喷水顺序应由上至下，压力合适，均匀喷洒。冲刷完成后用清水(水管或水壶)从上到下冲净表面。冲刷的时间要严格掌握，过早则石子显露过多，易脱落；冲刷过晚则水泥浆冲刷不净，石子显露不够或饰面浑浊，影响美观。面层和中层也可根据设计要求掺入一定量的大白粉和石灰膏，以增加面层颜色白度和加强与中层的黏结力。

水刷石的外观质量应满足：石粒清晰、分布均匀、紧密平整、色泽一致、不得有掉粒和接槎痕迹。为保护未喷刷的墙面面层，冲刷上段时，下段墙面可用牛皮纸或塑料布贴盖，将冲刷的水泥浆外排。若墙面面积较大，则应先罩面先冲洗，后罩面后冲洗。罩面顺序也是先上后下，这样既可保证各部分的冲刷时间，又可保护下段墙面不受到损坏。

(3) 起分格条。冲刷面层后，适时起出分格条，用小线抹子顺线溜平，然后根据要求用素水泥浆作出凹缝并上色。

2. 干粘石

干粘石是将彩色干石子直接粘在砂浆面层上的一种饰面做法。底层同水刷石做法。装饰效果与水刷石差不多，但湿作业少，节约原材料（节约水泥30%～40%、石子50%），提高工效30%左右，但日久经风吹雨打易产生脱粒现象，现已较少常用。干粘石的施工方法有手工干粘石和机喷干粘石两种。

干粘石施工工序为：清理基层→湿润墙面→设置标筋→抹底层砂浆→抹中层砂浆→弹线和粘贴分格条→抹面层砂浆→甩、压石子→起分格条与修整→养护。

干粘石面层操作方法和施工要点如下。

(1) 抹黏结层。底层同水刷石做法。待中层水泥砂浆干至七成左右，洒水湿润后，粘分格条，待分格条粘牢后，在墙面刷水泥浆一道，随后按格抹砂浆黏结层（1∶3的水泥砂浆，厚度为4～6mm，砂浆稠度不大于80mm），黏结层砂浆一定要抹平，不显抹纹，按分格大小，一次抹一块或数块，应避免在块中甩槎。

(2) 甩石子。黏结层抹好后，应立即甩石子。当采用人工撒（甩）石子时，可三个人同时连续操作：一人抹黏结层、一人撒石子、一人随即用铁抹子将石子均匀拍入黏结层。顺序是先边角后中间，先上面后下面，先甩四周易干部分，然后甩中间，要做到大面均匀，边角和分格条两侧不漏粘，由上而下快速进行。有时可用喷枪将石子均匀有力地喷射于黏结层上，用铁抹子轻轻压一遍，使表面搓平。如在黏结砂浆中掺入108胶或其他聚合物胶乳，则可使黏结层砂浆抹得更薄，石子粘得更牢。

(3) 压石子。用抹子或辊子压拍石子时，应使石子嵌入砂浆深度大于1/2粒径。拍压时用力不宜过大，否则容易翻浆糊面；用力过小，石子黏结不牢，易掉粒。阳角处撒石子时应两侧同时操作，避免当一侧石子粘上去后，在角边的砂浆收水，另一侧的石子就不易粘上去，出现明显的接槎黑边。

(4) 起分格条与修整。要求与水刷石操作相同。起条时，如发现掉角缺棱，应及时用1∶1水泥细砂砂浆补上，并用手压上石子，达到顺直清晰。如局部石子不饱满，可立即刷108胶水溶液，再甩石子补齐。

(5) 养护。勾缝后24h进行喷淋水养护，养护时间不小于7d。

3. 斩假石

斩假石又称剁斧石，是一种仿石材的施工方法，是在水泥砂浆基层上涂抹水泥石子浆，待硬化后，用斩斧、齿斧及各种凿子等专用工具剁出有规律的石纹，使其类似天然花岗岩、玄武石、青条石的表面状态，即为斩假石。

斩假石施工工序为：清理基层→湿润墙面→设置标筋→抹底层砂浆→抹中层砂浆→弹线和粘贴分格条→抹水泥石子浆面层→养护→斩剁→清理。

施工时先用1∶(2～2.5)水泥砂浆打底，待24h后浇水养护，硬化后在表面洒水湿润，刮素水泥浆一道，随即用1∶1.25或1∶1.5水泥石子浆（内掺30%石屑）罩面，厚度为10～12mm；抹完后要注意防止日晒或冰冻，并在正常温度（15～30℃）下，养护2～3d（强度达到60%～70%）即可试剁，如石子颗粒不发生脱落便可正式斩假加工。加工时用剁斧将面层斩毛，剁的方向要一致，剁纹深浅要均匀，顺直、一致，应无漏剁处，一般两遍成活，分格缝周边、墙角、柱子的棱角周边留15～20mm不剁，即可作出似用石料砌成的装饰面。

常用的斩剁工具有斩斧、多刃斧、花锤、扁凿、齿凿和尖锥等。斩剁的顺序一般为：先上后下；由左至右；先剁转角和四周边缘，后剁大面。剁纹深度一般以1/3石粒粒径为宜。斩剁完后，墙面应用清水冲刷干净，起出分格条，用钢丝刷刷净分格缝处。按设计要求，可在缝内做凹缝并上色。

以上介绍的3种装饰抹灰的共同特点是采用适当的施工方法，显露出面层中的石粒，以呈现出天然石粒的质感和色泽，从而达到装饰目的。所以，此类装饰抹灰又称为石碴类装饰抹灰。该类装饰抹灰还有扒拉石、拉假石和喷粘石等做法。

4. 聚合物水泥砂浆的喷涂、滚涂与弹涂施工

聚合物水泥砂浆是在水泥砂浆中加入一定的聚乙烯醇缩甲醛胶（或108胶）、颜料和石膏等材料形成混合物。聚合物水泥砂浆的喷涂、滚涂与弹涂施工是利用专用喷枪、喷斗或滚、弹涂工具将聚合物水泥（彩色）砂浆施于墙面的中层灰面层上，形成粒状、波状面层或大小、颜色不一的色点或拉毛，也是极富特色的一类饰面抹灰方法。

1) 喷涂饰面

喷涂饰面是用空气压缩机、砂浆泵或喷枪将聚合物水泥砂浆喷涂在墙面底子灰上形成装饰抹灰。由于砂浆中掺入聚合物乳液，而具有良好的和易性及抗冻性，能提高装饰面层的表面强度与黏结强度。通过调整砂浆的稠度和喷射压力的大小，可喷成砂浆饱满、波纹起伏的"波面"，或表面不出浆而满布细碎颗粒的"粒状"，也可在表面涂层上再喷，以不同色调的砂浆点，形成"花点套色"。

材料要求：浅色面层用白水泥，深色面层用普通水泥；细骨料用中砂或浅色石屑，含泥量不大于3%，过3mm孔筛。

聚合物砂浆应用砂浆搅拌机进行拌和。先将水泥、颜料、细骨料干拌均匀，再边搅拌边顺序加入木质素磺酸钠（先溶于少量水中）、108胶和水，直至全部拌匀为止。水泥石灰砂浆，应先将石灰膏用少量水调稀，再加入水泥与细骨料的干拌料中。拌和好的聚合物砂浆，宜在2h内用完。

喷涂聚合物砂浆的主要机具设备有空气压缩机（0.6m^3/min）、加压罐、灰浆泵、振动筛（5mm筛孔）、喷枪、喷斗、胶管（25mm）和输气胶管等。

波面喷涂使用喷枪如图8.10所示。第一遍喷到底层灰变色即可；第二遍喷至出浆不流为度；第三遍喷至全部出浆，表面均匀呈波状，不挂流，颜色一致。喷涂时枪头应垂直于墙面，相距30～50cm，其工作压力，在用挤压式灰浆泵时为0.1～0.15MPa，空压机压力为0.4～0.6MPa。喷涂必须连续进行，不宜接槎。

粒状喷涂使用喷斗如图8.11所示。第一遍满喷盖住底层，收水后开足气门喷布碎点，快速移动喷斗，勿使出浆，第二、第三遍应有适当间隔，以表面布满细碎颗粒、颜色均匀不出浆为原则。喷斗应与墙面垂直，相距为30～50cm。

喷涂时应注意以下几个问题。

(1) 门窗和不做喷涂的部位应事先遮盖，防止污染。

(2) 干燥的底层灰，在喷涂前应洒水湿润。在底层灰面上刷涂层108胶水溶液后应随即进行喷涂。

(3) 喷涂时环境温度不宜低于-5℃。

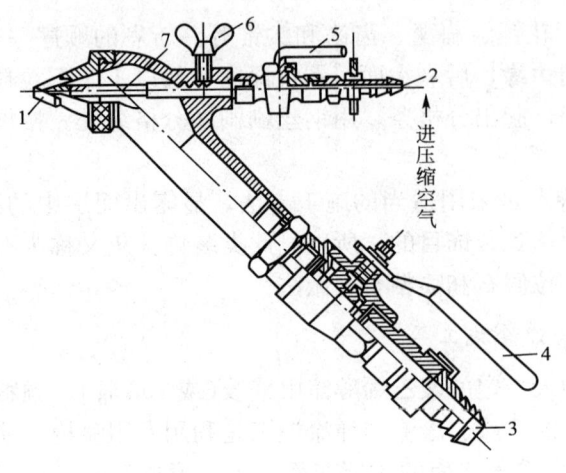
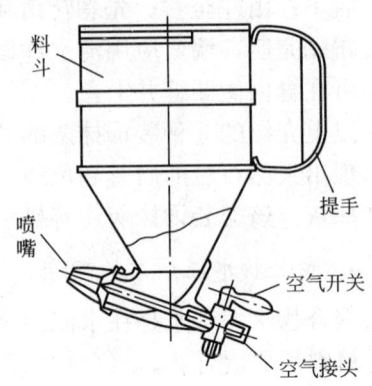

图 8.10 喷枪　　　　　　　　图 8.11 喷斗
1—喷嘴；2—压缩空气接头；3—砂浆皮管接头；4—砂
浆控制阀；5—压缩空气控制阀；6—顶丝；7—喷气管

(4) 大面积喷涂，宜在墙面上预先粘贴分格条，分格区内喷涂应连续进行。面层结硬后取出分格条，用水泥砂浆勾缝。

(5) 喷涂面层的厚度宜控制在 3～4mm。面层干燥后，应涂甲基硅醇钠憎水剂一遍。

2) 滚涂饰面

滚涂饰面是将 2～3mm 厚带色的聚合物砂浆均匀涂抹在底层上，随即用平面或带有拉毛、刻有花纹的橡胶、泡沫塑料滚子，在罩面层上直上直下施滚涂拉，并一次成活滚出所需花纹。

滚涂饰面的底、中层抹灰与一般抹灰相同。具体做法为：10～13mm 厚水泥砂浆打底，木抹搓平；粘贴分格条(施工前在分格处先刮一层聚合物水泥浆，滚涂前将涂有聚合物胶水溶液的电工胶布贴上，等饰面砂浆收水后揭下胶布)；3mm 厚色浆罩面，随抹随用辊子滚出各种花纹；待面层干燥后，喷涂有机硅水溶液。

3) 弹涂饰面

弹涂饰面是在墙体表面刷一道聚合物水泥色浆后，用弹涂器分几遍将不同色彩的聚合物水泥色浆弹在已涂刷的涂层上，形成 3～5mm 大小的扁圆形花点，再喷甲基硅醇钠憎水剂形成的饰面层。

由于色浆一般由 2～3 种颜色组成，不同色点在墙面上相互交错、相互衬托，如水刷石、干粘石，也可做成单色光面、细麻面和小拉毛拍平等多种形式。这种工艺可在墙面上做底灰，再做弹涂饰面，也可直接弹涂在基层平整的混凝土板、加气板、石膏板和水泥石棉板等板材上。

弹涂常用的机具有电动弹涂机和摇手柄驱动弹涂器，如图 8.12 和图 8.13 所示。

施工顺序为：基层找平修正或做砂浆底灰→调配色浆刷底色→弹力器做头道色点→弹力器做二道色点→弹力器局部找均匀→树脂罩面防护层。

施工要点为：一般混凝土等表面较为平整的基体，可直接刷底色浆后弹涂(砖墙基体应先用 1∶3 水泥砂浆抹找平层并搓平)，基体应干燥、平整、棱角规矩。

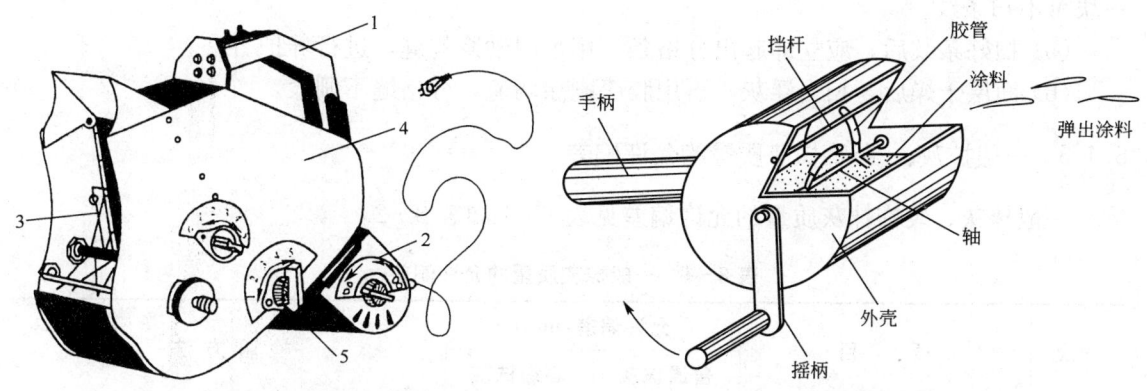

图 8.12　8021 型彩色弹涂机　　　　图 8.13　摇手柄驱动弹涂器
1—手柄；2—微电动机；3—弹棒；
4—料斗壳体；5—流量开关

弹涂时，先将基层湿润刷（喷）底色浆，然后用弹涂器将色浆弹到墙面上，形成直径为 1～3mm 大小的图形花点，弹涂面层厚为 2～3mm，一般 2～3 遍成活，每遍色浆不宜太厚，不得流坠，第一遍应覆盖 60%～80%，最后罩一遍甲基硅醇钠憎水剂。

弹涂应自上而下，从左向右进行。先弹深色浆，后弹浅色浆。

喷涂、滚涂、弹涂饰面层，要求颜色一致，花纹大小均匀，不显接槎。

5．假面砖

假面砖又称仿面砖，适用于装饰外墙面，远看像贴面砖，近看才是彩色砂浆抹灰层上分格。假面砖表面应色泽平整、沟纹清晰、留缝整齐、色泽一致，应无掉角、脱皮、起砂等缺陷。底层同水刷石，接着抹饰面灰。面层灰宜用 5∶1∶9 水泥石灰砂浆（水泥∶石灰膏∶细砂），按色彩需要掺入适量矿物颜料，成为彩色砂浆。面层灰厚为 3～4mm。待面层灰收水后，用铁梳或铁辊顺着靠尺由上而下划出竖向纹，纹深约为 1mm，竖向纹划完后，再按假面砖尺寸，弹出水平线，将靠尺靠在水平线上，用铁刨或铁钩顺着靠尺划出横向沟，沟深为 3～4mm。全部画好纹、沟后，清扫假面砖表面。

6．仿石

仿石适用于装饰外墙。仿石抹灰层由底层灰、结合层及面层组成。底层灰用 12mm 厚 1∶3 水泥砂浆，结合层用水泥浆（内掺水重 3%～5% 的 108 胶），面层用 10mm 厚 1∶0.5∶4 水泥石灰砂浆。

仿石施工要点如下。

（1）底层灰凝固后，在墙面上弹出分块线，分块线按设计图案而定，使每一分块呈不同尺寸的矩形或多边形。

（2）洒水湿润墙面按照分块线，将木分格条用稠水泥浆粘贴在墙面上。

（3）在各分块涂刷水泥浆结合层，随即抹上水泥石灰砂浆面层灰，用刮尺沿分格条刮平，再用木抹搓平。

（4）待面层稍收水后，用短直尺紧靠在分格条上，用竹丝帚将面灰扫出清晰的条纹。各分块之间的条纹应一块横向、一块竖向，竖横交替。若相邻两块条纹方向相同，则其中一块可不扫条纹。

(5) 扫好条纹后，应立即起出分格条，用水泥砂浆勾缝，进行养护。

(6) 面层干燥后，扫去浮灰，再用胶漆刷涂两遍，分格缝不刷漆。

8.1.3 一般抹灰、装饰抹灰质量的允许偏差

一般抹灰、装饰抹灰质量的允许偏差见表 8-1 和表 8-2。

表 8-1 一般抹灰质量的允许偏差

项次	项 目	允许偏差(mm)		检验方法
		普通抹灰	高级抹灰	
1	立面垂直	4	3	用 2m 垂直检测尺检查
2	表面平整	4	3	用 2m 靠尺和楔形塞尺检查
3	阴、阳角垂直	4	3	用直角检测尺检查
4	分格条(缝)平线度	4	3	拉 5m 线，不足 5m 拉通线，用钢直尺检查
5	墙裙勒脚上口直线度	4	3	拉 5m 线，不足 5m 拉通线，用钢直尺检查

注：1. 普通抹灰，本表第 3 项阴角方正可不检查。
2. 顶棚抹灰，本表第 2 项表面平整度可不检查，但应顺平。

表 8-2 装饰抹灰质量的允许偏差

项次	项 目	允许偏差(mm)				检验方法
		水刷石	斩假石	干黏石	假面砖	
1	立面垂直度	5	4	5	5	用 2m 垂直检测尺检查
2	表面平整度	3	3	5	4	用 2m 靠尺和楔形塞尺检查
3	阳角方正	3	3	4	4	用直角检测尺检查
4	分格条(缝)直线度	3	3	3	3	拉 5m 线，不足 5m 拉通线，用钢直尺检查
5	墙裙勒脚上口直线度	3	3			拉 5m 线，不足 5m 拉通线，用钢直尺检查

应用案例 8-1

某装饰公司承接了职工餐厅的装修改造施工，对抹灰工程进行了重点控制。高级抹灰允许偏差和检验方法见表 8-3。

表 8-3 高级抹灰允许偏差和检验方法

项次	项 目	高级抹灰允许偏差(mm)	检 验 方 法
1	表面平整	4	用 2m 直尺和楔形塞尺检查
2	阴阳角垂直	2	用 2m 托线板和尺检查
3	立面垂直	3	用 2m 托线板和尺检查
4	阴阳角方正	2	用 200mm 方尺检查
5	分格条(缝)平直	—	拉 5m 线和尺检查

为防止墙面抹灰开裂,需要以下措施:抹灰施工要分层进行;对抹灰厚度大于 55mm 的抹灰面要增加钢丝网片以防止开裂;对墙、柱、门窗洞口的阳角做 1:2 水泥砂浆暗护角处理;有防水要求的墙面抹灰水泥砂浆中掺入一定配比的外加剂,施工前进行试配。

请思考:题中所示高级抹灰的允许偏差有无错误?且请指正。防止墙面抹灰开裂的技术措施有无不妥和缺项?且请补充改正。抹灰工程中需对哪些材料进行复试?复试项目有哪些?

8.2 楼地面工程施工

楼地面是底层地面和楼板面的总称。楼地面由面层、结合层、找平层、防潮层、保温层、垫层和基层等组成。按面层施工方法不同可分为 3 大类:整体楼地面(包括水泥砂浆楼地面、水泥混凝土楼地面、水磨石楼地面、防油渗楼地面等);块材地面(预制板材、大理石和花岗石、水磨石地面);卷材地面;另外,还有塑料地面等。

应用案例 8-2

南方某综合性写字楼,为钢筋混凝土框架结构。其中一层为办公室,二层为多功能厅,经常进行各种会议和文艺演出活动,产生较大的振动和噪声问题。一层办公室吊顶采用双层石膏板,二层楼面采用木龙骨双层木地板,中间舞池部分采用现制水磨石楼面。

在施工过程中,二层多功能厅楼面,木地板部分采用 50mm×50mm 木龙骨中距 400mm 做防腐处理,18mm 厚松木毛地板,背面刷防腐剂 45°斜铺,上铺卷材防潮一层,50mm×18mm 长条硬木企口地板,背面刷防腐剂,中心舞池部分采用现浇水磨石楼面。

请思考:根据上述的描述,请指出施工做法的错误,并给出隔振、隔声应采取的正确做法,画出楼面木地板、水磨石的构造图。

8.2.1 整体地面施工

1. 水泥砂浆楼地面的施工

施工工序为:测定标高→洒水湿润→素水泥浆(4%~5%环保胶)→水泥砂浆(找平、三次压光)→12h(终凝后)铺草袋、锯末养护。

水泥砂浆地面面层的厚度应不小于 20mm,一般采用硅酸盐水泥、普通硅酸盐水泥,用中砂或粗砂配制,配合比为 1:2~1:2.5(体积比)。

面层施工前,先按设计要求测定地坪面层标高,校正门框,将垫层清扫干净洒水湿润，表面比较光滑的基层，应进行凿毛，并用清水冲洗干净。铺抹砂浆前，应在四周墙上弹出一道水平基准线，作为确定水泥砂浆面层标高的依据。面积较大的房间，应根据水平基准线在四周墙角处每隔1.5～2m用1∶2水泥砂浆抹标志块，以标志块的高度作出纵横方向通长的标筋来控制面层厚度。

面层铺抹前，先刷一道含4‰～5‰108胶的水泥浆，随即铺抹水泥砂浆，用刮尺赶平，并用木抹子压实，在砂浆初凝后终凝前，用铁抹子反复压光三遍。砂浆终凝后铺盖草袋、锯末等浇水养护。当施工大面积的水泥砂浆面层时，应按设计要求留分格缝，防止砂浆面层产生不规则裂缝。

水泥砂浆面层强度小于5MPa之前，不准上人行走或进行其他作业。

2. 细石混凝土楼地面的施工

细石混凝土面层可以克服水泥砂浆面层干缩较大的弱点。这种面层强度高，干缩值小。与水泥砂浆面层相比，它的耐久性更好，但厚度较大，一般为30～40mm。混凝土强度等级不低于C20，所用粗骨料要求级配适当，粒径不大于15mm，且不大于面层厚度的2/3。用中砂或粗砂配制。

细石混凝土面层施工的基层处理和找规矩的方法与水泥砂浆面层施工相同。

施工工序：弹水平线→分割（不大于3m）→0.4～0.5水泥浆→铺混凝土→压光养护。

铺细石混凝土时，应由里向门口方向进行铺设，按标志筋刮平拍实后，稍待收水，即用钢抹子预压一遍，待进一步收水，即用铁滚筒交叉滚压3～5遍或用表面振动器振捣密实，直到表面泛浆为止，然后进行抹平压光。细石混凝土面层与水泥砂浆面层基本相同，必须在水泥初凝前完成抹平工作，终凝前完成压光工作，要求其表面色泽一致，光滑无抹子印迹。

钢筋混凝土现浇楼板或强度等级不低于C15的混凝土垫层兼面层时，可用随捣随抹的方法施工，在混凝土楼地面浇捣完毕，表面略有吸水后即进行抹平压光。混凝土面层的压光和养护时间和方法与水泥砂浆面层同。

3. 水磨石楼地面的施工

现制水磨石一般适用于地面施工，墙面水磨石通常采用水磨石预制贴面板镶贴。其构造层如图8.14所示。

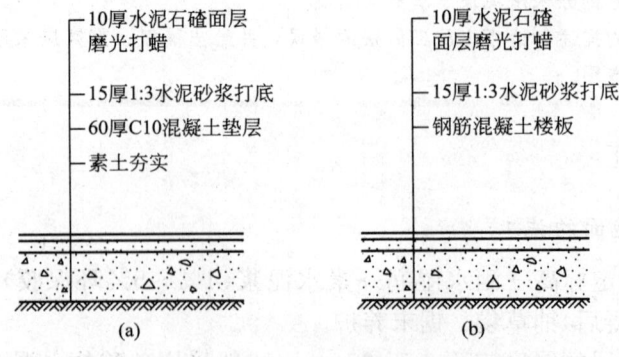

图8.14 水磨石地面构造层次

水磨石地面面层施工，一般在完成顶棚、墙面等抹灰后进行，也可以在水磨石楼、地面磨光两遍后再进行顶棚、墙面抹灰，但对水磨石面层应采取保护措施。

水磨石地面施工工序为：基层清理→浇水冲洗湿润→设标筋→做水泥砂浆找平→养护→镶嵌分格条→铺抹水泥砂浆面层→养护试磨→两浆三磨→冲洗干后打蜡抛光。

水磨石面层所用的石子应用质地密实、磨面光亮。如硬度不大的大理石、白云石、方解石或质地较硬的花岗岩、玄武岩和辉绿岩等。石子应洁净无杂质，石子粒径一般为4～12mm；白色或浅色的水磨石面层，应采用白色硅酸盐水泥，深色的水磨石面层应采用普通硅酸盐水泥或矿渣硅酸盐水泥，水泥中掺入的颜料应选用遮盖力强、耐光性、耐候性，耐水性和耐酸碱性好的矿物颜料。掺量一般为水泥用量的3％～6％，也可由实验确定。

施工要点如下：

(1) 基层：抹20厚1∶3水泥砂浆，养护1～2d。

(2) 嵌分格条。在找平层上按设计图案弹出墨线，然后按墨线固定分格条（铜条或玻璃条），如图8.15所示，嵌条宽度与水磨石面层厚度相同。玻璃条用素水泥浆抹"8"字条固定；铜条每米4眼，穿22号丝绑牢。

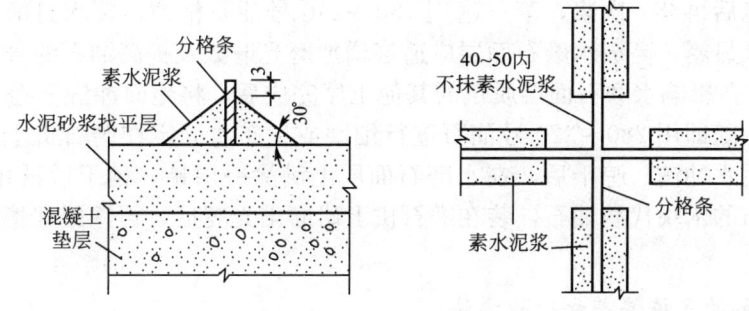

图8.15 分格嵌条设置

注意：灰条、灰堆高不大于0.5分格条，12h后浇水养护2d。

特别提示

分格条正确的粘嵌方法是纯水泥浆粘嵌玻璃条成八分角，略大于分格条的1/2高度，水平方向以30°角为准。分格条交叉处应留出15～20mm的空隙不填水泥浆，这样在铺设水泥石子浆时，石粒能靠近分格条交叉处如图8.15所示。

(3) 抹水泥石子浆面层。将嵌条稳定好，浇水养护3～5d后，抹水泥石子面层。具体操作为：清除地面积水和浮灰，刷素水泥浆一道，铺1∶(2～2.8)水泥石碴浆，高出分格条1～2mm，木抹子搓平。铺完后，在表面均匀撒一层石粒，拍实压平，用滚筒压实，待出浆后，2h后再纵横各压一遍，钢抹子抹平，24h后开始养护。压辊反复滚压至出浆，抹子抹平。

如在同一平面上有几种颜色的水磨石，应先做深色，后做浅色；先做大面，后做镶边。待前一种色浆凝固后，再抹后一种色浆。

(4) 研磨。水磨石的开磨时间与水泥强度和气温高低有关，应先试磨，在石子不松动时方可开磨。一般开磨时间见表8-4。

表 8-4 水磨石面层开磨参考时间表

平均温度(℃)	开磨时间(d)	
	机 磨	人 工 磨
20~30	2~3	1~2
10~20	3~4	1.5~2.5
5~10	5~6	2~3

大面积施工宜用磨石机研磨，小面积、边角处，可用小型湿式磨光机研磨或手工研磨，研磨时应边磨边加水，对磨下的石浆应及时清除。

水磨石面一般采用"二浆三磨"法，即整修研磨过程中磨光三遍，补浆二次。第一遍先用 60~80 号粗金刚石粗磨，磨石机走"8"字形，边磨边加水冲洗，要求磨匀磨平，随时用 2m 靠尺板进行平整度检查。磨后把水泥浆冲洗干净，并用同色水泥浆涂抹，填补研磨过程中出现的小孔隙和凹痕，洒水养护 2~3d。第二遍用 120~150 号金刚石平磨，方法同第一遍，磨光后再补一次浆，第三遍用 180~240 号油石精磨，要求打磨光滑，无砂眼细孔，石子颗颗显露，高级水磨石面层应适当增加磨光遍数及提高油石的号数。

(5) 抛光。在影响水磨石面层质量的其他工序完成后，将地面冲洗干净，涂上 10% 浓度的草酸溶液，随即用 280~320 号油石进行细磨或把布卷固定在磨石机上进行研磨，表面光滑为止。用水冲洗、晾干后，在水磨石面层上满涂一层蜡，稍干后再用磨光机研磨，或用钉有细帆布的木块代替油石，装在磨石机上研磨出光亮后，再涂蜡研磨一遍，直到光滑洁亮为止。

4. 整体面层的允许偏差和检验方法

整体面层的允许偏差和检验方法见表 8-5。

表 8-5 整体面层的允许偏差和检验方法　　　单位：mm

项次	项　目	允许偏差						检 验 方 法
		水泥混凝土面层	水泥砂浆面层	普通水磨石面层	高级水磨石面层	水泥钢(铁)屑面层	防油渗混凝土和不发火(防爆)面	
1	表面平整度	5	4	3	2	4	5	用 2m 靠尺和塞尺检查
2	踢脚线上口平直	4	4	3	3	4	4	拉 2m 线和用钢尺检查
3	缝格平直	3	3	3	2	3	3	

8.2.2　块材地面施工

块材地面是将各种不同形状的人造或天然块材用水泥砂浆、水泥浆、胶粘剂铺设于基层上做成的地面，主要包括陶瓷锦砖、瓷砖、地砖、大理石、花岗岩、碎拼大理石以及预制混凝土、水磨石地面等。

1. 施工准备

铺贴前，应先挂线检查地面垫层的平整度，弹出房间中心"十"字线，然后由中央向四周弹出分块线,同时在四周墙壁上弹出水平控制线。按照设计要求进行试拼试排,在块材背面编号,以便安装时对号入座,根据试排结果,在房间的主要部位弹上互相垂直的控制线并引至墙上,用以检查和控制板块的位置。

2. 大理石板、花岗石板及预制水磨石板地面铺贴要点

具体施工工序为:基层清理→弹线→试拼、试铺→板块浸水→刷浆→铺水泥砂浆结合层→铺块材→灌缝、擦缝→上蜡。

1) 板材浸水

施工前,应将板材(特别是预制水磨石板)浸水湿润,并阴干码好备用,铺贴时,板材的底面以内潮外干为宜。

2) 摊铺结合层

先在基层或找平层上刷一遍掺有 4‰~5‰108 胶的水泥浆,水灰比为 0.4~0.5。随刷随铺水泥砂浆结合层,厚度 10~15mm,每次铺 2~3 块板面积为宜,并对照拉线将砂浆刮平。

3) 铺贴

正式铺贴时,要将板块四角同时座浆,四角平稳下落,对准纵横缝后,用木槌敲击中部使其密实、平整,准确就位。

4) 灌缝

要求嵌铜条的地面板材铺贴,先将相邻两块板铺贴平整,留出嵌条缝隙,然后向缝内灌水泥砂浆,将铜条敲入缝隙内,使其外露部分略高于板面即可,然后擦净挤出的砂浆。对于不设镶条的地面,应在铺完 24h 后洒水养护,2d 后进行灌缝,灌缝力求达到紧密。

5) 上蜡磨亮

板块铺贴完工,待结合层砂浆强度达到 60%~70%即可打蜡抛光,3d 内禁止上人走动。

3. 水泥花砖和混凝土板地面施工

铺贴方法与预制水磨石板铺贴基本相同,板材缝隙宽度为:水泥花砖不大于 2mm,预制混凝土板不大于 6mm。

施工工序为:翻样→定线→试铺→灌浆擦缝→镶贴踢脚线→打蜡。

4. 陶瓷锦砖地面施工

施工工序:铺找平层→排砖弹线→选砖→铺砖、拍实、揭纸→拔缝修整→勾缝。

1) 铺贴

结合层砂浆养护 2~3d 后开始铺贴,先将结合层表面用清水湿润,刷素水泥浆一道,边刷边按控制线铺陶瓷锦砖。从房屋地面中间向两边铺贴。

2) 拍实

整个房间铺完后,由一端开始用木槌或拍板依次拍实拍平所铺陶瓷锦砖,拍至水泥浆填满陶瓷锦砖缝隙为宜。

3) 揭纸

面层铺贴完毕 30min 后,用水润湿背纸,15min 后,即可把纸揭掉并用铲刀清理干净。

4) 灌缝、拨缝

揭纸后应及时灌缝拨缝,先用 1∶1 水泥细砂(砂要过窗纱筛)将缝隙灌满扫严。适当淋水后,用橡皮锤和拍板拍平。拍板要前后左右平移找平,将陶瓷锦砖拍至要求高度。然

后用刀先调整竖缝后拨横缝,边拨边拍实。地漏处必须将陶瓷锦砖剔裁镶嵌顺平。最后用板拍一遍并局部调拨不均匀的缝隙,然后用棉纱轻轻擦掉余浆,如湿度太大,可用干水泥扫一遍,用锯木屑擦净,构造如图 8.16(a)、(b)所示。

5. 陶瓷铺地砖与墙地砖面层施工

具体施工流程为:基层处理→做灰饼、标筋→做找平层(有地漏或排水房间)/铺结合层砂浆(大厅、走廊等室内地面)→板块浸水阴干→弹线→铺板块→压平拨缝→嵌缝→养护。

铺贴前应先将地砖浸水湿润后阴干备用,阴干时间一般 3~5d,以地砖表面有潮湿感但手按无水迹为准。

1) 铺结合层砂浆

提前 1 天在楼地面基体表面浇水湿润后,铺 1:3 水泥砂浆结合层。

2) 弹线定位

根据设计要求弹出标高线和平面中线,施工时用尼龙线或棉线在墙地面拉出标高线和垂直交叉的定位线。

3) 铺贴地砖

用 1:2 水泥砂浆摊抹于地砖背面,按定位线的位置铺于地面结合层上,用木槌敲击地砖表面,使之与地面标高线吻合贴实,边贴边用水平尺检查平整度。

4) 擦缝

整幅地面铺贴完成后,养护 2d 后进行擦缝,擦缝时用水泥(或白水泥)调成干团,在缝隙上擦抹,使地砖的拼缝内填满水泥,再将砖面擦净,构造如图 8.16(c)、(d)所示。

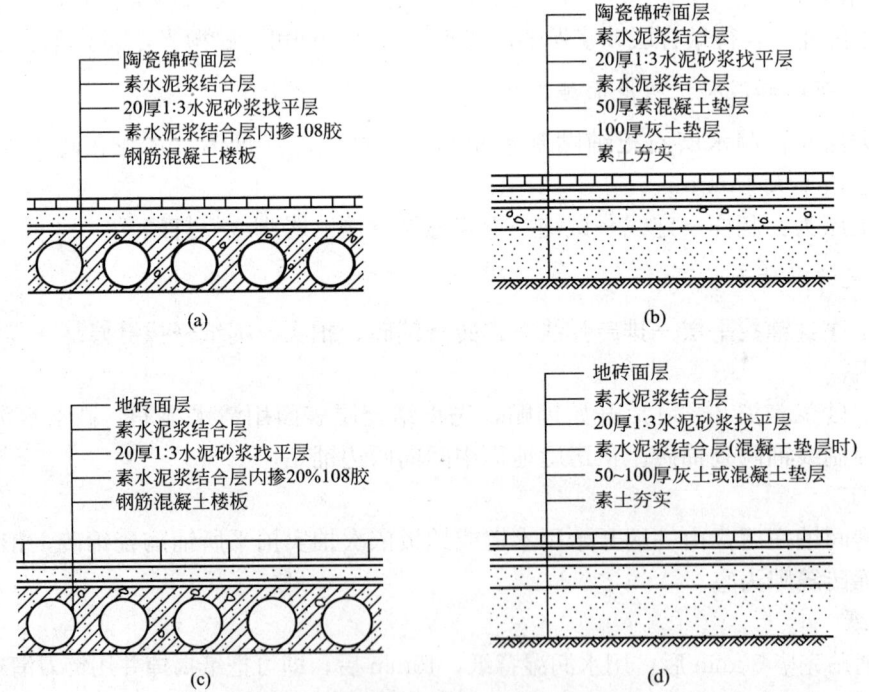

图 8.16 陶瓷锦砖和墙地砖楼地面构造图

(a) 陶瓷锦砖楼面;(b) 陶瓷锦砖地面;(c) 地砖楼面;(d) 地砖地面

8.2.3 卷材地面施工

1. 地毯面层卷材地面施工

1) 地毯的分类

按材质分类,地毯有天然纤维和合成纤维地毯两大类。

天然纤维地毯一般是指羊毛地毯,其柔软、温暖、舒适、豪华、富有弹性,但价格昂贵,耐久性差。

合成纤维地毯包括丙烯酸、聚丙烯腈纤维地毯、聚酯纤维地毯、烯族泾纤维和聚丙烯地毯、尼龙地毯等。按面层织物的织法不同分为栽绒地毯、针扎地毯、机织地毯、编结地毯、黏结地毯和静电植绒地毯等。

2) 地毯的铺设方法

地毯的铺设方法分为活动式与固定式两种。铺设地毯基层的底层必须加做防潮层(如一毡两油防潮层;水乳型橡胶沥青一布二涂防潮层;油毡防潮层,底层均刷冷底子油一道),并在防潮层上做40mm厚1∶2∶3细石混凝土,撒1∶1水泥砂压实赶光,含水率不大于8%。常用地毯施工机具,如图8.17所示。

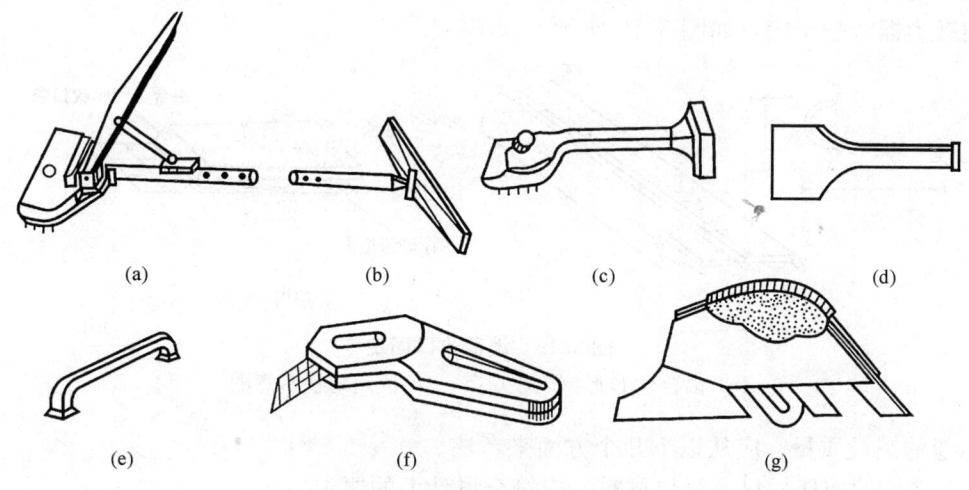

图8.17 地毯施工的部分工具
(a)大撑子撑头;(b)大撑子承脚;(c)小撑子;(d)扁铲;
(e)墩拐;(f)手握裁刀;(g)手推裁刀

活动式是将地毯明摆浮搁在地面基层上,不需将地毯同基层固定的一种铺设形式。固定式则相反,一般是用倒刺板条或胶粘剂将地毯固定在基层上。这里主要介绍倒刺法施工,如图8.18所示。

施工工艺流程为:

基层表面处理→室内四周装倒刺木条→纺线裁剪→拼装→做好衬垫→展开地毯→装门口压条→打扫。

将平整、干燥的基层表面清扫干净,先在室内四周沿踢脚板的边缘将倒刺板条钉在基层上,倒刺板厚度应比补垫材料的厚度小1~2mm,板条上的倒刺钉凸出板条3~4mm,

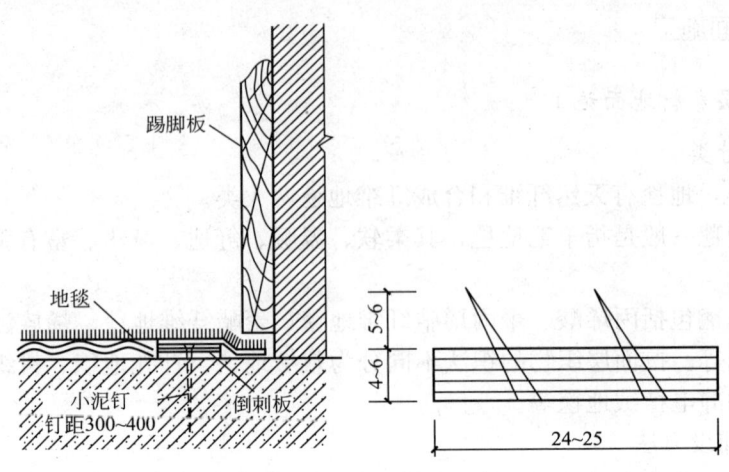

图 8.18 倒刺板条固定地毯

钉子间距 40~50mm。倒刺钉要略倒向墙一侧,与水平面成 60°~75°,倒刺板条距墙边 8~10mm,然后从房间一边开始,将裁好的地毯向一边展开,用撑平器双向撑开地毯,在墙边用木槌敲打,使木条上的倒刺钉尖刺入地毯。地毯铺完后,固定收口条或门口压条后,用吸尘器清扫干净,如图 8.19 所示。

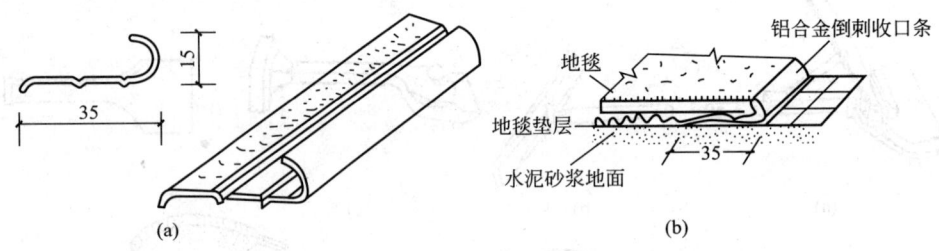

图 8.19 地毯收口固定
(a) 铝合金 L 形倒刺收口条;(b) 固定地毯示意图

地毯的铺设质量,应从以下几个方面来考核。
(1) 选用的地毯材料及衬垫材料,应符合设计上的要求。
(2) 地毯固定牢固,不能有卷边与翻起的现象。
(3) 地毯表面平整,不能有打皱、鼓包现象。
(4) 地毯拼缝处平整、密实,在视线范围内不显拼缝。
(5) 地毯同其他地面的收口或拼接,应顺直,视不同部位选择合适的收口或交接材料。
(6) 地毯的绒毛应理顺,表面应洁净,无油污及杂物。

2. 塑料地毡

塑料地毡有油地毡、橡胶地毡和聚氯乙烯地面等。
其中,聚氯乙烯地板系列应用最为广泛,具有重量轻、机械强度高、耐腐蚀性好、吸水性小、表面光滑、清洁、耐磨和绝缘,有较高的弹塑性能的优点;缺点是受温度影响大,须经常打蜡维护。

塑料地毡卷材地面可采用直接铺装，以黏结剂将材料粘贴在水泥砂浆底层上。

8.2.4 木地面施工

木板面层常用于高级住宅、宾馆和剧院舞台等室内装饰。木地面具有富有弹性，耐磨，不起灰，易清洁，不泛潮，纹理及色泽自然美观，蓄热系数小等优点。但它也存在耐火性差，潮湿环境下易腐朽、易产生裂缝和翘曲变形等缺点。

按构造方式有架空、实铺和粘贴 3 种。架空式木地板常用于底层地面，主要用于舞台、运动场等有弹性要求的地面。实铺木地面是将木地板直接钉在钢筋混凝土基层上的木搁栅上。为了防腐，可在基层上刷冷底子油和热沥青，搁栅及地板背面满涂防腐油或煤焦油。粘贴木地面是先在钢筋混凝土基层上采用沥青砂浆找平，然后刷冷底子油一道、热沥青一道，用 2mm 厚沥青胶等随涂随铺 20mm 厚硬木长条地板。

木板面层有单层和双层两种。单层是在木搁栅上直接钉企口板；双层是在木搁栅上先钉一层毛地板，再钉一层企口板。木搁栅有实铺和空铺两种形式。实铺是将木搁栅直接铺于钢筋混凝土楼板上，木搁栅之间填以炉渣隔声材料如图 8.20(a)所示。实铺又分为搁栅式和粘贴式两种。木地板拼缝有企口缝、截口缝和平头接缝等，其中以企口缝最为普遍。空铺是在地面上先做出木搁栅，然后在木搁栅上铺贴基面板，最后在基面板上镶铺面层木地板，如图 8.20(b)所示。

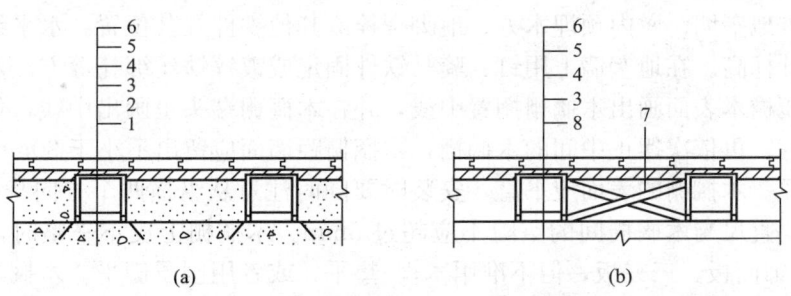

图 8.20 双层企口硬木地板构造
(a) 实铺法；(b) 空铺法
1—混凝土基层；2—预埋铁(铁丝或钢筋)；3—木搁栅；4—防腐剂；
5—毛地板；6—企口硬木地板；7—剪刀撑；8—垫木

具体施工流程如下。

实铺搁栅式：基层处理→安装木搁栅、撑木→钉毛地板(找平、刨平)→弹线、钉硬木地板→钉踢脚板→刨光、打磨→油漆。

实铺粘贴式：基层处理→弹线定位→涂胶→粘贴地板→刨光、打磨→油漆。

空铺式：基层处理→砌地垄墙→干铺油毡→铺垫木、找平→弹线、安装木搁栅→钉剪刀撑→钉硬木地板→钉踢脚板→刨光、打磨→油漆。

1. 基层施工

1) 空铺式木地板的基层处理

(1) 地垄墙或砖墩。地面找平，采用 M2.5 水泥砂浆砌筑地垄墙或砖墩，地垄墙的间距不宜太大，其顶面应采取涂刷沥青胶两道或铺设油毡等防潮设施。每条地垄墙、暖气沟墙，应按设计要求预留尺寸为 120mm×120mm～180mm×180mm 的通风洞口（一般要求洞口不少于 2 个且在一条直线上），并在建筑外墙上每隔 3～5m 设置不小于 180mm×180mm 的洞口及通风窗设施，洞口下皮距室外地坪标高不小于 200mm，孔洞应安设算子。如果地垄不易做通风处理，需在地垄顶部铺设防潮油毡。凡需检修木地板的地垄墙上应预留 750mm×750mm 的过人洞口，如图 8.21 所示。

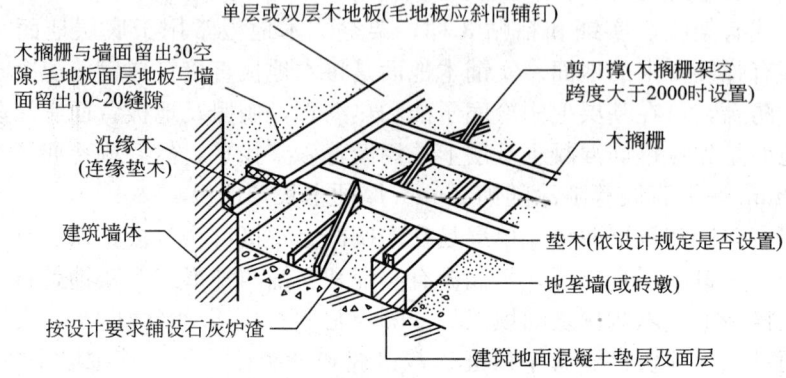

图 8.21　空铺式木地板的基层处理地垄墙和砖墩（单位：mm）

（2）垫木（包括压檐木）、木搁栅和剪刀撑。先将垫木等材料按设计要求做防腐处理。操作前，检查地垄墙、墩内预埋木方、地脚螺栓或其他铁件及其位置。水平线在四周墙上弹出地面设计标高。在地垄墙上用钉、骑马铁件固定或镀锌铁丝绑扎等方法对垫木进行固定。然后在压檐木表面画出木搁栅搁置中线，并在木搁栅端头也画出中线，然后将木搁栅对准中线摆好，再依次摆正中间的木搁栅，木搁栅距墙面应留出不小于 30mm 的缝隙，以利于隔潮通风。木搁栅的表面应平直，安装时要随时注意从纵横两个方向找平。用 2m 长直尺检查时，直尺与木搁栅间的空隙不应超过 3mm。木搁栅上皮不平整时，应用厚度合适的垫板（装饰面板、三夹板，但不准用木楔）垫平，或者用刨子刨平。木搁栅安装后，必须用长 100mm 圆钉（大号地板钉）与垫木（或压檐木）钉牢。

2）实铺式木地板的基层处理

先在楼板或垫层上弹出木搁栅的位置线，并使其与预埋在楼板或垫层内的预埋铁件绑牢固定，也可在现场钻孔打入木楔后用地板钉将木搁栅钉固在木楔上。搁栅常用 30mm×40mm 或 40mm×50mm 木方，使用前应做防腐处理。木地板直接铺贴在地面时，对地面的平整度要求较高，一般地面应采用防水水泥砂浆找平或在平整的水泥砂浆找平层上刷防潮层。

2. 面层木地板铺设

木地板铺在基面或基层板上，铺设方法有钉接法和黏结法两种。

1）钉接法

铺设单层条形木板时，应与木搁栅垂直，并要使板缝顺着进门方向。地板铺钉时，通常从房间顺着进门方向较长的一面墙开始，第一行板凹企口对墙，顺着墙从左至右，两板端头企口插接，直到第一行最后一块板，然后截去长出的部分。

板的接缝必须在搁栅的中间，且应间隔错开。板缝要紧密，其缝宽不得大于 1mm（若为硬木长条板，缝宽不得大于 0.5mm）。板面与墙之间应留 10～15mm 的缝隙，用木踢脚板封盖。铺钉木地板的地板钉长度应为木板厚的 2～2.5 倍，从板边凸企口侧边的凹角处斜向钉入，钉与板面成 45°或 60°斜角。采用硬木地板时，铺钉前先钻孔，一般孔径为地板钉直径的 0.7～0.8 倍，如图 8.22 所示。

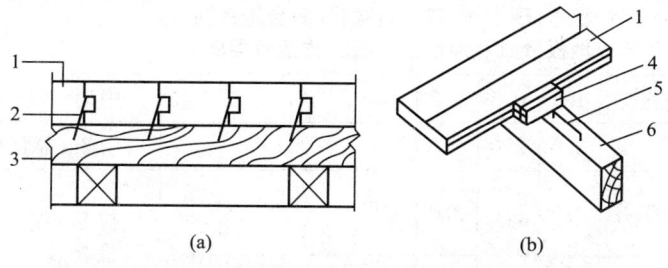

图 8.22　条形木地板钉结方式及企口木地板排列方法
（a）木地板的钉接方式；（b）企口木地板排列方法示意图
1—企口条形木地板；2—地板钉；3—木龙骨；4—木楔；5—扒钉（扒锔）；6—木搁栅

2）黏结法

粘铺拼花木地板前，应根据设计图案和板块尺寸试拼试铺，调整至符合要求后进行编号，铺贴时按编号从房间中央向四周渐次展开。目前，可用于粘贴木地板的胶粘剂较多，可根据实际需要选择，如专用的木地板胶水、万能胶和白乳胶等。地板粘贴后应自然养护，养护期内严禁上人走动。养护期满后，即可进行刮平、磨光、油漆和打蜡工作。

3. 木踢脚板的施工

木地板房间的四周墙脚处应设木踢脚板，踢脚板一般高为 100～200mm，常用高为 150mm，厚为 20～25mm。所用材质一般应与木地板面层材质相同。踢脚板应预先刨光，上口刨成线条。为防止翘曲，在靠墙的一面应开成凹槽，当踢脚板高 100mm 时开一条凹槽，150mm 时开两条凹槽，超过 150mm 时开三条凹槽，凹槽深度为 3～5mm。为了防潮通风，木踢脚板每隔 1～1.5m 设一组通风孔，一般采用 φ6 孔。在墙内每隔 400mm 砌入防腐木砖。在防腐木砖上钉防腐木垫块。也可不设防腐固结木砖，直接用高强水泥钉将踢脚板固定在墙面上。一般木踢脚板与地面转角处安装木压条或安装圆角成品木条，其构造做法如图 8.23 所示。

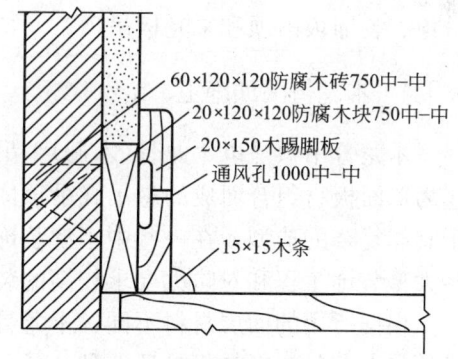

图 8.23　木踢脚板做法示意图

木踢脚板应在木地板刨光后安装。木踢脚板接缝处应做暗榫或斜坡压槎，在 90°转角处可做成 45°斜角接缝。接缝一定要在防腐木块上。安装时木踢脚板与立墙贴紧，上口要平直，用明钉钉牢在防腐木块上，钉帽要砸扁并冲入板内 2～3mm。

4. 木质地面面层的允许偏差和检验方法

木质地面面层的允许偏差和检验方法见表 8-6。

表 8-6 木质地面面层的允许偏差和检验方法

项次	项目	允许偏差(mm)				检验方法
		实木地板面层			实木复合地板、中密度(强化)复合地板面层、竹地板面层	
		松木地板	硬木地板	拼花地板		
1	板面缝隙宽度	1.0	0.5	0.2	0.5	用钢尺检查
2	表面平整度	3.0	2.0	2.0	2.0	用2m靠尺和塞尺检查
3	踢脚线上口平齐	3.0	3.0	3.0	3.0	拉5m线,不足5m拉通线用钢尺检查
4	板面拼缝平齐	3.0	3.0	3.0	3.0	
5	相邻板材高差	0.5	0.5	0.5	0.5	用钢尺和塞尺检查
6	踢脚线与面层的接缝	1.0				用塞尺检查

8.3 吊顶工程施工

吊顶又称天花、顶棚。吊顶是现代室内装饰的重要组成部分,它直接影响整个建筑空间的装饰风格与效果,同时还起着吸收和反射音响、照明、保温、隔热、通风、防火等作用。

按龙骨使用材料不同,分为木龙骨吊顶、轻钢龙骨吊顶、铝合金龙骨吊顶;按龙骨的隐露,分为暗龙骨吊顶、明龙骨吊顶;按罩面板材料不同,分为石膏板吊顶、金属板天花吊顶、装饰板吊顶和采光板吊顶。

8.3.1 木龙骨吊顶施工

木龙骨吊顶是以木龙骨(木栅)为吊顶的基本骨架,配以胶合板、纤维板或其他人造板作为罩面板材组合而成的悬吊式吊顶体系。木龙骨吊顶施工工艺比较成熟,施工简便,便于制作复杂的造型,在一些中小型装饰工程中应用较多。但是由于其防火性能较差,在一些大型装饰工程和对防火要求较高的装饰工程中不允许使用。

根据所用的面层材料不同,木龙骨吊顶可分为木龙骨胶合板吊顶、木龙骨纸面石膏板吊顶和木龙骨塑料扣板吊顶3种。吊顶龙骨一般用木材制作,分格大小应与板材规格相协调。为了防止植物板材因吸湿而产生凹凸变形,面板宜锯成小块板铺钉在次龙骨上,板块接头必须留出3~6mm的间隙作为预防板面翘曲的措施。板缝缝形根据设计要求可做成密缝、斜槽缝和立缝等形式。

施工方法工艺流程为:弹线→木龙骨拼装→安装吊杆→安装沿墙龙骨→龙骨吊装→固定灯具安装→面板安装→压条安装→板缝处理。

1. 弹线

弹线包括标高线、顶棚造型位置线、吊挂点布局线和大中型灯位线。如果吊顶有不同标高,那么除了要在四周墙柱面上弹出标高线,还应在楼板上弹出变高处的位置线。

2. 木龙骨拼装

吊顶前,应在楼地面进行木龙骨拼装,拼装面积在 $10m^2$ 时,在龙骨上要开出凹槽,咬口拼装。

3. 安装吊杆(吊筋)

吊筋主要承受吊顶棚的重力,并将这一重力直接传递给结构层;同时,还能用来调整吊顶的空间高度。

现浇钢筋混凝土楼板吊筋做法,如图 8.24 所示。预制板缝中设吊筋的方法如图 8.25 所示。

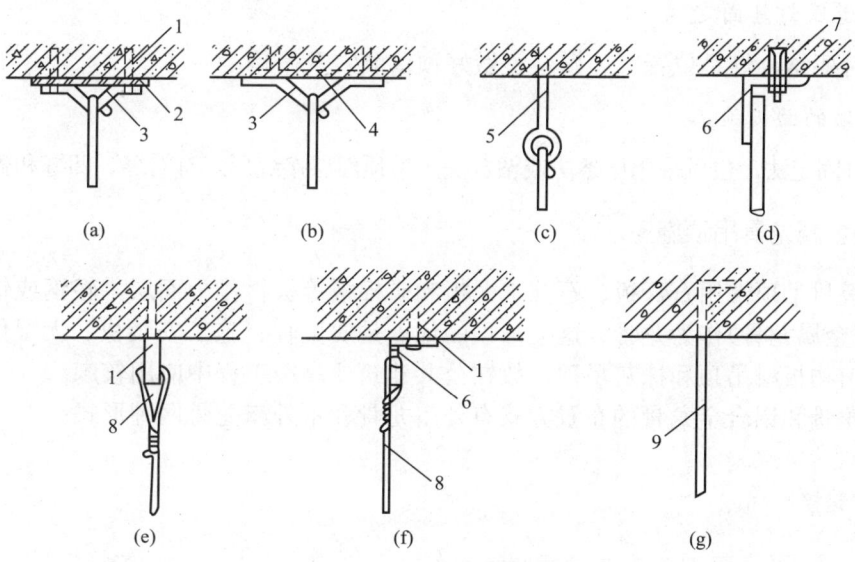

图 8.24 吊筋固定方法

(a)射钉固定;(b)预埋件固定;(c)预埋 $\phi6$ 钢筋吊环;(d)金属膨胀螺栓固定;
(e)射钉直接连接钢丝(或 8 号铁丝);(f)射钉角铁连接法;(g)预埋 8 号镀锌铁丝
1—射钉;2—焊板;3—$\phi10$ 钢筋吊环;4—预埋钢板;5—$\phi6$ 钢筋;6—角钢;
7—金属膨胀螺钉;8—镀锌铁丝(8 号、12 号、14 号);9—8 号镀锌铁丝

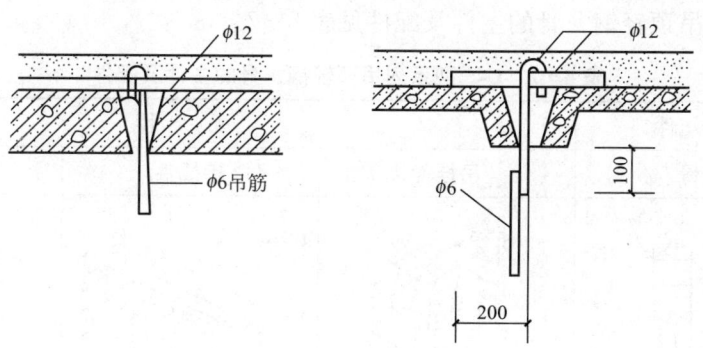

图 8.25 预制板上设吊筋的方法

4. 安装沿墙龙骨

沿吊顶标高线固定沿墙龙骨。主龙骨安装后，沿吊顶标高线固定沿墙木龙骨，木龙骨的底边与吊顶标高线齐平。一般是用冲击电钻在标高线以上 10mm 处墙面打孔，孔内塞入木楔，将沿墙龙骨钉固于墙内木楔上。然后将拼接组合好的木龙骨架托到吊顶标高位置，整片调正调平后，将其与沿墙龙骨和吊杆连接。

5. 龙骨吊装固定

分片吊装→铁丝与吊点临时固定→调正调平→与吊筋固定（绑扎、挂钩、木螺钉固定）。就位后，通过拉纵横控制标高线，从一侧开始，边调整龙骨边安装，最后精调至龙骨平直为止。如要考虑主龙骨的起拱，在放线时应适当起拱。

6. 管道及灯具固定

吊顶时要结合灯具位置、风扇位置做好预留洞穴及吊钩。

7. 吊顶的面板施工

用圆钉固定法，也可采用压条法或粘合法。吊顶面层接缝形式有对缝、凹缝和盖缝几种。

8.3.2 轻金属龙骨吊顶施工

矿物板材吊顶常用石膏板、石棉水泥板和矿棉板等板材作为面层，轻钢或铝合金型材（统称为轻金属龙骨）作为龙骨。这类吊顶的优点是质量轻、施工安装快、无湿作业、耐火性能优于植物板材吊顶和抹灰吊顶，故在公共建筑或高级工程中应用较广。

轻钢龙骨和铝合金龙骨的布置方式有外露龙骨和不外露龙骨两种形式。

知识链接

不外露龙骨的主龙骨仍采用槽形断面的轻钢型材，但次龙骨采用 U 形断面轻钢型材，用专门的吊挂件将次龙骨固定在主龙骨上，面板用自攻螺钉固定于次龙骨上。

1. 轻钢龙骨装配式吊顶施工

轻钢龙骨装配式吊顶是利用薄壁镀锌钢板带经机械冲压而成的轻钢龙骨为吊顶的骨架型材。轻钢吊顶龙骨有 U 形和 T 形两种。

U45 型系列吊顶轻钢龙骨的主件及配件见表 8-7。

表 8-7　U45 型系列吊顶轻钢龙骨的主件及配件

名称	主件	配件		
	龙骨	吊挂件	接插件	挂插件
BD 大龙骨	（15/45/1.2 截面图）	BD₁ 吊挂件图	BD₂ 接插件图	

(续)

名称	主件	配件		
	龙骨	吊挂件	接插件	挂插件
UZ 中龙骨	(截面图 19×50, 厚4, 0.5)	UZ₁	UZ₂	UZ₃
UX 小龙骨	(截面图 19×25, 厚4, 0.5)	UX₁	UX₂	UX₃

U形上人轻钢龙骨安装，如图8.26所示。

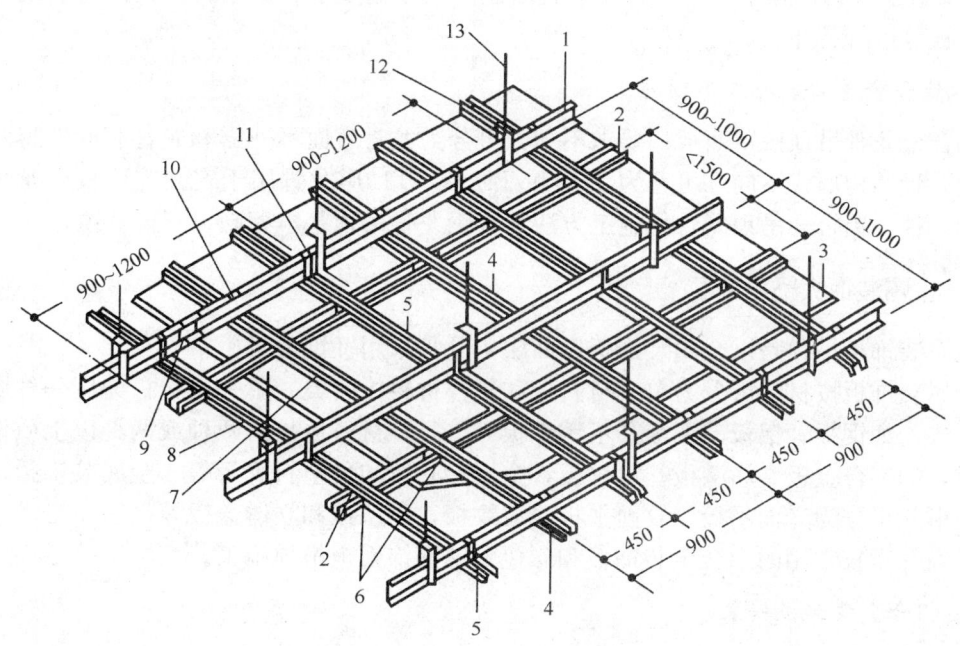

图 8.26 U形龙骨吊顶示意图

1—BD大龙骨；2—UZ横撑龙骨；3—吊顶板；4—UZ龙骨；5—UX龙骨；6—UZ3支托连接；7—UZ2连接件；8—UX2连接件；9—BD2连接件；10—UX1吊挂；11—UX2吊件；12—BD1吊件；13—UX3吊杆 $\phi 8 \sim \phi 10$

1）施工工艺流程

弹线→安装吊点吊杆→安装主龙骨→安装次龙骨→灯具安装→面板安装→压条安装→板缝处理。

2）施工要点

（1）弹线与安装吊点、吊杆方法与木龙骨吊顶相同。

（2）主龙骨与吊杆焊接、或与吊挂件用螺母连接。次龙骨与主龙骨吊挂件连接。

（3）饰面板安装。自攻螺钉钉头涂刷防锈涂料，用石膏腻子嵌平。

知识链接

饰面板的安装方法有搁置法、嵌入法、粘贴法、钉固法、卡固法和塑料小花固钉法。

搁置法：将饰面板直接放在T形龙骨组成的格框内。有些轻质饰面板，考虑刮风时会被掀起（包括空调口，通风口附近），可用木条、卡子固定。

嵌入法：将饰面板事先加工成企口暗缝，安装时将T形龙骨两肢插入企口缝内。

粘贴法：将饰面板用胶粘剂直接粘贴在龙骨上。

钉固法：将饰面板用钉、螺钉、自攻螺钉等固定在龙骨上。

卡固法：多用于铝合金吊顶，板材与龙骨直接卡接固定。

塑料小花固钉法：板的四角用塑料小花压角用螺钉固定，并在小花之间沿板边等距离加钉固定。

（4）板缝用石膏腻子嵌平。罩面板表面还可以裱糊壁纸、刷涂料、镶嵌玻璃镜片、金属抛光板等进行装饰。

2. 铝合金龙骨装配式吊顶施工

铝合金龙骨吊顶按罩面板的要求不同，可分为龙骨底面不外露和龙骨底面外露两种形式；按龙骨结构形式不同，可分为T形和TL形。TL形龙骨属于安装饰面板后龙骨底面外露的一种。铝合金吊顶龙骨的施工方法与轻钢龙骨吊顶基本相同，不再赘述。

8.3.3 金属装饰板吊顶施工

金属装饰板吊顶是以金属装饰板做面层，龙骨采用轻钢型材。

金属装饰板按材料可分为单一材料板和复合材料板两类。单一材料板为用一种质地的材料制成，如钢板、铝板、铜板和不锈钢板等。复合材料板是由两种或两种以上质地的材料组成，如铝合金板、烤漆板、镀锌板、金属夹心板和色塑料膜板等。金属装饰板按板面或截面形状可分为光面平板、纹面平板、波纹板、压型板和立体盒板等。

下面介绍较常用的铝合金装饰板和彩色不锈钢饰面板吊顶施工。

1. 铝合金装饰板安装

1）材料和质量要求

铝合金装饰板，又称铝合金压型板。它是选用钝铝、铝合金为原料，经冷压或冷轧加工成型的各种波形金属板材。它具有质量轻、易加工、强度高、刚度好、经久耐用和表面光亮等特点，广泛用于室内外墙面装饰和屋面装饰。铝合金装饰板的种类按表面处理方法不同，有阳极氧化处理板和喷漆处理板两种，阳极氧化膜由于耐腐蚀性能好，故多用于室外，氧化膜的厚度越厚，耐腐蚀能力越高，但成本也提高；按色彩不同，有银白色、古铜色、金色等几种；按几何尺寸不同，有条形板和方形板两种；按吸声要求不同，有穿孔铝合金板和不穿孔铝合金板两种。室内多用前者，而室外一般用不穿孔板。按装饰效果不

同，有铝合金花纹板、铝质浅花纹板、铝及铝合金波纹板和铝及铝合金压型板等几种。

其质量要求为表面平整、光滑，无裂缝，颜色一致，边角整齐，涂层厚度均匀。

2）铝合金板的固定

铝合金板墙面主要由铝合金板和骨架组成。骨架的横、竖杆通过连接件与结构固定，铝合金板作为饰面板固定在骨架上，骨架的横、竖杆一般采用铝合金型材或型钢（如角钢、槽钢等）也可用方木做骨架。

铝合金板固定在骨架上的方法多种多样。常用的固定方法主要有两大类型：一种是将板条或方板用螺钉拧到型钢或木骨架上；另一种是采用特制的龙骨，将板条卡在特制的龙骨上。

3）铝合金装饰板安装工艺

铝合金饰面板根据其断面形式和结构特点，一般由生产厂家设计有配套的安装工艺，但都具有安装精度高、有一定施工难度的特点。

铝合金装饰板墙安装的施工程序为：弹线定位→安装固定连接件→安装骨架→安装铝合金饰面板→收口构造处理→板缝处理。

（1）弹线定位。弹线定位是决定铝合金饰面板安装精度的重要环节。弹线应以建筑物的轴线为基准，根据设计要求将骨架的位置弹到结构主体上。首先，弹竖向杆件（或连接件）的位置，然后再弹水平线，向上、下反弹水平线，再将骨架安装位置按设计要求标定出来，为骨架安装提供依据。弹线定位前应对结构主体进行测量检查，使结构基层平面的垂直度、平整度满足骨架的垂直度和平整度的要求。

（2）安装固定连接件。连接件起连接骨架与结构主体的作用，要求安装位置精确，连接牢固。

通常连接件由型钢制作，并与结构预埋铁件焊接。其也可不做预埋件，直接将连接件用金属膨胀螺栓固定在弹线确定的主体结构的确定位置上。该种方法较为灵活，尺寸易于控制，但劳动强度大，且易破坏结构的受力钢筋，故最好采用预埋件连接的方法。为确保连接件的牢固性，安装固定后应对施工情况作隐蔽工程检查纪录（焊缝长度、位置、膨胀螺栓的打孔深度、数量等），必要时应做抗拉、拉拔测试，以达到设计要求。

（3）安装固定骨架。骨架的横、竖杆件可采用铝合金型材或型钢。若采用型钢，安装前必须做防锈处理。如采用铝合金型材，则与连接件接触部分必须做防腐处理，避免产生电化学腐蚀。骨架要严格按定位线安装。安装顺序一般是先安装竖向杆件再安装横档。杆件与连接件间一般采用螺栓连接，便于进行位置调整。安装过程中应及时校正垂直度和平整度，特别是对于较高外墙饰面的竖杆，应用经纬仪校正，较低的可用线锤校正。骨架杆件的接头连接要保证顺直，同时安装中要做好变截面、沉降缝和变形缝的细部处理，以便饰面板顺利安装。

（4）铝合金饰面板的安装。铝合金饰面板根据板材构造和建筑物立面造型的不同，与龙骨连接常用以下两种方法：一是直接将板材用螺栓固定在骨架型材上；二是利用板材预先压制好的各种异形边口压卡在特制的带有卡口的金属龙骨上如图8.27和图8.28所示。前者耐久性好，连接牢固，常用于外墙饰面工程；后者施工方便，连接简单，适宜受力不大的室内墙面或吊顶饰面工程。下面是几种常见的铝合金饰面板安装方法。

2. 彩色不锈钢饰面板安装

彩色不锈钢饰面板是采用冷轧钢板、镀锌薄钢板经辊压、冷弯而成截面呈 V 形、U

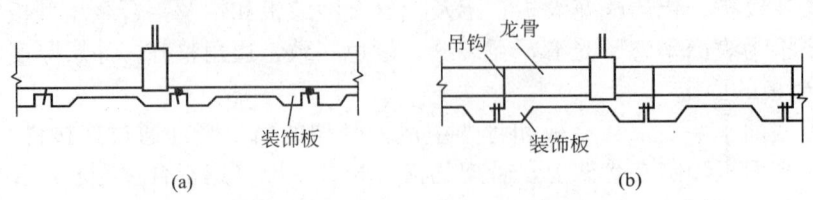

图 8.27　铝合金块状板与龙骨的连接
(a) 自攻螺钉固定；(b) 吊钩固定

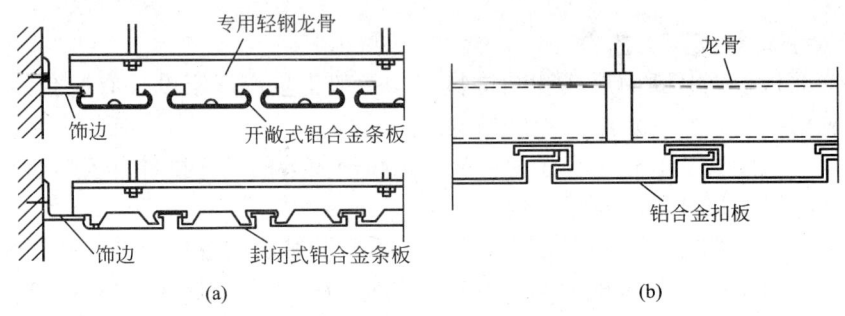

图 8.28　铝合金条状板与龙骨的连接
(a) 卡位固定；(b) 自攻螺钉固定

形或梯形等波形的板材，再经表面涂层处理而成的金属饰面板，表面颜色有蓝色、紫色、红色、青色、绿色、金黄色、橙色及茶色等，色泽随光照角度不同会产生变幻的色调效果。彩色压型钢板也可采用彩色涂层钢板直接制作。该种金属板材具有重量轻（板厚 0.5～1.2mm）、波纹平直坚挺、色彩鲜艳丰富、造型美观大方、耐久性强、抗震性好、加工简单且施工方便等特点，并可与保温材料复合制成夹芯复合板材，广泛用于工业与民用建筑及公共建筑的墙面、屋面、吊顶等饰面。

彩色不锈钢饰面板的安装技术与铝合金饰面板相同。其施工程序为：放线→预埋固定骨架的连接件→固定安装龙骨骨架→安装彩色不锈钢饰面板→收口构造及板缝处理。

连接件的作用是连接龙骨与结构基体。在砖基体中可埋入带有螺栓的预制混凝土块或木砖；在混凝土基体中可埋入 $\phi 8 \sim \phi 10$ 的钢筋套扣螺栓，也可埋入带锚筋的铁板。如未将连接件预埋在结构基体中也可用金属膨胀螺栓将连接件钉固于基体之上。

龙骨一般采用角钢（∟30×30×3）或槽钢（⊏25×12×4），预先应做防腐或防火处理。龙骨固定前要拉水平线和垂直线，并确定连接件的位置，龙骨与连接件间可采用螺栓连接或焊接。竖向龙骨的间距一般为 900mm，横向龙骨间距一般为 500mm。根据排板的方向也可只设横向或竖向龙骨，但间距都应为 500mm。安装时要保证龙骨与连接件连接牢固，在墙角、窗口等处必须设置龙骨，以免端部板架空。

安装压型钢板要按照构造详图进行。安装前，要检查龙骨位置，计算好板材及缝隙宽度，同时检查墙板尺寸、规格是否齐全，颜色是否一致。最好进行预排、划线定位。墙板与龙骨间可用螺钉或卡条连接，安装顺序可按节点的连接接口方式确定，顺一个方向连接。

彩色压型钢板的板缝要根据设计要求处理好，一般可压入填充物，再填防水材料。特别是边角部位要处理好，否则会使板材防水功能受到影响。

8.3.4 开敞式吊顶施工

开敞式吊顶又称格栅式吊顶，是指在吊顶龙骨下不铺钉罩面板，而是通过将特定形状的单体构件进行巧妙组合，达到既改善顶部照明、通风、声学功能，又打破单一平面的视觉感受，造成单体构件的韵律感，从而取得既遮又透的独特效果的一种吊顶施工方式。

单体构件是开敞式吊顶的基本组成构件，其造型繁多，一般采用木材、塑料及金属等材料制成。铝合金材料具有质轻、防火且易加工等优点，故应用较多。格栅式单体构件是开敞式吊顶中应用较多的一种形式，其常见尺寸为 610mm×610mm，是用双层 0.5mm 厚的薄板加工而成的，表面可为阳极保护膜也可为漆膜，色彩按设计要求加工。

由于开敞式吊顶其上部空间的设备、管道和结构均清晰可见，因此要采取措施以模糊上部空间，如可将上面的管线设备及混凝土刷一层灰暗色，以突出吊顶的效果。

常见的开敞式吊顶有木质开敞式吊顶和铝质开敞式吊顶两种形式。

1. 木质开敞式吊顶

常见的木格栅开敞顶棚的形式有条形、叶片形和单板盒子形等。

1）施工工艺流程

放线→格栅制作→地面拼装→吊装固定→整体调整及饰面。

2）操作要点

（1）放线的方法与前述基本相同。

（2）木格栅制作、拼装。根据设计施工图的造型和尺寸要求，用干燥、易加工木材分单元加工拼装出单体构件。然后将若干合格单体按拼装方案在地面进行组装。拼装的立体图形必须符合设计要求、节点连接可靠。连接的方式有榫接、钉接和连接件固定等，如图 8.29 所示。

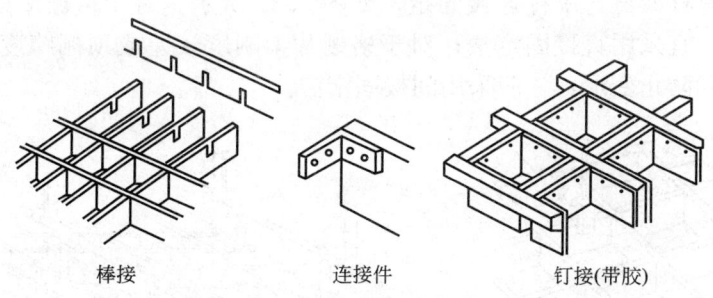

图 8.29 格栅连接方法

（3）吊装固定。木格栅开敞顶棚通常采用预埋件或金属膨胀螺栓来固定吊点，用 $\phi 6 \sim \phi 8$ 的钢筋或 30mm×3mm～50mm×5mm 的角钢作吊杆，顶部焊接，下部通过可调节的套丝螺栓与格栅固定。其固定要求与前述相同。

（4）整体调整。通过顶棚水平控制线检查单体格栅及整体格栅的水平度及方正度，对不符合要求的部分应调节吊杆确保平直。调整水平度时应根据跨度及吊重适当按 0.3‰～

0.5‰起拱，调整合格后随即紧固连接件和吊杆。

2. 铝合金开敞式吊顶施工

铝合金格栅是一种常见的开敞顶棚形式。有空腹型金属格栅、花片型金属格栅。材料以双层 0.5mm 铝合金板经镀膜、氧化、喷砂、烤漆等工艺处理后轧制而成。具有质量轻、刚度大、质感强和施工便捷等特点，如图 8.30 所示。

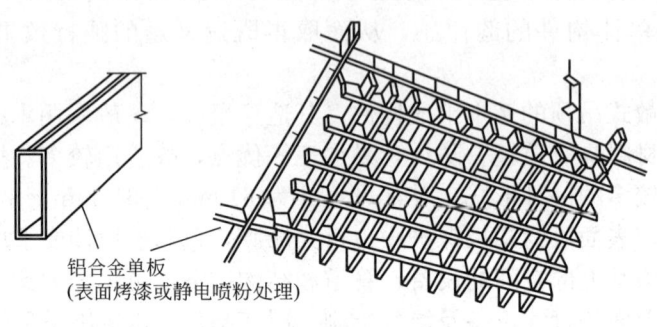

图 8.30 铝合金格栅板顶棚

1）施工工艺流程

弹线定位→吊点及吊杆施工→吊装格栅片架→调整固定。

2）操作要点

（1）弹线定位。铝合金格栅弹线定位包括在墙柱上弹出格栅顶棚水平交圈控制线和在楼板顶部准确定出格栅吊点的位置。吊点布置间距可根据吊杆与格栅的固定形式确定。

（2）吊点和吊杆施工。吊点和吊杆施工方法同前述。

（3）吊装格栅片架。格栅片架重量较轻，可以直接将单片架固定在吊杆连接件上。格栅顶棚的吊装方法有直接固定法和间接固定法。直接固定法是将格栅单元体或组合体直接与吊杆连接并固定在吊点处；间接固定法是将格栅单元体或组合体通过连接件固定在附加承重杆架上，承重杆架再与吊杆连接固定，如图 8.31 所示。对于格栅刚度较大或顶棚跨度、面积较小时，宜采用直接固定法；对于格栅片架刚度较差或顶棚跨度、面积较大时，为减少吊杆数量和防止变形，一般采用间接固定法。

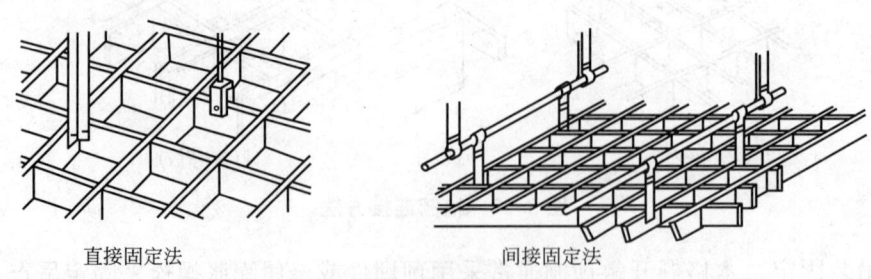

图 8.31 格栅与吊点的连接方法

吊装铝合金格栅片架时，为保证片架的连接强度、刚度及整体稳定性，应正确使用各种配套的挂钩、挂件、吊码和连接耳等配件，如图 8.32 所示。

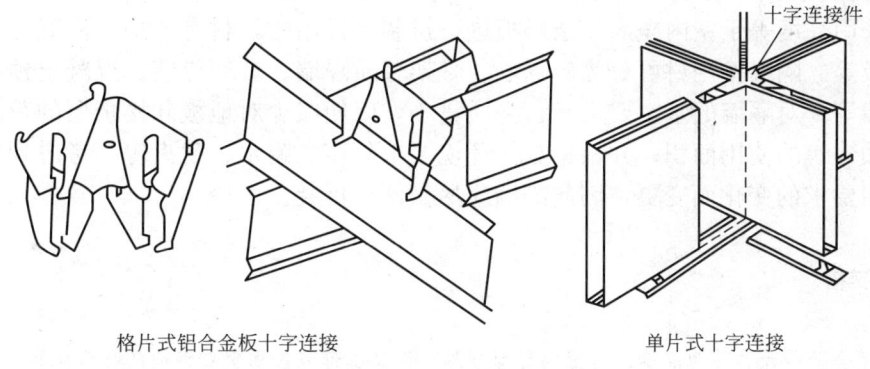

| 格片式铝合金板十字连接 | 单片式十字连接 |

图 8.32 连接件示意图

8.3.5 吊顶施工质量要求及验收标准

（1）材料的品种、形式、颜色以及基层构造、固定方法等应符合设计要求。

（2）安装必须牢固稳定、使用安全、分格均匀、线条顺直、表面平整。

（3）罩面板与龙骨应连接紧密，表面应平整，不得有污染、折裂、缺棱掉角、锤伤等缺陷，接缝应均匀一致，粘贴的罩面不得有脱层，胶合板不得有刨透之处，搁置的罩面板不得有漏、透、翘角现象。

（4）吊顶工程安装的允许偏差和检验方法见表 8-8。

表 8-8 吊顶工程安装的允许偏差和检验方法

项次	项 目	允许偏差(mm)								检验方法
		暗龙骨吊顶				明龙骨吊顶				
		纸面石膏板	金属板	矿棉板	木板、塑料板格栅	石膏板	金属板	矿棉板	塑料板玻璃板	
1	表面平整度	3	2	2	2	3	2	3	2	用2m靠尺和塞尺检查
2	接缝直线度	3	1.5	3	3	3	2	3	3	拉5m线，不足5m拉通线，用钢直尺检查
3	接缝高低差	1	1	1.5	1	1	1	2	1	用钢直尺和塞尺检查

8.4 隔墙施工

隔墙依其构造方式，可分为砌块式、立筋式和板材式。砌块式隔墙构造方式与黏土砖墙相似，装饰工程中主要为立筋式和板材式隔墙。立筋式隔墙骨架多为木材或型钢（轻钢龙骨、铝合金骨架），其饰面板多为人造板（如胶合板、纤维板、木丝板、刨花板等）、板材式隔墙采用高度等于室内净高的条形板进行拼装，常用的墙材有：加气混凝土条板，石膏空心条板等。隔墙按用材可分为砖隔墙、骨架轻质隔墙、玻璃隔墙、混凝土预制板隔墙和木板隔墙等。对隔墙的基本要求是自身质量小，以便减少对地板和楼板层的荷载，厚度薄，以增加建筑的使用面积；并根据具体环境要求隔声、耐水、耐火等。考虑到房间的分隔随着使用要求的变化而变更，因此隔墙应尽量便于拆装。

 知识链接

将室内完全分隔开的称为隔墙。将室内局部分隔，而其上部或侧面仍然连通的称为隔断。

8.4.1 轻钢龙骨纸面石膏板隔墙施工

轻钢龙骨纸面石膏板墙体具有施工速度快、成本低、劳动强度小、装饰美观及防火和隔声性能好等特点，因此应用广泛，具有代表性。

用于隔墙的轻钢龙骨有 C50、C75 和 C100 三种系列，各系列轻钢龙骨由沿顶龙骨、沿地龙骨、竖向龙骨、加强龙骨和横撑龙骨以及配件组成如图 8.33 所示。

轻钢龙骨墙体的施工操作工序有：弹线→固定沿地、沿顶和沿墙龙骨→龙骨架装配及校正→石膏板固定→饰面处理。

1）弹线

根据设计要求确定隔墙的位置、隔墙门窗的位置，包括地面位置、墙面位置、高度位置以及隔墙的宽度。并在地面和墙面上弹出隔墙的宽度线和中心线，按所需龙骨的长度尺寸，对龙骨进行划线配料。先配长料，后配短料。量好尺寸后，用粉饼或记号笔在龙骨上画出切截位置线。

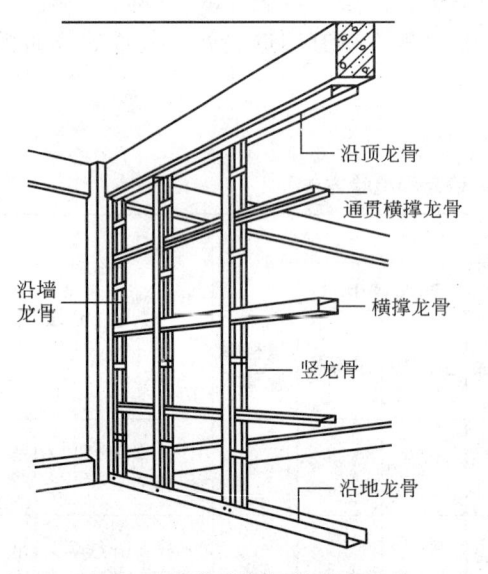

图 8.33 轻钢龙骨隔墙骨架构造

2）固定沿地、沿顶龙骨

沿地沿顶龙骨固定前，将固定点与竖向龙骨位置错开，用膨胀螺栓和打木楔钉、铁钉与结构固定，或直接与结构预埋件连接。

3）骨架连接

按设计要求和石膏板尺寸，进行骨架分格设置，然后将预选切裁好的竖向龙骨装入沿地、沿顶龙骨内，校正其垂直度后，将竖向龙骨与沿地、沿顶龙骨固定起来，固定方法用点焊将两者焊牢，或者用连接件与自攻螺钉固定。

4）石膏板固定

固定石膏板用平头自攻螺钉直接钉在金属龙骨上，其规格通常为 M4×25 或 M5×25 两种，螺钉间距 200mm 左右。有单层板隔墙和双层板隔墙两种。采用双层纸面石膏板时，两层板的接缝一定要错开，竖向龙骨中间通常还需设置横向龙骨，一般距地 1.2m 左右如图 8.34 所示。

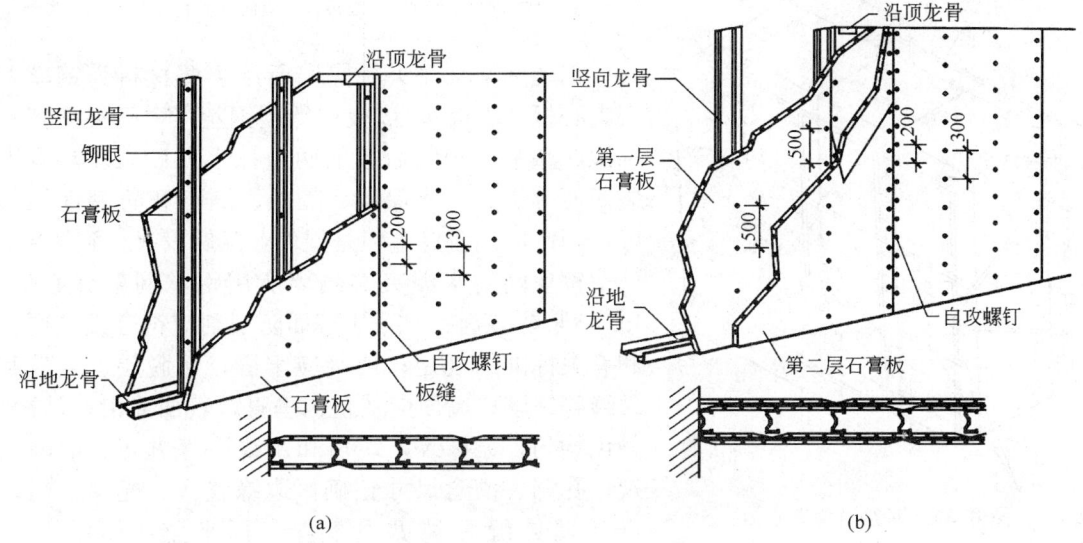

图 8.34　纸面石膏板墙的安装
（a）单层石膏板隔墙构造；（b）双层石膏板隔墙构造

安装时，将石膏板竖向放置，贴在龙骨上用电钻同时把板材与龙骨一起打孔，再拧上自攻螺钉。螺钉要沉入板材平面2～3mm。

石膏板之间的接缝分为明缝和暗缝两种做法如图8.35所示。明缝是用专门工具和砂浆胶合剂勾成立缝。明缝如果加嵌压条，装饰效果较好。暗缝的做法首先要求石膏板有斜角，在两块石膏板拼缝处用嵌缝石膏腻子嵌平，然后贴上50mm的穿孔纸带，再用腻子补一道，与墙面刮平。

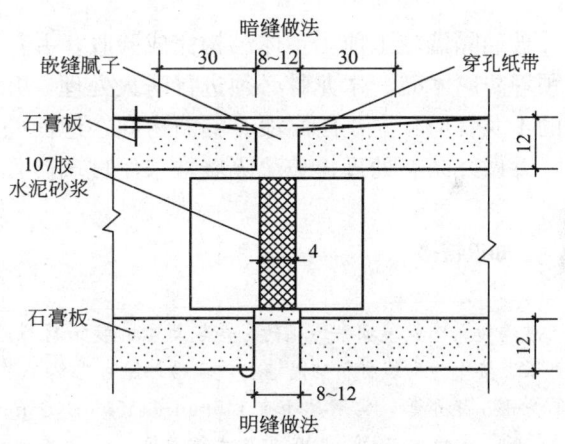

图 8.35　板缝节点做法

5）饰面

待嵌缝腻子完全干燥后，即可在石膏板隔墙表面裱糊墙纸、织物或进行涂料施工。

8.4.2　木龙骨轻质罩面板隔墙施工

木龙骨隔墙的优点是：质轻、壁薄、便于拆卸。缺点是：耐火、耐水和隔声性能差，共耗用较多木材。

隔墙是由上、下槛、立柱和斜撑组成龙骨，然后在立柱两侧铺板条，抹麻刀灰，一印木板条隔断。为了防水、防潮，可先在隔墙下部砌3～9皮黏土砖。也可在立柱两侧钉胶合板或纤维板，即木龙骨罩面板隔断。另外，在木框架上部分或全部安装大面玻璃，即玻璃隔断。

8.4.3 钢网泡沫塑料夹心板墙隔墙施工

钢丝网架水泥夹心隔墙所用主要材料为钢丝网架夹心板（GJ板），该板用低碳钢丝，中间夹聚苯乙烯泡沫塑料。安装后板的两边抹水泥砂浆。具有安装简便等优点，其保温、隔热、隔声和防潮性能较好，因此应用较广，但是湿作业问题没有得到解决。

钢丝网架水泥夹心隔墙所用钢丝网架夹心板、EC砂浆防裂剂、EC—1表面防裂剂应符合设计要求和有关标准的规定；连接应牢固；无脱层、空鼓和裂缝等缺陷；墙面应平整、垂直，表面光滑、洁净，颜色均匀，无抹纹，线角和灰线平直方正、清晰美观；孔洞、槽盒尺寸正确，边缘整齐、光滑；门窗框与墙体缝隙填塞密实，表面平整，如图8.36所示。

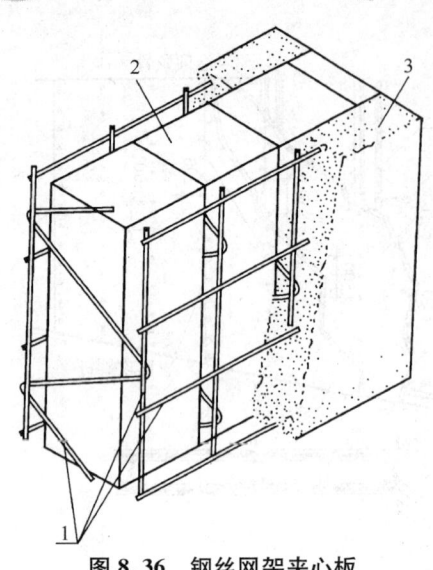

图 8.36　钢丝网架夹心板
1—钢丝骨架；2—保温心材；3—抹面砂浆

8.4.4 玻璃隔墙施工

玻璃隔墙施工前，主体结构完成验收，并清理现场。砌墙时应根据顶棚标高在四周墙上预埋防腐木砖。木龙骨必须进行防火处理，并应符合有关防火规范的规定。直接接触结构的木龙骨应预先刷防腐漆。隔断房间在地面的湿作业前将直接接触结构的木龙骨安装完毕，并做好防腐处理。玻璃隔墙常采用玻璃砖作为砌筑材料。

 **知识链接**

玻璃砖又叫做玻璃半透花砖，是较新颖的装饰材料。玻璃砖可用于墙面砌筑（背面衬以实墙）作饰面，也可以直接作为砌筑材料砌隔墙。玻璃砖墙除可自然采光外，还具有良好的隔热、隔声和装饰性能。玻璃砖有方形、矩形等，常用尺寸有145mm×145mm×95mm、190mm×190mm×95mm、115mm×115mm×80mm等。花纹有多样，以压花形式较常见。

玻璃隔墙的施工，包括施工准备、砌筑和饰边3道主要工序。

1. 施工准备

根据砌筑墙体的尺寸和砖规格进行计算和排列，要求缝即为5～10mm；整修建筑墙面的侧边与玻璃砖墙侧边垂直相接；如果玻璃砖是砌筑在木质或金属框架中，则需先制作好框架；调制水泥砂浆，其配合比（重量比）按白水泥∶细砂＝1∶1调制或按白水泥∶108胶＝100∶7调制。

2. 玻璃砌筑

按上下层对缝的方式，自下而上砌筑。上下层之间可以用木垫块，木垫块的底面涂少许万能胶，然后铺浆砌砖；也可以用横、竖钢筋在接缝处加固，然后铺浆砌砖，这种方式能够保证一定的承重力。每砌完一层玻璃砖即用干净湿布擦去砖面沾着的水泥浆，清理砖面。勾缝时，先勾水平缝，再勾竖缝，要求缝内平滑、深浅一致，并保持砖面整洁。

3. 饰边

玻璃隔墙有外框时，就不需饰边了。无外框时要进行饰边处理，通常有木饰边和不锈钢饰边两种。木饰边常用的有厚木板饰边、阶梯饰边和半圆饰边等；不锈钢饰边有不锈钢单柱饰边、双柱饰边和不锈钢槽饰边等。

玻璃砖室内面板的最大高度为7620mm。为防止移动及沉降，面积超过13.72m^2的面板应适当加支撑，支撑柱可用木材或各种金属材料制成。

8.4.5 隔墙施工的质量要求及验收标准

（1）隔墙所用材料的品种、规格、性能和颜色应符合设计要求。有隔声、隔热、阻燃和防潮等特殊要求的工程，板材应有相应性能等级的检测报告。

（2）板材隔墙安装所需预埋件、连接件的位置、数量及连接方法应符合设计要求，与周边墙体连接应牢固。隔墙骨架与基体结构连接牢固，并应平整、垂直、位置正确。

（3）隔墙板材安装应垂直、平整、位置正确，板材不应有裂缝或缺损；表面应平整光滑、色泽一致、洁净，接缝应均匀、顺墙体表面应平整、接缝密实、光滑、无凸凹现象、无裂缝。

（4）隔墙上的孔洞、槽、盒应位置正确、套割方正、边缘整齐。

（5）隔墙安装的允许偏差和检验方法见表8-9。

表8-9 隔墙安装的允许偏差和检验方法

项次	项目	允许偏差(mm) 板材隔墙				骨架隔墙		检验方法
		金属夹芯板	其他复合板	石膏空心板	钢丝网水泥板	纸面石膏板	人造木板、水泥纤维板	
1	立面垂直度	2	3	3	3	3	4	用2m垂直检测尺检查
2	表面平整度	2	3	3	3	3	3	用2m直尺和塞尺检查
3	阴阳角方正	3	3	3	4	3	3	用直角检测尺检查
4	接缝直线度						3	拉5m线，不足5m拉通线，用钢直尺检查
5	压条直线度						3	
6	接缝高低差	1	2	2	3	1	1	用钢直尺和塞尺检查

8.5 饰面工程

饰面工程是指将块料面层镶贴（或安装）在墙柱表面以形成装饰层。块料面层施工有饰面板的安装、饰面砖的粘贴，即大块料（边长大于400mm）采用安装的方法施工，小块料用手工粘贴的方法施工。

知识链接

饰面砖分有釉和无釉两种，包括：釉面瓷砖、外墙面砖、陶瓷锦砖、玻璃锦砖以及耐酸砖等。饰面板包括：天然石饰面板(如大理石、花岗石和青石板等)、人造石饰面板(如预制水磨石板，合成石饰面板等)、金属饰面板(如不锈钢板、涂层钢板、铝合金饰面板等)、玻璃饰面、木质饰面板(如胶合板、木条板)和裱糊墙纸饰面板等。

8.5.1 饰面砖施工

1. 施工准备

饰面砖的基层处理和找平层砂浆的涂抹方法与装饰抹灰基本相同。

饰面砖在镶贴前，应根据设计选砖，要求挑选规格一致，形状平整方正，不缺棱掉角，不开裂和脱釉，无凹凸扭曲，颜色均匀的面砖。按标准尺寸检查饰面砖，分出符合标准尺寸和大于或小于标准尺寸 3 种规格的饰面砖，同一类尺寸应用于同一层间或同一面墙上，以做到接缝均匀一致。陶瓷锦砖应根据设计要求选择好色彩和图案，统一编号，便于镶贴时依号施工。

釉面砖和外墙面砖镶贴前应先清扫干净，然后置于清水中浸泡。釉面砖浸泡到不冒气泡为止，一般 2～3h。外墙面砖则需隔夜浸泡、取出晾干。以饰面砖表面有潮湿感，手按无水迹为准。

饰面砖镶贴前应进行预排，预排时应注意同一墙面的横竖排列，均不得有一行以上的非整砖。非整砖应排在最不醒目的部位或阴角处，用接缝宽度调整。外墙面砖预排时应根据设计图纸尺寸，进行排砖分格并绘制大样图。一般要求水平缝应与腰脸、窗台齐平，竖向要求阴角及窗口处均为整砖，分格按整块分匀，并根据已确定的缝子大小做分格条和划出皮数杆。对墙、墙垛等处要求先测好中心线、水平分格线和阴阳角垂直线。

2. 釉面砖镶贴

1) 墙面镶贴方法

釉面砖的排列方法有对缝排列和错缝排列两类，具体形式如图 8.37 所示。

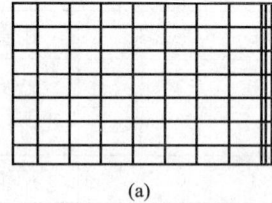 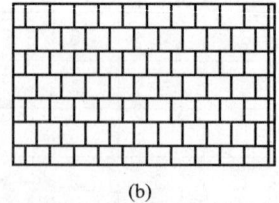

图 8.37　釉面砖镶贴形式
(a) 矩形砖对缝；(b) 方形砖错缝

(1) 在清理干净的找平层上，依照室内标准水平线，校核地面标高和分格线。

(2) 以所弹地平线为依据，设置支撑釉面砖的地面木托板，加木托板的目的是为防止釉面砖因自重向下滑移，木托板表面应加工平整，其高度为非整砖的调节尺寸。整砖的镶贴，就从木托板开始自下而上进行。每行的镶贴宜以阳角开始，把非整砖留在阴角。

(3) 调制糊状的水泥浆,其配合比为水泥：砂＝1：2(体积比)另掺水泥重量3%～4%的108胶；掺时先将108胶用两倍的水稀释,然后加在搅拌均匀的水泥砂浆中,继续搅拌至混合为止。也可按水泥：108胶水：水＝100：5：26的比例配制纯水泥浆进行镶贴。镶贴时,用铲刀将水泥砂浆或水泥浆均匀涂抹在釉面砖背面(水泥砂浆厚度6～10mm,水泥浆厚度2～3mm为宜),四周刮成斜面,按线就位后,用手轻压,然后用橡皮锤或小铲把轻轻敲击,使其与中层贴紧,确保釉面砖四周砂浆饱满,并用靠尺找平。镶贴釉面砖宜先沿底尺横向贴一行,再沿垂直线竖向贴几行,然后从下往上从第二横行开始,在已贴的釉面砖口间拉上准线(用细铁丝),横向各行釉面砖依准线镶贴。

釉面砖镶贴完毕后,用清水或棉纱,将釉面砖表面擦洗干净。室外接缝应用水泥浆或水泥砂浆勾缝,室内接缝宜用与釉面砖相同颜色的石灰膏或白水泥色浆擦嵌密实,并将釉面砖表面擦净。全部完工后,根据污染的不同程度,用棉纱或稀盐酸刷洗并及时用清水冲净。

镶贴墙面时,应先贴大面,后贴阴阳角、凹槽等难度较大和耗工较多的部位。

2) 顶棚镶贴方法

镶贴前,应把墙上的水平线翻到墙顶交接处(四边均弹水平线),校核顶棚方正情况,阴阳角应找直,并按水平线将顶棚找平。如果墙与顶棚均贴釉面砖时,则房间要求规方,阴阳角都须方正,墙与顶棚成90°直角,排砖时,非整砖应留在同一方向,使墙顶砖缝交圈。镶贴时应先贴标志块,间距一般为1.2m,其他操作与墙面镶贴相同。

3. 外墙釉面砖镶贴

外墙釉面砖镶贴由底层灰、中层灰、结合层及面层组成。

矩形釉面砖宜竖向镶贴；釉面砖的接缝宜采用离缝,缝宽不大于10mm；釉面砖一般应对缝排列,不宜采用错缝排列。

(1) 外墙面贴釉面砖应从上而下分段,每段内应自下而上镶贴。

(2) 在整个墙面两头各弹一条垂直线,如墙面较长,在墙面中间部位再增弹几条垂直线,垂直线之间距离应为釉面砖宽的整倍数(包括接缝宽),墙面两头垂直线应距墙阳角(或阴角)为一块釉面砖的宽度。垂直线作为竖行标准。

(3) 在各分段分界处各弹一条水平线,作为贴釉面砖横行标准。各水平线的距离应为釉面砖高度(包括接缝)的整倍数。

(4) 清理底层灰面,并浇水湿润,刷一道素水泥浆,紧接着抹上水泥石灰砂浆,随即将釉面砖对准位置镶贴上去,用橡胶锤轻敲,使其贴实平整。

(5) 每个分段中宜先沿水平线贴横向一行砖,再沿垂直线贴竖向几行砖,从下往上第二横行开始,应在垂直线处已贴的釉面砖上口间拉上准线,横向各行釉面砖依准线镶贴。

(6) 阳角处正面的釉面砖应盖住侧面的釉面砖的端边,即将接缝留在侧面,或在阳角处留成方口,以后用水泥砂浆勾缝。阴角处应使釉面砖的接缝正对阴角线。

(7) 镶贴完一段后,即把釉面砖的表面擦洗干净,用水泥细砂浆勾缝,待其干硬后,再擦洗一遍釉面砖面。

(8) 墙面上如有凸出的预埋件时,此处釉面砖的镶贴,应根据具体尺寸用整砖裁割后贴上去，不得用碎块砖拼贴。

(9) 同一墙面应用同一品种、同一色彩和同一批号的釉面砖。

4. 外墙锦砖(马赛克)镶贴

外墙贴锦砖可采用陶瓷锦砖或玻璃锦砖。锦砖镶贴由底层灰、中层灰、结合层及面层等组成。

锦砖的品种、颜色及图案选择由设计而定。锦砖是成联供货的，所镶贴墙面的尺寸最好是砖联尺寸的整倍数，尽量避免将联拆散。

外墙镶贴锦砖施工要点如下。

(1) 外墙镶贴锦砖应自上而下进行分段，每段内从下而上镶贴。

(2) 底层灰凝固后，清理墙面使其干净。按砖联排列位置，在墙面上弹出砖联分格线；根据图案形式，在各分格内写上砖联编号，相应在砖联纸背上也写上砖联编号，以便对号镶贴。

(3) 清理各砖联的粘贴面(即锦砖背面)，按编号顺序预排就位。

(4) 在底层灰面上洒水湿润，刷上水泥浆一道(中层灰)，接着涂抹纸筋石灰膏水泥混合灰结合层，紧跟着将砖联对准位置镶贴上去并用木垫板压住，再用橡胶锤全面轻轻敲打一遍，使砖联贴实平整。砖联可预先放在木垫板上，连同木垫板一齐贴上去，敲打木垫板即可。砖联平整后即取下木垫板。

(5) 待结合层的混合灰能粘住砖联后，即洒水湿润砖联的背纸，轻轻将其揭掉。要将背纸撕揭干净，不留残纸。

(6) 在混合灰初凝前，修整各锦砖间的接缝，如接缝不正、宽窄不一，应予拨正。如有锦砖掉粒，应予补贴。

(7) 在混合灰终凝后，用同色水泥擦缝(略洒些水)。白色为主的锦砖应用白水泥擦缝，深色为主的锦砖应用普通水泥擦缝。

(8) 擦缝水泥干硬后，用清水擦洗锦砖面。

(9) 非整砖联处，应根据所镶贴的尺寸，预先将砖联裁割，去掉不需要的部分(连同背纸)，再镶贴上去，不可将锦砖块从背纸上剥下来，一块一块地贴上去。

(10) 如结合层所用的混合灰中未掺入108胶，应在砖联的粘贴面随贴随刷一道混凝土界面处理剂，以增强砖联与结合层的黏结力。

(11) 每个分段内的锦砖宜连续贴完。

(12) 墙及柱的阳角处，不宜将一面锦砖边凸出去盖住另一面锦砖接缝，而应各自贴到阳角线处，缺口处用水泥细砂浆勾缝。

8.5.2 饰面板施工

1. 大理石板、花岗石板、青石板、预制水磨石板等饰面板施工

1) 小规格饰面板的镶贴

板材尺寸小于300mm×300mm，板厚8～12mm，粘贴高度低于1m的踢脚线板、勒脚、窗台板等，可采用水泥砂浆粘贴的方法施工。

施工工序为：基层处理→抹底灰→镶贴饰面板。

(1) 踢脚线粘贴。先用12mm厚1:3水泥砂浆打底，用刮尺刮平，划毛。底灰凝固后，在湿润的石板背面抹 2~3mm 厚素水泥浆（可掺胶），随即将其贴于墙面，用木槌轻敲，靠尺、水平尺找平直，使相邻各块饰面板接缝齐平，高差不超过 0.5mm，并将边口和挤出拼缝的水泥擦净。用专用嵌缝材料或同色水泥嵌缝，注意养护。

（2）窗台板安装。安装窗台板时，先校正窗台的水平，确定窗台的找平层厚度，在窗口两边按图纸要求的尺寸在墙上剔槽。多窗口的房屋剔槽时要拉通线，并将窗口找平。

清除窗台上的垃圾杂物，洒水润湿。用 1∶3 干硬性水泥砂浆或细石混凝土抹找平层，用刮尺刮平，均匀地撒上干水泥，待水泥充分吸水呈水泥浆状态，再将湿润后的板材平稳地安上，用木槌轻轻敲击，使其平整并与找平层有良好黏结。板材放稳后，应用水泥砂浆或细石混凝土将嵌入墙的部分塞密堵严。窗台板接槎处注意平整，并与窗下槛同一水平。

若有暗炉片槽，且窗台板长向由几块拼成，在横向挑出墙面尺寸较大时，应先在窗台板下预埋角铁，要求角铁埋置的高度、进出尺寸一致，其表面应平整，并用较高标号的细石混凝土灌注，过一周后再安装窗台板。

当板边长大于 400mm 或镶贴高度超过 1m 时，可用安装方法施工。施工分为干挂和湿挂两类。湿挂法施工又分为传统施工法和改进施工法。

2）湿挂法

适用于板材厚为 20~30mm 的大理石、花岗石或预制水磨石板，墙体为砖墙或混凝土墙。优点是牢固可靠，缺点是工序烦琐，卡箍多样，板材上钻孔易损坏，特别是灌注砂浆易污染板面和使板材移位。

具体做法为：先在结构表面固定 $\phi6$ 筋骨架，或与埋件焊接，或埋膨胀螺栓焊接，或与顶模箍筋焊接；钢筋钩中距为 500mm 或按板材尺寸，当挂贴高度大于 3m 时，钢筋钩改用 $\phi10$ 钢筋，钢筋钩埋入墙体内深度应不小于 120mm，伸出墙面 30mm，混凝土墙体可射入 $\phi3.7\times62$ 的射钉，中距亦为 500mm 或按材尺寸，射钉打入墙体内 30mm，伸出墙面 32mm。

拉线、垫底尺，从阳角处或中间开始绑扎板块，在饰面板上、下边各钻不少于两个 $\phi5$ 的孔。孔深 15mm，清理饰面板的背面。用双股 18 号铜丝穿过钻孔，把饰面板绑牢于钢筋网上。饰面板的背面距墙面应不小于 50mm 如图 8.38 所示。

找垂直后，每安装好一行横向饰面板后，即进行灌浆。灌浆前，应浇水将饰面板背面及墙体表面湿润，在饰面板的竖向接缝内填塞 15~20mm 深的麻丝或泡沫塑料条以防漏浆，光面、镜面和水磨石饰面板的竖缝，可用石膏灰临时封闭（较大者加支撑），并在缝内填塞泡沫塑料条。用纸或石膏堵侧、底缝，如有移动错位应拆除重新安装；如无移位，方可安装上一行板。

特别提示

饰面板灌 1∶2.5 水泥砂浆，每层 150~200mm，且不得大于板高的 1/3，并插捣密实，待砂浆初凝后，应检查板面位置。施工缝应留在饰面板水平接缝以下 50~100mm 处如图 8.38 所示。剔掉石膏块，清理后安第二行。

待水泥砂浆硬化后，将填缝材料清除。饰面板表面清洗干净。光面和镜面的饰面经清洗晾干后，方可打蜡擦亮。

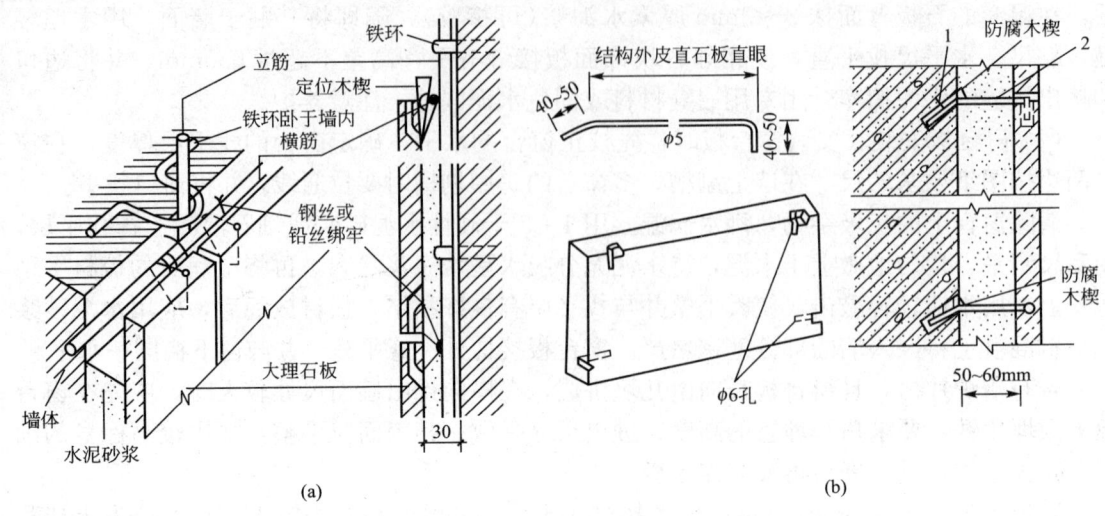

图 8.38 饰面板湿挂安装方法
(a) 传统湿挂法；(b) 挂装灌浆法的改进法

3）干挂法

干挂法是在饰面板材上直接打孔或开槽，用各种形式的连接件与结构基体用膨胀螺栓或其他架设金属连接。饰面板与墙体之间留出 40~50mm 的空腔。这种方法适用于 30m 以下的钢筋混凝土结构基体上，不适用于砖墙和加气混凝土墙。

施工工艺：基层处理→墙体打洞→饰面石板编号→饰面石板打洞→安装饰面石板→清理、嵌缝→打蜡上光。

干法铺贴工艺的主要优点如下。

(1) 在风力和地震作用时，允许产生适量的变位。

(2) 冬季照常施工，不受季节限制。

(3) 没有湿作业的施工条件，既改善了施工环境，以及空鼓、脱落等问题的发生。而不致出现裂缝和脱落。也避免了浅色板材透底污染的问题。

(4) 可以采用大规格的饰面石材铺贴，从而提高了施工效率。

(5) 可自上而下拆换、维修，无损于板材和连接件，使饰面工程拆改翻修方便。

干法铺贴工艺主要采用扣件固定法，如图 8.39 所示。

扣件固定法的安装施工步骤如下。

(1) 板材切割。按照设计图图纸要求在施工现场进行切割，由于板块规格较大，宜采用石材切割机切割，注意保持板块边角的挺直和规矩。

(2) 磨边。板材切割后，为使其边角光滑，可采用手提式磨光机进行打磨。

(3) 钻孔。相邻板块采用不锈钢销钉连接固定，销钉插在板材侧面孔内。孔径 $\phi 5$，深度 12mm，用电钻打孔。由于它关系到板材的安装精度，因而要求钻孔位置准确。

(4) 开槽。由于大规格石板的自重大，除了由钢扣件将板块下口托牢以外，还需在板块中部开槽设置承托扣件以支撑板材的自重。

(5) 涂防水剂。在板材背面涂刷一层丙烯酸防水涂料，以增强外饰面的防水性能。

(6) 墙面修整。如果混凝土外墙表面有局部凸出处会影响扣件安装时，须进行凿平修整。

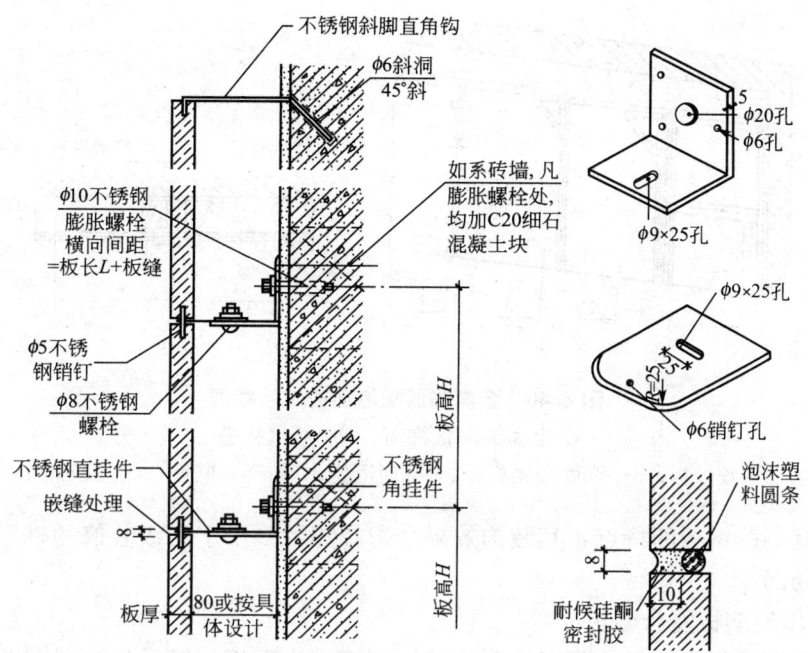

图 8.39　扣件固定大规格石材饰面板的干作业做法——板材安装立面图及细部构造

(7) 弹线。从结构中引出楼面标高和轴线位置，在墙面上弹出安装板材的水平和垂直控制线，并做出灰饼以控制板材安装的平整度。

(8) 墙面涂刷防水剂。由于板材与混凝土墙身之间不填充砂浆，为了防止因材料性能或施工质量可能造成的渗漏，在外墙面上涂刷一层防水剂，以加强外墙的防水性能。

(9) 板材安装。安装板块的顺序是自下而上进行，在墙面最下一排板材安装位置的上下口拉两条水平控制线，板材从中间或墙面阳角开始就位安装。先安装好第一块作为基准，其平整度以事先设置的灰饼为依据，用线垂吊直，经校准后加以固定。一排板材安装完毕，再进行上一排扣件固定和安装。板材安装要求四角平整，纵横对缝。

(10) 板材固定。钢扣件和墙身用胀铆螺栓固定，扣件为一块钻有螺栓安装孔和销钉孔的平钢板，根据墙面与板材之间的安装距离，在现场用手提式折压机将其加工成角型钢。扣件上的孔洞均呈椭圆形，以便安装时调节位置。

(11) 板材接缝的防水处理。石板饰面接缝处的防水处理采用密封硅胶嵌缝。嵌缝之前先在缝隙内嵌入柔性条状泡沫聚乙烯材料作为衬底，以控制接缝的密封深度和加强密封胶的黏结力。

2. 金属饰面板施工

常用的金属饰面板有不锈钢板、铝合金板、铜板和薄钢板等。施工示意图如图 8.40 所示。

不锈钢材料耐腐蚀、耐气候、防火和耐磨性均良好，具有较高的强度，抗拉能力强，并且具有质软、韧性强、便于加工的特点，是建筑物室内、室外墙体和柱面常用的装饰材料。

铝合金耐腐蚀、耐气候和防火，具有可进行轧花，涂不同色彩，压制成不同波纹、花纹和平板冲孔的加工特性，适用于中、高级室内装修。

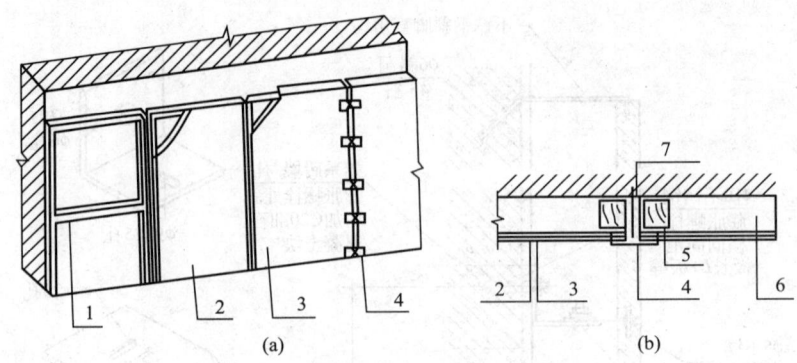

图 8.40 金属饰面板墙面施工示意图
(a) 金属饰面板饰面；(b) 板缝构造
1—骨架；2—胶合板；3—饰面金属板；4—临时固定木条；5—竖筋；6—横筋；7—玻璃胶

铜板具有不锈钢板的特点，其装饰效果金碧辉煌，多用于高级装修的柱、门厅入口和大堂等建筑局部。

1) 彩色压型钢板复合墙板

彩色压型钢板复合墙板，是以波形彩色压型钢板为面板，轻质保温材料为芯层，经复合而成的轻质保温墙板，适用于工业与民用建筑物的外墙挂板。

其中夹芯保温材料，可分别选用聚苯乙烯泡沫板、岩棉板、玻璃棉板和聚氨酯泡沫塑料等。复合墙板接缝构造基本上分两种：一种是在墙板的垂直方向设置企口边；另一种为不设企口边。如采用轻质保温板材作保温层，在保温层中间要放两条宽 50mm 的带钢钢箍，在保温层的两端各放三块槽形冷弯连接件和两块冷弯角钢吊挂件，然后用自攻螺钉把压型钢板与连接件固定，钉距一般为 100~200mm。若采用聚氨酯泡沫塑料作保温层，可以预先浇注成型，也可在现场喷雾发泡。

具体施工安装，是用吊挂件把板材挂在墙身檩条上，再把吊挂件与檩条焊牢；板与板之间连接，水平缝为搭接缝，竖缝为企口缝。所有接缝处，除用超细玻璃棉塞缝外，还需用自攻螺钉钉牢，钉距为 200mm。门窗洞口、管道穿墙及墙面端头处，墙板均为异型复合墙板，用压型钢板与保温材料按设计规定尺寸进行裁割，然后照标准板的做法进行组装。女儿墙顶部、门窗周围均设防雨泛水板，泛水板与墙板的接缝处，用防水油膏嵌缝。压型板墙转角处，用槽形转角板进行外包角和内包角，转角板用螺栓固定。

2) 铝合金板墙面施工

铝合金板有方形板和条形板，方形板有正方形板、矩形板及异形板。条形板一般是指宽度在 150mm 以内的窄条板材，长度 6m 左右，厚度多为 0.5~1.5mm。根据其断面及安装形式的不同，通常又被分为铝合金板或铝合金扣板。条板断面的一般形式，如图 8.41 所示。扣板断面的形式，如图 8.42 所示。另外，还有铝合金蜂窝板，其断面呈蜂窝腔。

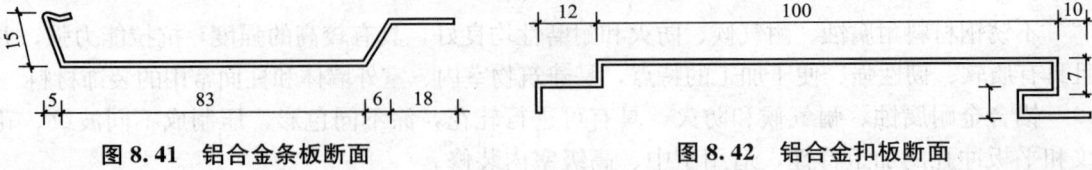

图 8.41 铝合金条板断面   **图 8.42 铝合金扣板断面**

(1) 铝合金板的固定。铝合金板的固定方法较多，按其固定原理可分为两种：一种是配合特制的带齿形卡脚的金属龙骨，安装时将板条卡在龙骨上面，不需使用钉件；另一种固定方法是将铝合金板用螺栓或自攻螺钉固定于型钢或木骨架上。

① 铝合金扣板的固定。铝合金扣板多用于建筑首层的入口及招牌衬底等较为醒目的部位，其骨架可用角钢或槽钢焊成，也可用方木铺钉。骨架与墙面基层多用膨胀螺栓固定，扣板与骨架用自攻螺钉固定。

扣板的固定特点是螺钉头不外露，扣板的一边用螺钉固定，另一块扣板扣上后，恰好将螺钉盖住。

② 铝合金蜂窝板的固定。铝合金蜂窝板与骨架用连接板固定。

③ 铝合金成型板的简易固定。在铝合金板的上下各留两个孔，然后与内架上焊牢的钢销钉相配。安装时，只需将铝合金板的孔眼穿入销钉上即可，上下板之间的缝隙内，填充聚氯乙烯泡沫，然后在其外侧注入硅酮密封胶。

④ 铝合金条板与特制龙骨的卡接固定。如图 8.43 所示的铝合金条板同以上介绍的几种板的固定方法截然不同。该条板卡在特制的龙骨上，龙骨与墙基层固定牢固。龙骨由镀锌钢板冲压而成，安装条板时，将条板卡在龙骨的顶面。此种固定方法简便可靠，拆换也较为方便。安装铝合金板的龙骨形式比较多，条板的断面也多种多样，在实际工程中应着重注意的是，龙骨与铝合金墙板应配套使用。

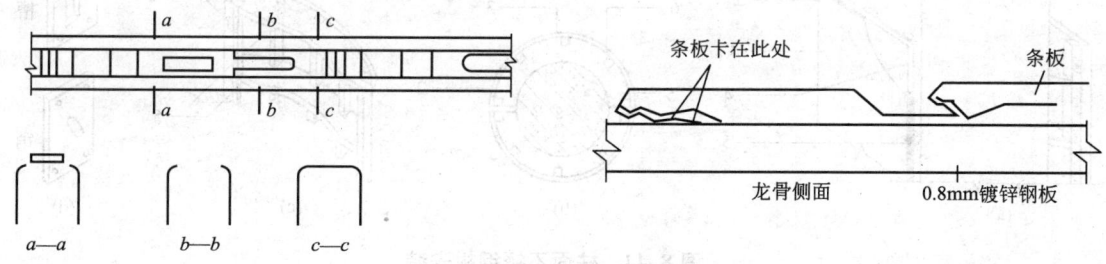

图 8.43　金条板与特制龙骨的卡接固定

(2) 铝合金板墙面施工。铝合金墙板安装的工程质量要求较高，其技术难度也比较大。在施工前应认真查阅图纸，领会设计意图，并需进行详细的技术交底，使操作者能够主动地做好每一道工序。

① 放线。铝合金板墙面，基本上是由铝合金板和骨架组成。其骨架一般是由横竖杆件拼装而成，可以是铝合金型材，也可以是型钢。固定骨架时，先在墙面上弹出骨架位置线，以保证骨架施工的准确性。

放线前要检查结构的质量情况，如果发现结构的垂直度与平整度误差较大对骨架固定质量有影响时，应及时通知设计单位。放线最好一次放完，如有出入，可进行调整。

② 固定骨架连接件。骨架的横竖杆件是通过连接件与结构固定的，而连接件与结构之间，可以同结构的预埋件焊牢，也可在墙上打膨胀螺栓。使用膨胀螺栓锚固较多，它较为灵活简便，尺寸误差也比较小，有利于保证骨架位置的准确性。

连接件施工质量主要是要保证牢固可靠，在操作过程中要加强自检和互检，并将检查结果做好隐蔽记录。如焊缝的长度、高度，膨胀螺栓的埋入深度等最好做拉拔试验，看其是否符合设计要求。型钢一类的连接件，其表面应镀锌，焊缝处应刷防锈漆。

③ 固定骨架。所有的骨架均应经防腐处理。骨架安装要牢固，位置要准确。待安装完毕后，应对中心线、表面标高做全面检查。高层建筑的大面积外墙板，宜用经纬仪对横竖杆件进行贯通检查，以保证饰面板的安装精度，在检查无误后，即可对骨架进行固定，同时对所有的骨架进行防腐处理。

④ 安装铝合金板。铝合金板的安装固定方法较多，操作的要点也不尽相同，无论使用何种方法，都必须做到安全、牢固。特别是高层建筑的铝合金外墙板，更不能有丝毫疏忽。

板与板之间，一般应当留出 10~20mm 的间隙，最后用氯丁橡胶条或硅酮密封胶进行密封处理。

铝合金板安装操作应注意施工安全，遇有大风大雨，不能使用吊栏；如果使用外墙脚手架，应设安全网。铝合金板安装完毕，须在易被碰撞及污染处采取保护措施。为防止碰撞，宜设安全保护栏；为防污染，多用塑料薄膜遮盖。

3) 不锈钢饰面板施工

不锈钢饰面板主要用于墙柱面装饰，具有强烈的金属质感和抛光的镜面效果。柱面不锈钢安装如图 8.44 所示。

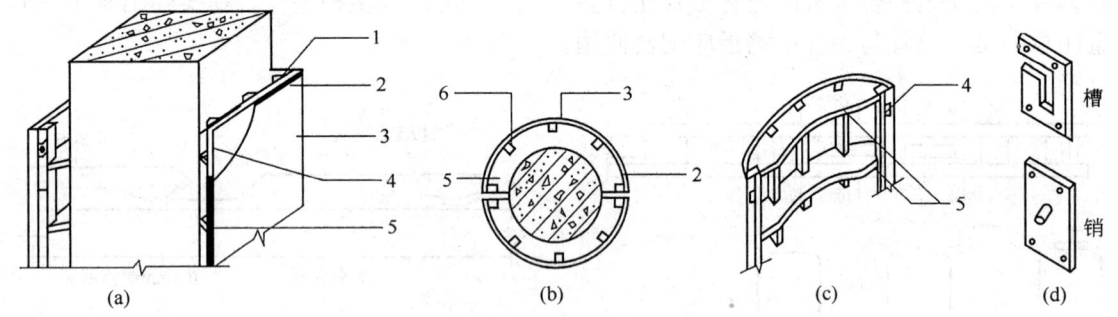

图 8.44　柱面不锈钢板安装
(a) 方柱；(b) 圆柱；(c) 圆柱胎；(d) 销件
1—木骨架；2—胶合板；3—不锈钢板；4—销件；5—中密度板；6—木质竖筋

(1) 方柱体不锈钢板饰面施工。基层多为木质胶合板，柱体骨架上装设胶合板基面的操作如前所述如图 8.47(a) 所示。将基表面清理洁净后即刷涂万能胶或其他胶粘剂，将不锈钢板粘贴其上，然后在转角处用不锈钢成型角压边包角。在压边不锈钢成型角与饰面板接触处，可注入少量玻璃胶封口。

方柱角位的构造处理　方柱角位的造型形式较多，最常采用的是阳角形、阴角形和斜角形 3 种。其包角构造的材料，多用不锈钢或黄铜，也可用铝合金及装饰木线等。

① 阳角构造。可用镜面黄铜角型材，也可用不锈钢角型材做封角处理，自攻螺钉或铆接法来固定，也可使用其他角型饰线粘贴与卡接。

② 斜角构造。可分为大斜角与小斜角。其中大斜角的两个转角处，可按不锈钢板包圆柱时的对口方式处理，即采用直接卡口式或是嵌槽压口式作角位的构造处理。

③ 阴角构造。其包角形式可作不同尺度的两折或多折变化，由设计而定。也是使用不锈钢或黄铜等成型的型材来进行封角和压边。

(2) 圆柱体不锈钢板饰面施工如图 8.46(b) 所示。其操作要点如下。

① 柱体成型。在钢筋混凝土柱体浇注时，预埋钢质或铜质垫板，或在柱体抹灰时将垫板固定于柱体的抹灰基层内。

② 柱面修整。不锈钢板安装前，应对柱面基层进行修整，以达到柱面垂直、光圆。

③ 不锈钢板的滚圆。用卷板机或手工将不锈钢板卷成或敲打成所需直径的规则圆筒体。

一般将板材滚成两个标准的半圆，以备包覆柱体后焊接固定。

④ 不锈钢板的定位安装。滚圆加工后的不锈钢板与圆柱体包覆就位时，其拼取接缝处应与预设的施焊垫板位置相对应。安装时注意调整缝隙的大小，其间隙应符合焊接的规范要求(0～1.0mm)；并须保持均匀一致；焊缝两侧板面不应出现高低差。可以用点焊或其他办法，先将板的位置固定，以便利于下一步的正式焊接。

⑤ 连接。连接主要有焊接和镶固连接两种。焊接时，对于厚度在2mm以内的不锈钢板的焊接，一般不开坡口，而是采用平口对焊方式。如若设计要求焊缝开坡口时，其开口操作应在安装就位之前进行。对于不锈钢板的包柱施工，其焊接方法应以手工电弧焊或气焊为宜。特别是厚度在1mm以下的不锈薄板，应采用气焊。当采用手工电弧焊作薄板焊接时，须使用较细的不锈钢焊条及较小的焊接电流进行操作。施焊后，不锈钢板包柱饰面的拼缝处会不平整，而且黏附有一定量的熔渣，为此，须将其表面修平和清洁。在一般情况下，当焊缝表面并无太明显的凹痕或凸出粗粒焊珠时，可直接进行抛光。当表面有较大凹凸不平时，应使用砂轮机磨平后换上抛光轮作抛光处理。使焊缝痕迹不很显露，焊缝区表面应洁净光滑。

镶固连接时，通常用木胶合板作柱体的表面，也是不锈钢饰面板的基层。其饰面不锈钢板的圆曲面加工，可采用上述手工滚圆或卷板机于现场加工制作，也可由工厂按所需曲度事先加工完成。其包柱圆筒形体的组合，可以由两片或三片加工好拼接。安装的关键在于片与片之间的对口处理，其方式有直接卡口式和嵌槽压口式两种。

3. 饰面工程的质量要求及验收标准

饰面所用材料的品种、规格、颜色、图案以及镶贴方法应符合设计要求；饰面工程的表面不得有变色、起碱、污点、砂浆流痕和显著的光泽受损处；突出的管线、支撑物等部位镶贴的饰面砖，应套割吻合；饰面板和饰面砖不得有歪斜、翘曲、空鼓、缺楞、掉角和裂缝等缺陷；镶贴墙裙、门窗贴脸的饰面板、饰面砖，其突出墙面的厚度应一致。

饰面工程质量的允许偏差见表8-10。

表8-10 饰面工程质量允许偏差

项次	项目	允许偏差(mm)									检查方法
		饰面板安装							饰面砖粘贴		
		天然石			瓷板	木材	塑料	金属	外墙面砖	内墙面砖	
		光面	剁斧石	蘑菇石							
1	立面垂直度	2	3	3	2	1.5	2	2	3	2	用2m垂直检测尺检查
2	表面平整度	2	3	—	1.5	1	2	3	4	3	用2m靠尺和塞尺检查
3	阴阳角方正	2	4	4	2	1.5	3	3	3	3	用直角检测尺检查

(续)

项次	项目	允许偏差(mm)									检查方法
		饰面板安装							饰面砖粘贴		
		天然石			瓷板	木材	塑料	金属	外墙面砖	内墙面砖	
		光面	剁斧石	蘑菇石							
4	接缝直线度	2	4	4	2	1	1	1	3	2	拉5m线，不足5m拉通线，用钢尺检查
5	墙裙、勒脚上口直线度	2	3	3	2	2	2	2	2	2	拉5m线，不足5m拉通线，用钢尺检查
6	接缝高低差	0.5	3	—	0.5	0.5	1		1	0.5	用钢直尺和塞尺检查
7	接缝宽度	1	2	2	1	1	1	1	1	1	用钢直尺检查

8.6 门窗工程

门窗按材料分为木门窗、钢门窗、铝合金门窗和塑料门窗4大类。木门窗应用最早且最普通，但越来越多地被钢门窗、铝合金门窗和塑料门窗所代替。

8.6.1 木门窗施工

木门窗大多在木材加工厂内制作。

施工现场一般以安装木门窗框及内扇为主要施工内容。安装前应按设计图纸检查核对好型号，按图纸对号分发到位。安门框前，要用对角线相等的方法复核其方正程度。

木门窗的安装一般有立框安装和塞框安装两种方法。

1. 立框安装

立框安装是先立好门窗框，再砌筑两边的墙。在墙砌到地面时立门樘，砌到窗台时立窗樘。应先在地面（或墙面）划出门（窗）框的中线及边线，而后按线将门窗框立上，用临时支撑撑牢，并校正门窗框的垂直度及上、下槛水平。

立门窗框时要注意门窗的开启方向和墙面装饰层的厚度，各门框进出一致，上、窗框对齐。在砌两旁墙时，墙内应砌经防腐处理的木砖。垂直间隔0.5～0.7m一块，大小为115mm×115mm×53mm。

2. 塞框安装

塞框安装是在砌墙时先留出门窗洞口，然后塞入门窗框尺寸要比门窗框尺寸每边大20mm。门窗框塞入后，先用木楔临时塞住，要求横平竖直。校正无误后，将门窗框钉牢在砌于墙内的木砖上。

3. 门窗扇的安装

安装前要先测量一下门窗樘洞口净尺寸，根据测得的准确尺寸来修刨门窗扇。扇的两边要同时修刨。门窗冒头的修刨是，先刨平下冒头，以此为准再修刨上冒头。修刨时要注意留出风缝，一般门窗扇的对口处及扇与樘之间的风缝需留出 20mm 左右。门窗扇安装时，应保持冒头、窗芯水平，双扇门窗的冒头要对齐，开关灵活，但不准出现自开或自关的现象。

4. 玻璃安装

清理门窗裁口，在玻璃底面与门窗裁口之间，沿裁口的全长均匀涂抹 1~3mm 的底灰，用手将玻璃摊铺平正，轻压玻璃使部分底灰挤出槽口，待油灰初凝后，顺裁口刮平底灰，然后用小圆钉沿玻璃四周固定玻璃，钉距 200mm，最后抹表面油灰即可。油灰与玻璃、裁口接触的边缘平齐，四角成规则的八字形。

5. 木门窗安装的留缝限值、允许偏差和检验方法见表 8-11

表 8-11 木门窗安装的留缝限值、允许偏差和检验方法

项次	项 目		留缝宽度 (mm)		允许偏差 (mm)		检验方法
			普通	高级	普通	高级	
1	门窗槽口对角线长度差		—	—	3	2	用钢尺检查
2	门窗框的正、侧面垂直度		—	—	2	1	用垂直检测尺检查
3	框与扇、扇与扇接缝高低差		—	—	2	1	用钢直尺和塞尺检查
4	门窗扇对口缝		1~2.5	1.5~2	—	—	用塞尺检查
5	工业厂房双扇大门对口缝		2~5	—	—	—	
6	门窗扇与上框间留缝		1~2	1~1.5	—	—	
7	门窗扇与侧框间留缝		1~2.5	1~1.5	—	—	
8	窗扇与下框间留缝		2~3	2~2.5	—	—	
9	门扇与下框间留缝		3~5	3~4	—	—	
10	双层门窗内外框间距		—	—	4	3	用钢尺检查
11	无下框时门扇与地面间留缝	外门	4~7	5~6	—	—	用塞尺检查
		内门	5~8	6~7	—	—	
		卫生间门	8~12	8~10	—	—	
		厂房大门	10~20	—	—	—	

8.6.2 铝合金门窗施工

铝合金门窗是用经过表面处理的型材，通过下料、打孔、铣槽、攻丝和制窗等加工过程而制成的门窗框料构件，再与连接件、密封件和五金配件一起组装而成。

1. 弹线

铝合金门窗一般是先安装门窗框，后安装门窗扇(后塞口)。常用固定方法如图 8.45 所示。

结构施工时，根据设计留出门窗洞口尺寸。门窗框加工的尺寸应比洞口尺寸略小，门窗框与结构之间的间隙，应视不同的饰面材料而定。抹灰面一般为 20mm，大理石、花岗石等板材，厚度一般为 50mm。以饰面层与门窗框边缘正好吻合为准，不可让饰面层盖住门窗框。

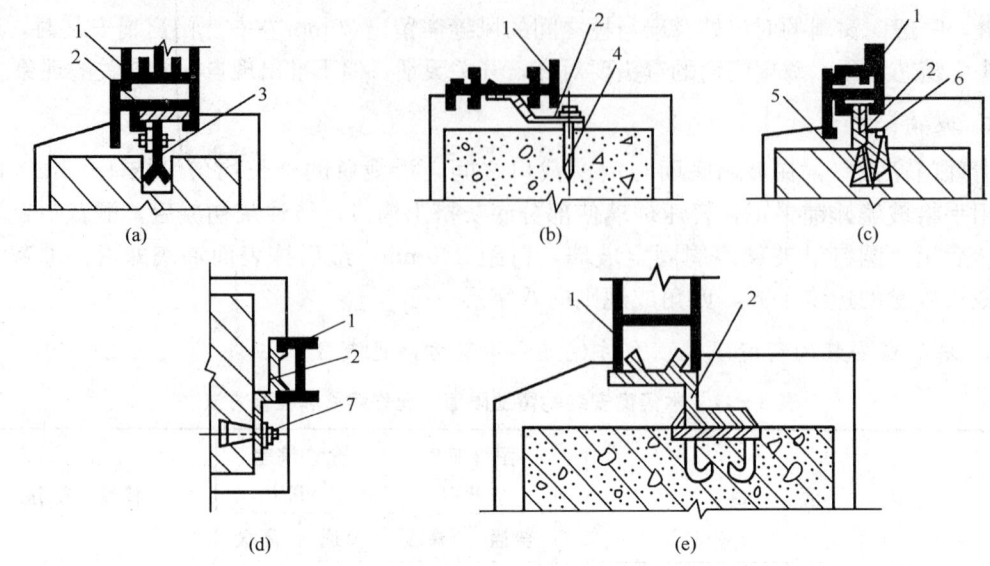

图 8.45 铝合金门窗框与墙体连接方法
(a) 预留洞燕尾铁角连接；(b) 射钉连接方式；(c) 预埋木砖连接；
(d) 膨胀螺钉连接；(e) 预埋铁件焊接连接
1—门窗框；2—连接铁件；3—燕尾铁脚；4—射（钢）钉；5—木砖；6—木螺钉；7—膨胀螺钉

弹线时应同一立面的门窗在水平与垂直方向应做到整齐一致。安装前，应先检查预留洞口的偏差。对于尺寸偏差较大的部位，应剔凿或填补处理。在洞口弹出门、窗位置线。安装前一般是将门窗立于墙体中心线部位。也可将门窗立在内侧。门的安装，须注意室内地面的标高。地弹簧的表面，应与室内地面饰面的标高一致。

2. 门窗框就位和固定

按弹线确定的位置将门窗框就位，先用木楔临时固定，待检查立面垂直、左右间隙、上下位置等符合要求后，用射钉将铝合金门窗框上的铁脚与结构固定。铝合金门框埋入地面以下 20～50mm。

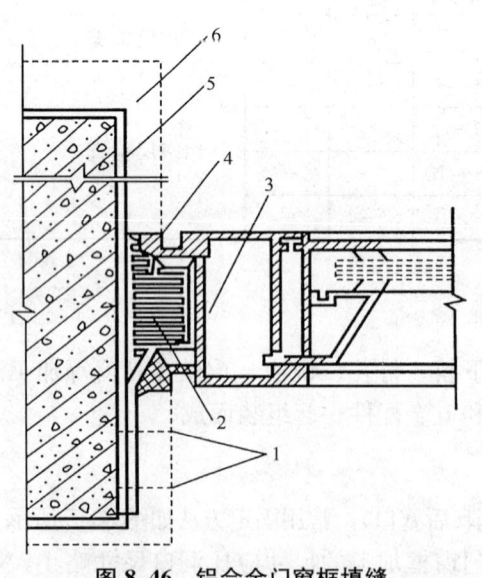

图 8.46 铝合金门窗框填缝
1—膨胀螺栓；2—软质填充料；3—自攻螺钉；4—密封胶；5—第一遍粉刷；6—最后一遍装饰粉刷

3. 填缝

铝合金门窗安装固定后，应按设计要求及时处理窗框与墙体缝隙。门窗框与洞口应弹性连接。铝合金门窗框填缝如图 8.46 所示。若设计未规定具体堵塞材料时，应采用矿棉或玻璃棉毡分层填塞缝隙，外表面留 5～8mm 深槽口，槽内填嵌缝油膏或在门窗两侧作防腐处理后填 1∶2 水泥砂浆。

4. 门、窗扇安装

在土建施工基本完成后进行门窗扇的安装，

框装上扇后应保证框扇的立面在同一平面内,窗扇就位准确,启闭灵活。平开窗的窗扇安装前应先固定窗,然后再将窗扇与窗铰固定在一起。推拉式门窗扇,应先装室内侧门窗扇,后装室外侧门窗扇;固定扇应装在室外侧,并固定牢固,确保使用安全。

5. 安装玻璃

平开窗的小块玻璃用双手操作就位。若单块玻璃尺寸较大,可使用玻璃吸盘就位。玻璃就位后,即以橡胶条固定。型材凹槽内装饰玻璃,可用橡胶条挤紧,然后再在橡胶条上注入密封胶;也可以直接用橡胶衬条封缝、挤紧,表面不再注胶。

为防止因玻璃的胀缩而造成型材的变形,型材下凹槽内可先放置橡胶垫块,以免因玻璃自重而直接落在金属表面上,并且也要使玻璃的侧边及上部不得与框、扇及连接件相接触。

6. 清理

铝合金门窗交工前,将型材表面的保护胶纸撕掉,如有胶迹,可用香蕉水清理干净。擦净玻璃。

7. 铝合金门窗安装的允许偏差和检验方法见表 8-12

表 8-12 铝合金门窗安装的允许偏差和检验方法

项次	项 目		允许偏差(mm)	检验方法
1	门窗槽口宽度、高度	≤1500	1.5	用钢尺检查
		>1500	2	
2	门窗槽口对角线长度差	≤2000	3	用钢尺检查
		>2000	4	
3	门窗框的正,侧面垂直度		2.5	用垂直检测尺检查
4	门窗横框的水平度		2	用1m水平尺和塞尺检查
5	门窗横框标高		5	用钢尺检查
6	门窗竖向偏离中心		5	用钢尺检查
7	双层门窗内外框间距		4	用钢尺检查
8	推拉门窗扇与框搭接量		1.5	用直钢尺检查

8.6.3 钢门窗施工

建筑中应用较多的钢门窗有:薄壁空腹钢门窗和实腹钢门窗。钢门窗在工厂加工制作后整体运到现场进行安装。

钢门窗安装流程:弹控制线→立钢门窗→校正→门窗框固定→安装五金零件→安装纱门窗。

1. 弹控制线

门窗安装前应弹出离楼地面 500mm 高的水平控制线,按门窗安装标高、尺寸和开启方向,在墙体预留洞口四周弹出门窗就位线。

2. 立钢门窗、校正

钢门窗采用后塞框法施工,安装时先用木楔块临时固定,木楔块应塞在四角和中梃处；然后用水平尺、对角线尺、线锤校正其垂直与水平。

3. 门窗框固定

门窗位置确定后，将铁脚与预埋件焊接或埋入预留墙洞内，用1∶2水泥砂浆或细石混凝土将洞口缝隙填实，养护3d后取出木楔；门窗框与墙之间缝隙应填嵌饱满，并采用密封胶密封。钢窗铁脚的形状如图8.47所示。

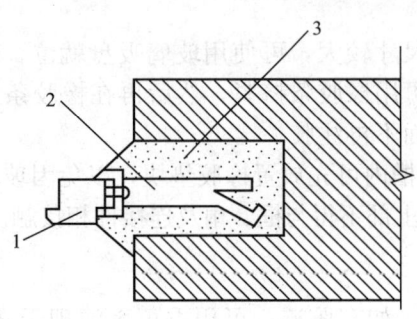

图 8.47　铁窗预埋铁脚
1—窗框；2—铁脚；
3—留洞 60mm×60mm×60mm

4. 安装五金零件

（1）安装零附件宜在内外墙装饰结束后进行。

（2）安装零附件前，应检查门窗在洞口内是否牢固，开启应灵活，关闭要严密。

（3）五金零件应按生产厂家提供的装配图试装合格后，方可进行全面安装。

（4）密封条应在钢门窗涂料干燥后按型号安装压实。

（5）各类五金零件的转动和滑动配合处应灵活，无卡阻现象。

（6）装配螺钉拧紧后不得松动，埋头螺钉不得高于零件表面。

（7）钢门窗上的渣土应及时清除干净。

5. 安装纱门窗

高度或宽度大于1400mm的纱窗，装纱前应在纱扇中部用木条临时支撑。检查压纱条和扇配套后，将纱裁成比实际尺寸宽50mm的纱布，绷纱时先用螺钉拧入上下压纱条再装两侧压纱条，切除多余纱头。金属纱装完后集中刷油漆，交工前再将门窗扇安在钢门窗框上。

钢门窗安装的留缝限值、允许偏差和检验方法见表8-13。

表8-13　钢门窗安装的留缝限值、允许偏差和检验方法

项次	项　　目	留缝宽度(mm)	允许偏差(mm)	检验方法
1	门窗槽口宽度、高度	≤1500	2.5	用钢尺检查
		>1500	3.5	
2	门窗槽口对角线长度差	≤2000	5	用钢尺检查
		>2000	6	
3	门窗框的正、侧面垂直度		3	用1m垂直检测尺检查
4	门窗横框的水平度		3	用1m水平尺和塞尺检查
5	门窗横框标高		5	用钢尺检查
6	门窗竖向偏离中心		4	用钢尺检查
7	双层门窗内外框间距		5	用钢尺检查
8	门窗框、扇配合间隙	≤2	—	用塞尺检查
9	无下框时门扇与地面间留缝	4～8	—	用塞尺检查

8.6.4 塑料门窗施工

塑料门窗及其附件应符合国家标准，不得有开焊、断裂等损坏现象，如有损坏，应予以修复或更换。应存放在有靠架的室内并远离热源，以免受热变形。

塑料门窗在安装前，先装五金配件及固定件。安装五金件时，必须先用手电钻钻孔，后用自攻螺钉拧入。严禁在杆件上直接锤击钉入。钻头直径应比所选用自攻螺钉直径小 0.5~1.0mm，这样可以防止塑料门窗出现局部凹隐、断裂和螺钉松动等质量问题，保证附件及固定件的安装质量。

塑料门窗框子连接时，先把连接件与框子成 45°放入框子背面燕尾槽口内，然后顺时针方向把连接件扳成直角，最后旋进 $\phi 4\times 15$ 自攻螺钉固定，如图 8.48 所示，严禁锤击框子。

门窗框和墙体连接采用膨胀螺栓固定连接件，一只连接件不少于 2 个螺钉。

门窗洞口粉刷前，除去木楔，在门窗周围缝隙内塞入软质保温材料(如泡沫塑料条、泡沫聚氨酯条、油毡卷条等)填充饱满，形成柔性连接，以适应热胀冷缩。但不得填塞过紧，因过紧会使框架受压发生变形，但也不能填塞过松，否则会使缝隙密封不严，在门窗周围形成冷热交换区发生结露现象，影响门窗防寒、防风的正常功能和墙体寿命。最后将门窗框四周的内外接缝用密封材料嵌缝严密。

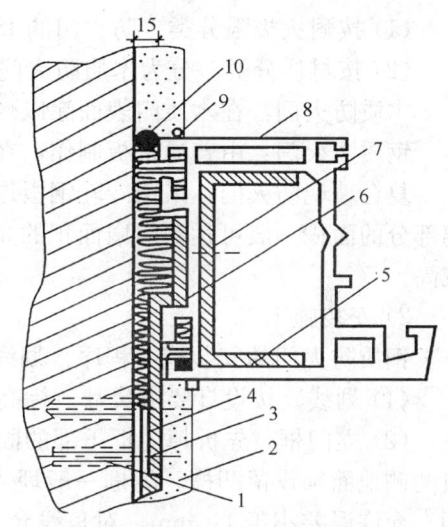

图 8.48 塑料门窗框连接件
1—膨胀螺栓；2—抹灰层；3—螺丝钉；
4—密封胶；5—加强筋；6—连接件；
7—自攻螺钉；8—硬 PVC 窗框

塑料门窗安装的允许偏差和检验方法见表 8-14。

表 8-14 塑料门窗安装的允许偏差和检验方法

项次	项目		允许偏差(mm)	检验方法
1	门窗槽口宽度、高度	≤1500	2	用钢尺检查
		>1500	3	
2	门窗槽口对角线长度差	≤2000	3	用钢尺检查
		>2000	5	
3	门窗框的正、侧面垂直度		3	用垂直检测尺检查
4	门窗横框的水平度		3	用1m水平尺和塞尺检查
5	门窗横框标高		5	用钢尺检查
6	门窗竖向偏离中心		5	用钢直尺检查
7	双层门窗内外框间距		4	用钢尺检查
8	同樘平开窗相邻扇高度差		2	用钢直尺检查
9	平开门窗铰链部位配合间隙		+2；-1	用塞尺检查
10	推拉门窗扇与框搭接量		+1.5；-2.5	用钢直尺检查
11	推拉门窗扇与竖框平行度		2	用1m水平尺和塞尺检查

8.6.5 特种门窗施工

1. 防火门安装施工

防火门是具有特殊功能的一种新型门,是为了解决高层建筑的消防问题而在近几年发展起来的。

1) 防火门的种类

(1) 按耐火极限分类。防火门的 ISO 标准有甲、乙、丙 3 个等级。

(2) 按材质分类。分为木质防火门、钢质防火门和复合玻璃防火门。

木质防火门:在木质门表面涂以耐火涂料,或用装饰防火胶板贴面。

钢质防火门:由普通钢板制作,在门扇夹层中填入页岩棉耐火材料。

复合玻璃防火门:采用冷轧钢板作防火门的门扇背架,镶嵌透明防火复合玻璃。其玻璃部分的面积一般可达到门扇面积的 80% 左右,较为美观,但价格较高,安装精度要求也较高。

2) 安装施工

钢质防火门的安装施工程序:划线→立门框→安装门扇及附件。

(1) 划线。按设计要求尺寸,标高和方向,画出门框口位置线。

(2) 立门框。先拆掉门框下部的固定板,凡框内高度比门扇的高度大于 30mm 者,洞口两侧地面须设留凹槽。门框一般埋入 ±0.000 标高以下 20mm,须保证框口上下尺寸相同。允许误差小于 1.5mm,对角线允许误差小于 2mm。

将门框用木楔临时固定在洞口内,经校合格后,固定木楔,门框铁角与预埋铁板件焊牢。

(3) 安装门扇及附件。门框周边缝隙,用 1:2 的水泥砂浆或强度不低于 10MPa 的细石混凝土嵌塞牢固,应保证与墙体结成整体;经养护凝固后,再粉刷洞口及墙体。

粉刷完工后,安装门扇、五金配件及有关防火装置。门扇关闭后,门缝应均匀平整,开启自由轻便。不得有过紧、过松和反弹现象。

3) 注意事项

为了防止火灾蔓延和扩大,防火门必须在构造上设计有隔断装置,即装设保险丝,一旦火灾发生,热量使保险丝熔断,自动关锁装置就开始动作进行隔断,达到防火目的。

金属防火门,由于火灾时的温度使其膨胀,不好关闭;或是门框阻止门膨胀而产生翘曲,从而引起间隙;或是使门框破坏。因此,必须在构造上采取措施,防止此类现象发生。

2. 金属转门安装施工

金属转门有铝质、钢质两种型材结构。铝质结构是采用铝镁硅合金挤压型材,经阳极氧化成银白、古铜等色,外形美观,并耐大气腐蚀。钢质结构采用 20 号碳素结构钢无缝异型管,选用 YB 431—64 标准,冷拉成各种类型转门、转壁框架,然后喷涂各种油漆而成。它具有密闭性好、抗震和耐老化能力强、转动平稳、转动方便、坚固耐用等特点。主要适用于宾馆、机场、商店等高级民用及公共建筑。

金属转门的安装施工按以下步骤进行:

(1) 施工准备。检查各类零部件,门橙外形尺寸是否符合门洞口尺寸,预埋件位置和数量等是否满足要求。

（2）木桁架按洞口左右、前后位置尺寸与预埋件固定，并保持水平，一般转门与弹簧门、铰链门或其他固定扇组合，就可先安装其他组合部分。

（3）装转轴，固定底座，底座下要垫实，不允许下沉，临时点焊上轴承座，使转轴垂直于地平面。

（4）装圆转门顶与转门壁，转门壁不允许预先固定，便于调整与活扇之间隙，装门扇保持90°夹角，旋转转门，保证上下间隙。

（5）调整转门壁位置，以保证门扇与转门壁之间隙。门扇高度调节。先焊上轴承座，混凝土固定底座，埋插销下壳，固定门壁。安装玻璃。钢转门喷涂油漆。

3. 金属铰链门、弹簧门安装施工

金属铰链门、弹簧门有铝质、钢质两种型材结构。材料与金属转门相同。产品在风荷载不大于10MPa条件下使用。

铰链是由弹簧等装配起来的装置，可兼做门下端的转轴和门的调整开关。通常该装置全部集中装在一个匣子中，多数情况下埋入地面使用。一般有90°双开和90°单开。

1) 特点

铝结构采用有机密封胶条固定玻璃，具有良好的密封、抗震和耐老化性能。钢结构玻璃采用油面腻子固定；铝质、钢质结构采用5～6mm厚玻璃。弹簧门扇可向内或向外开启，运动平稳、无噪声、开启方便、关闭紧密、坚固耐用、便于擦洗清洁和维修。当门角度不满90°时，能自动复位，快慢可以自由调节，当门扇开启成90°，可使其原地定位。门向内侧开启时，人和风力共同推门扇（人力＋风压），然后逆风压（弹簧力－风压）关闭，这时可以增强弹簧；相反，门向外侧开启时，门扇逆压（人力－风压）开，然后顺风压关（弹簧力＋风压）。这种情况下，可以减弱弹簧。铰链门单向开启，采用铜质轴承铰链。

2) 安装施工

（1）施工准备。同金属转门。

（2）安装施工要点。门槛竖立后，门槛地平线与建筑物地平线相平齐。在保证左右、前后位置后，要保证整个门槛的水平及门柱两侧均垂直，如多槛拼装应使所有立柱在一直线上，使门槛固定。装上门扇，保证上下、左右间隙，弹簧门要保证地弹簧面板的水平，铰链门扇的铰链轴应保持在同一垂直线上，在自由静止状态下，门扇不得有运动现象。然后，再焊接各水泥脚头。埋插销下壳，装玻璃，钢门喷涂油漆。产品运到施工现场后，应妥善保管，并确保门体不与石灰、水泥及其他酸、碱性化学物品接触，以免损伤表面美观。

8.6.6 自动闭门器安装

自动闭门器为安装于门顶，门扇中部或门底的自动闭门装置，分为以下两类：一是油压式自动闭门器；二是弹簧式自动闭门器。

1. 地弹簧

地弹簧又名地龙或门地龙，是安装在各类门扇下面的一种自动闭门装置。当门扇向内或向外开启角度不到90°时，它能使门扇自动关闭，而且可调整门扇自动关闭的速度。如需要门扇暂时开启一段时间不要关闭时，可将门扇开启到90°位置，它即停止自动关闭，当需再关闭门扇时，可将门扇略微推动一下，它即重新恢复自动关闭功能。这种自动闭门器的主要结构埋于地下，门扇上无需再安铰链或定位器等。地弹簧有铝面、铜面，其尺寸有 294mm×171mm×60mm、277mm×136mm×45mm 和 30mm×152mm×45mm 等几种。为全封闭结构，不漏油，不污染地面，采用液压油阻尼，关闭速度自由调节，复位正确。常用有 365 型、266 型地弹簧。

知识链接

365 型和 266 型地弹簧适用范围如下：

365 型地弹簧适用于门扇宽度 700～1000mm，门扇高度 2000～2600mm，门扇厚度 40～50mm，门扇重 70～130kg；266 型地弹簧适用于门扇宽度 500～800mm，门扇高度 2000～2500mm，门扇厚度 40～50mm，门扇重 50～80kg。

施工顺序如下：

(1) 将顶轴套装于门扇顶部，回转轴套装于门扇底部，两者的轴孔中心线必须在同一直线上，并与门扇底面垂直。

(2) 将顶轴装于门框顶部。并适当留出门框与门扇顶部之间的间隙，以保证门扇启闭灵活。

(3) 安装底座，先从顶轴中心吊一垂线到地面，找出底座上回转轴中心位置，同时保持底座同门扇垂直，然后将底座外壳用混凝土浇固(内壳不能浇固)，并须注意使面板与地面保持在同一标高上。

(4) 安装门扇(待混凝土终凝后)，先将门扇底部的回转轴套套在底座的回转轴上，再将门扇顶部的顶轴套的轴孔与门框上的顶轴的轴芯对准，然后拧动顶轴上的调节螺钉，使顶轴的轴芯插入顶轴套的顶孔中，门扇即可启闭使用。

(5) 顺时针方向拧油泵调节螺丝钉(将底座机板上的螺钉拧出即可看见)。门扇关闭速度可变慢；逆时针方向拧时，门扇关闭速度可变快。

(6) 使用一年以后，应向底座内加注纯洁的润滑油(一般可用 45 号机油，在北方最好用 12 号冷冻油)，向顶轴加注润滑油脂，以保证各部分机件运转灵活。

(7) 底座进行拆修后必须按原状进行密封，以防止脏物、水进入内部面影响机件运转。

2. 门底弹簧

门底弹簧也称门底弹弓、地下自动门弓，其应用相当于 200mm 或 250mm 的双面弹簧铰链。门底弹簧一般分横式 204 型和直式 105 型两种。

施工顺序如下。

(1) 将顶轴承装于门框上部，顶轴套板装于门扇顶端，两者中心必须对准。

(2) 从顶轴下部吊一垂线，找出安装在楼(地)面上的底轴的中心位置和底板木螺钉孔的位置，然后将顶轴拆下。

(3) 先将门底弹簧主体(指框架和底板等)装于门扇下部，再将门扇放入门框，对准顶轴和底轴的中心以及底板上木螺钉孔的位置，然后再分别将顶轴固定于门框上部，底板固

定于楼(地)面上,最后将盖板装在门扇上,以遮蔽框架部分。

3. 门顶弹簧

门顶弹簧又称门顶弹弓,装于门扇顶部,其特点是内部装有缓冲油泵,关门时速度较慢,行人可以从容通过,适用于机关、医院、学校和宾馆等建筑物的房门上。门顶弹簧在安装使用时,应注意其只适用于右内开门或左外开门上。门顶弹簧不适用于双向开启门。

安装步骤,首先将油泵壳体安装在门的顶部,并注意使油泵壳体上速度调节螺钉朝向门的合页一面(因为主臂只能朝着速度调节螺钉的方向扳动,不能朝着另一侧油孔螺钉的方向扳动,否则会损坏油泵内部结构),油泵壳体中心线与合面中心线之间的距离应为350mm。其次将门开启到90°,使牵杆伸延到所需长度,再拧紧紧固螺钉,即可使用。

速度调节螺钉可调节门的关闭速度,顺时针旋转为慢,逆时针旋转为快。门顶弹簧使用1年后,即须加防冻机油。加油是拧出油孔螺钉即可进行加油,油满后再将油孔螺钉拧紧。

门顶弹簧上其余各处的螺钉和密封零件,不要随意拧动,以防止发生漏油现象。

4. 鼠尾弹簧

鼠尾弹簧又称门弹弓、弹簧门弓,其构造材料有页板、筒管、心轴、销钉、臂梗、滑轮、滑轮架、调节杆、圈头、底座、调节器及弹簧等,适用于内外开木门作单向开启轻便和一般门的自动闭门装置。

鼠尾弹簧的规格200~300mm者,适用于轻便门扇上;400~450mm者,适用于一般门扇上。安装时,弹簧松紧如不合适时,可用调节杆在调节器的圆孔中,转动调节器,即可将弹簧旋紧或放松,然后将销钉固定在新的圆孔位置中。如果门扇不需自动关闭时,可将臂梗垂直放下。鼠尾弹簧即失去自动关闭作用。

8.7 幕 墙 工 程

幕墙具有新颖而丰富的建筑艺术效果,不同材料的幕墙,具有不同的建筑立面和装饰效果。与砖墙相比,质量轻很多,减轻了主体结构的荷载。施工简便、幕墙所用的板材和骨架,都是由工厂加工成型,然后在现场进行安装,缩短了施工工期。幕墙是由单元件组合而成,维修较方便。但幕墙的造价高,对材料及施工技术要求高,幕墙反射光线影响周围环境,甚至造成光污染。

幕墙按表面材料分为玻璃幕墙、金属幕墙和石材幕墙等。按构成形式分为有框架幕墙、无框架幕墙。

有框架幕墙的组成材料:框架材料、填缝密封材料和饰面板等。

框架材料有两类:构成骨架的各种型材;各种用于连接与固定型材的连接件和紧固件。

知识链接

型材:常用有型钢、铝型材和不锈钢型材3类。

1. 型钢

常用A3普通碳素钢,断面形式有角钢、槽钢、空腹方钢等。

2. 铝型材

主要有竖梃(立柱)、横档(横杆)、副框料及特殊型材,规格大小依框架刚度要求和风压大小选用。

3. 不锈钢型材

采用不锈钢薄板轧制成钢框格或竖框。价格昂贵,规格少,但耐久性好、装饰性强。

紧固件:常用有膨胀螺栓、普通螺栓、铝拉钉和射钉等。膨胀螺栓和射钉用来将连接件固定在主体结构上。螺栓用于骨架之间或骨架与连接件之间固定。铝拉钉用于骨架型材之间连接。

连接件:常用角钢、槽钢及钢板加工而成。或特制的连接件。用于骨架与主体结构的连接。

8.7.1 玻璃幕墙施工

玻璃幕墙是近代科学技术发展的产物,是高层建筑时代的显著特征,其主要部分由饰面玻璃和固定玻璃的骨架组成。其主要特点是:建筑艺术效果好,质量轻,施工方便,工期短。但玻璃幕墙造价高,抗风、抗震性能较弱,能耗较大,对周围环境可能形成光污染。

1. 玻璃幕墙分类

1) 明框玻璃幕墙

其玻璃板镶嵌在铝框内,成为四边有铝框的幕墙构件,幕墙构件镶嵌在横梁上,形成横梁、主框均外露且铝框分格明显的立面。

明框玻璃幕墙构件的玻璃和铝框之间必须留有空隙,以满足温度变化和主体结构位移所必须的活动空间。空隙用弹性材料(如橡胶条)充填,必要时用硅酮密封胶(耐候胶)予以密封。

2) 隐框玻璃幕墙

隐框玻璃幕墙是将玻璃用结构胶黏结在铝框上,大多数情况下不再加金属连接件。因此,铝框全部隐蔽在玻璃后面,形成大面积全玻璃镜面。

玻璃与铝框之间完全靠结构胶黏结。结构胶要承受玻璃的自重及玻璃所承受的风荷载和地震作用、温度变化的影响,因此,结构胶的质量好坏是隐框幕墙安全性的关键环节。

3) 半隐框玻璃幕墙

半隐框玻璃幕墙是将玻璃两对边嵌在铝框内,另两对边用结构胶粘在铝框上,形成半隐框玻璃幕墙。立柱外露,横梁隐蔽的称竖框横隐幕墙;横梁外露,立柱隐蔽的称为竖隐横框幕墙。

4) 全玻幕墙

为游览观光需要,在建筑物底层、顶层及旋转餐厅的外墙,使用玻璃板,其支撑结构采用玻璃肋,称之为全玻幕墙。全玻幕墙按支撑系统不同分为悬挂式、支撑式和混合式3种。

高度不超过 4.5m 的全玻璃幕墙,可以用下部直接支撑的方式来进行安装,超过 4.5m 的全玻幕墙,宜用上部悬挂方式安装。

2. 玻璃幕墙的安装要点

1) 定位放线

玻璃幕墙的测量放线应与主体结构测量放线相配合,其中心线和标高点由主体结构单位提供并校核准确。

水平标高要逐层从地面基点引上,以免误差积累,由于建筑物随气温变化产生侧移,测量应每天定时进行。

放线应沿楼板外沿弹出墨线或用钢琴线定出幕墙平面基准线,从基准线测出一定距离为幕墙平面。以此线为基准确定立柱的前后位置,从而决定整片幕墙的位置。

2) 骨架安装

骨架安装在放线后进行。骨架的固定是用连接件将骨架与主体结构相连。固定方式一般有两种:一种是在主体结构上预埋铁件,将连接件与预埋铁件焊牢;另一种是主体结构上钻孔,然后用膨胀螺栓将连接件与主体结构相连。

连接件一般用型钢加工而成,其形状可因不同的结构类型,不同的骨架形式,不同的安装部位而有所不同,但无论何种形状的连接件,均应固定在牢固可靠的位置上,然后安装骨架。骨架一般是先安竖向杆件(立柱),待竖向杆件就位后,再安装横向杆件。

(1) 立柱的安装。立柱先连接好连接件,再将连接件(铁码)点焊在主体结构的预埋钢板上,然后调整位置,立柱的垂直度可用垂球控制,位置调整准确后,将支撑立柱的钢牛腿焊牢在预埋件上。

立柱一般根据施工运输条件,可以是一层楼高或二层楼高为一整根。接头应有一定空隙,采用套筒连接法。

(2) 横梁的安装。横向杆件的安装,宜在竖向杆件安装后进行。如果横竖杆件均是型钢一类的材料,可以采用焊接,也可以采用螺栓或其他办法连接。当采用焊接时,大面积骨架需焊接的部位较多,由于受热不均,容易引起骨架变形,故应注意焊接的顺序及操作。如有可能,应尽量减少现场的焊接工作量。螺栓连接是将横向杆件用螺栓固定在竖向杆件的铁码上。

铝合金型材骨架,其横梁与竖框的连接,一般是通过铝拉铆钉与连接件进行固定。连接件多为角铝或角钢,其中一条肢固定在横梁上,另一条肢固定竖框。对不露骨架的隐框玻璃幕墙,其立柱与横梁往往采用型钢,使用特制的铝合金连接板与型钢骨架用螺栓连接,型钢骨架的横竖杆件采用连接件连接隐蔽于玻璃背面。

3) 玻璃安装

在安装前,应清洁玻璃,四边的铝框也要清除污物,以保证嵌缝耐候胶可靠黏结。玻璃的镀膜面应朝室内方向。

当玻璃在 $3m^2$ 以内时,一般可采用人工安装。玻璃面积过大,重量很大时,应采用真空吸盘等机械安装。

玻璃不能与其他构件直接接触,四周必须留有空隙,下部应有定位垫块,垫块宽度与槽口相同,长度不小于 100mm。

隐框幕墙构件下部应设两个金属支托,支托不应凸出到玻璃的外面。

4) 耐候胶嵌缝

玻璃板材或金属板材安装后,板材之间的间隙,必须用耐候胶嵌缝,予以密封,防止气体渗透和雨水渗漏。

3. 玻璃幕墙安装的允许偏差和检验方法

玻璃幕墙安装的允许偏差和检验方法见表 8-15 和表 8-16。

表 8-15 明框玻璃幕墙安装的允许偏差和检验方法

项次	项目		允许偏差/mm	检验方法
1	幕墙垂直度	幕墙高度≤30m	10	用经纬仪检查
		30m<幕墙高度≤60m	15	
		60m<幕墙高度≤90m	20	
		幕墙高度>90m	25	
2	幕墙水平度	幕墙幅宽≤35m	5	用水平尺检查
		幕墙幅宽>35m	7	
3	构件直线度		2	用2m靠尺和塞尺检查
4	构件水平度	构件长度≤2m		用水平仪检查
		构件长度>2m		
5	相邻构件错位		1	用钢直尺检查
6	分格框对角线长度差	对角线长度≤2m	3	用钢尺检查
		对角线长度>2m	4	

表 8-16 隐框、半隐框玻璃幕墙安装的允许偏差和检验方法

项次	项目		允许偏差/mm	检验方法
1	幕墙垂直度	幕墙高度≤30m	10	用经纬仪检查
		30m<幕墙高度≤60m	15	
		60m<幕墙高度≤90m	20	
		幕墙高度>90m	25	
2	幕墙水平度	幕墙幅宽≤35m	5	用水平尺检查
		幕墙幅宽>35m	7	
3	幕墙表面平整度		2	用2m靠尺和塞尺检查
4	板材立面垂直度		2	用垂直检测尺检查
5	板材上沿水平度		2	用1m水平尺和钢直尺检查
6	相邻板材板角错位		1	用钢直尺检查
7	阳角方正		2	用直角检测尺检查
8	接缝直线度		3	拉5m线,不足5m拉通线,用钢尺检查
9	接缝高低差		1	用钢直尺和塞尺检查
10	接缝宽度		1	用钢直尺检查

8.7.2 金属幕墙施工

金属幕墙包括铝板幕墙、不锈钢幕墙和搪瓷幕墙等。

1. 饰面板的处理

1) 单层铝板的加固

单层铝板要四周折边或冲压成槽形,并用加固角铝或铝方管加强其刚度。

2) 复合铝板及加固

复合铝板可直接加工成不同的断面形式。平板式和槽板式用于面积较小的幕墙,加劲肋式用于面积和风荷载较大的幕墙,弯折处要采用角铝加固。

2. 饰面板与框架连接构造

(1) 用铝铆钉或铝铆钉加角铝将饰面板固定在框架上。

(2) 采用结构胶将铝板固定在封框上,再将封框固定在框架上。

8.7.3 石材幕墙施工

1. 材料要求

选择装饰性强、耐久性好、强度高的石材。石板尺寸一般为 $1m^2$ 以内,厚度为 20~30mm,常用为 25mm。

石板幕墙固定连接分干挂法和结构装配组件法。其中干挂法是用不锈钢挂件将石板固定在主体结构上或支架上;结构装配组件法是将石板用结构胶固定在铝框上,再与骨架连接。

石板幕墙可结合隐框玻璃幕墙、玻璃窗使用。

2. 石材幕墙施工

1) 工艺流程图

预埋件安装→预埋件处理→测量放线→龙骨安装→龙骨验收→避雷保温安装→石材安装→石材面层打胶、清洗→整体检查验收。

整个安装工艺大体分为 9 个步骤。

2) 预埋件的安装

根据预埋件布置图,当楼层的钢筋绑扎完毕,侧面模板尚未安装前,开始预埋件安装就位工作。安装后及时按预埋件布置图进行检查,若发现存在误差时及时提出并要求整改。预埋件的外侧面必须紧贴外侧模板,埋件锚筋必须与主体钢筋绑扎牢固,避免在浇筑混凝土振捣时发生位移偏差。预埋件的安装偏差要尽量控制在允许范围内,即标高位置不大于±10mm,水平位置不大于±20mm。预埋件安装完毕,在浇筑混凝土前,须经监理组织检查,确认符合要求后,才可进行下步工序的施工。楼板拆除模板后,进行预埋件位置的复测,如因振捣、模板胀模或安装误差等原因造成偏移要详细记录,以使龙骨安装施工时进行调整。

3) 埋件处理

如果预埋件位置存在较大偏差,可用钢板搭桥,后加钢板与原预埋件满焊连接。如果预埋件根本用不上,将用化学螺栓进行后置埋件的安装。

4) 测量放线

测量放线遵循着由整体至局部的放线原则。

首先进行层高测量:依据土建单位给出的标高基准点,使用钢尺和水准仪进行测量。

标高线测量:使用钢尺和水准仪进行测量,每层的标高线应保证是闭合的,误差应在允许范围之内。尤其注意同房间内标高线的精度。标高线一般分为结构50线和装修50线，前者表示的线与结构的理论数值；后者表示装修完毕后线与地面的理论数值，两者相差很大，施工放线务必查看清楚。

轴线测量：主要为幕墙轴线放线，幕墙轴线放线是以轴线基准点为基础，使用钢尺和经纬仪进行测量放线。首先从轴线基准点将各个轴线延伸到幕墙施工面的立柱附近，用好标记，将其中与结构施工轴线相致或者误差在允许范围之内的部分弹设墨线。

幕墙施工要求外立面的平直度，因此轴线的弹设是首层和顶层，超过6层以上建筑应在中间加设轴线，其余各层轴线可以不必考虑。

外立面控制钢丝线：幕墙外表面的控制线由轴线来确定。确定幕墙外表面位置采用上下拉通线的做法来进行，并在安装施工时横向挂通线控制幕墙整体外表面的平整。使用重铅坠或激光垂直仪定位，在幕墙外立面左右两边位置安装两根垂直钢线，位置准确后将上下钢线牢固定位。测量钢线和轴线的距离，首层和顶层的数值差不得超过幕墙施工误差允许值。在首层室内地面上距离轴线1m的位置弹放通长线作为幕墙外立面的定位线。测量外立面定位线与钢线的距离。在其余各层距离钢线同样的距离弹设外立面控制线。在幕墙外立面控制线上弹设分格线。分格线必须以轴线为基准，比如1/A轴，档距1200mm，则分格线应该从1/A轴同方向量出1200mm、2400mm、3600mm……禁止误差依次累计，误差应在相邻轴线间消除。

复测：初次测量的结果在楼板的外表面均有标志，在基准层上的对应线上引至地面，在地面架设经纬仪，以基准层为基础，通过正反测量该垂线的误差，看误差是否控制在规范允许的范围内。

测量主体结构误差：以水准测量控制点和平面控制网为基础，测量主体结构的尺寸偏差，对于大于设计偏差要求的结构区域，由结构施工中位进行修整后交付我方验收使用，使施工前的测量工作落实到位。测量在风力不大于四级情况下进行，质量检验人员及时对测量情况进行检验。

5）龙骨安装

将竖龙骨按图纸尺寸进行选料、切割和去毛边等处理过程。在钢龙骨相应安装位置上制孔。按图纸和放线位置将钢角码与墙体埋件焊接，同时再将竖料与角码焊接。将钢转接角材置于竖向钢龙骨的侧部，测量横向龙骨（角钢）的水平度，确认水平无误后，将转接件焊接在竖向龙骨上。调整好竖龙骨后，将横龙骨与竖龙骨进行焊接，焊接过程中用水准仪进行标高位置调整。焊完，验收合格后进行下步施工。

6）避雷保温安装

按设计图纸要求，将避雷导线可靠地焊接在固定位置，焊接的焊缝长度符合设计要求。先进行层间防火的安装。将镀锌钢板按现场实际尺寸进行加工制作，然后与结构梁连接，用拉铆钉或自攻钉连接龙骨间。连接完毕后，将剪裁好的防火棉铺设到镀锌钢板上。同时，进行保温挤塑板的安装，挤塑板的安装必须在有可靠的防火保护条件下进行。验收合格后进行下步施工。

7）石材安装

石材安装前检查石板外露面及连接处有无崩坏、暗裂，经修正后的崩边无明显痕迹，外体尺寸、厚度和颜色等符合设计要求。将铝合金挂件用螺栓牢固地安装在横龙骨上，安装时注意检查标高等位置是否符合设计要求。标高和平面位置靠挂件进行精确调整，调整完毕后将螺栓紧固。按石材的编号、颜色将合格石材运到安装部位。石材板背面上下共开槽四个，上面两个槽的铝合金挂件的两部分需要在挂接后用可调螺栓再次调整固定；下面两个槽的主挂件两部分直接落入槽中即可。

对于挂石板无法调节的个别板面可采取预装→检查→调整→挂接→检查→取下石板→第二次调整→挂接→检查的流程，进行第二次挂接安装，也可采用实样装配法，利用工艺板进行调整的施工方法。

8) 石材面层打胶、清洗

按设计图纸要求，将需要打胶部位的石材缝隙清理干净，并塞好泡沫条，并保持干燥。耐候硅酮密封胶的施工必须严格按工艺规范执行，保证缝内无水、油渍、铁锈、水泥沙浆和灰尘等杂物。施工时对胶的规格、品种、批号及有效期进行检查，符合设计要求方可施工，严禁使用过期的密封胶。耐候硅酮密封胶在缝内形成相对两面黏结，较深的密封槽口底部采用聚乙烯发泡材料填塞。为保护石材不被污染，在可能导致污染的部位贴关纹纸，打胶完毕后立即将关纹纸除去。打胶工作完成后，在交工验收前对幕墙进行全面清洗。

9) 整体检查验收

按照整体工程的验收程序，对幕墙分项进行整体验收，检查安装施工中存在的质量问题，提出整改意见，对有问题的部分进行局部修整，以达到相应的验收标准。

8.8 涂饰工程

涂饰工程是将涂料敷于建筑物表面并与基体材料很好地黏结，干结成膜后，即对建筑物表面起到一定的保护作用，又能起到建筑装饰的效果。

应用案例 8-3

某室内墙面、门窗油漆工程：工程基体为木制品，采用聚酯清漆，进行高级清漆做法。施工时，木制品含水率14%。施工工艺如下。

磨砂纸→润粉→磨砂纸→第一遍刮腻子→磨光→刷油色→第一遍清漆→拼色→磨光→第二遍清漆→磨光→第三遍清漆→磨光→第四遍清漆→磨光→第五遍清漆→磨光→打砂蜡→擦亮。

请思考：上述描述是否正确，如不正确请指正。

涂料主要由胶粘剂、颜料、溶剂和辅助材料等组成。涂料的品种繁多，按装饰部位不同有内墙涂料、外墙涂料、顶棚涂料、地面涂料；按成膜物质不同有油性涂料（也称油漆）、有机高分子涂料、无机高分子涂料、有机无机复合涂料；按涂料分散介质不同有：溶剂型涂料、水性涂料、乳液涂料（乳胶漆）。

1. 基层处理

混凝土抹灰表面：基层表面必须坚实，无酥板、脱层、起砂和粉化等现象，否则应铲除。基层表面要求平整，如有孔洞、裂缝，须用同种涂料配制的腻子批嵌，除去表面的油污、灰尘、泥土等，清洗干净。对于施涂溶剂型涂料的基层，其含水率应控制在8%以内，对于施涂乳液型涂料的基层，其含水率应控制在10%以内。

木材基层表面：应先将木材表面上的灰尘，污垢应清除，并把木材表面的缝隙、毛刺等用腻子填补磨光,木材基层的含水率不得大于12%。

金属基层表面：将灰尘、油渍、锈斑、焊渣和毛刺等清除干净。

2. 施工方法

涂料施工主要操作方法有：刷涂、滚涂、喷涂、刮涂、弹涂和抹涂等。

1) 刷涂

刷涂是人工用刷子蘸涂料直接涂刷于被饰涂面。要求：不流、不挂、不皱、不漏和不露刷痕。刷涂一般不少于两道，应在前一道涂料表面干后再涂刷下一道。两道施涂间隔时间由涂料品种和涂刷厚度确定，一般为2~4h。

2) 滚涂

滚涂是利用涂料辊子蘸上少量涂料，在基层表面上下垂直来回滚动施涂。阴角及上下口一般需先用排笔、鬃刷刷涂。

3) 喷涂

喷涂是一种利用压缩空气将涂料制成雾状（或粒状）喷出，涂于被饰涂面的机械施工方法。

其操作过程如下。

(1) 将涂料调至施工所需黏度，将其装入贮料罐或压力供料筒中。

(2) 打开空压机，调节空气压力，使其达到施工压力，一般为0.4~0.8MPa。

(3) 喷涂时，手握喷枪要稳，涂料出口应与被涂面保持垂直，喷枪移动时应与喷涂面保持平行。喷距500mm左右为宜，喷枪运行速度应保持一致。

(4) 喷枪移动的范围不宜过大，一般直接喷涂700~800mm后折回，再喷涂下一行，也可选择横向或竖向往返喷涂。

(5) 涂层一般两遍成活，横向喷涂一遍，竖向再涂一遍。两遍之间间隔时间由涂料品种及喷涂厚度而定，要求涂膜应厚薄均匀、颜色一致、平整光滑，不出现露底、皱纹、流挂、钉孔、气泡和失光现象。

4) 刮涂

刮涂是利用刮板，将涂料厚浆均匀地批刮于涂面上，形成厚度为1~2mm的厚涂层。这种施工方法多用于地面等较厚层涂料的施涂。

刮涂施工的方法如下。

(1) 腻子一次刮涂厚度一般不应超过0.5mm，孔眼较大的物面应将腻子填嵌实，并高出物面，待干透后再进行打磨。待批刮腻子或者厚浆涂料全部干燥后，再涂刷面层涂料。

(2) 刮涂时应用力按刀，使刮刀与饰面成50°~60°角刮涂。刮涂时只能来回刮1~2次，不能往返多次刮涂。

(3) 遇有圆、菱形物面可用橡皮刮刀进行刮涂。刮涂地面施工时，为了增加涂料的装饰效果，可用划刀或记号笔刻出席纹、仿木纹等各种图案。

5) 弹涂

先在基层刷涂1~2道底涂层，待其干燥后通过机械的方法将色浆均匀地溅在墙面上，形成1~3mm的圆状色点。弹涂时，弹涂器的喷出口应垂直正对被饰面，距离300~500mm，按一定速度自上而下，由左至右弹涂。选用压花型弹涂时，应适时将彩点压平。

6）抹涂

先在基层刷涂或滚涂 1~2 道底涂料，待其干燥后，使用不锈钢抹灰工具将饰面涂料抹到底层涂料上。一般抹 1~2 遍，间隔 1h 后再抹干压平。涂抹厚度内墙为 1.5~2mm，外墙 2~3mm。

在工厂制作组装的钢木制品和金属构件，其涂料宜在生产制作阶段施工，最后一遍安装后在现场施涂。现场制作的构件，组装前应先施涂一道底子油（干油性且防锈的涂料），安装后再施涂。

3. 施工工艺流程

1）木材油漆施工工艺流程

清漆施工工艺为：清理木器表面→磨砂纸打光→上润泊粉→打磨砂纸→满刮第一遍腻子，砂纸磨光→满刮第二遍腻子，细砂纸磨光→涂刷油色→刷第一遍清漆→拼找颜色，复补腻子，细砂纸磨光→刷第二遍清漆，细砂纸磨光→刷第三遍清漆、磨光→水砂纸打磨退光，打蜡，擦亮。

混色油漆施工工艺为：清扫基层表面的灰尘，修补基层→用磨砂纸打平→节疤处打漆片→打底刮腻子→涂干性油→第一遍满刮腻子→磨光→涂刷底层涂料→底层涂料干硬→涂刷面层→复补腻子进行修补→磨光擦净第三遍面漆涂刷第二遍涂料→磨光→第三遍面漆→抛光打蜡。

2）乳胶漆工艺流程

清扫基层→填补腻子，局部刮腻子，磨平→第一遍满刮腻子，磨平→第二遍满刮腻子，磨平→涂刷封固底漆→涂刷第一遍涂料→复补腻子，磨平→涂刷第二遍涂料→磨光交活。

8.8.1 乳胶漆涂料施工

1. 乳胶漆种类及特点

乳胶漆由合成树脂乳液加入颜料、填料以及保护胶体、增塑剂、润湿剂、防冻剂、消泡剂、防霉剂等辅助材料，经过研磨或分散处理后制成，也称为乳液涂料，是墙面漆的一种。按使用部位分，乳胶漆主要有两类：外墙漆和内墙漆。按光泽可分为低光、半光、高光等几个品种。其中，内墙乳胶漆的成膜物不溶于水，涂膜的耐水性高，湿擦洗后不留痕迹。而外墙乳胶漆的基本性能与内墙乳胶漆差不多，但漆膜较硬，抗水能力更强，因此，外墙乳胶漆可作为内墙装饰使用。也可以用于洗手间等高潮湿的地方。常用涂刷工具如图 8.49 所示。

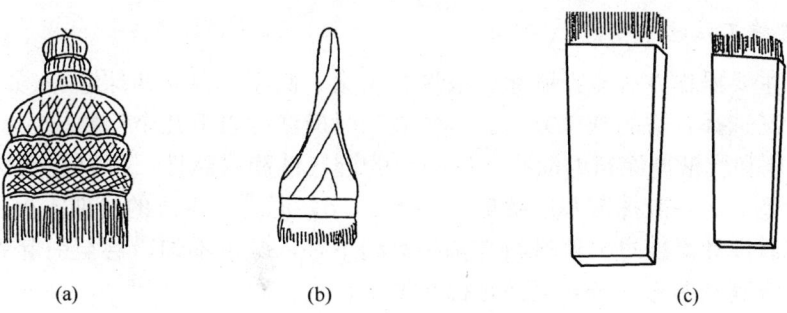

图 8.49 常用涂刷工具
（a）棕刷；（b）底纹笔；（c）漆刷；

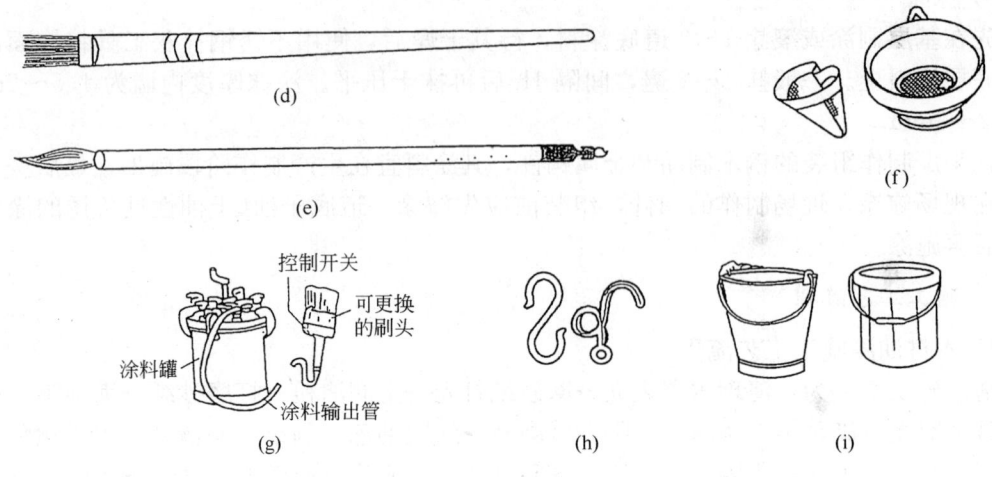

图 8.49(续)

(d) 油画笔；(e) 毛笔；(f) 滤漆筛；(g) 压力送料刷；(h) 桶钩；(i) 提桶

乳胶漆通常以合成树脂乳液来命名，如丁苯乳胶漆、醋酸乙烯乳胶漆、丙烯酸酯乳胶漆、苯-丙乳胶漆、乙-丙乳胶漆和聚氨酯乳胶漆等。

乳胶漆具有以下特点。

(1) 乳胶漆以水作为分散介质，随着水分的蒸发而干燥成膜，施工时无有机溶剂逸出，因而安全无毒，可避免施工时发生火灾危险。

(2) 涂膜透气性好，因而可以避免因涂膜内外湿度差而鼓泡，可以在较潮湿的基面上涂刷。用于内墙装饰，无结露现象。

(3) 施工方便，可以采用刷涂、滚涂和喷涂等施工方法。

(4) 涂膜耐水、耐碱和耐候等良好性能。

特别提示

在选购乳胶漆时，并非价格越高越好，应根据房间的不同功能选择性价比好的乳胶漆。如卫生间、地下室最好选择耐霉菌性较好的，厨房、浴室选择耐污渍及耐擦洗性较好的产品；选择具有一定弹性的乳胶漆，对弥盖裂纹、保护墙面的装饰效果有利。由于涂料产品各种性能之间存在十分密切的关系，甚至会相互制约，对于市场上流行的多功能产品，可能单一性能并不突出，但综合性能一般较好。

2. 乳胶漆施工注意事项

涂料施工主要操作方法有：刷涂、滚涂、喷涂、刮涂、弹涂和抹涂等(如前所述)。根据现场实际情况选择合适的施工方法。具体施工时应注意以下几个问题。

(1) 乳胶漆和乳液厚涂料的涂膜，有一定的透气性和耐碱性，可以在基层抹灰未干透的情况下进行施工。一般抹灰基层龄期应不少于 7d，混凝土墙体的龄期不少于 1 个月，否则会由于基层碱性和湿度过大使涂料与基层黏结不好，颜色不匀，甚至引起剥落。墙面必须平整，最少应满刮两遍腻子，至满足标准要求。

(2) 涂刷乳胶漆时应均匀，连续迅速操作，一次刷完，不能有漏刷、流附等现象。涂刷一遍，打磨一遍。一般应两遍以上。施工后立即清洗工具。

(3) 腻子应与涂料性能配套，坚实牢固，不得粉化、起皮、裂纹。卫生间等潮湿处使用耐水腻子。外墙用腻子，须用 108 胶、白乳胶、水泥配制腻子或配套腻子漆，也可采用其他同等的腻子。工程实践表明，大白纤维素腻子强度低，与湿膨胀的材料配用会引起涂层连同腻子大片地卷落下来。

(4) 涂液要充分搅匀，粘度太大可适当加水，粘度小可加增稠剂。基层砂浆如需掺入促凝剂、抗冻剂等外加剂时，必须注意选择在水中溶解度高、析出物质少的适当品种，以免析出物过多，破坏涂膜引起剥落。

(5) 为了保证各种乳液在一定的温度条件下形成连续的膜，必须严格掌握各种乳液涂料的最低施工温度。低于该温度时，涂料成膜情况不好，会引起涂膜龟裂、粉化，影响其耐久性。例如乙-丙乳胶漆必须在不小于 15℃ 的条件下施工，而乙-丙乳液厚涂料则应在不小于 12℃ 的条件下施工。乳胶漆和乳液厚涂料的存放必须在 0℃ 以上，用时必须充分搅拌均匀，并在产品规定的存放期内用完，如发现已结块变质应即废弃不用。室内不能有大量灰尘。最好避开雨天。

8.8.2 多彩喷涂施工

多彩喷涂具有色彩丰富、技术性能好、施工方便、维修简单、防火性能好和使用寿命长等特点，因此运用广泛。

多彩喷涂的工艺可按底涂、中涂、面涂或底涂和面涂的顺序进行。

底涂：底层涂料的主要作用是封闭基层，提高涂膜的耐久性和装饰效果。底层涂料为溶剂性涂料，可用刷涂、滚涂或喷涂的方法进行操作。

中涂：中层为水性涂料，涂刷 1～2 遍，可用刷涂、滚涂及喷涂施工。

面涂（多彩）喷涂：中层涂料干燥 4～8h 后开始施工。操作时可采用专用的内压式喷枪，喷涂压力 0.15～0.25MPa，喷嘴距墙 300～400mm，一般一遍成活，如涂层不均匀，应在 4h 内进行局部补喷。

8.8.3 浮雕喷涂与真石漆涂饰施工

1. 浮雕喷涂

浮雕工艺是较为流行的施工方式，以其良好的立体质感而备受欢迎。施工要点如下。

1) 基面处理

在基面处理之前，墙体需要一定时间的养护。彻底清除疏松、起皮、空鼓、粉化的基层，去除灰尘、油污等污染物。然后，用外墙腻子修补墙面，第一道局部找平，用腻子或填逢胶填补大的孔洞和缝隙，待腻子干燥后，局部打磨，再满批腻子使基层平整。腻子完全干燥后，进行打磨使基层平整。

浮雕层本身就是凹凸状态，对基层的平整度要求相对平涂工艺要低，可以减少打磨的遍数和细腻程度。外墙腻子为水泥体系的，同样需要进行养护，一般养护时间为 14d，至 pH 小于 10、含水率小于 10% 后方可进行下一道工序的施工。

2) 喷涂浮雕

浮雕一般分为 3 种：单组分固体粉状浮雕、单组分膏状浮雕和双组分浮雕。其中粉状浮雕及单组分膏状浮雕应用较为广泛。施工时加水调节即可喷涂，施工完毕应以水养护至少 3 遍。在高温、干燥季节施工应注意一次配量小，多次调配，多次以水养护，至 pH 小于 10，含水率小于 10% 后，方可进行下一道工序的施工。单组分膏状浮雕直接施工，无需兑水稀释。双组分浮雕按照产品说明书上的比例进行配比，搅拌均匀后再喷涂施工。

喷涂浮雕要施工专业喷斗，出气嘴直径根据浮雕点子的大小不同来选择。喷点小时出料嘴直径通常为 4～5mm，气压稍大一些，出料快一些；喷点大时出料嘴直径通常为 7～9mm，气压略小一些，出料慢一些；喷涂时喷斗与墙面垂直，喷嘴略微向上倾斜。若喷完的点需要压平时，主层涂料表面变色表干时，用光滑的硬塑料辊蘸煤油或水在其上轻轻辊压，辊子表面不允许粘有主层涂料，也不能有漏压部位。若墙面不够平整，用稍短一些的硬塑料辊辊压，即使是墙面有凹陷处也不会有压不到的部分。

3）刷涂封闭底漆

待浮雕干透后，涂刷一遍封闭底漆。封闭底漆一般无需另外加稀释剂进行稀释。涂刷前，应将基层打磨平整，清理浮尘，施工工具应保持清洁，确保封闭底漆不受到任何污染，不带任何杂物。封闭底漆一般选用辊涂的施工方法，既方便又快捷。

4）涂刷中间漆

待封闭底漆干燥后，涂刷一遍中间漆。施工黏度根据产品说明书和施工工具调节。

5）涂刷面漆

待中间漆干燥后，涂刷一遍面漆。涂刷一遍中间漆是为了降低面漆的综合成本，但有时不采用中间漆，而直接涂两遍面漆。面漆的施工黏度根据产品说明书和施工工具调节。为了使涂料具有很好的流平性和施工性，施涂时一般都需要加入一定的稀释剂对涂料进行稀释。一般刷涂和喷涂施工时，需要将涂料的黏度降低，稀释剂的量可以达到说明书的上限。为了保障涂膜的厚度和丰满度，防止流挂和色漆发花现象，施工时禁止过量兑稀释剂。

2. 真石漆涂饰施工

真石漆属于合成树脂乳液砂壁状建筑涂料的范围，只不过涂料中所用骨料级配与过去的彩砂涂料相比更加合理，色彩更加丰富，造型更加逼真，施工方法更加细腻，应用范围更加广泛。真石漆是建筑涂料中艺术质感较强的涂料产品。施工要点如下。

1）基面处理

与浮雕喷涂基层处理同。

由于真石漆有一定的厚度，对基层的平整度要求不像薄质平涂那样高。

2）涂刷封闭底漆

待腻子干透后，涂刷一遍封闭底漆。封闭底漆一般无须另外加稀释剂进行稀释。其目的是清理基层，增加基层强度及涂膜的黏结强度。一般采用辊涂施工，也可以喷涂施工。

3）喷涂实色底漆

喷涂带色底漆的目的是使底材的颜色一致。能有效避免真石漆涂膜透底导致的发花现象，也能减少真石漆用量，以达到颜色均匀的良好装饰效果。基层着色处理材料主要用附着力、耐久性、耐水性好的外用薄涂乳胶漆。根据所确定天然石材的颜色或样板的颜色进行调色配料，尽可能使涂料的颜色接近真石漆本身的颜色。涂料一定要涂刷均匀，不可有漏涂、透底部位，一般涂刷两遍。为了达到仿石材的装饰效果，同时也利于施工操作，可以对真石漆进行分格涂喷，并且在分格逢上涂饰所选择的基层着色涂料，在大面喷涂时对分格逢部位应完全遮挡或进行刮逢处理。

4）喷涂真石漆

真石漆一般不需要加水，必要时可少量加水调节，但喷涂时应注意控制产品施工黏度一致，气压、喷口大小、距离等应严格保持一致。遇有风的天气时，应停止施工。

真石漆的施工难度大，如果控制不好，涂膜容易产生局部发花现象。因此真石漆喷涂时，注意出枪和收枪不要在正喷涂的墙面上完成；而且喷枪移动的速度要均匀；每一喷涂幅度的边缘，要在前面已经喷涂好的幅度边缘上重复1/3，且搭界的宽度要保持一致；保持涂膜薄厚均匀。

真石漆的施工关键在于涂料的稠度要合适，第一遍喷涂略稀一些的涂料，待均匀一致、干燥后再喷第二遍涂料。喷第二遍涂料时，涂料略稠些，喷得厚些。当喷斗的料喷完后，用喷出的气流将喷好的饰面吹一遍，使之波纹状花纹更接近石材效果。如果要达到大理石花纹装饰效果，可以用双嘴喷斗施工，同时喷出的两种颜色，或用单嘴喷斗分别喷出的两种颜色，达到颜色重叠、似隐似现的装饰效果。

5）喷涂罩光清漆

为了保护饰面、增加光泽、提高耐污染能力，增强整体装饰效果，在喷涂完成后，进行罩面处理，喷涂罩光清漆。待真石漆完全干透后（一般晴天至少保持3天），方可喷涂罩光清漆，施工时可适量添加稀释剂，注意保持黏度、气压、喷口大小一致，注意预防流挂现象。

8.8.4 涂饰工程质量要求、检验方法及安全技术

1. 质量要求、检验方法

涂料工程应待涂层完全干燥后，方可进行验收。验收时，应检查所用的材料品种、型号和性能应符合设计要求；施工后的颜色、图案应符合设计要求；涂料在基层上涂饰应均匀、黏结牢固，不得漏涂、透底、起皮和反锈。

施涂薄涂料的涂饰质量和检验方法见表8-17；施涂厚涂料、复层涂料的涂饰质量和检验方法见表8-18；施涂色漆的涂饰质量和检验方法见表8-19；施涂清漆的涂饰质量和检验方法见表8-20。

表8-17 薄涂料的涂饰质量和检验方法

项次	项目	普通涂饰	高级涂饰	检验方法
1	颜色	均匀一致	均匀一致	观察
2	泛碱、咬色	允许少量轻微	不允许	
3	流坠、疙瘩	允许少量轻微	不允许	
4	砂眼、刷纹	允许少量轻微砂眼、刷纹通顺	无砂眼、无刷纹	
5	装饰线、分色线平直线度允许偏差(mm)	2	1	拉5m线，不足5m拉通线，用钢直尺检查

表 8-18 厚涂料、复层涂料的涂饰质量和检验方法

项次	项 目	普通厚涂料	厚涂料	复层涂料	检验方法
1	颜色	均匀一致	均匀一致	均匀一致	观察
2	泛碱、咬色	允许少量轻微	不允许	不允许	
3	点状分布		疏密均匀		
4	喷点疏密程度			均匀,不允许连片	

表 8-19 施涂色漆的涂饰质量和检验方法

项次	项 目	普通涂饰	高级涂饰	检验方法
1	颜色	均匀一致	均匀一致	观察
2	光泽、光滑	光泽基本均匀,光滑无挡手感	光泽均匀一致,光滑	观察,手摸检查
3	刷纹	刷纹通顺	无刷纹	观察
4	裹棱、流坠、皱皮	明显处不允许	不允许	观察
5	装饰线、分色线平直度允许偏差(mm)	2	1	拉 5m 线,不足 5m 拉通线,用钢直尺检查

表 8-20 施涂清漆的涂饰质量和检验方法

项次	项 目	普通涂饰	高级涂饰	检验方法
1	颜色	基本一致	均匀一致	观察
2	木纹	棕眼刮平、木纹清楚	棕眼刮平、木纹清楚	观察
3	光泽、光滑	光泽基本均匀,光滑无挡手感	光泽均匀一致,光滑	观察,手摸检查
4	刷纹	无刷纹	无刷纹	观察
5	裹棱、流坠、皱皮	明显处不允许	不允许	观察

2. 涂料工程的安全技术

涂料材料和所用设备,必须要有经过安全教育的专人保管,设置专用库房,各类储油原料的桶必须封盖。

涂料库房与建筑物必须保持一定的安全距离,一般在 2m 以上。库房内严禁烟火,且有足够的消防器材。

施工现场必须具有良好的通风条件,通风不良时须安置通风设备,喷涂现场的照明灯应加保护罩。

使用喷灯,加油不得过满,打气不能过足,使用时间不宜过长,点火时火嘴不准对人。

使用溶剂时,应做好眼睛、皮肤等的防护,并防止中毒。

8.9 裱糊与软包工程

8.9.1 裱糊工程施工

裱糊饰面工程,又称为"裱糊工程",是指在室内平整光洁的墙面、顶棚面、柱体面

和室内其他构件表面，用壁纸、墙布等材料裱糊的装饰工程。裱糊施工是目前国内外使用较为广泛的施工方法。墙纸或墙布的种类较多，墙纸按其基材的不同分为：纸墙纸、PVC墙纸、发泡墙纸、无纺纸、织物墙纸、布基墙纸、金铂墙纸和特殊墙纸。从表面装饰效果看，有仿锦缎、静电植绒、印花、压花、仿木和仿石等墙纸。

按照装饰施工的规范要求，在不同基层上的复合墙纸、塑料墙纸、墙布及带胶墙纸裱糊的主要工序见表 8-21。

表 8-21 裱糊的主要工序

项次	工作名称	抹灰面混凝土				石膏板面				木料面			
		复合壁纸	VPC壁纸	墙布	带背胶壁纸	复合壁纸	VPC壁纸	墙布	带背胶壁纸	复合壁纸	VPC壁纸	墙布	带背胶壁纸
1	清扫基层、填补缝隙、用砂纸磨平	+	+	+	+	+	+	+	+	+	+	+	+
2	接缝处糊条					+	+	+	+	+	+	+	+
3	找补腻子、磨砂纸					+	+	+	+				
4	满刮腻子、磨平	+	+	+	+								
5	涂刷涂料一遍									+	+	+	+
6	涂刷底胶一遍	+	+	+	+	+	+	+	+	+	+	+	+
7	墙面划准线	+	+	+	+	+	+	+	+	+	+	+	+
8	壁纸浸水润湿		+		+		+		+		+		+
9	壁纸涂刷胶粘剂	+				+				+			
10	基层涂刷胶粘剂	+	+	+	+	+	+	+	+	+	+	+	+
11	纸上墙、裱糊	+	+	+	+	+	+	+	+	+	+	+	+
12	拼缝、搭接、对花	+	+	+	+	+	+	+	+	+	+	+	+
13	赶压胶粘剂、气泡	+	+	+	+	+	+	+	+	+	+	+	+
14	裁边		+				+				+		
15	擦净挤出的胶液	+	+	+	+	+	+	+	+	+	+	+	+
16	清理修整	+	+	+	+	+	+	+	+	+	+	+	+

注：1. 表中"+"号表示应进行的工序。
2. 不同材料的基层相接处应糊条。
3. 混凝土表面和抹灰表面必要时可增加满刮腻子遍数。
4. "裁边"工序，在使用宽为 920mm、1000mm、1100mm 等需重叠对花的 PVC 压延壁纸时进行。

施工要点如下。

1. 基层处理

要求平整、坚实、洁净、干燥（混凝土和抹灰层含水率不得大于 8%，木制品不得大于 12%），有足够的强度，并卸下设备附件。

对局部麻点、凹坑须先用腻子找平，再满刮腻子，砂纸磨平。刷底胶或底油（封闭基层孔隙，以免吸水过快），底胶或底油所用材料应视装饰部位及等级和环境情况而定，一般是涂刷1：(0.5～1)的108胶水溶液。南方地区做室内高级装饰时用酚醛清漆或光油效果更好。

2. 弹分格线

底胶干燥后，在墙面基层上弹水平、垂直线，作为操作时的标准。取线位置从墙的阴角起，用粉线在墙面上弹出垂直线，宽度以小于墙纸幅10～20mm为宜。为使墙纸花纹对称，应在窗口弹好中心线，由中心线往两边分线，如窗口不在中间，应弹窗间墙中心线，再向其两侧分格弹线，在墙纸粘贴前，应先预拼试贴，观察其接缝效果，以决定裁纸边沿尺寸及对好花纹图案。

3. 裁纸

根据墙纸规格及墙面尺寸统筹规划裁纸，纸幅应编号，按顺序粘贴。墙面上下要预留裁制尺寸，一般两端应多留30～40mm。当墙纸有花纹、图案时，要预先考虑完工后的花纹、图案、光泽，且应对接无误，不要随便裁割。同时还应根据墙纸花纹、纸边情况采用对口或搭口裁割接缝。

4. 焖水

纸基塑料墙纸遇到水或胶液，开始自由膨胀，在5～10min时胀足，干后自行收缩，干纸刷胶立即上墙裱贴必定会出现大量气泡，皱折而不能成活。因此，必须先将墙纸在水槽中浸泡几分钟（普通塑料壁纸浸泡3～5min，静置20min），或在墙纸背后刷清水一道，或墙纸刷胶后叠起静置10min，使墙纸湿润，然后再裱糊，水分蒸发后墙纸便会收缩、绷紧。

5. 刷胶

基层及纸背均涂胶。墙面和墙纸各刷黏结剂一道，阴阳角处应增刷1～2遍，刷胶应满而匀，不得漏刷。墙面涂刷黏结剂的宽度应比墙纸宽20～30mm。墙纸背面刷胶后，应将胶面与胶面反复对叠如图8.50所示，以免胶干得太快，也便于上墙，并使裱糊的墙面整洁平整。

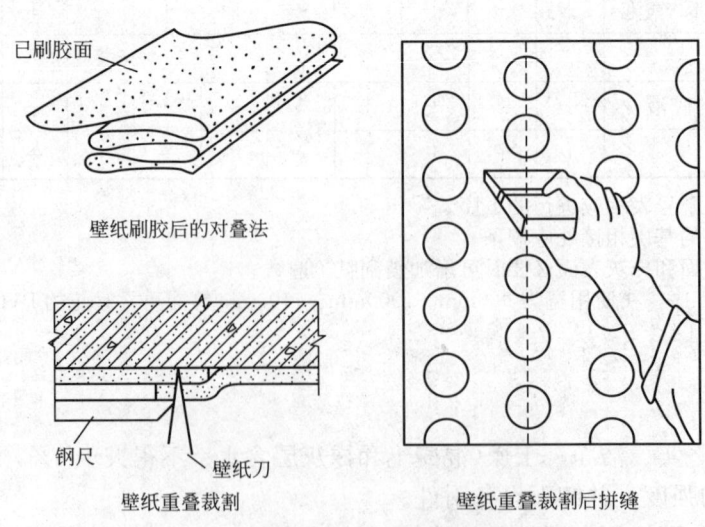

图 8.50 壁纸对叠、裁割、拼缝示意图

6. 裱贴

(1) 裱贴墙纸时，首先要垂直，后对花纹拼缝，再用刮板用力抹压平整。先贴长墙面，后贴短墙面。每个墙面从显眼的墙角以整幅纸开始，将窄条纸的裁边留在不明显的阴角处。墙面裱糊原则是从阴角开始，由上而下对缝对花，板刷舒展压实，挤出的胶用棉丝擦净；先垂直面后水平面，先细部后大面。贴垂直面时先上后下，贴水平面时先高后低。

(2) 阳角处不得拼缝，阴角搭接不小于 3mm。墙纸应绕过墙角，宽度不超过 12mm。包角要压实，阴角墙纸搭接时，应先裱糊压在里面的转角墙纸，再粘贴非转角的墙纸，搭接宽度一般不小于 2～3mm 如图 8.51 所示，且保持垂直无毛边。

采用搭口拼缝时，要待胶粘剂干到一定程度后，才用刀具裁割墙纸，小心地撕去割出部分，再刮压密实。

(3) 粘贴的墙纸应与挂镜线、门窗贴脸板和中踢脚板等紧接，不得有缝隙。

(4) 在吊顶面上裱贴壁纸，第一段通常要贴靠近主窗，与墙壁平行的部位。长度小于 2m 时，则可跟窗户成直角粘贴。

在裱贴第一段前，须先弹出一条直线。其方法为，在距吊顶面两端的主窗墙角 10mm 处用铅笔等做两个记号。在其中的一个记录处敲一枚钉子，在吊顶上弹出一道与主窗墙面平行的粉线。

裁纸、浸水、刷胶后，将整条壁纸反复折叠。然后用一卷未开封的壁纸卷或长刷撑起折叠好的一段壁纸，展开顶摺的端头部分，并将边缘靠齐弹线，用排笔敷平一段，再展开下摺，沿着弹线敷平，直到截贴好为止。

(5) 墙纸粘贴后，若发现空鼓、气泡时，可用针刺放气，如图 8.52 所示，再注射挤进黏结剂，也可用墙纸刀切开泡面，加涂黏结剂后，用刮板压平密实。

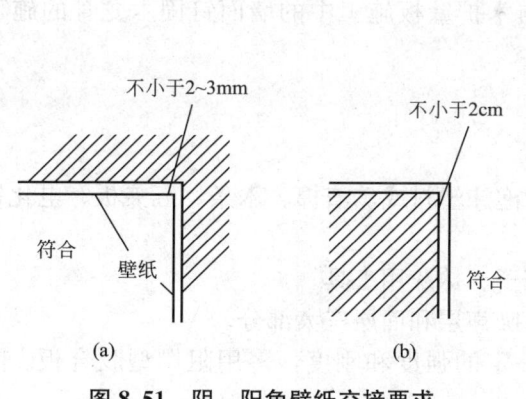

图 8.51　阴、阳角壁纸交接要求　　　　图 8.52　气泡处理

7. 成品保护

(1) 为避免损坏、污染，裱贴墙纸应尽量放在施工作业的最后一道工序，特别应放在塑料踢脚板铺贴之后。

(2) 裱贴墙纸时空气相对湿度不应过高，一般应低于 85%，湿度不应剧烈变化。

(3) 在潮湿季节裱贴好的墙纸工程竣工后，应在白天打开门窗，加强通风，夜晚关闭门窗，防止潮湿气体侵蚀。

（4）基层抹灰层宜具有一定吸水性。混合砂浆和纸筋灰罩面的基层，较为适宜于裱贴墙纸。若用石膏罩面效果更佳。水泥砂浆抹光基层的裱贴效果较差。

8. 裱糊工程的质量要求

裱糊工程材料品种、颜色、图案应符合设计要求。裱糊工程的质量应符合下列规定：

（1）壁纸和墙必须粘贴牢固，表面色泽一致，不得有气泡、空鼓、裂缝、翘边、皱折和斑污，斜视时无胶痕。

（2）表面平整，无波纹起伏。壁纸、墙布与挂镜线、贴脸板和踢脚板紧接，不得有缝。

（3）各幅拼接应横平竖直，拼接处花纹、图案吻合，不离缝，不搭接，距墙面1.5m处正视，不显拼缝。

（4）阴阳转角垂直，棱角分明，阴角处搭接顺光，阳角处无接缝。

（5）壁纸、墙布边缘平直整齐，不得有纸毛，阳角处无接缝。

（6）不得有漏贴、补贴和脱层等缺陷。

8.9.2 软包工程

软包墙面是现代室内墙面装修常用做法，它具有吸声、保温、防儿童碰伤、质感舒适且美观大方等特点。特别适用于有吸声要求的会议厅、会议室、多功能厅、娱乐厅、消声室、住宅起居室、影剧院局部墙面及儿童卧室等处。

软包墙面可分为两大类：一类是无吸声层软包墙面；一类是有吸声层软包墙面。前者适用于吸声要求不高的房间，如会议室、娱乐厅、住宅起居室等；后者适用于吸声要求较高的房间，如会议室、多功能厅、消声室及影剧院局部墙面等。

软包墙面的基本构造可分为底层、吸声层和面层3部分。

其施工工艺顺序为：施工准备→墙面钉固木龙骨→墙面软包等。

其中，墙面钉固木龙骨的施工方法与木护壁板施工中的墙面钉固木龙骨的施工方法相同。

1. 施工准备

1）材料准备及构造要求

材料准备：主要有人造革或织锦缎、泡沫塑料或矿渣棉、木条、五夹板、电化铝帽头钉、油轮等。

工具准备：主要有锤子、木工锯、刨子、抹灰用工具。

软包墙面的构造基本上可分为底层、吸声层和面层三大部分。

（1）底层。底层要求平整度好，有一定的强度和刚度，多用阻燃型胶合板。除此之外，还可用FC板或埃特尼板等。

（2）吸声层。必须采用轻质不燃多孔材料，如玻璃棉、超细玻璃棉和自熄型泡沫塑料等。

（3）面层。软包墙面面层，必须采用阻燃型高档豪华软包面料，如各种人造革及各种豪华装饰布。

2）弹线

软包墙面通常按木龙骨的分档尺寸，在建筑墙面上弹出分格线。

3) 建筑墙面防潮处理

在已做好装饰基层抹灰的建筑墙上，均匀地满涂 3～4mm 防水建筑胶粉防潮层一道，须三遍成活。

2. 软包墙面施工

1) 无吸声层软包墙面施工

无吸声层软包墙面的施工工艺流程为：墙内预留防腐木砖→抹灰→涂防潮层→钉木龙骨→墙面软包。其基本构造如图 8.53 和图 8.54 所示。

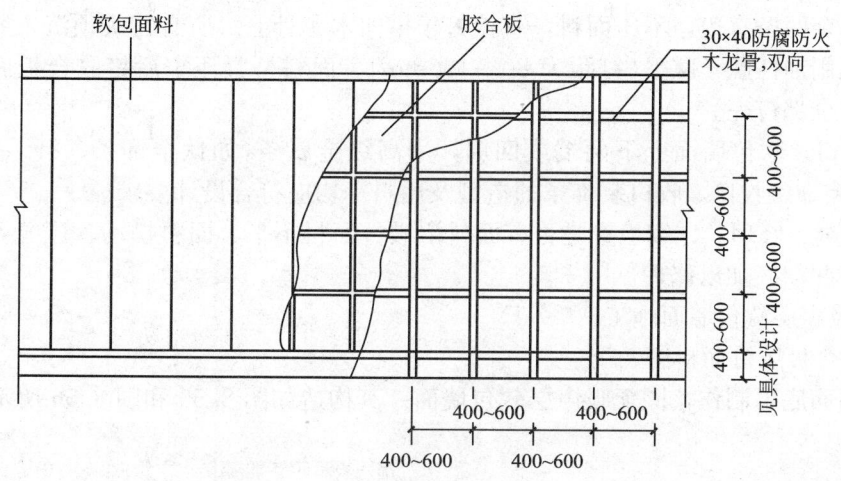

图 8.53　无吸声层软包墙面构造图（立面图）

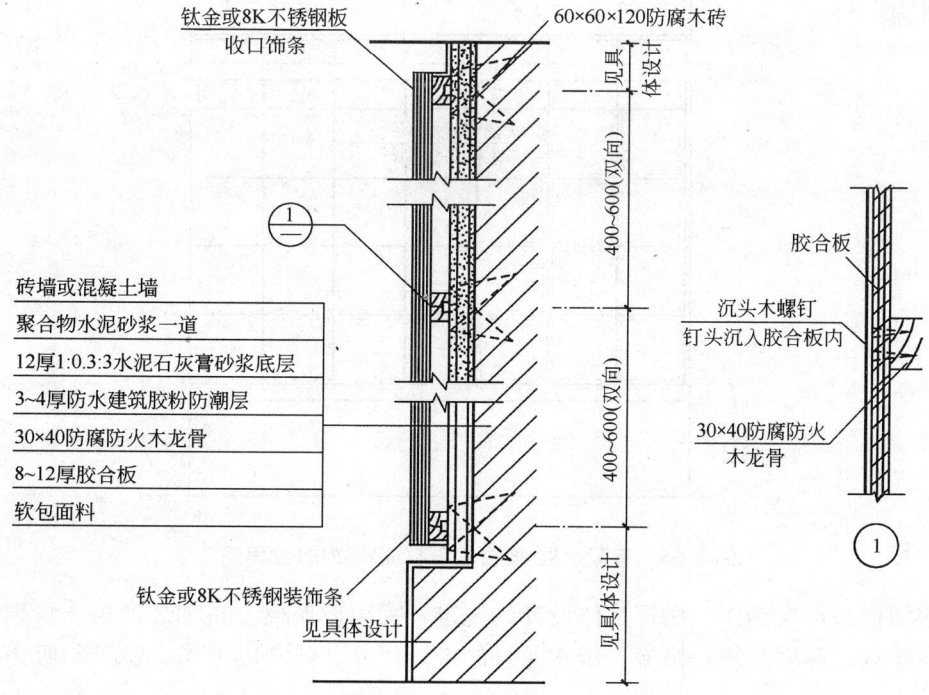

图 8.54　无吸声层软包墙面构造图（剖面图）

(1) 软包墙面底层制作。将 8～12mm 厚双面刨光一级（或特级）阻燃型胶合板按软包墙面横、竖木龙骨中心间距锯成方块（或矩形块），并将其平行于竖龙骨的两条侧边刨成 60°斜角。

将锯好的胶合板满涂氟化钠防腐剂一道，涂刷应厚薄均匀，不得漏涂。涂后将板编号存放备用。

(2) 软包面料裁剪。

(3) 软包墙面施工。将胶合板底层就位，并将裁好的面料平铺于裁好的胶合板上，将面料拉紧。沿胶合板两条 60°斜边，用沉头木螺钉或圆钉将面料压钉于竖向木龙骨上，并将胶合板其余两条直边，不压面料，直接钉于横向木龙骨上。所有钉头须沉入胶合板表面以内，钉孔用油性腻子腻平（钉距为 80～150mm）。面料挤紧压牢后钉胶合板底层及软包面料，直至全部钉完。

(4) 收口。软包墙面上下两端或四周，用高级金属条（如钛金饰条、8K 不锈钢饰条等）或其他装饰条收口。收口装饰条的造型及用料等均应符合设计要求。

(5) 检查、修理。详细检查是否有面料褶皱、面料不平、面料松动、压缝不紧或其他质量问题，并彻底加以修理。

2) 有吸声层软包墙面施工

(1) 胶合板压钉面料法。

软包墙面底层制作，同无吸声层软包墙面。其构造如图 8.55 和图 8.56 所示。

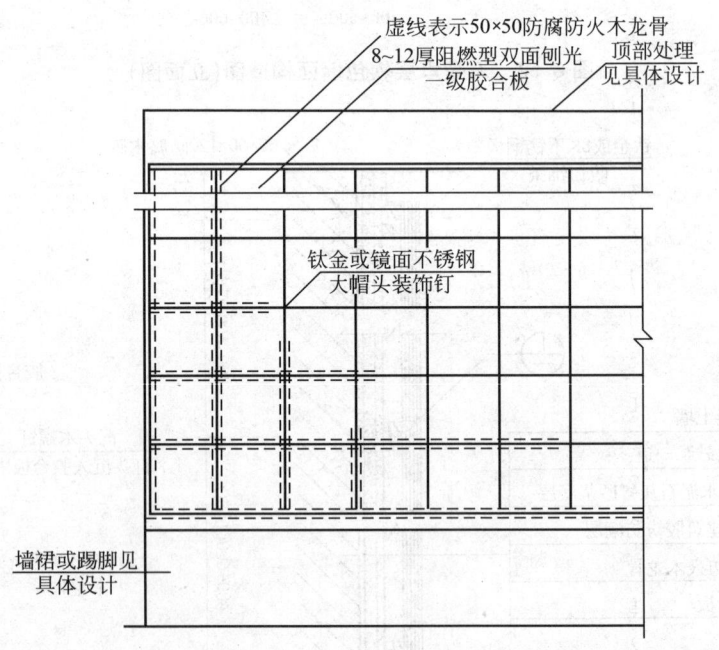

图 8.55 有吸声层-胶合板压钉面料做法（立面图）

软包墙面吸声层制作：根据具体设计的规定，采用玻璃棉、超细玻璃棉、自熄型泡沫塑料等，按设计厚度及每一格横、竖木龙骨的中距尺寸，裁制成方形（或矩形）吸声块，存放备用。

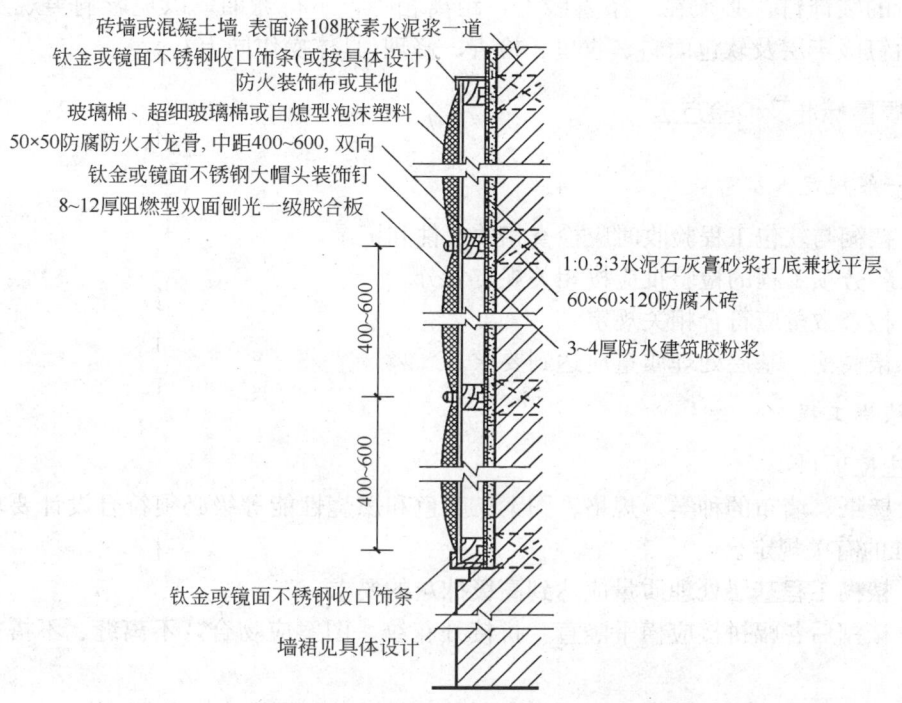

图 8.56 有吸声层-胶合板压钉面料做法（剖面图）（单位：mm）

裁剪软包墙面面层。

具体施工：将裁好的胶合板底层按编号就位，将制好的吸声块平铺于胶合板底层上，将裁好之面料平铺于吸声块上，并将面料绷紧沿胶合板的两条 60°斜边，用圆钉将面料压钉于竖向木龙骨上，并将胶合板其余两条直边不压面料，直接钉于横向木龙骨上。所有钉头，须沉入胶合板表面以内，钉孔用油性腻子腻平（钉距为 80～150mm）。

面料需挤紧、压牢，所有吸声层需铺均匀，包裹严密，不得有"露馅"之处。胶合板及面料压紧钉牢以后，再在面料上胶合板四角处加钉镜面不锈钢大帽头装饰钉一个。钉胶合板底层、吸声层及软包面料，直至全部钉完。最后收口（同无吸声层软包墙面）。

（2）吸声层压钉面料法。

也可将裁好的面料直接铺于吸声块上进行压钉，其余做法同前。在 50mm×50mm 木龙骨上，满堂钉 8～12mm 厚双面刨光一级阻燃型胶合板。用 25～35mm 圆钉固定，钉距 80～150mm，钉头应打扁，沉入板表面内 0.5～1.0mm 处，钉眼用油性腻子腻平。

在满堂胶合板上，将横、竖木龙骨中心线分格—弹出灰线，灰线必须正确无误，横平竖直，不得歪斜，不得错位，不得遗漏。

将制好的吸声块依次平铺于线格内，每格吸声块须铺实、铺平、铺正。

将裁好的软包面料平铺于吸声块上，须四边拉紧，铺平铺正，四边超出吸声块的宽度应相等。

面料铺好绷紧后，将面料钉牢。钉时须将钉位掌握准确，不得错位；不得将钉钉断、钉弯，钉断、钉弯时，拔出再钉；更不得将面料钉破。暗钉下应加垫 $\phi15$ 镀锌铁皮一块，将面料压牢。镜面不锈钢大帽头装饰钉进钉时须特别仔细，位置必须准确，不得稍有偏差。每行的装饰钉，必须在一条直线上，距离相等，不得弯曲，以免影响美观及装修质量。然后钉吸声层及软包面料、收口、检查、修理（具体操作同上）。

8.9.3 质量标准及检验方法

1. 一般规定

(1) 裱糊与软包工程验收时应检查相关文件和记录。

(2) 各分项工程的检验批应按相关规定划分。

(3) 检查数量应符合相关规定。

(4) 裱糊前，基层处理质量应达到要求。

2. 裱糊工程

1) 主控项目

(1) 壁纸、墙布的种类、规格、图案、颜色和燃烧性能等级必须符合设计要求及国家现行标准的有关规定。

(2) 裱糊工程基层处理质量应达到高级抹灰的要求。

(3) 裱糊后各幅拼接应横平竖直，拼接处花纹、图案应吻合，不离缝、不搭接，不显拼缝。

(4) 壁纸、墙布应粘贴牢固，不得有漏贴、补贴、脱层、空鼓和翘边。

2) 一般项目

(1) 裱糊后的壁纸、墙布表面应平整，色泽应一致，不得有波纹起伏、气泡、裂缝、皱褶及斑污，斜视时应无胶痕。

(2) 复合压花壁纸的压痕及发泡壁纸的发泡层应无损坏。

(3) 壁纸、墙布与各种装饰线、设备线盒应交接严密。

(4) 壁纸、墙布边缘应平直整齐，不得有纸毛、飞刺。

(5) 壁纸、墙布阴角处搭接应顺光，阳角处应无接缝。

3. 软包工程

1) 主控项目

(1) 软包面料、内衬材料及边框的材质、颜色、图案、阻燃性能等级和木材的含水率应符合设计要求及国家现行标准的有关规定。

(2) 软包工程的安装位置及构造做法应符合设计要求。

(3) 软包工程的龙骨、衬板、边框应安装牢固，无翘曲，拼缝应平直。

(4) 单块软包面料不应有接缝，四周应绷压严密。

2) 一般项目

(1) 软包工程表面应平整、洁净、无凹凸不平及皱褶；图案应清晰、无色差，整体应协调美观。

(2) 软包边框应平整、顺直、接缝吻合。其表面涂饰质量应符合涂料工程的有关规定。

(3) 清漆涂饰木制边框的颜色、木纹应协调一致。

(4) 软包工程安装的允许偏差和检验方法见相关规定。

 综合应用案例

某省人民医院干部病房楼首层大厅的轻钢龙骨纸面石膏板吊顶施工

根据宜以环保、节能、符合消防要求、施工方便、美观大方和经济实用为原则。针对轻钢龙骨纸面石膏板吊顶天花的施工特点,通过弹线、安装吊件及吊杆、安装龙骨及配件、石膏板安装等施工过程逐步完成的。

(1) 弹线。根据顶棚设计标高,沿墙四周弹线,作为顶棚安装标准线,其允许偏差在±5mm以内。

(2) 安装吊件、吊杆。根据施工大样图,确定吊顶位置弹线,再根据弹出的吊点位置钻孔,安装膨胀螺栓。吊杆采用$\phi 8$的钢筋安装时,上端与膨胀螺栓焊接(焊接位用防锈漆做好防锈处理),下端套线并配好螺母。吊杆安装应保持垂直。

(3) 安装龙骨及配件。将主龙骨用吊杆件连接在吊杆上,拧紧螺钉卡牢。主龙骨安装完毕后应进行调平,并考虑顶棚的起拱高度不小于房间短向跨度的1/200,主龙骨安装间隔@不大于1200mm。次龙骨用吊挂件固定于主龙骨,次龙骨间隔@不大于800mm。横撑龙骨与次龙骨垂直连接,间距在400mm左右。主次龙骨安装后,认真检查骨架是否有位移,在确认无位移后才进行石膏板安装。

(4) 石膏板安装。对已安装好的龙骨进行检查,待检查无误、符合要求后才进行石膏板安装。石膏板安装使用镀锌自攻螺钉与龙骨固定,螺钉间距在150~170mm的间隙,涂上防锈漆并用石膏粉将缝填平,用砂布涂上胶液封口,防止伸缩开裂。

轻钢龙骨石膏板吊顶施工节点如图8.57所示。

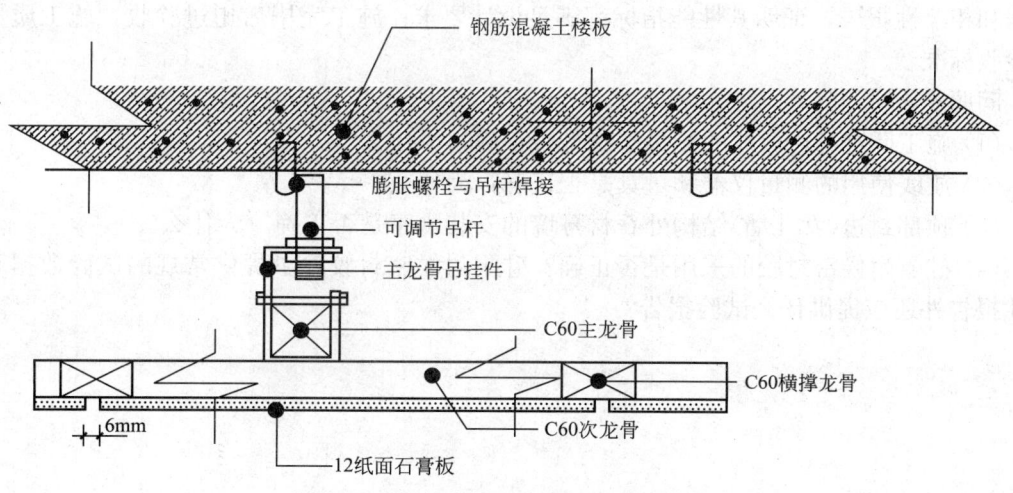

图8.57 轻钢龙骨石膏板吊顶施工节点

本 章 小 结

本章阐述了抹灰工程、饰面板(砖)工程、地面工程、吊顶与轻质隔墙工程、门窗工程、幕墙工程、涂饰工程中常见的施工工艺要点以及施工质量标准,同时对常见的装饰工程质量通病原因进行了分析,学习本章以后,对装饰工程的施工过程应该有一定的认识和理解。

习 题

一、简答题

(1) 在一般抹灰施工时，为什么设置标筋或灰饼？为什么在一般抹灰砂浆中常掺加纤维材料？

(2) 简述饰面板安装方法、工艺流程和技术要点。

(3) 简述玻璃幕墙施工要点。

(4) 简述水磨石地面的施工方法和保证质量的措施。

(5) 简述木地面施工重点。

(6) 简述涂饰工程的施工重点。

二、案例题

有一施工队安装一大厦石材幕墙，石材原片进场后在现场切割加工。施工队进场后首先以地平面为基准用水准仪和 50m 皮卷尺进行放线测量；在安装顶部封边（女儿墙）结构处石材幕墙时，其安装次序是先安装中间部位的石材，后安装四周转角处部位的石材；在施工中由于库存不够，硅酮耐候密封胶采用不同于硅酮结构胶的另一品牌，其提供的试验数据和相溶性报告，证明其性能指标都满足设计要求；施工完毕后通过验收，施工质量符合验收标准。

问题：

(1) 施工队进场后放线的测量基准是否正确，为什么？

(2) 放线使用的测量仪器和量具是否正确，为什么？

(3) 顶部封边（女儿墙）结构处石材幕墙的安装顺序是否正确，为什么？

(4) 硅酮耐候密封胶的采用是否正确？硅酮耐候密封胶除了提供常规的试验数据和相溶性报告外还应提供什么试验报告？

参 考 文 献

[1] 中华人民共和国住房和城乡建设部. GB 50300—2001 建筑工程施工质量验收统一标准 [S]. 北京：中国建筑工业出版社，2002.

[2] 中华人民共和国住房和城乡建设部. GB 50202—2002 建筑地基基础工程施工质量验收规范 [S]. 北京：中国计划出版社，2002.

[3] 中华人民共和国住房和城乡建设部. GB 50203—2002 砌体工程施工质量验收规范 [S]. 北京：中国建筑工业出版社，2002.

[4] 中华人民共和国住房和城乡建设部. GB 50204—2002 混凝土土结构工程施工质量验收规范 [S]. 北京：中国建筑工业出版社，2002.

[5] 中华人民共和国住房和城乡建设部. GB 50207—2002 屋面工程质量验收规范 [S]. 北京：中国建筑工业出版社，2002.

[6] 中华人民共和国住房和城乡建设部. GB 50208—2002 地下防水工程质量验收规范 [S]. 北京：中国建筑工业出版社，2002.

[7] 中华人民共和国住房和城乡建设部. GB 50209—2002 建筑地面工程施工质量验收规范 [S]. 北京：中国计划出版社，2002.

[8] 中华人民共和国住房和城乡建设部. GB 50210—2001 建筑装饰装修工程施工质量验收规范 [S]. 北京：中国计划出版社，2001.

[9] 本书编写组. 建筑施工手册 [M]. 4版. 北京：中国建筑工业出版社，2003.

[10] 姚锦英. 建筑施工技术 [M]. 3版. 北京：中国建筑工业出版社，2007.

[11] 魏瞿霖，王松成. 建筑施工技术 [M]. 北京：清华大学出版社，2006.

[12] 钟汉华. 建筑工程施工工艺 [M]. 重庆：重庆大学出版社，2006.

[13] 张长友，白锋. 建筑施工技术 [M]. 北京：中国电力出版社，2006.

[14] 危道军，李进. 建筑施工技术 [M]. 北京：人民交通出版社，2005.

[15] 陈守兰. 建筑施工技术 [M]. 北京：科学出版社，2005.

[16] 张厚先，王志清. 建筑施工技术 [M]. 北京：机械工业出版社，2003.

[17] 刘松仁. 建筑工程施工工艺 [M]. 重庆：重庆大学出版社，2002.

北京大学出版社高职高专土建系列规划教材

序号	书名	书号	编著者	定价	出版时间	印次	配套情况	
			基础课程					
1	工程建设法律与制度	978-7-301-14158-8	唐茂华	26.00	2012.7	6	ppt/pdf	
2	建设工程法规	978-7-301-16731-1	高玉兰	30.00	2013.5	12	ppt/pdf/答案/素材	★
3	建筑工程法规实务	978-7-301-19321-1	杨陈慧等	43.00	2012.1	3	ppt/pdf	★
4	建筑法规	978-7-301-19371-6	董伟等	39.00	2013.1	4	ppt/pdf	★
5	建设工程法规	978-7-301-20912-7	王先恕	32.00	2012.7	1	ppt/pdf	
6	AutoCAD 建筑制图教程(第2版)(新规范)	978-7-301-21095-6	郭 慧	38.00	2013.3	1	ppt/pdf/素材	★
7	AutoCAD 建筑绘图教程(2010版)	978-7-301-19234-4	唐英敏等	41.00	2011.7	2	ppt/pdf	★
8	建筑CAD项目教程(2010版)	978-7-301-20979-0	郭 慧	38.00	2012.9	1	pdf/素材	
9	建筑工程专业英语	978-7-301-15376-5	吴承霞	20.00	2012.11	7	ppt/pdf	★
10	建筑工程专业英语	978-7-301-20003-2	韩薇等	24.00	2012.1	1	ppt/pdf	★
11	建筑工程应用文写作	978-7-301-18962-7	赵立等	40.00	2012.6	3	ppt/pdf	★
12	建筑构造与识图	978-7-301-14465-7	郑贵超等	45.00	2013.5	13	ppt/pdf/答案	★
13	建筑构造(新规范)	978-7-301-21267-7	肖 芳	34.00	2013.5	2	ppt/pdf	
14	房屋建筑构造	978-7-301-19883-4	李少红	26.00	2012.1	2	ppt/pdf	★
15	建筑工程制图与识图	978-7-301-15443-4	白丽红	25.00	2012.8	8	ppt/pdf/答案	★
16	建筑制图习题集	978-7-301-15404-5	白丽红	25.00	2013.1	7	pdf	
17	建筑制图(第2版)(新规范)	978-7-301-21146-5	高丽荣	32.00	2013.2	1	ppt/pdf	★
18	建筑制图习题集(第2版)(新规范)	978-7-301-21288-2	高丽荣	28.00	2013.1	1	pdf	
19	建筑工程制图(第2版)(附习题册)(新规范)	978-7-301-21120-5	肖明和	48.00	2012.8	5	ppt/pdf	
20	建筑制图与识图	978-7-301-18806-4	曹雪梅等	24.00	2012.2	5	ppt/pdf	★
21	建筑制图与识图习题册	978-7-301-18652-7	曹雪梅等	30.00	2012.4	4	pdf	
22	建筑制图与识图(新规范)	978-7-301-20070-4	李元玲	28.00	2012.8	2	ppt/pdf	★
23	建筑制图与识图习题集(新规范)	978-7-301-20425-2	李元玲	24.00	2012.3	2	ppt/pdf	
24	新编建筑工程制图(新规范)	978-7-301-21140-3	方筱松	30.00	2012.8	1	ppt/pdf	★
25	新编建筑工程制图习题集(新规范)	978-7-301-16834-9	方筱松	22.00	2012.9	1	pdf	
26	建筑识图(新规范)	978-7-301-21893-8	邓志勇等	35.00	2013.1	1	ppt/pdf	★
			建筑施工类					
1	建筑工程测量	978-7-301-16727-4	赵景利	30.00	2013.5	9	ppt/pdf/答案	★
2	建筑工程测量(第2版)(新规范)	978-7-301-22002-3	张敬伟	37.00	2013.5	2	ppt/pdf/答案	★
3	建筑工程测量	978-7-301-19992-3	潘益民	38.00	2012.2	1	ppt/pdf	★
4	建筑工程测量实验与实习指导	978-7-301-15548-6	张敬伟	20.00	2012.4	7	pdf/答案	
5	建筑工程测量	978-7-301-13578-5	王金玲等	26.00	2011.8	3	pdf	
6	建筑工程测量实训	978-7-301-19329-7	杨凤华	27.00	2013.5	4	pdf	★
7	建筑工程测量(含实验指导手册)	978-7-301-19364-8	石 东等	43.00	2012.6	2	ppt/pdf/答案	★
8	建筑工程测量	978-7-301-22485-4	景 铎等	34.00	2013.6	1	ppt/pdf	
9	建筑施工技术(新规范)	978-7-301-21209-7	陈雄辉	39.00	2013.2	2	ppt/pdf	★
10	建筑施工技术	978-7-301-12336-2	朱永祥等	38.00	2012.4	7	ppt/pdf	
11	建筑施工技术	978-7-301-16726-7	叶 雯等	44.00	2013.5	5	ppt/pdf/素材	
12	建筑施工技术	978-7-301-19499-7	董伟等	42.00	2011.9	1	ppt/pdf	
13	建筑施工技术	978-7-301-19997-8	苏小梅	38.00	2013.5	3	ppt/pdf	
14	建筑工程施工技术(第2版)(新规范)	978-7-301-21093-2	钟汉华	48.00	2013.1	8	ppt/pdf	★
15	基础工程施工(新规范)	978-7-301-20917-2	董伟等	35.00	2012.7	1	ppt/pdf	★
16	建筑施工技术实训	978-7-301-14477-0	周晓龙	21.00	2013.1	6	pdf	★
17	建筑力学(第2版)(新规范)	978-7-301-21695-8	石立安	46.00	2013.3	2	ppt/pdf	★
18	土木工程实用力学	978-7-301-15598-1	马景善	30.00	2013.1	4	pdf/ppt	★

序号	书名	书号	编著者	定价	出版时间	印次	配套情况	
19	土木工程力学	978-7-301-16864-6	吴明军	38.00	2011.11	2	ppt/pdf	★
20	PKPM软件的应用	978-7-301-15215-7	王 娜	27.00	2012.4	4	pdf	★
21	建筑结构(第2版)(上册)	978-7-301-21106-9	徐锡权	41.00	2013.4	1	ppt/pdf/答案	★
22	建筑结构	978-7-301-19171-2	唐春平等	41.00	2012.6	3	ppt/pdf	
23	建筑结构基础(新规范)	978-7-301-21125-0	王中发	36.00	2012.8	1	ppt/pdf	★
24	建筑结构原理及应用	978-7-301-18732-6	史美东	45.00	2012.8	1	ppt/pdf	
25	建筑力学与结构(第2版)(新规范)	978-7-301-22148-8	吴承霞等	49.00	2013.4	1	ppt/pdf/答案	
26	建筑力学与结构(少学时版)	978-7-301-21730-6	吴承霞	34.00	2013.2	1	ppt/pdf/答案	★
27	建筑力学与结构	978-7-301-20988-2	陈水广	32.00	2012.8	1	pdf/ppt	
28	建筑结构与施工图(新规范)	978-7-301-22188-4	朱希文等	35.00	2013.3	1	ppt/pdf	★
29	生态建筑材料	978-7-301-19588-2	陈剑峰等	38.00	2013.5	2	ppt/pdf	
30	建筑材料	978-7-301-13576-1	林祖宏	35.00	2012.6	9	ppt/pdf	★
31	建筑材料与检测	978-7-301-16728-1	梅 杨等	26.00	2012.11	8	ppt/pdf/答案	★
32	建筑材料检测试验指导	978-7-301-16729-8	王美芬等	18.00	2012.4	4	pdf	
33	建筑材料与检测	978-7-301-19261-0	王 辉	35.00	2012.6	3	ppt/pdf	
34	建筑材料与检测试验指导	978-7-301-20045-2	王 辉	20.00	2013.1	2	ppt/pdf	
35	建筑材料选择与应用	978-7-301-21948-5	申淑荣等	39.00	2013.3	1	ppt/pdf	★
36	建筑材料检测实训	978-7-301-22317-8	申淑荣等	24.00	2013.4	1	pdf	
37	建设工程监理概论(第2版)(新规范)	978-7-301-20854-0	徐锡权等	43.00	2013.1	2	ppt/pdf/答案	
38	建设工程监理	978-7-301-15017-7	斯 庆	26.00	2013.1	6	ppt/pdf/答案	★
39	建设工程监理概论	978-7-301-15518-9	曾庆军等	24.00	2012.12	5	ppt/pdf	
40	工程建设监理案例分析教程	978-7-301-18984-9	刘志麟等	38.00	2013.2	2	ppt/pdf	★
41	地基与基础	978-7-301-14471-8	肖明和	39.00	2012.4	7	ppt/pdf/答案	
42	地基与基础	978-7-301-16130-2	孙平平等	26.00	2013.2	3	ppt/pdf	
43	建筑工程质量事故分析	978-7-301-16905-6	郑文新	25.00	2012.10	4	ppt/pdf	★
44	建筑工程施工组织设计	978-7-301-18512-4	李源清	26.00	2013.5	5	ppt/pdf	★
45	建筑工程施工组织实训	978-7-301-18961-0	李源清	40.00	2012.11	3	ppt/pdf	★
46	建筑施工组织与进度控制(新规范)	978-7-301-21223-3	张廷瑞	36.00	2012.9	1	ppt/pdf	★
47	建筑施工组织项目式教程	978-7-301-19901-5	杨红玉	44.00	2012.1	1	ppt/pdf/答案	
48	钢筋混凝土工程施工与组织	978-7-301-19587-1	高 雁	32.00	2012.5	1	ppt/pdf	
49	钢筋混凝土工程施工与组织实训指导(学生工作页)	978-7-301-21208-0	高 雁	20.00	2012.9	1	ppt	
工程管理类									
1	建筑工程经济	978-7-301-15449-6	杨庆丰等	24.00	2013.1	11	ppt/pdf/答案	★
2	建筑工程经济	978-7-301-20855-7	赵小娥等	32.00	2012.8	1	ppt/pdf	
3	施工企业会计	978-7-301-15614-8	辛艳红等	26.00	2013.1	5	ppt/pdf/答案	★
4	建筑工程项目管理	978-7-301-12335-5	范红岩等	30.00	2012.4	9	ppt/pdf	★
5	建设工程项目管理	978-7-301-16730-4	王 辉	32.00	2013.5	5	ppt/pdf/答案	
6	建设工程项目管理	978-7-301-19335-8	冯松山等	38.00	2012.8	2	pdf/ppt	
7	建设工程招投标与合同管理(第2版)(新规范)	978-7-301-21002-4	宋春岩	38.00	2013.5	3	ppt/pdf/答案/试题/教案	★
8	建筑工程招投标与合同管理(新规范)	978-7-301-16802-8	程超胜	30.00	2012.9	2	pdf/ppt	
9	建筑工程商务标编制实训	978-7-301-20804-5	钟振宇	35.00	2012.7	1	ppt	
10	工程招投标与合同管理实务	978-7-301-19035-7	杨甲奇等	48.00	2011.8	2	pdf	
11	工程招投标与合同管理实务	978-7-301-19290-0	郑文新等	43.00	2012.4	2	ppt/pdf	★
12	建设工程招投标与合同管理实务	978-7-301-20404-7	杨云会等	42.00	2012.4	1	ppt/pdf/答案/习题库	
13	工程招投标与合同管理(新规范)	978-7-301-17455-5	文新平	37.00	2012.9	1	ppt/pdf	★
14	工程项目招投标与合同管理	978-7-301-15549-3	李洪军等	30.00	2012.11	6	ppt	★
15	工程项目招投标与合同管理	978-7-301-16732-8	杨庆丰	28.00	2013.1	6	ppt	★
16	建筑工程安全管理	978-7-301-19455-3	宋 健等	36.00	2013.5	3	ppt/pdf	

序号	书名	书号	编著者	定价	出版时间	印次	配套情况	
17	建筑工程质量与安全管理	978-7-301-16070-1	周连起	35.00	2013.2	5	ppt/pdf/答案	
18	施工项目质量与安全管理	978-7-301-21275-2	钟汉华	45.00	2012.10	1	ppt/pdf	
19	工程造价控制	978-7-301-14466-4	斯 庆	26.00	2012.11	8	ppt/pdf	★
20	工程造价管理	978-7-301-20655-3	徐锡权等	33.00	2012.7	1	ppt/pdf	
21	工程造价控制与管理	978-7-301-19366-2	胡新萍等	30.00	2013.1	2	ppt/pdf	★
22	建筑工程造价管理	978-7-301-20360-6	柴 琦等	27.00	2013.1	2	ppt/pdf	
23	建筑工程造价管理	978-7-301-15517-2	李茂英等	24.00	2012.1	4	pdf	
24	建筑工程造价	978-7-301-21892-1	孙咏梅	40.00	2013.2	1	ppt/pdf	★
25	建筑工程计量与计价(第2版)	978-7-301-22078-8	肖明和等	58.00	2013.3	1	pdf/ppt	★
26	建筑工程计量与计价实训	978-7-301-15516-5	肖明和等	20.00	2012.11	6	pdf	
27	建筑工程计量与计价——透过案例学造价	978-7-301-16071-8	张 强	50.00	2013.5	6	ppt/pdf	★
28	安装工程计量与计价（第2版)	978-7-301-22140-2	冯钢等	50.00	2013.3	12	pdf/ppt	★
29	安装工程计量与计价实训	978-7-301-19336-5	景巧玲等	36.00	2013.5	3	pdf/素材	★
30	建筑水电安装工程计量与计价(新规范)	978-7-301-21198-4	陈连姝	36.00	2012.9	1	ppt/pdf	
31	建筑与装饰装修工程工程量清单	978-7-301-17331-2	翟丽旻等	25.00	2012.8	3	pdf/ppt/答案	
32	建筑工程清单编制	978-7-301-19387-7	叶晓容	24.00	2011.8	1	ppt/pdf	★
33	建设项目评估	978-7-301-20068-1	高志云等	32.00	2012.1	1	ppt/pdf	★
34	钢筋工程清单编制	978-7-301-20114-5	贾莲英	36.00	2012.2	1	ppt / pdf	
35	混凝土工程清单编制	978-7-301-20384-2	顾 娟	28.00	2012.5	1	ppt / pdf	
36	建筑装饰工程预算	978-7-301-20567-9	范菊雨	38.00	2012.5	1	pdf/ppt	★
37	建设工程安全监理(新规范)	978-7-301-20802-1	沈万岳	28.00	2012.7	1	pdf/ppt	★
38	建筑工程安全技术与管理实务(新规范)	978-7-301-21187-8	沈万岳	48.00	2012.9	1	pdf/ppt	★
39	建筑工程资料管理	978-7-301-17456-2	孙 刚等	36.00	2013.1	2	pdf/ppt	
40	建筑施工组织与管理(第2版)(新规范)	978-7-301-22149-5	翟丽旻等	43.00	2013.4	1	ppt/pdf/答案	★
建 筑 设 计 类								
1	中外建筑史	978-7-301-15606-3	袁新华	30.00	2012.11	7	ppt/pdf	★
2	建筑室内空间历程	978-7-301-19338-9	张伟孝	53.00	2011.8	1	pdf	★
3	建筑装饰CAD项目教程(新规范)	978-7-301-20950-9	郭 慧	35.00	2013.1	1	ppt/素材	
4	室内设计基础	978-7-301-15613-1	李书青	32.00	2013.5	3	ppt/pdf	
5	建筑装饰构造	978-7-301-15687-2	赵志文等	27.00	2012.11	5	ppt/pdf/答案	★
6	建筑装饰材料(第2版)	978-7-301-22356-7	焦 涛等	34.00	2013.5	4	ppt/pdf	
7	建筑装饰施工技术	978-7-301-15439-7	王 军等	30.00	2012.11	5	ppt/pdf	★
8	装饰材料与施工	978-7-301-15677-3	宋志春等	30.00	2010.8	2	ppt/pdf/答案	★
9	设计构成	978-7-301-15504-2	戴碧锋	30.00	2012.10	2	ppt/pdf	
10	基础色彩	978-7-301-16072-5	张 军	42.00	2011.9	2	pdf	★
11	设计色彩	978-7-301-21211-0	龙黎黎	46.00	2012.9	1	ppt	★
12	设计素描	978-7-301-22391-8	司马金桃	29.00	2013.4	1	ppt	★
13	建筑素描表现与创意	978-7-301-15541-7	于修国	25.00	2012.11	3	pdf	★
14	3ds Max 室内设计表现方法	978-7-301-17762-4	徐海军	32.00	2010.9	1	pdf	
15	3ds Max2011 室内设计案例教程(第2版)	978-7-301-15693-3	伍福军等	39.00	2011.9	1	ppt/pdf	
16	Photoshop效果图后期制作	978-7-301-16073-2	脱忠伟等	52.00	2011.1	1	素材/pdf	★
17	建筑表现技法	978-7-301-19216-0	张 峰	32.00	2013.1	2	ppt/pdf	
18	建筑速写	978-7-301-20441-2	张 峰	30.00	2012.4	1	pdf	★
19	建筑装饰设计	978-7-301-20022-3	杨丽君	36.00	2012.2	1	ppt/素材	
20	装饰施工读图与识图	978-7-301-19991-6	杨丽君	33.00	2012.5	1	ppt	
规 划 园 林 类								
1	居住区景观设计	978-7-301-20587-7	张群成	47.00	2012.5	1	ppt	★
2	居住区规划设计	978-7-301-21031-4	张 燕	48.00	2012.8	1	ppt	★
3	园林植物识别与应用(新规范)	978-7-301-17485-2	潘利等	34.00	2012.9	1	ppt	★
4	城市规划原理与设计	978-7-301-21505-0	谭婧婧等	35.00	2013.1	1	ppt/pdf	★
5	园林工程施工组织管理(新规范)	978-7-301-22364-2	潘利等	35.00	2013.4	1	ppt/pdf	★